College Physics 9th Edition

Raymond A. Serway, Chris Vuille 원저

핵심일반물리학

이재희 · 이원식 편역

CENGAGE Learning 북스힐

Andover • Melbourne • Mexico City • Stamford, CT • Toronto • Hong Kong • New Delhi • Seoul • Singapore • Tokyo

College Physics

9th Edition

Raymond A. Serway
Chris Vuille

ISBN-13: 979-11-5971-062-9

Cengage Learning Korea Ltd.
14F, YTN Newsquare, 76 Sangamsan-ro,
Mapo-gu, Seoul, 03926, Korea
Tel: (82) 2 330 7000
Fax: (82) 2 330 7001

Cengage Learning is a leading provider of customized learning solutions with office locations around the globe, including Singapore, the United Kingdom, Australia, Mexico, Brazil, and Japan. Locate your local office at: **www.cengage.com/global**

Cengage Learning products are represented in Canada by Nelson Education, Ltd. For

product information, visit **www.cengageasia.com**

Printed in Korea
1 2 3 4 20 19 18 17

편역자 머리말

이 책은 R. A. Serway 박사와 C. Vuille 박사의 "일반물리학(College Physics)" 9판을 편역한 것으로 이공계 대학교 1학년을 대상으로 일반물리학 1년 과정을 담고 있다.

이공계 대학교 1학년을 대상으로 R. A. Serway 박사와 C. Vuille 박사의 "일반물리학(College Physics)" 9판 번역본을 교재로 수년간 가르쳐 왔다. 그 결과 책 내용의 분량이 다소 많고, 설명이 자세한 반면에 장황하고, 예제 문제를 어렵게 출제하여 학생들이 심적인 부담을 가지는 것을 알았다. 가르치는 입장에서 학생들에게 적은 량으로 본질적인 내용을 전달하고, 보다 쉬운 예제를 풀이해줌으로 물리학 법칙이나 공식에 대한 이해도를 높이고자 편역을 시도하게 되었다.

원서에서 생략된 부분은 25장 광학기기, 27장 양자 물리학, 28장 원자 물리학, 29장 핵물리학, 30장 핵에너지와 소립자 부분이다. 그러나, 대학교 1학년이 배우는 일반물리학으로서 내용은 충분하다고 자부하고 싶다. 앞의 몇 장에서 일부 chapter를 생략한 내용도 있다. 책의 본문에서도 수준이 너무 높거나 장황한 설명부분은 과감하게 생략하였다. 예제문제는 학생들이 계산기 없이도 쉽게 계산할 수 있어서 물리학의 본질에 더욱 집중하기 쉽도록 편역자들이 출제하고 풀이도 하였다. 연습문제에서도 일부 어려운 문제들을 생략하였으며 종합문제는 다 생략하여 학생들의 부담을 줄이고자 하였다.

끝으로 이 책의 출판을 위해 수고하신 도서출판 북스힐의 관계자 여러분께 깊은 감사를 드립니다.

2017년 1월

이 재 희 · 이원식

저자 머리말

이 책은 생물학, 보건계열, 환경, 지구과학 및 건축학 등과 같은 이공계 및 생명과학 분야 관련 계열 학생들이 이수해야 하는 기초 물리학으로서 1년 과정용으로 쓰였다. 이 책에 사용된 수학은 대수학, 기하학, 삼각 함수나 미분적분학 등은 사용되지 않았다. 8판을 사용한 교수나 학생들의 좋은 의견을 많이 수용하고 분석하여 대부분의 요구를 충족하도록 내용을 재구성하였다.

목적

이 책의 목표는 두 가지로 되어 있다. 명료하고 논리적인 표현으로 물리학의 원리와 기본 개념을 학생들에게 제공하고, 거의 모든 내용을 실제에 흥미롭게 응용함으로써 개념과 원리의 이해를 증진시키고자 하였다. 그러한 목표를 달성하기 위하여 깊이 있는 추론과 단계적인 문제 풀이 방법을 제시하였다. 동시에 다른 학문 분야에서의 물리학의 역할을 보여주는 실제적인 예제를 통하여 학생들에게 동기를 부여하고자 시도를 하였다.

9판에서 달라진 점

9판에서는 많은 변화와 개선이 이루어졌다. 새로운 특징 중 몇 가지는 현재 과학교육의 추세와 저자들의 경험을 바탕으로 한 것이다. 또 다른 변화는 8판의 사용자들과 원고 검토자들의 지적 사항과 제안을 포함시켰다는 것이다. 9판의 특징을 요약하면 다음과 같다.

그림 9판에서 나오는 모든 그림을 새롭고 현대적인 스타일로 바꾸어 물리학의 원리를 좀 더 명료하고 엄밀하게 표현하도록 하였다. 책의 내용에서 논의하는 물리적인 상황을 그림에서 따라 하도록 제시하였다.

또한 9판에서는 그림 속에 말풍선을 넣어서 그림에서의 중요한 부분을 직시하도록 하고, 학생들이 그림만으로도 본문의 내용을 쉽게 이해할 수 있도록 하였다. 이러한 형태는 시각적 학습자에게는 매우 도움이 된다. 그런 그림의 예는 다음과 같다.

예제 9판에서는 이전의 풀이된 예제들을 모두 재검토하여 개선하였다. 예제에 들어 있는 내용들이 모든 물리 개념, 다양한 형태의 문제, 수학과의 연계를 포괄하는 종합적인 것이 되도록 노력하였다.

단위 이 책 전체에서 국제 표준단위계(SI)를 사용하였다. 다만 역학과 열역학 부문에서 미국 관습단위계가 일부 사용되었다.

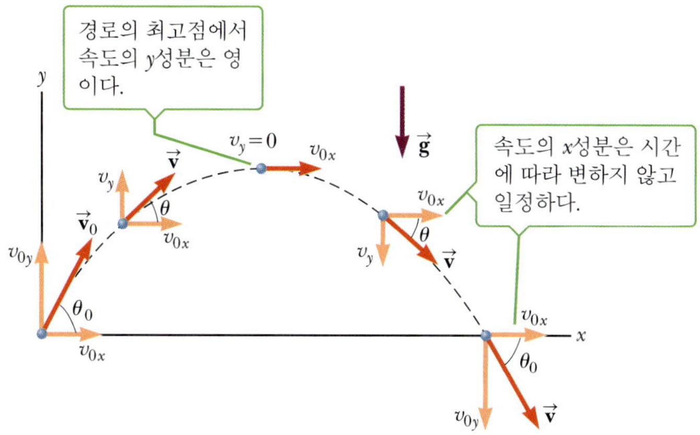

그림 3.9 원점에서 속도 $\vec{\mathbf{v}}_0$로 출발한 포물선 궤도. 속도 $\vec{\mathbf{v}}$는 시간에 따라 변화함에 주목하라. 그러나 속도의 x성분 v_x는 시간에 대해 일정하며 처음 속도 v_{0x}와 같다. 또한 최고점에서 $v_y = 0$이며, 가속도는 항상 자유 낙하 가속도와 같고 연직 아랫방향을 향한다.

색의 사용 이 책 전체에 걸쳐 일관성 있게 여러 가지 기호를 색깔별로 다르게 설정하였다. 그림으로 표현한 물리량(부록 E)을 참조하면 그림 속 기호의 의미를 쉽게 알 수 있다.

중요한 설명이나 수식 가장 중요한 설명과 정의는 굵은 문자로 나타내거나 배경색 처리를 하여 강조하였다. 마찬가지로 중요한 식에도 배경색을 넣어 눈에 띄게 하였다.

맞춤 강의

이 책은 기초 물리학으로서의 1년 과정을 위한 충분한 내용을 담고 있다. 그 이유는 교수로 하여금 대상 학생에 따라 주제를 다르게 선택할 수 있는 융통성을 제공한 것이고, 또 다른 이유는 학생들로 하여금 이 책이 참고도서로서의 역할을 할 수 있게 하기 위함이다.

끝으로 이 책이 출간되기까지 애써주신 모든 분들과 오랫동안 참아주고 응원해 준 아내와 아이에게 깊은 감사를 드린다.

Florida 주 Petersburg에서

Raymond A. Serway

Florida 주 Daytona Beach에서

Chris Vuille

■ 차 례

© 김영우

여수 엑스포 전경. 엑스포는 1851년 영국에서 열렸던 런던만국박람회가 그 시초이다. 박람회를 통해 자동차, 축음기(녹음기), 비행기, 컴퓨터 등 수많은 발명품들이 출품되었으며, 산업혁명, 통신 및 정보혁명, 환경보호혁명으로 이어져 과학기술의 발전을 선도해오고 있다. 우리나라는 1993년 대전 엑스포에 이어 2012년 여수 엑스포를 개최한 바 있다.

서론 1
INTRODUCTION

1.1 길이, 질량, 시간의 표준 Standards of Length, Mass, and Time

만약 길이의 기본 단위가 1.0미터이고 이 단위에 익숙한 어떤 사람이 벽의 높이가 2.0미터라고 보고한다면, 우리는 벽의 높이가 기본 단위의 두 배라는 것을 알게 된다.

1960년에 국제 위원회는 과학의 기본적인 양들에 대해 **SI**(Système International)라고 하는 표준 단위계를 사용하기로 합의하였다. 길이, 질량, 시간의 표준 단위는 각각 미터(m), 킬로그램(kg), 초(s)이다.

길이

1799년에 프랑스에서는 길이의 법적 표준을 미터로 정하면서, 이를 적도로부터 북극까지 거리의 천만분의 일(1/10 000 000 g)로 정의하였다. 1960년에 미터는 크립톤-86 전등에서 나오는 주황색 빛의 파장의 1 650 763.73배로 정의되었다. 그러나 1983년 10월에 이 표준 또한 폐기되었고, 다시 **미터는 진공 속에서 빛이 1/299 792 458초 동안 진행한 거리로 정의**되었다. 이 정의에 의하면 진공에서 빛의 속력은 초속 299 792 458미터이다.

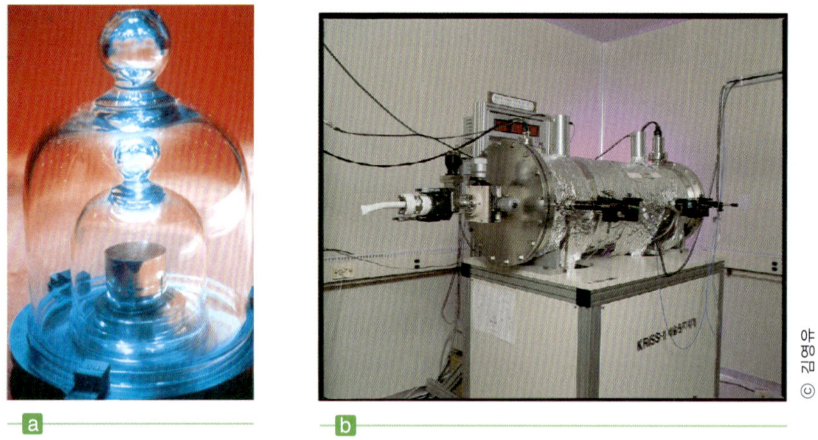

그림 1.1 (a) 프랑스 세브르에 보관되어 있는 국제 표준 킬로그램 원기와 똑같이 복제된 미국 표준 킬로그램 20번이 미국 표준 연구원의 저장소 내 이중 유리 그릇 안에 보관되어 있다. (b) 우리나라 시간표준기인 세슘원자시계(한국표준과학연구원 제공).

질량

질량의 SI 단위인 킬로그램(kg)은 프랑스 세브르(Sèvres)에 있는 국제도량형국에 보관된 백금-이리듐 합금 원기의 질량으로 정의된다(그림 1.1a에서 볼 수 있는 것과 비슷하다). 질량은 물체가 운동의 상태 변화에 저항하는 성질을 나타내는 양이다. 질량이 큰 물체일수록 운동 상태를 변화시키기 어렵다.

시간

1967년에 시간 표준은 높은 정밀도를 얻을 수 있는 원자시계의 장점을 살려 다시 정의되었다. 원자시계는 세슘-133 원자에서 나오는 전자기파의 특성 진동수를 기준으로 이용한다. 현재는 **세슘-133 원자에서 나오는 복사선 주기의 9 192 631 700배 되는 시간**을 1초로 정의한다. 그림 1.1b에서 최신 형태의 세슘 원자시계를 볼 수 있다.

길이, 질량, 시간의 근삿값

길이, 질량, 시간에 관한 여러 가지 근삿값들이 각각 표 1.1, 1.2, 1.3에 나열되어 있다.

물리학에서 흔히 사용하는 단위계는 국제단위계(SI)이며, 이 단위계에서 길이, 질량, 시간의 단위는 각각 미터(m), 킬로그램(kg), 초(s)이다. cgs 단위계 또는 가우스 단위계에서는 길이, 질량, 시간의 단위로 각각 센티미터(cm), 그램(g), 초(s)를 사용한다. 미국 관습단위계에서는 세 가지 단위로 각각 피트(ft), 슬러그(slug), 초(s)를 사용한다.

미터법(SI, cgs 단위)에서 가장 자주 사용하는 10의 거듭제곱을 나타내는 접두어와 그 약자를 표 1.4에 나열하였다. 예를 들어 10^{-3} m는 1 mm와 같고, 10^3 m는 1 km와 같다. 마찬가지로 1 kg은 10^3 g이고, 1 MV는 10^6 V이다.

표 1.1 여러 가지 길이의 근삿값

	길이(m)
지구로부터 가장 먼 퀘이사까지의 거리	1×10^{26}
지구로부터 가장 먼 은하까지의 거리	4×10^{25}
지구로부터 가장 가까운 은하(M31, 안드로메다은하)까지의 거리	2×10^{22}
지구로부터 가장 가까운 별(프록시마 켄타우리)까지의 거리	4×10^{16}
1광년	9×10^{15}
지구의 평균 공전 궤도 반지름	2×10^{11}
지구로부터 달까지의 평균 거리	4×10^{8}
지구의 평균 반지름	6×10^{6}
지구 주위를 도는 인공위성의 일반 고도	2×10^{5}
미식 축구장의 길이	9×10^{1}
집파리의 몸길이	5×10^{-3}
작은 먼지 입자의 크기	1×10^{-4}
생물체의 세포 크기	1×10^{-5}
수소 원자의 지름	1×10^{-10}
원자핵의 지름	1×10^{-14}
양성자의 지름	1×10^{-15}

표 1.2 여러 가지 질량의 근삿값

	질량(kg)
관측 가능한 우주	1×10^{52}
은하수	7×10^{41}
태양	2×10^{30}
지구	6×10^{24}
달	7×10^{22}
상어	1×10^{2}
사람	7×10^{1}
개구리	1×10^{-1}
모기	1×10^{-5}
박테리아	1×10^{-15}
수소 원자	2×10^{-27}
전자	9×10^{-31}

표 1.3 여러 가지 시간의 근삿값

	시간(s)
우주의 나이	5×10^{17}
지구의 나이	1×10^{17}
대학생의 평균 나이	6×10^{8}
1년	3×10^{7}
1일	9×10^{4}
심장 박동 간격	8×10^{-1}
가청 음파의 주기[a]	1×10^{-3}
전형적인 라디오파의 주기[a]	1×10^{-6}
고체 내 원자의 진동 주기[a]	1×10^{-13}
가시광선의 주기[a]	2×10^{-15}
핵 충돌 시간	1×10^{-22}
빛이 양성자를 가로지르는 데 걸리는 시간	3×10^{-24}

[a]주기는 한 번 진동하는 데 걸리는 시간이다.

표 1.4 미터법(SI, cgs 단위)에서 10의 거듭제곱을 나타내는 접두어와 그 약자

거듭제곱	접두어	약자
10^{-18}	아토(atto-)	a
10^{-15}	펨토(femto-)	f
10^{-12}	피코(pico-)	p
10^{-9}	나노(nano-)	n
10^{-6}	마이크로(micro-)	μ
10^{-3}	밀리(milli-)	m
10^{-2}	센티(centi-)	c
10^{-1}	데시(deci-)	d
10^{1}	데카(deka-)	da
10^{3}	킬로(kilo-)	k
10^{6}	메가(mega-)	M
10^{9}	기가(giga-)	G
10^{12}	테라(tera-)	T
10^{15}	페타(peta-)	P
10^{18}	엑사(exa-)	E

1.2 물질의 구성 요소

질량 1 kg의 금덩어리가 정육면체라면 한 변의 길이는 3.73 cm이다. 만약 금덩어리를 반으로 자르면 두 조각의 화학적 성질은 원래의 금과 같을 것이다. 그러나 만약 이 조각을 한없이 자르고 또 자르면 어떻게 될까? 그리스어로 **atomos**는 '잘릴 수 없는'이라는 뜻을 가지고 있다. 이 말로부터 **원자**(atom)라는 말이 나왔고 이는 한때 물질을 구성하는 가장 작은 입자라고 믿었다. 그러나 후에 원자 역시 더욱 기본적인 입자들로 구성되어 있음이 밝혀졌다.

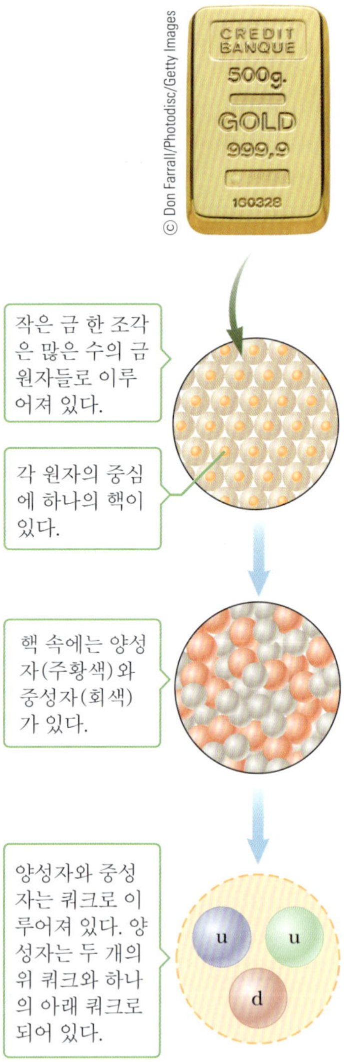

그림 1.2 물질의 구성 단계

원자 모형을 태양계의 축소판으로 보기도 한다. 태양의 자리에는 밀도가 높고 양전하를 띤 원자핵이 있고, 음전하를 띤 전자가 행성처럼 핵 주위를 돈다. 이러한 원자 모형은 약 1세기 전에 덴마크의 물리학자인 보어(Niels Bohr)가 처음 제안했고, 수소 원자처럼 간단한 원자를 이해하는 데 도움을 주었지만 원자의 세밀한 구조를 설명하는 데에는 실패했다.

1900년대 초에 원자핵이 발견된 후, 그 구조에 관한 질문이 제기되었다. 원자핵의 구성 성분은 오늘날까지도 완벽하게 정의되지 않았지만, 1930년대 초에 과학자들은 원자핵 내에 양성자와 중성자라는 두 가지의 기본 입자가 있다는 것을 밝혀냈다. **양성자**는 양전하가 있는 자연계의 기본 입자이며, 양성자는 전자와 크기가 같지만 부호가 반대인 전하를 띤다. 핵에 있는 양성자수는 그 물질이 어떤 원소인지를 결정한다. 예를 들어, 핵 안에 양성자가 한 개만 있다면 중성자 개수에 상관없이 이것은 수소 원자이다. 양성자수는 하나인데 중성자수가 다르면, 중수소, 삼중수소 등과 같은 수소 동위 원소가 된다. 이들은 화학적으로 수소처럼 반응하지만 더 무겁다. 핵에 두 개의 양성자가 있는 원자는 헬륨이며, 이 역시 중성자수가 다른 여러 동위 원소들이 존재한다.

중성자의 존재는 1932년에 밝혀졌다. 중성자에는 전하가 없으며 질량은 양성자와 비슷하다. 수소를 제외한 모든 원자핵에는 양성자와 함께 중성자가 있으며, 그 양성자들과 함께 중성자들은 매우 강력한 핵력으로 상호작용한다. 그 힘은 양성자들끼리의 전기적인 반발력과 반대 방향으로 작용한다. 그러한 핵력이 없으면 핵이 쪼개질 것이다.

양성자와 중성자는 더 이상 분해할 수 없는 입자일까? 물질의 분해는 여기서 그치지 않는다. 현재 양성자, 중성자, 그리고 여러 가지 이색적인 소립자들은 **쿼크**(quark)라고 하는 여섯 개의 기본 입자로 구성된다고 여겨진다. 이 여섯 개의 쿼크는 **위**(up), **아래**(down), **기묘**(strange), **맵시**(charm), **바닥**(bottom), **꼭대기**(top)로 불린다.

1.3 단위의 변환

때로는 어떤 단위계에서 다른 단위계로 단위들을 변환해야 할 때가 있다. 길이의 단위에 대한 국제단위계(SI)와 미국에서 관습적으로 사용하는 단위 사이의 바꿈 인수는 아래와 같다.

$$1\ \text{mi} = 1\,609\ \text{m} = 1.609\ \text{km} \qquad 1\ \text{ft} = 0.304\,8\ \text{m} = 30.48\ \text{cm}$$
$$1\ \text{m} = 39.37\ \text{in.} = 3.281\ \text{ft} \qquad 1\ \text{in.} = 0.025\,4\ \text{m} = 2.54\ \text{cm}$$

단위들은 서로 약분할 수 있는 대수적인 양처럼 취급할 수 있다. 예를 들어, 15.0 in.를 cm로 변환하여 보자. 1 in. = 2.54 cm이므로

$$15.0\ \text{in.} = 15.0\ \cancel{\text{in.}} \times \left(\frac{2.54\ \text{cm}}{1.00\ \cancel{\text{in.}}}\right) = 38.1\ \text{cm}$$

가 구하는 값이다.

도로 표지판에 제한 속력이 킬로미터와 마일 두 가지로 표시되어 있다. 변환이 얼마나 정확한가?

1.4 어림과 크기 정도 계산

문제를 풀 때, 인자 10 정도의 범위 안에서 근삿값을 아는 것으로 충분한 경우가 많이 있다. 이러한 근삿값을 **크기 정도**(order-of-magnitude) 어림이라고 하며, 실제의 값에 가장 가까운 10의 거듭제곱을 구하여야 한다. 예를 들어, $75\ \text{kg} \sim 10^2\ \text{kg}$이면, 기호 ~는 '크기 정도에 있는' 또는 '대략'이라는 뜻이다. 크기의 정도가 3으로 증가한다면, 그 값은 $10^3 = 1\,000$배로 증가함을 의미한다.

이러한 어림을 진전시켜, $\pi \sim 1$, $27 \sim 10$, $65 \sim 100$과 같이 숫자를 상당히 변경하여 사용할 수 있으며, 보다 정확한 어림값을 얻기 위해서는, $\pi \sim 3$, $27 \sim 30$, $65 \sim 70$과 같이 약간 더 정확한 숫자를 사용할 수 있다.

예제 1.1

문제 인간의 두뇌 속에 있는 뇌세포의 수를 대략 구하시오.

풀이 두뇌의 부피를 어림한다.

$$V_{\text{두뇌}} = \ell^3 \approx (0.2\ \text{m})^3 = 8 \times 10^{-3}\ \text{m}^3 \approx 1 \times 10^{-2}\ \text{m}^3$$

세포 1개의 부피를 어림한다.

$$V_{\text{세포}} = d^3 \approx (10 \times 10^{-6}\ \text{m})^3 = 1 \times 10^{-15}\ \text{m}^3\text{개}$$

두뇌의 부피를 세포의 부피로 나눈다.

$$\text{세포의 수} = \frac{V_{\text{두뇌}}}{V_{\text{세포}}} = \frac{0.01\ \text{m}^3}{1 \times 10^{-15}\ \text{m}^3} = \boxed{1 \times 10^{13}\ (\text{개})}$$

1.5 좌표계

물리학의 여러 분야에서 공간의 위치에 관한 문제를 다루며, 이때 좌표계를 정의할 필요가 있다. 직선 위의 한 점은 한 개의 좌표, 평면 위의 한 점은 두 개의 좌표, 공간에서의 한 점은 세 개의 좌표로 위치가 결정된다.

공간에서 위치를 나타내는 데 사용하는 좌표계는 다음과 같이 구성된다.

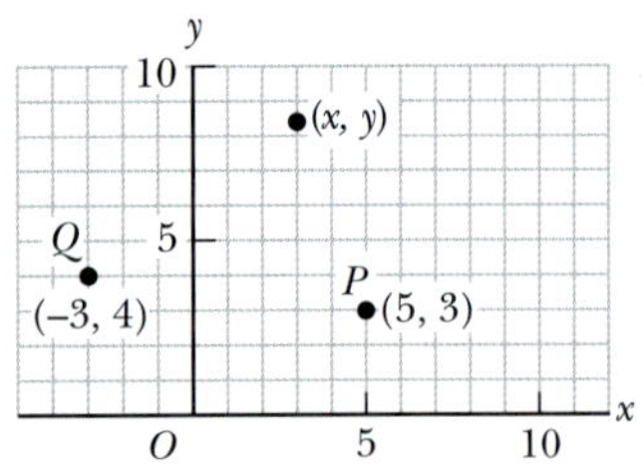

그림 1.3 이차원 직각 좌표계에 나타낸 점들의 위치. 모든 점들은 좌표 (x, y)로 나타낸다.

- 고정된 기준점 O, **원점**
- 눈금과 이름이 있는 좌표축
- 좌표에서 한 점을 나타내는 방법

편리하고 일반적으로 사용되는 좌표계는 **직각 좌표계**(Cartesian coordinate system, 또는 rectangular coodinate system)이다. 이차원에서의 직각 좌표계를 그림 1.3에 예시하였다. 이 좌표계에서 임의의 한 점은 좌표 (x, y)로 표시한다. 예를 들면, 그림에서 점 P의 좌표는 (5, 3)이다. 만일 원점 O에서 출발하여 오른쪽으로 5 m 이동한 후 위쪽으로 3 m 이동하면 점 P에 도달할 수 있다. 같은 방법으로, 좌표가 (−3, 4)인 Q에 도달하려면 원점에서 왼쪽으로 3 m 이동한 후 위쪽으로 4 m 이동하여야 한다.

일반적으로 이차원 직각 좌표계에서는 원점의 오른쪽을 $+x$로, 위쪽을 $+y$로 선택한다. (그러나 삼차원에서는 '오른손 좌표계' 와 '왼손 좌표계' 가 있으며 어떤 연산에서는 결과가 달라져 음의 부호가 된다. 이것들은 필요할 때 언급하도록 하겠다.)

때때로 그림 1.4와 같이 평면 위의 한 점을 **평면 극좌표**(plane polar coordinate) (r, θ)로 나타내는 것이 더 편리할 때가 있다. 이 좌표계에서는 그림에서와 같이 원점 O와 기준선을 선택한다. 극좌표 위에 한 점은 원점으로부터 그 점까지의 거리 r과, 기준선과 원점에서 그 점까지 그은 직선 사이의 각도 θ로 나타낸다. 일반적으로 표준 기준선은 직각 좌표계의 $+x$축을 선택한다. 각도 θ는 기준선에서 반시계 방향으로 측정할 때 양(+)으로, 시계 방향으로 측정할 때 음(−)으로 간주한다. 예를 들어, 극좌표에서 3 m와 60° 로 주어진 점은 원점으로부터 3 m와 기준선 위쪽(반시계 방향)으로 60° 되는 곳에 위치한다. 3 m와 −60° 로 주어진 점은 원점으로부터 3 m와 기준선 아래쪽(시계 방향)으로 60° 되는 곳에 위치한다.

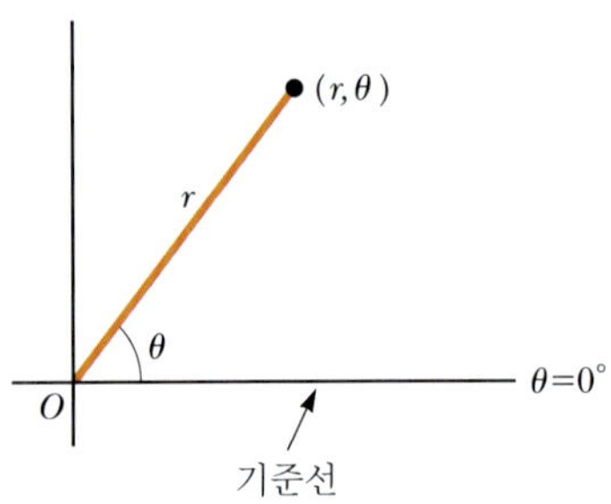

그림 1.4 평면 극좌표계. 한 점의 좌표는 거리 r과 각도 θ를 써서 나타낸다. 이때 θ는 $+x$축으로부터 반시계 방향으로 잰 각도이다.

1.6 삼각 함수

그림 1.5와 같은 직각삼각형이 있다. 여기서 y는 각 θ를 마주보는 변, x는 θ에 인접한 변, r은 삼각형의 빗변이다. 이러한 직각삼각형에서 기초적인 삼각 함수는 삼각형을 이루는 변과 다른 변의 비율이다. 이러한 관계를 사인(sin), 코사인(cos), 탄젠트(tan) 함수라고 한다. 각 θ의 항으로 나타낼 때, 기초적인 삼각 함수는 다음과 같다.

$$\sin\theta = \frac{\theta\text{를 마주보는 변}}{\text{빗변}} = \frac{y}{r}$$

$$\cos\theta = \frac{\theta\text{에 인접한 변}}{\text{빗변}} = \frac{x}{r} \qquad [1.1]$$

$$\tan\theta = \frac{\theta\text{를 마주보는 변}}{\theta\text{에 인접한 변}} = \frac{y}{x}$$

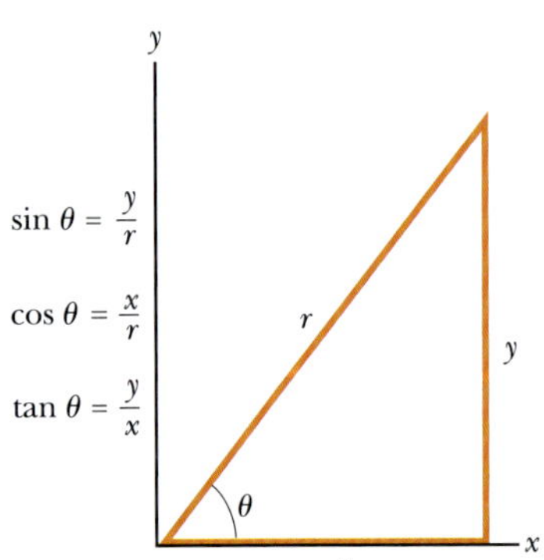

그림 1.5 직각삼각형의 삼각 함수

예를 들어, 각 θ가 30° 이면 r에 대한 y의 비율은 언제나 0.50이다. 즉, $\sin 30° = 0.50$

이다. 사인, 코사인 및 탄젠트 함수는 각각 두 변의 길이에 대한 비율이므로 단위가 없음에 주목하라.

직각삼각형을 이루는 세 변 사이에 나타나는 또 다른 중요한 관계를 **피타고라스 정리**(Pythagorean theorem)라 하며, 다음의 식과 같다.

$$r^2 = x^2 + y^2 \quad [1.2]$$

피타고라스 정리와 마찬가지로 삼각 함수와 역삼각 함수는 어떤 직각삼각형에도 적용되며, 삼각형의 변들이 x 좌표 및 y 좌표에 대응되지 않아도 관계없다.

예제 1.2

문제 건물의 높이를 구하기 위하여 건물에서 20 m를 걸어 나와서 건물 꼭대기를 향하여 전등을 비추었다. 그림 1.6과 같이 전등불빛이 수평과 30°를 이룬다. **(1)** 전등의 높이가 2 m이면 건물의 높이는? **(2)** 전등 불빛의 길이는?

풀이 **(1)** $(\tan 30°) = \dfrac{\Delta y}{20}$

$\Delta y = 20 \tan 30° = 20 \times 0.277 = 11.54 \text{ m}$

건물의 높이 $= \Delta y + 2 = 11.54 + 2 = 13.54 \text{ m}$

(2) 불빛의 길이

$\ell = \sqrt{(x^2 + y^2)} = \sqrt{(20^2 + 11.54^2)} = 23.1 \text{ m}$

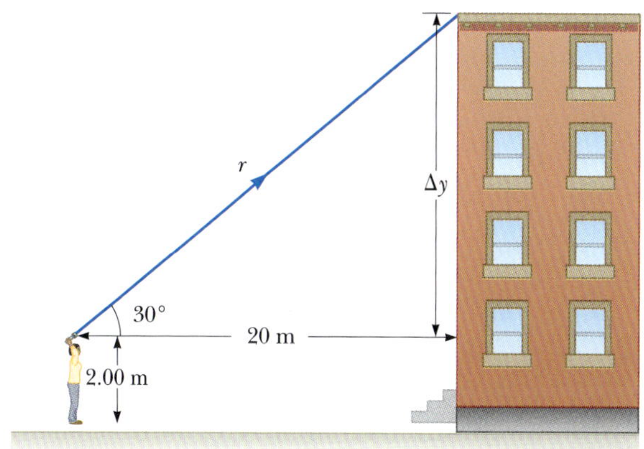

그림 1.6 (예제 1.2)

연습문제

1. 어떤 차가 고속도로를 38.0 m/s의 속력으로 달리고 있다. 도로의 제한 속력이 75.0 mi/h라면 차는 과속한 것인가? 답에 대한 이유를 설명하라.

2. 퍼킨(firkin)이라는 영국 단위는 9갤런에 해당하는 부피의 단위이다. 6.00퍼킨은 몇 세제곱미터인가?

3. 패덤(fathom)은 길이의 단위로서 약 6 ft에 해당하며 보통 수심을 재는 데 사용된다. 지구로부터 달까지의 거리를 250 000마일이라 할 때 이를 패덤 단위로 표시하라.

4. 어떤 구의 지름이 5.36인치로 측정되었다. (a) 구의 반지름을 cm로 나타내라. (b) 구의 겉넓이를 cm^2로 나타내라. (c) 구의 부피를 cm^3로 나타내라.

5. 1쿼트짜리 아이스크림 통의 모양이 정육면체이다. 한 변의 길이를 cm로 나타내보라. (1갤런 = 3.785리터, 1쿼트 = 1/4갤런)

6. 빛의 속력은 약 3.00×10^8 m/s이다. 이를 시간당 마일(mi/h)로 환산하라.

7. 자동차 타이어 한 개의 수명이 약 50 000마일이라면 그 수명 동안 타이어는 몇 회전할 수 있는가?

8. 사람은 평생 동안 숨을 몇 번이나 쉬는가?

9. 극좌표계에 위치한 어떤 점의 좌표가 $r = 2.5$ m와 $\theta = 35°$이다. 이 극좌표계와 직각 좌표계가 동일한 원점을 가진다고 가정하고, 이 점의 x 좌표와 y 좌표를 구하라.

10. 주어진 두 점의 좌표가 극좌표에서 각각 $(r, \theta) = (2.00\ \text{m}, 50.0°)$와 $(5.00\ \text{m}, -50.0°)$이다. 두 점 사이의 거리는 얼마인가?

11. 그림 P1.11에 있는 직각삼각형에서 (a) 주어지지 않은 변의 길이는 얼마인가? (b) θ의 탄젠트값은 얼마인가? (c) ϕ의 사인값은 얼마인가?

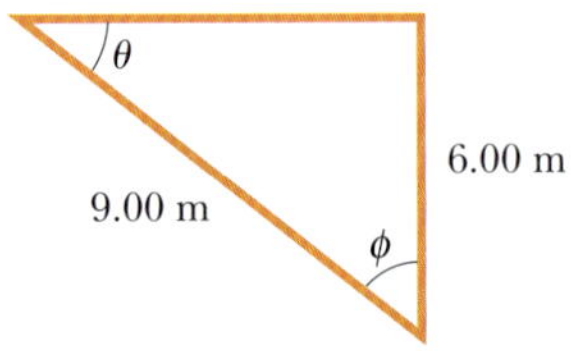

그림 P1.11

12. 어떤 측량기사가 다음과 같은 방법으로 수직으로 강을 가로지르는 길이를 측정한다. 맞은편 강둑에 있는 나무에서 똑바로 건넌 곳에서 출발하여 강둑을 따라 $x = 100$ m를 걸어 기준선을 만들었다. 그 곳에서 건너편의 나무를 바라볼 때 기준선과 나무까지의 각도가 $\theta = 35.0°$이다(그림 P1.12). 이 강의 너비는 얼마인가?

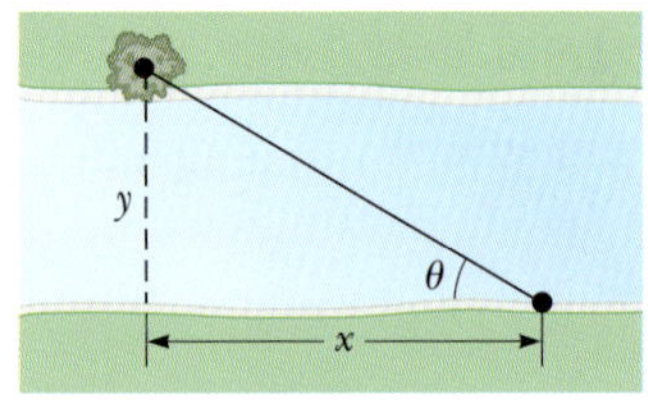

그림 P1.12

© 김영유

자유형 수영 경기 출발 모습(제95회 전국체전–제주종합경기장 내 실내수영장). 수영은 기록경기이다. 동시에 출발해서 누가 도착점에 빨리 도달하는가가 우승과 직결된다. 일반적으로 빠르기는 속력으로 나타내지만, 수영 경기는 속력을 측정하는 것이 아니라 일정한 거리(100 m, 400 m, 1 600 m 등)를 기준으로 걸린 시간으로 우승자를 가린다. 수영 경기에서 운동의 변수는 거리와 시간이고, 이 값으로부터 속력이 얻어진다.

일차원 운동 2
MOTION IN ONE DIMENSION

2.1 변위

운동은 시공간의 한 곳에서 다른 곳으로 물체의 변위를 수반한다. 운동을 기술하는 데는 어떤 특정한 원점과 편리한 좌표계가 요구된다. 그림 2.1a를 예로 들면, 자동차는 x축을 따라 이동하고 있고, 어떤 시간의 자동차 좌표는 공간에서의 위치를 나타내고 있다. 즉, 주어진 시간에서 자동차의 **변위**(displacement)를 나타낸다.

물체의 **변위** Δx는 위치의 변화로 다음과 같이 정의된다.

$$\Delta x \equiv x_f - x_i \qquad [2.1]$$

x_i는 자동차의 처음 위치, x_f는 나중 위치의 좌표이다. (첨자 i와 f는 각각 처음과 나중을 나타낸다.)

SI 단위: 미터(m)

그리스 문자 델타(Δ)는 어떤 물리량의 변화를 나타낸다. 변위의 정의로부터 Δx('델타 엑스'라고 읽는다)는 x_f가 x_i보다 클 때 양의 값을 갖고 x_f가 x_i보다 적을 때 음의

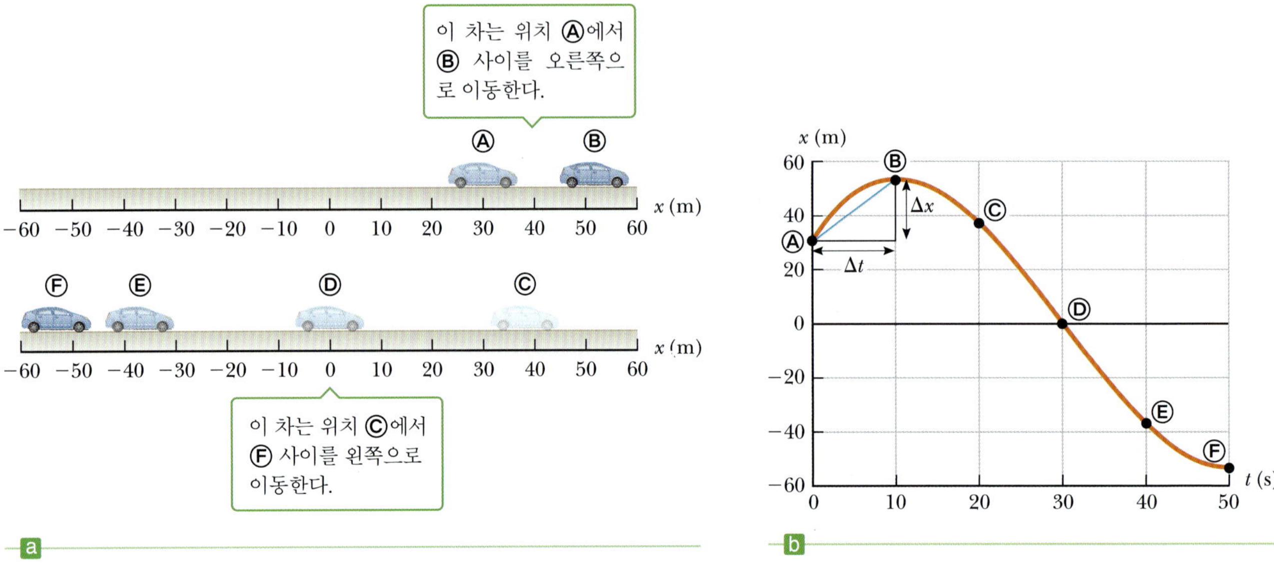

그림 2.1 (a) 자동차가 x축과 나란한 직선 도로를 앞뒤로 움직인다. 자동차의 직선 운동에만 관심을 가지고 보면 자동차를 입자로 취급할 수 있다. (b) 입자의 운동에 대한 위치-시간 그래프

값을 갖는다. 양의 값은 변위가 $+x$ 방향으로 움직였다는 것을 나타내며, 음의 값은 변위가 $-x$ 방향으로 움직였다는 것을 나타낸다. 이러한 움직임을 보여주는 그림 2.1b는 시간에 대한 자동차의 위치를 도표로 나타내고 있다.

변위는 속도와 가속도처럼 크기와 방향을 가지므로 벡터로 표시되는 물리량이다. 일반적으로 **벡터양은 크기와 방향을 모두 갖는 물리량이다.** 반면에 **스칼라양은 방향은 없고 크기만 갖는 물리량이다.** 질량과 온도와 같은 스칼라양은 방향은 포함하지 않으며 수치와 적절한 단위로만 정의된다.

2.2 속도

일상적으로 **속력**과 **속도**는 혼용해서 사용되고 있다. 그러나 물리에서는 이들 간에 엄격한 차이가 있다. 속력은 스칼라양으로 크기만을 가지는 반면, 속도는 벡터양으로 크기와 방향을 모두 가진다.

주어진 시간 간격 동안 물체의 **평균 속력**(average speed)은 전체 움직인 거리를 전체 걸린 시간으로 나눈 것이다.

$$\text{평균 속력} \equiv \frac{\text{경로 거리}}{\text{경과 시간}}$$

SI 단위: 미터/초(m/s)

예를 들어, 서울에서 부산까지의 고속도로 거리는 400 km이고 직선 거리는 300

km라고 하자. 어떤 사람이 차를 몰고 그 거리를 4시간 만에 갔다면 그의 평균 속력은 400 km/4 h = 100 km/h이고 평균 속도의 크기는 300 km/4 h = 75 km/h이다.

예제 2.1

문제 토끼가 5 km를 간다. 달리다가 중간에 2시간을 낮잠을 잔다. 달린 시간은 0.5시간이며, 총 소요 시간은 2.5시간이다. 토끼의 평균 속력은?

풀이 $$\text{평균 속력} = \frac{\text{경로 거리}}{\text{경과 시간}} = \frac{5\text{ km}}{2.5\text{ h}} = 2\text{ km/h}$$

평균 속력과 달리 **평균 속도**(average velocity)는 벡터양으로 크기와 방향을 모두 가지고 있다. 도로(x축)를 따라 움직이는 그림 2.2의 자동차를 상기해 보라. 자동차의 처음 위치 x_i의 시각을 t_i라하고, 위치 x_f의 시각을 t_f라 하자. 시간 간격 $\Delta t = t_f - t_i$ 동안 자동차의 변위는 $\Delta x = x_f - x_i$가 된다.

시간 간격 Δt 동안 평균 속도 $\bar{v}$는 변위 Δx를 Δt로 나눈 것이다.

$$\bar{v} \equiv \frac{\Delta x}{\Delta t} = \frac{x_f - x_i}{t_f - t_i} \quad [2.2]$$

SI 단위: 미터/초(m/s)

항상 양인 평균 속력과 달리 일차원에서 물체의 평균 속도는 변위의 부호에 따라 양일 수도 음일 수도 있다(시간 간격 Δt는 항상 양이다). 예를 들어, 그림 2.1a에서 위쪽 그림의 자동차는 x축의 오른쪽 방향으로 움직였기 때문에 자동차의 평균 속도는 양의 값이다. 하지만 아래쪽 그림의 자동차는 x축의 왼쪽으로 움직였기 때문에 자동차의 평균 속도가 음의 값이다.

그래프를 통한 속도의 이해

만일 자동차가 x축을 따라서 Ⓐ에서 Ⓑ로, Ⓒ로 계속해서 움직인다면 자동차의 위치를 운동을 시작한 때부터 시간의 흐름에 따라 시간의 함수로 그릴 수 있다. 결과는 그림 2.2에 나타난 것과 같이 **위치-시간 그래프**(position vs. time graph)이다. 그림 2.2a에서 그래프는 자동차가 일정한 속도로 움직이므로 직선이다. 같은 변위 Δx가 각 시간 간격 Δt마다 발생했기 때문이다. 이 경우 평균 속도는 $\Delta x/\Delta t$로 항상 같다.

일반적으로 시간 간격 Δt 동안 물체의 평균 속도는 물체의 위치-시간 그래프에서 시작과 끝점을 연결하는 직선의 기울기와 같다.

순간 속도

평균 속도는 시간 간격 동안에 어떤 일이 있었는지 구체적으로 설명하지 않는다.

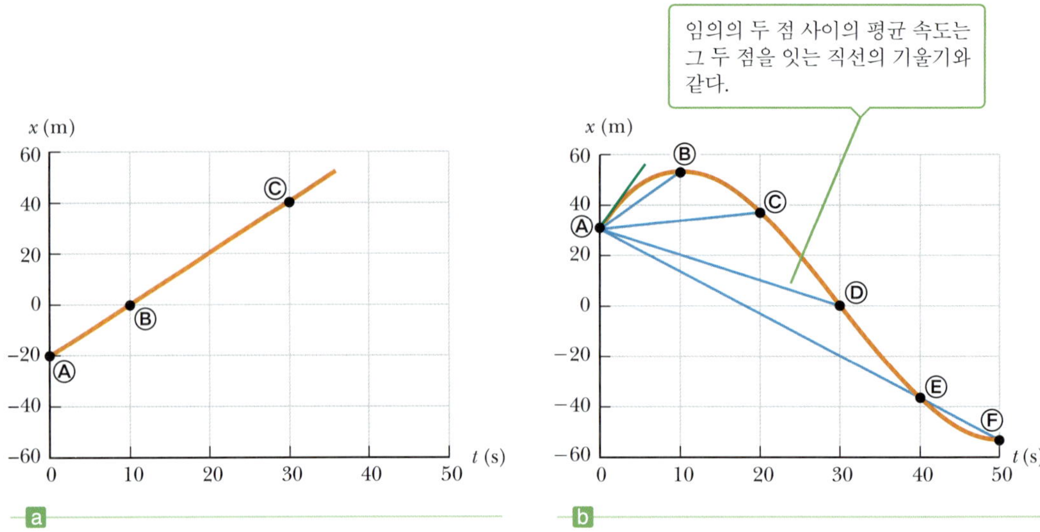

그림 2.2 (a) 등속도로 x축을 따라서 움직이는 자동차의 운동에 대한 위치-시간 그래프. (b) 표 2.1의 자료대로 일정하지 않은 속도로 움직이는 자동차에 대한 위치-시간 그래프

중요한 것은 어느 순간 자동차의 속력과 방향으로, 이 두 가지가 자동차의 **순간 속도**(instantaneous velocity)를 결정한다.

그러므로 어느 두 지점을 운행하는 자동차의 평균 속도는 그 시간 간격으로 계산되지만 순간 속도의 크기는 자동차의 속력계로 읽을 수 있다.

순간 속도 v는 평균 속도에서 시간 간격 Δt를 무한히 작게 가져갈 때 얻어지는 극한 값이다.

$$v \equiv \lim_{\Delta t \to 0} \frac{\Delta x}{\Delta t} \qquad [2.3]$$

SI 단위: 미터/초(m/s)

$\lim\limits_{\Delta t \to 0}$ 표기는 $\Delta x/\Delta t$가 더욱 더 작은 시간 간격 Δt에 대해 반복적으로 구해진 것을 의미한다. Δt가 극단적으로 영에 가까워짐에 따라 $\Delta x/\Delta t$의 비는 순간 속도로 정의된

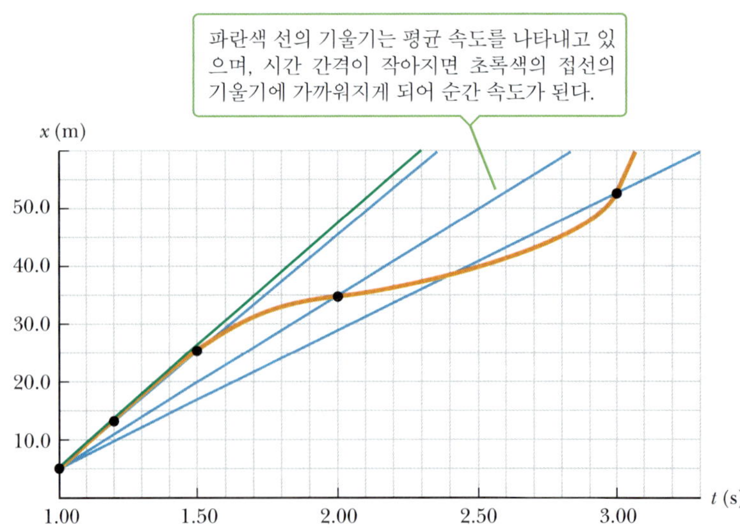

그림 2.3 자동차의 운동을 나타낸 그래프

어떤 특정 값에 점점 가까워진다.

그림 2.3과 같이 파란색 선들은 시간 간격이 작아짐에 따라 점점 접선에 접근한다. **'특정 시간'에 위치-시간 그래프에서 접선의 기울기는 그 시간의 순간 속도로 정의된다.**

물체의 순간 속력은 스칼라양이기 때문에 순간 속도의 크기로 정의된다.

예제 2.2

문제 그림 2.4와 같이 기차가 움직인다. **(1)** 처음 4초 동안의 평균 속도는? **(2)** 다음 4초 동안의 평균 속도는? **(3)** t = 2초 때의 순간 속도는?

풀이 **(1)** 평균 속도 $\bar{v} = \dfrac{\Delta x}{\Delta t} = \dfrac{4\text{ m}}{4\text{ s}} = 1\text{ m/s}$

(2) 평균 속도 $\bar{v} = \dfrac{\Delta x}{\Delta t} = \dfrac{0\text{ m}}{4\text{ s}} = 0\text{ m/s}$

(3) 순간속도 v = 2초 때의 곡선의 기울기 $= 1\text{ m/s}$

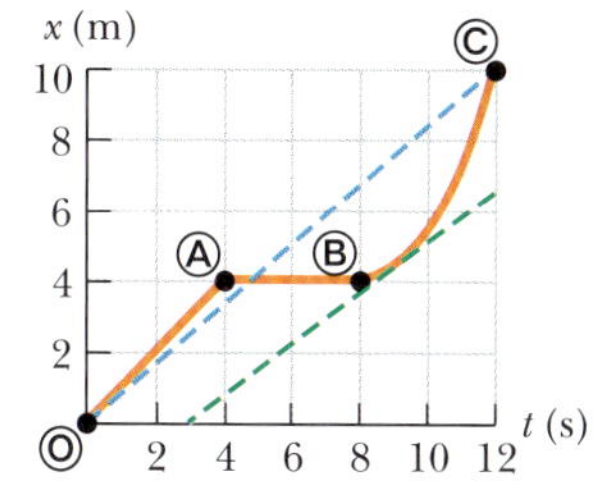

그림 2.4 (예제 2.2)

2.3 가속도

자동차로 한 장소에서 다른 장소로 이동할 때 일정한 속도로 먼 거리를 운행하는 경우는 드물다. 가속 페달을 좀 더 밟으면 속도는 증가하고 브레이크를 밟으면 감소한다. 곡선 도로를 달릴 때에도 운동 방향이 바뀌므로 속도는 변한다. 시간에 따라 속도가 변하는 것을 **가속도**(acceleration)라 한다.

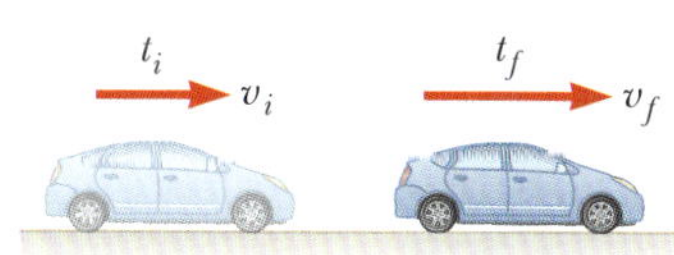

그림 2.5 오른쪽으로 움직이는 자동차가 시간 간격 $\Delta t = t_f - t_i$ 동안 속도 v_i에서 v_f로 가속되고 있다.

평균 가속도

그림 2.5와 같이 자동차가 직선 고속도로를 달린다. 시각 t_i일 때 속도가 v_i이고 시각 t_f일 때의 속도가 v_f이면, $\Delta v = v_f - v_i$이고 $\Delta t = t_f - t_i$이다.

시간 간격 Δt 동안의 평균 가속도 $\bar{a}$는 속도의 변화 Δv를 Δt로 나눈 것이다.

$$\bar{a} \equiv \frac{\Delta v}{\Delta t} = \frac{v_f - v_i}{t_f - t_i} \qquad [2.4]$$

SI 단위: 미터/제곱초(m/s²)

예를 들어, 그림 2.5와 같이 자동차가 시간 간격 2 s 동안 처음 속도 v_i = +10 m/s에서 v_f = +20 m/s로 가속되었다(속도는 모두 오른쪽으로 양의 방향이다). 이러한 값들을 식 2.4에 대입하면 평균 가속도를 구할 수 있다.

$$\bar{a} = \frac{\Delta v}{\Delta t} = \frac{20\text{ m/s} - 10\text{ m/s}}{2\text{ s}} = +5\text{ m/s}^2$$

가속도는 길이를 시간의 제곱으로 나눈 차원을 갖는 벡터양이다. 가속도의 일반적 단위는 미터/제곱초(m/s^2)와 피트/제곱초(ft/s^2)이다. 평균 가속도가 $+5\text{ m/s}^2$이라는 것은 평균적으로 자동차의 속도가 매초 $+x$ 방향으로 5 m/s씩 증가했다는 것이다.

직선 운동의 경우 물체의 속도 방향과 가속도 방향은 다음과 같은 관계가 있다. **물체의 속도와 가속도가 같은 방향일 때, 물체의 속력은 시간이 증가함에 따라 증가한다. 반면에 물체의 속도와 가속도의 방향이 반대 방향이면 물체의 속력은 시간에 따라 감소한다.**

가속도가 영이 아닌 물체는 속도가 영이 될 수 있지만, 그것은 순간적으로만 가능하다. 공을 연직 위로 던졌을 때 그 공이 최고점에 도달할 때 속도가 영이다. 최고점에서 중력은 여전히 공을 가속시키고 있기 때문에 공이 낙하하는 것이며 그렇지 않다면 공은 낙하하지 않을 것이다.

순간 가속도

평균 가속도 값은 종종 다른 시간 간격에 대해서 다르므로 2.2절에서 논의한 순간 속도와 유사한 **순간 가속도**(instantaneous acceleration)를 정의하는 것이 유용하다.

> 순간 가속도 a는 시간 간격 Δt가 영에 가까워지는 평균 가속도의 극한이다.
>
> $$a \equiv \lim_{\Delta t \to 0} \frac{\Delta v}{\Delta t} \qquad [2.5]$$
>
> **SI 단위: 미터/제곱초(m/s^2)**

여기서 다시 $\lim_{\Delta t \to 0}$ 표기는 Δt가 더욱 더 작아짐에 따라 구해지는 비 $\Delta v / \Delta t$를 의미한다. Δt가 영에 가까워짐에 따라 비는 일정한 값에 이르게 되며, 이를 순간 가속도라 한다.

그림 2.6의 **속도-시간 그래프**(velocity vs. time graph)는 물체의 시간에 대한 속도를 그린 것이다. 예를 들어, 그래프는 혼잡한 거리를 따라 움직이는 자동차를 나타낸 것이라 하자. 시간 t_i와 t_f 사이에 자동차의 평균 가속도는 점 Ⓟ와 Ⓠ를 연결하는 선의 기울기로 구할 수 있다. 만일 점 Ⓠ가 점점 점 Ⓟ쪽으로 가까이 온다고 하면, 선은 점점 점 Ⓟ의 접선과 가까워질 것이다. **어떤 시각에서 물체의 순간 가속도는 속도-시간 그래프에서 그 시각의 접선의 기울기와 같다.** 지금부터 **가속도**는 '순간 가속도'의 의미로 사용할 것이다.

물체의 운동에 대한 속도-시간 그래프가 직선인 특별한 경우, 어느 점에서의 순간 가속도는 평균 가속도와 같다. 이것은 또한 그래프의 접선이 그래프 자신과 겹치는 것을 의미한다. 이 경우 물체의 가속도는 **균일**하다고 하고 가속도가 일정한 값을 가짐을 의미한다.

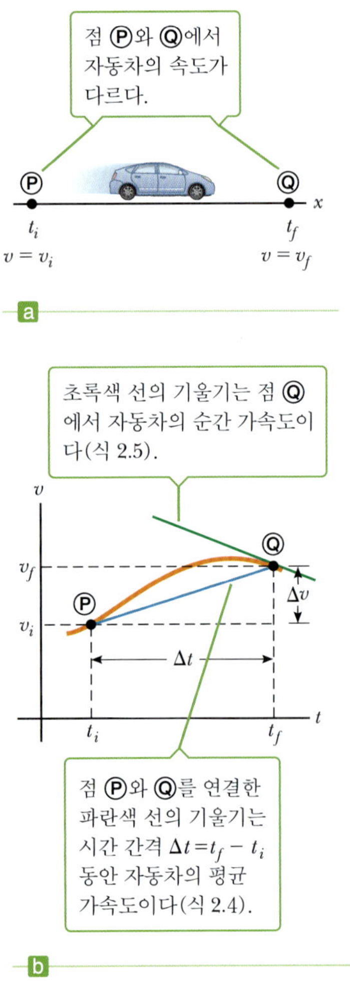

그림 2.6 (a) 점 입자로 가정한 차가 x축을 따라 Ⓟ에서 Ⓠ로 움직이고 있다. $t = t_i$에서의 속도가 v_{xi}이고 $t = t_f$에서의 속도는 v_{xf}이다. (b) 직선을 따라 움직이는 물체의 속도-시간 그래프

예제 2.3

문제 야구선수가 공중 볼을 잡기위하여 그림 2.7과 같이 직선으로 움직이고 있다. 점 Ⓐ와 점 Ⓑ에서의 순간 가속도를 구하라.

풀이 점 Ⓐ에서의 가속도 = 점 Ⓐ에서 직선의 기울기

$$= \frac{4\ \text{m/s}}{2\ \text{s}} = \boxed{2\ \text{m/s}^2}$$

점 Ⓑ에서의 가속도 = 점 Ⓑ에서 직선의 기울기

$$= \frac{0\ \text{m/s}}{1\ \text{s}} = \boxed{0\ \text{m/s}^2}$$

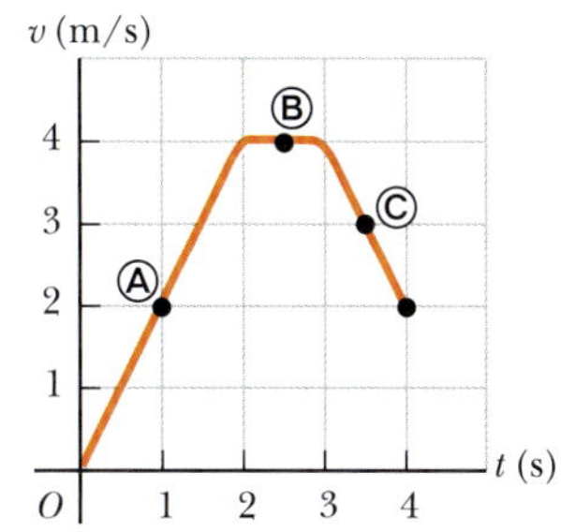

그림 2.7 (예제 2.3)

2.4 운동 도표

속도와 가속도는 종종 서로 혼동되지만 운동 도표로 나타내면 매우 다른 개념이다. 그림 2.8의 **운동 도표**(motion diagram)는 운동하는 물체를 연속적인 시간 간격마다 각각의 위치에 속도와 가속도 벡터를 그린 것으로 빨간색은 속도 벡터를, 보라색은 가속도 벡터를 나타낸 것이다. 운동 도표에서 인접한 위치 사이의 시간 간격은 같다고 가정한다.

운동 도표는 움직이는 물체의 연속 섬광 사진술로 얻은 영상과 유사하다. 각각의 영상은 연속 섬광으로 얻어진다. 그림 2.8은 직선 도로를 따라 왼쪽에서 오른쪽으로 움직이는 자동차의 연속 섬광 사진 세 세트를 나타낸 것이다. 각 도표에서 연속 섬광 간의 시간 간격은 같다.

그림 2.8a에서 자동차의 영상은 동일한 간격이다. 자동차는 각 시간 간격 동안 동일한 거리를 움직였다. 이것은 자동차가 **일정한 양(+)의 속도로 움직여 가속도가 영임을 의미한다.** 빨간색 화살표는 길이가 같고(일정한 속도) 보라색 화살표는 없다(영의 가속도).

그림 2.8b에서 자동차의 간격은 점점 증가하므로 속도가 시간에 따라 증가한다. 왜냐하면 인접한 점 사이의 자동차 변위가 시간에 따라 증가하기 때문이다. 자동차는

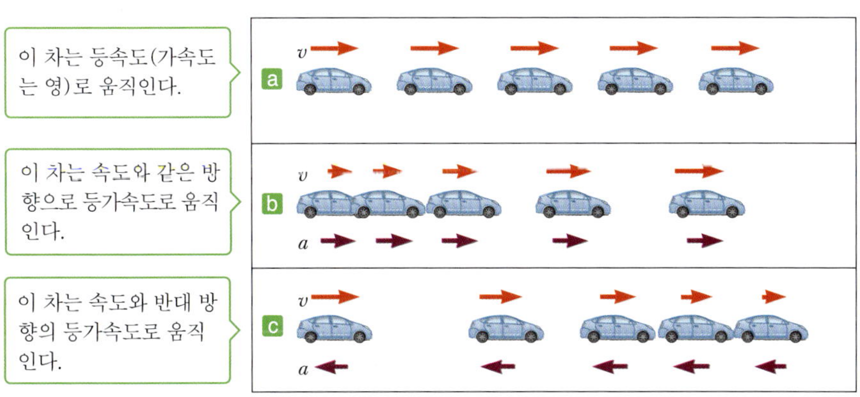

그림 2.8 한 방향으로 곧은 길을 달리는 차의 운동 도표. 각 순간의 속도는 빨간색 화살표로 표시되어 있고 일정한 크기의 가속도는 보라색 화살표로 그려져 있다.

양(+)의 속도와 일정한 양(+)의 가속도로 움직인다. 빨간색 화살표는 각 영상마다 계속 길어지고, 보라색 화살표는 오른쪽을 향한다.

그림 2.8c에서 시간에 따라 인접한 점 사이의 변위가 감소하므로 자동차는 속력이 감소한다. 이 경우 자동차는 처음부터 오른쪽으로 일정한 음의 가속도로 움직인다. 브레이크를 밟았을 때처럼 속도 벡터는 시간에 따라 감소하고(빨간색 화살표가 짧아진다) 결국 영이 된다. 가속도와 속도 벡터가 같은 방향이 아닌 것에 주목하라. 자동차는 **양(+)의 속도로 움직이지만 음(−)의 가속도를 가진다.**

운동학에 관련된 다양한 문제에 대해 스스로 도표를 그려보라.

2.5 일차원 등가속도 운동

등가속도 운동에 대한 가속도-시간 그래프가 그림 2.9a에 있다. **물체가 등가속도로 움직일 때 시간 간격의 어느 점에서 순간 가속도는 전체 시간 간격에 대한 평균 가속도와 같다.** 결과적으로 운동하는 동안 속도는 같은 비율로 증가하거나 감소하므로 v-t 그래프는 기울기가 양, 음, 또는 영인 직선이다.

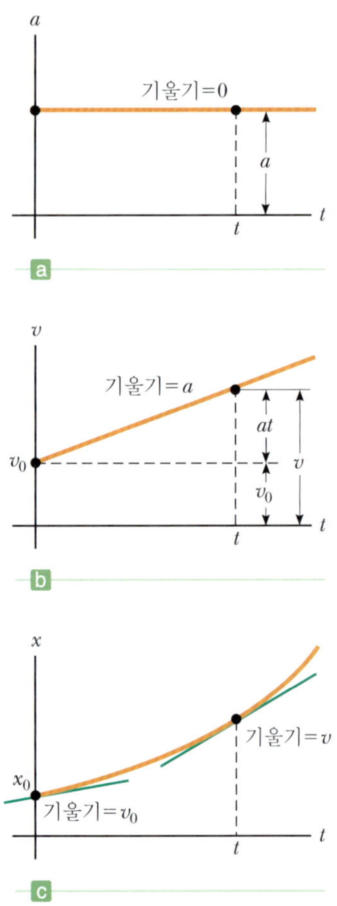

그림 2.9 등가속도 a로 x축을 따라 움직이는 입자. (a) 가속도-시간 그래프, (b) 속도-시간 그래프, (c) 위치-시간 그래프

a가 일정할 때 평균 가속도는 순간 가속도와 같으므로, 가속도에 대한 식의 정의에서 평균을 나타내는 문자 위의 '−'를 생략할 수 있게 되어, 식 2.4는

$$a = \frac{v_f - v_i}{t_f - t_i}$$

가 된다. 관측자는 운동의 시간을 측정할 때 처음 시간을 자유롭게 선택할 수 있으므로, 편리하게 임의의 시각에 $t_i = 0$과 t_f를 정할 수 있다. 또한 $v_i = v_0$($t = 0$에서의 속도)와 $v_f = v$(임의의 시각 t에서의 속도)로 놓을 수 있다. 이 표기 방법대로 가속도는

$$a = \frac{v - v_0}{t}$$

또는

$$v = v_0 + at \qquad (a\text{가 일정한 경우}) \qquad [2.6]$$

로 표현할 수 있다. 식 2.6은 가속도 a가 처음 속도 v_0을 at만큼 점진적으로 변화시킨다는 것을 의미한다.

v를 그래프로 해석한 것이 그림 2.9b에 나타나 있다. 등가속도에서 속도는 식 2.6에 의해 시간에 따라 선형적으로 변한다.

속도가 시간에 따라 균일하게 증가하거나 감소하므로 어느 시간 간격에 대한 평균 속도는 처음 속도 v_0과 나중 속도 v의 산술 평균으로 표현할 수 있다.

$$\bar{v} = \frac{v_0 + v}{2} \qquad (a\text{가 일정한 경우}) \qquad [2.7]$$

이 표현은 속도가 균일하게 증가하는 경우, 즉 가속도가 일정한 경우에만 유효하다.

이 결과를 평균 속도에 대한 식 2.2와 함께 사용하여 시간의 함수로 물체의 변위를 표현할 수 있다. 다시 편의상, $t_i = 0$ 그리고 $t_f = t$로 하고 $\Delta x = x_f - x_i = x - x_0$으로 쓰면 다음과 같이 된다.

$$\Delta x = \bar{v}t = \left(\frac{v_0 + v}{2}\right)t$$

$$\Delta x = \frac{1}{2}(v_0 + v)\,t \qquad (a\text{가 일정한 경우}) \qquad [2.8]$$

식 2.6의 v를 식 2.8에 대입하여 변위에 대해 다른 유용한 표현을 얻을 수 있다.

$$\Delta x = \frac{1}{2}(v_0 + v_0 + at)\,t$$

$$\Delta x = v_0 t + \frac{1}{2}at^2 \qquad (a\text{가 일정한 경우}) \qquad [2.9]$$

이 식은 $\Delta x = x - x_0$이므로, 위치 x에 대한 표현으로도 쓸 수 있다. 식 2.9의 x–t 도표, 즉 위치–시간 그래프를 그림 2.9c에 나타내었다. 그림 2.9b의 직선 아래 넓이는 $v_0 t + \frac{1}{2}at^2$으로 변위 Δx와 같다. 사실 **어떤 물체의 v–t 그래프 아래의 넓이는 물체의 변위 Δx와 같다.**

마지막으로 식 2.6을 t에 대해 정리한 후 식 2.8에 대입하면 시간을 포함하지 않는 관계식을 얻을 수 있다.

$$\Delta x = \frac{1}{2}(v + v_0)\left(\frac{v - v_0}{a}\right) = \frac{v^2 - v_0^2}{2a}$$

$$v^2 = v_0^2 + 2a\Delta x \qquad (a\text{가 일정한 경우}) \qquad [2.10]$$

© Book's Hill

갈릴레이 Galileo Galilei, 1564~1642
이탈리아의 물리학자 겸 천문학자

갈릴레이는 자유 낙하하는 물체의 운동을 기술하는 법칙을 수립하였다. 또한 경사면 위에서의 물체의 운동을 연구하였고, 상대 운동의 개념을 수립했으며, 온도계를 발명하였고, 흔들이 진자의 운동도 발견하여 시간 간격을 측정하였다. 그는 망원경을 설계하고 제작한 뒤, 목성의 네 개의 위성과 달 표면이 거칠다는 것을 발견하였다. 그리고 태양의 흑점과 금성이 변하는 모습을 발견했고 수많은 별들이 은하수를 구성하고 있다는 것을 보였다. 그는 공공연히 태양이 우주의 중심(태양 중심설)이라는 코페르니쿠스의 주장을 옹호했다. 그는 교회가 이단이라고 선언한 코페르니쿠스의 모형을 지지하기 위해 《새로운 두 천체 계들에 관한 대화》라는 책을 펴냈다. 1633년에 이단으로 몰려 로마로 압송된 후 종신형을 선고받고, 후에 플로렌스 근처의 아세트리에 있는 그의 집에서 1642년에 생을 마칠 때까지 자택연금을 당하였다.

2.6 자유 낙하 물체

공기의 저항이 없을 때, 지표면 근처에서 지구 중력의 영향으로 모든 물체가 똑같은 등가속도로 떨어진다.

전해오는 이야기에 따르면, 갈릴레이가 피사의 사탑에서 무게가 다른 두 물체를 떨어뜨렸을 때, 두 물체가 동시에 땅에 떨어진다는 사실을 관찰하고 물체의 낙하 법칙을 발견하였다고 한다.

망치와 깃털을 같은 높이에서 동시에 떨어뜨린다. 그러면 훨씬 가벼운 깃털은 공기 저항이 크기 때문에 망치가 먼저 바닥에 떨어진다. 우주비행사 스콧(David Scott)이 1971년 8월 2일 달에서 이와 같은 시범 실험을 하였다. 그는 망치와 깃털을 동시에 떨어뜨렸다. 공기 저항이 없으므로 이 둘은 같은 가속도를 가졌으며, 예상대로 동시에 달 표면에 떨어졌다. 이와 같이 공기 저항이 없는 이상적인 경우에 해당하는 운동을 **자유 낙하**라고 한다.

자유 낙하 물체라는 표현은 정지 상태에서 물체가 떨어질 때만 해당되는 것은 아니다. **자유 낙하 물체는 처음 운동과는 상관없이 오직 중력의 영향을 받으며 자유로이 운동하는 물체를 의미한다.** 위로 혹은 아래로 던져진 물체나 정지 상태에서 낙하하는 물체는 자유 낙하 운동을 한다고 본다.

이제부터 **자유 낙하 가속도**(free-fall acceleration)를 기호 g로 표기할 것이다. g의 크기는 고도가 증가함에 따라 감소한다. 그리고 위도에 따라서도 g가 약간 변한다. 지표면에서의 g는 근사적으로 $9.80\ m/s^2$의 값을 가진다. 계산을 할 때 g에 대하여 특별한 언급이 없으면 이 값을 사용한다. 신속하게 어림값을 구하기 위해서는 $g \approx 10\ m/s^2$을 사용한다.

예제 2.4

문제 지상에서 수직 위 방향으로 돌을 20 m/s의 속도로 던진다. 단, 중력가속도 $g = 10\ m/s^2$ 로 계산하시오. **(1)** 돌의 최고점 도달 시간 **(2)** 최고 높이 **(3)** 돌이 지상에 도달할 때까지 걸린 시간 **(4)** 지상에 도달시의 돌의 속도

풀이 **(1)** $v = v_0 - gt = 20 - 10t$, 최고점에서 속도 = 0이다.

$0 = 20 - 10t$, $t = 2s$

(2) $y = v_0 t - \frac{1}{2}gt^2 = 20t - 5t^2$ 식에 $t = 2$를 대입하면,

$y = 20 \times 2 - 5 \times 2^2 = 20\ m$

(3) $y = v_0 t - \frac{1}{2}gt^2 = 20t - 5t^2$에서

$y = 0 = 20t - 5t^2$, $t = 4s$

(다른 방법: 올라갈 때 2초가 걸리므로 내려올 때도 2초가 걸린다. 그러므로 총 4초가 걸린다)

(4) $v = v_0 - gt = 20 - 10t$ 식에 $t = 4$를 대입하면,

$v = 20 - 10 \times 4 = -20\ m/s$

연습문제

1. 어떤 사람이 자동차로 한 도시에서 다른 도시로 여행하고 있다. 30.0분간은 80.0 km/h로, 12.0분간은 100.0 km/h로, 그리고 45.0분간은 40.0 km/h로 운전을 했고, 점심 식사와 주유를 하는 데 15.0분이 걸렸다. (a) 여행 중의 평균 속력을 구하라. (b) 이 경로를 따라 두 도시 간의 거리를 구하라.

2. 자동차 운전자가 북쪽으로 85.0 km/h로 35.0분 여행하였고 15.0분 동안 정지하였다. 그런 다음 북쪽으로 2.00 h 동안 130 km를 여행하였다. (a) 전체 변위는 얼마인가? (b) 평균 속도는 얼마인가?

3. 인체에서 신경 자극이 전달되는 속력은 약 100 m/s이다. 어둠 속에서 발가락이 돌에 채였다면 뇌에 이 충격이 전달되는 데 걸리는 시간을 대략 구하라.

4. 이륙할 때의 속력이 $v_{to} = 75\ m/s$이고 활주로에서의 평균 가속도가 $1.3\ m/s^2$인 제트기가 있다. 활주로의 길이가 2.5 km라면, 제트기가 안전하게 이륙할 수 있는지 계산해 보라.

5. 그림 P2.5는 어떤 입자가 x축을 따라 움직일 때의 위치-시간 그래프이다. 시각 (a) $t = 1.00\ s$, (b) $t = 3.00\ s$, (c) $t = 4.50\ s$, (d) $t = 7.50\ s$에서의 순간 속도를 구하라.

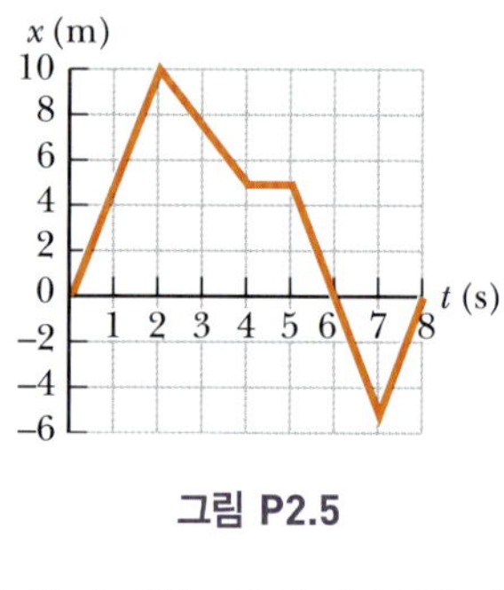

그림 P2.5

6. 어떤 자동차가 낼 수 있는 최대 가속도는 $0.60\ m/s^2$이다. 이 자동차가 55 mi/h의 속력에서 60 mi/h의 속력으로 가속하

는 데 걸리는 시간은 얼마인가?

7. 25.0 m/s로 움직이는 50.0 g인 공이 벽에 부딪쳐서 22.0 m/s로 튕겨 나온다. 이 모습을 고속카메라로 촬영하였다. 공이 벽과 3.50 ms 동안 접촉하였다면 이 시간 간격 동안의 평균 가속도의 크기는 얼마인가?

8. 경비행기가 이륙하기 위한 속력은 120 km/h이다. (a) 이 비행기가 240 m를 활주한 후 이륙하기 위해 필요한 최소의 등가속도는 얼마인가? (b) 이륙하는 데 걸리는 시간은 얼마인가?

9. 트럭이 40.0 m를 8.50 s 동안 달리면서 일정하게 감속하여 나중 속도가 2.80 m/s가 되었다. (a) 트럭의 처음 속도를 구하라. (b) 가속도를 구하라.

10. 어떤 물체가 일정하게 가속되어 x좌표가 3.00 cm 때의 속도가 $+x$ 방향으로 12.0 cm/s이다. 2.00 s 후의 x좌표가 -5.00 cm라면 가속도는 얼마인가?

11. 기차가 똑바른 기찻길을 20 m/s로 운행하다 기관사가 브레이크를 밟아 -1.0 m/s^{2}의 가속도로 감속되었다. 브레이크를 밟기 시작한 다음 40 s 동안 간 거리를 계산하라.

12. 어떤 차가 정지 상태에서 출발하여 일정한 가속도 $+1.5$ m/s^{2}으로 5.0 s 동안 달린 후 운전자가 브레이크를 밟아서 -2.00 m/s^{2}의 일정한 가속도로 감속되었다. 브레이크를 3.00 s 동안 밟았다면 (a) 브레이크를 밟은 직후 차의 속력은 얼마인가? (b) 처음부터 차가 이동한 전체 거리는 얼마인가?

13. 한 하키 선수가 빙판 위에 정지해 있을 때, 상대편 선수가 12 m/s의 등속도로 앞으로 움직이고 있다. 3.0 s 후에 처음 선수가 상대편 선수를 따라잡기로 마음먹었다. 그가 4.0 m/s^{2}의 등가속도로 가속할 때, (a) 상대편을 따라잡는 데 얼마나 걸리는가? (b) 이때까지 얼마나 움직이는가? 상대편은 등속도로 움직이고 있다고 가정한다.

14. 테니스 선수가 공을 윗방향으로 던졌다가 2.00 s 후에 처음과 같은 높이에서 다시 공을 잡았다. (a) 운동 중 공의 가속도는 얼마인가? 크기와 방향을 명시하라. (b) 최고점에 도달하였을 때 공의 속도는 얼마인가? (c) 공의 처음 속도와 (d) 최고점의 높이를 구하라.

15. 정지 상태로부터 자유 낙하하는 물체가 지표에 도달하기 전 30.0 m를 낙하하는 데 1.50 s 걸렸다. (a) 그 물체가 지표에서 30.0 m 되는 곳에 있는 순간의 속도를 구하라. (b) 그 물체가 자유 낙하한 전체 거리를 구하라.

16. 공을 25.0 m/s의 속력으로 수직 윗방향으로 던졌다. (a) 최고점의 높이는 얼마인가? (b) 최고점에 도달할 때까지 시간이 얼마나 걸리는가? (c) 최고점에 도달한 이후 지면에 도달하는 데 걸리는 시간을 얼마인가? (d) 시작점으로 되돌아 왔을 때의 속도는 얼마인가?

17. 처음 속도 50.0 m/s로 로켓 모형을 수직으로 쏘아 올렸다. 고도 150 m에 도달하여 엔진이 꺼질 때까지는 윗방향으로 2.00 m/s^{2}의 등가속도로 가속된다. (a) 엔진이 꺼진 후 로켓은 어떻게 운동하는지 설명하라. (b) 로켓이 도달하는 최고점의 높이는 얼마인가? (c) 로켓 발사 후부터 최고점에 두달하는 데 걸린 시간은 얼마인가? (d) 로켓이 공중에 머무는 시간은 얼마인가?

제주국제공항 활주로에 착륙하는 비행기. 고속도로에서의 자동차 운전(1차원운동)은 쉽지만, 활주로에 비행기를 착륙(3차원운동)시키는 것은 아주 어렵다. 이같은 일은 공항 관제사와 조종사 간의 소통과 안전한 착륙 시스템에 의해서만 가능하다. 비행기의 운동과 같이 2차원 및 3차원을 이동하는 물체의 운동 분석은 벡터를 이용하여 해석할 수 있다.

3 벡터와 이차원 운동

VECTORS AND TWO-DIMENSIONAL MOTION

3.1 벡터와 벡터의 성질

이 책에서 나오는 모든 물리량은 **벡터양** 또는 **스칼라양**으로 구분할 수 있다. 2장에서 본 것처럼 벡터는 방향과 크기를 모두 가진 물리량이다. 스칼라는 적절한 단위계에서 그 크기로만 결정되는 양이다. 즉, 스칼라는 크기만 있고 방향은 없다.

2장에서 배운 것처럼 변위, 속도 및 가속도는 벡터양이다. 스칼라양의 한 예로는 온도를 들 수 있다. 어떤 물체의 온도가 $-5\,^{\circ}\mathrm{C}$라고 한다면, 이 정보로 그 물체의 온도는 완전히 결정된다. 그러므로 방향이 필요 없다. 스칼라의 다른 예로는 질량, 시간, 부피를 들 수 있다. 스칼라양은 일상적인 계산법으로 다룰 수 있다. 벡터들도 서로 더하고 빼는 것이 가능하지만, 다음 절에서 설명하는 것처럼 스칼라의 연산과는 중요한 차이점이 있다.

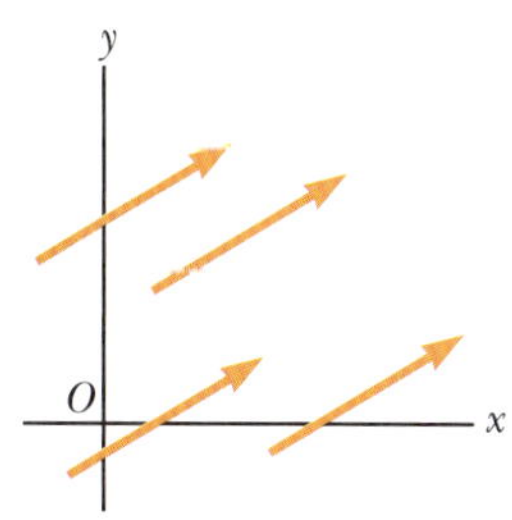

그림 3.1 네 개의 벡터들은 길이와 방향이 같기 때문에 모두 같은 벡터이다.

두 벡터의 동등성 두 벡터 $\vec{\mathbf{A}}$와 $\vec{\mathbf{B}}$는 크기와 방향이 같으면 서로 같다. 이 성질 때문에 벡터에 영향을 주지 않고, 그림 안에서 벡터를 평행 이동시킬 수 있다. 실제로 어떠한 경우에도 벡터는 그 성질에 변함이 없이 평행 이동시킬 수 있다(그림 3.1).

벡터의 덧셈 두 개 이상의 벡터를 더할 때, 벡터의 단위가 모두 같아야 한다. 예를 들면, 변위 벡터에 속도 벡터를 더하는 것은 두 벡터가 서로 다른 단위를 가지고 있으므로 무의미하다. 이것은 스칼라에도 적용된다. 예를 들면, 온도와 부피, 또는 질량과

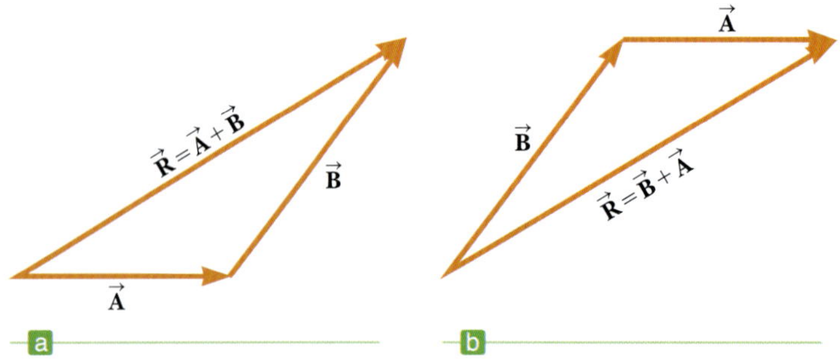

그림 3.2 (a) 벡터 $\vec{\mathbf{A}}$에 $\vec{\mathbf{B}}$를 더할 때, 벡터 합 $\vec{\mathbf{R}}$는 $\vec{\mathbf{A}}$의 시작점에서 $\vec{\mathbf{B}}$의 끝점을 향한다. (b) 여기서는 합 벡터가 $\vec{\mathbf{B}}$의 시작점에서 $\vec{\mathbf{A}}$의 끝점을 향한다. 이것으로부터 $\vec{\mathbf{A}} + \vec{\mathbf{B}} = \vec{\mathbf{B}} + \vec{\mathbf{A}}$ 임을 알 수 있다.

시간을 더하는 것은 무의미하다.

벡터는 기하학적인 방법과 대수적인 방법으로 더할 수 있다(대수적인 방법은 다음 절의 끝에서 다룬다). 벡터 $\vec{\mathbf{A}}$에 $\vec{\mathbf{B}}$를 기하학적으로 더하려면 우선 그래프 용지에 어떤 축척(예를 들면, 1 cm = 1 m)으로 $\vec{\mathbf{A}}$를 그린다. 벡터의 방향이 좌표계를 기준으로 나타나도록 그린다. 그 다음에 벡터 $\vec{\mathbf{B}}$도 같은 축척으로 그림 3.2a와 같이 $\vec{\mathbf{B}}$의 시작점이 $\vec{\mathbf{A}}$의 끝점에 오도록 그린다. 벡터 $\vec{\mathbf{B}}$는 벡터 $\vec{\mathbf{A}}$에 대하여 적절한 각을 이루도록 그려야 한다. **결과적으로 얻어진 합 벡터 $\vec{\mathbf{R}} = \vec{\mathbf{A}} + \vec{\mathbf{B}}$**는 $\vec{\mathbf{A}}$의 시작점에서 $\vec{\mathbf{B}}$의 끝점을 향하도록 그려진 벡터이다. 이 방법을 **삼각형 덧셈법**(triangle method of addition)이라 부른다.

두 벡터를 더할 때 그 합은 더하는 순서에는 무관하다. 즉, $\vec{\mathbf{A}} + \vec{\mathbf{B}} = \vec{\mathbf{B}} + \vec{\mathbf{A}}$이다. 이 관계는 그림 3.2b의 기하학적인 방법으로부터 알 수 있고, **덧셈의 교환 법칙**(commutative law of addition)이라 부른다.

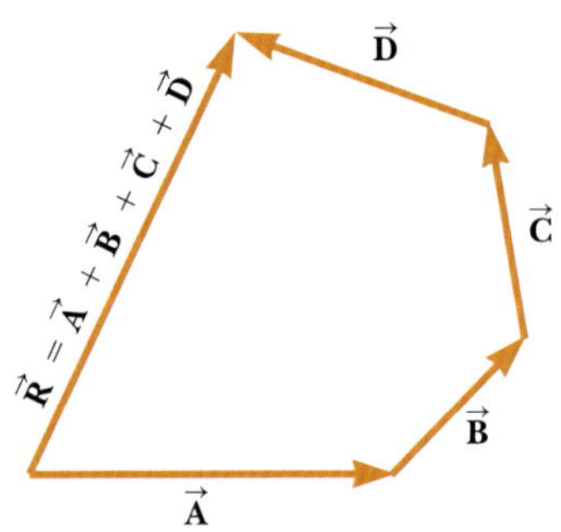

그림 3.3 네 개의 벡터를 합하는 기하학적 방법. 합 벡터 $\vec{\mathbf{R}}$는 주어진 벡터를 각 변으로 하는 다각형을 완성시키는 벡터이다.

이러한 일반적인 방법은 그림 3.3의 네 개의 벡터의 경우와 같이 두 개 이상의 벡터들을 더할 때도 사용할 수 있다. 합 벡터 $\vec{\mathbf{R}} = \vec{\mathbf{A}} + \vec{\mathbf{B}} + \vec{\mathbf{C}} + \vec{\mathbf{D}}$는 첫 번째 벡터의 시작점에서 마지막 벡터의 끝점을 향하도록 그린다. 마찬가지로 벡터 덧셈의 순서는 중요하지 않다.

음의 벡터 벡터 $\vec{\mathbf{A}}$의 음의 벡터는 벡터 $\vec{\mathbf{A}}$와 더해졌을 때 영이 되는 벡터로 정의된다. 즉 벡터 $\vec{\mathbf{A}}$와 $-\vec{\mathbf{A}}$는 크기가 같고 방향이 반대임을 의미한다.

벡터의 뺄셈 벡터의 뺄셈은 음의 벡터의 정의를 이용한다. 벡터 연산 $\vec{\mathbf{A}} - \vec{\mathbf{B}}$는 벡터 $\vec{\mathbf{A}}$에 벡터 $-\vec{\mathbf{B}}$를 더한 것으로 정의한다.

$$\vec{\mathbf{A}} - \vec{\mathbf{B}} = \vec{\mathbf{A}} + (-\vec{\mathbf{B}}) \qquad [3.1]$$

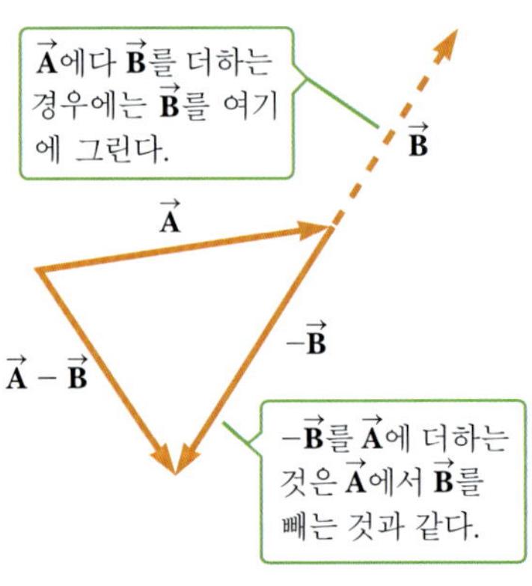

그림 3.4 이 그림은 벡터 $\vec{\mathbf{A}}$에서 벡터 $\vec{\mathbf{B}}$를 빼는 방법을 보여준다. 벡터 $\vec{\mathbf{B}}$는 $-\vec{\mathbf{B}}$와 크기는 같으나 방향은 반대이다.

벡터의 뺄셈은 실제로는 벡터의 덧셈의 한 형태이다. 그림 3.4는 두 벡터를 빼는 기하학적 방법을 보여준다.

스칼라와 벡터의 곱셈 및 나눗셈 벡터에 스칼라를 곱하거나 나누면 벡터가 된다. 예를 들어, 벡터 $\vec{\mathbf{A}}$에 스칼라 3을 곱하면, 그 결과는 $3\vec{\mathbf{A}}$라고 쓰며, 그 크기는 원래 벡터 $\vec{\mathbf{A}}$의 크기의 세 배이고, 방향은 벡터 $\vec{\mathbf{A}}$와 같은 벡터가 된다. 스칼라 -3이 $\vec{\mathbf{A}}$에 곱해졌다면, 그 결과는 $-3\vec{\mathbf{A}}$라 쓰며, 크기는 벡터 $\vec{\mathbf{A}}$의 크기의 세 배이고, 방향은 벡터 $\vec{\mathbf{A}}$와 반대(음의 부호 때문)인 벡터가 된다.

3.2 벡터의 성분

벡터를 더하는 한 방법은 직각 좌표계의 각 축에 대한 벡터의 투영을 이용하는 것이다. 이 투영을 **성분**(component)이라고 한다. 모든 벡터는 이러한 성분들로 완전히 기술될 수 있다.

그림 3.5와 같이 직각 좌표계에서 벡터 $\vec{\mathbf{A}}$를 생각해 보자. $\vec{\mathbf{A}}$는 x축에 평행한 $\vec{\mathbf{A}}_x$와 y에 평행한 $\vec{\mathbf{A}}_y$ 두 벡터의 합으로 나타낼 수 있다.

$$\vec{\mathbf{A}} = \vec{\mathbf{A}}_x + \vec{\mathbf{A}}_y$$

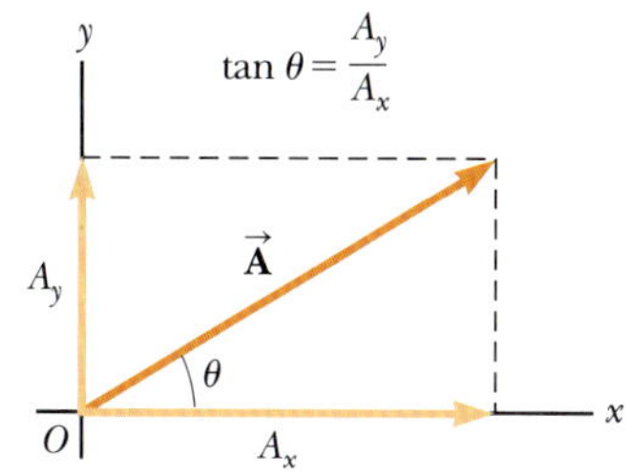

그림 3.5 xy평면상의 벡터 $\vec{\mathbf{A}}$는 직각 성분 A_x와 A_y로 나타낼 수 있다.

여기서 $\vec{\mathbf{A}}_x$와 $\vec{\mathbf{A}}_y$는 $\vec{\mathbf{A}}$의 성분 벡터이다. x축에 대한 $\vec{\mathbf{A}}$의 투영 A_x를 $\vec{\mathbf{A}}$의 x성분이라 하고, y축에 대한 $\vec{\mathbf{A}}$의 투영 A_y를 $\vec{\mathbf{A}}$의 y성분이라 한다. 이 성분들은 단위를 가진 양 또는 음의 수이다. 사인과 코사인의 정의로부터 $\cos\theta = A_x/A$와 $\sin\theta = A_y/A$임을 알 수 있다. 따라서 $\vec{\mathbf{A}}$의 성분은

$$A_x = A\cos\theta \qquad [3.2a]$$

$$A_y = A\sin\theta \qquad [3.2b]$$

로 주어진다. 이 성분들은 직각삼각형의 두 변을 형성하고, 그 빗변의 길이가 크기 A가 된다. 따라서 $\vec{\mathbf{A}}$의 크기와 방향은 피타고라스의 정리와 탄젠트의 정의에 의해 성분들로서 다음과 같이 표현된다.

$$A = \sqrt{A_x^2 + A_y^2} \qquad [3.3]$$

$$\tan\theta = \frac{A_y}{A_x} \qquad [3.4]$$

$+x$축 방향으로부터 반시계 방향으로 측정된 각 θ는 식 3.4로부터 다음과 같이 쓸 수 있다(그림 3.6).

$$\theta = \tan^{-1}\left(\frac{A_y}{A_x}\right)$$

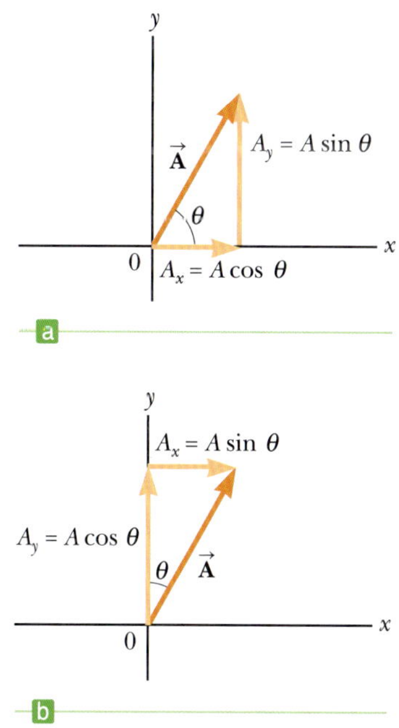

그림 3.6 각 θ가 항상 $+x$축 방향과 이루는 각으로 정의되어야 하는 것은 아니다.

벡터의 대수적 덧셈

도식을 이용한 방법으로 벡터의 덧셈을 하는 것은 벡터가 어떻게 다루어지는지를 이해하는 데 쉽다. 그러나 대부분 벡터는 성분을 대수적으로 더한다. 합 벡터 $\vec{\mathbf{R}} = \vec{\mathbf{A}} + \vec{\mathbf{B}}$의 성분은 다음과 같이 주어진다.

$$R_x = A_x + B_x \qquad [3.5a]$$

$$R_y = A_y + B_y \qquad [3.5b]$$

즉, x성분은 x성분끼리 더하고, y성분은 y성분끼리 더한다. $\vec{\mathbf{R}}$의 크기와 방향은 결과적으로 식 3.3과 3.4로부터 얻어진다.

두 벡터의 뺄셈은 한 벡터에 다른 벡터의 음의 벡터를 더하는 것이기 때문에 같은 방법으로 할 수 있다.

예제 3.1

문제 한 도보 여행자가 첫째 날에 베이스 캠프의 동남쪽 45.0° 방향으로 25.0 km의 도보 여행을 했다. 둘째 날에는 동북쪽 60.0° 방향으로 40.0 km를 걸어서 산림 감시원의 망루를 발견하였다. **(a)** 첫째 날과 둘째 날에 도보 여행자의 변위의 성분을 각각 구하라. **(b)** 여행에 대한 도보 여행자의 전체 변위의 성분을 구하라. **(c)** 베이스 캠프로부터 변위의 크기와 방향을 구하라.

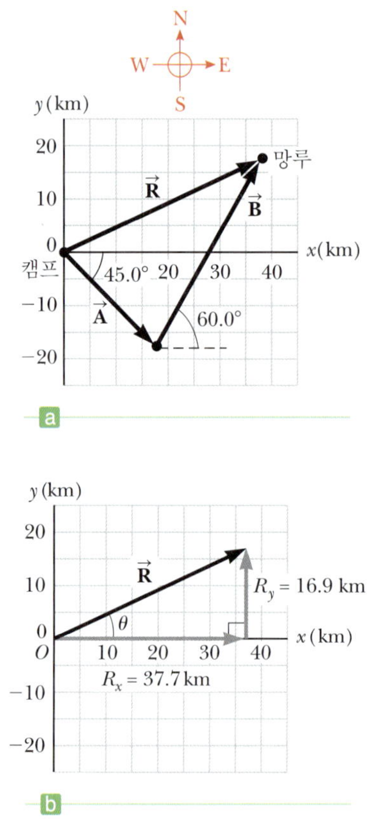

그림 3.7 (예제 3.1) (a) 도보 여행자가 이동한 경로와 합 벡터, (b) 베이스 캠프로부터 도보 여행자의 전체 변위의 성분

풀이 **(a)** $\vec{\mathbf{A}}$의 성분을 구한다.

식 3.2를 사용하여 $\vec{\mathbf{A}}$의 성분을 구한다.

$$A_x = A\cos(-45.0°) = (25.0\ \text{km})(0.707) = 17.7\ \text{km}$$

$$A_y = A\sin(-45.0°) = -(25.0\ \text{km})(0.707) = -17.7\ \text{km}$$

$\vec{\mathbf{B}}$의 성분을 구한다.

$$B_x = B\cos 60.0° = (40.0\ \text{km})(0.500) = 20.0\ \text{km}$$

$$B_y = B\sin 60.0° = (40.0\ \text{km})(0.866) = 34.6\ \text{km}$$

(b) 합 벡터 $\vec{\mathbf{R}} = \vec{\mathbf{A}} + \vec{\mathbf{B}}$의 성분을 구한다.

$\vec{\mathbf{A}}$와 $\vec{\mathbf{B}}$의 x성분들을 더하여 R_x를 구한다.

$$R_x = A_x + B_x = 17.7\ \text{km} + 20.0\ \text{km} = 37.7\ \text{km}$$

$\vec{\mathbf{A}}$와 $\vec{\mathbf{B}}$의 y성분들을 더하여 R_y를 구한다.

$$R_y = A_y + B_y = -17.7\ \text{km} + 34.6\ \text{km} = 16.9\ \text{km}$$

(c) $\vec{\mathbf{R}}$의 크기와 방향을 구한다.

피타고라스 정리를 이용하여 크기를 구한다.

$$R = \sqrt{R_x^2 + R_y^2} = \sqrt{(37.7\ \text{km})^2 + (16.9\ \text{km})^2} = 41.3\ \text{km}$$

역탄젠트 함수를 이용하여 $\vec{\mathbf{R}}$의 방향을 계산한다.

$$\theta = \tan^{-1}\left(\frac{16.9\ \text{km}}{37.7\ \text{km}}\right) = 24.1°$$

3.3 이차원에서의 변위, 속도 및 가속도

2장의 일차원 운동에서 변위, 속도, 가속도와 같은 벡터의 방향은 양과 음의 부호를 사용하여 설명하였다. 예를 들어, 로켓의 속도는 로켓이 상승할 때는 양이고, 하강할 때는 음이 된다. 이렇게 간단한 해는 이차원 또는 삼차원에서는 더 이상 적용될 수 없다. 대신 벡터 개념을 사용해서 설명해야 한다.

그림 3.8과 같이 공간에서 운동하는 물체를 생각해 보자. 물체가 시각 t_i일 때, 어떤 점 Ⓟ에 있으면, 그 위치는 원점에서 Ⓟ를 향한 위치 벡터 $\vec{\mathbf{r}}_i$로 기술된다. 물체가 시각 t_f일 때 다른 점 Ⓠ에 있다면, 그 위치 벡터는 $\vec{\mathbf{r}}_f$가 된다. 그림 3.8의 벡터 도표에서와 같이 나중 위치 벡터는 처음 위치 벡터와 변위 벡터 $\Delta\vec{\mathbf{r}}$의 합이다. 즉, $\vec{\mathbf{r}}_f = \vec{\mathbf{r}}_i + \Delta\vec{\mathbf{r}}$이다. 이러한 관계로부터 다음과 같은 것을 알 수 있다.

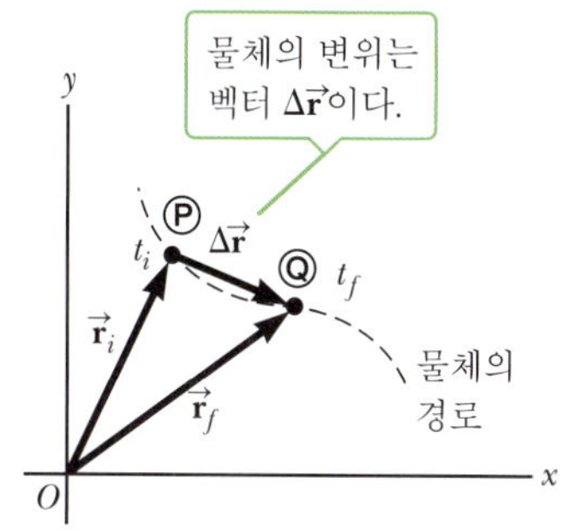

그림 3.8 점 Ⓟ와 Ⓠ 사이의 곡선 경로를 따라 움직이는 물체의 변위 벡터 $\Delta\vec{\mathbf{r}}$은 위치 벡터의 차이이다. 즉, $\Delta\vec{\mathbf{r}} = \vec{\mathbf{r}}_f - \vec{\mathbf{r}}_i$이다.

물체의 **변위**(displacement)는 위치 벡터의 변화로 정의된다.

$$\Delta\vec{\mathbf{r}} \equiv \vec{\mathbf{r}}_f - \vec{\mathbf{r}}_i \qquad [3.6]$$

SI 단위: 미터(m)

2장에서 보인 속도와 가속도의 정의에 대한 몇 가지를 일반적인 식으로 나타내어 보자.

시간 간격 Δt 동안의 물체의 **평균 속도**(average velocity)는 변위를 Δt로 나눈 것이다.

$$\vec{\mathbf{v}}_{\text{평균}} \equiv \frac{\Delta\vec{\mathbf{r}}}{\Delta t} \qquad [3.7]$$

SI 단위: 미터/초(m/s)

변위는 벡터양이고 시간 간격은 스칼라양이므로 평균 속도는 $\Delta\vec{\mathbf{r}}$의 방향을 갖는 벡터양이다.

물체의 **순간 속도**(instantaneous velocity) $\vec{\mathbf{v}}$는 Δt가 영에 접근할 때 평균 속도의 극한 값이다.

$$\vec{\mathbf{v}} \equiv \lim_{\Delta t \to 0} \frac{\Delta\vec{\mathbf{r}}}{\Delta t} \qquad [3.8]$$

SI 단위: 미터/초(m/s)

순간 속도 벡터의 방향은 물체의 경로의 접선 방향을 따르며, 이것이 운동 방향이다.

시간 간격 Δt 동안의 물체의 **평균 가속도**(average acceleration)는 속도의 변화량 $\Delta\vec{\mathbf{v}}$를 Δt로 나눈 것이다.

$$\vec{\mathbf{a}}_{\text{평균}} \equiv \frac{\Delta\vec{\mathbf{v}}}{\Delta t} \qquad [3.9]$$

SI 단위: 미터/제곱초(m/s²)

물체의 **순간 가속도**(instantaneous acceleration) $\vec{\mathbf{a}}$는 Δt가 영에 접근할 때

평균 가속도의 극한 값이다.

$$\vec{\mathbf{a}} \equiv \lim_{\Delta t \to 0} \frac{\Delta \vec{\mathbf{v}}}{\Delta t} \qquad [3.10]$$

SI 단위: 미터/제곱초($\mathbf{m/s^2}$)

3.4 이차원에서의 운동

이 장에서는 일정한 가속도를 가지고 x 방향과 y 방향으로 동시에 움직이는 물체의 경우를 생각해 보자. 중점적으로 다룰 이차원 운동의 특별한 예는 **포물체 운동**이다.

공중에 어떤 물체를 던지면 그 물체는 포물체 운동을 하게 된다. 만약 공기 저항과 지구의 자전 효과를 무시한다면, 지구 중력장 내에 던져진 물체는 그림 3.9와 같이 포물선 경로를 따라 운동한다.

$+x$축 방향이 수평 오른쪽 방향, $+y$축 방향이 연직 윗방향이다. 이차원 포물체 운동에서 가장 중요한 실험적 사실은 **수평 운동과 연직 운동이 완전히 독립적으로 일어난다**는 것이다. 이것은 한 방향의 운동이 다른 방향의 운동에 영향을 미치지 않는다는 것을 의미한다. 야구공을 그림 3.9와 같이 포물선 경로를 따라 던졌을 때, y축 방향의 운동은 중력장 내에서 공을 똑바로 위로 던져 올렸을 때의 운동과 같이 취급될 것이다.

일반적으로 2장에서 유도한 등가속도의 방정식은 x 방향과 y 방향에 대하여 각각 적용된다. 포물체가 시각 $t = 0$에서 처음 속도 $\vec{\mathbf{v}}_0$로 원점에서 출발했다고 가정하자. 속도 벡터가 수평면과 θ_0의 각을 이룰 때, 이 각 θ_0를 **투사각**이라 한다. 코사인과 사인 함수와 그림 3.9로부터

$$v_{0x} = v_0 \cos\theta_0, \quad \text{그리고} \quad v_{0y} = v_0 \sin\theta_0$$

가 된다. 여기서 v_{0x}는 x 방향의 처음 속도($t = 0$일 때)이고, v_{0y}는 y 방향의 처음 속도이다.

a_x가 일정할 때 x축 방향에 대한 식은

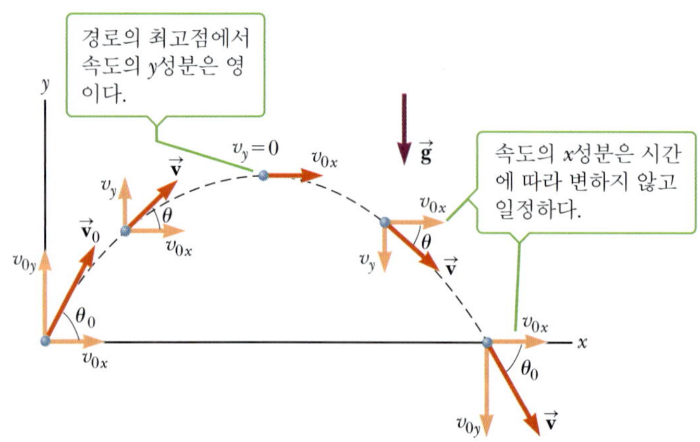

그림 3.9 원점에서 속도 $\vec{\mathbf{v}}_0$로 출발한 포물선 궤도. 속도 $\vec{\mathbf{v}}$는 시간에 따라 변화함에 주목하라. 그러나 속도의 x성분 v_x는 시간에 대해 일정하며 처음 속도 v_{0x}와 같다. 또한 최고점에서 $v_y = 0$이며, 가속도는 항상 자유 낙하 가속도와 같고 연직 아랫방향을 향한다.

$$v_x = v_{0x} + a_x t \qquad [3.11a]$$

$$\Delta x = v_{0x} t + \frac{1}{2} a_x t^2 \qquad [3.11b]$$

$$v_x^2 = v_{0x}^2 + 2a_x \Delta x \qquad [3.11c]$$

가 된다. 여기서 $v_{0x} = v_0 \cos\theta_0$이다. y축 방향에 대한 식은

$$v_y = v_{0y} + a_y t \qquad [3.12a]$$

$$\Delta y = v_{0y} t + \frac{1}{2} a_y t^2 \qquad [3.12b]$$

$$v_y^2 = v_{0y}^2 + 2a_y \Delta y \qquad [3.12c]$$

가 된다. 여기서 $v_{0y} = v_0 \sin\theta_0$이고 a_y는 일정하다. 물체의 속력 v는 피타고라스 정리를 이용하여 속도 벡터의 성분으로부터 계산할 수 있다.

$$v = \sqrt{v_x^2 + v_y^2}$$

속도 벡터와 x축 사이의 각은

$$\theta = \tan^{-1}\left(\frac{v_y}{v_x}\right)$$

로 주어진다.

공기 저항을 무시할 수 있다고 가정한 경우에는 x 방향의 가속도는 영이다(공기 저항이 무시되었기 때문이다). 이것은 **$a_x = 0$이며 포물체의 속도의 x 방향 성분은 일정하다는 것을 의미한다.** x 방향 속도 성분의 처음 값이 $v_{0x} = v_0 \cos\theta_0$이면 그 후 v_x의 값은 항상 같다.

$$v_x = v_{0x} = v_0 \cos\theta_0 = \text{일정} \qquad [3.13a]$$

반면에 수평 방향의 변위는 다음과 같이 간단히 표현된다.

$$\Delta x = v_{0x} t = (v_0 \cos\theta_0) t \qquad [3.13b]$$

y 방향의 운동에 대하여는 식 3.12에 $a_y = -g$와 $v_{0y} = v_0 \sin\theta_0$를 대입하여 다음과 같이 얻을 수 있다.

$$v_y = v_0 \sin\theta_0 - gt \qquad [3.14a]$$

$$\Delta y = (v_0 \sin\theta_0) t - \frac{1}{2} g t^2 \qquad [3.14b]$$

$$v_y^2 = (v_0 \sin\theta_0)^2 - 2g\Delta y \qquad [3.14c]$$

예제 3.2

문제 그림 3.10과 같이 구조비행기에서 식량을 떨어뜨리려 한다. 비행기의 고도는 125 m이고 수평 속력은 40 m/s이다. (1) 식량은 비행기에서 떨어뜨린 위치에서 수평으로 얼마나 가서 낙하하는가? (2) 식량의 지면 도달시의 수평속도와 수직속도는?

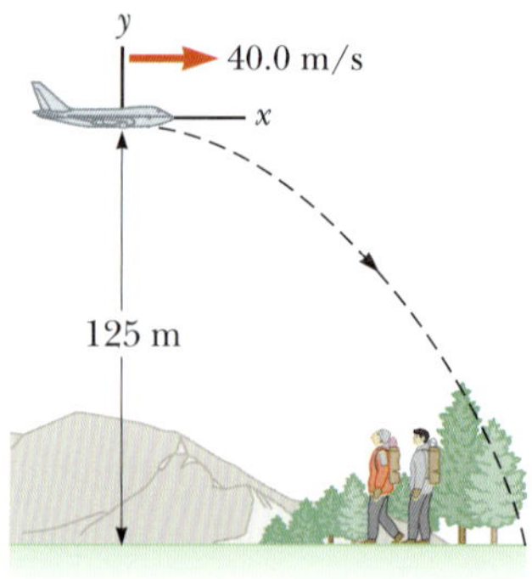

그림 3.10 (예제 3.2) 지상에 있는 관측자가 보았을 때, 구조 비행기에서 투하한 상자는 그림과 같은 점선 경로를 따라 움직인다.

풀이 (1) 처음속도 = 0인 자유낙하를 하여 125 m 떨어지는데 걸린 시간은

$$125 = \frac{1}{2} \times 10 \times t^2 \quad \therefore t = 5\text{ s}$$

수평방향으로는 등속도 운동이므로

간 거리 = 수평속력 × 시간 = 40 × 5 = 200 m

(2) 수평방향은 등속도 운동이므로

지면 도달시의 수평속도 = 처음의 수평속도 = 40 m/s

수직방향은 가속도운동이므로

지면 도달시의 수직속도 = gt = 10 × 5 = 50 m/s

이차원 등가속도

지금까지는 오직 중력에 의해서만 영향을 받는 포물체 운동에 대한 문제들만 공부하였다. 좀 더 일반적인 경우에는 다른 요인으로 공기의 저항, 표면 마찰, 또는 엔진 등에 의해서도 가속도는 생긴다. 이러한 가속도는 a_x와 a_y의 벡터 성분을 모두 갖는다. 두 성분의 크기가 각각 일정하다면 운동을 분석하기 위해 식 3.11과 3.12를 사용할 수 있다.

예제 3.3

문제 그림 3.11과 같이 수평으로 100 m/s로 비행하는 전투기가 로켓을 떨어뜨린다. 로켓은 즉시 점화되어 수평방향으로 20 m/s^{2}으로 가속되며 자유낙하 한다. 로켓이 500 m 낙하하였을 때 **(1)** 수직방향의 속도 **(2)** 수평방향의 속도는?

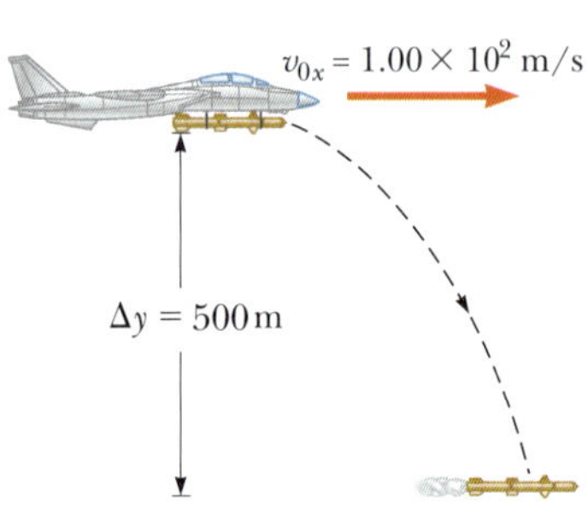

그림 3.11 (예제 3.3)

풀이 **(1)** 수직방향의 나중속도^2 − 수직방향의 처음속도^2 = $2gy$,

수직방향의 처음속도 = 0

수직방향의 나중속도^2 = 2 × 10 × 500

∴ 수직방향의 나중속도 = 100 m/s

(2) 로켓이 500 m 낙하시 걸린 시간을 구해보면,

$$100 = 0 + 10 \times t \quad \therefore t = 10\text{ s}$$

수평방향의 속도 = 수평방향의 처음속도(전투기의 속도) + 로켓의 가속도 × t
= 100 + 20 × 10 = 300 m/s

3.5 상대 속도

상대 속도란 서로에 대하여 운동하고 있는 서로 다른 두 관측자의 측정에 관련되는 것이다. 측정된 물체의 속도는 물체에 대하여 운동하는 관측자의 속도에 의존한다. 예를 들면, 고속도로에서 같은 방향, 같은 속력으로 달리는 자동차들은 지면에 대해서는 고속으로 달리지만, 그들 서로에게는 상대적으로 운동하지 않는다. 길가에 정지해 있는 관측자가 볼 때 자동차가 100 km/h로 달리고 있지만, 같은 방향으로는 90 km/h로 달리고 있는 다른 차가 볼 때는 10 km/h로 달리고 있는 것 같이 보인다.

따라서 속도 측정은 관측자의 **기준틀**(reference frame)에 따라 다르다. 기준틀이란 좌표계를 말한다. 대개는 지구에 대하여 **정지한 기준틀**(stationary frame of reference)을 사용하지만, 때로는 지구에 대하여 일정한 속도로 운동하고 있는 비행기, 자동차, 버스 등과 같이 **움직이는 기준틀**(moving frame of reference)을 사용하기도 한다.

이차원에서의 상대 속도 계산은 혼란스러울 수도 있으니 체계적인 접근이 중요하다. E는 지구에 대하여 정지하고 있는 관측자라고 하자. 두 대의 자동차를 각각 A와 B라고 표시하고 다음의 표기법을 사용하자(그림 3.12).

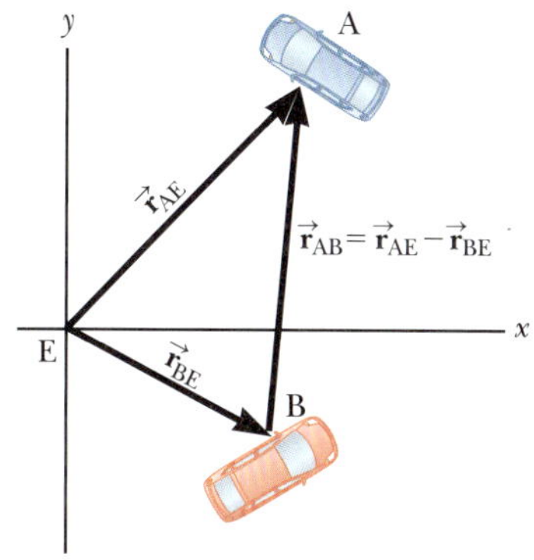

그림 3.12 자동차 B에 대한 자동차 A의 위치는 벡터의 뺄셈으로 구할 수 있다. 이 벡터의 시간에 대한 변화율이 상대 속도 식이 된다.

$\vec{\mathbf{r}}_{AE}$ = E가 측정한 자동차 A의 위치(지구에 대하여 고정된 좌표계에서)
$\vec{\mathbf{r}}_{BE}$ = E가 측정한 자동차 B의 위치
$\vec{\mathbf{r}}_{AB}$ = 자동차 B에 있는 관측자가 측정한 자동차 A의 위치

위의 표기법에 의하면, 첫 번째 첨자는 벡터가 향하고 있는 곳을 나타내고, 두 번째 첨자는 위치 벡터의 시작점을 뜻한다. 그림에서 $\vec{\mathbf{r}}_{AE}$는 E에 대하여 자동차 A의 위치 벡터이고, $\vec{\mathbf{r}}_{BE}$는 E에 대하여 자동차 B의 위치 벡터이다. $\vec{\mathbf{r}}_{AB}$가 자동차 B에 있는 관측자가 측정한 자동차 A의 위치라는 것을 어떻게 알 수 있을까? $\vec{\mathbf{r}}_{AE}$에서 $\vec{\mathbf{r}}_{BE}$를 빼서 얻을 수 있는 자동차 B에서 A로 향하는 화살표를 그리면 간단히 알 수 있다.

$$\vec{\mathbf{r}}_{AB} = \vec{\mathbf{r}}_{AE} - \vec{\mathbf{r}}_{BE} \qquad [3.15]$$

각 항의 시간 변화율을 구하면 다음과 같은 속도 관계식이 얻어진다.

$$\vec{\mathbf{v}}_{AB} = \vec{\mathbf{v}}_{AE} - \vec{\mathbf{v}}_{BE} \qquad [3.16]$$

예제 3.4

문제 그림 3.13에 있는 배가 넓은 강을 건너려고 강물에 대하여 10.0 km/h의 속도로 북쪽을 향해 가고 있다. 강물은 동쪽으로 5.00 km/h의 등속도로 흐르고 있다. 강둑에 있는 관측자가 측정한 배의 속도를 구하라.

풀이 세 가지 양을 상대 속도에 대한 식으로 정리한다.

$$\vec{\mathbf{v}}_{BR} = \vec{\mathbf{v}}_{BE} - \vec{\mathbf{v}}_{RE}$$

속도 벡터를 성분으로 분리하여 표시한다. 편의상 이것들을 다음의 표로 정리한다.

벡터	x성분(km/h)	y성분(km/h)
$\vec{\mathbf{v}}_{BR}$	0	10.0
$\vec{\mathbf{v}}_{BE}$	v_x	v_y
$\vec{\mathbf{v}}_{RE}$	5.00	0

속도의 x성분을 구한다.

$$0 = v_x - 5.00\text{ km/h} \rightarrow v_x = 5.00\text{ km/h}$$

속도의 y성분을 구한다.

$$10.0\text{ km/h} = v_y - 0 \rightarrow v_y = 10.0\text{ km/h}$$

$\vec{\mathbf{v}}_{BE}$의 크기를 구한다.

$$v_{BE} = \sqrt{v_x^2 + v_y^2}$$

$$= \sqrt{(5.00\text{ km/h})^2 + (10.0\text{ km/h})^2} = 11.2\text{ km/h}$$

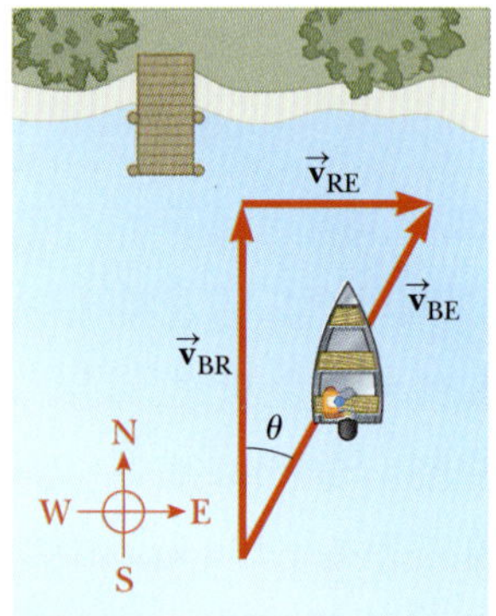

그림 3.13 (예제 3.4)

$\vec{\mathbf{v}}_{BE}$의 방향을 구한다.

$$\theta = \tan^{-1}\left(\frac{v_x}{v_y}\right) = \tan^{-1}\left(\frac{5.00\text{ km/h}}{10.0\text{ km/h}}\right) = 26.6°$$

연습문제

1. 길이가 3.00단위인 벡터 $\vec{\mathbf{A}}$가 $+x$축 방향을 향하고 있고, 길이가 4.00단위인 벡터 $\vec{\mathbf{B}}$가 $-y$축 방향을 향하고 있다. 기하학적인 방법을 이용하여 (a) $\vec{\mathbf{A}} + \vec{\mathbf{B}}$, (b) $\vec{\mathbf{A}} - \vec{\mathbf{B}}$의 크기와 방향을 구하라.

2. 크기가 29단위인 벡터 $\vec{\mathbf{A}}$가 $+y$ 방향을 향하고 있다. 벡터 $\vec{\mathbf{B}}$와 $\vec{\mathbf{A}}$를 더한 $\vec{\mathbf{A}} + \vec{\mathbf{B}}$는 크기가 14단위이고 $-y$ 방향을 향하고 있다. 벡터 $\vec{\mathbf{B}}$의 크기와 방향을 구하라.

3. 미로 속에 있는 사람이 세 번 연달아 이동하였다. 처음에는 서쪽으로 8.00 m, 두 번째는 북쪽으로 13.0 m 이동하였다. 세 번째 이동 후에 그는 원 위치로 되돌아왔다. 기하학적인 방법을 이용하여 세 번째 변위의 크기와 방향을 구하라.

4. 벡터 $\vec{\mathbf{A}}$의 크기는 35.0이고 방향은 $+x$축으로부터 반시계 방향으로 325°이다. 이 벡터의 x성분과 y성분을 구하라.

5. 신문 배달하는 소녀가 서쪽으로 3.00블록 이동한 다음, 북쪽으로 4.00블록 이동하고, 마지막으로 동쪽으로 6.00블록 이동한다. (a) 그녀의 처음 위치에서 나중 위치까지의 변위는 얼마인가? (b) 그녀가 이동한 전체 거리는 얼마인가?

6. 속도가 41.0 km/h인 허리케인의 중심이 서북쪽 60.0° 방향으로 그랜드바하마(Grand Bahama)를 지나간다. 3시간 후에 갑자기 허리케인의 방향이 북쪽으로 25.0 km/h의 느린 속도로 바뀌었다. 이 섬을 지난 허리케인은 4.50 h 후에는 그랜드바하마에서 얼마나 멀리 갔을까?

7. 한 벡터의 x성분은 −25.0단위이고 y성분은 40.0단위이다. 그 벡터의 크기와 방향을 구하라.

8. 골프장에서 처음 골프를 치는 사람이 홀컵에 공을 넣기 위해 타격을 세 번 했다. 처음에는 북쪽으로 4.00 m를, 두 번째는 동북쪽 45.0° 방향으로 2.00 m를, 세 번째는 남서쪽 30.0° 방향으로 1.00 m 가도록 공을 쳤다(그림 P3.8). 숙달된 골퍼가 한 번에 홀컵에 넣을 수 있는 단일 변위를 구하라.

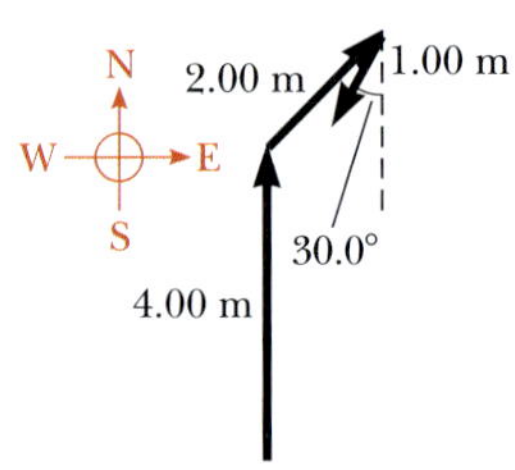

그림 P3.8

9. 한 학생이 벼랑 끝에 서서 수평 방향으로 돌을 18.0 m/s의 속력으로 던졌다. 벼랑은 그림 P3.9와 같이 지면보다 50.0 m 위에 있다. (a) 돌의 처음 위치의 좌표는? (b) 처음 속도의 성분은? (c) 시간에 따른 돌 속도의 x성분과 y성분에 대한 식을 구하라. (d) 그림 P3.9에서의 좌표계를 이용하여 시간에 따른 돌의 위치를 구하라. (e) 돌이 벼랑 끝을 떠나서 그 아래 지면

에 도달하는 시간은 얼마인가? (f) 돌이 지면에 충돌하는 속도와 각도는 얼마인가?

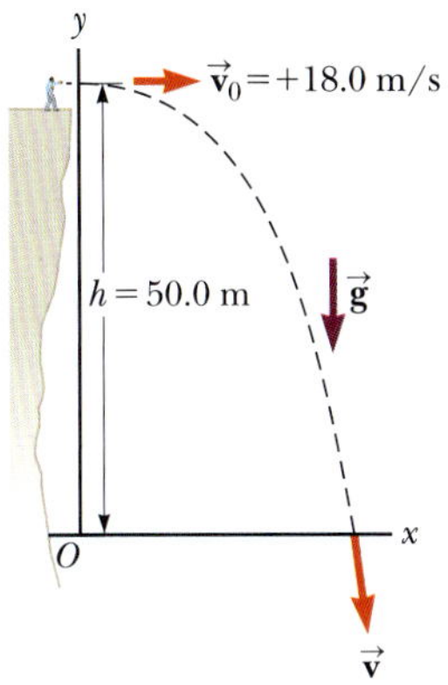

그림 P3.9

10. 동물의 왕국에서 가장 빠른 동물은 표범인데 45°의 각으로 뛰어오르면 3.7 m의 높이를 올라간다. 이 높이를 뛰어오를 수 있는 처음 속도는 얼마인가?

11. 수평에 대하여 30.0° 윗방향으로 처음 속력 60.0 m/s인 포물체가 발사되었다. 그것이 4.00 s 뒤에 산중턱에 떨어졌다. 공기의 저항을 무시하면 (a) 궤적의 최고점에서 포물체의 속도는 얼마인가? (b) 포물체의 발사된 곳에서 때린 표적까지의 직선 거리를 구하라.

12. 자동차 한 대가 수평보다 24.0° 아래로 바다가 보이는 절벽 위의 경사길에 주차되었다. 이 부주의한 운전사는 기어를 중립에다 놓은 채로 비상 제동 장치에 결함이 있는 자동차를 두고 가버렸다. 그 차는 정지 상태에서 등가속도 4.00 m/s^{2}으로 바다에서 높이 30.0 m 되는 벼랑 끝까지 50.0 m의 거리를 운전사 없이 굴러 내려 왔다. (a) 자동차가 바다에 떨어졌을 때 절벽 아래에 대한 차의 위치, (b) 자동차의 체공 시간을 구하라.

13. 건물 꼭대기에서 처음 속력 15 m/s로 수평과 25° 윗방향으로 벽돌을 던졌다. 벽돌의 체공 시간이 3.0 s라면, 이 건물의 높이는 얼마인가?

14. 강물이 0.500 m/s의 속력으로 흐르고 있다. 한 학생이 상류로 1.00 km를 수영하고 다시 출발점으로 되돌아 왔다. (a) 만일 이 학생이 정지해있는 물에 대하여 1.20 m/s로 수영할 수 있다면, 그 시간은 얼마나 걸릴까? (b) 같은 거리를 정지된 물에서 수영하면 시간은 얼마나 요구되는가? (c) 흐르는 물에서 수영할 때 시간이 많이 걸리는 이유를 직관적으로 설명하라.

© 김영우

광주송정역에 정차한 고속열차(KTX산천, Korea Train Express). 우리나라의 고속열차는 2004년 4월 1일 서울–부산 구간에서 첫 개통되었다. KTX 열차의 일부는 프랑스에서 도입됐으며, 13호기부터는 국내 제작진이 기술을 이전받아 제작하였다. 2010년 3월에는 우리 기술로 제작한 KTX 산천이 운행되고 있다. KTX산천의 차체는 공기저항을 최소화하고, 알루미늄 합금소재로 경량화하여 에너지효율을 향상시켰다.

4 운동의 법칙

THE LAWS OF MOTION

4.1 힘

힘(force)이란 라켓으로 테니스공을 빠르게 칠 때처럼, 일반적으로 어떤 물체를 밀거나 당기는 것으로 생각할 수 있다(그림 4.1). 우리는 공을 다양한 속력과 방향으로 상대편의 코트로 넘겨 보낼 수 있다. 이것은 가한 힘의 크기와 방향을 조절할 수 있음을 의미하는데, 그렇다면 힘은 속도나 가속도와 같이 벡터양이 될 것이다.

Juergen Hasenkopf/Alamy

그림 4.1 테니스 선수는 라켓으로 공에 접촉력을 작용하여 공을 가속시켜 상대방 코트로 넘긴다.

만약 용수철을 잡아당기면(그림 4.2a) 용수철이 늘어나고, 수레를 끌어당기면(그림 4.2b) 수레는 움직이게 된다. 축구공을 차면(그림 4.2c) 공은 순간적으로 찌그러들었다가 곧 바로 운동을 시작하게 된다. 이러한 경우는 모두 두 물체의 물리적 접촉에 의한 것으로 **접촉력**(contact forces)의 예이다.

패러데이(Michael Faraday, 1791~1867)는 장의 개념을 도입하여 **장힘**(또는 마당힘, field forces)이라 불렀다. 이 개념에 따르면 태양과 같이 질량 M인 물체는 눈에 보이지 않는 영향을 공간으로 퍼지게 한다. 지구와 같은 질량이 m인 두 번째 물체는 태양 자체와 태양의 중력장과 간접적으로 상호작용한다. 두 물체 사이에 인력으로 작용하는 중력은 그림 4.2d에서 예로 보여주고 있다. 중력은 물체를 지구에 붙잡아두고, 물체에 무게가 생기도록 한다.

장힘의 또 다른 예로서 한 전하가 다른 전하에 작용하는 전기력을 들 수 있다(그림

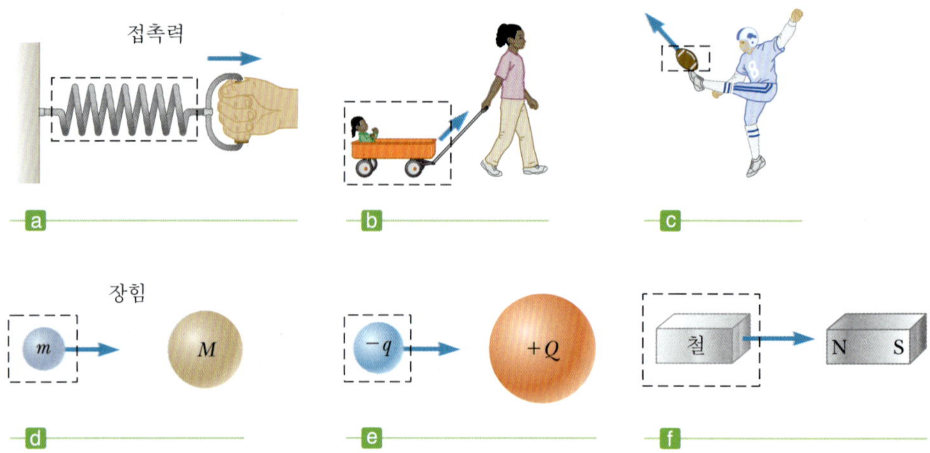

그림 4.2 여러 가지 물체에 작용하고 있는 힘의 예. 각 경우에 힘은 점선 내부의 물체에 작용하고 있다. 점선 영역 외부의 어떤 환경이 물체에 힘을 가하고 있다.

4.2e). 세 번째 예는 막대자석이 철 조각에 작용하는 힘이다(그림 4.2f).

물체에 작용하는 힘은 물체의 모양을 바꿀 수도 있다. 예를 들어, 라켓으로 테니스 공을 치면 그림 4.1과 같이 어느 정도 공의 모양이 변형된다. 아무리 단단한 물체나 강체라도 외력에 의해 변형된다. 때로는 자동차의 충돌에서와 같이 변형이 영구적일 수도 있다.

4.2 뉴턴의 제1법칙

책상 위에 놓인 책을 보면 분명히 그대로 정지해 있다. 이때 책과 책상 사이의 마찰력을 극복할 수 있을 정도의 힘을 가하면, 책은 운동을 시작하게 된다. 가한 힘이 마찰력보다 크면 책은 가속될 것이고, 힘이 없으면 마찰에 의해 느려지다가 곧 정지하게 된다(그림 4.3a).

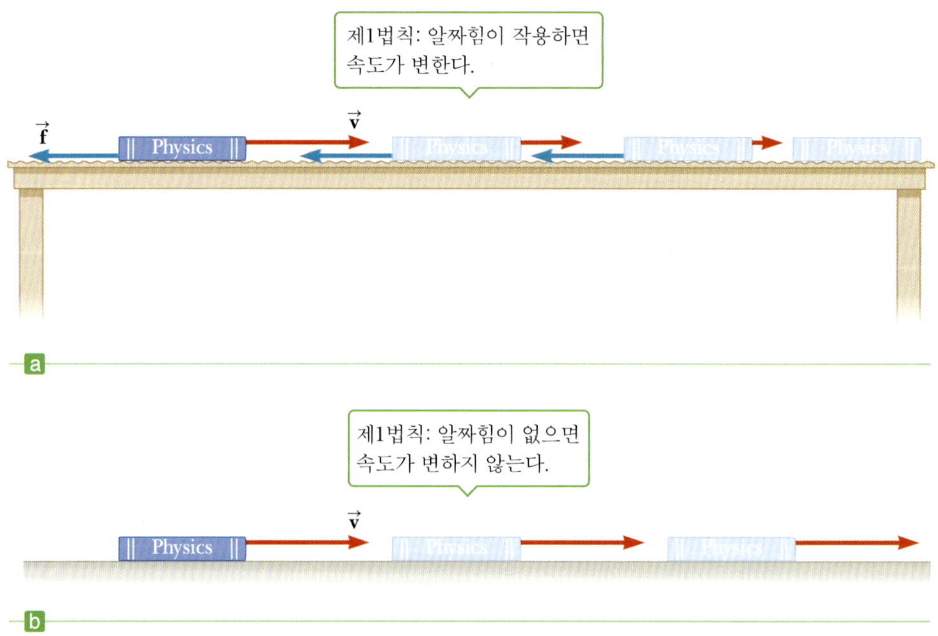

그림 4.3 운동의 제1법칙. (a) 책이 처음 속도 $\vec{v}$로 마찰이 있는 표면에서 움직인다. 수평 방향의 마찰이 있기 때문에 밀린 책은 느려지면서 정지하게 된다. (b) 마찰이 없는 표면에서 책이 처음 속도 $\vec{v}$로 움직이고 있다. 알짜힘이 없으므로, 책은 속도 $\vec{v}$로 계속 움직인다.

반면 왁스가 칠해진 미끄러운 면을 따라 책을 밀면, 힘이 없을 때 정지하기는 하지만 전처럼 그렇게 빨리 정지하지는 않는다. 마지막으로 만일 책이 마찰이 없는 수평면 위에서 움직이고 있다면(그림 4.3b), 벽이나 다른 물체와 충돌하여 정지하기 전까지는 계속 똑바로 등속도를 유지할 것이다.

약 1 600년 전까지 과학자들은 물체가 정지해 있는 것이 자연스러운 상태라고 믿었다. 그러나 갈릴레오는 실험을 통하여 **운동하는 물체는 정지하려는 속성을 가진 것이 아니라, 계속하여 원래의 운동 상태를 유지하려 한다**는 결론을 도출하였다. 이것을 토대로 나중에 **뉴턴의 제1법칙**(Newton's first law of motion)이 공식화되었다.

뉴턴 Isaac Newton, 1642~1727
영국의 물리학자, 수학자

뉴턴은 역사적으로 가장 천재적인 과학자 중의 한 사람이다. 서른 살 이전에 역학의 제 법칙들에 대한 기본적인 개념을 정립하였고, 만유인력의 법칙을 발견하였으며 미적분에 대한 수학적인 방법론을 개발하였다. 자신의 이론으로 행성의 운동과 조수의 썰물, 밀물 그리고 달과 지구의 운동에 관한 많은 특별한 현상들을 설명하였다. 또한 빛의 성질에 관련한 기본적인 관찰 사실을 설명하였다. 물리학 이론에 대한 그의 공헌은 두 세기 동안 과학적인 사고의 근간이 되어 왔으며 오늘날까지 중요한 영향을 미치고 있다.

물체에 작용하는 알짜힘이 없다면, 그 물체는 크기와 방향이 일정한 속도를 가지고 운동한다.

물체에 작용하는 알짜힘은 그 물체에 작용하는 외력의 벡터 합으로 정의된다. 외력은 물체의 환경에 의존한다. 만일 물체 속도의 크기나 방향이 변하지 않으면 가속도와 물체에 작용하는 알짜힘은 영이다.

질량과 관성

원래의 운동 상태를 그대로 유지하려고 하는 성질을 **관성**(inertia)이라 한다.

관성이 주어진 힘이 없는 경우에 운동 상태를 그대로 유지하려고 하는 성질인 반면, **질량**(mass)은 힘이 가해질 때 물체의 운동 변화에 대한 저항의 크기이다. 물체의 질량이 크면 주어진 힘에 대한 가속도는 작아진다. 질량의 SI 단위는 킬로그램(kg)이다. 질량은 일반적인 산술 법칙에 따르는 스칼라양이다.

4.3 뉴턴의 제2법칙

마찰이 없는 수평면 위에서 얼음 조각을 밀어보자. 조각에 힘을 가하여 2 m/s^2의 가속이 일어난다. 만약 2배의 힘을 가하면 가속은 2배가 되어 4 m/s^2이 된다. 계속해서 3배로 힘을 가하면 가속은 3배가 된다. 이 같은 관측을 통하여 **물체의 가속도는 물체에 작용한 알짜힘에 비례한다**는 결론을 얻을 수 있다.

질량 역시 가속도와 관련이 있다. 얼음 조각 위에 같은 크기의 얼음 조각을 올려놓고 일정한 힘으로 밀어 보자. 한 조각에 2 m/s^2의 가속도를 내는 힘으로 두 조각을 밀 때 가속도는 반으로 떨어져 1 m/s^2이 될 것이고, 세 조각을 밀면 1/3로 떨어질 것이다. **물체의 가속도는 질량에 반비례한다**는 결론에 도달한다. 이들을 토대로 뉴턴의 제2법칙을 요약하면 다음과 같다.

물체의 가속도 $\vec{\mathbf{a}}$는 물체에 작용하는 알짜힘에 비례하고 질량에 반비례한다.

비례 상수를 1이라 하고 수학적으로 표현하면

$$\vec{\mathbf{a}} = \frac{\sum \vec{\mathbf{F}}}{m}$$

로 쓸 수 있다. 여기서 $\vec{\mathbf{a}}$는 물체의 가속도이고, m은 질량, 그리고 $\sum \vec{\mathbf{F}}$는 그 질량에 작용하는 모든 힘의 벡터 합이다. 양변에 m을 곱하면

$$\sum \vec{\mathbf{F}} = m\vec{\mathbf{a}} \qquad [4.1]$$

이다.

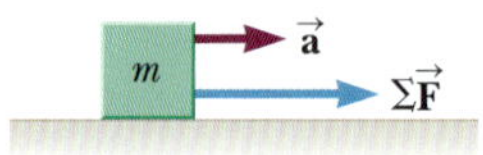

그림 4.4 운동의 제2법칙. 질량이 m인 블록의 경우, 작용하는 알짜힘 $\sum \vec{\mathbf{F}}$는 질량과 가속도 벡터 $\vec{\mathbf{a}}$의 곱과 같다.

물리학자들은 간단히 $F = ma$라 한다. 그림 4.4는 질량, 가속도, 알짜힘의 관계를 잘 보여주고 있다. 제2법칙은 벡터 방정식이므로 세 개의 성분 식으로 나타낼 수 있다.

$$\sum F_x = ma_x \qquad \sum F_y = ma_y \qquad \sum F_z = ma_z \qquad [4.2]$$

물체에 작용하는 힘이 없으면 가속도는 영이고, 이는 속도가 일정함을 의미한다.

힘과 질량의 단위

힘의 SI 단위는 **뉴턴**(newton)이다. 1 N은 질량 1 kg인 물체에 작용하여 1 m/s^{2}의 가속도를 내는 힘이다. 이와 함께 뉴턴의 제2법칙으로부터 뉴턴을 질량, 길이, 시간의 기본 단위로 표현하면 다음과 같다.

$$1\,\mathrm{N} \equiv 1\,\mathrm{kg \cdot m/s^2} \qquad [4.3]$$

미국에서 상용되는 힘의 단위는 **파운드**(pound)이다. 파운드를 뉴턴으로 바꾸면

$$1\ \mathrm{N} = 0.225\ \mathrm{lb} \qquad [4.4]$$

가 된다.

SI 단위계와 미국 상용 단위계에서 질량, 가속도, 힘의 단위는 표 4.1과 같다.

표 4.1 질량, 가속도, 힘의 단위

계	질량	가속도	힘
SI	kg	m/s^2	N = kg · m/s^2
미국 상용 단위	slug	ft/s^2	lb = slug · ft/s^2

예제 4.1

문제 10 N의 힘이 x축과 +45.0° 의 방향으로 작용하고 있다. 힘의 x 성분과 y 성분을 구하라.

풀이 삼각함수를 이용하여 힘의 x성분과 y성분을 구한다.

$$F_x = F_1 \cos 45° = 10 \times 0.7 = 7\mathrm{N}$$

$$F_y = F \sin 45° = 10 \times 0.7 = 7\mathrm{N}$$

중력

중력(gravitational force)은 우주에 있는 두 물체 사이에 서로 작용하는 인력이다. 비록 중력이 거대한 물체들 사이에서는 매우 큰 힘으로 작용할 수 있지만, 기본적인 힘 중에서 가장 약하다.

뉴턴의 만유인력 법칙이란 우주에 존재하는 모든 입자는 질량의 곱에 비례하고 그들 사이의 거리의 제곱에 반비례하는 인력을 작용한다는 것이다. 만약 그림 4.5와 같이 두 입자의 질량이 m_1과 m_2이고 떨어진 거리가 r이면, 중력의 크기 F_g는

$$F_g = G\frac{m_1 m_2}{r^2} \quad [4.5]$$

이다. 여기서 $G = 6.67 \times 10^{-11}\,\mathrm{N \cdot m^2/kg^2}$는 **만유인력 상수**(universal gravitation constant)이다. 중력은 7장에서 좀 더 상세히 다룬다.

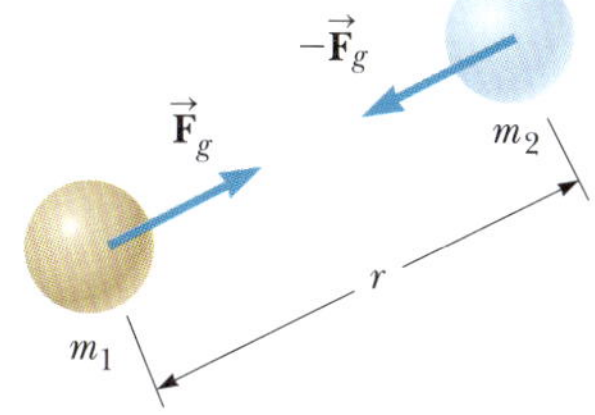

그림 4.5 두 입자 사이에 작용하는 중력은 인력이다.

무게

지구 표면 근처에서 질량 m인 물체에 작용하는 중력의 크기를 물체의 **무게** w라고 하며, 이는

$$w = mg \quad [4.6]$$

로 주어진다. 여기서 g는 중력 가속도이다.

SI 단위: 뉴턴(N)

식 4.5로부터 질량 m인 물체의 무게는

$$w = G\frac{M_E m}{r^2} \quad [4.7]$$

으로 정의할 수 있으며, 여기서 M_E는 지구의 질량이고 r은 지구 중심에서 물체까지의 거리이다. 만약 물체가 지구의 표면에 놓여 있으면 r은 지구의 반지름 R_E가 된다. r^2이 식 4.7에서 분모에 있으므로 r이 증가할수록 무게는 줄어든다. 따라서 산꼭대기에 있는 물체의 무게는 해수면에서의 물체 무게보다 작다.

식 4.6과 4.7을 비교하면

$$g = G\frac{M_E}{r^2} \quad [4.8]$$

임을 알 수 있다.

질량과 나르게 무게는 주어진 위치에서의 g값에 따라 달라질 수 있으므로 물체에 주어진 고유한 값이 아니다. g값 역시 주어진 위치에 존재하는 물질의 밀도에 따라 약간씩 달라질 수 있다. **특별히 언급하지 않는 한 이 책에서는, g값을 지표에서의 값인 $9.80\,\mathrm{m/s^2}$으로 한다.**

식 4.8은 큰 물체의 질량과 반지름을 알고 있을 때, 그 표면에 낙하하는 물체의 가

속도를 구하는 데 사용되는 일반적인 식이다.

4.4 뉴턴의 제3법칙

자연에 존재하는 힘은 항상 짝으로 존재한다는 사실을 알고 있었다. 뉴턴에 의하면 망치가 가하는 힘에 의하여 못이 나무토막에 박힘에 따라, 망치는 못이 주는 힘 때문에 속도가 느려져서 정지하게 된다.

이렇게 짝을 이루는 힘은 **뉴턴의 제3법칙**(Newton's third law)으로 설명된다.

> 만일 두 물체가 상호작용할 경우, 물체 1이 물체 2에 작용하는 힘 $\vec{\mathbf{F}}_{12}$는 물체 2가 물체 1에 작용하는 힘 $\vec{\mathbf{F}}_{21}$과 크기는 같고 방향은 서로 반대이다.

이 법칙은 그림 4.6b와 같이 **하나의 고립된 힘은 존재하지 않는다**는 사실을 말해준다. 이때 물체 1이 물체 2에 작용하는 힘 $\vec{\mathbf{F}}_{12}$를 **작용력**, 물체 2가 물체 1에 작용하는 힘 $\vec{\mathbf{F}}_{21}$을 **반작용력**이라고 한다. 실제로는 어느 쪽 힘이든지 작용력 또는 반작용력이라고 할 수 있다. **작용력의 크기는 반작용력의 크기와 같고 방향은 반대이다. 어떤 경우이든 작용력과 반작용력은 항상 상대 물체에 힘을 작용한다.**

뉴턴의 제3법칙은 일상생활에도 영향을 미친다. 뉴턴의 제3법칙이 없다면, 걷거나 자전거 또는 자동차를 탄다는 것이 가능하지 않을 것이다. 예를 들어, 우리는 걸을 때에 지면에 마찰력을 가한다. 지면이 발에 가하는 반작용력은 우리를 앞으로 나아가게 한다. 마찬가지로, 자전거의 바퀴가 지면에 마찰력을 가하면 지면의 반작용력 때문에 자전거는 앞으로 나가게 된다. 곧 살펴보겠지만 마찰력은 이러한 반작용력에서 중요한 역할을 한다.

앞에서 언급한 바와 같이 지구는 물체에 $\vec{\mathbf{F}}_g$의 힘을 작용한다. 만약 물체가 그림 4.7a와 같이 책상 위에 정지해 있는 모니터이라면, $\vec{\mathbf{F}}_g$에 대한 반작용력은 모니터가 지구에 작용하는 힘 $\vec{\mathbf{F}}_g'$이다. 그런데 모니터는 책상 위에 놓여 있기 때문에 가속되지 않

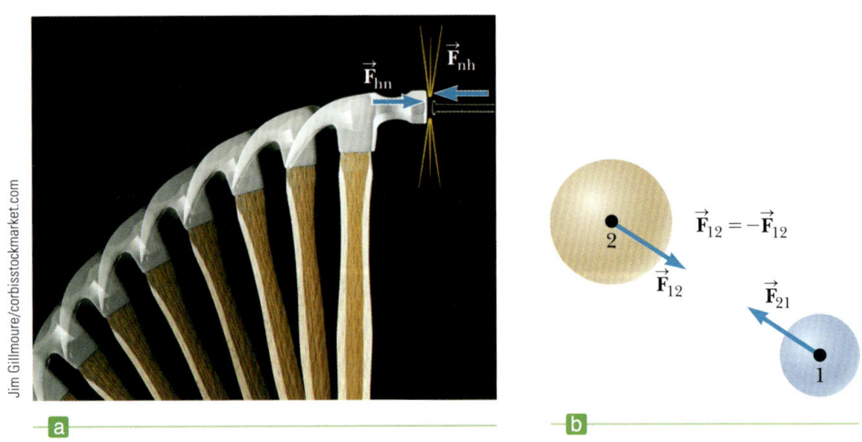

그림 4.6 뉴턴의 제3법칙
(a) 망치가 못에 작용하는 힘과 못이 망치에 작용하는 힘은 크기가 같고 방향은 서로 반대이다. (b) 물체 1이 물체 2에 작용하는 힘 $\vec{\mathbf{F}}_{12}$는 물체 2가 물체 1에 작용하는 힘 $\vec{\mathbf{F}}_{21}$과 크기는 같고 방향은 서로 반대이다.

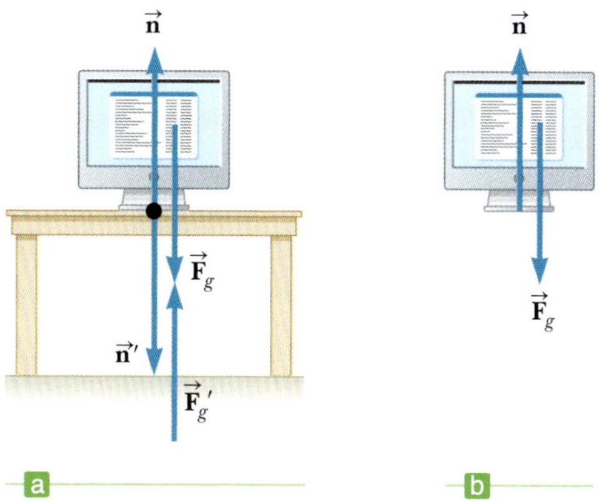

그림 4.7 모니터가 책상 위에 정지해 있는 경우, 모니터에 작용하는 힘은 (b)에 나타낸 것과 같이 책상으로부터 받는 수직 항력 $\vec{\mathbf{n}}$과 중력 $\vec{\mathbf{F}}_g$이다. $\vec{\mathbf{n}}$에 대한 반작용력은 모니터가 책상에 작용하는 힘 $\vec{\mathbf{n}}'$이다. $\vec{\mathbf{F}}_g$에 대한 반작용력은 모니터가 지구에 작용하는 힘 $\vec{\mathbf{F}}_g'$이다.

는다. 이 경우 책상은 모니터에 **수직 항력**(normal force)이라고 하는 접촉면에 수직인 작용력 $\vec{\mathbf{n}}$을 작용한다(책상 표면에 수직 또는 법선 방향이므로 수직 항력이라 한다). 이 수직 항력이 모니터가 책상 아래로 떨어지는 것을 방지하고 있다. 수직 항력은 무게와 균형을 유지하게 한다. 수직 항력 $\vec{\mathbf{n}}$에 대한 반작용은 모니터가 책상에 작용하는 힘 $\vec{\mathbf{n}}'$이다. 따라서 다음의 관계가 성립한다.

$$\vec{\mathbf{F}}_g = -\vec{\mathbf{F}}_g', \quad \vec{\mathbf{n}} = -\vec{\mathbf{n}}'$$

힘 $\vec{\mathbf{n}}$과 $\vec{\mathbf{n}}'$은 크기가 같고, 또한 책상이 부서지지 않는 이상 $\vec{\mathbf{F}}_g$와도 같은 크기이다. 그림 4.9b와 같이 모니터에 작용하는 힘은 $\vec{\mathbf{F}}_g$와 $\vec{\mathbf{n}}$임에 유의하라.

4.5 뉴턴 법칙의 응용

그림 4.8 뉴턴의 제2법칙을 끈에 적용하면 $T - T' = ma$이다. 그러나 $m = 0$일 경우 $T = T'$이다. 따라서 질량이 없는 끈의 장력은 끈의 모든 지점에서 동일하다.

물체가 입자처럼 움직인다고 가정하고 물체의 회전은 고려하지 않는다. 또한 마찰 효과와 물체에 부착된 끈이나 줄의 질량도 무시한다. 이러한 근사에서 **장력**(tension)이라고 하는 끈을 따라 작용하는 힘의 크기는 끈의 모든 지점에서 동일하다. 줄에 작용하는 힘 $\vec{\mathbf{T}}$와 $\vec{\mathbf{T}}'$이 그림 4.8에 나타나 있다. 줄의 질량이 m일 때, 뉴턴의 제2법칙을 적용하면 $T - T' = ma$이다. 그러나 $m = 0$이면 다음에 살펴볼 예제와 같이 $T = T'$이다.

뉴턴의 법칙을 물체에 적용할 경우, 물체에 작용하는 외력만을 고려한다.

그림 4.9a와 같이 마찰이 없는 수평 마루 위에서 오른쪽으로 움직이는 짐상자가 있다. 짐상자의 가속도와 수평 마루가 짐상자에 작용하는 힘을 구해 보자. 힘은 상자에 부착된 끈을 통하여 짐상자에 작용한다. 끈이 상자에 작용하는 힘은 $\vec{\mathbf{T}}$이며, $\vec{\mathbf{T}}$의 크기는 끈의 장력과 같다.

짐상자의 운동을 설명하기 위해서는 짐상자에 작용하는 모든 외력을 알아야 한다. 이들 외력은 그림 4.9b에 표시되어 있다. 힘 $\vec{\mathbf{T}}$ 이외에도 물체의 무게 $\vec{\mathbf{F}}_g$와 마루가 짐상자에 작용하는 수직 항력 $\vec{\mathbf{n}}$이 힘의 도식에 표시되어 있다. 이와 같이 작용하는 모든 힘을 표시한 그림을 **자유 물체도**(free-body diagram)라 한다.

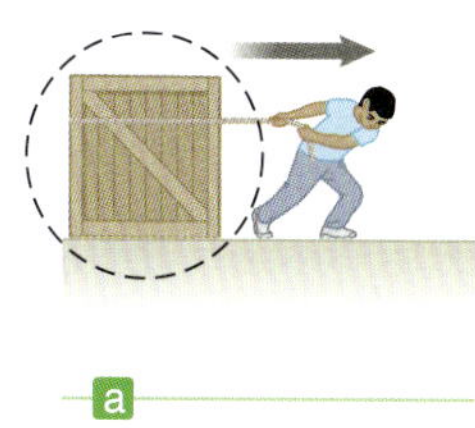

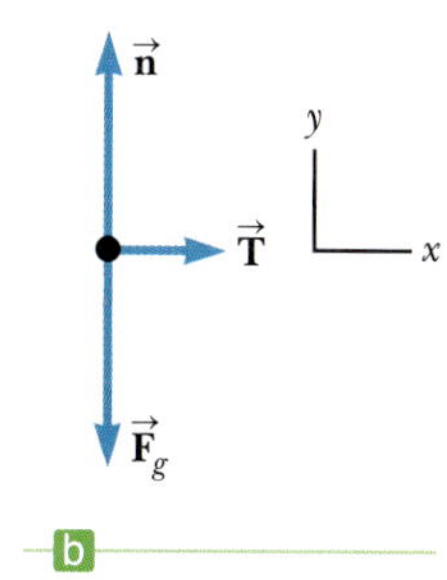

그림 4.9 (a) 마찰이 없는 면에서 짐을 오른쪽으로 당긴다. (b) 짐상자에 작용하는 힘을 나타내는 자유 물체도

평형 상태에 있는 경우 가속도가 영이기 때문에 문제를 더 단순화시킬 수 있다.

평형 상태에 있는 물체

정지해 있거나 등속 운동하는 물체를 평형 상태에 있다고 한다. 물체가 평형 상태에 있을 때 $\vec{\mathbf{a}} = 0$이므로 뉴턴의 제2법칙을 적용하면,

$$\sum \vec{\mathbf{F}} = 0 \qquad [4.9]$$

이다. 이것은 평형 상태에 있는 물체에 작용하는 모든 힘의 벡터 합(알짜힘)이 영임을 의미한다. 식 4.9는 x축과 y축 방향에서 외력의 합이 영임을 의미한다. 즉,

$$\sum F_x = 0 \quad \text{그리고} \quad \sum F_y = 0 \qquad [4.10]$$

이다.

예제 4.2

문제 그림 4.10a와 같이 썰매가 눈 덮인 마찰이 없는 언덕 위의 나무에 매여 있다. 썰매의 무게가 70.0 N일 때, 줄이 썰매에 작용하는 장력 $\vec{\mathbf{T}}$와 언덕이 썰매에 작용하는 힘 $\vec{\mathbf{n}}$의 크기를 구하라.

풀이 $\vec{\mathbf{a}} = 0$이므로 뉴턴의 제2법칙을 썰매에 적용한다.

$$\sum \vec{\mathbf{F}} = \vec{\mathbf{T}} + \vec{\mathbf{n}} + \vec{\mathbf{F}}_g = 0$$

T를 구하기 위하여 위 식에서 x성분을 생각하자. 수직 항력의 x성분은 영이고 썰매의 무게는 mg = 70 N이다.

$$\sum F_x = T + 0 - mg\sin\theta = T - (70\text{ N})(\sin 30.0°) = 0$$

$$T = 35\text{ N}$$

뉴턴의 제2법칙을 적용하여 y성분에 대한 식을 쓴다. 장력의 y성분은 영이므로, 이 수식으로부터 수직 항력을 구할 수 있다.

$$\sum F_y = 0 + n - mg\cos\theta = n - (70\text{ N})\cos 30.0° = 0$$

$$n = 60\text{ N}$$

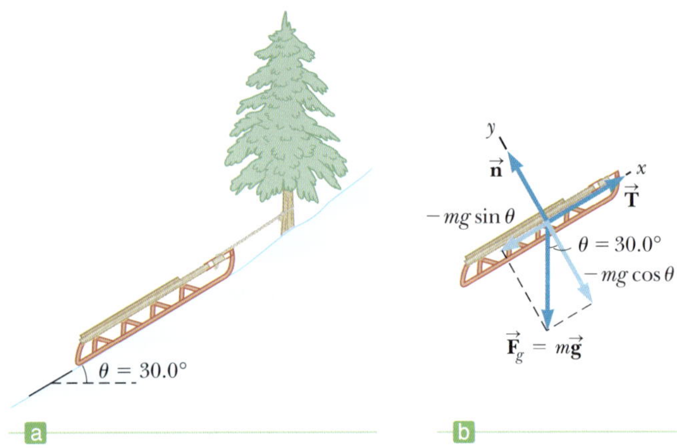

그림 4.10 (예제 4.2) (a) 썰매가 마찰이 없는 언덕 위의 나무에 매여 있다. (b) 썰매의 자유 물체도

가속 물체와 뉴턴의 제2법칙

알짜힘이 물체에 작용하면 물체는 가속되며, 뉴턴의 제2법칙을 이용하여 물체의 운동을 설명할 수 있다.

예제 4.3

문제 그림 4.11에서 상자와 바퀴가 달린 작은 수레의 무게의 합이 300 N이다. 한 사람이 30.0 N의 힘으로 끈을 당긴다면, 이 계(상자와 수레)의 가속도는 얼마인가? 또 2.00 s 동안 움직인 거리는 얼마인가? 계는 정지 상태로부터 출발하고, 계의 운동에 반하는 어떠한 마찰력도 작용하지 않는다고 가정하라.

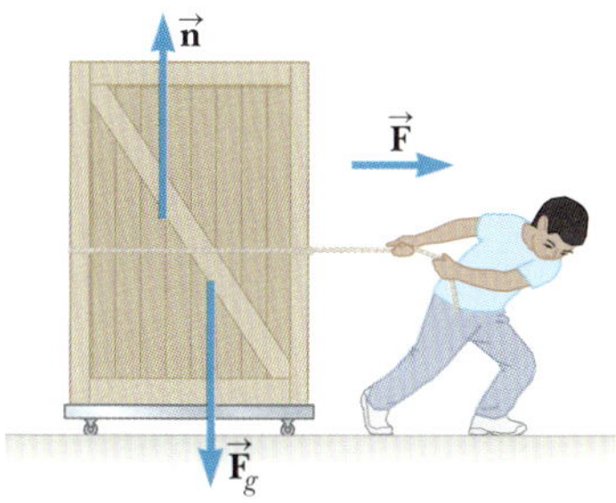

그림 4.11 (예제 4.3)

풀이 무게의 정의 $w = mg$로부터 계의 질량을 구한다.

$$m = \frac{w}{g} = \frac{300\ \text{N}}{10\ \text{m/s}^2} = 30\ \text{kg}$$

제2법칙으로부터 가속도를 구한다.

$$a_x = \frac{F_x}{m} = \frac{30\ \text{N}}{30\ \text{kg}} = 1\ \text{m/s}^2$$

$v_0 = 0$이라 놓고, 운동학 식을 이용하여 2.00 s 동안 이동한 거리를 구한다.

$$\Delta x = \frac{1}{2}a_x t^2 = \frac{1}{2}(1\ \text{m/s}^2)(2.00\ \text{s})^2 = 2\ \text{m}$$

4.6 마찰력 Forces of Friction

물체가 표면 위에서 또는 공기나 물 같은 점성 매질 속에서 움직일 때, 물체 주변과 상호작용을 하기 때문에 저항을 받는다. 이 저항을 **마찰**(friction)이라고 한다.

꽉 채운 플라스틱 쓰레기통을 콘크리트 바닥에서 끈다고 생각해 보자. 그림 4.17a와 같이 수평력 $\vec{\mathbf{F}}$를 쓰레기통에 오른쪽 방향으로 가할 때, $\vec{\mathbf{F}}$가 작다면 쓰레기통은 움직이지 않는다. $\vec{\mathbf{F}}$를 방해하여 쓰레기통을 움직일 수 없게 하는 힘이 $\vec{\mathbf{F}}$의 반대 방향인 왼쪽으로 작용하게 되는데, 이를 **정지 마찰력**(force of static friction) $\vec{\mathbf{f}}_s$라고 한다. 쓰레기통이 움식이지 않는 한 $\vec{\mathbf{f}}_s = -\vec{\mathbf{F}}$이다. $\vec{\mathbf{F}}$가 증가하면 $\vec{\mathbf{f}}_s$도 커지며, $\vec{\mathbf{F}}$가 작아지면 $\vec{\mathbf{f}}_s$도 작아진다. 마찰력은 두 표면의 특성으로부터 발생한다. 표면의 거칠기 때문에, 두 표면은 단지 몇몇 점에서만 접촉되어 있다.

그림 4.12b와 같이 $\vec{\mathbf{F}}$의 크기를 증가시킨다면 쓰레기통은 미끄러지기 시작한다. 그림 4.12c와 같이 쓰레기통이 막 미끄러지기 시작하는 순간 f_s는 최대가 된다. F가 $f_{s,최대}$보다 커지면 쓰레기통은 오른쪽으로 가속을 받는다. 쓰레기통이 움직일 때는 마찰력은 $f_{s,최대}$ 보다 작다(그림 4.12c). 움직이는 물체에 대한 마찰력을 **운동 마찰력**(force of kinetic friction) $\vec{\mathbf{f}}_k$라고 한다. x 방향으로의 알짜힘 $F - f_k$는 뉴턴의 제2법칙에 따라 오른쪽으로 가속을 일으킨다. $F = f_k$라면 가속도는 영이 되고, 따라서 쓰레기통은 일정한 속력을 갖고 오른쪽으로 움직인다. 가하던 힘을 없애면 왼쪽으로 작용하는 마찰력이 쓰레기통을 $-x$ 방향으로 가속시키고, 다시 뉴턴의 제2법칙에 따라 쓰레기통을 멈추게 한다.

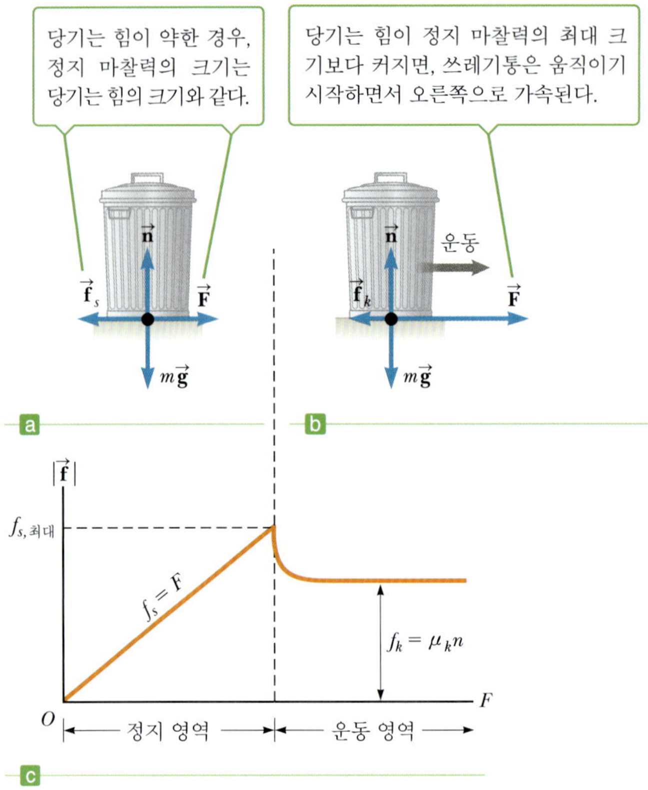

그림 4.17 (a)와 (b) 쓰레기통을 오른쪽으로 당기면 쓰레기통과 거친 바닥 사이의 마찰력의 방향[(a)에서는 $\vec{\mathbf{f}}_s$, (b)에서는 $\vec{\mathbf{f}}_k$]은 당기는 힘 $\vec{\mathbf{F}}$의 방향과 반대이다. (c) 당기는 힘에 대한 마찰력의 크기를 나타내는 그래프. $f_{s,\text{최대}} > f_k$ 임에 유의한다.

- 접촉하고 있는 두 표면 사이의 정지 마찰력의 크기는

$$f_s \le \mu_s n \qquad [4.11]$$

이다. 여기서 μ_s는 차원이 없는 상수로서 **정지 마찰 계수**(coefficient of static friction)라고 하며, n은 한 면이 다른 면에 작용하는 수직 항력의 크기이다. 식 4.11은 물체가 막 미끄러지려고 할 때 $f_s = f_{s,\text{최대}} \equiv \mu_s n$이 된다.

표 4.2 마찰 계수[a]

	μ_s	μ_k
강철과 강철	0.74	0.57
알루미늄과 강철	0.61	0.47
강철과 구리	0.53	0.36
콘크리트와 고무	1.0	0.8
나무와 나무	0.25~0.5	0.2
유리와 유리	0.94	0.4
젖은 눈 위의 왁스칠한 나무	0.14	0.1
마른 눈 위의 왁스칠한 나무	–	0.04
윤활유 처리한 금속과 금속	0.15	0.06
얼음과 얼음	0.1	0.03
테플론과 테플론	0.04	0.04
사람의 연골 관절	0.01	0.003

[a]모든 값은 근삿값이다.

- 두 접촉면 사이의 운동 마찰력의 크기는

$$f_k = \mu_k n \qquad [4.12]$$

이고, μ_k는 **운동 마찰 계수**(coefficient of kinetic friction)라고 한다.
- μ_k와 μ_s값은 표면의 특성에 따라 다르지만, 일반적으로 μ_k는 μ_s보다 작다. 표 4.2에 몇 가지 알려진 값들을 정리하였다.
- 표면이 물체에 작용한 마찰력의 방향은 물체의 실제 운동(운동 마찰) 또는 임박 운동(정지 마찰)의 반대 방향이다.
- 마찰 계수는 접촉면의 넓이와는 거의 무관하다.

운동 마찰 계수가 물체의 속력에 따라 변할지라도 그 차이는 거의 무시할 것이다. 식 4.11과 4.12의 근사적인 특성은 물체를 경사면을 따라 등가속도로 미끄러지게 함으로써 관찰할 수 있다. 특히 느린 속력에서는 물체의 운동이 멈칫멈칫하면서 미끄러지는 움직임으로 나타나기 쉽다.

예제 4.4

문제 질량이 2 kg인 벽돌이 경사면에 놓여 있다. 벽돌과 경사면 사이의 정지 마찰 계수가 0.350이라면, 벽돌이 아래쪽으로 미끄러지지 않을 경사면의 수평 방향에 대한 최대 각은 얼마인가?

풀이 정지 좌표계에서 뉴턴의 법칙을 성분별로 나타낸다. 중력은 예제 4.2와 같이 두 개의 성분을 갖는다.

$$\sum F_x = mg\sin\theta - \mu_s n = 0 \qquad (1)$$

$$\sum F_y = n - mg\cos\theta = 0 \qquad (2)$$

식 (2)를 정리하여 수직 항력 n에 대해 푼다.

$$n = mg\cos\theta$$

n을 식 (1)에 대입하고 $\tan\theta$에 대해 푼다.

$$\sum F_x = mg\sin\theta - \mu_s mg\cos\theta = 0 \quad \rightarrow \quad \tan\theta = \mu_s$$

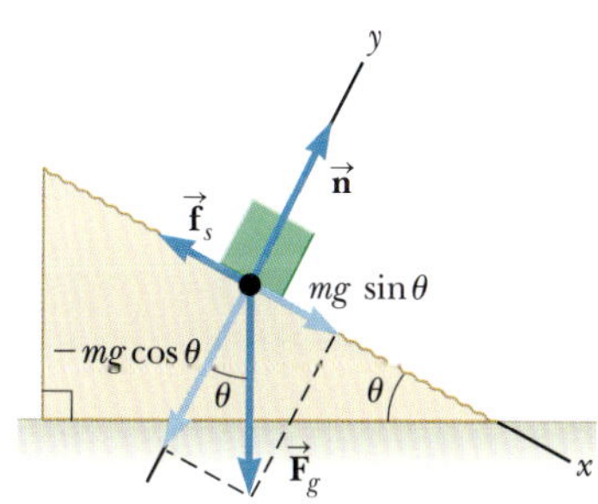

그림 4.13 (예제 4.4)

역탄젠트 함수를 적용하여 답을 얻는다.

$$\tan\theta = 0.350 \quad \rightarrow \quad \theta = \tan^{-1}(0.350) = \boxed{19.3°}$$

예제 4.5

문제 **(a)** 그림 4.14a와 같이 질량 $m_1 = 4.00$ kg인 벽돌과 질량 $m_2 = 6.00$ kg인 공이 마찰이 없는 도르래에 걸쳐 가벼운 줄로 연결되어 있다. 벽돌과 바닥 사이의 운동 마찰 계수는 0.5이다. 두 물체의 가속도와 줄의 장력을 구하라. **(b)** 전체 계에 대한 접근 방법을 사용하여 구한 가속도의 답과 비교해 보라.

풀이 **(a)** 각 물체의 가속도와 줄의 장력을 구한다.

질량 m_1인 벽돌에 대하여 뉴턴의 제2법칙의 성분을 쓴다.

$$\sum F_x = T - f_k = m_1 a_1 \qquad \sum F_y = n - m_1 g = 0$$

y성분에 대한 식으로부터 $n = m_1 g$이다. 이 값과 $f_k = \mu_k n$을 x

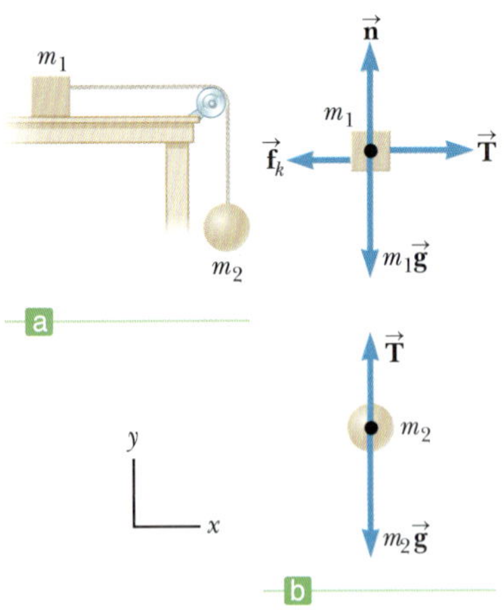

그림 4.14 (예제 4.5) (a) 마찰이 없는 도르래에 걸쳐 가벼운 줄로 연결된 두 물체, (b) 각 물체에 대한 자유 물체도

성분에 대한 식에 대입한다.

$$T - \mu_k m_1 g = m_1 a_1 \qquad (1)$$

$a_2 = -a_1$ 임을 상기하면서 공에 뉴턴의 제2법칙을 적용한다.

$$\sum F_y = T - m_2 g = m_2 a_2 = -m_2 a_1$$

$$T - m_2 g = -m_2 a_1 \qquad (2)$$

식 (1)에서 식 (2)를 빼고 T를 소거하면 a_1에 관한 식이 남는다.

$$m_2 g - \mu_k m_1 g = (m_1 + m_2) a_1$$

$$a_1 = \frac{m_2 g - \mu_k m_1 g}{m_1 + m_2}$$

주어진 값들을 대입하여 가속도를 구한다.

$$a_1 = \frac{(6\text{ kg})(10\text{ m/s}^2) - (0.5)(4.00\text{ kg})(10\text{ m/s}^2)}{(4.00\text{ kg} + 6.00\text{ kg})}$$

$$= \boxed{4\text{ m/s}^2}$$

a_1의 값을 식 (1)에 대입하여 장력 T를 구한다.

$$T = \boxed{36\text{ N}}$$

(b) 두 물체를 포함하는 계에 대한 접근 방법을 사용하여 가속도를 구한다.

계에 뉴턴의 제2법칙을 적용하고 a에 대하여 푼다.

$$(m_1 + m_2) a = m_2 g - \mu_k n = m_2 g - \mu_k m_1 g$$

$$a = \boxed{\frac{m_2 g - \mu_k m_1 g}{m_1 + m_2}}$$

연습문제

1. 가장 무거운 무척추 동물로 거대 오징어가 있는데, 무게가 2 톤이고 길이가 70 ft에 달한다. 무게는 몇 뉴턴(N)인가?

2. 6.0 kg의 물체가 2.0 m/s²의 가속을 받고 있다. (a) 작용하는 전체 힘의 크기는 얼마인가? (b) 같은 크기의 힘이 4.0 kg인 물체에 작용할 때, 가속도는 얼마인가?

3. 75 kg인 사람이 승강기 바닥에 놓인 저울 위에 서 있다. 승강기가 위로 움직이는 순간 저울의 눈금이 825 N을 가리켰다. 승강기의 가속도는 얼마인가?

4. 970 kg인 차가 평평한 길 위에서 정지 상태에서 동쪽 방향으로 5.00 s 동안 가속되어 25.0 m/s의 속력에 도달한다. 이 시간 동안 차에 작용한 평균 힘은 얼마인가?

5. 높이 30 m에서 정지 상태로부터 떨어진 0.50 kg의 공이 튕겨 올라가서 20 m의 높이에 도달하였다. 공이 지면과 접한 시간이 2.0 ms라면 공에 작용한 평균 힘은 얼마인가?

6. 질량 $m = 3.50$ kg인 두 개의 벽돌이 그림 P4.9에서와 같이 승강기 천정에 매달려 있다. (a) 승강기가 위로 $a = 1.60\text{ m/s}^2$의 가속을 낼 때 줄의 위와 아래에 걸리는 장력 T_1과 T_2를 구하라. (b) 만약 줄이 85.0 N까지 견딜 수 있다면, 첫 번째 줄이 끊어지기 전까지 최대 얼마의 가속이 가능한가?

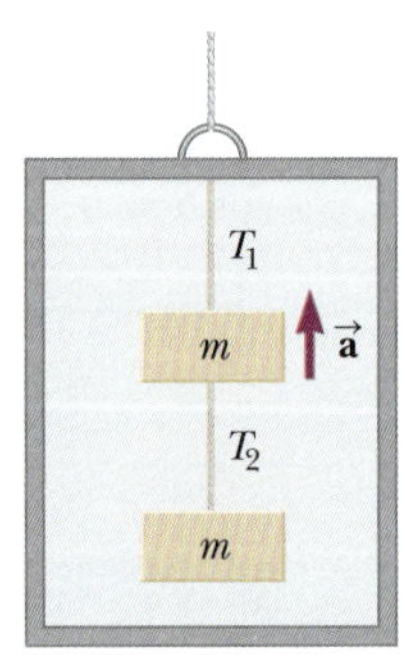

그림 P4.6

7. 두 전봇대 간의 거리가 50.0 m이다. 1.00 kg인 새가 전화선의 중간에 앉으면 선이 0.200 m 아래로 처진다. 새의 자유 물체도를 그려라. 새가 줄에 작용한 장력은 얼마인가? 줄의 무게는 무시한다.

8. 5.0 kg의 물 양동이가 줄에 매달려 끌어올려지고 있다. 만일 양동이가 3.0 m/s^{2}의 가속으로 올라가고 있다면 줄이 양동이에 작용하는 힘을 구하라.

9. 질량이 m과 $2m$인 두 블록이 그림 P4.9에서처럼 마찰 없는 경사면 위에서 평형 상태를 유지하고 있다. m과 θ의 항으로 (a) 윗줄의 장력 T_1의 크기와 (b) 두 물체를 연결한 아랫줄의 장력 T_2를 구하라.

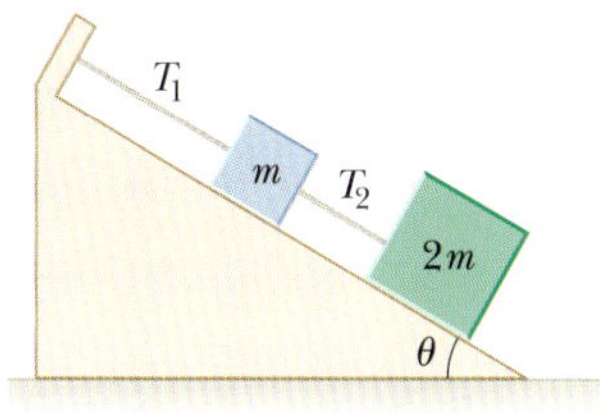

그림 P4.9

10. 그림 P4.10과 같이 세 블록이 마찰이 없는 표면 위에 있고, 42 N의 힘이 질량이 3.0 kg인 블록에 작용한다. (a) 이 계의 가속도는 얼마인가? (b) 질량 3.0 kg과 1.0 kg 블록을 연결하는 줄에 작용하는 장력은 얼마인가? (c) 질량 1.0 kg 블록이 질량 2.0 kg인 블록에 작용하는 힘은 얼마인가?

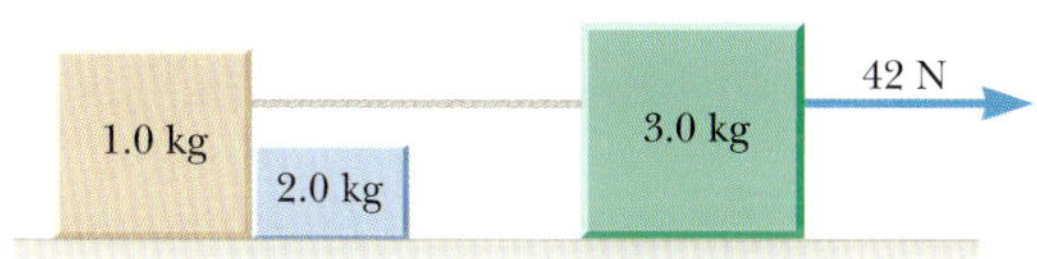

그림 P4.10

11. 질량 1 000 kg인 자동차가 질량 300 kg인 트레일러를 끌고 있다. 자동차와 트레일러는 2.15 m/s^{2}의 가속도로 $+x$ 방향으로 가고 있다. 트레일러에 마찰이 없다고 가정한다면 (a) 자동차가 받는 알짜힘은 얼마인가? (b) 트레일러가 받는 알짜힘은 얼마인가? (c) 트레일러가 자동차에 작용하는 힘의 크기와 방향은? (d) 결과적으로 자동차가 도로에 작용하는 힘은 얼마인가?

12. 3.00 kg인 블록이 30.0° 기울어진 경사면의 맨 위에서 정지 상태로부터 미끄러져 내려오기 시작하여 1.50 s 동안에 2.00 m를 내려왔다. (a) 블록의 가속도, (b) 블록과 경사면 사이의 운동 마찰 계수, (c) 블록에 작용하는 마찰력, (d) 2.00 m 미끄러졌을 때의 블록의 속력을 구하라.

13. 짐상자를 배에 싣는 부두 노동자는 수평면 위에 정지하고 있는 질량 20 kg인 짐상자를 움직이게 하려면 75 N의 수평 방향의 힘이 필요하다는 것을 알았다. 하지만 그 짐상자가 움직이기 시작한 후에는 60 N의 수평 방향의 힘을 가하면 일정한 속력으로 움직인다. 짐상자와 바닥 사이의 정지 마찰 계수와 운동 마찰 계수를 구하라.

장대높이뛰기(2015 광주하계유니버시아드 대회). 선수가 달리면서 얻은 운동에너지는 장대의 탄성에너지로 변환되고, 탄성에너지는 최고 높이에서 중력위치에너지로 변환된다. 이어 자유낙하하면서 위치에너지는 감소하고, 지면에 도달하기 직전에 운동에너지는 최고가 된다. 이와 같이 에너지 사이에는 변환이 이루어진다.

에너지 5

ENERGY

5.1 일

일 W는 다음과 같이 정의할 수 있다.

$$W = Fd \tag{5.1}$$

여기서 F는 물체에 작용한 힘의 크기이고 d는 물체의 변위의 크기이다.

그림 5.1은 어떤 블록에 일정한 크기의 힘 $\vec{\mathbf{F}}$가 작용하고 그 힘과 평행한 방향으로 $\Delta\vec{\mathbf{x}}$만큼 변위가 생긴 모습이다. 이 그림을 기초로 다음과 같은 정의를 할 수 있다.

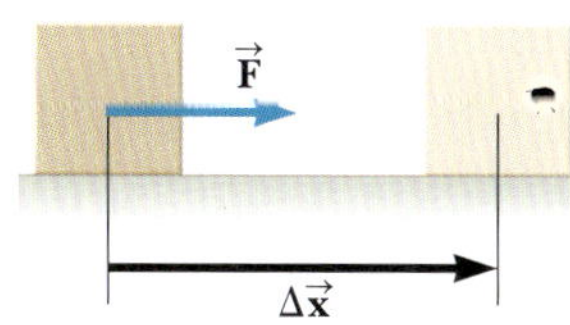

그림 5.1 변위($\Delta\vec{\mathbf{x}}$)와 같은 방향의 일정한 힘 $\vec{\mathbf{F}}$가 한 일은 $F\Delta x$이다.

> 일정한 힘 $\vec{\mathbf{F}}$가 x축을 따라 변위가 생겼을 때 물체에 한 일 W는
>
> $$W = F_x \Delta x \tag{5.2}$$
>
> 이다. 여기서 F_x는 힘 $\vec{\mathbf{F}}$의 x성분이고 $\Delta x = x_f - x_i$는 물체의 변위이다.
>
> **SI 단위: 줄(J) = 뉴턴 · 미터(N · m) = kg · m^2/s^2**

일은 벡터가 아니고 단순한 숫자이므로 스칼라양이다. 결과적으로 취급하기가 쉽다. 일은 방향과 시간에 연관되지 않으므로, 단지 속도와 위치만을 포함하는 문제를

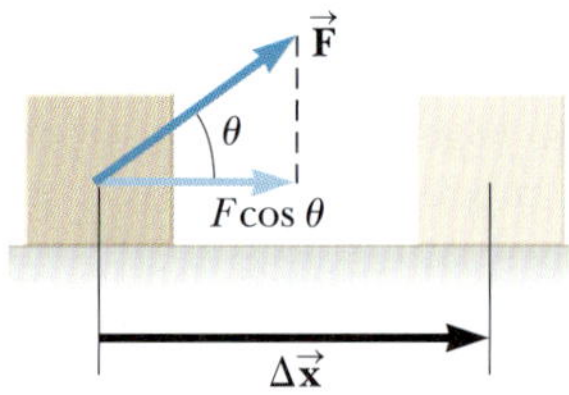

그림 5.2 변위 $\Delta\vec{\mathbf{x}}$에 대하여 θ 만큼의 각도로 일정하게 작용하는 힘 $\vec{\mathbf{F}}$가 한 일은 $(F\cos\theta)\,\Delta x$이다.

쉽게 해결할 수 있다. 일의 단위는 힘과 거리의 곱이므로 SI 단위는 **뉴턴·미터**(N·m)이다. 뉴턴·미터의 다른 이름이 **줄**(joule)이다. 미국에서 사용하는 일의 단위는 **푸트·파운드**(foot-pound)인데, 길이의 단위는 피트(feet)이고 힘은 파운드(pound)이기 때문이다.

물체에 작용하는 힘과 변위가 각을 이루고 있는 경우에 일의 정의를 다루어 보자. 그림 5.2를 살펴보면 이러한 문제를 쉽게 이해할 수 있다. 힘 $\vec{\mathbf{F}}$의 성분은 $F_x = F\cos\theta$와 $F_y = F\sin\theta$로 쓸 수 있다. 그러나 운동 방향에 평행한 성분은 x성분이므로 물체에 작용하는 일은 이 x성분의 힘에 의해 계산된다.

일정한 힘 $\vec{\mathbf{F}}$가 작용하여 $\Delta\vec{\mathbf{x}}$ 만큼 변위가 생겼을 때 물체에 한 일 W는

$$W = (F\cos\theta)\,d \qquad [5.3]$$

이다. 여기서 d는 변위의 크기이고 θ는 힘 $\vec{\mathbf{F}}$와 변위 벡터 $\Delta\vec{\mathbf{x}}$ 사이의 각이다.

SI 단위: 줄(J)

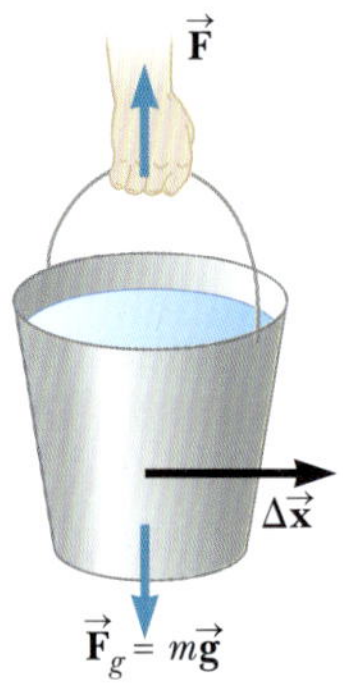

그림 5.3 작용한 힘 $\vec{\mathbf{F}}$가 변위와 수직이므로, 물 양동이에 한 일은 없다.

그림 5.3에서 어떤 사람이 일정한 속도로 물 양동이를 옆으로 움직이고 있다. 사람의 손에 의해서 물 양동이에 위쪽으로 가해지는 힘은 움직이는 방향과 수직을 이루고 있으므로, 이 힘은 물 양동이에 일을 하지 않는다. 식 5.3에서도 이 내용을 확인할 수 있는데, 손이 작용하는 힘과 운동 방향의 각도는 $90°$이므로 $\cos 90° = 0$이고, 따라서 일 $W = 0$이다. 중력 역시 물 양동이에 일을 하지 않는다.

예제 5.1

문제 어떤 에스키모인이 연어를 가득 실은 썰매를 끌고 있다. 썰매와 연어의 전체 질량은 50.0 kg이고, 에스키모인이 줄을 당기는 힘의 크기는 1.20×10^2 N이다. **(a)** 지면에 평행하게(그림 5.5에서 $\theta = 0°$) 줄을 5.00 m 당길 때 그가 한 일은 얼마인가? **(b)** $\theta = 30.0°$로 같은 거리를 당기는 경우 한 일은 얼마인가?

풀이 **(a)** 힘이 수평으로 작용할 때의 일을 구한다.

식 5.2에 주어진 값을 대입한다.

$$W = F_x \Delta x = (1.20 \times 10^2\ \text{N})(5.00\ \text{m}) = \boxed{6.00 \times 10^2\ \text{J}}$$

(b) 수평과 $30°$의 각으로 힘이 작용할 때 한 일을 구한다.

식 5.3에 주어진 값을 대입한다.

$$W = (F\cos\theta)\,d = (1.20 \times 10^2\ \text{N})(\cos 30°)(5.00\ \text{m})$$
$$= \boxed{5.20 \times 10^2\ \text{J}}$$

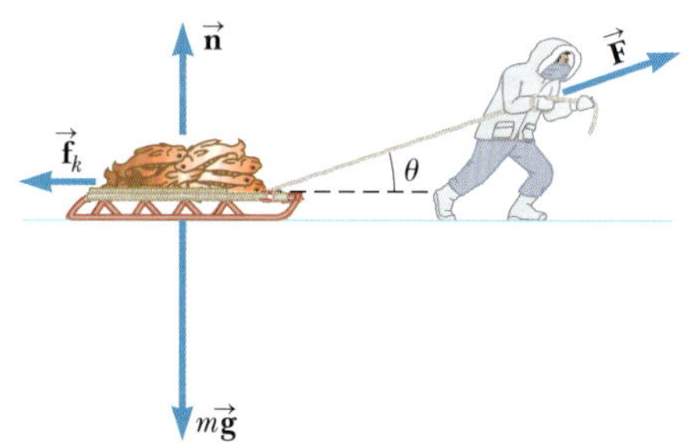

그림 5.4 (예제 5.1) 에스키모인이 지면과 θ의 각을 이루며 줄로 썰매를 끌고 있다.

5.2 운동 에너지와 일-에너지 정리

그림 5.5에서는 오른쪽으로 운동하는 질량 m인 물체에 일정한 알짜힘 $\vec{\mathbf{F}}_{알짜}$가 오른쪽으로 작용하여 역시 같은 방향으로 움직이고 있다. 힘이 일정하므로 뉴턴의 제2법칙에 의해 물체의 가속도 $\vec{\mathbf{a}}$는 일정하게 된다. 만일 물체가 Δx만큼 변위가 일어났다면 $\vec{\mathbf{F}}_{알짜}$가 물체에 한 일은

$$W_{알짜} = F_{알짜}\,\Delta x = (ma)\,\Delta x \qquad [5.4]$$

이다. 2장에서 등가속도 운동을 하는 물체는 다음 식을 만족함을 배웠다.

$$v^2 = v_0^2 + 2a\Delta x \qquad 또는 \qquad a\Delta x = \frac{v^2 - v_0^2}{2}$$

이 식을 식 5.4에 대입하면

$$W_{알짜} = m\left(\frac{v^2 - v_0^2}{2}\right)$$

즉

$$W_{알짜} = \frac{1}{2}mv^2 - \frac{1}{2}mv_0^2 \qquad [5.5]$$

을 얻게 된다.

따라서 물체에 한 알짜일은 $\frac{1}{2}mv^2$ 형태의 변화량과 같다. 이 항은 에너지의 단위와 같고 물체의 속력을 포함하므로 물체의 운동과 연관되는 에너지로 간주될 수 있어, 다음과 같은 정의를 내리게 된다.

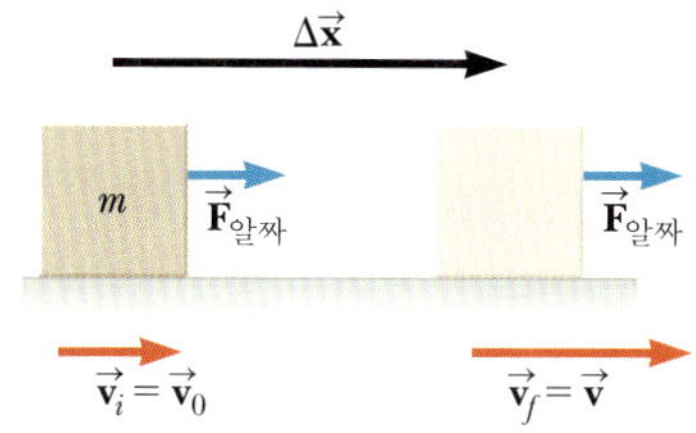

그림 5.5 물체가 일정한 알짜힘 $\vec{\mathbf{F}}_{알짜}$를 받아 변위가 일어나면서 속도가 변하고 있다.

> 질량이 m이고 속력이 v인 물체의 **운동 에너지 *KE***는 다음과 같다.
>
> $$KE \equiv \frac{1}{2}mv^2 \qquad [5.6]$$
>
> **SI 단위: 줄(J) = kg · m²/s²**

일과 같이 운동 에너지는 스칼라양이다. 식 5.5에서의 정의를 이용하면 다음과 같이 중요한 **일-에너지 정리**(work-energy theorem)를 얻을 수 있다.

> 물체에 한 알짜일은 물체의 운동 에너지 변화와 같다.
>
> $$W_{알짜} = KE_f - KE_i = \Delta KE \qquad [5.7]$$
>
> 여기서 운동 에너지의 변화는 전적으로 물체의 속력 변화에 기인한 것이다.

예제 5.2

문제 질량이 1.00×10^3 kg이고 40 m/s의 속력으로 움직이는 자동차의 운전자가 정체로 인하여 정지해 있는 앞차와의 충돌을 피하기 위하여 급정거했다(그림 5.6). 제동이 걸리면서 일정한 마찰력 8.00×10^3 N이 자동차에 작용하였다. 공기 저항은 무시한다. **(a)** 앞차와 충돌을 피하기 위한 최소 거리는 얼마인가? **(b)** 앞차와의 거리가 처음에 30.0 m라면, 충돌할 때 속력은 얼마인가?

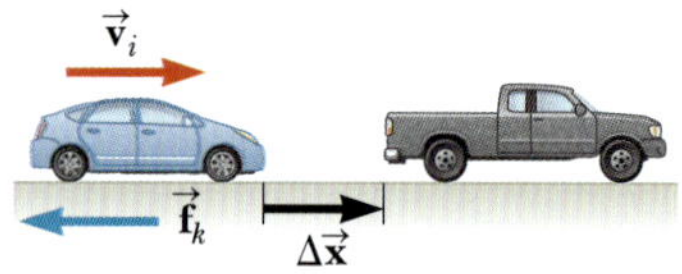

그림 5.6 (예제 5.2) 충돌 직전에 제동하는 자동차.

풀이 **(a)** 최소 정지 거리를 구한다.
자동차에 일–에너지 정리를 적용한다.

$$W_{알짜} = \frac{1}{2}mv_f^2 - \frac{1}{2}mv_i^2$$

이 식을 마찰이 한 일에 대입하고 $v_f = 0$으로 놓는다.

$$-f_k\,\Delta x = 0 - \frac{1}{2}mv_i^2$$

$v_i = 40$ m/s, $f_k = 8.00 \times 10^3$ N, $m = 1.00 \times 10^3$ kg을 대입한다. 그리고 Δx에 대하여 푼다.

$$-(8.00 \times 10^3\ \text{N})\,\Delta x = -\frac{1}{2}(1.00 \times 10^3\ \text{kg})(40\ \text{m/s})^2$$

$$\Delta x = \boxed{100\ \text{m}}$$

(b) 주어진 거리 30.0 m에서, 자동차는 너무 앞차와 가까이 있다. 충돌할 때의 속력을 구한다.
일–에너지 정리를 쓴다.

$$W_{알짜} = W_{마찰} = -f_k\,\Delta x = \frac{1}{2}mv_f^2 - \frac{1}{2}mv_i^2$$

$2/m$를 곱하고 식을 정리하여 나중 속도 v_f를 구한다.

$$v_f^2 = v_i^2 - \frac{2}{m}f_k\,\Delta x$$

$$v_f^2 = (40\ \text{m/s})^2 - \left(\frac{2}{1.00 \times 10^3\ \text{kg}}\right)(8.00 \times 10^3\ \text{N})(30.0\ \text{m})$$

$$= 1120\ \text{m}^2/\text{s}^2$$

$$v_f = \boxed{33.5\ \text{m/s}}$$

보존력과 비보존력

물체에 작용하는 힘은 보존력과 비보존력으로 나눌 수 있다. 아마도 중력이 가장 대표적인 **보존력**(conservative force)일 것이다.

비보존력(nonconservative force)은 일반적으로 소모적인데, 이것은 힘이 작용하면 물체의 에너지가 무질서하게 소모된다는 것을 의미한다. 이러한 에너지의 소모는 열이나 소리의 형태로 나타난다. 운동 마찰과 공기의 저항 등이 좋은 예이다. 제트 엔진이 비행기에 작용하는 힘이나 프로펠러가 잠수함에 작용하는 추진력들도 또한 비보존적이다.

보존력과 비보존력의 특성을 비교해볼 수 있는 또 다른 방법은 서로 다른 경로를 따라 두 점 사이를 이동하는 동안에 물체에 힘이 한 일을 계산해 보는 것이다. 그림 5.7과 같이 마찰이 없는 미끄럼틀을 미끄러져 내려가는 사람에게 중력이 한 일과, 같은 높이에서 물속으로 다이빙하는 사람에게 중력이 한 일은 같다. 그러나 비보존력에 대해서는 이러한 등식이 성립하지 않는다.

> 만약 두 점 사이로 어떤 물체를 이동시키는 동안에 힘이 한 일이 어떤 경로를 따라 가더라도 똑같다면 그 힘은 보존력이다.

그림 5.7 중력은 보존력이기 때문에 다이빙 선수가 사다리를 올라가는 동안에 중력에 대항하여 한 일을 운동 에너지의 형태로 변환할 수 있다. 마찰이 없는 미끄럼틀을 타는 경우에도 마찬가지다.

비보존력은 앞에서 살펴본 바와 같이 이러한 성질이 없다. 알짜일은 보존력이 한 일 W_c와 비보존력이 한 일 W_{nc}의 합이기 때문에, 식 5.7로 표현된 일-에너지 정리는 다음과 같이 고쳐 쓸 수 있다.

$$W_{nc} + W_c = \Delta KE \qquad [5.8]$$

보존력은 또 하나의 유용한 속성을 가지고 있다. 보존력이 한 일은 **위치 에너지**(potential energy)로 나타낼 수 있으며, 위치 에너지는 경로의 시작점과 끝점의 위치에만 의존하고 경로와는 무관하다.

5.3 중력 위치 에너지

벽돌은 선반 위에 있을 때 일을 할 수 있는 잠재적인 능력이 있기 때문에, 선반 위의 벽돌은 **위치 에너지**(potential energy)를 가지고 있다고 말한다.

위치 에너지는 한 물체의 성질이라기보다는 **계**(system) 전체의 성질이라고 할 수 있다.

중력이 한 일과 위치 에너지

중력과 관련된 문제들에 일-에너지 정리를 적용하기 위해서는 중력이 한 일을 계산해야 한다.

중력은 보존력이며, 모든 보존력에 대해서 위치 에너지 함수라고 하는 특별한 표현식을 얻을 수 있다. 물체의 운동 경로상의 임의의 두 점에서 그 함수의 값을 계산하여 위치 에너지의 차이를 구하면 그것은 두 점 사이를 이동하는 동안에 힘이 한 일과 크기가 같고 부호가 반대인 일과 같다. 또한 위치 에너지는 일과 운동 에너지와 같이 스칼라양이기 때문에 다루기가 편리하다.

첫 번째 단계는 어떤 물체가 한 곳에서 다른 곳으로 움직이는 동안에 중력이 물체에 한 일을 계산하는 일이다. 계의 위치 에너지의 변화는 그 일과 크기가 같고 부호가 반대이며, 이 관계로부터 위치 에너지 함수를 구할 수 있다.

그림 5.8에서는 물체가 땅보다 위쪽에 있을 때 y좌표가 양이며, 질량이 m인 책이

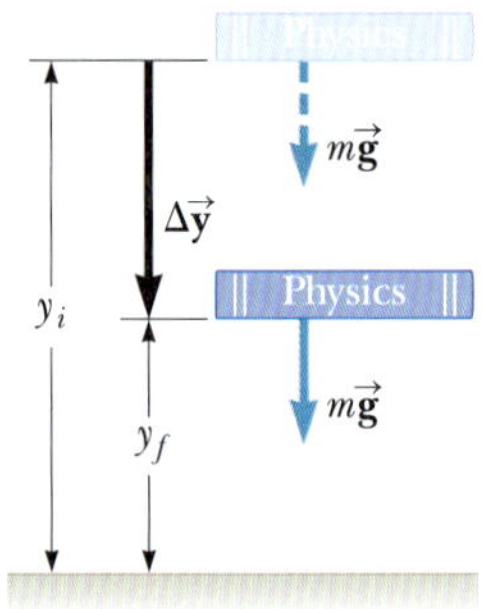

그림 5.8 질량이 m인 책이 높이 y_i에서 y_f로 떨어진다.

높이 y_i에서 y_f로 떨어진다. 공기의 저항을 무시하면 책에 작용하는 유일한 힘은 중력이다. 중력이 하는 일은 얼마인가? 힘의 크기는 mg이고 물체의 변위는 $\Delta y = y_i - y_f$ (양의 값)이고, $\vec{\mathbf{F}}$와 $\Delta\vec{\mathbf{y}}$는 모두 아랫방향이므로 사잇각은 영이다. $d = y_i - y_f$라 놓고 일의 정의 식 5.3을 적용하면 다음과 같다.

$$W_g = Fd\cos\theta = mg(y_i - y_f)\cos 0° = -mg(y_f - y_i) \qquad [5.9]$$

편의상 이 절이 끝날 때까지 중력과 비보존력만 작용한다고 가정하자. 그러면 식 5.8은 다음과 같이 쓸 수 있다.

$$W_{알짜} = W_{nc} + W_g = \Delta KE$$

여기서 W_{nc}는 비보존력이 한 일이다. W_g에 대한 식 5.9를 대입하면

$$W_{nc} - mg(y_f - y_i) = \Delta KE \qquad [5.10a]$$

가 된다. 양변에 $mg(y_f - y_i)$를 더하면

$$W_{nc} = \Delta KE + mg(y_f - y_i) \qquad [5.10b]$$

가 된다.

지구와 지구 표면 근처에 있는 질량이 m인 물체로 구성된 계의 중력 위치 에너지는

$$PE \equiv mgy \qquad [5.11]$$

로 정의된다. 여기서 g는 중력 가속도이며, y는 지구 표면(또는 다른 기준점)에 대한 물체의 수직 위치를 나타낸다.

SI 단위: 줄(J)

중력이 한 일과 중력 위치 에너지 사이의 관계를 구할 수 있다.

$$W_g = -(PE_f - PE_i) = -(mgy_f - mgy_i) \qquad [5.12]$$

중력이 한 일은 중력 위치 에너지의 변화와 크기가 같고 부호가 반대이다.

마지막으로 식 5.12의 관계를 식 5.10b에 적용하면, 확장된 개념의 일-에너지 정리를 얻는다.

$$W_{nc} = (KE_f - KE_i) + (PE_f - PE_i) \qquad [5.13]$$

이 식에 의하면 비보존력이 한 일 W_{nc}는 운동 에너지의 변화와 중력 위치 에너지의 변화를 합한 것이다.

예제 5.3

문제 그림 5.9와 같이 질량이 60.0 kg인 스키 선수가 꼭대기에 있다. 처음 위치 Ⓐ에 있을 때에는 위치 Ⓑ보다 10.0 m 높은 곳에 있다. **(a)** 중력 위치 에너지가 영인 기준 위치를 Ⓑ로 설정하고, 스키 선수가 Ⓐ와 Ⓑ에 있을 때 이 계의 중력 위치 에너지를 구하라. 마지막으로 스키 선수가 Ⓐ에서 Ⓑ로 내려가는 동안에 스키 선수–지구 계의 위치 에너지의 변화를 계산하라. **(b)** 기준 위치를 Ⓐ로 선택하고 이 문제를 반복하라.

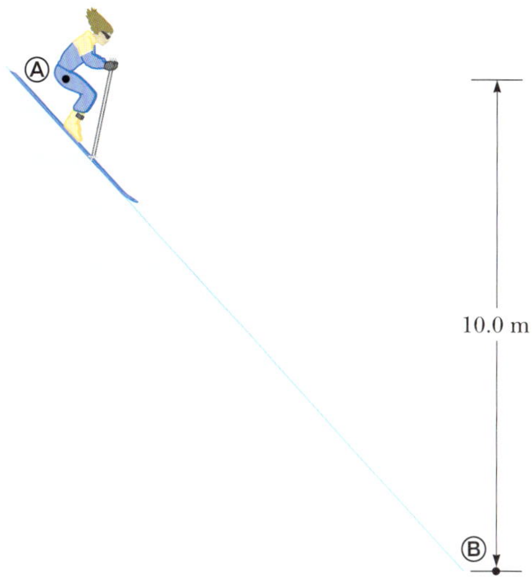

그림 5.9 (예제 5.3)

풀이 **(a)** $y = 0$을 Ⓑ로 설정하자. Ⓐ와 Ⓑ에서의 위치 에너지를 계산하고, 위치 에너지의 차이를 계산한다.
식 5.11로부터 Ⓐ에서의 위치 에너지 PE_i를 구한다.

$$PE_i = mgy_i = (60.0\ \text{kg})\,(10\ \text{m/s}^2)\,(10.0\ \text{m})$$
$$= 6000 \times 10^3\ \text{J}$$

기준 위치를 Ⓑ로 설정하였으므로 $PE_f = 0$이다. Ⓐ와 Ⓑ 사이에서의 위치 에너지의 차이를 구한다.

$$PE_f - PE_i = 0 - 6000\ \text{J} = \boxed{-6000 \times 10^3\ \text{J}}$$

(b) $y = 0$을 새 기준 위치 Ⓐ로 설정하고 문제를 반복한다. 이 경우 Ⓐ에서 $PE = 0$이다.
Ⓑ에서 $y = -10.0$ m인 사실에 주목하고 PE_f를 구한다.

$$PE_f = mgy_f = (60.0\ \text{kg})(10\ \text{m/s}^2)(-10.0\ \text{m})$$
$$= -6000\ \text{J}$$
$$PE_f - PE_i = -6000\ \text{J} - 0 = \boxed{-6000\ \text{J}}$$

중력과 역학적 에너지의 보존

물리량이 보존되는 경우 그 물리량의 수치적 값은 물리적 과정을 거치는 동안 항상 같은 값을 갖는다. 물리량의 형태가 달라질 수는 있지만 **그것의 나중 값은 처음 값과 똑같다.**

중력 때문에 낙하하는 물체의 운동 에너지 KE는 계속 변하고 물체의 위치 에너지 PE 역시 계속 변한다. 이것들은 분명 보존되는 양이 아니다. 그러나 비보존력이 없다면, 식 5.13에서 $W_{nc} = 0$이라 할 수 있다. 식을 정리하면 다음과 같은 흥미로운 결과를 얻는다.

$$KE_i + PE_i = KE_f + PE_f \qquad [5.14]$$

이 식에 의하면 **운동 에너지와 중력 위치 에너지의 합은 항상 일정한 값을 갖는다. 그러므로 이 합은 보존되는 양이다.** 전체 역학적 에너지를 $E = KE + PE$로 표현하고 **전체 역학적 에너지는 보존된다**고 말한다.

> 보존력만을 통해서 상호작용하는 물체들로 이루어진 고립계의 전체 역학적 에너지 $E = KE + PE$는 언제나 일정한 값을 갖는다.

중력이 계 내부에서 일을 하는 유일한 힘이라면, 역학적 에너지 보존의 원리는 다음식으로 표현된다.

$$\frac{1}{2}mv_i^2 + mgy_i = \frac{1}{2}mv_f^2 + mgy_f \qquad [5.15]$$

예제 5.4

문제 질량이 m인 다이버가 그림 5.10과 같이 수면 위 10.0 m 높이의 다이빙대에서 뛰어내린다. 공기 저항은 무시하고 **(a)** 역학적 에너지 보존식을 이용하여 수면 위 5.00 m를 지날 때 떨어지는 속력을 계산하고, **(b)** 물에 닿는 순간의 속력을 구하라.

풀이 **(a)** $y = 5.00$ m인 중간 높이에서의 다이버의 속력을 구한다.
에너지 보존식을 쓰고 해당 항들을 대입한다.

$$KE_i + PE_i = KE_f + PE_f$$

$$\frac{1}{2}mv_i^2 + mgy_i = \frac{1}{2}mv_f^2 + mgy_f$$

$v_i = 0$을 대입하고 질량 m을 소거한 후 v_f에 대하여 푼다.

$$0 + gy_i = \frac{1}{2}v_f^2 + gy_f$$

$$v_f = \sqrt{2g(y_i - y_f)} = \sqrt{2(10\ \text{m/s}^2)(10.0\ \text{m} - 5.00\ \text{m})}$$

$$= \boxed{10\ \text{m/s}}$$

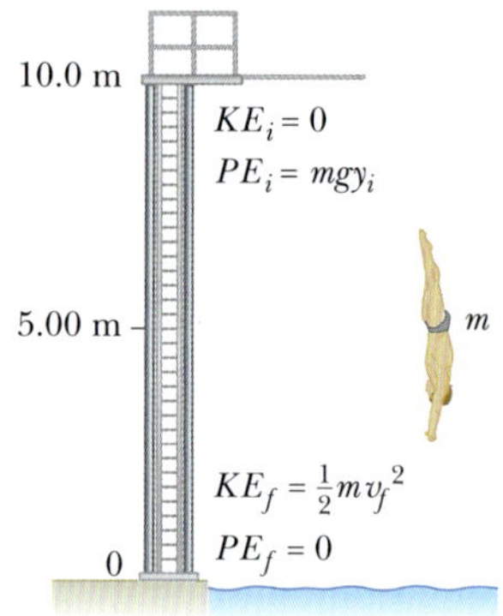

그림 5.10 (예제 5.4) 중력 위치 에너지는 수면에서 영으로 정한다.

(b) 물의 표면 $y = 0$에서 다이버의 속력을 구한다.
$y_f = 0$으로 놓은 뒤 (a)와 같은 과정을 거친다.

$$0 + mgy_i = \frac{1}{2}mv_f^2 + 0$$

$$v_f = \sqrt{2gy_i} = \sqrt{2(10\ \text{m/s}^2)(10.0\ \text{m})} = \boxed{14.1\ \text{m/s}}$$

5.4 용수철 위치 에너지

용수철이 압축되거나 늘어날 때 작용하는 힘은 그 힘을 제거하면 다시 복원되기 때문에 용수철에 의한 힘은 중력과 마찬가지로 보존력이다.

그림 5.11a는 압축되거나 늘어나지 않은 평형 위치에 있는 용수철의 상태를 나타낸 그림이다. 그림 5.11b와 같이 용수철을 물체로 누르면 거리 x만큼 압축된다. 이는 용수철이 작용하는 힘 F_s가 변위 x에 비례함을 의미한다.

$$F_s = -kx \qquad [5.16]$$

여기서 k는 비례 상수로서, **용수철 상수**라 하며 단위는 N/m이다. 식 5.16은 이 관계를 발견한 훅(Robert Hooke)의 이름을 따서 **훅의 법칙**(Hooke's law)이라 부른다. 힘 F_s는 종종 **복원력**이라 부르는데, 이것은 용수철이 언제나 용수철 끝 점의 변위와 반대되는 방향으로 힘을 작용해서 용수철의 끝을 언제나 원래의 위치로 되돌리려하기 때문이다. x가 양의 값을 가지면 힘은 음의 값이 되어 $x = 0$인 평형점을 향하게 되며, x가 음의 값을 가지면 힘은 양의 값이 되어 역시 $x = 0$인 점을 향하기 때문이다.

중력의 경우와 마찬가지로 **탄성 위치 에너지**(elastic potential energy)라고 하는 에너지는 용수철이 작용한 힘과 연관시킬 수 있다. 평균 힘 $\overline{F}$를 사용한다.

$$\overline{F} = \frac{F_0 + F_1}{2} = \frac{0 - kx}{2}$$
$$= -\frac{kx}{2}$$

따라서 **용수철이 한 일**은 다음과 같다.

$$W_s = \overline{F}x = -\frac{1}{2}kx^2$$

일반적으로 용수철의 변위가 x_i에서 x_f로 늘어나거나 압축된다면, 용수철이 한 일은 다음과 같다.

$$W_s = -\left(\frac{1}{2}kx_f^2 - \frac{1}{2}kx_i^2\right)$$

용수철이 한 일은 일-에너지 정리에 포함시킬 수 있다. 식 5.13의 좌변에 용수철이 한 일을 포함하면 다음과 같은 식이 된다.

$$W_{nc} - \left(\frac{1}{2}kx_f^2 - \frac{1}{2}kx_i^2\right) = \Delta KE + \Delta PE_g$$

여기서 PE_g는 중력 위치 에너지이다. 이제 용수철 힘과 연관된 탄성 위치 에너지 PE_s를 다음과 같이 정의할 수 있다.

$$PE_s \equiv \frac{1}{2}kx^2 \qquad [5.17]$$

이 식을 ㅗ 위의 식에 대입하여 정리하면, 중력과 탄성에 의한 위치 에너지를 모두 포함하는 새로운 형태의 일-에너지 정리를 다음의 식으로 표현할 수 있다.

$$W_{nc} = (KE_f - KE_i) + (PE_{gf} - PE_{gi}) + (PE_{sf} - PE_{si}) \qquad [5.18]$$

여기서 W_{nc}는 비보존력이 한 일이며, KE는 운동 에너지이고, PE_g는 중력 위치 에너지, PE_s는 탄성 위치 에너지이다.

비보존력이 없다면 $W_{nc} = 0$이므로 식 5.18의 좌변은 영이 된다. 역학적 에너지 보존에 관한 일반식은 다음과 같다.

$$(KE + PE_g + PE_s)_i = (KE + PE_g + PE_s)_f \qquad [5.19]$$

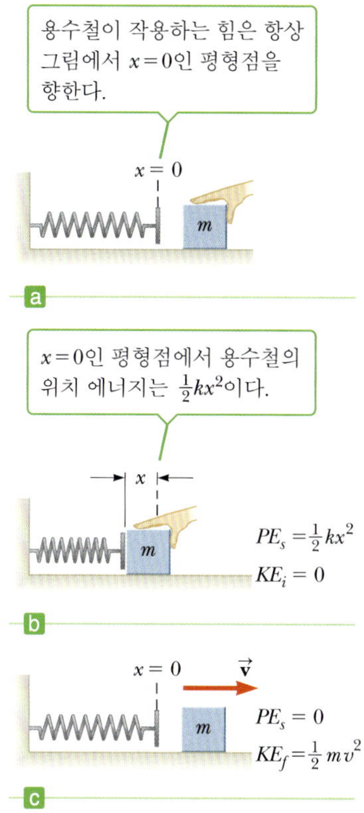

그림 5.11 (a) 압축되거나 늘어나지 않은 평형 상태의 용수철, (b) 마찰이 없는 바닥에 놓인 질량 m의 물체로 용수철을 누르고 있다. (c) 물체를 놓으면 이 에너지가 물체의 운동 에너지로 변환된다.

5.5 계와 에너지 보존

일-에너지 정리는 다음과 같이 표현됨을 상기하자.

$$W_{nc} + W_c = \Delta KE$$

여기서 W_{nc}는 비보존력이 한 일이며, W_c는 보존력이 한 일이다. 앞에서 공부했듯이, 중력과 용수철 힘 같은 보존력이 한 일은 위치 에너지의 변화로 계산할 수 있다. 따라서 일-에너지 정리는 다음과 같이 다시 표현할 수 있다.

$$W_{nc} = \Delta KE + \Delta PE = (KE_f - KE_i) + (PE_f - PE_i) \qquad [5.20]$$

여기서 PE는 앞에서 설명한 것처럼 모든 종류의 위치 에너지를 포함한다. 이 식을 정리하면

$$W_{nc} = (KE_f + PE_f) - (KE_i + PE_i) \qquad [5.21]$$

이 된다.

앞서 공부한 것을 돌이켜보면 전체 역학적 에너지는 $E = KE + PE$이다. 이것을 식 5.21에 대입하면, 어떤 계에서 비보존력이 한 일은 그 계의 역학적 에너지의 변화와 같다는 것을 알 수 있으므로 다음과 같이 쓸 수 있다.

$$W_{nc} = E_f - E_i = \Delta E \qquad [5.22]$$

만약 역학적 에너지가 변한다면, 에너지는 계를 벗어나서 주변 환경으로 가게 될 것이며, 에너지가 계의 내부에 머무른다면 역학적 에너지가 아닌 다른 형태의(예를 들면, 열에너지와 같은) 에너지로 변환될 것이다.

지금까지 에너지는 운동 에너지, 위치 에너지, 내부 에너지의 세 가지 방법으로 계에 저장되는 것을 알게 되었다. 반면에 에너지가 계로 들어오거나 계로부터 나가는 방법은 일에 의한 한 방법밖에 없음을 알게 되었다. 다른 방법들은 추후에 다시 공부할 예정인데, 여기서는 먼저 간단히 요약만 하였다.

- **일**: 이 장의 역학적인 관점에서 보면, 일은 힘과 변위로 에너지를 계에 전달한다.
- **열**: 열은 원자나 분자들의 충돌을 통하여 에너지를 전달해가는 과정이다. 예를 들어, 커피 잔 속에 있는 금속 숟가락은 따뜻해지는데, 이는 액체 커피 내에 있는 분자의 운동 에너지 일부가 숟가락의 내부 에너지로 전달되기 때문이다.
- **역학적인 파동**: 역학적인 파동은 공기 또는 어떤 매질을 통하여 매질을 교란시키면서 에너지가 옮겨간다. 예를 들어, 소리 형태의 에너지는 오디오 시스템의 스피커를 통해 나가서 여러분의 귀로 들어가게 된다. 또 다른 역학적인 파동의 예로는 지진파와 해양파가 있다.
- **전력 전송**: 전력 전송은 에너지를 전류의 형태로 전달한다. 이것은 전기 에너지가 전축 또는 여러 가지 전기를 사용하는 기기로 흘러들어가는 것을 말한다.

- **전자기 복사:** 전자기 복사는 에너지가 빛, 라디오파, 텔레비전 신호 등의 전자기 파동 형태로 전달되는 것을 말한다. 예를 들면, 전자레인지에서 감자를 요리하고, 태양빛이 우주 공간을 통과하여 지구에 도달하는 것들이 이러한 전달 방식이다.

5.6 일률

일률은 시간에 따른 에너지 전달률로 정의된다.

어떤 시간 간격 Δt 동안 어떤 물체에 외력이 작용하여 한 일이 W라면, 물체에 전달된 **평균 일률**(average power)은 한 일을 시간 간격으로 나눈 것으로 정의한다.

$$\overline{P} = \frac{W}{\Delta t} \qquad [5.23]$$

SI 단위: 와트(W=J/S)

식 5.23에 $W = F\Delta x$를 대입하면 $\Delta x/\Delta t$는 시간 간격 Δt 동안의 평균 속력이므로 다음과 같이 다시 쓸 수 있다.

$$\overline{P} = \frac{W}{\Delta t} = \frac{F\Delta x}{\Delta t} = F\overline{v} \qquad [5.24]$$

식 5.24에 의하면 평균 일률은 일정한 힘에 평균 속력을 곱한 것과 같다. 여기서 F는 평균 속도에 나란한 방향의 힘의 성분이다. 보다 일반적인 정의인 **순간 일률**(instantaneous power)은 약간의 미적분을 이용하면 식 5.24와 같은 형태로 쓸 수 있다.

$$P - Fv \qquad [5.25]$$

식 5.25에서 힘 F와 속도 v는 반드시 평행해야 하지만 시간에 따라서 변할 수 있다. 일률의 국제 표준 SI 단위는 줄/초이며, 제임스 와트(James Watt)를 기리기 위하여 이것을 **와트**(W)라고 한다.

$$1\ \mathrm{W} = 1\ \mathrm{J/s} = 1\ \mathrm{kg \cdot m^2/s^3} \qquad [5.26a]$$

미국 관습단위계에서는 일률의 단위를 마력(hp)이라고 사용해 왔다.

$$1\ \mathrm{hp} \equiv 550\ \frac{\mathrm{ft \cdot lb}}{\mathrm{s}} = 746\ \mathrm{W} \qquad [5.26b]$$

마력이란 단위는 와트에 의하여 처음 정의되었으며, 그가 발명한 증기 기관의 큰 출력을 나타내기 위하여 사용하였다.

한편 전력을 생산하는 경우 에너지를 측정하는 단위로는 '킬로와트시(kWh)'를 사용한다. 일 킬로와트시(1 kWh)는 일 킬로와트(1 kW=1 000 J/s)의 일정한 전력

으로 한 시간 동안 전달된 에너지를 말한다. 다시 말하면

$$1\,\text{kWh} = (10^3\,\text{W})(3\,600\,\text{s}) = (10^3\,\text{J/s})(3\,600\,\text{s}) = 3.60 \times 10^6\,\text{J}$$

이다.

킬로와트시는 에너지의 단위이지 일률의 단위는 아니다.

5.7 변하는 힘이 한 일

어떤 물체가 위치에 따라 크기가 변하는 x 방향의 힘 F_x의 작용을 받으며 x축을 따라 움직인다고 하자(그림 5.22). 물체의 좌표는 $x = x_i$에서 $x = x_f$까지 증가한다. 이 상황에서는 힘이 한 일을 계산하기 위하여 식 5.2를 사용할 수 없다. 왜냐하면 식 5.2는 힘 $\vec{\mathbf{F}}$가 일정한 크기와 방향을 가질 경우에만 성립되기 때문이다. 그림 5.12a의 경우와 같이 물체가 작은 변위 Δx 만큼만 이동한다고 하면 그 동안의 힘의 x성분 F_x는 거의 일정하다고 할 수 있다. 따라서 이 작은 변위 동안 힘이 한 일은 근사적으로 다음과 같이 표현할 수 있다.

$$W_1 \cong F_x \Delta x \qquad [5.27]$$

이것은 그림 5.12a에서 노란색으로 표시된 한 개의 사각형의 넓이와 같다. x에 관한 F_x의 곡선을 많은 작은 구간들로 나누면 물체가 x_i에서 x_f까지 움직이는 동안 한 전체 일은 곡선 아래의 작은 사각형들의 넓이를 모두 합한 것과 거의 같다.

$$W \cong F_1 \Delta x_1 + F_2 \Delta x_2 + F_3 \Delta x_3 + \cdots \qquad [5.28]$$

그림 5.12b처럼 F_x와 x축으로 둘러싸인 곡선 아랫부분의 넓이와 같다. 다시 말하면 **어떤 물체에 크기가 변하는 힘이 작용할 때 한 일은 x에 대한 F_x의 곡선 아래의 넓이와 같다.**

매달린 물체를 매우 천천히 $x_i = 0$에서 $x_f = x_{최대}$까지 움직이는 동안 외력이 하는 일을 계산해 보자(그림 5.13a). 뉴턴의 제3법칙에 의하면 인가한 힘 $\vec{\mathbf{F}}_{인가}$는 용수철

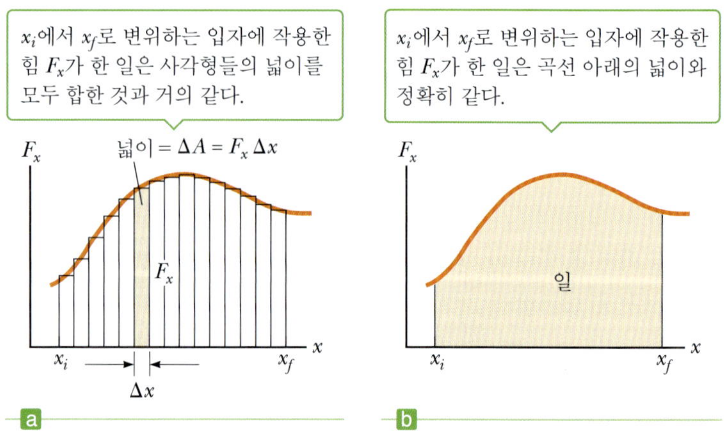

그림 5.12 (a) 작은 변위 Δx 동안 힘의 성분 F_x가 한 일은 $F_x \Delta x$이고, 이것은 노란색으로 표시된 작은 사각형 하나의 넓이에 해당한다. (b) 각 사각형의 너비 Δx는 영으로 줄어든다.

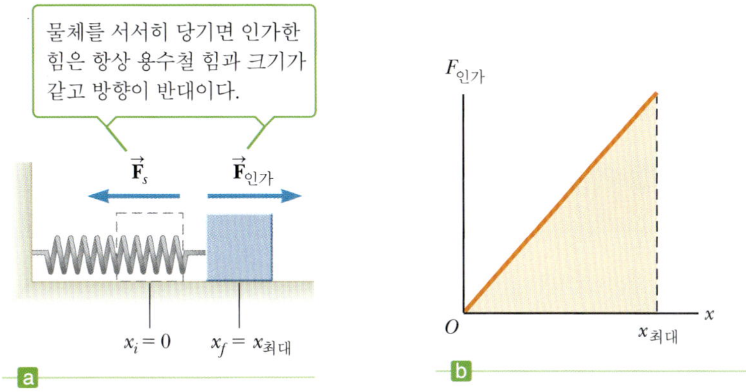

그림 5.13 (a) 마찰이 없는 표면 위에서 어떤 물체에 힘 $\vec{F}_{인가}$가 작용하여 $x_i = 0$에서 $x_f = x_{최대}$까지 움직인다. (b) x에 대한 $F_{인가}$의 그래프

힘 $\vec{F}_s$와 크기가 같고 방향이 반대이기 때문에 $F_{인가} = -(-kx) = kx$이다. 인가한 힘 $F_{인가}$를 x의 함수로 그리면 그림 5.13b와 같이 직선이다. 따라서 용수철을 $x = 0$에서 $x = x_{최대}$까지 천천히 늘리는 동안 인가한 힘이 한 일은 그림의 직선 아래의 노란색 부분의 넓이와 같다.

$$W_{F_{인가}} = \frac{1}{2}kx_{최대}^2$$

예제 5.5

문제 수평으로 놓여 있는 용수철($k = 80.0$ N/m)의 한쪽 끝이 고정되어 있으며, 다른 쪽 끝에 힘을 가하여 천천히 $x_Ⓐ = 0$에서 $x_Ⓑ = 4.00$ cm까지 늘였다. **(a)** 작용한 힘이 용수철에 한 일은 얼마인가? **(b)** $x_Ⓑ = 4.00$ cm에서 $x_Ⓒ = 7.00$ cm까지 더 늘이는 동안에 추가적으로 한 일을 구하라.

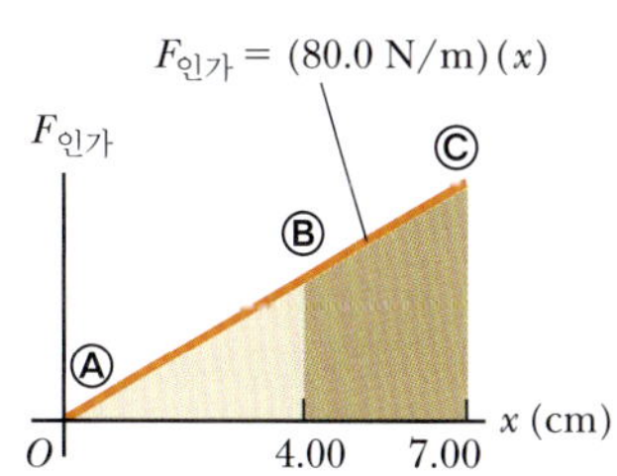

그림 5.14 (예제 5.5) 훅의 법칙을 만족하는 용수철을 늘이는 데 필요한 외력의 그래프

풀이 **(a)** $x_Ⓐ = 0$ cm에서 $x_Ⓑ = 4.00$ cm까지 늘이는 동안에 한 일을 구한다.

작은 삼각형의 넓이를 계산한다.

$$W = \frac{1}{2}kx_Ⓑ^2 = \frac{1}{2}(80.0\ \text{N/m})(0.040\ \text{m})^2 = \boxed{0.064\,0\ \text{J}}$$

(b) $x_Ⓑ = 4.00$ cm에서 $x_Ⓒ = 7.00$ cm까지 늘이는 동안에 한 일을 구한다.

큰 삼각형의 넓이를 계산한 다음 작은 삼각형의 넓이를 뺀다.

$$W = \frac{1}{2}kx_Ⓒ^2 - \frac{1}{2}kx_Ⓑ^2$$

$$W = \frac{1}{2}(80.0\ \text{N/m})(0.070\,0\ \text{m})^2 - 0.064\,0\ \text{J}$$
$$= 0.196\ \text{J} - 0.064\,0\ \text{J}$$
$$= \boxed{0.132\ \text{J}}$$

연습문제

1. 역도 선수가 350 N의 역기를 지면에서 바로 머리 위 수직으로 2.00 m 들어올렸다. 역기를 일정한 속력으로 움직였다면, 역도 선수는 얼마의 일을 하였는가?

2. 5.00 kg의 벽돌이 정지 상태에서 출발하여 30.0° 의 경사진 거친 면을 따라 2.50 m 미끄러져 내려갔다. 벽돌과 경사면 사이의 운동 마찰 계수 $\mu_k = 0.436$이다. (a) 중력이 한 일, (b) 벽돌과 경사면 사이의 마찰력이 한 일, (c) 수직 항력이 한 일을 구하라. (d) 만일 같은 높이를 짧은 경사면으로 더 가파르게 하였다면 구한 값이 정성적으로 어떻게 달라지는가?

3. 어떤 자동차 정비사가 정지된 2.50×10^3 kg의 자동차를 밀어 속력이 v가 될 때까지 5 000 J의 일을 하였다. 이 과정에서 자동차는 25.0 m를 이동하였다. 자동차와 도로 사이의 마찰을 무시하고 (a) 속력 v (b) 자동차에 작용한 수평힘을 구하라.

4. 체중이 65.0 kg인 달리기 선수가 장거리 달리기 경주에서 어느 순간에 5.20 m/s의 속력을 기록했다. (a) 그 순간 선수의 운동 에너지는 얼마인가? (b) 마지막 순간에 그가 속력을 두 배로 달린다면 그의 운동 에너지는 얼마만큼 변하는가?

5. 7.80 g의 총알이 575 m/s의 속력으로 날아가서 통나무에 깊이 5.50 cm 들어가서 박힌다. (a) 일과 에너지를 고려하여 총알이 통나무 속을 들어가는 동안의 평균 마찰력을 구하라. (b) 마찰력이 일정하다고 가정하고 총알이 나무 속을 들어가기 시작하여 나무 속에서 정지할 때까지 걸린 시간을 구하라.

6. 70 kg의 야구 선수가 1루에서 2루로 달리면서 4.0 m/s의 속력으로 미끄러져 들어갔다. 그의 옷과 땅바닥 사이의 마찰 계수는 0.70이다. 그가 2루에 도달하는 순간 속력이 영이 되게끔 미끄러져 들어갔다. (a) 주자에게 작용하는 마찰력에 의해 손실된 역학적 일은 얼마인가? (b) 그가 미끄러져 들어간 거리는 얼마인가?

7. 2 100 kg짜리 말뚝박는 기계로 I빔을 땅에 박으려고 한다. 빔의 머리를 때리기에 앞서 해머는 5.00 m를 낙하하고, 빔을 땅속으로 12.0 cm 박은 후 멈추게 된다. 에너지를 고려하여 기계가 정지할 때까지 빔이 해머에 작용하는 평균력을 구하라.

8. 0.20 kg의 돌이 지면에서 1.3 m 되는 높이의 우물 가장자리에 놓여 있다가 우물 속으로 떨어졌다. 우물의 깊이는 5.0 m이다. 우물의 맨 위 가장자리를 $y = 0$로 하면 (a) 돌이 우물로 떨어지기 전과 (b) 돌이 우물 바닥에 도달할 때 돌-지구계의 중력 위치 에너지는 얼마인가? (c) 떨어지기 시작하는 점과 바닥 점에 도달하는 동안 중력 위치 에너지의 변화는 얼마인가?

9. $y = 0$의 기준이 되는 평지로부터 높이 142 m에 있는 절벽의 끝에서 질량 50.0 kg의 발사체를 수평에서 30.0° 윗방향으로 처음 속력 1.20×10^2 m/s로 쏘았다. (a) 발사체의 처음 전체 역학적 에너지는 얼마인가? (b) 발사체가 $y = 427$ m의 최고점을 지날 때 속력이 85.0 m/s라고 하자. 발사체에 대해 공기 마찰이 한 일은 얼마인가? (c) 발사체가 내려갈 때 공기 마찰이 하는 일이 올라갈 때 하는 일의 1.5배라면 발사체가 평지에 닿기 직전의 속력은 얼마인가?

10. 전체 질량이 50.0 kg인 아이와 썰매가 마찰이 없는 경사면으로 미끄러져 내려온다. 썰매는 정지 상태에서 출발하였으며 바닥에 도달할 때의 속력이 3.00 m/s라면 경사면의 높이는 얼마인가?

11. 타잔이 처음에 수직과 37.0° 기울어진 30.0 m 길이의 덩굴줄기에 매달려 줄을 타기 시작한다. (a) 정지 상태에서 출발하는 경우와 (b) 처음에 4.00 m/s로 밀리는 경우 가장 낮은 곳을 지날 때의 타잔의 속력은 각각 얼마인가?

12. 어떤 사람이 언덕 꼭대기에서 정지 상태로 출발하여 10.5°의 경사를 따라 스키를 타고 내려왔다. 경사면의 길이는 200 m이고 눈과 스키의 운동 마찰 계수는 0.075 0이다. 경사면이 끝난 뒤의 눈 덮인 평지에서의 운동 마찰 계수도 동일하다. 정지하기 전까지 눈 덮인 평지에서 이동한 거리는 얼마인가?

13. 세 명의 일꾼이 건물 꼭대기에 설치된 도르래를 이용하여 무게 3.50 kN의 피아노를 길거리에서 25.0 m 위의 아파트로 일정한 속력으로 들어 올리고 있다. 일꾼 한 사람이 165 W의 일률로 일을 할 수 있고 도르래의 효율이 75.0 %라고 한다(25.0 %의 일은 도르래의 마찰 등으로 소실된다). 도르래의 질량을 무시한다면 피아노를 길에서 아파트까지 들어 올리는 데 시간은 얼마나 걸리는가?

14. 어떤 입자에 작용하는 힘이 그림 P5.14의 그래프처럼 변한다. 입자가 다음 각 구간을 이동하는 동안 힘이 하는 일은 얼마인가? (a) $x = 0$에서 $x = 8.00$ m까지, (b) $x = 8.00$ m에서 $x = 10.00$ m까지, (c) $x = 0$에서 $x = 10.00$ m까지

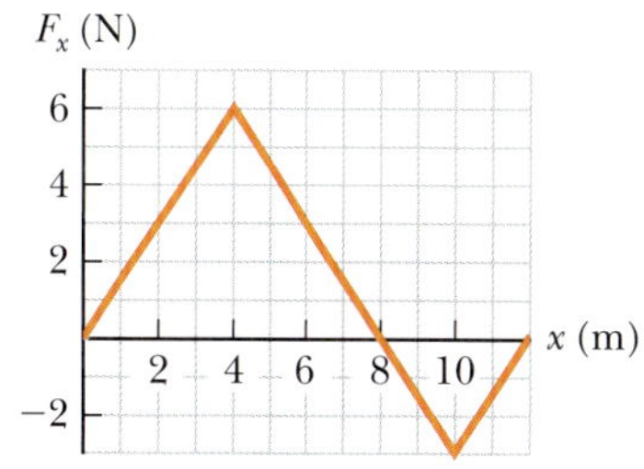

그림 P5.14

ⓒ 김영우

범퍼카(Bumper Car). 범퍼카의 하부 범퍼는 탄성이 아주 좋은 고무 재질로 만들었다. 고무 재료의 탄성 때문에 다른 범퍼카와 충돌이 있더라도 충격력을 전달하는 시간이 길어져 큰 충격을 받지 않는다. 놀이공원에서 어린이나 여성에게도 인기있는 기구 중 하나이다(용인 에버랜드에서 촬영).

운동량과 충돌 6

MOMENTUM AND COLLISIONS

6.1 운동량과 충격량

속도 $\vec{\mathbf{v}}$로 움직이는 질량 m인 물체의 선운동량 $\vec{\mathbf{p}}$는 질량과 속도의 곱이다.

$$\vec{\mathbf{p}} \equiv m\vec{\mathbf{v}} \qquad [6.1]$$

SI 단위: 킬로그램 · 미터/초(kg · m/s)

물체의 질량이나 속도 중의 하나가 두 배로 커지면 운동량도 두 배로 증가한다. 질량과 속도가 모두 두 배로 커지면 운동량은 네 배가 된다. 운동량은 벡터양으로서 방향은 속도 방향과 일치한다. 이차원에서 이의 성분은

$$p_x = mv_x \qquad p_y = mv_y$$

이고, 여기서 p_x는 물체의 x 방향 운동량 성분, 그리고 p_y는 물체의 y 방향 운동량 성분을 나타낸다.

질량이 m인 물체의 운동량 크기 p는 운동 에너지 KE와 연관될 수 있다.

$$KE = \frac{p^2}{2m} \qquad [6.2]$$

한 물체의 운동량을 변화시키려면 물체에 힘이 작용하여야 한다. 이것은 사실 뉴턴이 운동의 제2법칙을 처음으로 기술한 내용과 같다. 제2법칙을 더 일반적인 형태로부터 시작하면

$$\vec{\mathbf{F}}_{\text{알짜}} = m\vec{\mathbf{a}} = m\frac{\Delta\vec{\mathbf{v}}}{\Delta t} = \frac{\Delta(m\vec{\mathbf{v}})}{\Delta t}$$

이고, 여기서 질량 m과 힘은 일정하다고 가정한다. 괄호 안의 양은 운동량이므로 다음의 결과를 얻는다.

물체의 운동량의 시간 변화율 $\Delta\vec{\mathbf{p}}/\Delta t$는 Δt 시간 동안 물체에 작용한 일정한 알짜힘 $\vec{\mathbf{F}}_{\text{알짜}}$와 같다.

$$\frac{\Delta\vec{\mathbf{p}}}{\Delta t} = \frac{\text{운동량의 변화}}{\text{시간 간격}} = \vec{\mathbf{F}}_{\text{알짜}} \qquad [6.3]$$

이 식은 Δt가 무한소로 작기만 하면 작용하는 힘이 일정하지 않을 때에도 또한 유효하다. 식 6.3은 물체에 작용하는 알짜힘이 영이면 물체의 운동량은 변하지 않음을 의미한다. 다시 말해서 한 물체의 선운동량은 $\vec{\mathbf{F}}_{\text{알짜}} = 0$일 때 보존된다.

한 물체에 일정한 힘 $\vec{\mathbf{F}}$가 작용하면, 시간 간격 Δt 동안 물체에 전달되는 **충격량**(impulse) $\vec{\mathbf{I}}$는

$$\vec{\mathbf{I}} \equiv \vec{\mathbf{F}}\Delta t \qquad [6.4]$$

으로 주어진다.

SI 단위: 킬로그램 · 미터/초(kg · m/s)

충격량은 벡터양으로서 물체에 작용하는 힘의 방향과 같다. 한 물체에 하나의 일정한 힘 $\vec{\mathbf{F}}$가 작용할 때 식 6.3은 다음과 같이 쓸 수 있다.

$$\vec{\mathbf{I}} = \vec{\mathbf{F}}\Delta t = \Delta\vec{\mathbf{p}} = m\vec{\mathbf{v}}_f - m\vec{\mathbf{v}}_i \qquad [6.5]$$

이 식은 **충격량-운동량 정리**(impulse-momentum theorem)의 하나인 특수한 경우이다. 식 6.5는 물체에 작용하는 **힘에 의한 충격량은 그 물체의 운동량의 변화와 같음**을 보여준다.

실제 상황에서 물체에 작용한 힘이 일정한 경우는 극히 드물다. 예를 들어, 방망이로 야구공을 칠 때 힘은 급격히 커져 최댓값에 이른 다음 가파르게 줄어든다. 그림 6.1a는 이러한 상황에 대해 힘-시간의 전형적인 그래프를 보여준다. 힘은 방망이가 공과 접촉하면서 커지기 시작하여 최댓값을 거쳐 공이 방망이를 떠나면서 줄어든다. 이와 같이 다소 복잡한 상호작용을 분석하기 위해서는 그림 6.1b에서 보는 바와 같이 점선으로 그려진 **평균 힘**(average force) $\vec{\mathbf{F}}_{\text{평균}}$의 정의가 도입되어야 한다. 평균 힘은 시간 Δt 동안에 시간에 따라 변하는 실제 힘처럼 동일한 충격량을 물체에 전달하는 일정한 힘이다. 이때 충격량-운동량 정리는 다음과 같다.

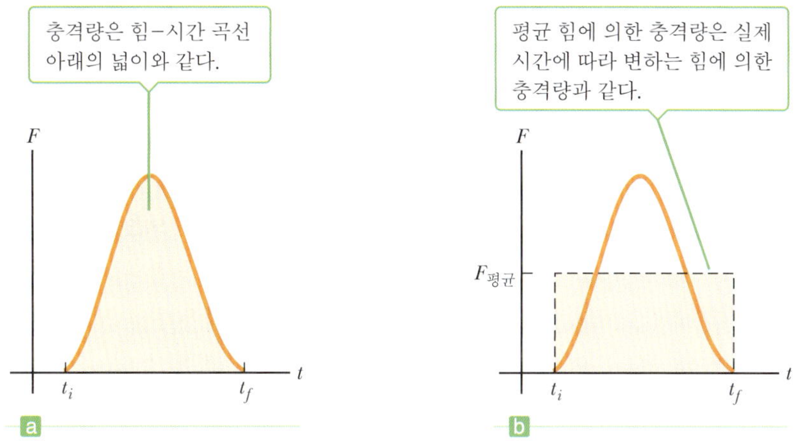

그림 6.1 (a) 물체에 작용한 힘은 시간에 따라 변할 수 있다. (b) 일정한 힘 $F_{평균}$(수평 점선)은 직사각형 넓이 $F_{평균}\Delta t$가 (a)에서 곡선 아래의 넓이와 같도록 그린 것이다.

$$\vec{\mathbf{F}}_{평균}\Delta t = \Delta\vec{\mathbf{p}} \quad [6.6]$$

시간 간격 Δt 동안 힘이 주는 충격량의 크기는 그림 6.1a에서와 같이 힘-시간 그래프에서 곡선 아래의 넓이와 같고, 그림 6.1b에서의 $F_{평균}\Delta t$와 같다.

예제 6.1 범퍼의 효능

문제 자동차 충돌 실험에서 질량이 1.50×10^3 kg 인 자동차가 그림 6.2a와 같이 벽에 충돌한 후 다시 튀어나온다. 자동차의 처음과 나중 속도는 각각 $v_i = -10.0$ m/s와 $v_f = 2$ m/s이다. 만일 충돌이 0.1 s 동안 지속된다면, **(a)** 충돌로 인해 차에 전달된 충격량과 **(b)** 차에 작용한 평균 힘의 크기와 방향을 구하라.

그림 6.2 (예제 6.1) (a) 벽과 충돌해서 차의 운동량이 변한다. (b) 충돌 시험(비탄성 충돌)에서 차의 처음 운동 에너지의 대부분이 차를 손상시키는 데 사용된 에너지로 변환된다.

풀이 **(a)** 차에 전달된 충격량을 구한다.

차의 처음과 나중 운동량을 계산한다.

$$p_i = mv_i = (1.50 \times 10^3\ \mathrm{kg})(-10\ \mathrm{m/s}) = -1.5 \times 10^4\ \mathrm{kg \cdot m/s}$$

$$p_f = mv_f = (1.50 \times 10^3\ \mathrm{kg})(+2\ \mathrm{m/s}) = +0.3 \times 10^4\ \mathrm{kg \cdot m/s}$$

충격량은 나중과 처음의 운동량의 차이이다.

$$I = p_f - p_i = +0.3 \times 10^4\ \mathrm{kg \cdot m/s} - (-1.5 \times 10^4\ \mathrm{kg \cdot m/s}) = 1.8 \times 10^4\ \mathrm{kg \cdot m/s}$$

(b) 차에 작용한 평균 힘을 구한다.

식 6.6의 충격량-운동량 정리를 적용한다.

$$F_{평균} = \frac{\Delta p}{\Delta t} = \frac{1.8 \times 10^4\ \mathrm{kg \cdot m/s}}{0.1\ \mathrm{s}} = +1.8 \times 10^5\ \mathrm{N}$$

6.2 운동량의 보존

고립계에서 충돌이 일어날 때, 시간에 따라 계의 전체 운동량은 변하지 않는다. 또한 크기와 방향도 일정하게 유지된다. 그 계의 개별 입자의 운동량은 변할 수 있으나 전체 운동량의 벡터 합은 변하지 않는다. 따라서 전체 운동량이 **보존된다**고 말한다.

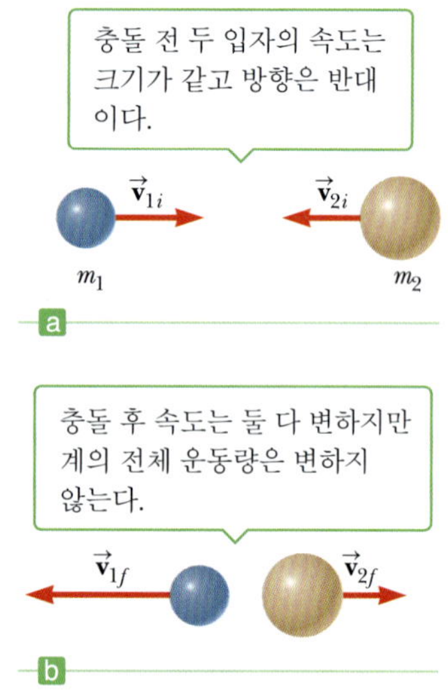

그림 6.3 두 물체의 정면 충돌 전과 후. 각 물체의 운동량은 충돌의 결과에 변하지만 계의 전체 운동량은 일정하다. 가벼운 입자의 속도 변화의 크기가 무거운 입자의 속도 변화의 크기보다 크게 나타나며, 그것은 일반적으로도 예상할 수 있는 것이다.

그림 6.3은 두 입자로 이루어진 고립계에서 입자들의 충돌 전후를 나타낸다. 고립되었다는 것은 외력, 예를 들어 중력이나 마찰력이 계에 작용하지 않는 것을 의미한다. 충돌 전의 두 입자들의 속도는 $\vec{\mathbf{v}}_{1i}$와 $\vec{\mathbf{v}}_{2i}$이며, 충돌 후의 속도는 $\vec{\mathbf{v}}_{1f}$와 $\vec{\mathbf{v}}_{2f}$이다. 충격량–운동량 정리를 m_1에 적용하면,

$$\vec{\mathbf{F}}_{21}\Delta t = m_1\vec{\mathbf{v}}_{1f} - m_1\vec{\mathbf{v}}_{1i}$$

이다. 마찬가지로 m_2에 적용하면

$$\vec{\mathbf{F}}_{12}\Delta t = m_2\vec{\mathbf{v}}_{2f} - m_2\vec{\mathbf{v}}_{2i}$$

이다. 여기서 $\vec{\mathbf{F}}_{21}$은 충돌하는 동안 m_2가 m_1에 작용하는 평균 힘이며, $\vec{\mathbf{F}}_{12}$는 m_1이 m_2에 작용하는 평균 힘이다.

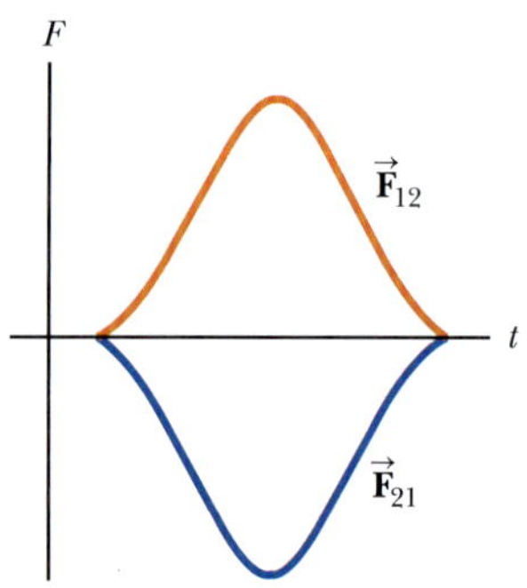

그림 6.4 그림 6.3과 같이 두 입자가 충돌할 때 시간에 따른 힘의 변화. $\vec{\mathbf{F}}_{21} = -\vec{\mathbf{F}}_{12}$임에 주목하라.

실제 힘은 시간에 따라 그림 6.4처럼 복잡하게 변하지만 여기서는 평균 힘 $\vec{\mathbf{F}}_{21}$과 $\vec{\mathbf{F}}_{12}$를 사용한다. 뉴턴의 제3법칙에서 이 두 힘은 항상 크기는 같고 방향이 반대에서 $\vec{\mathbf{F}}_{21} = -\vec{\mathbf{F}}_{12}$이다. 또한 두 힘은 같은 시간 동안 작용한다. 그러므로

$$\vec{\mathbf{F}}_{21}\Delta t = -\vec{\mathbf{F}}_{12}\Delta t$$

또는

$$m_1\vec{\mathbf{v}}_{1f} - m_1\vec{\mathbf{v}}_{1i} = -(m_2\vec{\mathbf{v}}_{2f} - m_2\vec{\mathbf{v}}_{2i})$$

이다. $\vec{\mathbf{F}}_{21}$과 $\vec{\mathbf{F}}_{12}$에 대한 위의 식을 여기에 대입하여 정리하면 다음과 같이 중요한 결과를 얻는다.

$$m_1\vec{\mathbf{v}}_{1i} + m_2\vec{\mathbf{v}}_{2i} = m_1\vec{\mathbf{v}}_{1f} + m_2\vec{\mathbf{v}}_{2f} \qquad [6.7]$$

이것이 **운동량 보존의 법칙**(law of conservation of momentum)이고, 여러 개의 상호작용하는 물체를 가진 고립계에서도 항상 성립한다.

계에 작용하는 알짜 외력이 없으면, 계의 전체 운동량은 시간에 따라 일정하게 유지된다.

예제 6.2 궁사의 활쏘기

문제 마찰이 없는 얼음 위에서 궁사가 활을 쏘고 있다. 활과 화살을 포함한 그의 전체 질량은 60.00 kg이다(그림 6.5). **(a)** 궁사가 0.030 0 kg의 화살을 수평 $+x$ 방향으로 50.0 m/s의 속력으로 쏜다면 그가 얼음 위에서 뒤로 미끄러지는 속도는 얼마인가? **(b)** 두 번째 화살을 같은 속력으로 수평과 30.0°의 각으로 위로 쏜다면 그가 되튀는 속도는 얼마인가?

풀이 **(a)** 궁사가 얼음 위에서 되튀는 속도를 구한다.
x 방향의 운동량 보존의 법칙을 쓴다.

$$p_{ix} = p_{fx}$$

m_1과 v_{1f}를 궁사의 질량과 화살을 쏜 후의 궁사의 속도라 두고, m_2와 v_{2f}를 화살의 질량과 속도라 하자. $p_i = 0$으로 놓고 나중 운동량 식과 같게 놓는다.

$$0 = m_1 v_{1f} + m_2 v_{2f}$$

v_{1f}에 대해 풀고 $m_1 = 59.97$ kg, $m_2 = 0.030\,0$ kg, $v_{2f} = 50.0$ m/s를 대입한다.

$$v_{1f} = -\frac{m_2}{m_1}v_{2f} = -\left(\frac{0.030\,0\text{ kg}}{59.97\text{ kg}}\right)(50.0\text{ m/s})$$

$$= \boxed{-0.025\,0\text{ m/s}}$$

(b) 두 번째 화살을 수평과 30.0°의 각으로 쏜 다음 궁사의 속도를 구한다.
운동량의 x성분 식을 쓴다. 그 식에서 m_1은 (a)에서 첫 번째 화살을 쏘고 난 다음의 궁사의 질량이고 m_2는 두 번째 화살의 질량이다.

$$m_1 v_{1i} = (m_1 - m_2)v_{1f} + m_2 v_{2f}\cos\theta$$

궁사의 나중 속도 v_{1f}에 대해 풀고 값을 대입한다.

$$v_{1f} = \frac{m_1}{(m_1 - m_2)}v_{1i} - \frac{m_2}{(m_1 - m_2)}v_{2f}\cos\theta$$

$$= \left(\frac{59.97\text{ kg}}{59.94\text{ kg}}\right)(-0.025\,0\text{ m/s}) - \left(\frac{0.030\,0\text{ kg}}{59.94\text{ kg}}\right)(50.0\text{ m/s})\cos(30.0°)$$

$$= \boxed{-0.046\,7\text{ m/s}}$$

그림 6.5 (예제 6.2) 궁사가 오른쪽 수평 방향으로 활을 쏜다. 그가 마찰이 없는 얼음 위에 서 있기 때문에 얼음 위에서 왼쪽으로 미끄러지기 시작할 것이다.

6.3 충돌

어떤 형태의 충돌에 대해서도, 계가 고립되어 있다고 가정하면 충돌 전의 계의 전체 운동량은 충돌 후의 계의 전체 운동량과 같다. 즉, 전체 운동량은 항상 보존이 된다. 그러나 충돌에서 운동 에너지는 일반적으로 보존되지 않는다. 운동 에너지의 일부가 내부 에너지, 소리 에너지, 그리고 차의 충돌처럼 물체를 항구적으로 변형시키는 데 드는 일로 바뀌기 때문이다. **운동량은 보존되지만 운동 에너지는 보존이 되지 않는 충돌을 비탄성 충돌로 정의한다. 두 물체가 충돌해서 서로 붙는 충돌을 완전 비탄성 충돌이라고 한다.** 예를 들어, 두 찰흙 덩어리가 충돌하면 서로 붙어서 같은 속도로 움직인다.

탄성 충돌은 운동량과 운동 에너지가 보두 보존되는 충돌로 정의한다. 당구공의 충돌과 상온에서 공기 분자들과 용기의 벽과 충돌은 매우 탄성적이다. 당구공의 충돌과 같은 거시적인 충돌은 근사적으로 탄성 충돌이다. 영구적 변형이 조금 생기면서 운동 에너지가 손실되기 때문이다. 하지만 원자나 원자의 구성 입자들 사이에서는 완전 탄성 충돌이 가능하다. 탄성 충돌이나 완전 비탄성 충돌은 **극한적인** 경우이고, 대부분의 실제 충돌은 이 두 범주 사이에 속한다.

충돌의 유형을 다음과 같이 요약할 수 있다.

- 탄성 충돌은 운동량과 운동 에너지가 모두 보존이 되는 충돌이다.
- 비탄성 충돌은 운동량은 보존되지만 운동 에너지가 보존되지 않는 충돌이다.
- 완전 비탄성 충돌은 충돌 후에 두 물체가 함께 붙어서 움직인다. 따라서 물체의 나중 속도는 같고 계의 운동량은 보존된다.

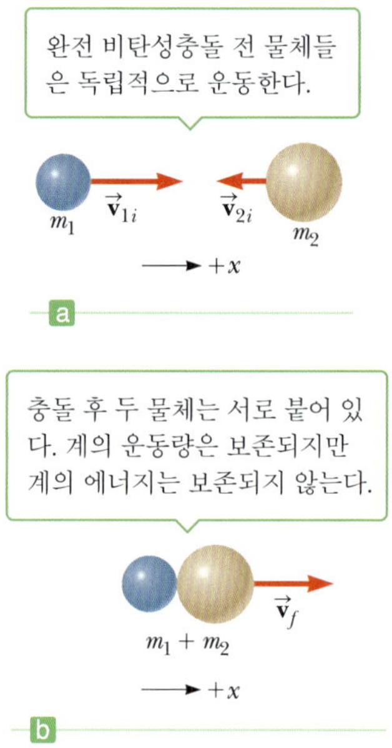

그림 6.6 두 물체가 완전 비탄성 정면 충돌한다. (a) 충돌 전, (b) 충돌 후

완전 비탄성 충돌

질량이 m_1과 m_2인 두 물체가 그림 6.6과 같이 직선을 따라 처음 속도 v_{1i}와 v_{2i}로 움직인다. 두 물체가 정면 충돌 후에는 서로 붙어서 선형으로 v_f의 속도로 움직이면 이 충돌은 완전 비탄성 충돌이다. 두 물체로 이루어진 고립계에서 충돌 전과 후의 전체 운동량은 같으므로 나중 속도를 구할 수 있다.

$$m_1 v_{1i} + m_2 v_{2i} = (m_1 + m_2) v_f \qquad [6.8]$$

$$v_f = \frac{m_1 v_{1i} + m_2 v_{2i}}{m_1 + m_2} \qquad [6.9]$$

v_{1i}, v_{2i}, v_f는 속도 벡터의 x성분을 나타내므로 부호에 주의해야 한다. 예를 들어, 그림 6.6에서 v_{1i}는 양의 값(m_1이 오른쪽으로 움직인다)이고 v_{2i}는 음의 값(m_2가 왼쪽으로 움직인다)이다.

예제 6.3 트럭과 소형차

문제 1.80×10^3 kg의 트럭이 +15.0 m/s로 동쪽으로 달리고 반면 9.00×10^2 kg의 소형차는 −15.0 m/s로 서쪽으로 달리고 있다(그림 6.7). 두 차는 정면 충돌 후 뒤엉켜버렸다. **(a)** 충돌 후 뒤엉킨 차들의 속도를 구하라. **(b)** 각 차의 속도 변화를 구하라.

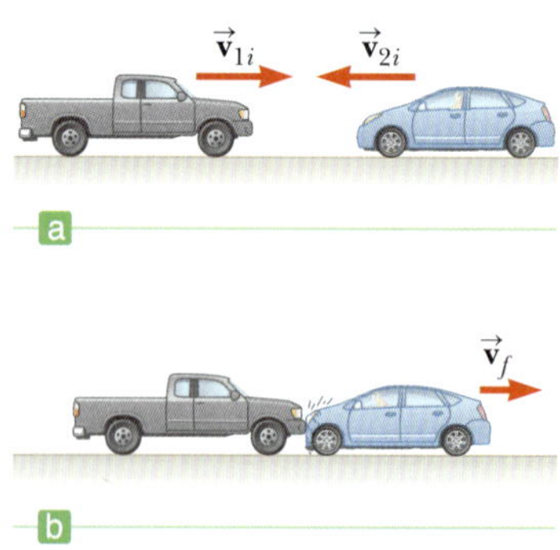

그림 6.7 (예제 6.3)

풀이 **(a)** 충돌 후 나중 속도를 구한다.
트럭의 질량과 처음 속도를 m_1과 v_{1i}라 하고, 소형차에 대해서는 m_2와 v_{2i}라 하자. 운동량 보존의 법칙을 적용한다.

$$p_i = p_f$$

$$m_1 v_{1i} + m_2 v_{2i} = (m_1 + m_2) v_f$$

값들을 대입하고 나중 속도 v_f에 대해 푼다.

$$(1.80 \times 10^3\ \text{kg})(15.0\ \text{m/s}) + (9.00 \times 10^2\ \text{kg})(-15.0\ \text{m/s})$$
$$= (1.80 \times 10^3\ \text{kg} + 9.00 \times 10^2\ \text{kg})\, v_f$$
$$v_f = +5.00\ \text{m/s}$$

(b) 각 차에 대한 속도 변화를 구한다.
트럭의 속도 변화:

$$\Delta v_1 = v_f - v_{1i} = 5.00\ \text{m/s} - 15.0\ \text{m/s}$$
$$= -10.0\ \text{m/s}$$

소형차의 속도 변화:

$$\Delta v_2 = v_f - v_{2i} = 5.00\ \text{m/s} - (-15.0\ \text{m/s})$$
$$= 20.0\ \text{m/s}$$

탄성 충돌

이제 두 물체가 **정면 탄성 충돌**(elastic head-on collisions)하는 경우를 생각하자(그림 6.8). 이 경우 **두 물체로 이루어진 계의 운동량과 운동 에너지가 모두 보존된다.** 이 조건은 다음과 같이 쓸 수 있다.

$$m_1 v_{1i} + m_2 v_{2i} = m_1 v_{1f} + m_2 v_{2f} \qquad [6.10]$$

그리고

$$\frac{1}{2} m_1 v_{1i}^2 + \frac{1}{2} m_2 v_{2i}^2 = \frac{1}{2} m_1 v_{1f}^2 + \frac{1}{2} m_2 v_{2f}^2 \qquad [6.11]$$

이다. 여기서 물체가 오른쪽으로 움직이면 v의 값은 양이고 왼쪽으로 움직이면 음이다.

탄성 충돌을 하는 전형적인 문제에는 두 개의 미지수가 있으며, 식 6.10과 6.11을 연립하여 풀면 이를 구할 수 있다. 이들 두 방정식은 각각 일차와 이차 함수이다. 다른 방법으로 접근하면, 이차 방정식을 일차 방정식으로 간단히 할 수 있다. 식 6.11에서 $\frac{1}{2}$을 소거하고 다시 쓰면 다음과 같다.

$$m_1(v_{1i}^2 - v_{1f}^2) = m_2(v_{2f}^2 - v_{2i}^2)$$

이 식은 m_1을 포함하는 항을 왼쪽으로 m_2를 포함하는 항을 오른쪽으로 옮긴 것이다. 다음에 양변을 인수분해하면,

$$m_1(v_{1i} - v_{1f})(v_{1i} + v_{1f}) = m_2(v_{2f} - v_{2i})(v_{2f} + v_{2i}) \qquad [6.12]$$

이다. 운동량 보존의 법칙인 식 6.10도 m_1을 포함하는 항과 m_2를 포함하는 항으로 나눈다.

$$m_1(v_{1i} - v_{1f}) = m_2(v_{2f} - v_{2i}) \qquad [6.13]$$

식 6.12를 6.13으로 나누면,

$$v_{1i} + v_{1f} = v_{2f} + v_{2i}$$

이다. 처음 값은 좌변으로 나중 값을 우변으로 보내면 다음과 같다.

$$v_{1i} - v_{2i} = -(v_{1f} - v_{2f}) \qquad [6.14]$$

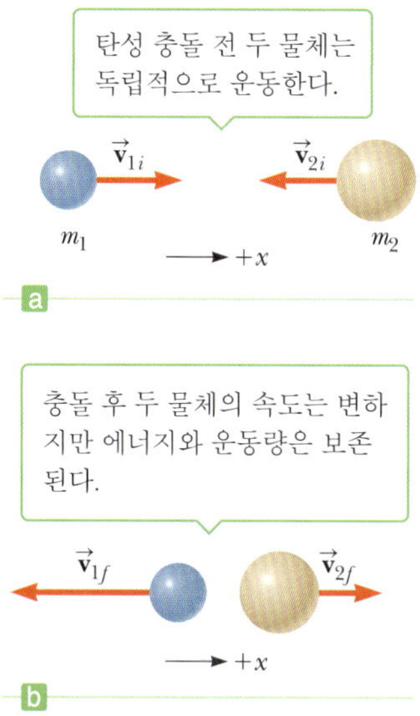

그림 6.8 두 개의 단단한 공이 정면 탄성 충돌한다. (a) 충돌 전, (b) 충돌 후 비탄성 충돌과는 달리 전체 운동량과 전체 에너지는 보존된다.

식 6.14에서 충돌 전 두 물체의 상대 속도 $v_{1i} - v_{2i}$는 충돌 후 두 물체의 상대 속도에 음의 부호를 붙인 $-(v_{1f} - v_{2f})$와 같다.

예제 6.4 교차로에서의 충돌

문제 그림 6.9와 같이 교차로에서 20 m/s의 속력으로 동쪽으로 진행하는 1.50×10^3 kg의 차가 20.0 m/s의 속력으로 북쪽으로 가는 2.50×10^3 kg의 승합차와 충돌하였다. 차량들이 완전 비탄성 충돌(즉, 충돌 후 한 덩어리가 됨)을 했다고 가정하고, 충돌 후 이들 속도의 방향과 크기를 구하라. 차량과 도로와의 마찰은 무시한다.

풀이 계의 처음과 나중 운동량의 x성분을 구한다.

$$\sum p_{ix} = m_{\text{승용차}} v_{\text{승용차}} = (1.50 \times 10^3 \text{ kg})(20 \text{ m/s})$$
$$= 3 \times 10^4 \text{ kg} \cdot \text{m/s}$$
$$\sum p_{fx} = (m_{\text{승용차}} + m_{\text{승합차}})\, v_f \cos\theta = (4.00 \times 10^3 \text{ kg}) v_f \cos\theta$$

처음의 x성분과 나중의 x성분을 같다고 놓는다.

$$3 \times 10^4 \text{ kg} \cdot \text{m/s} = (4.00 \times 10^3 \text{ kg})\, v_f \cos\theta \qquad (1)$$

마찬가지로 전체 운동량의 처음과 나중의 y성분을 구한다.

$$\sum p_{iy} = m_{\text{승합차}} v_{\text{승합차}} = (2.50 \times 10^3 \text{ kg})(20.0 \text{ m/s})$$
$$= 5.00 \times 10^4 \text{ kg} \cdot \text{m/s}$$
$$\sum p_{fy} = (m_{\text{승용차}} + m_{\text{승합차}}) v_f \sin\theta = (4.00 \times 10^3 \text{ kg}) v_f \sin\theta$$

처음의 y성분과 나중의 y성분을 같다고 놓는다.

$$5.00 \times 10^4 \text{ kg} \cdot \text{m/s} = (4.00 \times 10^3 \text{ kg})\, v_f \sin\theta \qquad (2)$$

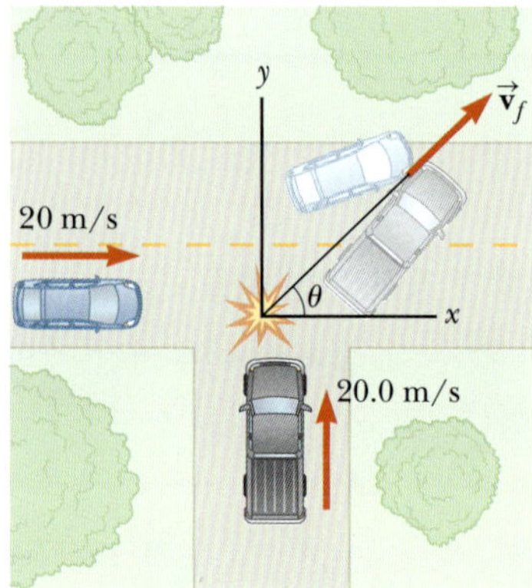

그림 6.9 (예제 6.4) 승용차와 승합차 사이의 완전 비탄성 충돌을 위에서 본 그림

식 (2)를 식 (1)로 나누어 θ에 대해 푼다.

$$\tan\theta = \frac{5.00 \times 10^4 \text{ kg} \cdot \text{m/s}}{3 \times 10^4 \text{ kg} \cdot \text{m}} = 1.67$$
$$\theta = 59.1°$$

식 (2)에 이 각도의 값을 대입하여 v_f를 구한다.

$$v_f = \frac{5.00 \times 10^4 \text{ kg} \cdot \text{m/s}}{(4.00 \times 10^3 \text{ kg}) \sin 59.1°} = 14.6 \text{ m/s}$$

연습문제

1. 한 물체가 275 J의 운동 에너지와 25.0 kg · m/s 크기의 운동량을 가질 때, 그 물체의 (a) 속력과 (b) 질량을 구하라.

2. 한 자동차가 신호등에 서 있다. 신호등이 녹색으로 바뀌고 자동차는 가속되어 0.832 s만에 속력이 0에서 5.20 m/s로 증가하였다. 자동차가 가속되는 동안 차 내에 있는 70.0 kg의 승객이 느끼는 (a) 충격량과 (b) 평균 힘의 크기는 얼마인가?

3. 질량이 0.150 kg인 공이 정지 상태에서 1.25 m의 높이로부터 떨어진다. 공은 바닥에서 되튀어서 0.960 m의 높이에 도달한다. 바닥에 의해 공에 전해진 충격량을 구하라.

4. 그림 P6.4는 시간에 따른 힘의 그래프이다. 힘이 1.5 kg의 물체에 작용할 때 다음을 구하라. (a) 충격량, (b) 물체가 처음에 정지해 있다면 물체의 나중 속도, (c) 물체가 처음에 x축을 따라 속도 −2.0 m/s로 움직일 때 물체의 나중 속도

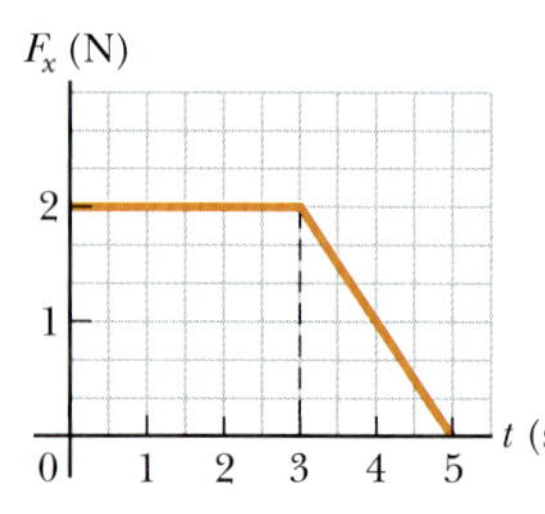

그림 P6.4

5. 그림 P6.5와 같이 힘이 1.5 kg의 입자에 작용할 때 다음을 구

하라. (a) $t=0$에서 $t=3.0$ s까지의 충격량, (b) $t=0$에서 $t=5.0$ s까지의 충격량, (c) 처음에 정지해 있는 1.5 kg의 입자에 힘이 작용하다면, $t=3.0$ s, (d) $t=5.0$ s일 때 입자의 속력

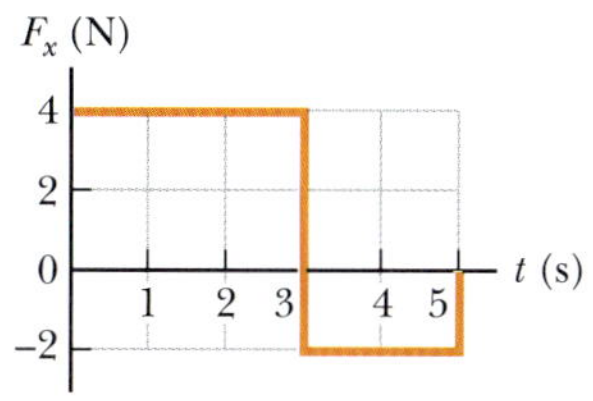

그림 P6.5

6. 질량이 65.0 kg인 사람이 0.045 0 kg의 눈덩이를 앞쪽으로 수평으로 30.0 m/s의 속력으로 던진다. 60.0 kg의 다른 사람이 그 눈덩이를 잡는다. 두 사람은 스케이트를 신고 있다. 첫 번째 사람은 처음에 2.50 m/s의 속력으로 앞쪽으로 움직이고, 두 번째 사람은 처음에 정지해 있다. 눈덩이를 교환한 후 두 사람의 속도를 구하라. 스케이트와 얼음의 마찰은 무시하라.

7. 45.0 kg의 소녀가 150 kg의 판자에 서 있다. 판자는 처음에 정지해 있는데 편평하고 마찰이 없는 호수의 언 표면에서 미끄러지게 되어 있다. 소녀가 판자의 오른쪽으로 판자에 대해 일정한 속도 1.50 m/s로 움직이기 시작한다. (a) 얼음 표면에 대한 소녀의 속도는 얼마인가? (b) 얼음 표면에 대한 판자의 속도는 얼마인가?

8. 고속의 스트로보스코프 사진에서 200 g의 골프채 헤드가 티 위에 놓인 46 g의 골프공을 지기 직전의 속력이 55 m/s이다. 충돌 후 골프채의 헤드는 같은 방향으로 40 m/s로 움직인다. 충돌 후 골프공이 속력을 구하라.

9. 질량이 2.00×10^4 kg이고 3.00 m/s로 움직이는 기차가 각각 동일한 질량을 갖는 두 대의 차량이 연결된 결합 차량과 충돌하여 하나처럼 움직인다. 결합 차량은 속력 1.20 m/s로 같은 방향으로 움직이고 있다. (a) 충돌 후 세 대가 연결된 차량의 속력은 얼마인가? (b) 충돌에서 손실된 운동 에너지는 얼마인가?

10. 0.030 kg의 총알이 정지한 0.15 kg의 야구공을 향해 200 m/s로 연직 윗방향으로 발사되었다. 총알이 공 속에 파묻힌다면 충돌 후 공은 얼마나 높이 오르는가?

11. 탄동 진자에 대해 (a) 충돌 직전과 직후의 운동량의 비를 구하라. (b) 충돌 직전과 직후의 운동 에너지의 비가 $m_1/(m_1+m_2)$임을 증명하라.

12. 12.0 g의 총알이 마찰이 없는 수평면에서 정지한 100 g의 나무토막을 향해 수평으로 발사된다. 나무토막에는 용수철 상수가 150 N/m인 용수철이 달려 있다. 총알은 나무에 박힌다. 총알-나무토막 계가 용수철을 최대 80.0 cm만큼 누른다면 나무토막과 충돌하는 순간, 총알의 속력은 얼마인가?

13. 미식 축구에서 동쪽으로 5.00 m/s로 움직이는 90.0 kg의 선수가 북쪽으로 3.00 m/s로 달려가는 95.0 kg의 상대방에게 태클을 당한다. (a) 왜 태클은 완전 비탄성 충돌인가? (b) 태클 후 선수들의 속도를 구하라. (c) 충돌의 결과로 손실되는 역학 에너지를 계산하라. (d) 이 잃어버린 에너지는 어디로 갔는가?

14. 오른쪽으로 20.0 cm/s의 속력으로 움직이는 25.0 g의 물체가 같은 방향으로 15.0 cm/s로 움직이는 10.0 g의 물체를 추돌하면서 탄성 충돌을 한다. 충돌 후 각 물체의 속도를 구하라.

ⓒ 김영우

회전목마 '로얄 쥬빌리 캐로셀'. 놀이공원에 있는 여러 놀이기구들은 회전운동과 아주 밀접한 관련이 있다. 회전목마(merry-go-round)는 17세기 유럽에서 유행했던 마상 시합을 뜻하며, 처음에는 말 위에서 창을 던지기 위한 연습도구로서 고안되었다. 회전목마는 지면보다 약간 높이 설치된 원형 플랫폼에 목마나 여러 동물의 모양을 한 좌석이 마련되어 있으며, 중앙축에 있는 모터의 동력으로 전체 플랫폼이 회전한다(용인 에버랜드에서 촬영).

7 회전 운동과 중력의 법칙

ROTATIONAL MOTION AND THE LAW OF GRAVITY

7.1 각속력과 각가속도

원둘레의 길이 s는 $s = 2\pi r$로 주어지는데, 여기서 r은 원의 반지름이다. 양변을 r로 나누면 $s/r = 2\pi$가 된다. s와 r이 길이의 차원이므로, s/r은 차원을 가지지 않는다. 그럼에도 불구하고 2π는 원둘레의 변위를 나타낸다. 원둘레의 반은 π이고, 원둘레의 1/4은 $\pi/2$이다. 2π, π, $\pi/2$의 수는 각각 360°, 180°, 90°의 각에 해당하고, 따라서 각도와 라디안이 $180° = \pi$ rad의 관계를 갖는 각의 새로운 단위로서 **라디안**(radian)을 도입할 수 있다.

반지름이 r인 원호의 길이 s로 그려지는 각 θ를 $+x$축 방향으로부터 반시계 방향으로 라디안으로 측정하면

$$\theta = \frac{s}{r} \qquad [7.1]$$

이다. 식 7.1에서 각 θ는 $+x$축 방향으로부터의 각변위이고, s는 $+x$축 방향으로부터의 원호의 길이에 해당한다. 그림 7.1은 1 rad의 크기가 약 57°임을 설명하고 있다.

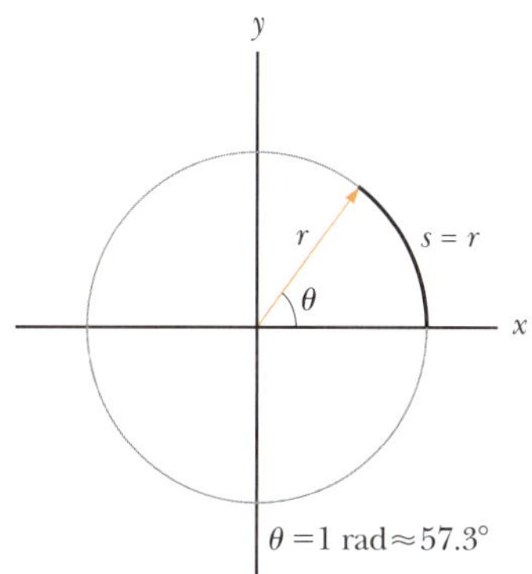

그림 7.1 1 rad은 반지름이 r인 원에서 호의 길이 s가 반지름 r과 같을 때의 각이다.

강체가 어떤 각도로 회전할 때 물체의 모든 부분은 동시에 같은 각도만큼 회전한다. 콤팩트디스크에서 회전축은 디스크의 중심 O에 있다. 디스크 위의 한 점 P는 원

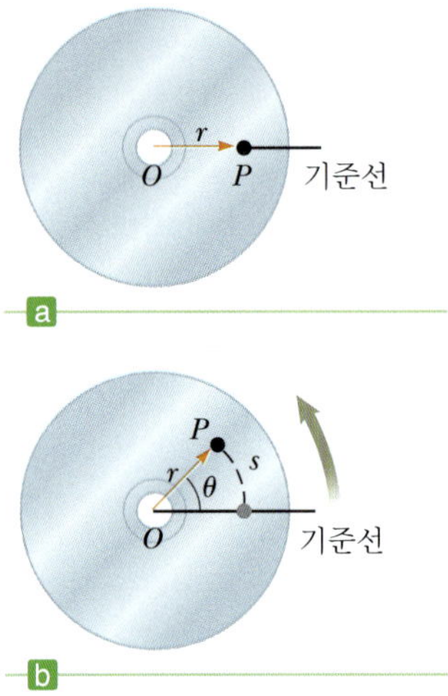

그림 7.2 (a) $t = 0$일 때 회전하는 콤팩트디스크 위의 점 P, (b) 디스크가 회전함에 따라 점 P는 호의 길이 s만큼 이동한다.

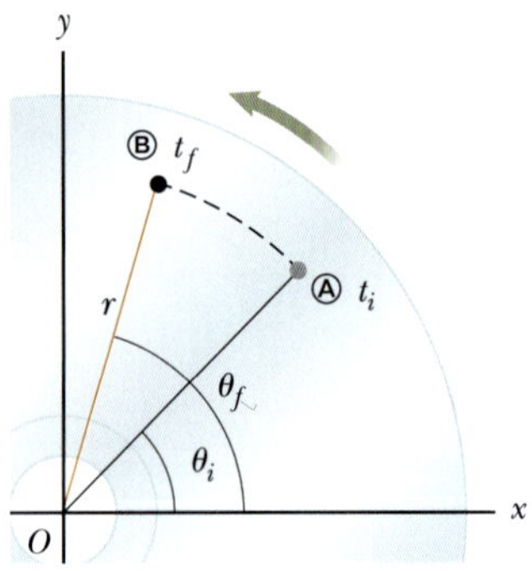

그림 7.3 콤팩트디스크에서 임의의 한 점이 Ⓐ에서 Ⓑ로 이동하면 원반은 각 $\Delta\theta = \theta_f - \theta_i$만큼 회전한다.

점으로부터 거리 r만큼 떨어져 있고, O에 대하여 반지름이 r인 원운동을 한다. 그림 7.2a와 같이 고정된 기준선을 정하고 시간 $t = 0$일 때 점 P를 기준선 위에 놓는다. 시간 간격 Δt를 지난 후 점 P는 새로운 위치로 이동한다(그림 7.2b). 이 시간 간격 동안 직선 OP는 기준선에 대하여 각 θ만큼 회전한다. 라디안으로 측정되는 각 θ를 **각위치**(angular position)라고 하며 이는 직선 운동 시 위치 변수 x와 유사하다. 같은 방법으로 점 P도 원둘레를 따라 호의 길이 s만큼 이동한다.

그림 7.3에서 회전하는 디스크 위의 한 점이 시간 Δt 동안 Ⓐ에서 Ⓑ로 움직일 때, 그 점은 각 θ_i에서 시작하여 각 θ_f에서 끝난다. 그 차이 $\theta_f - \theta_i$를 **각변위**(angular displacement)라고 한다.

한 물체의 각변위 $\Delta\theta$는 나중 각도와 처음 각도의 차이 값이다.

$$\Delta\theta = \theta_f - \theta_i \qquad [7.2]$$

SI 단위: 라디안(rad)

시간 간격 Δt 동안 회전하는 강체의 평균 각속력 $\omega_{평균}$은 각변위 $\Delta\theta$를 Δt로 나눈 값이다.

$$\omega_{평균} \equiv \frac{\theta_f - \theta_i}{t_f - t_i} = \frac{\Delta\theta}{\Delta t} \qquad [7.3]$$

SI 단위: 라디안/초(rad/s)

매우 짧은 시간 간격에 대해서 평균 각속력은 선운동의 경우와 유사하게 순간 각속력이 된다.

회전하는 강체의 **순간 각속력**(instantaneous angular speed) ω는 시간 간격 Δt가 영으로 접근할 때, 평균 속력 $\Delta\theta/\Delta t$의 극한이다.

$$\omega \equiv \lim_{\Delta t \to 0} \frac{\Delta\theta}{\Delta t} \qquad [7.4]$$

SI 단위: 라디안/초(rad/s)

θ가 증가(반시계 방향으로 회전)할 때 ω가 양의 값으로, θ가 감소(시계 방향으로 회전)할 때 ω가 음의 부호를 갖는 것으로 정의한다. 각속력이 일정할 때 순간 각속력은 평균 각속력과 같다.

예제 7.1

문제 헬리콥터의 날개가 3.20×10^2 rev/min의 각속력으로 회전한다(rev/min은 분당 회전수를 의미하며, rpm이라는 약어를 사용하기도 한다). **(a)** 이 각속력을 rad/s로 나타내라. **(b)** 날개의 반지름이 2.00 m이면, 3.00×10^2 s 시간 동안 날개 끝은 호의 길이를 얼마만큼 회전하는가?

풀이 **(a)** 각속력을 rad/s로 표현한다.

1 rev = 2π rad과 60 s = 1 min의 바꿈 인수를 사용한다.

$$\omega = 3.20\times10^2\,\frac{\text{rev}}{\text{min}}$$

$$= 3.20\times10^2\,\frac{\text{rev}}{\text{min}}\left(\frac{2\pi\ \text{rad}}{\text{rev}}\right)\left(\frac{1.00\ \text{min}}{60.0\ \text{s}}\right)$$

$$= \boxed{33.5\ \text{rad/s}}$$

(b) 각속력에 시간을 곱하여 각변위를 구한다.

$$\Delta\theta = \omega t = (33.5\ \text{rad/s})(3.00\times10^2\ \text{s})$$

$$= 1.01\times10^4\ \text{rad}$$

각변위에 반지름을 곱하여 호의 길이를 구한다.

$$\Delta s = r\Delta\theta = (2.00\ \text{m})(1.01\times10^4\ \text{rad}) = \boxed{2.02\times10^4\ \text{m}}$$

처음 시각 t_i에서 바퀴의 각속력은 ω_i이며 나중 시각 t_f에서 바퀴의 각속력은 ω_f이다.

평균 각가속도 $\alpha_{평균}$은 시간 간격 Δt 동안의 각가속도의 변화량 $\Delta\omega$를 Δt로 나눈 값이다.

$$\alpha_{평균} \equiv \frac{\omega_f-\omega_i}{t_f-t_i} = \frac{\Delta\omega}{\Delta t} \qquad [7.5]$$

SI 단위: 라디안/제곱초(rad/s²)

각속도에서처럼 양의 각가속도는 반시계 방향이고, 음의 각가속도는 시계 방향이다.

순간 각가속도는 다음과 같다.

순간 각가속도 α는 시간 간격 Δt가 영으로 접근할 때 평균 각가속도 $\Delta\omega/\Delta t$의 극한이다.

$$\alpha \equiv \lim_{\Delta t\to 0}\frac{\Delta\omega}{\Delta t} \qquad [7.6]$$

SI 단위: 라디안/제곱초(rad/s²)

강체가 한 고정축을 중심으로 회전할 때 자전거 바퀴가 회전하는 것처럼, 물체 내의 모든 점들은 같은 각속력과 같은 각가속도를 갖는다.

7.2 등각가속도에서의 회전 운동

등각가속도로 회전 운동하는 물체의 운동학 식을 유도할 수 있다. 결과적으로 선

운동의 식에 대응되는 회전 운동의 식은 다음과 같다.

등가속도가 a인 선운동(변수: x와 v)	고정축에 대해 등각가속도가 α인 회전 운동 (변수: θ와 ω)	
$v = v_i + at$	$\omega = \omega_i + \alpha t$	[7.7]
$\Delta x = v_i t + \frac{1}{2}at^2$	$\Delta\theta = \omega_i t + \frac{1}{2}\alpha t^2$	[7.8]
$v^2 = v_i^2 + 2a\,\Delta x$	$\omega^2 = \omega_i^2 + 2\alpha\,\Delta\theta$	[7.9]

선운동에서의 식과 회전 운동에서의 식의 대응 관계를 주목하라.

예제 7.2

문제 바퀴가 일정한 각가속도 3.50 rad/s²로 회전하고 있다. 시각 t = 0 s에서 바퀴의 각속력은 2.00 rad/s이다. **(a)** t = 0과 t = 2.00 s 사이 시간 동안 바퀴의 회전 각도는 얼마인가? 라디안과 회전수로 답하라. **(b)** t = 2.00 s 시각에서 바퀴의 각속력은 얼마인가?

풀이 **(a)** 2.00 s 후에 각변위를 라디안과 회전수로 표시한다.

식 7.8을 이용하여 ω_i = 2.00 rad/s, α = 3.5 rad/s²과 t = 2.00 s의 값을 대입한다.

$$\Delta\theta = \omega_i t + \frac{1}{2}\alpha t^2$$

$$= (2.00\text{ rad/s})(2.00\text{ s}) + \frac{1}{2}(3.50\text{ rad/s}^2)(2.00\text{ s})^2$$

$$= \boxed{11.0\text{ rad}}$$

라디안을 회전수로 변환한다.

$$\Delta\theta = (11.0\text{ rad})(1.00\text{ rev}/2\pi\text{ rad}) = \boxed{1.75\text{ rev}}$$

(b) t = 2.00 s에서 바퀴의 각속력을 구한다.

같은 값을 식 7.7에 대입한다.

$$\omega = \omega_i + \alpha t = 2.00\text{ rad/s} + (3.50\text{ rad/s}^2)(2.00\text{ s})$$

$$= \boxed{9.00\text{ rad/s}}$$

7.3 각운동과 선운동 물리량의 관계

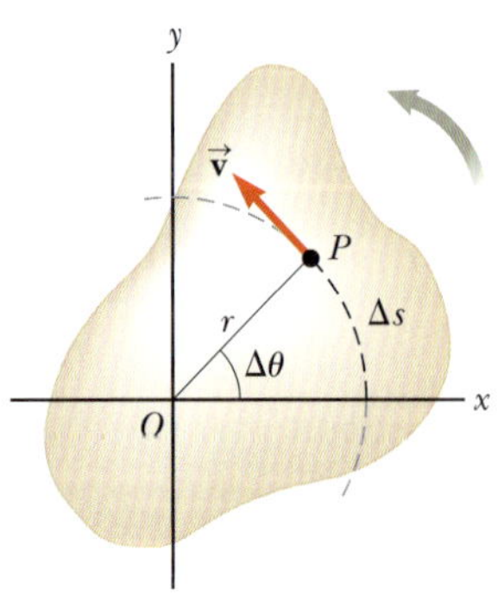

그림 7.4 점 O에서 그림의 평면을 수직으로 통과하는 축(z축)을 회전축으로 하는 물체의 회전. 물체 위의 한 점 P는 점 O를 중심으로 반지름 r의 원으로 회전한다.

회전 운동에서의 변수는 선운동에서의 변수와 밀접한 관계가 있다. 그림 7.5에서 점 O를 관통하는 z축에 대하여 회전하고 있는 임의 형태의 물체를 생각해 보자. 물체는 각도 $\Delta\theta$만큼 회전하고, 점 P는 시간 간격 Δt 동안 호의 길이 Δs를 이동하였다고 가정하자. 라디안 단위의 정의로부터 다음과 같은 결과를 얻을 수 있다.

$$\Delta\theta = \frac{\Delta s}{r}$$

위 식의 양변을 회전하는 동안의 시간 간격 Δt로 각각 나누면,

$$\frac{\Delta\theta}{\Delta t} = \frac{1}{r}\frac{\Delta s}{\Delta t}$$

가 된다. 만약 Δt가 매우 작다면, 물체의 회전 각도 $\Delta\theta$도 작으며, 회전 비율 $\Delta\theta/\Delta t$는 순간 각속력 ω가 된다. 또한 Δt가 작을 때 Δs도 매우 작으며, 이동 비율 $\Delta s/\Delta t$는

짧은 순간에 대한 순간 선속력 v와 같다. 따라서 Δt가 매우 작은 경우, 위의 식은 다음과 같이 쓸 수 있다.

$$\omega = \frac{v}{r}$$

그림 7.4를 보면 이 수식을 이해할 수 있다. 이동 거리 Δs는 점 P가 시간 Δt 동안 호를 따라 이동한 거리이다. 그러므로 $\vec{\mathbf{v}}$는 원호 위에 놓여 있는 점 P의 선속력이며, 운동 방향은 **원의 접선 방향**이다. $\vec{\mathbf{v}}$의 크기를 원형 경로에서 이동하는 입자의 **접선 속력**(tangential speed) $v = v_t$라 하며 다음과 같이 표현한다.

$$v_t = r\omega \qquad [7.10]$$

즉, **회전하는 물체 내에 있는 한 점의 접선 속력은 회전축으로부터 점까지의 거리와 각속력의 곱과 같다.** 비록 **회전하는 물체 내의 모든 점들은 같은 각속력을 갖지만, 같은 선속력(접선 속력)을 갖는 것은 아니다.**

선속력과 각속력이 연관된 두 번째 관계식을 구하기 위하여, 고정된 축(그림 7.4)에 대하여 회전하는 물체가 시간 Δt 동안 각속력이 $\Delta\omega$만큼 변하였다고 가정하면, 물체 내의 점 P의 속력은 Δv_t만큼 변할 것이다. 식 7.10으로부터

$$\Delta v_t = r\Delta\omega$$

이며, 양변을 Δt로 나누면

$$\frac{\Delta v_t}{\Delta t} = r\frac{\Delta\omega}{\Delta t}$$

이다. 만약 시간 Δt가 매우 짧은 순간이면, 비율 $\Delta\omega/\Delta t$는 순간 각가속도가 된다. 식에서 좌변의 비율 $\Delta v_t/\Delta t$는 순간 선가속도가 되고, 이를 그 점에서의 접선 가속도라 부른다. 그러므로 다음과 같은 결과를 얻을 수 있다.

$$a_t = r\alpha \qquad [7.11]$$

즉, **회전하는 물체 내의 한 점의 접선 가속도는 회전축으로부터의 거리와 각가속도의 곱과 같다.**

예제 7.3

문제 컴퓨터의 콤팩트디스크가 정지 상태에서 회전하기 시작하여 1 s 후에 각속력이 30 rad/s로 증가한다. **(a)** 각가속도가 일정하다고 가정할 때 이 디스크의 각가속도는 얼마인가? **(b)** 위의 각속력에 도달하는 동안 디스크가 회전한 각도는 얼마인가? **(c)** 디스크의 반지름이 5 cm라면, $t=1$ s일 때 디스크 가장자리에 있는 미생물 한 마리의 접선 속력을 구하라.

풀이 **(a)** 디스크의 각가속도를 구한다.

각속력에 관한 식 $\omega = \omega_i + \alpha t$에 $t = 0$에서 $\omega_i = 0$을 적용한다.

$$\alpha = \frac{\omega}{t} = \frac{30 \text{ rad/s}}{1 \text{ s}} = 30 \text{ rad/s}^2$$

(b) 디스크가 회전한 각도를 구한다.

각변위에 대한 식 7.8과 $t = 1\text{ s}$, $\omega_i = 0$을 사용한다.

$$\Delta\theta = \omega_i t + \frac{1}{2}\alpha t^2 = \frac{1}{2}(30\text{ rad/s}^2)(1\text{ s})^2$$

$$= \boxed{15\text{ rad}}$$

(c) $r = 5\text{ cm}$에서 미생물의 나중 접선 속력을 구한다.

식 7.10에 대입한다.

$$v_t = r\omega = (0.05\text{ m})(30\text{ rad/s}) = \boxed{1.5\text{ m/s}}$$

7.4 구심 가속도

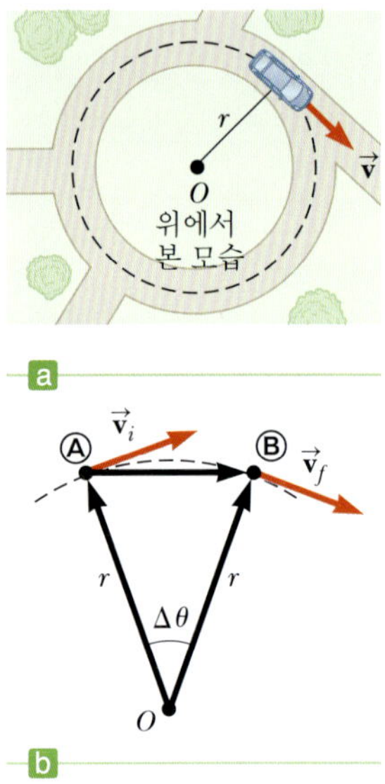

그림 7.5 (a) 일정한 속력으로 움직이고 있는 자동차의 원운동, (b) 자동차가 원형 도로를 따라 Ⓐ에서 Ⓑ로 이동할 때, 속도 벡터의 방향이 변하여 구심 가속도가 생긴다.

그림 7.5a와 같이 자동차가 원형 도로에서 **일정한 선속력** v로 회전하고 있다. **자동차가 일정한 선속력으로 움직이고 있지만 여전히 가속도를 가지고 있다.**

$$\vec{\mathbf{a}}_{\text{평균}} = \frac{\vec{\mathbf{v}}_f - \vec{\mathbf{v}}_i}{t_f - t_i} \qquad [7.12]$$

평균 가속도는 속도 벡터 $\vec{\mathbf{v}}_f$와 $\vec{\mathbf{v}}_i$의 차이 값에 의존한다. 이들 두 벡터의 **크기**가 같은 경우 속력이 같지만, **방향**이 다른 경우 두 벡터의 차는 영이 아니다. 원형 도로를 따라 일정한 속력으로 이동하는 자동차에 대한 가속도는 속도의 방향이 변하는 경우에 해당된다(그림 7.5b). 이런 경우 가속도 벡터는 항상 원의 중심으로 향한다. 이런 속성의 가속도를 **구심 가속도**(centripetal acceleration)라 한다. 가속도의 크기는 다음과 같다.

$$a_c = \frac{v^2}{r} \qquad [7.13]$$

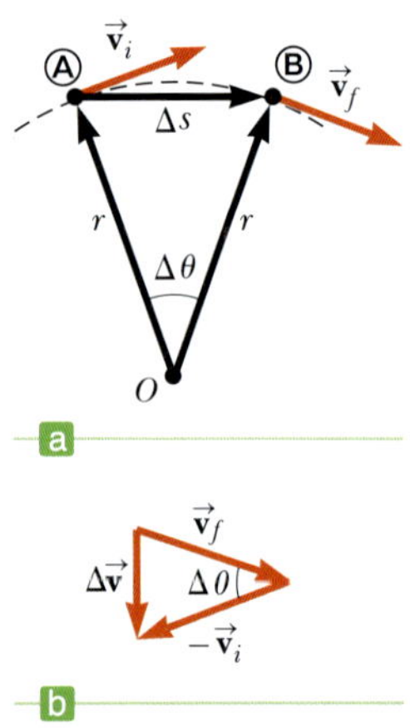

그림 7.6 (a) 입자가 지점 Ⓐ에서 Ⓑ로 이동함에 따라, 속도 벡터의 방향은 $\vec{\mathbf{v}}_i$에서 $\vec{\mathbf{v}}_f$로 변한다. (b) 원의 중심을 향하는 속도 변화 $\Delta\vec{\mathbf{v}}$의 방향을 결정하기 위한 그림

그림 7.6a를 사용하여 식 7.13을 유도하여 보자. 그림에서처럼 한 물체가 지점 Ⓐ를 처음 시각 t_i일 때 속도 $\vec{\mathbf{v}}_i$로 통과한 후 나중 시각 t_f일 때 속도 $\vec{\mathbf{v}}_f$로 지점 Ⓑ에 나타났다. 여기서 $\vec{\mathbf{v}}_i$와 $\vec{\mathbf{v}}_f$는 방향만 다르고 크기는 같다($v_i = v_f = v$)고 가정하자. 식 7.12에 의해 가속도는 다음과 같다.

$$\vec{\mathbf{a}}_{\text{평균}} = \frac{\vec{\mathbf{v}}_f - \vec{\mathbf{v}}_i}{t_f - t_i} = \frac{\Delta\vec{\mathbf{v}}}{\Delta t} \qquad [7.14]$$

여기서 $\Delta\vec{\mathbf{v}} = \vec{\mathbf{v}}_f - \vec{\mathbf{v}}_i$는 자동차 속도의 변화량이다. Δt가 매우 작을 때 Δs와 $\Delta\theta$ 또한 매우 작다. 그림 7.7b에서 $\vec{\mathbf{v}}_f$는 $\vec{\mathbf{v}}_i$와 거의 평행이고, 따라서 벡터 $\Delta\vec{\mathbf{v}}$는 두 벡터와 거의 수직이며 원의 중심을 향한다. 시간 Δt가 매우 짧은 극한적인 경우가 되면 $\Delta\vec{\mathbf{v}}$는 정확히 원의 중심을 향하게 되며 평균 가속도 $\vec{\mathbf{a}}_{\text{평균}}$은 순간 가속도 $\vec{\mathbf{a}}$가 된다. 식 7.14로부터 $\vec{\mathbf{a}}$와 $\Delta\vec{\mathbf{v}}$는 같은 방향을 가리키고 순간 가속도는 원의 중심을 향하게 된다.

그림 7.6a에서 변의 길이가 Δs와 r인 삼각형은 그림 7.7b의 삼각형과 닮은꼴 삼각형이다. 이들 삼각형의 각 변들 사이의 길이에 대한 비례 관계를 이용하면 다음과 같은 식을 유도할 수 있다.

$$\frac{\Delta v}{v} = \frac{\Delta s}{r}$$

또는

$$\Delta v = \frac{v}{r}\Delta s \qquad [7.15]$$

식 7.15의 결과를 $a_{\text{평균}} = \Delta v / \Delta t$에 대입하면

$$a_{\text{평균}} = \frac{v}{r}\frac{\Delta s}{\Delta t} \qquad [7.16]$$

이다. Δs는 시간 Δt 동안 원호를 따라 이동한 거리이므로 Δt가 매우 작아지면 $\Delta s/\Delta t$는 접선 속력 v의 순간값으로 접근한다. 동시에 평균 가속도 $a_{\text{평균}}$은 순간 구심 가속도 a_c가 되어 식 7.16은 식 7.13으로 간단히 표현된다.

$$a_c = \frac{v^2}{r}$$

접선 속력은 $v_t = r\omega$(식 7.10)의 관계식에 의해 각속력과 관련되므로, 식 7.13은 다음과 같은 수식으로도 표현할 수 있다.

$$a_c = \frac{r^2\omega^2}{r} = r\omega^2 \qquad [7.17]$$

식 7.13과 7.17에서 a_c는 구심 가속도의 **크기**만을 나타냄에 주목하자. 가속도의 방향은 항상 회전의 중심을 향하고 있다.

예제 7.4

문제 반지름이 4.00×10^2 m인 원형 경주장 둘레를 반시계 방향으로 움직이는 경주용 자동차가 40.0 m/s의 속력에서 5.00 s 동안 60.0 m/s의 속력으로 일정하게 가속된다. 자동차가 50.0 m/s의 속력을 얻을 때, **(a)** 자동차의 구심 가속도의 크기, **(b)** 각속력, **(c)** 접선 가속도의 크기를 구하라.

풀이 **(a)** $v = 50.0$ m/s일 때 구심 가속도의 크기를 구한다.

식 7.13에 대입한다.

$$a_c = \frac{v^2}{r} = \frac{(50.0\text{ m/s})^2}{4.00\times10^2\text{ m}} = 6.25\text{ m/s}^2$$

(b) 각속력을 구한다.

식 7.10을 ω에 대해 풀고, 값을 대입한다.

$$\omega = \frac{v}{r} = \frac{50.0\text{ m/s}}{4.00\times10^2\text{ m}} = 0.125\text{ rad/s}$$

(c) 접선 가속도의 크기를 구한다.

선속력의 변화량을 시간으로 나눈다.

$$a_t = \frac{v_f - v_i}{\Delta t} = \frac{60.0\text{ m/s} - 40.0\text{ m/s}}{5.00\text{ s}} = 4.00\text{ m/s}^2$$

구심 가속도를 일으키는 힘

물체가 구심 가속도를 갖기 위해서는 그 물체에 힘이 작용해야만 한다. 줄에 매달려 원운동을 하는 공에 있어서 그 힘은 줄의 장력이다. 수평의 원형 트랙에서 움직이는 자동차의 경우에 그 힘은 자동차와 트랙 사이의 마찰력이다. 지구 둘레 원 궤도를

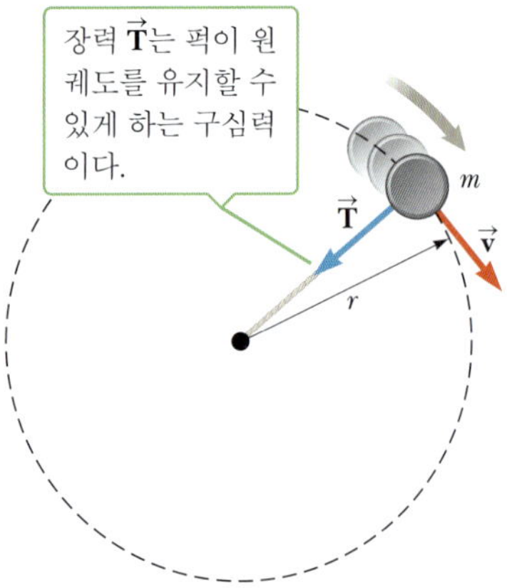

그림 7.7 길이가 r인 줄에 매달려 등속 원운동을 하고 있는 아이스하키 퍽

도는 인공위성은 인공위성과 지구 사이의 중력에 의해서 구심 가속도를 갖게 된다.

그림 7.7과 같이 질량이 m인 아이스하키 퍽이 길이가 r인 줄에 매달려서 수평 원 궤도를 따라 등속 원운동을 하고 있다. 퍽은 마찰이 없는 테이블 위에 있다. 왜 퍽은 원운동을 할까? 퍽은 관성 때문에 직선으로 움직이려는 경향이 있다. 그렇지만 줄은 퍽에 지름 방향의 힘(장력)을 작용하여 직선 운동을 방해하고 원운동을 하도록 한다. 장력 $\vec{T}$는 그림에서처럼 줄을 따라 **원의 중심** 방향을 향한다.

일반적으로 지름 방향으로 뉴턴의 제2법칙을 적용하면 알짜 구심력 F_c(물체에 작용하는 모든 힘의 지름 방향 성분의 합)와 관련된 구심 가속도를 갖는 운동 식이 된다.

$$F_c = ma_c = m\frac{v^2}{r} \tag{7.19}$$

구심력을 유발하는 알짜힘은 원 궤도의 중심을 향하며 속도 벡터의 방향을 변화시킨다. 그 힘이 사라지면 물체는 곧바로 원 궤도를 이탈하고, 힘이 사라진 지점에서 원의 접선 방향으로 직진한다.

예제 7.5

문제 한 자동차가 그림 7.8a의 조감도처럼 반지름 50.0 m인 수평 원형 도로 위를 일정한 속력 13.4 m/s로 이동하고 있다. 자동차가 미끄러지지 않고 도로 위를 회전하여 이동할 수 있게 하기 위한 타이어와 도로 사이에 작용하는 최소 정지 마찰 계수 μ_s를 구하라.

풀이 뉴턴의 제2법칙의 성분 식을 쓴다. 지름 방향의 성분은 최대 정지 마찰력 $f_{s,\,최대}$만을 포함한다.

$$m\frac{v^2}{r} = f_{s,\,최대} = \mu_s n$$

제2법칙의 연직 성분에서 중력과 수직 항력은 평형 상태에 있다.

$$n - mg = 0 \;\rightarrow\; n = mg$$

n을 첫 번째 식에 대입하고 μ_s에 대해 푼다.

$$m\frac{v^2}{r} = \mu_s mg$$

$$\mu_s = \frac{v^2}{rg} = \frac{(13.4\text{ m/s})^2}{(50.0\text{ m})(9.80\text{ m/s}^2)} = \boxed{0.366}$$

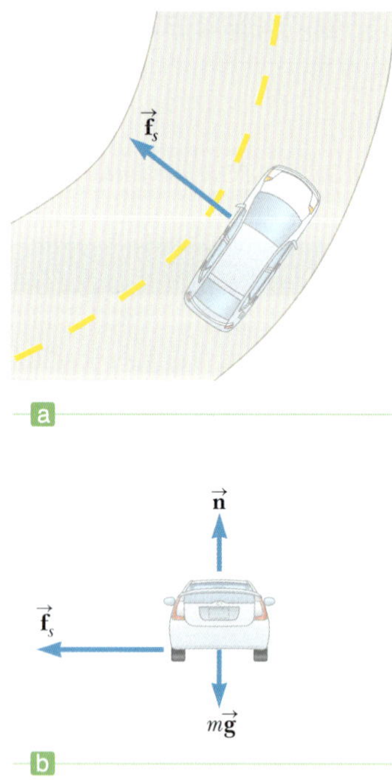

그림 7.8 (예제 7.5) (a) 원운동 경로 상에서 지름 방향으로 중심을 향하는 정지 마찰력이 구심력을 제공한다. (b) 차에 작용하는 힘은 중력, 수직 항력, 정지 마찰력이다.

겉보기 힘

어렸을 때 회전 목마를 타면 '중심에서 이탈하는' 힘을 받는 느낌을 경험했을 것이다. 또한 회전 목마의 중심을 향해 움직이면 마치 가파른 언덕을 걸어 올라가는 느낌을 갖게 한다.

실제로 이와 같은 원심력은 **겉보기 힘**이다. 사실 탑승자는 손과 팔근육으로 그의 몸에 구심력을 가한다. 또한 더 작은 구심력이 발과 바닥 사이에 정지 마찰력에 의해서 작용하고 있다. 만약 탑승자가 손잡이를 놓치면, 그는 지름 방향으로 날아가지 않고 난간을 놓친 지점에서 접선 방향으로 똑바로 날아가 버릴 것이다. 탑승자는 지름 방향을 따라 중심점으로 날아가지 않고 중심으로부터 멀어지는 지점으로 날아가 땅바닥에 떨어진다(그림 7.9).

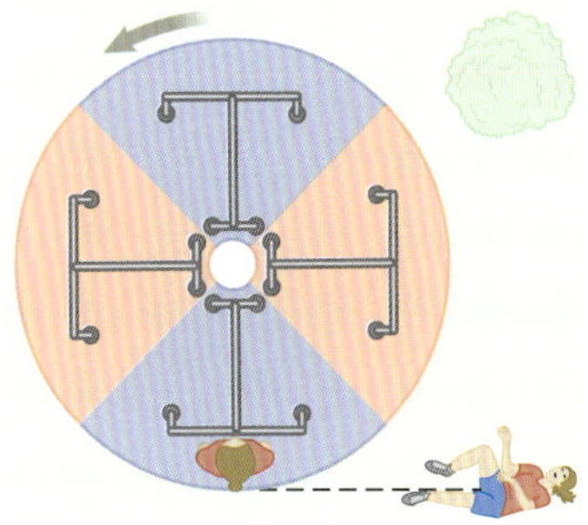

그림 7.9 손잡이를 놓친 학생이 회전 목마의 테두리의 접선을 따라 나가 떨어지고 있다.

7.5 뉴턴의 만유인력의 법칙

1687년에 뉴턴은 만유인력의 법칙에 관한 그의 연구 결과를 출판하며 다음과 같이 서술하였다.

> 질량이 m_1과 m_2인 두 물체가 거리 r만큼 떨어져 있다면, 중력 F는 둘을 연결하는 선을 따라 작용하고 크기는 다음과 같이 주어진다.
>
> $$F = G\frac{m_1 m_2}{r^2} \qquad [7.20]$$
>
> 여기서 $G = 6.673 \times 10^{-11}\,\text{kg}^{-1}\cdot\text{m}^3\cdot\text{s}^{-2}$는 **만유인력 상수**(constant of universal gravitation)라고 하는 비례 상수이다. 중력은 항상 인력이다.

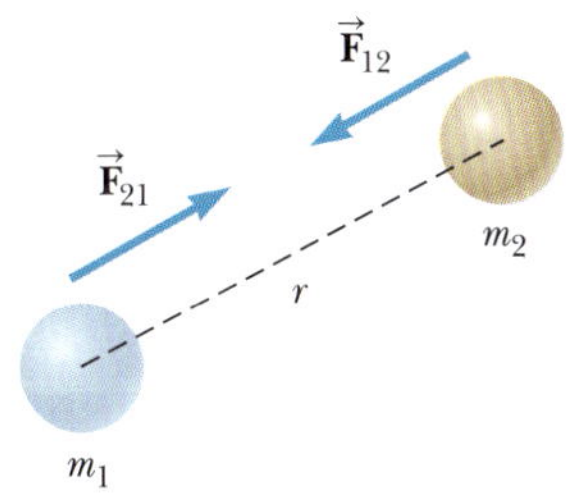

그림 7.10 두 입자 사이의 중력은 인력이며 두 입자를 연결하는 선을 따라 작용한다. 뉴턴의 제3법칙에 따라 $\vec{\mathbf{F}}_{12} = -\vec{\mathbf{F}}_{21}$임을 주목하라.

뉴턴의 제3법칙으로부터, 그림 7.10에서 m_1이 m_2에 작용하는 힘 $\vec{\mathbf{F}}_{12}$는 m_2가 m_1에 작용하는 힘 $\vec{\mathbf{F}}_{21}$과 크기가 같고 방향이 반대라는 것을 알 수 있다. 즉, 이 두 힘은 작용-반작용 쌍을 이룬다.

또 다른 중요한 점은 **구형 물체가 구 밖의 한 입자에 작용하는 중력은 구 전체 질량이 그 중심에 집중되어 있는 경우와 같다는 것이다.**

> 지구의 중심으로부터 거리 r인 위치에서 질량이 m인 물체의 중력 위치 에너지는
>
> $$PE = -G\frac{M_E m}{r} \qquad [7.21]$$
>
> 이고, M_E와 R_E는 각각 지구의 질량과 반지름이고, $r > R_E$이다.
>
> **SI 단위: 줄(J)**

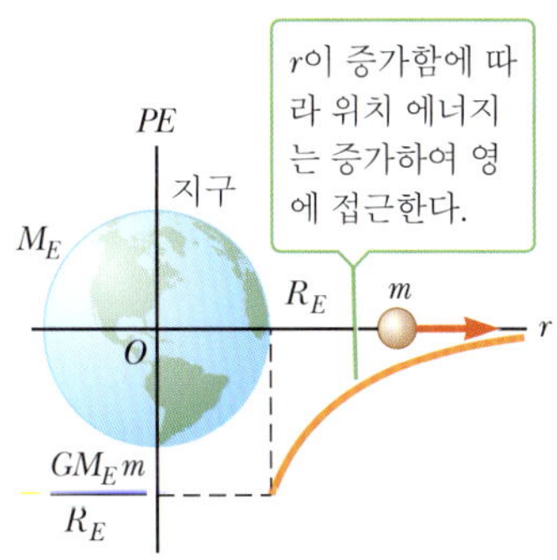

그림 7.11 질량 m이 지구 중심으로부터 지름 방향으로 멀어져 감에 따라, 지표에서의 지구-질량 계의 위치 에너지 $PE = -(GM_E m/R_E)$는 그래프에 나타나 있는 것처럼 m이 지구로부터 멀어져 감에 따라 증가하여 영에 접근한다.

그림 7.11에 그려진 식 7.21은 위치 에너지가 영이 되는 지점을 지구 중심으로부터 무한대 떨어진 곳으로 정한 특별한 경우의 위치 에너지이다. 물체의 중력 위치 에너지는 물체가 이동할 때 중력이 한 일의 음의 값임을 되새기자.

탈출 속력

어떤 물체를 매우 큰 속력으로 지구 표면에서 윗방향으로 쏘아올린다면, 그 물체

는 우주로 날아올라가 결코 되돌아오지 않게 된다. 물체의 이런 특별한 속력을 지구로부터의 **탈출 속력**(escape speed)이라 한다(보통 탈출 속도라고 부르기도 하지만 실제는 속력이 더 적절한 표현이다).

지구 탈출 속력은 에너지 보존의 법칙을 적용해서 구할 수 있다. 질량 m인 물체가 처음 속력 v_i로 지구 표면으로부터 연직 방향으로 쏘아올려진다고 가정하자. 물체와 지구가 이루는 계의 처음 역학적 에너지(운동 에너지와 위치 에너지의 합)는 다음과 같다.

$$KE_i + PE_i = \frac{1}{2}mv_i^2 - \frac{GM_E m}{R_E}$$

공기 저항을 무시하고 물체의 처음 속력이 충분히 커서 물체가 무한대에 도달하고 이때 속력이 영이 되게 하는 처음 속력 v_i가 탈출 속력 $v_{탈출}$이 된다. 물체가 지구로부터 무한이 멀어지면 $v_f = 0$이기 때문에 물체의 운동 에너지는 영이 되며, 무한대에서 위치 에너지가 영이 된다고 가정하였기 때문에 위치 에너지 또한 영이 된다. 따라서 전체 역학적 에너지는 영이 되며, 에너지 보존의 법칙에 따라

$$\frac{1}{2}mv_{탈출}^2 - \frac{GM_E m}{R_E} = 0$$

이고

$$v_{탈출} = \sqrt{\frac{2GM_E}{R_E}} \qquad [7.22]$$

가 된다. 따라서 지구를 이탈하는 물체의 탈출 속력은 약 11.2 km/s(25 000 mi/h)이다. 탈출 속력 $v_{탈출}$은 지구를 탈출하는 물체의 질량에 무관하다.

7.6 케플러의 법칙

독일의 천문학자 케플러(Johannes Kepler)는 모든 행성들의 운동을 설명할 수 있는 이론을 정립하였다. 이 이론은 **케플러의 법칙**(Kepler's laws)으로 다음과 같이 요약된다.

1. 모든 행성들은 태양을 한 초점으로 한 타원 궤도를 따라 이동한다.
2. 태양과 행성을 잇는 직선은 같은 시간 동안 같은 넓이를 쓸고 지나간다.
3. 행성의 궤도 주기의 제곱은 행성과 태양 사이의 평균 거리의 세제곱에 비례한다.

케플러의 제1법칙

케플러의 제1법칙은 뉴턴의 만유인력의 법칙이 역제곱 법칙이라는 것으로부터 생긴 자연스러운 결과이다. 즉, 중력이 $1/r^2$에 비례하는 경우 행성은 타원 운동을 하게

된다. 그림 7.12a에서 곡선 상의 임의의 한 점과 두 초점을 잇는 거리들의 합이 항상 같은 경우 점들이 만드는 곡선은 **타원**이다.

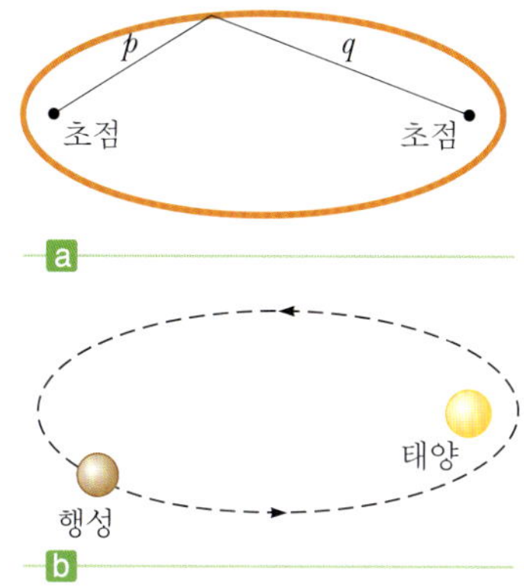

그림 7.12 (a) $p + q$는 타원 궤도 상의 모든 점에서 같다. (b) 태양계에서 각 행성들의 타원 궤도의 한 초점에 태양이 있고 다른 초점은 비어 있다.

케플러의 제2법칙

케플러의 제2법칙은 태양에서 임의의 행성을 잇는 직선이 같은 시간 간격 동안 지나는 넓이가 같다는 것이다. 그림 7.13과 같이 태양 주위의 타원 궤도에 존재하는 하나의 행성을 생각해 보자. 주어진 시간 간격 Δt 동안 행성이 점 Ⓐ에서 Ⓑ로 움직인다. 행성은 태양으로부터 멀리 떨어져 있기 때문에 더 천천히 움직인다. 궤도의 반대쪽에서 행성은 태양과 더 가깝게 있기 때문에 같은 시간 간격 Δt 동안 더 빠르게 점 Ⓒ에서 Ⓓ로 움직인다. 케플러의 제2법칙은 그림 7.13에서처럼 노란색으로 나타낸 두 부분은 항상 같은 넓이를 갖게 됨을 의미한다.

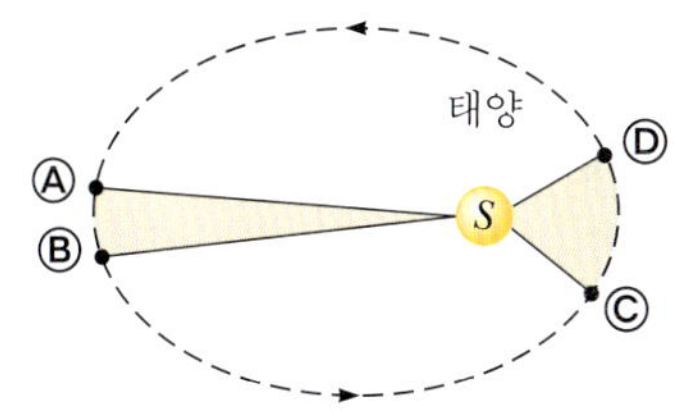

그림 7.13 태양 주위를 도는 타원 궤도에서 점 Ⓐ와 Ⓑ 사이의 시간 간격과 점 Ⓒ와 Ⓓ 사이의 시간 간격이 같다면 행성이 휩쓸고 간 두 넓이는 같다.

케플러의 제3법칙

질량이 M_S인 태양의 주위로 질량이 M_p인 행성이 원 궤도에 있다고 하자. 궤도가 원이기 때문에 행성은 일정한 속력 v로 움직인다. 뉴턴의 제2법칙, 중력의 법칙, 구심 가속도를 이용하여 다음 식과 같이 나타낼 수 있다.

$$M_p a_c = \frac{M_p v^2}{r} = \frac{G M_S M_p}{r^2}$$

궤도 상 행성의 속력 v는 행성의 궤도 원둘레를 행성이 1회전하는 데 걸리는 시간, 즉 행성의 **주기** T로 나눈 것과 같다. 즉 $v = 2\pi r/T$이므로, 위 식은 다음과 같이 나타낼 수 있다.

$$\frac{GM_S}{r^2} = \frac{(2\pi r/T)^2}{r}$$

$$T^2 = \left(\frac{4\pi^2}{GM_S}\right) r^3 = K_S r^3 \qquad [7.23]$$

여기서 K_S는 다음과 같은 상수이다.

$$K_S = \frac{4\pi^2}{GM_S} = 2.97 \times 10^{-19}\ \mathrm{s^2/m^3}$$

식 7.23은 원 궤도에 대한 케플러의 제3법칙을 나타낸다. 대부분의 행성의 궤도는 거의 원에 가깝다. 그러나 혜성과 소행성은 보통 타원 궤도를 갖는다. 이러한 궤도에 대해서는 반지름 r은 장축 a(타원 궤도를 가로지르는 가장 긴 거리의 반)로 대치하면 된다(이것은 또한 혜성이나 소행성의 태양으로부터의 평균 거리이다).

예제 7.6

문제 통신의 관점에서 인공위성은 지구 위의 한 지역에 대해 항상 같은 위치에 있는 것이 유리하다. 이것은 위성의 궤도 주기가 지구의 자전 주기, 즉 24시간과 같을 때 일어난다. **(a)** 이러한 정지 궤도는 지구 중심으로부터 얼마만큼 떨어진 거리에 있는지 구하라. **(b)** 이때 위성의 궤도 속력은 얼마인가?

풀이 **(a)** 정지 궤도까지의 거리 r를 구한다.
케플러의 제3법칙을 적용한다.

$$T^2 = \left(\frac{4\pi^2}{GM_E}\right) r^3$$

초 단위의 주기 $T = 86\ 400$ s와 만유인력 상수 $G = 6.67 \times 10^{-11}$ $\mathrm{kg^{-1}\ m^3/s^2}$, 지구의 질량 $M_E = 5.98 \times 10^{24}$ kg을 대입한 후 r에 대해 푼다.

$$r = 4.23 \times 10^7 \text{ m}$$

(b) 궤도 속력을 구한다.
궤도를 한 번 도는 동안 이동한 거리를 주기로 나눈다.

$$v = \frac{d}{T} = \frac{2\pi r}{T} = \frac{2\pi\,(4.23 \times 10^7 \text{ m})}{8.64 \times 10^4 \text{ s}} = 3.08 \times 10^3 \text{ m/s}$$

연습문제

1. 엔진이 하나인 헬기의 주 회전 날개와 꼬리 회전 날개의 지름은 각각 7.60 m와 1.02 m이다. 각각의 회전 속력은 450 rev/min과 4 138 rev/min이다. 두 날개 끝의 속력을 계산하고, 음속인 343 m/s와 비교하라.

2. 치과의사의 드릴이 정지 상태에서 회전 운동을 시작한다. 일정한 각속력으로 3.20 s 후에 2.51×10^4 rev/min으로 회전한다. (a) 드릴의 각가속도를 구하라. (b) 이 시간 동안 드릴이 회전한 전체 각도(라디안 단위로)를 구하라.

3. 바퀴가 37.0회 회전하는 데 3.00 s가 걸린다. 3.00 s의 시간이 경과하는 순간의 각속도가 98.0 rad/s일 때, 바퀴의 등각가속도($\mathrm{rad/s^2}$ 단위로)는 얼마인가?

4. 처음에 29.0 m/s로 움직이는 자동차가 브레이크를 밟은 후 1.75 $\mathrm{m/s^2}$인 음의 등가속도를 받는다. (a) 타이어의 반지름이 0.330 m일 때 차가 멈추기 전까지의 타이어의 회전수는 얼마인가? (b) 차가 움직인 전체 거리의 반을 이동하고 있을 때 바퀴의 각속력은 얼마인가?

5. (a) 원반이 일정한 각가속에 의해 정지 상태에서 78.0 rev/min의 각속력으로 회전하는 데 3.00 s가 걸렸다. 지름이 10.0인치인 원반의 가장자리에 있는 벌레의 접선 가속도는 얼마인가? (b) 이때 벌레의 접선 속력은 얼마인가? 정지 상태로부터 움직이기 시작하여 1 s 후에 (c) 벌레의 접선 가속도, (d) 구심 가속도와 (e) 전체 가속도는 얼마인가?

6. 줄의 한 끝은 천정에 매달려 있고 다른 끝에는 질량 0.500 kg의 물체가 매달려서 연직면 상에서 반지름 2.00 m의 원형 경로로 흔들린다(그림 P7.10). $\theta = 20.0°$일 때 물체의 속력은 8.00 m/s이다. 이때 (a) 줄의 장력, (b) 가속도의 접선 성분과 지름 성분, (c) 합성 가속도를 구하라. (d) 물체가 위로 흔들려 올라갈 때와 아래로 내려올 때 앞의 답들이 달라지는가? (e) (d)의 답에 대한 이유를 설명하라.

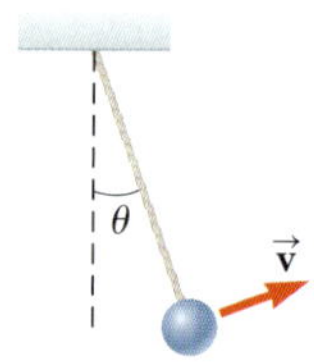

그림 P7.6

7. 끈의 한쪽은 기둥에 묶은 상태에서 끈의 반대쪽을 잡고 있는 55.0 kg의 아이스 스케이트 선수가 4.00 m/s로 움직이고 있다. 선수는 기둥을 중심으로 반지름이 0.800 m인 원을 그리며 움직인다. (a) 수평 상태의 끈이 선수의 팔에 작용하는 힘은 얼마인가? (b) 이 힘을 선수의 몸무게와 비교하라.

8. 질량이 40.0 kg인 어린 아이가 지름이 18.0 m이고 분당 4회 수직으로 회전하는 대관람차를 타고 있다. (a) 아이의 구심 가속도는 얼마인가? (b) 대관람차가 최저점에 있을 때 아이가 앉아 있는 의자가 아이에게 작용하는 힘의 크기와 방향을 구하라. (c) 또한 최고점에서 의자가 아이에게 작용하는 힘을 구하라. (d) 최고점과 최저점의 중간의 위치에 도달하였을 때 의자가 아이에게 작용하는 힘을 구하라.

9. 소형 트럭이 반지름이 150 m인 노면이 편평한 곡선 도로에서 최고 속력 32.0 m/s로 달릴 수 있다고 한다. 반지름이 75.0

m인 곡선 도로에서 트럭이 낼 수 있는 최고 속력은 얼마인가?

10. 질량이 50.0 kg의 아이가 3.00 rad/s의 각속력으로 회전하고 있는 반지름이 2.00 m인 회전 목마의 가장자리에 서 있다. (a) 아이의 구심 가속도는 얼마인가? (b) 아이가 원 궤도를 유지하는 데 필요한 아이의 발과 회전 목마의 바닥 사이의 최소한의 힘의 크기는 얼마인가? (c) 요구되는 정지 마찰 계수의 최솟값은 얼마인가? 구한 답은 합당한가? 다시 말해 아이는 회전 목마 위에 서 있을 수 있는가?

11. 미터 단위의 좌표계에서 당구대 표면 위의 세 개의 물체가 다음과 같이 위치하고 있다. 2.0 kg의 물체는 원점에, 3.0 kg의 물체는 (0, 2.0)에 4.0 kg의 물체는 (4.0, 0)인 위치에 놓여 있다. 두 물체가 원점에 위치한 물체에 작용하는 중력의 합을 구하라.

12. 지구와 달 사이의 평균 거리는 384 000 km이다. (a) 표 7.3에 주어진 자료를 이용하여 지구와 달 사이 중간 지점에 위치한 질량 3.00×10^4 kg인 우주선이 지구와 달에 의하여 받는 알짜 중력을 구하라.

13. 지구의 남극에서 어떤 물체를 지구 탈출 속력의 1/3의 속력으로 수직 위로 쏘아 올렸다. (a) 공기의 저항을 무시하고, 물체가 순간적으로 정지할 때까지 지구 중심으로부터 얼마나 높이 올라가는가? (b) 이 순간 물체의 고도는 얼마인가?

14. 질량이 각각 200 kg과 500 kg인 물체가 0.400 m 떨어져 있다. (a) 이들 중간 지점에 질량이 50.0 kg인 물체를 놓았을 때 이 물체가 받는 알짜 중력을 구하라. (b) 질량이 50.0 kg인 물체가 받는 알짜 중력이 영이 되는 지점(무한대는 제외)을 구하라.

15. 2.80×10^6 m의 고도에서 지구 둘레를 공전하고 있는 인공위성이 있다. (a) 궤도의 주기, (b) 인공위성의 속력, (c) 인공위성의 가속도를 구하라. [힌트: 식 7.23에서 태양 둘레를 도는 행성이 아닌 지구 둘레를 도는 위성으로 생각하며 M_s 대신 M_E를 사용하라]

16. 화성의 위성 포보스(Phoebus)의 궤도 반지름은 9.4×10^6 m이고 공전 주기는 2.8×10^4 s이다. 원 궤도라고 가정하고 화성의 질량을 구하라.

이순신대교(전남 광양과 여수를 연결하는 다리). 국내기술진이 국산자재, 장비, 기술로 시공한 국내 최고의 한국형 현수교이다. 이 다리는 외부의 여러 환경변형력, 풍속, 지진 등에 영향을 받지 않도록 설계 시공되었다. 다리의 총 길이는 2 260 m, 주탑 사이의 거리는 1 545 m로 세계 4위 규모이다. 콘크리트 주탑의 높이가 270 m이고, 속력이 90 m/s인 강풍에도 견딜 수 있도록 설계되었다. 작은 사진은 메인 케이블의 단면으로, 지름 5.35 mm인 특수강철 12 800가닥을 한 데 묶어 그 인장 강도는 1 860 MPa이다. 이 값은 보통 강철의 인장 강도보다 3배 크다.

회전 평형과 회전 동역학 8

ROTATIONAL EQUILIBRIUM AND ROTATIONAL DYNAMICS

8.1 토크

그림 8.1은 점 O(경첩)에 달려 있는 문을 위에서 본 그림이다. 문은 종이면에 수직이고 점 O를 지나는 축에 대해서 자유롭게 회전한다. 힘 $\vec{\mathbf{F}}$가 문에 작용하여 문을 열 때 힘의 효율을 결정하는 세 가지 요소가 있다. 작용하는 힘의 **크기**, 힘의 **작용점**, 그리고 힘이 작용하는 **각도**가 그것이다.

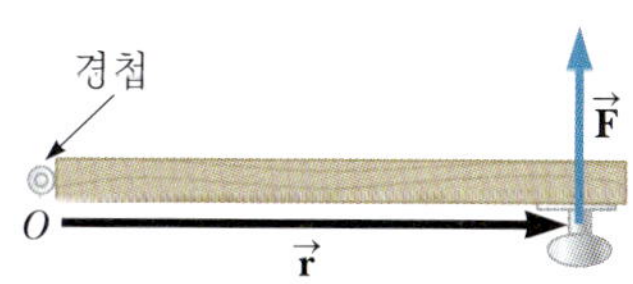

그림 8.1 문에 수직으로 작용하는 힘을 받으며 경첩 O에 달려 있는 문을 위에서 본 모양

간단히 하기 위하여 위치와 힘 벡터는 한 평면에 놓여 있는 경우로 제한한다. 그림 8.1에서처럼 힘 $\vec{\mathbf{F}}$가 문 바깥쪽 가장자리에 수직으로 작용할 때, 문은 일정한 각가속도로 반시계 방향으로 회전한다.

물체에 작용하는 힘을 $\vec{\mathbf{F}}$라 하고, 한 점 O에서부터 힘의 작용점까지의 위치 벡터를 $\vec{\mathbf{r}}$이라 하자. 이때 $\vec{\mathbf{F}}$는 $\vec{\mathbf{r}}$에 수직이다. 힘 $\vec{\mathbf{F}}$에 의한 토크 $\vec{\boldsymbol{\tau}}$의 크기는

$$\tau = rF \qquad [8.1]$$

이다. 여기서 r은 위치 벡터의 크기이고, F는 힘의 크기이다.

SI 단위: 뉴턴 · 미터(N · m)

전통적으로 반시계 방향을 양(+)의 방향, 시계 방향을 음(−)의 방향으로 정한다. 작용한 힘이 물체를 반시계 방향으로 회전시키면, 물체의 작용하는 토크는 양의 부호를 갖는다. 힘이 물체를 시계 방향으로 회전시키면 물체에 작용하는 토크는 음의 부호를 갖는다. 정지한 물체에 두 개 이상의 토크가 작용하는 경우 이 토크들의 벡터 합이 알짜 토크가 된다. 만약 알짜 토크가 영이 아니면, 물체는 회전하며 회전 속력은 항상 증가한다. **물체에 알짜 토크가 작용하지 않으면 물체의 회전 속도는 변하지 않는다.**

예제 8.1

문제 그림 8.2와 같이 두 사람이 회전문을 이용하려 하고 있다. 왼쪽에 있는 여자는 문의 회전축 중심으로부터 1.20 m 떨어진 곳에서 문에 수직 방향으로 600 N의 힘을 가하고, 오른쪽 남자는 회전축 중심으로부터 0.800 m 떨어진 곳에서 문에 수직 방향으로 800 N의 힘을 작용한다. 회전문에 작용하는 알짜 토크를 구하라.

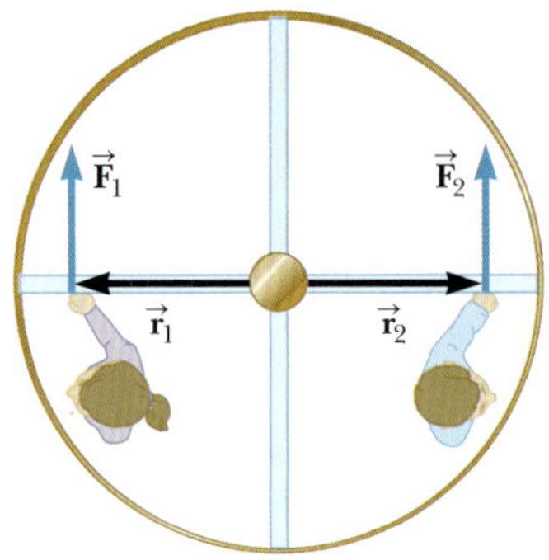

그림 8.2 (예제 8.1)

풀이 여자가 작용한 토크를 구한다. 힘 $\vec{\mathbf{F}}_1$은 시계 방향의 회전을 일으키기 때문에 토크는 음의 부호이다.

$$\tau_1 = -r_1 F_1 = -(1.20\ \mathrm{m})(600\ \mathrm{N}) = -7.2 \times 10^2\ \mathrm{N \cdot m}$$

남자가 작용한 토크를 구한다. 힘 $\vec{\mathbf{F}}_2$가 반시계 방향의 회전을 일으키기 때문에 토크는 양의 부호이다.

$$\tau_2 = r_2 F_2 = (0.800\ \mathrm{m})(800 \times 10^2\ \mathrm{N}) = 6.4 \times 10^2\ \mathrm{N \cdot m}$$

토크를 더하여 문에 작용하는 알짜 토크를 구한다.

$$\tau_{알짜} = \tau_1 + \tau_2 = \boxed{-80\ \mathrm{N \cdot m}}$$

예를 들어, 그림 8.3a처럼 누군가가 문고리를 잡고 오른쪽으로 밀어낸다. 이 방향으로 작용하는 힘은 문을 열 수 없을 것이다. 그러나 그림 8.3b처럼 작용하는 힘이 문과 어떤 각도를 이루고 있으면, 문에 **수직**인 성분의 힘이 쉽게 문을 회전하게 하는 원인이 된다. 이 그림은 문에 수직으로 작용하는 힘의 성분이 $F \sin\theta$이고, θ는 위치 벡터 $\vec{\mathbf{r}}$과 작용하는 힘 $\vec{\mathbf{F}}$ 사이의 각도임을 보여준다. 만약 힘이 축으로부터 멀어지는 방향으로 작용하면 $\theta = 0°$, 즉 $\sin(0°) = 0$이고 $F \sin(0°) = 0$이 된다. 힘이 회전축 방향으로 작용하면, $\theta = 180°$이고 $F\sin(180°) = 0$이 된다. $F\sin\theta$의 최대 절댓값은 힘 $\vec{\mathbf{F}}$가 $\vec{\mathbf{r}}$에 수직일 때, 즉 $\theta = 90°$ 또는 $\theta = 270°$일 때에만 일어난다. 이러한 사실들을 고려하면 더 일반적인 토크를 정의할 수 있다.

그림 8.3 (a) 각 $\theta = 0°$로 작용하는 힘 $\vec{\mathbf{F}}$가 회전축 O에 미치는 토크는 영이다. (b) 문에 수직인 힘의 성분 $F \sin\theta$는 O에 대해 토크 $rF\sin\theta$를 준다. (c) 지렛대 팔 $d = r\sin\theta$ 형태로 나타낸 토크의 해석

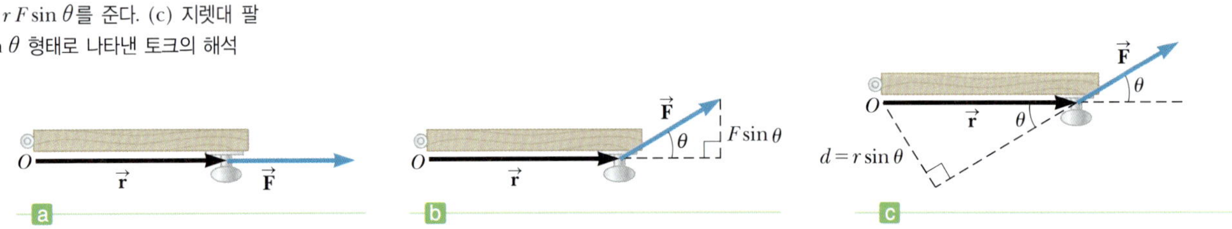

$\vec{\mathbf{F}}$를 물체에 작용하는 힘, 그리고 $\vec{\mathbf{r}}$을 주어진 점 O에서부터 힘의 작용점까지의 위치 벡터라고 하자. 힘 $\vec{\mathbf{F}}$에 의한 토크 $\vec{\boldsymbol{\tau}}$의 크기는

$$\tau = rF\sin\theta \qquad [8.2]$$

이다. 여기서 r은 위치 벡터의 크기이고, F는 힘의 크기이다. θ는 $\vec{\mathbf{r}}$과 $\vec{\mathbf{F}}$와의 사잇각이다.

SI 단위: 뉴턴 · 미터(N · m)

회전축은 벡터 $\vec{\mathbf{r}}$과 $\vec{\mathbf{F}}$가 놓인 평면에 수직이다.

물리량 $d = r\sin\theta$를 **지렛대 팔**(또는 **모멘트 팔**, lever arm)이라 부르며, 이것은 회전축에서부터 작용하는 힘의 방향을 따라 그은 선까지의 수직 거리이다. 이 해석은 그림 8.3c에 설명되어 있다.

τ의 값은 회전축의 선택에 달려 있다는 것을 기억하는 것은 매우 중요하다.

예제 8.2

문제 한 남자가 그림 8.4a에서처럼 경첩으로부터 2.00 m 떨어진 곳에 문과 60.0° 의 각도를 이루면서 힘 $F = 3.00 \times 10^2$ N을 작용하고 있다. 경첩의 위치를 회전축으로 선택하여 문에 작용하는 토크를 구하라.

풀이 **(a)** 60.0° 에서 작용하는 힘에 의한 토크를 계산한다.

일반적인 토크 식에 대입한다.

$$\tau_F = rF\sin\theta = (2.00\text{ m})(3.00\times10^2\text{ N})\sin 60.0°$$
$$= (2.00\text{ m})(2.60\times10^2\text{ N}) = 5.20\times10^2\text{ N}\cdot\text{m}$$

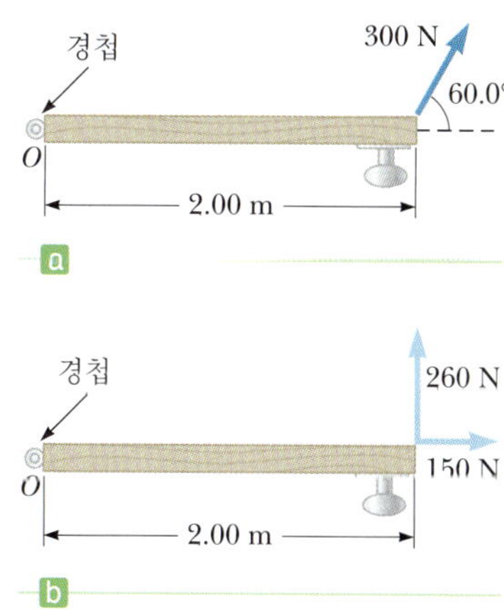

그림 8.4 (예제 8.2) (a) 300 N의 힘으로 밀어내는 문을 위에서 본 그림, (b) 300 N 힘의 성분

8.2 토크와 평형에 대한 두 조건

역학적 평형에 놓인 물체는 다음과 같은 두 조건을 만족해야만 한다.

1. 알짜 외력이 영이어야 한다. $\sum\vec{\mathbf{F}} = 0$

2. 알짜 외부 토크가 영이어야 한다. $\sum\vec{\boldsymbol{\tau}} = 0$

첫 번째는 병진 평형에 대한 조건이다. 물체에 작용하는 모든 힘의 합이 영이면, 물체는 병진 가속도를 갖지 않는다. 즉, $\vec{\mathbf{a}} = 0$이다. 두 번째는 회전 평형에 대한 조건이

다. 물체에 작용하는 모든 토크의 합이 영이면, 물체는 각가속도를 갖지 않는다. 즉, $\vec{\alpha} = 0$이다. 물체가 평형 상태에 있기 위해서는 일정한 병진 속도와 회전 속도로 운동을 해야 한다.

예제 8.3

문제 질량이 $m = 50$ kg인 여자가 그림 8.8처럼 판자의 길이가 $L = 4.00$ m이고 중심에 회전축이 있는 시소의 왼쪽 끝에 앉아 있다. **(a)** 먼저 회전축을 지나가는 축에 대해 시소에 작용하는 토크를 계산하라. 만약 계(남자와 여자가 앉은 시소)가 평형이 되려면 질량이 $M = 80$ kg인 남자는 어느 곳에 앉아야 하는가? **(b)** 판자의 질량이 $m_{\text{판자}} = 10$ kg일 때, 회전축에 의해 작용되는 수직 항력을 구하라. **(c)** (a)를 반복하는데, 이번에는 판자의 왼쪽 끝을 지나는 축에 대한 토크를 계산하라.

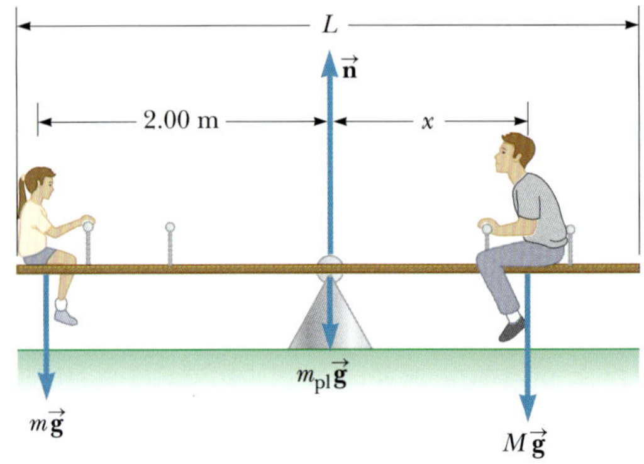

그림 8.5 (예제 8.3) 두 사람과 시소로 이루어진 계. 이 계에 작용하는 힘의 합과 토크의 합은 영이므로 이 계는 평형 상태에 있다고 말한다.

풀이 **(a)** 시소를 평형하게 하기 위해 남자가 어디에 앉아야 하는지 구한다.

평형의 제2조건을 판자에 적용한다. 토크의 합을 영으로 놓는다.

$$\tau_{\text{회전축}} + \tau_{\text{중력}} + \tau_{\text{남자}} + \tau_{\text{여자}} = 0$$

첫 번째 두 토크는 영이 된다. 회전축으로부터 남자의 거리를 x라 하자. 여자는 회전축으로부터 $L/2$인 거리에 있다.

$$0 + 0 - Mgx + mg(L/2) = 0$$

이 식을 x에 대해 풀고 계산한다.

$$x = \frac{m(L/2)}{M} = \frac{(50\text{ kg})(2.00\text{ m})}{80\text{ kg}} = \boxed{1.25\text{ m}}$$

(b) 시소 위의 회전축에 의해 생기는 수직 항력 n을 구한다.

평형의 제1조건을 판자에 적용한다.

$$-Mg - mg - m_{\text{판자}}g + n = 0$$

수직 항력 n에 대해 푼다.

$$\begin{aligned} n &= (M + m + m_{\text{판자}})g \\ &= (80\text{ kg} + 50\text{ kg} + 10\text{ kg})(10\text{ m/s}^2) \\ &= \boxed{1.4 \times 10^3\text{ N}} \end{aligned}$$

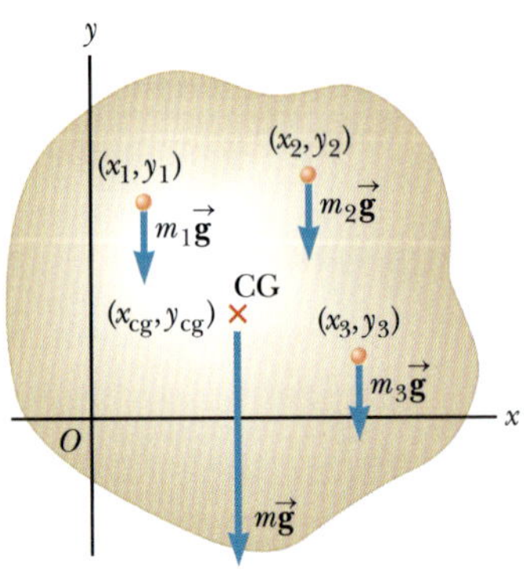

그림 8.6 무게 중심에 대해 계산하면 물체에 작용하는 중력에 의한 알짜 토크는 영이다. 물체는 그 점에서 지지되거나 혹은 그 점 아래나 위의 수직선을 따라가는 어떤 점에서 지지된다면 균형을 이룰 것이다.

8.3 무게 중심

그림 8.6과 같이 xy평면에 있는 임의의 형태를 가진 물체를 생각해 보자. 물체는 좌표가 (x_1, y_1), (x_2, y_2), (x_3, y_3), ⋯이고, 무게가 m_1g, m_2g, m_3g, ⋯인 매우 작은 수많은 입자로 나눌 수 있다. 만약 물체가 원점 O에 대하여 자유롭게 회전한다면, 각각의 입자들은 원점에 대하여 토크를 주는데, 그 토크는 입자의 무게와 입자의 지렛대 팔을 곱한 값과 같다. 예를 들면 무게 m_1g에 의한 토크는 m_1gx_1이다.

이제 크기가 $w = F_g = Mg$(물체의 전체 무게)인 힘의 작용점의 위치를 정해보자. 이 점에서 물체의 회전에 의한 효과는 각각의 입자에 의한 것과 같다. 이 점을 물체의 **무게 중심**(center of gravity)이라 한다. 무게 중심에서 w에 의한 토크를 각각의 입자

에 작용하는 토크의 합과 같게 놓으면

$$(m_1 g + m_2 g + m_3 g + \cdots) x_{cg} = m_1 g x_1 + m_2 g x_2 + m_3 g x_3 + \cdots$$

가 된다. g는 물체 내의 모든 곳에서 같다고 가정한다. 그러면 이전 식에서 g는 소거되고 결과 식은

$$x_{cg} = \frac{m_1 x_1 + m_2 x_2 + m_3 x_3 + \cdots}{m_1 + m_2 + m_3 + \cdots} = \frac{\sum m_i x_i}{\sum m_i} \qquad [8.3a]$$

가 된다. 여기서 x_{cg}는 무게 중심의 x좌표이다. 마찬가지로 계의 무게 중심의 y좌표와 z좌표는

$$y_{cg} = \frac{\sum m_i y_i}{\sum m_i} \qquad [8.3b]$$

$$z_{cg} = \frac{\sum m_i z_i}{\sum m_i} \qquad [8.3c]$$

로부터 찾을 수 있다. 세 개의 무게 중심에 대한 식은 **질량 중심**(center of mass)에 대한 식과 동일하다. 질량 중심과 무게 중심은 g가 크게 변하지 않는다면 정확하게 같다.

예제 8.4

문제 **(a)** 세 물체가 그림 8.7a에서처럼 분포되어 있다. 무게 중심을 구하라. **(b)** 만일 왼쪽에 있는 물체를 위로 1.00 m 옮기고 오른쪽에 있는 물체를 아래로 0.500 m 옮긴다면(그림 8.7b) 무게 중심은 어떻게 변하는가? 각각의 물체는 점입자로 간주한다.

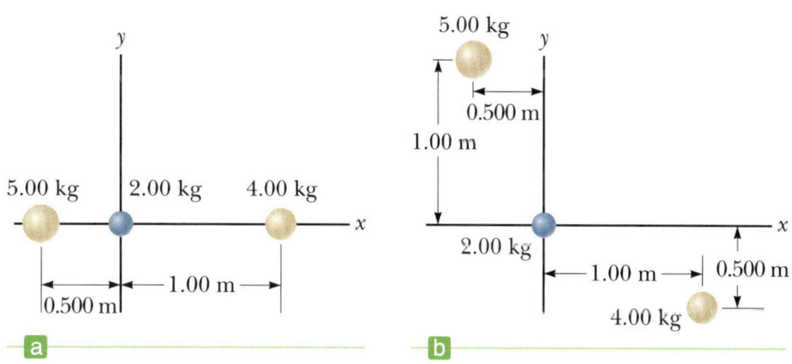

그림 8.7 (예제 8.4) 세 입자로 된 계의 무게 중심 구하기

풀이 **(a)** 그림 8.7a에서 입자 계의 무게 중심을 구한다.

식 8.3a를 세 물체로 된 계에 적용한다.

$$x_{cg} = \frac{\sum m_i x_i}{\sum m_i} = \frac{m_1 x_1 + m_2 x_2 + m_3 x_3}{m_1 + m_2 + m_3} \qquad (1)$$

식 (1)의 분자를 계산한다.

$$\begin{aligned}\sum m_i x_i &= m_1 x_1 + m_2 x_2 + m_3 x_3 \\ &= (5.00\text{ kg})(-0.500\text{ m}) + (2.00\text{ kg})(0\text{ m}) \\ &\quad + (4.00\text{ kg})(1.00\text{ m}) \\ &= 1.50\text{ kg}\cdot\text{m}\end{aligned}$$

분모에 $\sum m_i = 11.0$ kg을 대입하고 분자를 식 (1)에 대입한다.

$$x_{cg} = \frac{1.50\text{ kg}\cdot\text{m}}{11.0\text{ kg}} = \boxed{0.136\text{ m}}$$

(b) 물체들의 위치가 그림 8.7b처럼 바뀌는 경우 무게 중심은 어떻게 달라지는가?

x좌표는 변하지 않았기 때문에, 무게 중심의 x좌표 역시 변하지 않는다.

$$x_{cg} = \boxed{0.136\text{ m}}$$

식 8.3b를 쓴다.

$$y_{cg} = \frac{\sum m_i y_i}{\sum m_i} = \frac{m_1 y_1 + m_2 y_2 + m_3 y_3}{m_1 + m_2 + m_3}$$

값을 대입한다.

$$y_{cg} = \frac{(5.00\text{ kg})(1.00\text{ m}) + (2.00\text{ kg})(0\text{ m}) + (4.00\text{ kg})(-0.500\text{ m})}{5.00\text{ kg} + 2.00\text{ kg} + 4.00\text{ kg}}$$

$$= \boxed{0.273\text{ m}}$$

8.4 토크와 각가속도의 관계

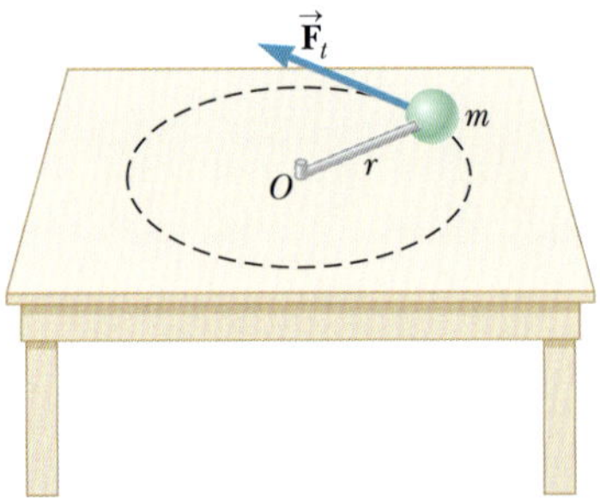

그림 8.8 길이가 r인 가벼운 막대에 매달린 질량 m인 물체가 접선력 $\vec{\mathbf{F}}_t$가 작용하는 동안 마찰이 없는 수평면 위에서 원 경로를 따라 움직인다.

그림 8.8에 보여주는 계는 질량 m인 물체가 길이 r인 매우 가벼운 막대에 연결되어 있다. 막대는 점 O를 중심으로 회전한다. 물체의 운동은 마찰이 없는 수평 테이블 위에서 회전 운동만으로 제한된다. 힘 F_t가 막대에 수직으로 작용한다고 가정한다면, 물체의 원 경로에 접선 방향이 된다. 접선력을 방해하는 힘이 없기 때문에, 물체는 뉴턴의 제2법칙에 따라 접선 가속도 a_t를 가진다.

$$F_t = ma_t$$

이 식의 양변에 r을 곱하면

$$F_t r = mra_t$$

가 된다. 접선 가속도와 각가속도와 관련된 식 $a_t = r\alpha$를 대입하면 위의 표현은

$$F_t r = mr^2\alpha \qquad [8.4]$$

가 된다. 식 8.4의 좌변은 회전축에 대해 물체에 작용하는 토크이다. 그러므로 다시 정리하면

$$\tau = mr^2\alpha \qquad [8.5]$$

로 쓸 수 있다. 식 8.5는 물체에 작용하는 토크가 물체의 각가속도에 비례함을 보여준다. 여기서 비례 상수 mr^2을 질량 m인 물체의 **관성 모멘트**(moment of inertia)라 한다(막대가 매우 가볍기 때문에 막대의 관성 모멘트는 무시할 수 있다).

회전하는 물체에 작용하는 토크

그림 8.9a처럼 속이 찬 원반이 축에 대해 회전한다고 가정하자. 원반은 회전축으로부터 다른 거리에 있는 많은 입자들 이루어져 있다(그림 8.9b). 이러한 입자들의 각각에 대한 토크는 식 8.5로 주어진다. 원반에 작용하는 **알짜** 토크는 모든 입자에 작용하는 토크의 합으로 주어진다.

$$\sum\tau = \left(\sum mr^2\right)\alpha \qquad [8.6]$$

원반이 강체이기 때문에 모든 입자들은 **같은** 각가속도를 가진다. 그러므로 α는 합에

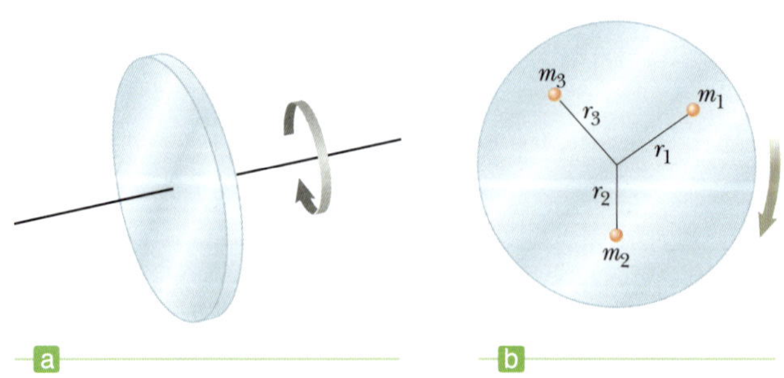

그림 8.9 (a) 축에 대해 회전하는 속이 찬 원반, (b) 원반은 모두 같은 각운동량을 가지는 많은 입자들로 이루어진다.

포함되지 않는다. 입자의 질량과 거리가 그림 8.9b에서처럼 첨자로 표시된다면, 이때

$$\sum mr^2 = m_1 r_1^2 + m_2 r_2^2 + m_3 r_3^2 + \cdots$$

이고, 이 양은 물체 전체의 관성 모멘트 I이다.

$$I \equiv \sum mr^2 \qquad [8.7]$$

관성 모멘트는 SI 단위로 $kg \cdot m^2$이다. 식 8.6에 이 결과를 사용하면, 한 축에 대해 회전하는 강체에 관한 알짜 토크는 다음과 같다.

$$\sum \tau = I\alpha \qquad [8.8]$$

식 8.8은 **크기가 있는 강체의 각가속도는 그것에 작용하는 알짜 토크에 비례한다**는 것을 말한다.

관성 모멘트에 대한 추가 설명

예를 들어, 그림 8.10에서처럼 밴드 소녀가 지휘봉을 돌린다고 가정하자. 지휘봉은 길이가 2ℓ인 매우 가벼운 막대이며 양 끝에 막대보다 무거운 질량 m인 물체가 달려있다고 가정하자(실제 지휘봉의 막대는 양 끝의 물체에 비해 상당한 질량을 갖는다). 막대의 질량을 무시했기 때문에, 그 중심을 지나고 길이에 수직인 축에 대한 지휘봉의 관성 모멘트는 식 8.7로 주어진다.

$$I = \sum mr^2$$

이 계는 회전축으로부터 같은 거리에 있는 질량이 같은 두 개의 물체로 이루어져 있기 때문에 각 물체에 대해 거리 $r = \ell$이고, 그 합은

$$I = \sum mr^2 = m\ell^2 + m\ell^2 = 2m\ell^2$$

이다. 막대의 질량을 무시하지 않는다면 지휘봉의 전체 관성 모멘트에 막대의 관성 모멘트를 포함해야만 한다.

예를 들면, 질량은 변하지 않는 물체의 고유한 성질을 가지지만 **계의 관성 모멘트는 질량이 어떻게 분포해 있느냐와 회전축의 위치에 따라 달라진다.**

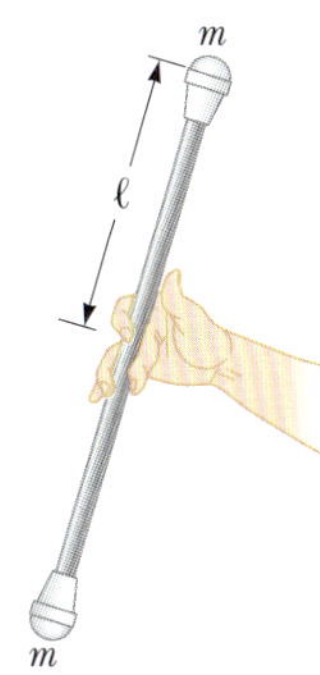

그림 8.10 길이가 2ℓ이고 질량이 $2m$인 지휘봉(연결된 막대의 질량은 무시한다). 지휘봉의 중심과 그 길이에 수직인 축에 대한 관성 모멘트는 $2m\ell^2$이다.

예제 8.5

문제 하프타임 쇼에서 밴드 소녀가 매우 가벼운 막대의 끝에 네 개의 구를 단단히 매단 특이한 지휘봉을 돌리고 있다(그림 8.11). 각각의 막대는 길이가 1.0 m이다. **(a)** 종이면에 수직이고 막대가 교차하는 점을 지나는 축에 대한 관성 모멘트를 구하라. **(b)** 밴드 소녀는 그림 8.12에서처럼 OO'축에 대해 지휘봉을 돌리려고 한다. 이 축에 대한 지휘봉의 관성 모멘트를 계산하라.

풀이 **(a)** 그림 8.11과 같이 회전할 때 지휘봉의 관성 모멘트를 계산한다.

식 8.7을 적용하고, 막대의 질량은 무시한다.

$$\begin{aligned} I = \sum mr^2 &= m_1 r_1^2 + m_2 r_2^2 + m_3 r_3^2 + m_4 r_4^2 \\ &= (0.20\ kg)(0.50\ m)^2 + (0.30\ kg)(0.50\ m)^2 \\ &\quad + (0.20\ kg)(0.50\ m)^2 + (0.30\ kg)(0.50\ m)^2 \end{aligned}$$

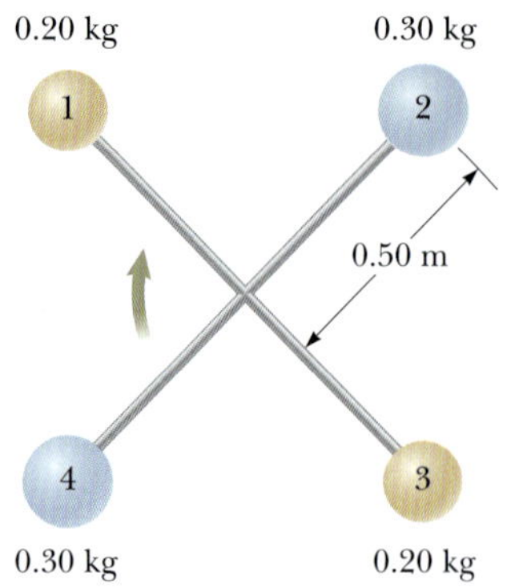

그림 8.11 (예제 8.5a) 종이면과 평행인 면에서 회전하는 가벼운 막대에 연결된 네 개의 구

$$= \boxed{0.25\ \text{kg}\cdot\text{m}^2}$$

(b) 그림 8.12와 같이 회전할 때 지휘봉의 관성 모멘트를 계산한다. 식 8.7을 다시 적용하고, 0.20 kg 구의 반지름은 무시한다.

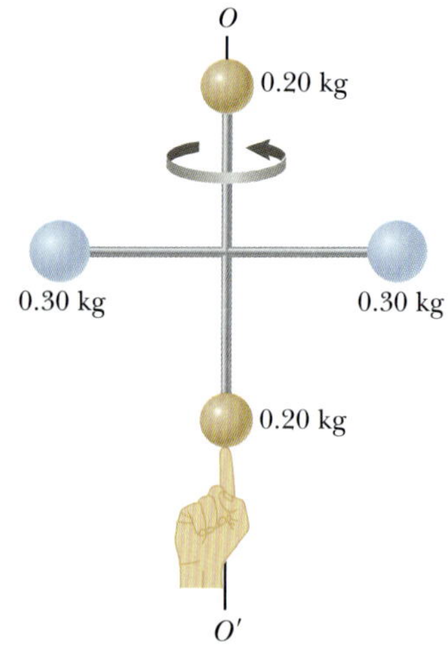

그림 8.22 (예제 8.5b) 축 OO'에 대하여 회전하는 두 개의 지휘봉

$$I = \sum mr^2 = m_1 r_1^2 + m_2 r_2^2 + m_3 r_3^2 + m_4 r_4^2$$
$$= (0.20\ \text{kg})(0)^2 + (0.30\ \text{kg})(0.50\ \text{m})^2$$
$$+ (0.20\ \text{kg})(0)^2 + (0.30\ \text{kg})(0.50\ \text{m})^2$$
$$= \boxed{0.15\ \text{kg}\cdot\text{m}^2}$$

크기가 있는 물체의 관성 모멘트 계산

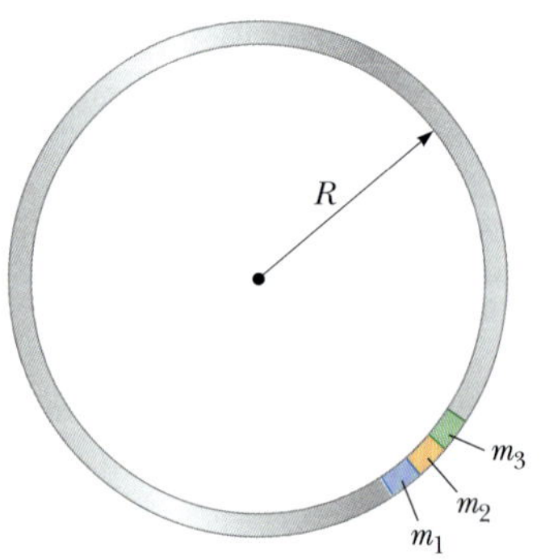

그림 8.13 균질한 고리는 고리의 중심으로부터 같은 거리에 있는 수많은 작은 부분으로 나눌 수 있다.

그림 8.13에서처럼 평면에 수직이고 그 중심을 지나는 축에 대해 회전하는 고리를 고려해 보자(예를 들면 자전거 바퀴는 근사적으로 여기에 해당한다).

고리의 관성 모멘트를 구하기 위해서 식 $I = \sum mr^2$을 사용하고, 그림 8.21처럼 고리의 질량 M은 질량 $m_1, m_2, m_3, \cdots, m_n$를 가지는 n개의 작은 부분으로 나눌 수 있다. 여기서 $M = m_1 + m_2 + m_3 + \cdots + m_n$이다.

I에 대한 합을 표현하면

$$I = \sum mr^2 = m_1 r_1^2 + m_2 r_2^2 + m_3 r_3^2 + \cdots + m_n r_n^2$$

이다. 고리 둘레의 모든 부분들은 회전축으로부터 같은 거리 R에 있다. 그러므로 거리에 관한 첨자를 생략하고 R^2으로 인수분해하면

$$I = (m_1 + m_2 + m_3 + \cdots + m_n) R^2 = MR^2 \qquad [8.9]$$

을 얻는다.

몇 개의 다른 일반적인 형태에 대한 관성 모멘트가 증명없이 표 8.1에 주어졌다. 표에 나와 있는 형태를 가지는 물체에 대한 관성 모멘트를 결정하는 데 사용할 수 있다.

표 8.1 균일한 성분으로 이루어진 여러 가지 강체에 대한 관성 모멘트

고리 혹은 얇은 원통형 껍질
$I = MR^2$

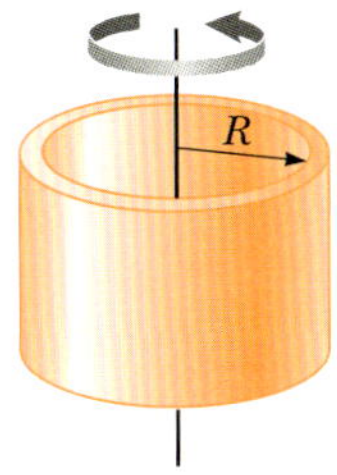

속이 찬 구
$I = \frac{2}{5}MR^2$

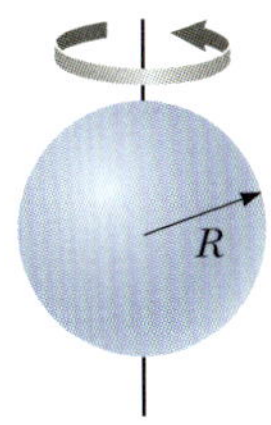

속이 찬 원통이나 원반
$I = \frac{1}{2}MR^2$

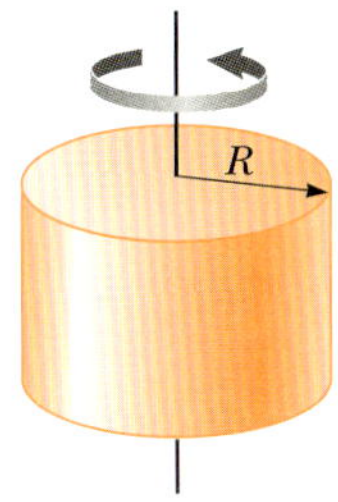

얇은 구형 껍질
$I = \frac{2}{3}MR^2$

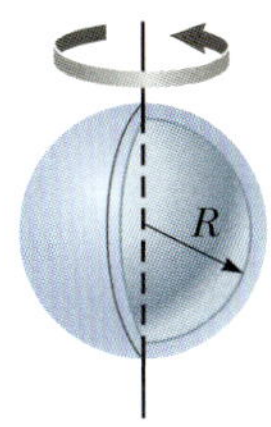

회전축이 중심을 지나는 길고 가는 막대
$I = \frac{1}{12}ML^2$

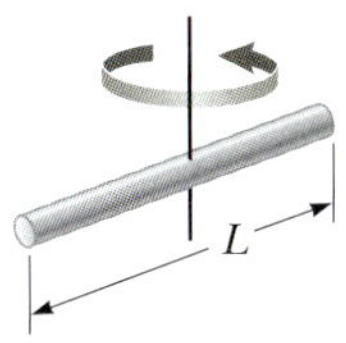

회전축이 끝을 지나는 길고 가는 막대
$I = \frac{1}{3}ML^2$

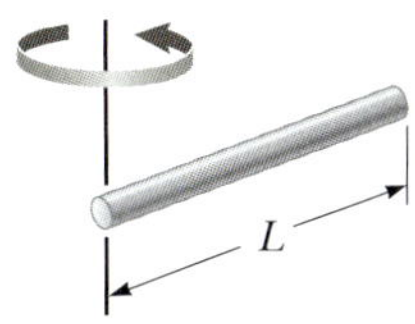

예제 8.6

문제 경기 진 펄을 이완시키려는 야구 선수가 0.150 kg의 야구공을 던진다. 공을 가속하기 위해 그는 팔뚝의 회전만 사용한다(그림 8.14). 팔뚝은 질량이 1.50 kg이고 길이가 0.350 m이다. 공이 정지 상태에서 시작하여 0.300 s에 30.0 m/s의 속력으로 손에서 놓여진다. **(a)** 팔과 공의 일정한 각가속도를 구하라. **(b)** 팔뚝과 공으로 이루어진 계의 관성 모멘트를 계산하라. **(c)** (a)에서 구한 각가속도의 결과를 낸 계에 작용한 토크를 구하라.

풀이 **(a)** 공의 각가속도를 구한다.

각가속도는 일정하다. 그러므로 $\omega_i = 0$으로 두고 각속도 운동학 식을 사용한다.

$$\omega = \omega_i + \alpha t \rightarrow \alpha = \frac{\omega}{t}$$

공은 팔뚝의 길이로 주어진 반지름을 가진 원호를 따라 가속된다. ω에 내해 $v = r\omega$를 정리하여 앞의 식에 대입한다.

$$\alpha = \frac{\omega}{t} = \frac{v}{rt} = \frac{30.0\ \text{m/s}}{(0.350\ \text{m})(0.300\ \text{s})} = \boxed{286\ \text{rad/s}^2}$$

(b) 계(팔뚝과 공을 합한)의 관성 모멘트를 구한다.

팔꿈치를 지나고 팔에 수직인 축에 대한 공의 관성 모멘트를 구한다.

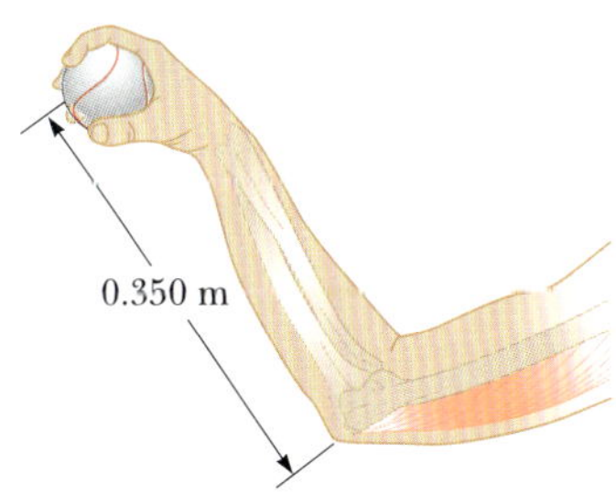

그림 8.14 (예제 8.6) 투수가 던지는 공. 팔뚝은 공을 가속시키기 위해 사용된다.

$$I_{공} = mr^2 = (0.150\ \text{kg})(0.350\ \text{m})^2 = 1.84 \times 10^{-2}\ \text{kg}\cdot\text{m}^2$$

표 8.1을 참고하여 막대 형태로 간주해서 팔뚝의 관성 모멘트를 얻는다.

$$I_{팔뚝} = \frac{1}{3}ML^2 = \frac{1}{3}(1.50\ \text{kg})(0.350\ \text{m})^2$$
$$= 6.13 \times 10^{-2}\ \text{kg}\cdot\text{m}^2$$

각각의 관성 모멘트를 더하여 계(공과 팔뚝을 합한)의 관성 모멘트를 구한다.

$$I_{계} = I_{공} + I_{팔뚝} = \boxed{7.97 \times 10^{-2}\ \text{kg}\cdot\text{m}^2}$$

(c) 계에 작용하는 토크를 계산한다.
식 8.8을 적용하고, (a)와 (b)의 결과를 사용한다.

$$\tau = I_{계}\alpha = (7.97\times10^{-2}\ \mathrm{kg\cdot m^2})(286\ \mathrm{rad/s^2})$$
$$= 22.8\ \mathrm{N\cdot m}$$

8.5 회전 운동 에너지

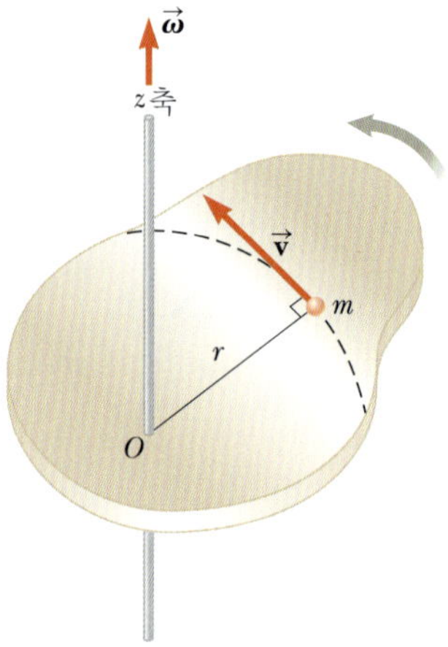

그림 8.15 각속력 ω로 z축에 대하여 회전하는 강체 판. 질량 m인 입자의 운동 에너지는 $\frac{1}{2}mv^2$이다. 판의 전체 운동 에너지는 $\frac{1}{2}I\omega^2$이다.

5장에서 속력 v를 가지고 움직이는 질량 m인 입자의 운동 에너지를 $\frac{1}{2}mv^2$로 정의했었다. 유사하게 **각속력 ω로 어떤 축에 대해 회전하는 물체는 회전 운동 에너지 $\frac{1}{2}I\omega^2$을 갖는다.** 이것을 증명하기 위해서 그림 8.15처럼 평면에 수직인 어떤 축에 대해 회전하는 얇은 판 형태의 강체를 생각해 보자. 이 판은 무수히 많은 입자들로 이루어졌으며, 이때 입자 하나의 질량을 m이라 하자. 모든 입자들은 축 둘레로 원 경로를 그리며 회전한다. 만약 회전축에서 입자까지 거리가 r이라면 입자의 속력은 $v = r\omega$이다. 회전하는 판의 전체 운동 에너지는 입자들의 모든 운동 에너지의 합이기 때문에

$$KE_r = \sum\left(\frac{1}{2}mv^2\right) = \sum\left(\frac{1}{2}mr^2\omega^2\right) = \frac{1}{2}\left(\sum mr^2\right)\omega^2$$

이다. 그러므로

$$KE_r = \frac{1}{2}I\omega^2 \qquad [8.10]$$

이 된다. 여기서 $I = \sum mr^2$은 판의 관성 모멘트이다.

경사면 아래로 굴러가는 볼링공과 같은 계는 세 가지 종류의 에너지로 설명된다. 즉, **중력 위치 에너지 PE_g, 병진 운동 에너지 KE_t, 회전 운동 에너지 KE_r**이다.

$$(KE_t + KE_r + PE)_i = (KE_t + KE_r + PE)_f \qquad [8.11]$$

여기서 i와 f는 처음과 나중의 값이다.

예제 8.7

문제 질량이 M이고 반지름이 R인 공이 정지 상태로부터 높이 2.00 m에서 출발해서 30.0°의 경사면을 그림 8.16처럼 아래로 굴러 내려간다. 경사진 면을 떠날 때 공의 선속력은 얼마인가? 공은 미끄럼 없이 굴러 내려간다고 가정하자.

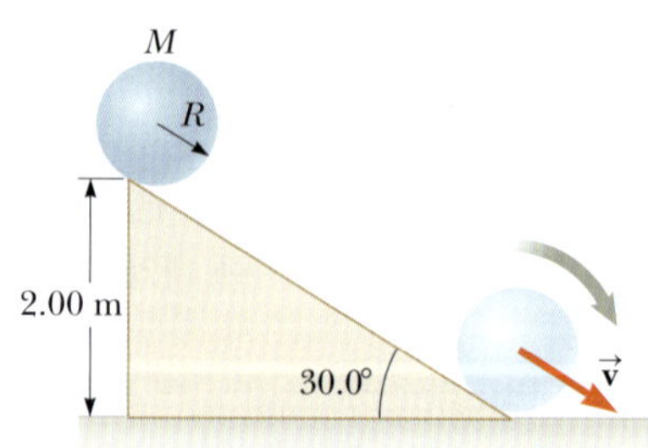

그림 8.16 (예제 8.7) 공이 경사면의 꼭대기에서 정지 상태로부터 출발해서 미끄럼 없이 바닥 쪽으로 굴러 내려간다.

풀이 중력 위치 에너지 $PE = PE_g$와 관련된 에너지 보존의 법칙을 적용한다.

$$(KE_t + KE_r + PE_g)_i = (KE_t + KE_r + PE_g)_f$$

각 항에 해당하는 식들을 대입한다. $(KE_t)_i = (KE_r)_i = 0$이고

$(PE_g)_f = 0$임을 유념하자. (표 8.1로부터 공의 관성 모멘트 구한다.)

$$0 + 0 + Mgh = \frac{1}{2}Mv^2 + \frac{1}{2}\left(\frac{2}{5}MR^2\right)\omega^2 + 0$$

공은 미끄럼 없이 굴러 내려간다. 그러므로 $R\omega = v$이다. 미끄럼이 없는 조건이 적용된다.

$$Mgh = \frac{1}{2}Mv^2 + \frac{1}{5}Mv^2 = \frac{7}{10}Mv^2$$

M을 소거하고 v에 대해 푼다.

$$v = \sqrt{\frac{10gh}{7}} = \sqrt{\frac{10(9.80\ \text{m/s}^2)(2.00\ \text{m})}{7}} = 5.29\ \text{m/s}$$

8.6 각운동량

질량 m인 물체가 그림 8.17과 같이 알짜힘 $\vec{\mathbf{F}}_{\text{알짜}}$에 의해 반지름 r인 원 경로를 따라 회전한다. 물체에 작용하는 전체 알짜 토크는 시간 간격 Δt 동안에 물체의 각속력 ω_0를 ω로 증가시킨다. 그러므로

$$\sum\tau = I\alpha = I\frac{\Delta\omega}{\Delta t} = I\left(\frac{\omega - \omega_0}{\Delta t}\right) = \frac{I\omega - I\omega_0}{\Delta t}$$

로 쓸 수 있다.

물체의 **각운동량**(angular momentum)을

$$L \equiv I\omega \qquad [8.13]$$

로 정의하면

$$\sum\tau = \frac{\text{각운동량의 변화}}{\text{시간 간격}} = \frac{\Delta L}{\Delta t} \qquad [8.14]$$

로 쓸 수 있다.

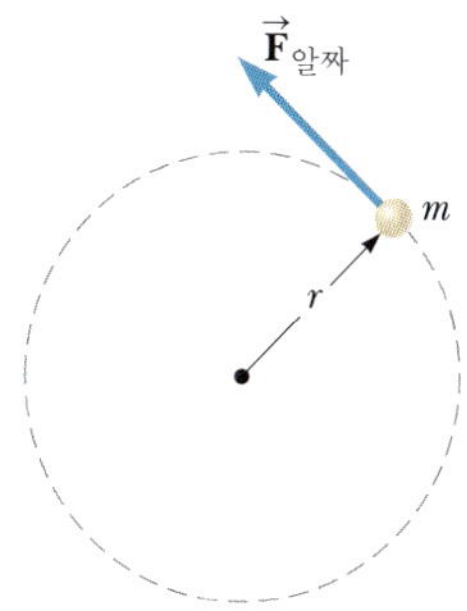

그림 8.17 일정한 토크를 받고 원 경로로 회전하는 질량 m인 물체

서로 다른 두 시간에서의 각운동량을 L_i와 L_f라 하자. 알짜 외부 토크가 영, 즉 $\sum\tau = 0$일 때,

$$L_i = L_f \qquad [8.15]$$

가 되고, 각운동량은 **보존**된다고 말한다.

식 8.15는 세 번째 보존의 법칙이고 **각운동량 보존의 법칙**(conservation of angular momentum)이라고 한다. **고립계에서 역학적 에너지, 선운동량 그리고 각운동량은 모두 보존된다**고 말할 수 있다.

만약 고립된 회전하는 계의 관성 모멘트가 변한다면, 계의 각속력도 변할 것이다. 이때 각운동량의 보존은 $\sum\tau = 0$이면

$$I_i\omega_i = I_f\omega_f \qquad [8.16]$$

그림 8.18 플류셴코(Evgeni Plushenko)는 자신의 관성 모멘트를 조절하여 각속력을 변화시킨다.

가 된다.

각운동량의 보존에 대한 예는 많이 있다. 가장 인상적인 것 중의 하나는 피겨 스케이트 선수가 마무리에서 회전하는 장면이다. 그림 8.18a에서처럼 스케이트 선수는 팔을 몸 쪽으로 당기고 두 다리를 붙여 회전축으로부터 거리를 줄인다. 따라서 선수의 관성 모멘트는 감소한다. 각운동량의 보존에 의해 관성 모멘트가 감소되어 각속력을 증가시킨다. 그림 8.18b에서처럼 회전으로부터 벗어나기 위해서는 각속력을 줄일 필요가 있다. 그러므로 그녀는 팔과 다리를 다시 펴서 관성 모멘트를 증가시키고, 따라서 회전 속도를 감소시킨다.

예제 8.8

문제 학생이 아령 한 쌍을 손에 잡은 채 회전 의자에 앉아 있다(그림 8.19). 의자는 무시할 만한 마찰로 수직축에 대해 자유롭게 회전한다. 학생, 아령, 의자의 관성 모멘트는 2 kg · m^{2}이다. 학생은 팔을 밖으로 벌린 채 매 1 s에 한 번 회전하고 있다. **(a)** 계의 처음 각속력은 얼마인가? **(b)** 그가 회전할 때 아령을 안쪽으로 당기면 계의 새로운 관성 모멘트(학생, 아령, 의자)는 1.80 kg · m^{2}가 된다. 계의 새로운 각속력은 얼마인가? **(c)** 아령을 당길 때 계에 학생이 한 일을 구하라. 근육 내에서 소모된 에너지는 무시한다.

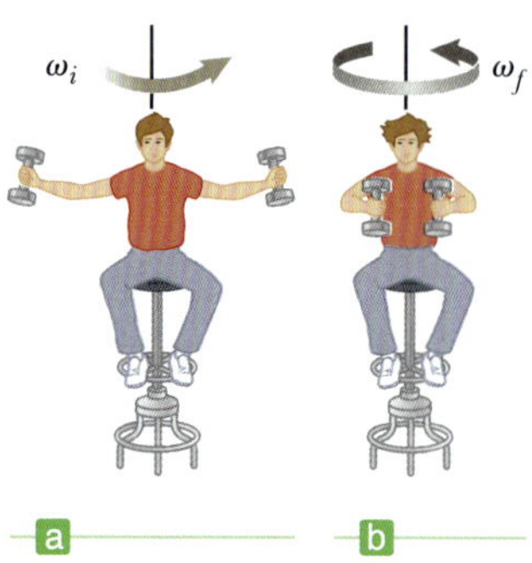

그림 8.19 (예제 8.8) (a) 학생이 팔을 벌린 채 두 개의 아령을 들고 있을 때 처음 각속력이 주어진다. (b) 각속력은 학생이 아령을 안으로 당길 때 증가한다.

풀이 **(a)** 계의 각속력을 구한다.

주기의 역수를 취하고 2π를 곱하여 진동수를 구한다.

$$\omega_i = 2\pi f = 2\pi/T = \boxed{6.28\ \text{rad/s}}$$

(b) 학생이 아령을 안쪽으로 당긴 후 계의 새로운 각속력을 구한다.

계의 처음과 나중의 각운동량을 같게 놓는다.

$$L_i = L_f \quad \rightarrow \quad I_i\omega_i = I_f\omega_f \qquad (1)$$

값을 대입하고 나중 각속력 ω_f에 대하여 푼다.

$(2\ \text{kg}\cdot\text{m}^2)(6.28\ \text{rad/s}) = (1.80\ \text{kg}\cdot\text{m}^2)\,\omega_f$ (2)

$\omega_f = 7\ \text{rad/s}$

(c) 학생이 계에 한 일을 구한다.

일-에너지 정리를 적용한다.

$$W_{학생} = \Delta K_r = \frac{1}{2}I_f\omega_f^2 - \frac{1}{2}I_i\omega_i^2$$
$$= \frac{1}{2}(1.80\ \text{kg}\cdot\text{m}^2)(7\ \text{rad/s})^2$$
$$- \frac{1}{2}(2\ \text{kg}\cdot\text{m}^2)(6.28\ \text{rad/s})^2$$
$$= 4.66\ \text{J}$$

연습문제

1. 천정에 고정된 2.0 m 길이의 줄에 3.0 kg의 추를 달아서 단진자를 만들었다. (a) 줄이 연직과 5.0°의 각을 이룰 때 천정의 고정점에 대한 (중력에 의한) 토크의 크기를 구하라. (b) 각이 증가하면 토크는 증가하는가 감소하는가? 그 이유를 설명하라.

2. 다음의 질량 분포를 고려하자. 여기서 x와 y의 좌표는 미터 단위로 주어진다. 5.0 kg 물체가 (0.0, 0.0) m에, 3.0 kg 물체가 (0.0, 4.0) m에, 4.0 kg 물체가 (3.0, 0.0) m에 놓여 있다. 네 번째 물체 8.0 kg을 어느 위치에 놓으면 무게 중심의 좌표가 (0.0, 0.0) m이 되겠는가?

3. 길이가 4.00 m이고 높이가 3.00 m인 무게가 500 N짜리 간판이 그림 P8.3과 같이 길이가 6.00 m이고 무게가 100 N인 막대에 수평으로 매날려 있다. 막대의 먼 끝은 연직과 30.0°를 이루는 줄에 매달려 있다. (a) 줄의 장력 T를 구하라. (b) 벽과 접촉한 부분에서 벽이 막대에 작용하는 힘의 수평 성분과 연직 성분을 구하라.

그림 P8.3

4. 길이 2.00 m, 질량 30.0 kg의 균일한 판이 세 개의 줄에 의해 지탱되고 있다. 그림 P8.4에 파란색 벡터로 표시되어 있다. 700 N의 사람이 왼쪽 끝에서 d = 0.500 m에 서 있을 때, 각 줄의 장력을 구하라.

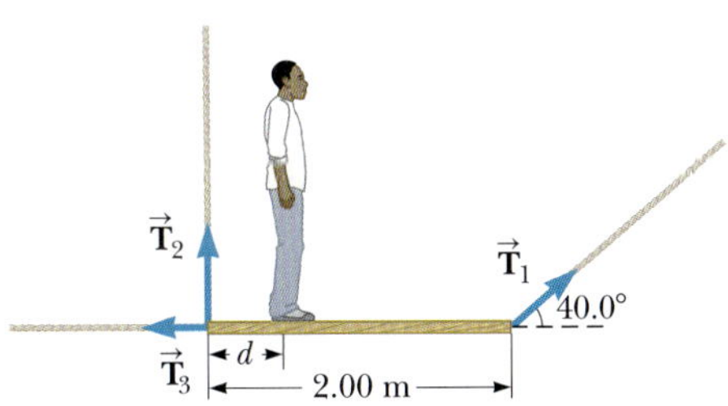

그림 P8.4

5. 네 개의 물체가 그림 P8.5처럼 가벼운 막대에 의해 직사각형의 모서리에 위치해 있다. 계의 관성 모멘트를 (a) x축에 대해, (b) y축에 대해, (c) O를 지나면서 종이면에 수직인 축에 대해 각각 구하라.

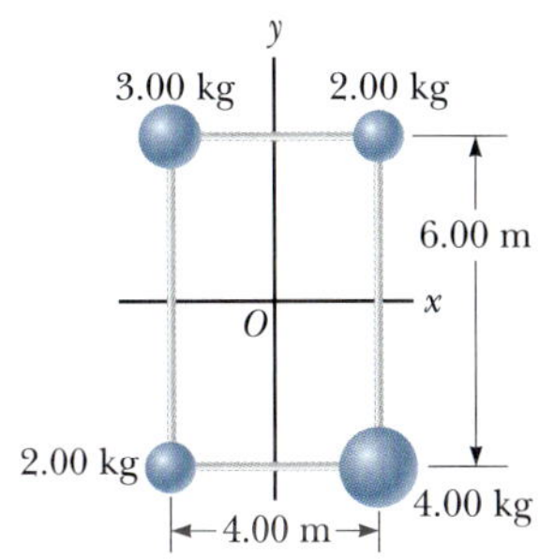

그림 P8.5

6. 질량을 무시할 정도로 가벼운 줄이 질량 225 kg이고 반지름이 0.400 m인 속이 찬 원통에 감겨 있다. 원통은 축이 수평 방향으로 지면으로부터 몇 미터 떨어져 매달려서 마찰 없이 축에 대해 회전하고 있다. (a) 만약 75.0 kg인 남자가 자유로운 줄의 끝을 잡고 중력에 의해서 내려온다면 그의 가속도는 얼마인가? (b) 원통의 각가속도는 얼마인가? (c) 만약 줄의 질량을 무시하지 않는다면, 남자가 내려옴에 따라 실린더의 각가속도는 어떻게 되는가?

7. 정기 여객기가 50.0 m/s의 속력으로 착륙한다. 비행기의 각 바퀴는 반지름이 1.25 m이고 관성 모멘트는 110 kg · m^{2}이다. 착륙할 때 바퀴들은 마찰의 작용 하에 회전하기 시작한다. 각 바퀴는 1.40×10^4 N의 무게를 지탱하고 바퀴들은 미끄럼 없이 굴러가는 동안 0.480 s에 각속력을 얻는다. 바퀴와 활주로 사이의 운동 마찰 계수는 얼마인가? 비행기의 속력은 일정하다고 가정하라.

8. 질량이 10.0 kg인 원통이 미끄러짐 없이 거친 표면을 구른다. 어느 순간에 무게 중심이 10.0 m/s의 속력을 가진다. (a) 무게 중심의 병진 운동 에너지를 구하라. (b) 무게 중심 축에 대한

회전 운동 에너지를 구하라. (c) 전체 운동 에너지를 구하라.

9. 길이 $\ell = 1.00$ m인 가벼운 막대가 그림 P8.14에서처럼 중심을 지나고 길이에 수직인 축에 대하여 회전한다. 질량 $m_1 = 4.00$ kg과 $m_2 = 3.00$ kg인 두 입자가 막대의 끝에 연결되어 있다. (a) 막대의 질량을 무시한다면 막대의 각속력이 2.50 rad/s일 때, 계의 운동 에너지는 얼마인가? (b) 막대의 질량을 2.00 kg로 가정한다면 계의 운동 에너지는 어떻게 되는가?

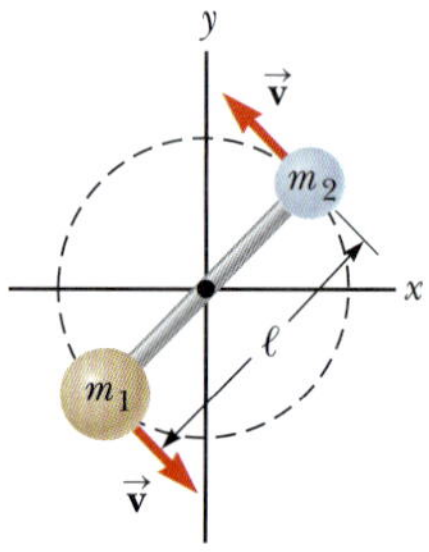

그림 P8.9 (문제 9, 11)

10. 반지름 1.50 m의 수평인 800 N의 회전 목마가 정지 상태로부터 회전 목마에 접선 방향으로 50.0 N의 일정한 수평력에 의해 출발한다. 3.00 s 후에 회전 목마의 운동 에너지를 구하라. 회전 목마는 속이 찬 원통으로 간주한다.

11. 길이 $\ell = 1.00$ m인 가벼운 막대가 그림 P8.9처럼 중심을 지나고 길이에 수직인 축에 대해 회전한다. 질량 $m_1 = 4.00$ kg과 $m_2 = 3.00$ kg인 두 물체가 막대 양 끝에 연결되어 있다. 만약 각 입자의 속력이 5.00 m/s이라면 그 계의 각운동량은 얼마인가? 막대의 질량은 무시한다.

12. 질량이 10.0 kg이고 반지름이 1.00 m인 속이 찬 수평인 원통이 그 중심을 지나는 고정된 수직축에 대해 7.00 rad/s의 각속력으로 회전한다. 0.250 kg의 한덩어리의 접착체가 회전축으로 중심으로부터 0.900 m의 지점의 원통 위에 수직으로 떨어져 원통에 붙었다. 그 계의 나중 각속력을 구하라.

13. 관성 모멘트가 I_1인 원반이 마찰이 없는 수직축에 대해서 각속력 ω_0로 회전한다. 두 번째 원반은 관성 모멘트가 I_2이고 처음에는 정지 상태에서 첫 번째 원반 위에 떨어진다(그림 P8.13). 표면이 거칠기 때문에 두 원반은 결국 같은 각속력 ω로 회전한다. (a) ω를 구하라. (b) 운동 에너지가 이 경우에 손실된 것을 보이고 처음 운동 에너지에 대한 나중 운동 에너지의 비를 구하라.

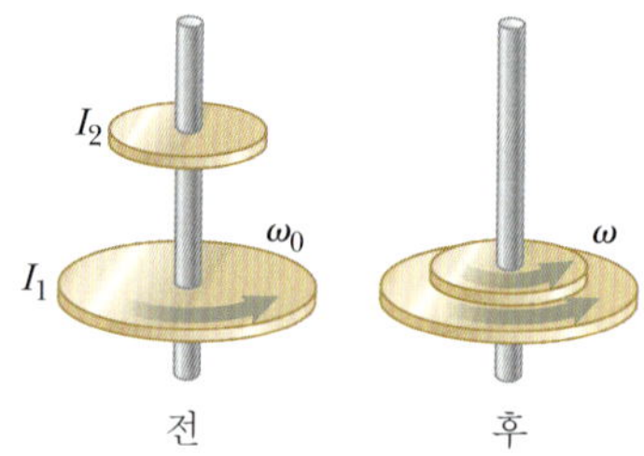

그림 P8.13

윈드서핑. 윈드서핑(windsurfing)은 '수상레포츠의 꽃'이라 불리며, 요트타기와 파도타기를 결합하여 만든 수상 스포츠 종목이다. 윈드서핑의 조종은 바람의 방향과 세기를 이용하여 이루어진다. 물 위를 나는 듯 미끄러지는 보드에서의 절묘한 균형감각과 세일의 조정성에 그 매력이 있다. 윈드서핑은 무동력으로 최고 속력은 80 km/h 정도이며, 일반인도 50 km/h 정도의 속력을 낼 수 있다(2014 군산새만금 전국윈드서핑대회).

고체와 유체 9

SOLIDS AND FLUIDS

9.1 물질의 상태

물질은 보통 세 가지 상태, 즉 **고체**(solid), **액체**(liquid), 또는 **기체**(gas) 중의 하나로 분류된다. 보통 이 분류를 확장하여 **플라스마**(plasma)라는 네 번째 상태를 포함하기도 한다.

일상 경험에 의하면 고체는 일정한 부피와 모양을 가지고 있다. 액체는 일정한 부피를 갖고 있으나 모양이 일정하지는 않다. 기체는 부피와 모양이 모두 일정하지 않다는 점에서 고체나 액체와는 다르다. 그렇지만 기체는 흐를 수 있기 때문에 여러 가지 점에서 액체와 비슷한 성질을 가지고 있다.

모든 물질은 원자나 분자의 집합으로 이루어져 있다. 고체에 있는 원자들은 주로 전기적인 힘에 의하여 상호 간 고유한 위치를 유지하고 있으며, 각자의 평형 위치를 중심으로 진동하고 있다. 아주 낮은 온도에서는 진동이 미미하여 원자들이 고정되어 있다고 생각할 수 있다. 물질에 가해지는 에너지가 증가할수록 진동의 진폭은 증가한다. 진동하는 원자는 이웃하는 원자와 용수철로 연결되어 평형 위치를 중심으로 속박되어 있다고 생각할 수 있다. 그림 9.1은 가상의 용수철로 연결된 원자를 나타내고 있다. 고체에 가해지는 외력이 용수철을 압축시키는 것으로 생각할 수 있다. 외력을 제거하면 고체는 원래의 크기와 모양으로 되돌아가려 한다. 따라서 고체는 **탄성**을 갖고

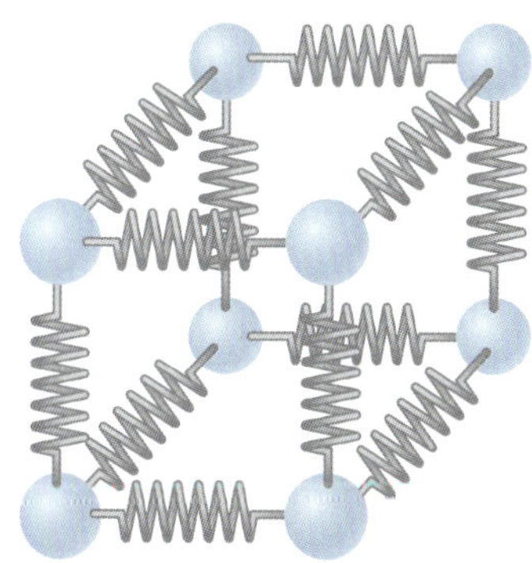

그림 9.1 고체 일부분의 모형. 원자(구)들이 용수철에 의하여 서로 연결되어 있으며 이는 원자 간의 힘이 탄성력의 성질임을 나타낸다. 고체는 이런 용수철이 서로 연결된 수많은 조각들로 이루어져 있다.

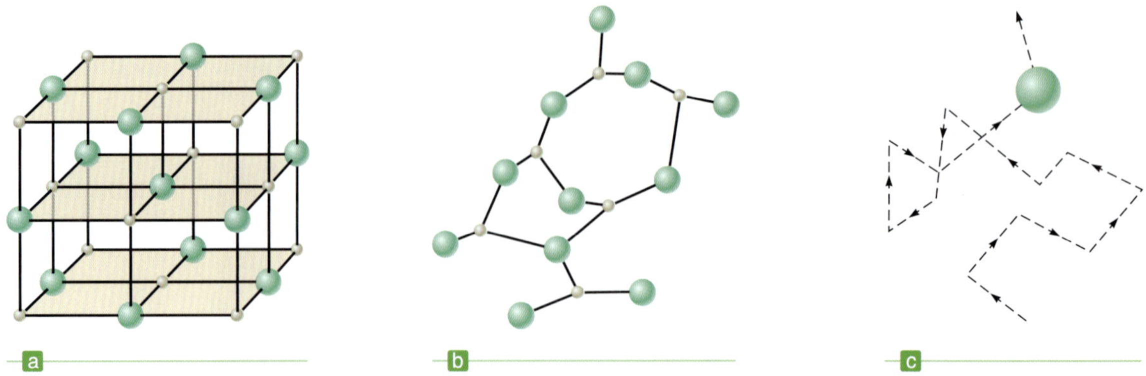

그림 9.2 (a) 소금(NaCl) 결정의 구조. Na^+(회색)와 Cl^-(초록색)가 정육면체 꼭짓점에 교대로 위치해 있다. (b) 비정질 고체에서 원자들은 불규칙하게 배열되어 있다. (c) 액체 분자가 불규칙하게 움직이고 있다.

있다고 말한다.

고체는 결정과 비정질로 분류된다. **결정형 고체**(crystalline solid)는 원자들이 규칙적으로 배열되어 있는 것을 말한다. 예를 들어, 염화나트륨 내에서 나트륨과 염소는 그림 9.2a에서처럼 정육면체의 꼭짓점에 교대로 배열되어 있다. 유리와 같은 **비정질 고체**(amorphous solid)에서는 그림 9.2b와 같이 원자들이 무질서하게 놓여 있다.

어느 물질에서든 액체 상태는 고체 상태보다 높은 온도에서 존재한다. 액체 내의 분자 간의 힘은 분자 위치를 고정할 만큼 강하지 못하다. 따라서 분자가 액체 내부를 무질서하게 돌아다닌다(그림 9.2c). 고체와 액체는 압축하려 할 때, 이에 대항하여 내부 원자 사이에서 강한 척력이 작용하는 성질이 있다.

기체 상태에서는 분자들이 무질서하게 마구잡이 운동을 하며, 분자 사이의 힘은 작은 편이다. 기체 분자 사이의 거리는 평균적으로 분자의 크기에 비하여 매우 크다. 분자들은 서로 충돌하기는 하나, 대개의 경우 자유롭게 움직이고 서로 상호작용하지 않는 입자처럼 운동한다. 따라서 고체나 액체와는 달리 쉽게 압축된다.

9.2 밀도와 압력

균일한 조성을 가진 물체의 **밀도**(density) ρ는 질량 M을 부피 V로 나눈 값이다.

$$\rho \equiv \frac{M}{V} \qquad [9.1]$$

SI 단위: 킬로그램/세제곱미터(kg/m^3)

표 9.1은 몇 가지 물질의 밀도를 나타낸다. 대부분의 액체나 고체의 밀도는 온도나 압력 변화에 의해 조금씩 변하는 반면, 기체의 밀도는 그러한 변화에 의해 매우 많이 변한다.

물질의 **비중**(specific gravity)은 물질의 밀도와 4 °C의 물의 밀도와의 비이다(킬로그램은 원래 4 °C에서의 물의 밀도가 1.0×10^3 kg/m^3이 되도록 정의되었다). 정의

표 9.1 몇 가지 흔한 물질의 밀도

물질	$\rho(\text{kg/m}^3)^a$	물질	$\rho(\text{kg/m}^3)^a$
얼음	0.917×10^3	물	1.00×10^3
알루미늄	2.70×10^3	글리세린	1.26×10^3
철	7.86×10^3	에틸알코올	0.806×10^3
구리	8.92×10^3	벤젠	0.879×10^3
은	10.5×10^3	수은	13.6×10^3
납	11.3×10^3	공기	1.29
금	19.3×10^3	산소	1.43
백금	21.4×10^3	수소	8.99×10^{-2}
우라늄	18.7×10^3	헬륨	1.79×10^{-1}

[a] 모든 값은 0°C(273 K), 1기압(1.013×10^5 Pa)인 STP에서의 값이다. 이 값을 gr/cm^3 단위로 환산하려면 10^{-3}을 곱하면 된다.

에 의해 비중은 차원이 없는 양이다. 예를 들어, 어떤 물질의 비중이 3.0이라면 밀도는 $3.0(1.0 \times 10^3 \text{ kg/m}^3) = 3.0 \times 10^3 \text{ kg/m}^3$이다.

유체가 물체에 가하는 힘은 물체 표면에 수직으로 작용한다(그림 9.3a).

유체의 특정 지점에 작용하는 압력은 그림 9.3b에서와 같은 장치를 이용하여 측정한다. 진공 실린더에 가벼운 피스톤이 들어 있고 피스톤은 이미 알고 있는 무게로 보정된 용수철에 연결되어 있다. 장치가 유체에 잠기면 유체는 피스톤 윗면을 누르고, 피스톤은 유체의 압력과 용수철의 힘이 상쇄될 때까지 움직인다. 피스톤에 가해지는 힘의 크기를 F, 피스톤 윗면의 넓이를 A라 하자. 용수철을 누르는 힘은 전체 넓이에 골고루 퍼져 있으므로 압력을 정의할 수 있다.

F가 겉넓이 A에 수직으로 작용하는 힘의 크기라면, 평균 압력 P는 힘을 넓이로 나눈 값이다.

$$P \equiv \frac{F}{A} \qquad [9.2]$$

SI 단위: 파스칼(Pa = N/m²)

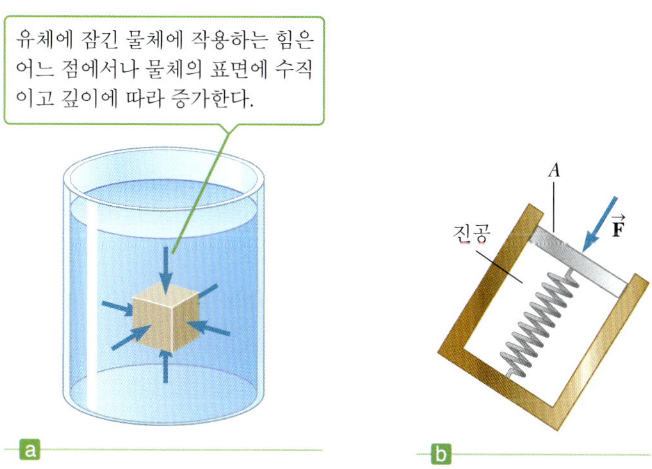

그림 9.3 (a) 유체에 잠긴 물체에 작용하는 힘, (b) 유체에서의 압력을 재는 간단한 장치

예제 9.1

문제 **(a)** 높이 $h = 40.0$ m이고 반지름 $r = 1.00$ m인 원통형 물기둥의 무게를 계산하라(그림 9.4). **(b)** 물의 표면에서 반지름이 1.00 m인 원형 부분에 공기가 작용하는 힘을 계산하라.

풀이 **(a)** 높이가 40.0 m이고 반지름이 1.00 m인 원통형 물기둥의 무게를 계산한다.

우선 원통형 물기둥의 부피를 계산한다.

$$V = \pi r^2 h = \pi(1.00\ \text{m})^2(40.0\ \text{m}) = 126\ \text{m}^3$$

그 부피에 물의 밀도를 곱하면 물기둥의 질량이 얻어진다.

$$m = \rho V = (1.00 \times 10^3\ \text{kg/m}^3)(126\ \text{m}^3) = 1.26 \times 10^5\ \text{kg}$$

그 질량에다 중력 가속도 g를 곱하면 무게 w가 얻어진다.

$$w = mg = (1.26 \times 10^5\ \text{kg})(9.80\ \text{m/s}^2) = 1.23 \times 10^6\ \text{N}$$

(b) 물의 표면에서 반지름이 1.00 m인 원형 부분에 공기가 작용하는 힘을 계산한다.

압력에 관한 식을 사용한다.

$$P = \frac{F}{A}$$

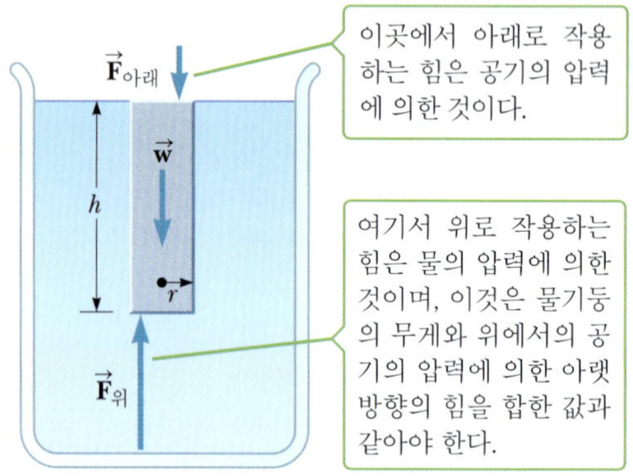

그림 9.4 (예제 9.1)

압력에 관한 식을 힘에 관하여 풀고 넓이 $A = \pi r^2$을 대입한다.

$$F = PA = P\pi r^2$$

수식에 해당하는 값을 대입한다.

$$F = (1.01 \times 10^5\ \text{Pa})\pi(1.00\ \text{m})^2 = 3.17 \times 10^5\ \text{N}$$

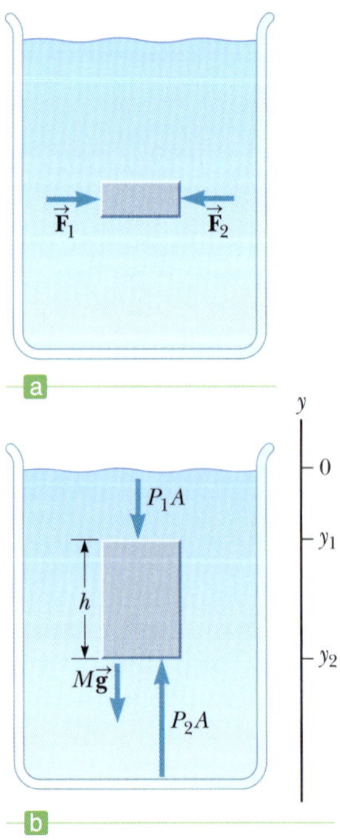

그림 9.5 (a) 유체 덩어리가 평형 상태에 있다면 힘 $\vec{\mathbf{F}}_1$과 $\vec{\mathbf{F}}_2$는 평형을 이루어야 한다. (b) 진하게 표시된 액체 부피에 작용하는 알짜힘은 영이어야 한다.

9.3 깊이에 따른 압력의 변화

유체가 용기 속에 정지해 있으면 **유체의 모든 부분은 정적 평형 상태에 있어야 한다.** 즉, 관측자에 대하여 정지해 있다. 더욱이 **같은 깊이에 있는 모든 지점은 같은 압력에 있어야 한다.** 그렇지 않다면 유체는 압력이 높은 쪽에서 낮은 쪽으로 흐르게 될 것이다. 예를 들어, 그림 9.5a에서 보이는 유체의 작은 덩어리에 대하여 생각해 보자. 이 덩어리의 왼쪽 압력이 오른쪽 압력보다 크다면 $\vec{\mathbf{F}}_1$이 $\vec{\mathbf{F}}_2$보다 클 것이고, 이 덩어리는 오른쪽으로 가속될 것이기 때문에 평형 상태에 있지 않게 된다.

다음으로 그림 9.5b의 진한 부분으로 표시된 유체의 일부분을 살펴보자. 이 영역은 단면의 넓이가 A이고 액체 표면에서부터 아래로 y_1과 y_2 사이에 있다. 이 영역에는 세 가지의 외력이 작용한다. 중력 Mg, 아랫부분의 유체에 의한 윗방향 힘 P_2A, 위 부분의 유체에 의한 아랫방향 힘 P_1A이다. 이 영역에서 유체는 평형 상태이므로 합력이 영이 되어야 한다. 따라서

$$P_2A - P_1A - Mg = 0 \qquad [9.8]$$

이다. 밀도의 정의에 의해 다음 식이 성립한다.

$$M = \rho V = \rho A(y_1 - y_2) \qquad [9.9]$$

식 9.9를 식 9.8에 대입하고 A를 소거하여 정리하면 다음과 같다.

$$P_2 = P_1 + \rho g(y_1 - y_2) \quad [9.10]$$

대기압 역시 유체가 쌓여서 발생하게 되는데, 이 경우 유체는 대기를 구성하는 기체이다. 해수면에서부터 대기의 바깥 끝 사이에 있는 모든 공기의 무게가 해수면에서의 대기압 $P_0 = 1.013 \times 10^5$ Pa을 만들어낸다. 이 결과를 사용하면 물 표면으로부터 임의의 깊이 $h = (y_1 - y_2) = (0 - y_2)$에서의 압력 P를 알아낼 수 있다.

$$P = P_0 + \rho gh \quad [9.11]$$

식 9.11에 의하면 **대기에 놓여 있는 액체의 표면으로부터 깊이 h인 지점의 압력 P는 대기압보다 ρgh만큼 크다.**

예제 9.2

문제 큰 기름 탱크에 소금물이 $h_2 = 5.00$ m의 깊이로 차 있다. 그림 9.6에 나와 있는 탱크의 단면도와 같이 물 위에 $h_1 = 8.00$ m 깊이의 기름 층이 있다. 기름의 밀도는 0.700 g/cm^{3}이다. 탱크 바닥의 압력을 구하라. 소금물의 밀도는 1 025 kg/m^{3}로 한다.

풀이 식 9.11을 사용하여 기름 층 바닥의 압력을 계산한다.

$$\begin{aligned} P_1 &= P_0 + \rho g h_1 \quad (1) \\ &= 1.01 \times 10^5 \text{ Pa} \\ &\quad + (7.00 \times 10^2 \text{ kg/m}^3)(9.80 \text{ m/s}^2)(8.00 \text{ m}) \\ &= 1.56 \times 10^5 \text{ Pa} \end{aligned}$$

이제 식 9.11을 새로운 처음 압력 값에 대하여 적용하고 물 바닥 층의 압력을 구한다.

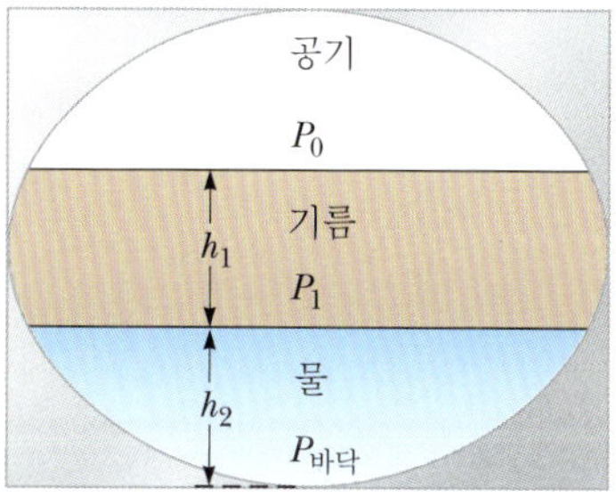

그림 9.6 (예제 9.2)

$$\begin{aligned} P_{바닥} &= P_1 + \rho g h_2 \quad (2) \\ &= 1.56 \times 10^5 \text{ Pa} \\ &\quad + (1.025 \times 10^3 \text{ kg/m}^3)(9.80 \text{ m/s}^2)(5.00 \text{ m}) \\ &= 2.06 \times 10^5 \text{ Pa} \end{aligned}$$

유체의 압력은 깊이와 P_0에 의존하기 때문에, 표면에서의 어떤 압력 증가도 유체의 모든 부분에 그대로 전달된다. 이 사실은 프랑스 과학자 파스칼(Blaise Pascal, 1623~1662)에 의해 처음 알려졌는데, 이를 **파스칼의 원리**(Pascal's principle)라 한다.

> 갇혀 있는 유체에 작용하는 압력의 변화는 유체의 모든 부분과 용기 벽면으로 감쇠 없이 전달된다.

파스칼의 원리의 중요한 응용 분야는 유압 지렛대(hydraulic press)이다(그림 9.7a). 아랫방향의 힘 $\vec{\mathbf{F}}_1$은 작은 피스톤 넓이 A_1에 작용한다. 압력은 유체를 따라 전

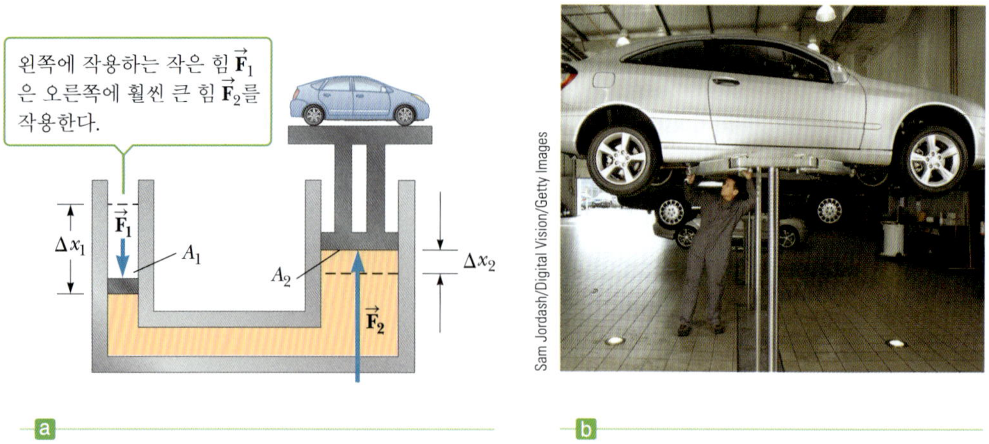

그림 9.7 (a) 유압 지렛대에서 작은 넓이 A_1에서 증가한 압력이 큰 넓이 A_2에 전달되고 있다. 힘은 압력과 넓이의 곱이므로 힘 $\vec{F}_2$의 크기는 힘 $\vec{F}_1$의 크기보다 A_2/A_1배 더 크다. (b) 수리 중인 자동차를 유압 리프트가 받쳐 들고 있다.

달되며 넓이 A_2를 가지는 더 큰 피스톤에 미친다. 피스톤이 움직이면서 왼쪽과 오른쪽 실린더에 있는 유체의 상대적인 높이가 달라지면서 입력 피스톤과 출력 피스톤의 압력이 약간 달라진다. 이 작은 압력차를 무시하면 각 피스톤에서의 유체의 압력은 같다 $(P_1 = P_2)$. 따라서 압력의 정의로부터 $F_1/A_1 = F_2/A_2$가 된다. 그러므로 힘 $\vec{F}_2$의 크기는 힘 $\vec{F}_1$의 크기보다 A_2/A_1배 더 크다. 이것이 자동차와 같은 큰 무게를 큰 피스톤에 올린 다음 작은 피스톤에 훨씬 작은 힘을 가하여 움직일 수 있는 원리이다. 유압 브레이크, 자동차 리프트, 유압 잭, 지게차 등의 기계에서 이 원리를 이용한다.

예제 9.3

문제 자동차 정비소에서 사용되는 리프트에는 압축 공기가 반지름이 $r_1 = 5.00\text{ cm}$인 단면이 원형인 작은 피스톤에 힘을 가한다. 비압축성 액체를 통하여 이 압력이 반지름이 $r_2 = 15.0\text{ cm}$인 두 번째 피스톤에 전달된다. **(a)** 무게가 13 300 N인 자동차를 들어 올리려면 압축된 공기가 피스톤에 얼마만한 힘을 가하여야 하는가? **(b)** 이러한 힘을 만들어내는 공기의 압력은 얼마인가?

풀이 **(a)** 작은 피스톤에 필요한 힘을 구한다.

피스톤의 단면의 넓이가 $A = \pi r^2$임을 이용하고, 파스칼의 원리에 주어진 값들을 대입한다.

$$F_1 = \left(\frac{A_1}{A_2}\right)F_2 = \frac{\pi r_1^2}{\pi r_2^2}F_2$$

$$= \frac{\pi\,(5.00\times10^{-2}\text{ m})^2}{\pi\,(15.0\times10^{-2}\text{ m})^2}(1.33\times10^4\text{ N})$$

$$= \boxed{1.48\times10^3\text{ N}}$$

(b) F_1을 생성하는 공기 압력을 구한다.

압력의 정의에 대입한다.

$$P = \frac{F_1}{A_1} = \frac{1.48\times10^3\text{ N}}{\pi(5.00\times10^{-2}\text{ m})^2} = \boxed{1.88\times10^5\text{ Pa}}$$

9.4 압력의 측정

압력을 측정하는 간단한 기구는 그림 9.8a에 나타낸 열린관 압력계이다. U자형 관은 액체를 담고 있고, 한쪽 끝이 대기 중으로 열려 있다. 다른 쪽 끝은 측정하고자 하는 압력 P를 갖는 계에 연결되어 있다. 점 B의 압력은 $P_0 + \rho gh$인데 이때 ρ는 유체의 밀도이다. B에서의 압력은 A에서와 같고, 이는 미지의 압력 P가 되므로 $P = P_0 + \rho gh$가 된다.

압력 P는 **절대 압력**(absolute pressure)이라고 하며, $P - P_0$는 **계기 압력**(gauge pressure)이라고 한다. 계에 있는 압력 P가 대기압보다 높으면, h는 양의 값이다. 만약 P가 대기압보다 작으면 h는 음의 값이고, 그림 9.8a의 오른쪽 액체 기둥의 높이는 왼쪽보다 낮게 된다.

압력을 측정하는 또 다른 기구로 **기압계**(barometer)가 있는데(그림 9.8b), 이 기구는 토리첼리(Evangelista Torricelli, 1608~1647)에 의해 발명되었다. 긴 관의 한 쪽 끝을 막고 수은으로 채운 뒤 수은 접시에서 뒤집는다. 그러면 관의 닫힌 끝은 진공에 가까운 상태가 되고, 그 압력은 영으로 볼 수 있다. 따라서 $P_0 = \rho gh$이며, 여기서 ρ는 수은의 밀도이고, h는 수은주의 높이이다. 기압계는 대기압을 측정하는 장치이며, 압력계는 밀봉된 유체의 압력을 측정하는 장치이다.

1기압(one atmosphere)이란 수은주 높이가 정확히 0.76 m일 때의 압력으로 정의된 양이다. 이때 온도는 0 °C, 중력 가속도 $g = 9.806\,65\ \text{m/s}^2$이다. 이 온도에서 수은의 밀도는 $13.595 \times 10^3\ \text{kg/m}^3$이다. 따라서

$$P_0 = \rho gh = (13.595 \times 10^3\ \text{kg/m}^3)(9.806\,65\ \text{m/s}^2)(0.760\,0\ \text{m})$$
$$= 1.013 \times 10^5\ \text{Pa} = 1\text{기압}$$

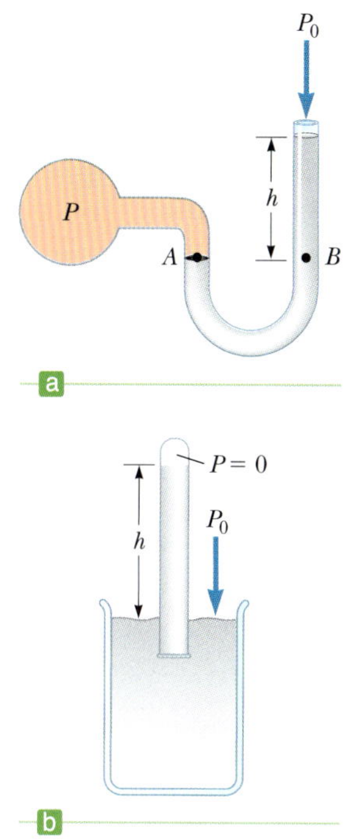

그림 9.8 압력을 측정하는 두 장치. (a) 열린관 압력계, (b) 수은 기압계

9.5 부력과 아르키메데스의 원리

아르키메데스의 원리(Archimedes' principle)는 다음과 같이 표현된다.

> 유체에 부분적으로 또는 완전히 잠긴 물체는 부력을 받는데, 부력의 크기는 그 물체에 의해 밀려난 액체의 무게와 같다.

아르키메데스
Archimedes, B.C. 287~212
그리스의 수학자, 물리학자 겸 공학자

아르키메데스는 고대에서 가장 위대한 과학자 중 한 명일 것이다. 부력의 발견으로 유명한 그는 천부적인 발명가였다. 알려진 바에 의하면, 그는 히에론(Hieron) 왕의 명령을 받아 왕관을 손상시키지 않으면서 왕관이 순금으로 만들어졌는지 판정하여야 했다. 아르키메데스는 목욕탕에 들어갔을 때 자신의 무게가 줄어드는 것을 알아내고 해결책을 찾아내었다고 한다. 그는 이것을 발견하고 너무 기쁜 나머지 '유레카(Eureka)!'라고 외쳤다 한다. 이 말은 그리스어로 '발견했다'라는 뜻이다.

모든 사람이 아르키메데스의 원리를 경험하고 있다. 예를 들어, 사람을 들어 올릴 때, 사람이 물에 있으면 땅에 있을 때에 비해 훨씬 쉬워진다. 물은 그 안에 담긴 물체를 부분적으로 지지한다. 유체에 담긴 물체가 위로 향하는 힘을 받는데, 이 힘을 **부력**(buoyant force)이라고 한다.

부력의 물리적 원인은 물체의 윗면과 아랫면에 작용하는 압력의 차이인데, 그 크기는 물체에 의해 밀려난 유체의 무게와 같다는 것을 보일 수 있다. 그림 9.9a와 같이 짙은 푸른색으로 표시된 공 안에 들어 있는 유체는 그 주위를 둘러싸고 있는 유체에 의해 모든 방향에서 힘을 받는다. 화살표는 압력에 의해 생기는 힘을 표시한다. 압력은 깊을수록 증가하므로 아래쪽 화살표가 위쪽 화살표보다 크다. 압력 차이에 의한 이 힘이 부력 $\vec{\mathbf{B}}$이다. 이 유체공은 뜨지도 가라앉지도 않으므로 부력과 유체공에 작용하는 중력의 벡터 합은 영이어야 하고 따라서 $B = Mg$이다. 여기서 M은 유체의 질량이다.

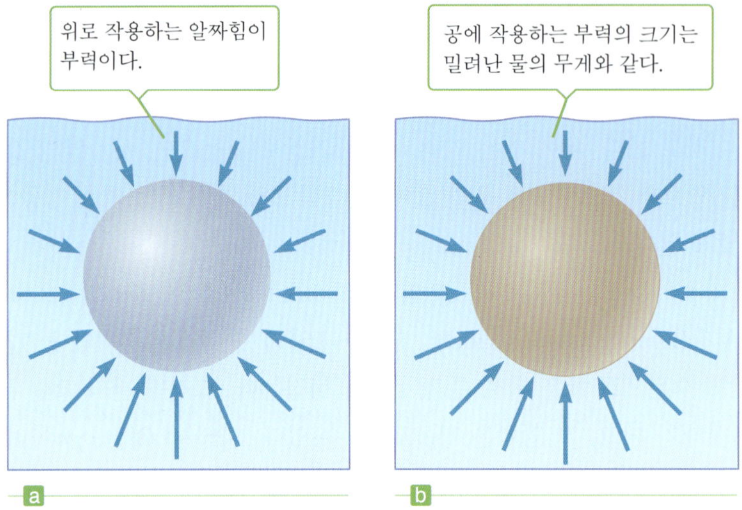

그림 9.9 (a) 화살표는 압력에 의하여 유체공에 가해지는 힘을 나타낸다. 깊이에 따라 압력이 커지므로 아래쪽 힘이 더 크다. (b) 주위의 유체에 의하여 생기는 부력은 포탄을 포함하여 동일한 부피를 가진 모든 물체에 똑같이 작용한다.

그림 9.9b에서와 같이 유체공을 같은 부피의 포탄으로 대체하면 압력이 가해지는 질량만 바뀌므로 부력은 같다. 즉, $B = Mg$인데, 여기서 M은 포탄의 질량이 아니라 유체의 질량이다. 더 무거운 공에 작용하는 중력은 유체 공에 작용했던 것보다 크므로 포탄은 가라앉는다.

아르키메데스의 원리 또한 식 9.8을 이용하여 압력과 깊이를 연관시켜 구할 수 있다(그림 9.5b). 압력으로 인한 수평 힘들은 상쇄되지만, 수직 방향으로는 P_2A의 힘이 윗방향으로 작용하고, P_1A의 힘과 중력 Mg가 아래로 향하므로

$$B = P_2A - P_1A = Mg \qquad [9.12a]$$

가 된다. 여기서 부력은 밀려난 유체의 무게와 같은 크기로, 압력차에 의한 것임을 알 수 있다. 부력은 주위를 둘러싼 유체에 의하여 생기는 것이므로, 그 크기는 공간을 차지하고 있는 물질과는 상관이 없다. 밀도를 정의를 사용하여 식 9.12a를 다음과 같이 쓸 수 있다.

$$B = \rho_{유체} V_{유체} g \qquad [9.12b]$$

여기서 $\rho_{유체}$는 유체의 밀도, $V_{유체}$는 밀려난 유체의 부피이다.

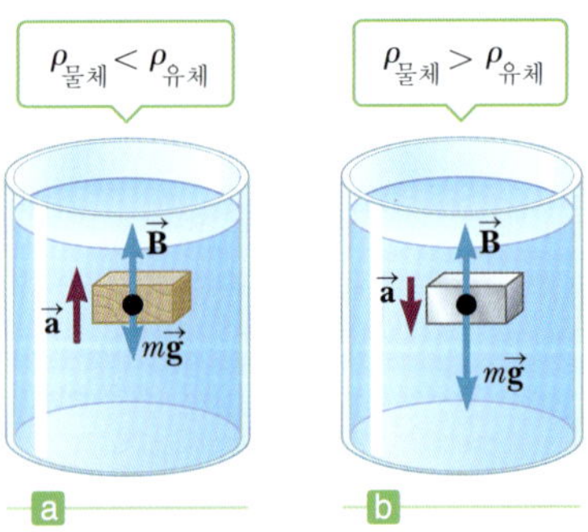

그림 9.10 (a) 유체보다 밀도가 작은 물체가 유체 속에 완전히 잠기면 위로 향하는 알짜힘을 받는다. (b) 유체보다 밀도가 큰 물체가 완전히 잠기면 가라앉는다.

경우 1: 완전히 잠긴 물체 물체가 밀도 $\rho_{유체}$의 유체에 완전히 잠기면 위로 향하는 힘은 $B = \rho_{유체} V_{물체} g$의 크기를 갖는다. 여기서 $V_{물체}$는 물체의 부피이다. 물체의 밀도가 $\rho_{물체}$라면, 아래로 향하는 중력은 $w = mg = \rho_{물체} V_{물체} g$이고, 알짜힘은 $B - w = (\rho_{유체} - \rho_{물체})V_{물체} g$이다. 따라서 물체의 밀도가 유체의 밀도보다 작으면(그림 9.10a), 알짜힘은 양의 값을 갖고, 물체는 위로 가속되어 떠오른다. 만약 물체의 밀도가 유체의 밀도보다 크다면(그림 9.10b), 알짜힘은 음의 값을 갖고 물체는 아래로 가속되어 가라앉는다.

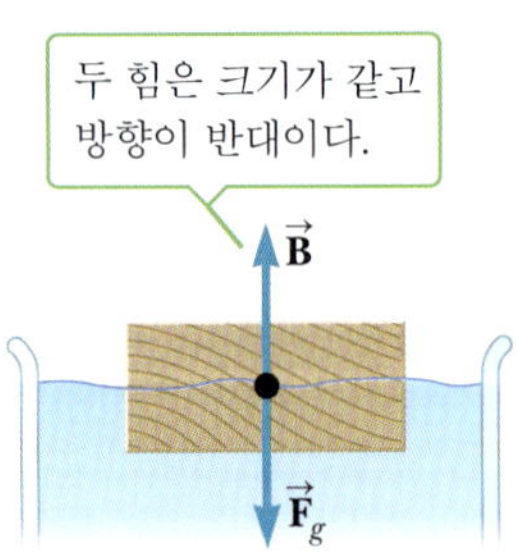

그림 9.11 유체의 표면에 떠 있는 물체에는 중력 $\vec{\mathbf{F}}_g$ 와 부력 $\vec{\mathbf{B}}$가 작용한다.

경우 2: 떠 있는 물체 그림 9.11과 같이 유체에 정적 평형을 이루며 떠 있는 물체를 생각해 보자. 이 경우 위로 향하는 부력은 물체에 작용하는 아래로 향하는 중력과 균형을 이룬다. $V_{유체}$가 물체에 의해 밀려난 유체의 부피(이는 유체의 표면 아래에 잠긴 물

체의 부피에 해당)라면 부력의 크기는 $B = \rho_{유체} V_{유체}\, g$이다. 물체의 무게는 $w = mg = \rho_{물체} V_{물체}\, g$이고, $w = B$이므로 $\rho_{유체} V_{유체}\, g = \rho_{물체} V_{물체}\, g$ 또는

$$\frac{\rho_{물체}}{\rho_{유체}} = \frac{V_{유체}}{V_{물체}} \qquad [9.13]$$

가 된다.

식 9.13에서 공기에 의한 부력은 무시했는데, 이는 공기의 밀도가 해수면에서는 $1.29\ \mathrm{kg/m^3}$으로 작기 때문이다.

예제 9.4

문제 할인 물품을 좋아하는 아가씨가 벼룩시장에서 '황금' 왕관을 구입했다. 집에 돌아온 후 저울에 달아보니 7.84 N이 나왔다(그림 9.12a). 그 다음에 물에 넣고 저울에 달아보니 6.86 N이 나왔다(그림 9.12b). 이 왕관은 순금으로 만들었을까?

풀이 뉴턴의 제2법칙을 공기 중에서의 무게에 적용한다. 두 개의 힘이 왕관에 작용하는데, 중력 $m\vec{\mathbf{g}}$와 저울이 왕관에 미치는 힘 $\vec{\mathbf{T}}_{공기}$이다. 그 크기는 저울이 지시하는 값이다.

$$T_{공기} - mg = 0 \qquad (1)$$

물에 잠겨 있는 왕관에 작용하는 힘은 저울이 미치는 힘 $\vec{\mathbf{T}}_{물}$, 위로 향하는 부력 $\vec{\mathbf{B}}$, 중력이 있다.

$$T_{물} - mg + B = 0 \qquad (2)$$

식 (1)을 mg에 대하여 풀고, 식 (2)에 대입한 후 부력에 대해 푼다. 이는 저울의 지시값의 차이와 같다.

$$T_{물} - T_{공기} + B = 0$$
$$B = T_{공기} \quad T_{물} = 7.84\ \mathrm{N} - 6.86\ \mathrm{N} = 0.980\ \mathrm{N}$$

부력의 크기는 밀려난 물의 무게와 같다는 사실을 이용하여 밀려난 물의 부피를 구한다.

$$B = \rho_{물}\, g V_{물} = 0.980\ \mathrm{N}$$

$$V_{물} = \frac{0.980\ \mathrm{N}}{g\rho_{물}} = \frac{0.980\ \mathrm{N}}{(9.80\ \mathrm{m/s^2})(1.00 \times 10^3\ \mathrm{kg/m^3})}$$
$$= 1.00 \times 10^{-4}\ \mathrm{m^3}$$

왕관이 완전히 물에 잠겼으므로 $V_{왕관} = V_{물}$이다. 식 (1)로부터 왕관의 질량은 왕관의 공기 중에서의 무게 $T_{공기}$를 g로 나눈 값이다.

$$m = \frac{T_{공기}}{g} = \frac{7.84\ \mathrm{N}}{9.80\ \mathrm{m/s^2}} = 0.800\ \mathrm{kg}$$

왕관의 밀도를 구한다.

$$\rho_{왕관} = \frac{m}{V_{왕관}} = \frac{0.800\ \mathrm{kg}}{1.00 \times 10^{-4}\ \mathrm{m^3}} = 8.00 \times 10^3\ \mathrm{kg/m^3}$$

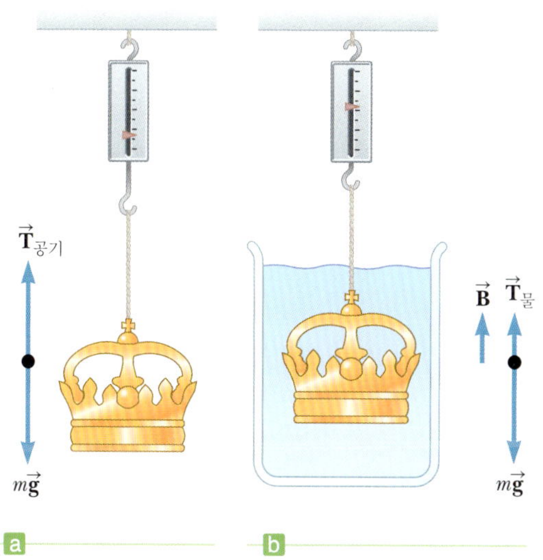

그림 9.12 (예제 9.4) (a) 왕관을 공기 중에서 달았을 때 저울의 눈금은 왕관의 실제 무게 $T_{공기} = mg$이다. (b) 왕관을 물속에 담그면 부력 $\vec{\mathbf{B}}$ 때문에 저울의 눈금은 부력의 크기만큼 줄어들어 $T_{물} = mg - B$가 된다.

9.6 유체의 운동

유체가 움직일 때 그 흐름은 두 가지 유형 중의 하나로 특징지을 수 있다. 한 특정한 점을 지나는 모든 입자가 이전에 이 점을 지나간 입자들의 궤적을 따라 연속적으로 움직일 때, 이러한 흐름을 **유선형 흐름**(streamline) 또는 **층흐름**(laminar)이라고 한다. 정상 흐름 상태에서 서로 다른 유선은 서로 교차하지 않으며, 어떤 점에서나 유선은 그 점에서의 유체 속도 방향과 일치한다.

반면에 어느 속도 이상이거나 속도의 급격한 변화를 일으키는 조건에서는 유체의 흐름이 매우 불규칙해지는데, 이를 **난류**(turbulent)라 한다. 유체의 이러한 불규칙한 운동을 **맴돌이 흐름**(eddy currents)이라고 하며, 난류의 특징 중 하나이다.

유체에 대해 논의할 때, **점성**(viscosity)이라는 용어는 유체의 내부 마찰 정도를 나타내는 데 사용된다. 이러한 내부 저항은 서로 상대적 속도를 갖는 인접한 유체의 두 층 사이의 저항과 연계되어 있다.

유체 운동의 많은 특성은 **이상 유체**(ideal fluid)의 거동으로 간주하면 이해할 수 있다. 이상 유체는 다음과 같은 조건들을 만족한다.

1. **유체의 점성이 없다.** 인접한 두 층 사이에 내부 마찰이 일어나지 않는다.
2. **비압축적이다.** 밀도가 일정하다.
3. **유체 운동이 일정하다.** 유체의 각 지점에서 유체의 속도와 밀도 압력이 시간에 따라 변하지 않는다.
4. **난류없이 움직인다.** 흐르는 유체에서 소용돌이 흐름이 생길 수 없다는 것을 의미한다.

연속 방정식

그림 9.13a는 불균일한 관을 통과하여 흐르는 유체를 보여준다. 유체 내의 입자들은 정상 흐름 상태에서 유선을 따라 움직인다. 작은 시간 간격 Δt 후 관의 아래쪽 끝에 들어간 유체는 $\Delta x_1 = v_1 \Delta t$ 만큼 움직인다. 여기서 v_1은 그 지점에서의 유체의 속력이다. 만약 A_1이 그 지점에서의 관의 단면의 넓이라면 아래쪽 파란 지역에 포함된 질량은 $\Delta M_1 = \rho_1 A_1 \Delta x_1 = \rho_1 A_1 v_1 \Delta t$이다. 여기서 ρ_1은 A_1에서의 유체의 밀도이다. 마찬가지로 같은 시간 간격 Δt 동안에 관의 위쪽 끝에서 흘러나온 유체의 질량은 $\Delta M_2 = \rho_2 A_2 v_2 \Delta t$이다. 그러나 **흐름이 일정하고 질량이 보존되어야 하므로** 시간 간격 Δt 동안 A_1을 통과하여 들어간 물의 질량과 같은 시간 동안 A_2를 통과하여 나간 질량은 같아야 한다. 따라서 $\Delta M_1 = \Delta M_2$ 또는

$$\rho_1 A_1 v_1 = \rho_2 A_2 v_2 \qquad [9.14]$$

이다. 비압축성 유체의 경우 $\rho_1 = \rho_2$를 사용하면 식 9.14는 다음과 같이 변한다.

$$A_1 v_1 = A_2 v_2 \qquad [9.15]$$

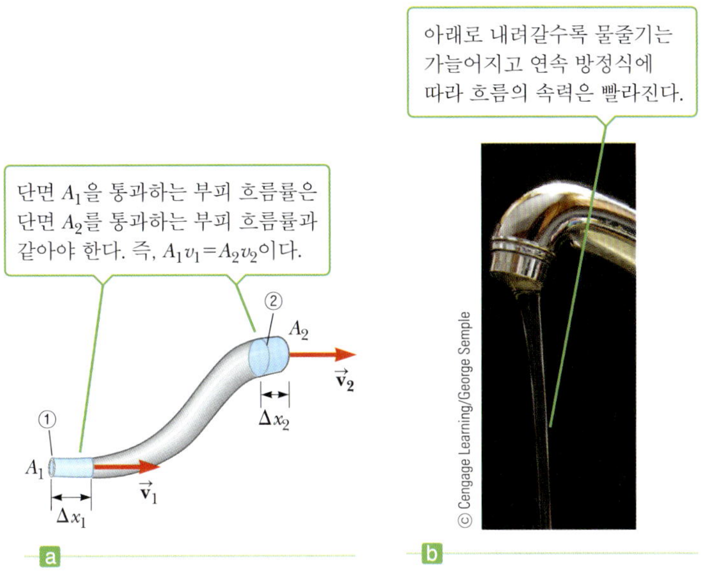

그림 9.13 (a) 단면의 넓이가 변하는 관을 통과하는 유체. 시간 간격 Δt 동안 단면 A_1을 통과하는 유체의 부피는 같은 시간 동안 A_2를 통과하는 부피와 같다. $A_1v_1 = A_2v_2$ (b) 수도꼭지를 흐르는 물

이 식을 **연속 방정식**(equation of continuity)이라고 한다. 이 결과로부터 **관의 단면 넓이와 그 단면에서의 유체의 속력의 곱은 일정하다**는 사실을 알 수 있다. 그림 9.13b는 연속 방정식 적용의 한 예이다. 물줄기가 수도꼭지로부터 연속적으로 흐를 때 물줄기의 너비는 좁아지고 속도는 증가한다.

예제 9.5

문제 지름이 2.50 cm인 호스로 30.0 L 물통을 채우는 데 1.00분이 걸린다. 정원사가 단면의 넓이가 0.500 cm^{2}인 노즐을 끼워 지상 1.00 m 지점에서 수평 방향으로 물을 뿌릴 때, 물줄기는 얼마나 멀리 가는가? 단, 1 L = 1000 cm^{3}이다.

풀이 부피 흐름률을 m^3/s 단위로 구한다.

부피 흐름률

$$= \frac{30.0\ \text{L}}{1.00\ \text{min}}\left(\frac{1.00\times10^3\ \text{cm}^3}{1.00\ \text{L}}\right)\left(\frac{1.00\ \text{m}}{100.0\ \text{cm}}\right)^3\left(\frac{1.00\ \text{min}}{60.0\ \text{s}}\right)$$

$$= 5.00\times10^{-4}\ \text{m}^3/\text{s}$$

노즐에서 분사되는 물의 처음 속도의 x성분 v_{0x}를 구하기 위해 연속 방정식을 푼다.

$$A_1v_1 = A_2v_2 = A_2v_{0x}$$

$$v_{0x} = \frac{A_1v_1}{A_2} = \frac{5.00\times10^{-4}\ \text{m}^3/\text{s}}{0.500\times10^{-4}\ \text{m}^2} = 10.0\ \text{m/s}$$

물줄기가 1.00 m 떨어지는 시간을 계산한다. 물줄기가 수평이므로 v_{0y}는 영이다.

$$\Delta y = v_{0y}t - \frac{1}{2}gt^2$$

$v_{0y} = 0$으로 놓고 t에 대해 푼다. $\Delta y = -1.00$ m에 주목하라.

$$t = \sqrt{\frac{-2\Delta y}{g}} = \sqrt{\frac{-2(-1.00\ \text{m})}{9.80\ \text{m/s}^2}} = 0.452\ \text{s}$$

수평으로 날아간 거리를 구한다.

$$x = v_{0x}t = (10.0\ \text{m/s})(0.452\ \text{s}) = \boxed{4.52\ \text{m}}$$

베르누이의 방정식

유체가 단면의 넓이와 높이가 변하는 관을 통과하며 흐를 때, 압력은 관의 위치에 따라 변하게 된다. **베르누이의 방정식은 에너지 보존이 이상 유체에 적용될 때 얻어지**

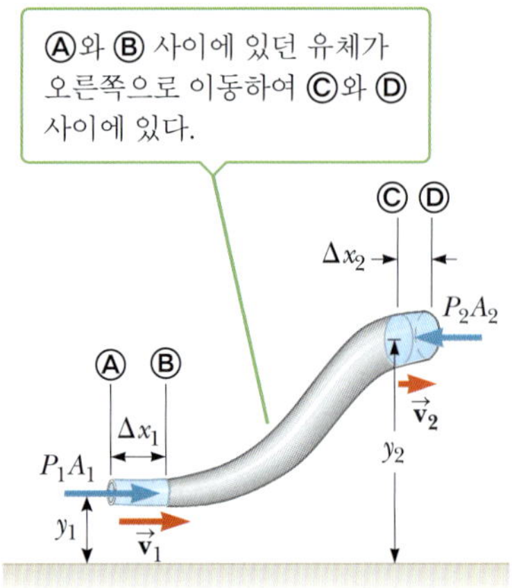

그림 9.14 일-에너지 정리에 따라 서로 마주 보는 압력 P_1과 P_2가 하는 일은 Ⓐ와 Ⓑ 사이에 있던 유체가 Ⓒ와 Ⓓ 사이로 가는 동안의 역학적 에너지의 변화와 같다.

다니엘 베르누이 Daniel Bernoulli, 1700~1782, 스위스의 물리학자 겸 수학자

베르누이는 가장 유명한 저서 《유체역학》에서 유체의 속도가 빠를수록 압력이 감소한다는 것을 보였다. 이 책에서 그는 압력과 온도 변화에 따른 기체의 거동을 설명하려 하였는데, 이것이 기체 운동론의 시초이다.

는 결과이다.

베르누이의 방정식을 유도함에 있어, 유체가 비압축성이며 비점성적이고 난류를 일으키지 않는다는 가정을 도입해야 한다. 시간 간격 Δt 동안 불균일한 관을 흐르는 유체를 생각해 보자(그림 9.14). 유체의 아래쪽에 가해지는 힘은 아래쪽 끝에서의 압력이 P_1이라고 할 때 P_1A_1이 된다. 뒤쪽에서 들어오는 유체가 아래쪽 관 끝에 있는 유체에 가한 일의 양은

$$W_1 = F_1\Delta x_1 = P_1 A_1 \Delta x_1 = P_1 V$$

이다. 여기서 V는 그림 9.14에서 아래쪽 파란 부분의 부피이다. 같은 방법으로 관의 위쪽 부분에 Δt 동안 유체에 한 일의 양은

$$W_2 = -P_2 A_2 \Delta x_2 = -P_2 V$$

Δt 동안 A_1을 통과한 유체의 부피는 같은 시간 동안 A_2를 통과한 부피와 같다. Δt 동안 이들 힘이 한 알짜일은 유체가 한 일의 전체 합과 같다.

$$W_{유체} = P_1V - P_2V$$

m을 Δt 동안 관을 통과하는 유체의 질량이라고 하면, 유체의 운동 에너지 변화는

$$\Delta KE = \frac{1}{2}mv_2^2 - \frac{1}{2}mv_1^2$$

이고, 중력 위치 에너지의 변화는

$$\Delta PE = mgy_2 - mgy_1$$

이다.

그림 9.14에서 유체 요소에 유체가 한 알짜일은 비고립계의 운동 에너지와 위치 에너지를 변화시키기 때문에, 다음을 얻게 된다.

$$W_{유체} = \Delta KE + \Delta PE$$

이 방정식의 세 항은 위에서 계산한 값이다. 각 항에 위의 표현을 대입하면,

$$P_1V - P_2V = \frac{1}{2}mv_2^2 - \frac{1}{2}mv_1^2 + mgy_2 - mgy_1$$

이 된다. 각 항을 V로 나누고, $\rho = m/V$임을 이용하면,

$$P_1 - P_2 = \frac{1}{2}\rho v_2^2 - \frac{1}{2}\rho v_1^2 + \rho g y_2 - \rho g y_1$$

이 되고, 이를 정리하면 다음과 같다.

$$P_1 + \frac{1}{2}\rho v_1^2 + \rho g y_1 = P_2 + \frac{1}{2}\rho v_2^2 + \rho g y_2 \qquad [9.16]$$

이것이 **베르누이의 방정식**(Bernoulli's equation)인데, 흔히 다음과 같이 표현된다.

$$P + \frac{1}{2}\rho v^2 + \rho g y = 일정 \qquad [9.17]$$

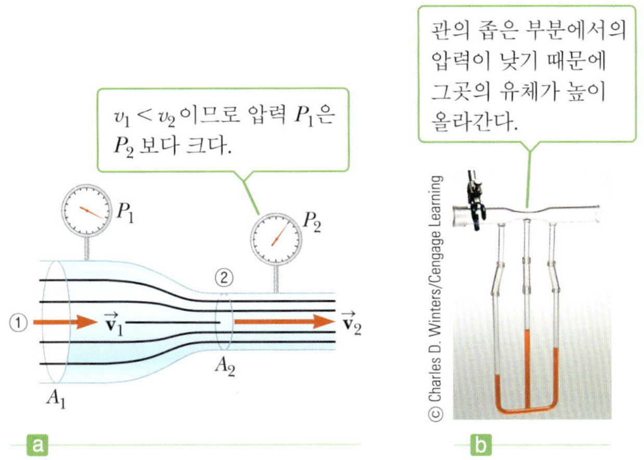

그림 9.15 (a) 유체 흐름 속력을 측정하는 데 사용되는 기구, (b) 벤투리관(사진 맨 위). 가운데 실린더의 유체 수위가 더 높은 것은 이 실린더 위의 좁아진 부분의 압력이 다른 곳보다 낮음을 말한다.

베르누이의 방정식은 유선 상의 모든 점에서 압력 P, 단위 부피당 운동 에너지 $\frac{1}{2}\rho v^2$, 단위 부피당 위치 에너지 ρgh의 합이 같음을 말해 준다.

베르누이의 방정식의 중요한 결과는 그림 9.15를 보면 알 수 있다. 그림은 단면의 넓이가 큰 부분으로부터 관의 좁은 부분으로 흐르는 물을 보여준다. 이 기구는 **벤투리관**(Venturi tube)이라고 불리며, 유체의 속력을 측정한다. 지점 ①의 압력과 지점 ②의 압력을 비교해 보자. $y_1 = y_2$를 식 9.16에 적용하면,

$$P_1 + \frac{1}{2}\rho v_1^2 = P_2 + \frac{1}{2}\rho v_2^2 \qquad [9.18]$$

이 된다. 물은 관 안에 저장되지 않기 때문에 좁은 부분의 속력 v_2는 더 큰 지름에서의 속력 v_1보다 더 크다. 식 9.18로부터 $v_2 > v_1$이기 때문에 P_2는 P_1보다 작아야 한다. 이 결과는 다른 표현으로 **빨리 움직이는 유체는 느리게 움직이는 유체에 비해 더 작은 압력을 가한다**는 말이다.

예제 9.6

문제 근시인 보안관이 소 도둑을 향해 6연발 권총을 발사하였는데, 총알이 빗나가 물 탱크에 구멍을 내고 말았다(그림 9.16). **(a)** 물 탱크는 위쪽이 대기에 노출되어 있고, 수면이 구멍으로부터 0.500 m 위에 있을 때, 구멍에서 나오는 물의 속력을 구하라. **(b)** 이 구멍이 땅 위 3.00 m에 있다면 물줄기는 지면의 어느 지점에 떨어지는가?

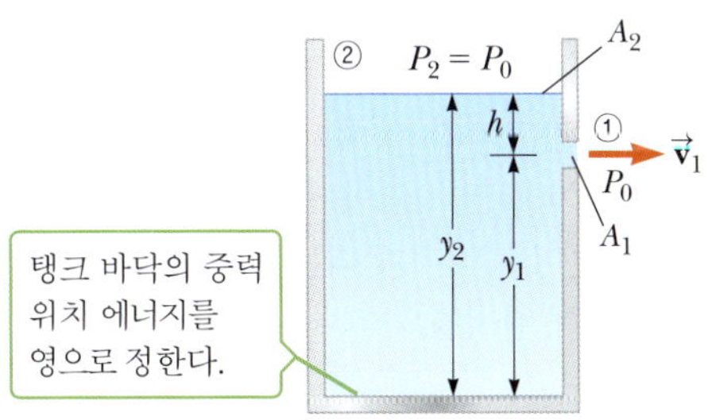

그림 9.16 (예제 9.6) 옆면의 뚫린 구멍에서 나오는 물의 속력 $v_1 = \sqrt{2gh}$

풀이 **(a)** 구멍을 떠나는 물의 속력을 구한다.

$P_1 = P_2 = P_0$과 $v_2 \approx 0$을 베르누이의 방정식에 대입하고 v_1에 대해 푼다.

$$P_0 + \frac{1}{2}\rho v_1^2 + \rho g y_1 = P_0 + \rho g y_2$$

$$v_1 = \sqrt{2g(y_2 - y_1)} = \sqrt{2gh}$$

$$v_1 = \sqrt{2(9.80\ \mathrm{m/s^2})(0.500\ \mathrm{m})} = \boxed{3.13\ \mathrm{m/s}}$$

(b) 물줄기가 떨어지는 지면의 위치를 구한다.
물줄기가 처음에 수평으로 나아가므로 $v_{0y} = 0$을 사용하여 물줄기가 날아간 시간을 구한다.

$$\Delta y = -\frac{1}{2}gt^2 + v_{0y}t$$

$$-3.00\text{ m} = -(4.90\text{ m/s}^2)\,t^2$$

$$t = 0.782\text{ s}$$

이 시간 동안 물줄기가 날아간 수평 거리를 구한다.

$$x = v_{0x}t = (3.13\text{ m/s})(0.782\text{ s}) = \boxed{2.45\text{ m}}$$

예제 9.7

문제 단면의 넓이가 1.00 m^{2}인 큰 파이프가 5.00 m 아래로 내려와 지점 ①에서 단면의 넓이가 0.500 m^{2}로 좁아지고 밸브로 닫혀 있다(그림 9.17). 지점 ②에서의 압력은 대기압이고, 밸브를 열어 물이 자유롭게 흐른다면 파이프에서 나오는 물의 속력은 얼마인가?

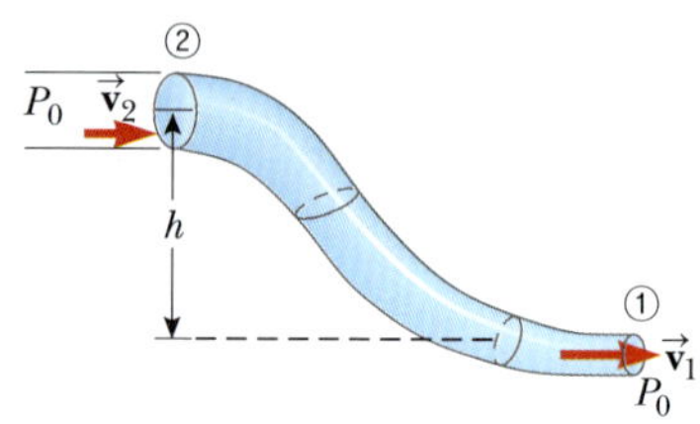

그림 9.17 (예제 9.7)

풀이 베르누이의 방정식을 쓴다.

$$P_1 + \frac{1}{2}\rho v_1^2 + \rho g y_1 = P_2 + \frac{1}{2}\rho {v_2}^2 + \rho g y_2 \qquad (1)$$

연속 방정식을 v_2에 대하여 푼다.

$$A_2 v_2 = A_1 v_1$$

$$v_2 = \frac{A_1}{A_2}v_1 \qquad (2)$$

식 (1)에서 $P_1 = P_2 = P_0$로 놓고 v_2를 대입한 후 v_1에 대하여 푼다.

$$P_0 + \frac{1}{2}\rho v_1^2 + \rho g y_1 = P_0 + \frac{1}{2}\rho\left(\frac{A_1}{A_2}v_1\right)^2 + \rho g y_2 \qquad (3)$$

$$v_1^2\left[1 - \left(\frac{A_1}{A_2}\right)^2\right] = 2g(y_2 - y_1) = 2gh$$

$$v_1 = \frac{\sqrt{2gh}}{\sqrt{1-(A_1/A_2)^2}}$$

주어진 값들을 대입한다.

$$v_1 = \boxed{11.4\text{m/s}}$$

연습문제

1. 질량이 각각, 75.0 kg, 68.0 kg, 62.0 kg, 55.0 kg인 4명의 곡예사들이 인간 탑 쌓기를 한다. 75 kg인 곡예사가 맨 밑에 있고 그의 어깨 위에 다른 사람이 올라가고 또 그 어깨위에 다른 사람이 올라가는 식이다. (a) 75 kg인 사람에게 작용하는 수직힘은 얼마인가? (b) 75.0 kg인 사람의 신발 하나의 넓이가 425 cm^{2}이라면, 곡예사 모두가 바닥에 작용하는 평균 압력(대기압 제외)은 얼마인가? (c) 맨 밑에 있는 곡예사가 바뀌면 압력도 바뀌는가?

2. 각각 질량 M, 반지름 R인 두 우주가 합쳐져서 하나가 된다고 가정하자. 중력에 의한 수축으로 합쳐진 우주의 반지름은 $\frac{3}{4}R$이다. 원래 우주의 평균 밀도가 ρ_0라 할 때, 합쳐진 우주의 평균 밀도는 얼마인가?

3. 한쪽 끝이 배의 난간에 단단히 고정된 두께가 2.00 cm이고 너비가 15.0 cm인 판자가 배 밖으로 수평으로 2.00 m 나가 있다. 질량이 80.0 kg인 사람이 판자의 끝자락에 서 있다. 만일 판자의 끝 부분이 그의 무게 때문에 5.00 cm 아래로 처진다면 판자의 층밀리기 탄성률은 얼마인가?

4. 200 kg의 짐이 단면의 넓이가 0.200×10^{-4} m^{2}이고 길이가 4.00 m인 줄에 매달려 있다. 줄의 영률은 8.00×10^{10} N/m

이다. 짐의 무게 때문에 늘어난 줄의 길이는 얼마인가?

5. 어느 등산가가 안전을 위해 길이 50 m, 지름 1.0 cm의 로프를 사용한다. 이 로프가 90 kg의 등산가를 지탱하면서 길이가 1.6 m 늘어났다. 로프의 영률은 얼마인가?

6. 어떤 용기에 20.0 cm 깊이의 물이 차 있다. 이 물 표면 위에 30.0 cm 두께의 기름이 떠 있다면 용기 바닥에 가해지는 절대 압력은 얼마인가? 기름의 비중은 0.700이다.

7. (a) 깊이가 27.5 m인 호수 바닥에서의 압력은 얼마인지 계산하라. 물의 밀도는 1.00×10^3 kg/m^{3}이고 표면 위의 대기압은 101.3 kPa이다. (b) 이 깊이에 있는 잠수함의 유리창에 물이 가하는 압력은 얼마인가? 유리창은 원형이며 지름이 35.0 cm이다.

8. 너비가 4.00 m이고 길이가 6.00 m인 작은 연락선이 있다. 짐을 실은 트럭을 배에 실었더니 배가 4.00 cm만큼 더 가라앉았다. 트럭의 무게는 얼마인가?

9. 지름이 3.80 cm이고 평균 밀도가 0.084 0 g/cm^{3}인 탁구공이 있다. 공이 물속에 완전히 잠기게 하기 위해 필요한 힘은 얼마인가?

10. 어떤 시료가 공기 중에서는 300 N의 무게를 갖고, 비중이 0.700인 알코올에 잠기면 200 N의 무게를 갖는다. 이 물질의 (a) 부피와 (b) 밀도를 구하라.

11. (a) 유속이 40 cm/s일 때, 단면의 넓이가 2.0 cm^{2}인 대동맥에 흐르는 혈액(밀도 $\rho = 1.0$ g/cm^3)의 질량 흐름률(g/s)은 얼마인가? (b) 대동맥이 수많은 모세혈관으로 갈라지고 이 모세관들의 단면의 넓이의 합이 3.0×10^3 cm^{2}이다. 모세관에서의 유속은 얼마인가?

12. 그림 P9.12와 같이 탱크 아래의 구멍에서 물줄기가 나온다. 구멍의 지름이 3.50 mm일 때, 탱크의 물 높이 h는 얼마인가?

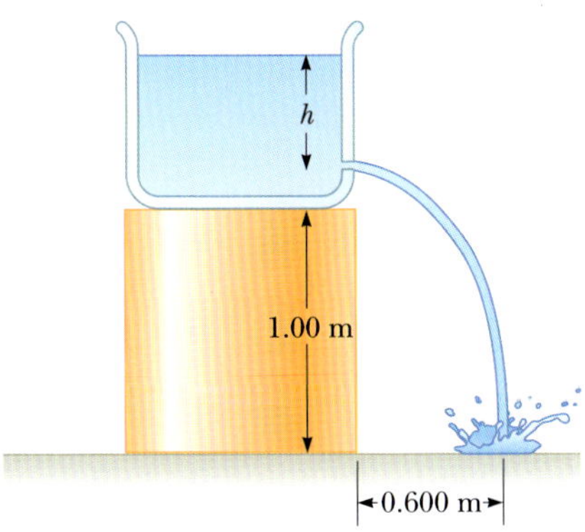

그림 P9.12

13. 그림 P9.13에 나와 있는 수평으로 놓인 관의 큰 부분의 안지름이 2.50 cm이다. 오른쪽으로 흐르는 물의 흐름률이 1.80×10^{-4} m^3/s일 때, 좁아진 부분에서의 안지름은 얼마인가?

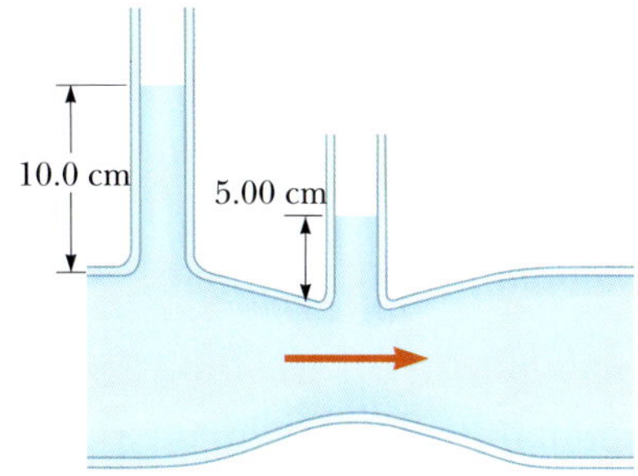

그림 P9.13

14. 인간의 대동맥의 지름은 2.0 cm이다. 어느 순간 혈액의 속력이 55 cm/s라면, 혈액의 흐름은 난류인가? 혈액의 밀도는 1 050 kg/m^{3}이고 점성 계수는 2.7×10^{-3} N · s/m^{2}이다.

15. 어떤 액체의 밀도가 1 080 kg/m^{3}이다. 지름 1.0 mm의 관을 따라 2.1 cm 올라갈 때, 액체의 표면장력은 얼마인가? 관 벽과 액체의 접촉각은 영이다.

16. 기름 방울이 공기 중에서 4.5×10^{-4} m/s의 속도로 자유 낙하할 때, 기름 방울에 작용하는 점성력은 3.0×10^{-13} N이다. 이 기름 방울의 반지름이 2.5×10^{-6} m이면, 공기의 점성도는 얼마인가?

17. 물로 채워진 10 cm 길이의 관을 따라 수크로오스가 확산해간다. 관의 단면의 넓이는 6.0 cm^{2}이다. 확산 계수는 5.0×10^{-10} m^2/s이며, 8.0×10^{-14} kg의 질량이 수송되는 데 15 s 걸렸다. 관 양쪽 끝의 수크로오스의 농도 차는 얼마인가?

열팽창을 고려하여 구조물 사이를 떼어 놓은 교량. 교량은 용도, 재질, 상부 구조 형식 등에 따라 여러 종류로 구분된다. 사진은 교각과 교각 사이를 연결해주는 철로 만든 거더(girder, 파란색)와 철근 시멘트로 제작된 상부 슬래브(흰색) 사이가 떨어져 있는 모습이다. 거더는 상부의 무게를 지탱하는 역할을 하며 교각과 교각 사이에 놓이는 대형 구조물이다. 열팽창을 고려하여 거더 사이를 떼어 놓고 그 연결 부위를 탄성이 좋은 고무 재질로 연결시켜 놓았다.

열물리학 10

THERMAL PHYSICS

10.1 온도와 열역학 제0법칙

물체를 만졌을 때 얼마나 뜨거거나 차가운지에 대한 느낌으로 온도의 개념을 생각할 수 있다. 인간의 감각은 온도를 대략적으로 나타낼 수는 있지만, 신뢰성이 적고 때로는 잘못된 판단일 수도 있다.

온도의 개념을 이해하기 위해서는 **열접촉**과 **열평형**을 이해해야 한다. 에너지를 서로 교환할 수 있을 때, 두 물체는 서로 **열접촉**(thermal contact)되었다고 말한다. 열접촉 상태에서 서로 알짜 에너지의 교환이 없을 때, 두 물체는 서로 **열평형**(thermal equilibrium) 상태에 있다고 말한다.

온도 차이로 인하여 두 물체 사이에 교환되는 에너지를 **열**(heat)이라고 한다.

이러한 개념을 사용하여 온도를 공식적으로 정의할 수 있다. 서로 열접촉 상태에 있지 않은 두 물체 A와 B, 그리고 **온도계**(thermometer)로 작용하는 물체 C를 생각해 보자. A와 B가 열접촉했을 때, 두 물체가 서로 열평형 상태에 있는지 여부를 결정하고자 한다. 온도계(물체 C)는 먼저 A와 열접촉하여 열평형에 이른 다음 온도계의 눈금을 기록한다(그림 10.1a). 이제 온도계를 B와 접촉하여 열평형 상태의 눈금을 기록한다(그림 10.1b). 만약 두 눈금이 서로 같다면 A와 B는 서로 열평형 상태이다. A와 B가 그림 10.1c처럼 서로 열접촉할 경우 그들 사이에는 어떠한 에너지 흐름도 발생하지 않는다.

이 결과는 **평형의 법칙**(law of equilibrium)으로 알려져 있는 **열역학 제0법칙**

그림 10.1 열역학 제 0법칙

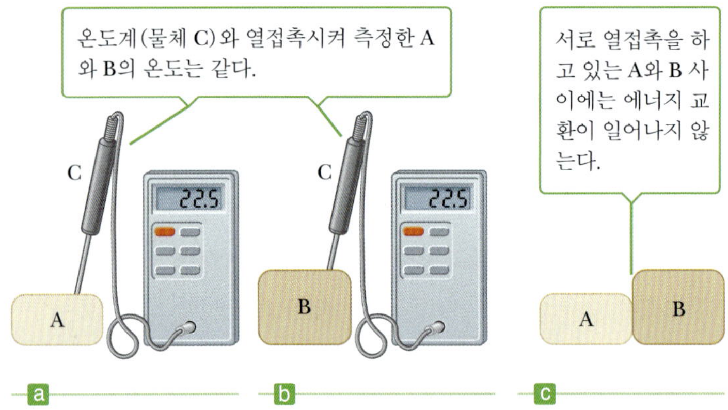

(zeroth law of thermodynamics)으로서, 다음과 같이 요약할 수 있다.

> 물체 A와 B가 각각 세 번째 물체와 열평형 상태이면, A와 B는 서로 열평형 상태이다.

10.2 온도계와 온도 눈금

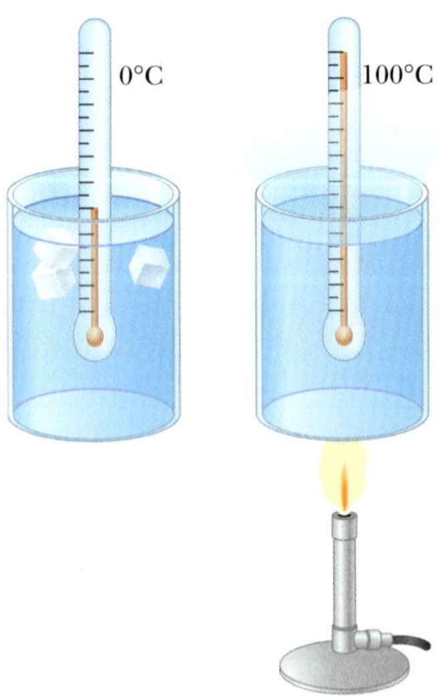

그림 10.2 수은 온도계의 개략도. 온도가 0 °C(얼음점)에서 100 °C(증기점)로 올라갈 때, 열팽창에 의해 수은의 높이가 올라간다.

온도계는 물체나 계의 온도를 측정하기 위한 도구이다. 모든 온도계는 온도에 따른 물리적 특성의 변화를 이용하여 온도를 측정한다. 이용되는 물리적 특성으로는 (1) 액체의 부피, (2) 고체의 길이, (3) 일정한 부피에서의 기체 압력, (4) 일정한 압력에서의 기체 부피, (5) 전도체의 전기 저항, (6) 매우 뜨거운 물체의 색깔 등의 변화를 들 수 있다.

일상생활에서 널리 사용되는 온도계는 수은이나 알코올 같은 액체를 사용하는데, 이 액체는 온도가 올라갈 때 유리 모세관 속에서 팽창한다(그림 10.2). 이 경우에 변화하는 물리량은 부피이다.

온도계가 놓여진 환경에서 온도계 액체 기둥의 양 끝을 표시한 다음, 여러 온도와 관련된 눈금을 정의해야 한다. 예를 들어, **섭씨 온도 눈금**(Celcius temperature scale)이 있다. 섭씨 온도 눈금에서는 얼음–물 혼합물의 온도를 섭씨 0도라 하며 0 °C라고 쓰는데, 이 온도를 **물의 얼음점**(ice point of water) 또는 **어는점**(freezing point)이라 한다. 마찬가지로 물–수증기 혼합물의 온도를 100 °C로 정의하며, **물의 증기점**(steam point of water) 또는 **끓는점**(boiling point)이라 한다. 온도계에서 액체 기둥의 끝을 이들 두 점으로 표시하고, 그 사이를 100개의 동일한 간격으로 나누면 각각의 간격이 섭씨 1도의 온도 변화에 해당한다.

0 °C에서 각기 다른 압력값에서 시작하여 플라스크 안의 기체 온도를 측정해 볼 수 있다. 그림 10.3에서 보는 바와 같이 압력이 낮을 경우 각각의 시작 압력에 대하여 직선의 보정선을 얻을 수 있다.

만일 그림 10.3의 선을 마이너스 온도 방향으로 연장하면, 놀라운 결과를 발견하게 된다. 모든 경우에, 기체의 종류나 압력의 시작점에 관계없이 **온도가 −273.15 °C가 될 때 압력이 영으로 접근**함을 알 수 있다. 이러한 사실은 이 특별한 온도가, 사용되는 물질에 무관하기 때문에 매우 보편적인 값을 암시한다. 게다가, 가장 낮은 압력은 진공인 $P = 0$이기 때문에 −273.15 °C는 물리학적 과정의 하한을 나타낸다. 이 온도를 **절대 영도**(absolute zero)로 정의한다.

절대 영도는 **켈빈 온도 눈금**(Kelvin temperature scale)의 기준으로 사용하며, −273.15 °C를 영점(0 K)으로 한다. 켈빈 눈금에서의 온도 간격은 섭씨 눈금에서와 같다. 두 온도 눈금의 관계는

$$T_C = T - 273.15 \qquad [10.1]$$

로 주어진다. 여기서 T_C는 섭씨 온도, T는 켈빈 온도(또는 **절대 온도**)이다.

그림 10.4는 여러 물리적 과정과 물질의 구조에 대한 켈빈 온도를 나타낸다. 절대 영도는 매우 근접한 온도로 얻을 수 있을 뿐, 실제로 도달할 수는 없다.

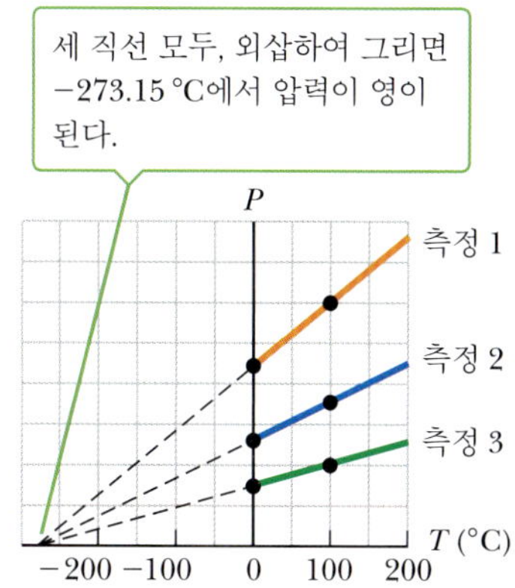

그림 10.3 등적 기체 온도계에서 각기 다른 압력하에서 실험한 압력 대 온도 그래프

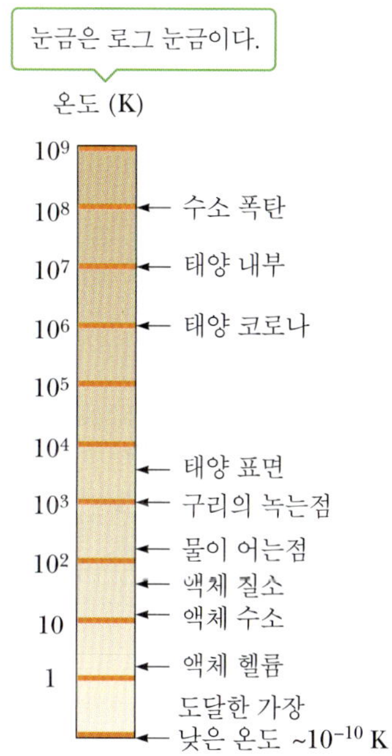

그림 10.4 여러 가지 물리적 과정이 일어나는 절대 온도

섭씨, 켈빈, 화씨 온도 눈금

미국에서 가장 널리 사용되는 온도 눈금은 화씨 눈금이다. 이 눈금은 얼음점의 온도를 32 °F, 증기점의 온도를 212 °F로 정한다. 섭씨 온도와 화씨 온도 사이의 관계는

$$T_F = \frac{9}{5}T_C + 32 \qquad [10.2a]$$

로 주어진다. 예를 들어, 50.0 °F는 섭씨 온도 10.0 °C와 절대 온도 283 K에 해당한다.

식 10.2a는 화씨에서 섭씨로 변환하는 식으로 바꿀 수 있다.

$$T_C = \frac{5}{9}(T_F - 32) \qquad [10.2b]$$

또한 식 10.2는 섭씨와 화씨 눈금 사이의 온도 변화 관계를 찾는 데에도 사용할 수도 있다. 섭씨 온도가 ΔT_C만큼 변할 때 화씨 온도가 ΔT_F만큼 변한다면, 그 관계식은

$$\Delta T_F = \frac{9}{5}\Delta T_C \qquad [10.3]$$

로 주어진다. 그림 10.5에 지금까지 논의한 세 눈금을 비교하여 나타내었다.

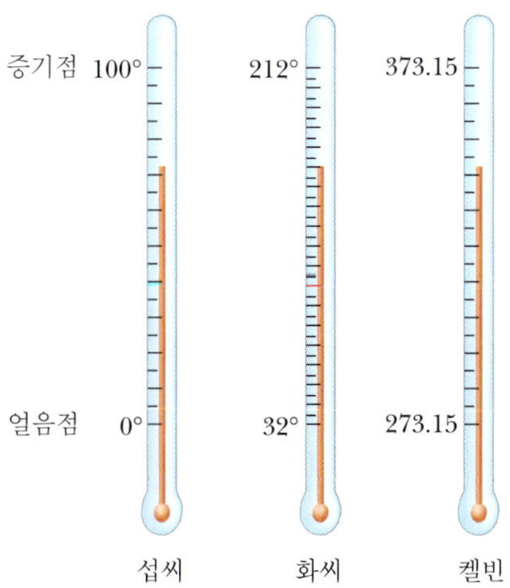

그림 10.5 섭씨, 화씨, 켈빈 온도 눈금의 비교

10.3 고체와 액체의 열팽창

물질은 온도가 상승할 때 부피가 증가한다. 이 현상을 **열팽창**(thermal expansion)이라 하며, 많은 응용 분야에서 중요한 역할을 한다.

일반적으로 물체의 열팽창은 구성 원자 또는 분자 사이의 평균 간격이 변화하면서 일어난다. 고체 물질의 원자가 어떻게 행동하는지 생각해 보자. 원자들은 고정된 평형점에 위치하고 있다. 만약 원자들이 평형 위치에서 벗어나면, 복원력에 의하여 다시 제자리로 돌아온다. 우리는 원자들이 이웃 원자와 용수철로 연결되어 있다고 상상할 수 있다(그림 9.1 참고). 만일 어떤 원자가 평형 위치에서 멀어지면 늘어난 용수철에서처럼 복원력을 생성한다.

보통 온도에서 원자들은 평형 위치에서 약 10^{-11} m 정도의 진폭(진동 중심에서 부터의 최대 거리)을 갖는 진동을 한다. 이때 원자 사이의 평균 거리는 10^{-10} m 정도이다. 고체의 온도가 증가함에 따라, 원자들은 더 큰 진폭으로 진동하게 되고, 원자들 사이의 거리도 멀어지게 된다. 따라서 고체는 전체적으로 팽창한다.

열팽창 정도가 물체의 원래 크기에 비하여 대단히 작다면, 크기 변화는 근사적으로 온도 변화에 비례한다. 물체가 온도 T_0에서 어떤 방향으로 L_0의 길이를 가지고 있었다고 하자. 온도가 ΔT만큼 변할 때 길이는 ΔL만큼 변한다. 따라서 온도가 약간 변할 때,

$$\Delta L = \alpha L_0 \Delta T \qquad [10.4]$$

또는

$$L - L_0 = \alpha L_0 (T - T_0)$$

가 되는데, L은 나중 길이, T는 나중 온도이며, 비례 상수 α는 주어진 물질에 대한 **선팽창 계수**(coefficient of linear expansion)이고 단위는 $(°\text{C})^{-1}$이다.

표 10.1은 여러 물질에 대한 선팽창 계수이다. 이들 물질의 α가 양이므로 온도가 증가할 때 길이가 늘어남에 유의하라.

표 10.1 상온에서 여러 가지 물질의 평균 팽창 계수

물질	평균 선팽창 계수 $[(°\text{C})^{-1}]$	물질	평균 부피팽창 계수 $[(°\text{C})^{-1}]$
알루미늄	24×10^{-6}	아세톤	1.5×10^{-4}
황동과 청동	19×10^{-6}	벤젠	1.24×10^{-4}
콘크리트	12×10^{-6}	에틸알코올	1.12×10^{-4}
구리	17×10^{-6}	휘발유	9.6×10^{-4}
유리(보통)	9×10^{-6}	글리세린	4.85×10^{-4}
유리(파이렉스)	3.2×10^{-6}	수은	1.82×10^{-4}
불변강(니켈-철 합금)	0.9×10^{-6}	송진	9.0×10^{-4}
납	29×10^{-6}	공기[a] (0 °C)	3.67×10^{-3}
강철	11×10^{-6}	헬륨	3.665×10^{-3}

[a] 기체는 열적 과정에 따라 팽창의 양이 달라지기 때문에 부피 팽창 계수의 값이 정해져 있지 않다. 여기에 주어진 기체에 대한 값은 정압 팽창을 가정한 값이다.

예제 10.1

문제 **(a)** 강철로 만들어진 철로의 길이가 0 °C에서 30.000 m이다. 기온이 40.0 °C인 어느 더운 날에는 길이가 얼마나 되는가? **(b)** 레일이 못으로 고정되어 있다고 가정하면 온도 변화에 따른 변형력은 얼마인가?

풀이 **(a)** 40.0 °C에서의 철로의 길이를 구한다.
주어진 값을 식 10.4에 대입하여 변화된 길이를 구한다.

$$\Delta L = \alpha L_0 \Delta T = [11 \times 10^{-6} (°\mathrm{C})^{-1}](30.000\ \mathrm{m})(40.0\ °\mathrm{C}) = 0.013\ \mathrm{m}$$

원래 길이에 변화량을 더해 나중 길이를 구한다.

$$L = L_0 + \Delta L = 30.013\ \mathrm{m}$$

(b) 철로가 팽창할 수 없을 때의 변형력을 구한다.
식 9.5에 대입하여 변형력을 구한다.

$$\frac{F}{A} = Y\frac{\Delta L}{L} = (2.00 \times 10^{11}\ \mathrm{Pa})\left(\frac{0.013\ \mathrm{m}}{30.0\ \mathrm{m}}\right) = 8.7 \times 10^{7}\ \mathrm{Pa}$$

물의 이상한 성질

액체는 일반적으로 온도가 증가할 때 부피가 증가하고, 고체보다 약 10배나 큰 부피 팽창 계수를 갖는다. 하지만 그림 10.6의 밀도–온도 곡선에서 알 수 있듯이 물은 이 경우에서 예외이다. 온도가 0 °C에서 4 °C로 상승할 때 물은 수축하고, 밀도가 증가한다. 4 °C 이상에서는 온도가 상승함에 따라 보통의 경우처럼 팽창한다. 결국 물의 밀도는 4 °C에서 최댓값인 1 000 kg/m^3가 된다.

이와 같은 물의 이상한 열팽창 성질에 근거하여 연못이 표면부터 아래로 천천히 어는 이유를 설명할 수 있다. 대기 온도가 7 °C에서 6 °C로 떨어질 때 연못 표면의 물은 차가워지고 부피가 감소한다. 이것은 표면의 물이 아래쪽 물보다 더 큰 밀도를 가지게 되는 것을 의미한다. 따라서 표면의 물은 가라앉게 되고 좀 더 따뜻한 물이 아래로부터 표면으로 떠올라 차가워진다. 그러나 4 °C에서 0 °C 사이의 대기 온도에서는 표면의 물이 팽창하여 아래쪽 물보다 낮은 밀도를 갖게 된다. 따라서 표면의 물이 더 이상 가라앉지 않고, 표면부터 얼게 된다. 이와 같은 이유로 얼음은 계속 표면에서 만들어지고, 연못 아래 부분의 물은 4 °C로 남게 되는 것이다. 표면의 얼음은 아래쪽 물의 열손실을 막는 작용도 하게 되어, 해양 생물의 열보호원 구실도 하게 된다.

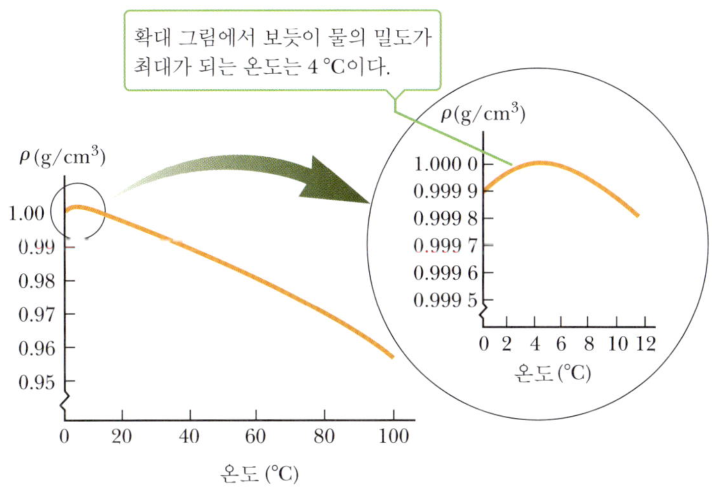

그림 10.6 온도에 따른 물의 밀도

10.4 이상 기체의 거시적 기술

이상 기체란 무질서하게 움직이면서 서로에게 장거리 힘을 미치지 않는 원자나 분자들의 모임을 말한다. 이상 기체의 입자는 각각 점으로 간주하며 부피는 무시할 수 있을 정도로 작다.

보통 기체는 엄청나게 많은 입자로 이루어져 있기 때문에, 기체의 양은 **몰**(mole) 수 n으로 나타내는 것이 편리하다. 헬륨 1몰에 들어 있는 입자의 수는 1몰의 철이나 알루미늄 입자의 수와 같다. 이 수를 **아보가드로수**라 한다.

$$N_A = 6.02 \times 10^{23} \text{입자/mol}$$

어떤 물질의 몰수는 질량 m과 다음의 관계가 있다.

$$n = \frac{m}{\text{몰질량}} \qquad [10.7]$$

여기서 몰질량은 그 물질 1몰의 질량으로 정의되며 보통 g/mol로 표현한다.

어떤 물질 1몰은 탄소-12 동위원소 12 g에 있는 원자들과 같은 수의 입자들(원자, 분자, 또는 다른 입자)을 포함하는 물질의 양이다.

어떤 물질 1몰에는 6.02×10^{23}개의 입자가 있기 때문에 주어진 원소에 대한 원자당 질량은

$$m_{\text{원자}} = \frac{\text{몰질량}}{N_A}$$

이다.

이제 그림 10.7에서처럼 움직이는 피스톤에 의해 부피가 변화하는 실린더 용기에 갇힌 이상 기체를 생각하자. 실린더는 새지 않으며 따라서 몰수는 일정하다고 하자. 실험을 해보면 다음과 같은 사실을 알 수 있다. 첫째, 기체의 온도가 일정할 때 기체의 압력은 부피에 반비례한다(보일의 법칙). 둘째, 기체의 압력이 일정할 때 부피는 온도에 정비례한다(샤를의 법칙). 셋째, 부피가 일정하게 유지될 때 압력은 온도에 정비례한다(게이-뤼삭의 법칙). 이와 같은 관찰을 종합하면 **이상 기체 법칙**(ideal gas law)이라는 다음과 같은 식으로 요약된다.

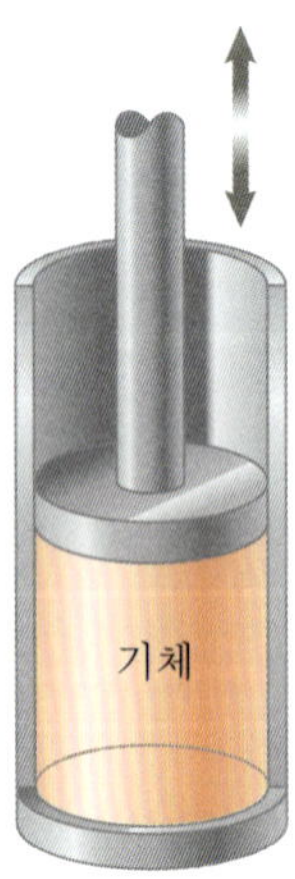

그림 10.7 피스톤이 움직임에 따라 부피가 변하는 실린더 내부의 기체

$$PV = nRT \qquad [10.8]$$

이 식에서 R은 실험적으로 결정되는 기체 상수이고 T는 절대 온도이다. R을 **보편 기체 상수**(universal gas constant)라고 한다. 압력을 파스칼, 부피를 세제곱미터로 나타내는 SI 단위에서 R값은

$$R = 8.31 \text{ J/mol} \cdot \text{K} \qquad [10.9]$$

가 된다.

예제 10.2

문제 부피가 1.00 L인 용기에 온도 20.0 ℃, 압력이 1.50×10^5 Pa인 이상 기체가 들어 있다. **(a)** 용기 안의 기체의 몰수를 구하라. **(b)** 기체가 피스톤을 밀어내어 부피가 두 배가 되고 압력이 대기압으로 떨어졌다. 나중 온도를 구하라.

풀이 **(a)** 기체의 몰수를 구한다.
온도를 절대 온도로 변환한다.

$$T = T_C + 273 = 20.0 + 273 = 293\ \text{K}$$

이상 기체 방정식을 n에 대하여 풀고 대입한다.

$$PV = nRT$$

$$n = \frac{PV}{RT} = \frac{(1.50\times10^5\ \text{Pa})(1.00\times10^{-3}\ \text{m}^3)}{(8.31\ \text{J/mol}\cdot\text{K})(293\ \text{K})}$$

$$= 6.16\times10^{-2}\ \text{mol}$$

(b) 기체가 2.00 L로 팽창하였을 때의 온도를 구한다.
나중 상태의 이상 기체 방정식을 처음 상태의 이상 기체 방정식으로 나눈다.

$$\frac{P_fV_f}{P_iV_i} = \frac{nRT_f}{nRT_i}$$

몰수 n과 기체 상수 R을 소거하고 T_f에 대하여 푼다.

$$\frac{P_fV_f}{P_iV_i} = \frac{T_f}{T_i}$$

$$T_f = \frac{P_fV_f}{P_iV_i}T_i = \frac{(1.01\times10^5\ \text{Pa})(2.00\ \text{L})}{(1.50\times10^5\ \text{Pa})(1.00\ \text{L})}(293\ \text{K})$$

$$= 395\ \text{K}$$

앞에서 말한 바와 같이 1몰에 들어 있는 분자의 수는 아보가드로수 $N_A = 6.02\times10^{23}$입자/mol이므로 몰수 n은 다음과 같다.

$$n = \frac{N}{N_A} \qquad [10.10]$$

여기서 N은 기체 분자의 수이다. 식 10.10으로부터 이상 기체 법칙을 전체 분자 수로 나타내면

$$PV = nRT = \frac{N}{N_A}RT$$

즉

$$PV = Nk_BT \qquad [10.11]$$

로 쓸 수 있다. 여기서

$$k_B = \frac{R}{N_A} = 1.38\times10^{-23}\ \text{J/K} \qquad [10.12]$$

는 **볼츠만 상수**(Boltzmann's constant)이다.

10.5 기체의 운동론

이상 기체의 모형으로 **기체의 운동론**(kinetic theory of gases)을 기술하고자 한다. 기체 운동론은 다음과 같이 가정한다.

1. 기체 속의 분자 수는 매우 많으며 분자 간 평균 거리는 분자의 크기와 비교할 때

매우 크다.

2. 분자들은 뉴턴의 운동 법칙을 따르지만, 전체적으로 무질서하게 움직인다.
3. 분자들이 탄성 충돌하는 동안 근거리 힘에 의해서만 상호작용한다.
4. 분자들은 벽과 탄성 충돌한다.
5. 기체 안의 모든 분자는 동일하다.

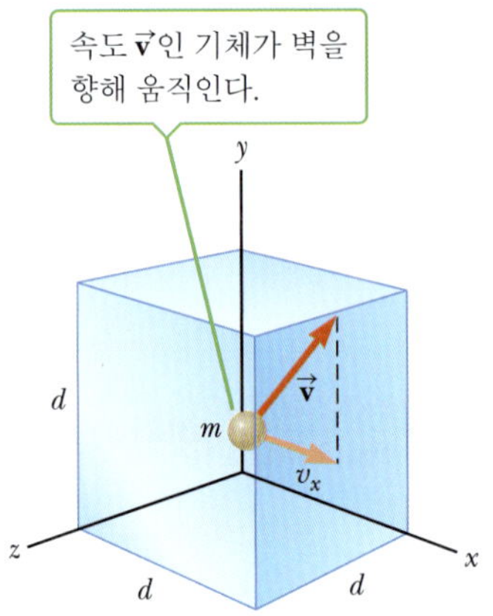

그림 10.8 이상 기체가 들어 있는 한 변의 길이가 d인 정육면체 상자

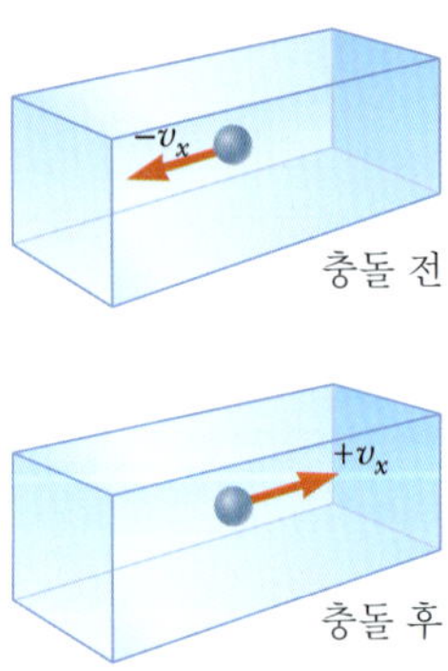

그림 10.9 x축 방향을 따라 움직이는 분자가 용기의 벽과 탄성 충돌한다. 그 결과 분자의 운동량이 반대가 되고 분자는 벽에 힘을 가한다.

이상 기체의 압력에 대한 분자 모형

기체의 압력은 기체 분자와 용기 벽과의 충돌로 생긴다. 기체 분자들은 벽과 충돌하고, 벽으로부터 힘을 받아서 운동량이 바뀌게 된다.

이제 부피가 V인 용기 안에 있는 N개의 분자로 구성된 이상 기체의 압력을 구해 보자. 이 절에서는 m은 분자 하나의 질량을 나타낸다. 용기는 한 변의 길이가 d인 정육면체이다(그림 10.8). 속도 $-v_x$로 움직여 상자의 왼쪽 면에 충돌하는 분자를 생각해 보자(그림 10.9). 분자는 벽과 탄성 충돌한 후 $+x$ 방향으로 $+v_x$의 속도로 움직인다. 이 분자의 운동량은 충돌 전에는 $-mv_x$, 충돌 후에는 $+mv_x$이므로 운동량의 변화는 다음과 같다.

$$\Delta p_x = mv_x - (-mv_x) = 2mv_x$$

시간 Δt 동안 분자가 **벽**에 작용하는 평균 힘을 F_1이라 하면 뉴턴의 제2법칙에 의해서

$$F_1 = \frac{\Delta p_x}{\Delta t} = \frac{2mv_x}{\Delta t}$$

이다. 분자가 같은 벽에 두 번 충돌하기 위해서는 시간 Δt 동안에 x 방향으로 $2d$의 거리를 이동해야 한다. 따라서 두 충돌 사이의 시간 간격은 $\Delta t = 2d/v_x$이고, 분자 하나의 충돌로 벽에 작용하는 힘은

$$F_1 = \frac{2mv_x}{\Delta t} = \frac{2mv_x}{2d/v_x} = \frac{mv_x^2}{d}$$

이다. 분자들 전체가 벽에 작용한 전체 힘은 각각의 분자가 작용한 힘을 합하여 얻어진다.

$$F = \frac{m}{d}({v_{1x}}^2 + {v_{2x}}^2 + \cdots)$$

여기서 v_{1x}는 분자 1의 속도 x성분, v_{2x}는 분자 2의 속도 x성분 등이다. 용기의 분자 수가 N이므로 N개에 대해 합한다.

N개 분자의 x 방향 속도 제곱의 평균값은 다음과 같다.

$$\overline{v_x^2} = \frac{{v_{1x}}^2 + {v_{2x}}^2 + \cdots + {v_{Nx}}^2}{N}$$

따라서 벽에 작용하는 전체 힘은

$$F = \frac{Nm}{d}\overline{v_x^2}$$

이 된다.

$$\overline{v_x^2} = \frac{1}{3}\overline{v^2}$$

이 됨을 알 수 있다. 따라서 벽에 작용하는 전체 힘은

$$F = \frac{N}{3}\left(\frac{m\overline{v^2}}{d}\right)$$

이다. 이 표현으로부터 벽에 작용하는 전체 압력은

$$P = \frac{F}{A} = \frac{F}{d^2} = \frac{1}{3}\left(\frac{N}{d^3}m\overline{v^2}\right) = \frac{1}{3}\left(\frac{N}{V}\right)m\overline{v^2}$$

$$P = \frac{2}{3}\left(\frac{N}{V}\right)\left(\frac{1}{2}m\overline{v^2}\right) \qquad [10.13]$$

이 식으로부터 **압력이 단위 부피당 분자 수와 분자의 평균 병진 운동 에너지 $\frac{1}{2}m\overline{v^2}$에 비례**함을 알 수 있다.

용기 안의 압력을 올리는 방법 중의 하나는 단위 부피당 분자 수를 늘리는 것이다. 자동차 바퀴에 공기를 넣을 때가 바로 이 경우이다. 바퀴의 압력은 바퀴 속 분자의 평균 운동 에너지를 올림으로써 올릴 수 있다. 곧 알게 되듯이 이는 바퀴 속 기체의 온도를 올림으로써 이루어진다.

온도의 분자적 해석

$$PV = \frac{2}{3}N\left(\frac{1}{2}m\overline{v^2}\right)$$

이 식을 이상 기체의 상태 방정식(식 10.11) $PV = Nk_BT$와 비교하면

$$T = \frac{2}{3k_B}\left(\frac{1}{2}m\overline{v^2}\right) \qquad [10.14]$$

을 얻게 된다. 즉, 기체의 **온도는 분자의 평균 운동 에너지의 직접적인 척도이다.** 기체의 온도가 증가함에 따라 분자의 평균 운동 에너지도 증가하게 된다.

식 10.14를 정리하면 분자의 평균 병진 운동 에너지를 온도로 표시할 수 있다.

$$\frac{1}{2}m\overline{v^2} = \frac{3}{2}k_BT \qquad [10.15]$$

즉, 분자당 평균 병진 운동 에너지는 $\frac{3}{2}k_BT$이다. N개의 기체에 대한 전체 병진 운동 에너지는 분자당 운동 에너지에 N을 곱한 값이며, 식 10.15에 의해

$$KE_{전체} = N\left(\frac{1}{2}m\overline{v^2}\right) = \frac{3}{2}Nk_BT = \frac{3}{2}nRT \qquad [10.16]$$

로 주어진다. 여기에 볼츠만 상수 $k_B = R/N_A$와 기체의 몰수 $n = N/N_A$를 사용하였다. 이 결과로부터 분자계의 **전체 병진 운동 에너지는 계의 절대 온도에 비례**함을 알 수 있다.

단원자 기체인 경우에는 병진 운동 에너지가 유일한 형태의 에너지이다. 따라서 식 10.16으로부터 **단원자 기체의 내부 에너지** U는

$$U = \frac{3}{2}nRT \quad \text{(단원자 기체)} \qquad [10.17]$$

임을 알 수 있다. 이원자 분자나 다원자 분자의 경우에는 분자의 진동과 회전을 통해 다른 형태의 에너지 축적이 가능하다.

$\overline{v^2}$의 제곱근을 **제곱 평균 제곱근 속력**[root-mean-square(rms) speed]이라 부른다. 식 10.15로부터 rms 속력은 다음과 같이 주어진다.

$$v_{\text{rms}} = \sqrt{\overline{v^2}} = \sqrt{\frac{3k_BT}{m}} = \sqrt{\frac{3RT}{M}} \qquad [10.18]$$

여기서 M은 몰질량으로 R을 SI 단위로 표시했을 때 M의 단위는 kg/mol이다.

예제 10.3

문제 실린더에 온도 20.0 °C의 헬륨 기체 2.00 mol이 담겨 있다. 헬륨 기체를 이상 기체로 가정한다. **(a)** 계의 전체 내부 에너지는 얼마인가? **(b)** 분자당 평균 운동 에너지는 얼마인가? **(c)** rms 속력을 두 배로 하기 위해서는 계에 얼마만 한 에너지가 더해져야 하는가? 헬륨의 몰질량은 4.00×10^{-3} kg/mol이다.

풀이 **(a)** 계의 전체 내부 에너지를 구한다.

식 10.17에 $n = 2.00$과 $T = 293$ K을 대입한다.

$$U = \frac{3}{2}(2.00\text{ mol})(8.31\text{ J/mol}\cdot\text{K})(293\text{ K})$$

$$= 7.30 \times 10^3\text{ J}$$

(b) 분자당 평균 운동 에너지를 구한다.

주어진 값을 식 10.15에 대입한다.

$$\frac{1}{2}m\overline{v^2} = \frac{3}{2}k_BT = \frac{3}{2}(1.38 \times 10^{-23}\text{ J/K})(293\text{ K})$$

$$= 6.07 \times 10^{-21}\text{ J}$$

(c) rms 속력을 두 배로 하기 위해 필요한 에너지를 구한다.

식 10.18로부터, rms 속력을 두 배로 하기 위해서는 온도가 네 배가 되어야 한다. 필요한 내부 에너지의 변화를 계산하면 이것이 계에 더해져야 하는 에너지이다.

$$\Delta U = U_f - U_i = \frac{3}{2}nRT_f - \frac{3}{2}nRT_i = \frac{3}{2}nR(T_f - T_i)$$

$$\Delta U = \frac{3}{2}(2.00\text{ mol})(8.31\text{ J/mol}\cdot\text{K})[(4.00 \times 293\text{ K}) - 293\text{ K}]$$

$$= 2.19 \times 10^4\text{ J}$$

연습문제

1. 다음 온도 눈금의 값을 구하라. (a) −273.15 °C의 화씨 온도, (b) 98.6 °F의 섭씨 온도, (c) 100 K의 화씨 온도

2. 액체 수소의 끓는점은 1기압에서 20.3 K이다. 이 온도를 (a) 섭씨 온도와 (b) 화씨 온도로 변환하라.

3. −40°는 섭씨와 화씨 눈금에서 같은 값이 되는 특이한 온도임을 보여라.

4. 0 °C에서 납의 밀도는 11.3×10^3 kg/m^{3}이다. (a) 90 °C에서의 납의 밀도는 얼마인가? (b) (a)의 답을 근거로 여러분이 금덩어리에 투자 계획이 있다고 하자. 금은 날씨가 더울 때 사는 것이 좋은가? 답에 대한 이유를 설명하라.

5. 20.0 °C에서 지름 10.00 cm인 황동 링을 가열하여 20.0 °C에서 지름이 10.01 cm인 알루미늄 봉에 끼웠다. 평균 선팽창 계수가 상수라고 가정하고, (a) 두 금속을 분리시키기 위해서 온도를 몇 도까지 내려야 하는가? (b) 알루미늄 봉의 지름이 10.02 cm이었다면 어떻게 되는가?

6. 미국 버지니아에 있는 뉴 리버 조지(New River Gorge) 다리는 518 m 길이의 아치형 철교이다. 두 온도 −20 °C와 35 °C

사이에서 철교의 길이가 얼마나 변하는가?

7. 사염화탄소의 평균 부피 팽창 계수는 $5.81 \times 10^{-4}\ ^{\circ}C^{-1}$이다. 만약 50.0갤런의 강철 용기가 온도 10.0 °C에서 사염화탄소로 꽉 차 있다면, 온도가 30.0 °C로 올랐을 때, 얼마만큼 넘쳐 흐르는가?

8. (a) 어떤 이상 기체가 온도 20 °C, 대기압하에서 1.0 cm^3의 부피를 차지하고 있다. 이 용기 안에 있는 기체의 분자 수를 구하라. (b) 만약 일정한 온도에서 압력을 1.0×10^{-11} Pa(고진공 상태)로 낮추었다면 용기 안에 남아 있는 기체의 몰수는 얼마인가?

9. 1몰의 산소 기체가 온도 27.0 °C, 압력 6.00기압인 상태에 있다. (a) 부피가 일정한 상태에서 압력이 세 배가 될 때까지 이 기체를 가열하였을 때, 나중 온도는 얼마인가? (b) 이 기체의 부피와 압력이 모두 두 배가 될 때까지 가열하였을 때, 나중 온도는 얼마인가?

10. 어떤 용기 안에 압력 11.0기압, 온도 25.0 °C 상태의 기체가 담겨 있다. 이 기체의 2/3를 날려버리고 온도를 75.0 °C로 올렸다면 용기 내부의 새로운 압력은 얼마인가?

11. 기상용 풍선이 0.030기압, 온도 200 K인 고도에서 반지름이 20 m까지 팽창하도록 설계되어 있다. 이 풍선을 대기압 하에서 온도가 300 K일 때 채웠다면, 떠오를 때의 반지름은 얼마인가?

12. 300 K에서 산소 분자 한 개의 평균 운동 에너지는 얼마인가?

13. 아보가드로수를 사용하여 헬륨 원자의 질량을 구하라.

14. 어떤 온도에서 헬륨의 rms 속력이 (a) 지구에서의 탈출 속력인 1.12×10^4 m/s와 (b) 달에서의 탈출 속력인 2.37×10^3 m/s와 같아지는가? (탈출 속력에 관해서는 7장 참고) Note: 헬륨 원자의 질량은 6.64×10^{-27} kg이다.

© 김영우

바닷가 도시인 부산 해운대는 내륙에 비해 겨울철 온도가 따뜻하다.

열과정에서의 에너지 11

ENERGY IN THERMAL PROCESSES

11.1 열과 내부 에너지

내부 에너지(internal energy) U는 계의 구성 요소인 원자와 분자와 관련된 에너지이다. U는 계를 구성하는 입자들의 마구잡이 병진 운동, 회전 운동, 진동과 관련된 운동 에너지와 위치 에너지를 비롯하여 입자들을 결합시켜주는 위치 에너지도 포함된다.

기체의 온도가 점점 높아지면 원자들의 운동 에너지가 증가하게 되고, 기체의 내부 에너지도 따라서 증가하게 된다. 조금 더 복잡한 이원자 혹은 다원자 기체의 경우에는 내부 에너지에 다양한 형태의 분자 에너지들이 포함되는데, 그것은 회전 운동 에너지와 분자 진동에 의한 운동 에너지 및 위치 에너지 등이다.

열(heat)은 계와 주변 환경 사이에서 온도 차이에 의해 발생하는 에너지 이동이다.

기호 Q는 계와 주변 환경 사이에서 열에 의해 이동되는 에너지의 양이다.

가스레인지 위에 물이 담긴 냄비를 올려놓고 가열한다고 하자. 일이 역학적 에너지

© Book's Hill

줄 James Prescott Joule, 1818~1889
영국의 물리학자

줄은 돌턴(Dalton)으로부터 수학, 철학, 화학 등에 관한 정규 교육을 어느 정도 받긴 하였으나, 거의 대부분 독학을 하였다. 줄의 가장 활동적인 연구시기였던 1837~1847년 사이에 에너지 보존의 원리를 확립하고, 열과 다른 형태의 에너지와의 동등성을 입증하였다. 열의 전기적, 역학적, 화학적 효과들 사이의 정량적인 관계를 연구함으로써 1843년 열의 일당량이라고 하는 내부 에너지의 단위에 대한 발표를 통하여 절정에 이르렀다.

의 전달인 것과 마찬가지로 열은 열에너지의 **전달**이다.

열의 단위

칼로리(cal)는 **1 g의 물을 14.5 °C에서 15.5 °C까지 올리는 데 필요한 에너지**로 정의한다. (식품의 에너지양을 나타내는 데 사용되는 '칼로리'는 대문자 C로 표시하는데, 그 값은 실제로 1 kcal와 같다.)

현재 칼로리는 정확하게 4.186 J로 정의한다.

$$1\ \text{cal} \equiv 4.186\ \text{J} \qquad [11.1]$$

11.2 비열

칼로리에 대한 역사적인 정의는 특정한 물질(물) 1 g을 1 °C 올리는 데 필요한 에너지의 양으로 나타내고 있으며, 그것은 4.186 J과 같다. 따라서 물 1 kg의 온도를 1 °C 올리려면 4 186 J의 에너지가 필요하다. 어떤 물질 1 kg의 온도를 1 °C 올리는 데 필요한 에너지의 양은 물질의 종류에 따라 다르다. 예를 들면, 구리 1 kg을 1.0 °C 올리는 데 필요한 에너지는 387 J이다. 모든 물질은 온도를 1.0 °C 변화시키기 위해서 단위 질량당 고유한 에너지 값이 필요하다.

에너지 Q가 질량이 m인 물질에 전달되어 $\Delta T = T_f - T_i$ 만큼 온도가 변했을 때, 그 물질의 **비열**(specific heat) c를 다음과 같이 정의한다.

$$c \equiv \frac{Q}{m\Delta T} \qquad [11.2]$$

SI 단위: 줄/킬로그램 · °C(J/kg · °C)

표 11.1 대기압하에서 여러 가지 물질의 비열

물질	J/kg · °C	cal/g · °C
알루미늄	900	0.215
베릴륨	1 820	0.436
카드뮴	230	0.055
구리	387	0.092 4
에틸알코올	2 430	0.581
저마늄	322	0.077
유리	837	0.200
금	129	0.030 8
사람의 근육조직	3 470	0.829
얼음	2 090	0.500
철	448	0.107
납	128	0.030 5
수은	138	0.033
실리콘	703	0.168
은	234	0.056
수증기	2 010	0.480
주석	227	0.054 2
물	4 186	1.00

표 11.1은 여러 가지 물질들의 비열을 나타내고 있다. 칼로리의 정의로부터 물의 비열은 4 186 J/kg · °C이다. 표에 나타낸 값들은 보편적인 값으로 물체의 온도와 상태(고체, 액체, 기체)에 따라 값이 변한다.

비열의 정의에 따라 질량이 m인 계의 온도를 ΔT 만큼 올리는 데 필요한 에너지 Q는 다음과 같이 나타낼 수 있다.

$$Q = mc\,\Delta T \qquad [11.3]$$

표 11.1에서 일상생활에서 접할 수 있는 대부분의 물질에 비해 물의 비열이 가장 높다는 것을 알 수 있다. 이처럼 물의 비열이 크기 때문에, 큰 호수나 바다를 끼고 있는 지역 주변이 온화한 기온을 유지하게 된다. 겨울에는 바닷물의 온도가 내려가면서 공기 속에 에너지를 방출하고, 육지 쪽으로 강한 바람이 불어와 에너지를 육지로 이동시킨다.

낮에 태양은 해변의 백사장과 바닷물에 대략 같은 양의 에너지를 공급하지만, 모래의 비열이 더 작기 때문에 백사장은 바닷물보다 더 높은 온도에 이르게 된다. 그 결과 육지 위에 있는 공기는 물 위의 공기보다 온도가 더 높아지고, (아르키메데스의 원리에 의해서) 밀도가 높은 찬 공기는 밀도가 낮은 더운 공기를 위로 밀어 올린다. 그러므로 낮 동안에는 바다에서 육지로 바람이 불게 된다. 더운 공기는 상승함에 따라 점차 온도가 내려가기 때문에, 나중에 다시 하강하게 되어 그림 11.1과 같은 공기의 순환 형태를 나타낸다.

그림 11.1 해변에서 공기의 순환. 더운 날에는 시원한 물 위에 있는 공기보다 모래 위에 있는 공기가 더 따뜻하다. 더운 공기는 아르키메데스의 원리에 의해 상승하며, 그 결과 차가운 공기는 바다에서 해변으로 이동하게 된다.

11.3 숨은열과 상변화

물체와 그 주변 사이에 에너지 교환이 일어날 때, 일반적으로 물체의 온도가 변하게 된다. 그러나 어떤 경우에는 에너지의 교환이 있더라도 온도가 변하지 않을 수도 있다. 이것은 물체의 물리적 성질이 한 형태에서 다른 형태로 바뀌는 경우에 발생하게 되는데, 이를 보통 **상변화**(phase change)라고 한다. 일반적인 상변화에는 고체가 액체로 변화하는 것(융해), 액체가 기체로 변화하는 것(기화)과 고체의 결정 구조가 변화하는 것 등이 있다. 모든 상변화는 내부 에너지가 변하지만 **온도는 변하지 않는다**.

순수한 물질의 상변화에 필요한 에너지 Q는

$$Q = \pm mL \tag{11.4}$$

이다. 여기서 L은 물질의 **숨은열**(latent heat)이라 하며, 그 크기는 물질의 종류뿐만 아니라 상변화의 성질에 따라 값이 다르다.

숨은열의 단위는 J/kg이다.

융해열(latent heat of fusion) L_f는 고체가 액체로(융해) 또는 액체가 고체로(응고) 상변화가 발생할 때 사용하고, **기화열**(latent heat of vaporization) L_v는 액체가 기체로(기화) 또는 기체가 액체로(액화)의 상변화가 발생할 때 사용한다.[1] 예를 들면, 대기압하에서 물의 융해열은 3.33×10^5 J/kg이고, 기화열은 2.26×10^6 J/kg이다. 표 11.2에서 알 수 있듯이 물질들의 숨은열은 매우 다양한 값을 갖는다.

또 다른 과정, 즉 승화는 고체 상태에서 액체 상태를 거치지 않고 바로 기체 상태로 변하는 것이다. 드라이아이스(이산화탄소의 결빙)의 증발이 좋은 예이며, 이 과정에서는 이것과 관계된 숨은열, 즉 승화열이 사용된다.

물리적인 상태의 변화를 좀 더 이해하기 위하여 일정한 압력에서 용기 속에 있는 $-30.0\ ^\circ$C의 얼음 덩어리 1.00 g에 에너지를 공급하는 경우를 생각해 보자. 그림 11.2는 계에 가한 에너지에 따라 온도 변화를 측정하여 나타낸 것이다.

영역 A 이 영역에서 얼음의 온도는 $-30.0\ ^\circ$C에서 $0.0\ ^\circ$C로 변하고 있다. 얼음의 비열

표 11.2 융해열과 기화열

물질	녹는점 (°C)	융해열		끓는점 (°C)	기화열	
		(J/kg)	cal/g		(J/kg)	(J/kg)
헬륨	−269.65	5.23×10^3	1.25	−268.93	2.09×10^4	4.99
질소	−209.97	2.55×10^4	6.09	−195.81	2.01×10^5	48.0
산소	−218.79	1.38×10^4	3.30	−182.97	2.13×10^5	50.9
에틸알코올	−114	1.04×10^5	24.9	78	8.54×10^5	204
물	0.00	3.33×10^5	79.7	100.00	2.26×10^6	540
황	119	3.81×10^4	9.10	444.60	3.26×10^5	77.9
납	327.3	2.45×10^4	5.85	1 750	8.70×10^5	208
알루미늄	660	3.97×10^5	94.8	2 450	1.14×10^7	2 720
은	960.80	8.82×10^4	21.1	2 193	2.33×10^6	558
금	1 063.00	6.44×10^4	15.4	2 660	1.58×10^6	377
구리	1 083	1.34×10^5	32.0	1 187	5.06×10^6	1 210

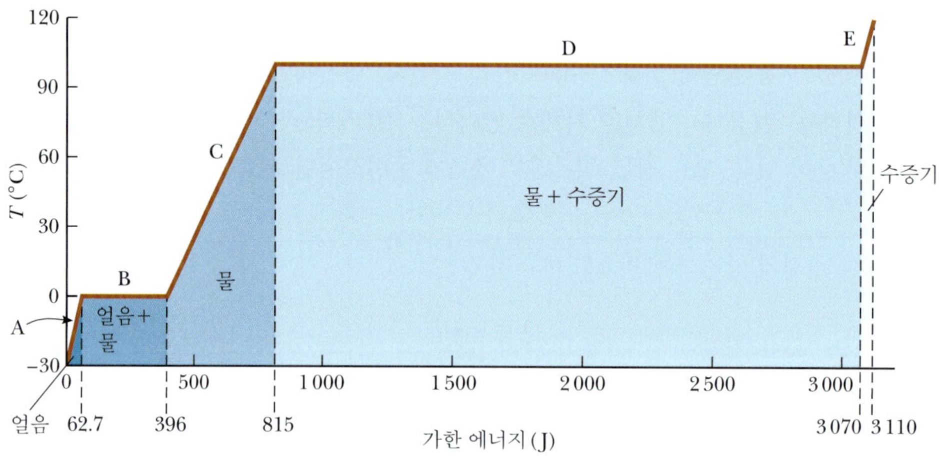

그림 11.2 처음 온도가 −30.0 °C인 1.00 g의 얼음을 120 °C의 수증기로 바꿀 때, 가한 에너지와 온도의 관계

은 2 090 J/kg · °C이므로,

$$Q = mc_{\text{얼음}}\Delta T = (1.00\times10^{-3}\text{ kg})(2\,090\text{ J/kg}\cdot{}^\circ\text{C})(30.0\,{}^\circ\text{C}) = 62.7\text{ J}$$

영역 B 0 °C의 얼음 1.00 g을 녹이는 데 필요한 열량은 식 11.6을 이용하여 구한다.

$$Q = mL_f = (1.00\times10^{-3}\text{ kg})(3.33\times10^5\text{ J/kg}) = 333\text{ J}$$

영역 C 물을 0 °C에서 100 °C까지 온도를 높이는 데 필요한 에너지는 다음과 같다.

$$Q = mc_{\text{물}}\Delta T = (1.00\times10^{-3}\text{ kg})(4.19\times10^3\text{ J/kg}\cdot{}^\circ\text{C})(1.00\times10^2\,{}^\circ\text{C})$$
$$= 4.19\times10^2\text{ J}$$

영역 D 100 °C의 물 1.00 g을 수증기로 바꾸는 데 필요한 에너지는 다음과 같다.

$$Q = mL_v = (1.00\times10^{-3}\text{ kg})(2.26\times10^6\text{ J/kg}) = 2.26\times10^3\text{ J}$$

영역 E 수증기의 온도를 120.0 °C까지 올리는 데 필요한 에너지는 다음과 같다.

$$Q = mc_{수증기}\Delta T = (1.00 \times 10^{-3}\ \text{kg})(2.01 \times 10^{3}\ \text{J/kg}\cdot{}^\circ\text{C})(20.0\ {}^\circ\text{C}) = 40.2\ \text{J}$$

$-30.0\ {}^\circ$C인 1.00 g의 얼음을 120.0 °C의 수증기로 바꾸는 데 필요한 전체 에너지는 각 영역의 에너지를 모두 합한 양인 3.11×10^3 J이다.

예제 11.1

문제 파티에서 20.0 °C의 물 30 L에 −5.00 °C의 얼음 6.00 kg을 넣었다. 평형 상태에 도달했을 때, 물의 온도는 얼마인가?

풀이 물의 질량을 계산한다.

$$m_{물} = \rho_{물} V$$
$$= (1.00 \times 10^3\ \text{kg/m}^3)(30.0\ \text{L})\frac{1.00\ \text{m}^3}{1.00 \times 10^3\ \text{L}}$$
$$= 30.0\ \text{kg}$$

열평형 식을 쓴다.

$$Q_{얼음} + Q_{융해} + Q_{얼음-물} + Q_{물} = 0 \quad (1)$$

아래와 같은 종합적인 표를 만든다.

모든 양들을 여섯 번째 열에 있는 식에 대입하여 합을 구해 식 (1)의 값을 계산하여 T를 구한다.

$$6.27 \times 10^4\ \text{J} + 2.00 \times 10^6\ \text{J}$$
$$+ (2.51 \times 10^4\ \text{J/}^\circ\text{C})(T - 0^\circ\text{C})$$
$$+ (1.26 \times 10^5\ \text{J/}^\circ\text{C})(T - 20.0^\circ\text{C}) = 0$$

$$T = 3.03^\circ\text{C}$$

Q	m(kg)	c(J/kg·°C)	L(J/kg)	T_f(°C)	T_i(°C)	식
$Q_{얼음}$	6.00	2 090		0	−5.00	$m_{얼음}c_{얼음}(T_f - T_i)$
$Q_{융해}$	6.00		3.33×10^5	0	0	$m_{얼음}L_f$
$Q_{얼음-물}$	6.00	4 190		T	0	$m_{얼음}c_{물}(T_f - T_i)$
$Q_{물}$	30.0	4 190		T	20.0	$m_{물}c_{물}(T_f - T_i)$

예제 11.2

문제 단열된 용기 속에 0 °C인 얼음 덩어리 5.00 kg과 15.0 °C인 물 10.0 kg이 섞여 있다. **(a)** 용기의 비열을 무시할 때, 나중 온도를 구하라. **(b)** 융해된 얼음의 질량을 구하라.

풀이 **(a)** 평형 온도를 구한다.

첫째, 얼음을 완전히 녹이는 데 필요한 에너지의 양을 계산한다.

$$Q_{융해} = m_{얼음}L_f = (5.00\ \text{kg})(3.33 \times 10^5\ \text{J/kg})$$
$$= 1.67 \times 10^6\ \text{J}$$

다음으로, 액체 상태에 있는 처음 질량의 물이 얼지 않고 에너지를 잃어버릴 수 있는 최대 에너지를 계산한다.

$$Q_{물} = m_{물}c\Delta T$$
$$= (10.0\ \text{kg})(4\,190\ \text{J/kg}\cdot{}^\circ\text{C})(0\ {}^\circ\text{C} - 15.0\ {}^\circ\text{C})$$
$$= -6.29 \times 10^5\ \text{J}$$

이 결과는 얼음을 모두 녹이는 데 필요한 에너지의 반보다 작다. 그래서 계의 나중 상태는 물과 얼음이 공존하는 빙점 상태이다.

$$T = 0\ {}^\circ\text{C}$$

(b) 녹는 얼음의 질량을 계산한다.

질량이 m인 얼음의 융해열 mL_f를 전체 가용 에너지와 같게 놓고 m을 구한다.

$$6.29 \times 10^5\ \text{J} = mL_f = m(3.33 \times 10^5\ \text{J/kg})$$

$$m = 1.89\ \text{kg}$$

11.4 에너지 전달

이 단원에서는 에너지의 전달 수단으로서 열에 대하여 좀 더 자세히 알아보고, 열전도, 대류, 복사 과정에 대하여 알아본다.

열전도

그림 11.3 전도에 의해 요리용 냄비의 금속 손잡이가 뜨거워진다.

온도 차와 밀접한 관련이 있는 에너지의 전달 과정을 **열전도**(thermal conduction) 또는 간단히 **전도**(conduction)라 한다. 이 과정에서는 작은 에너지를 갖는 입자가 큰 에너지를 갖는 입자와 충돌하여 에너지를 얻게 되는 것과 같이, 원자 수준에서의 미시적 입자들(분자, 원자, 전자) 사이의 운동 에너지 교환으로 에너지 전달을 설명할 수 있다. 그림 11.3과 같이 값이 싼 요리용 냄비가 금속 손잡이와 냄비 사이에 단열재가 없이 연결되어 있다. 냄비가 가열되면 금속 손잡이의 온도가 올라가서, 손을 데지 않으려면 천으로 된 장갑을 껴야 냄비를 들 수 있다.

이런 일이 발생하는 과정은 금속 안에 있는 미시적인 입자들에서 어떤 일이 일어나는지를 조사하면 이해할 수 있다. 냄비를 전열기 위에 올려 놓기 전에는 입자들이 평형 위치 부근에서 진동하고 있다. 전열기의 온도가 올라가면, 전열기에 접촉한 입자들은 점점 더 큰 진폭으로 진동하기 시작한다. 이 입자들은 이웃한 원자들과 차례차례로 충돌하고, 이때 에너지의 일부를 전달한다. 그리하여 점차적으로 전열기에서 훨씬 멀리 떨어진 입자들의 진폭이 증가하게 되고, 결국 이러한 현상이 손잡이가 있는 금속에 있는 입자들까지 미친다. 이와 같은 진동의 증가는 금속의 온도를 상승시킨다(그리고 손을 데게 할 수도 있다!).

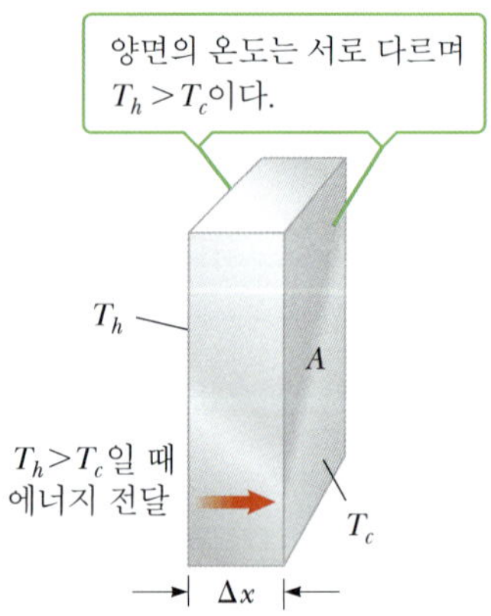

그림 11.4 단면의 넓이가 A이고 두께가 Δx인 도체 평판을 통한 에너지의 이동

전도는 전도 매질의 두 부분 사이에 온도 차이가 있을 때에만 일어난다. 즉, 온도 차이에 의해 에너지의 흐름이 일어난다. 두께가 Δx이고 단면의 넓이가 A인 평판을 생각해 보자(그림 11.4). 평판의 양쪽 면에서의 온도는 각각 T_c와 $T_h(>T_c)$이고, 평판에서는 열전도에 의해 높은 온도 부분에서 낮은 온도 부분으로 에너지의 이동이 일어난다. 이때 **에너지 전달률** $P = Q/\Delta t$는 평판의 단면의 넓이와 온도 차이에 비례하고 평판의 두께에 반비례한다.

$$P = \frac{Q}{\Delta t} \propto A\frac{\Delta T}{\Delta x}$$

여기서 Q의 단위가 줄(J)이고 Δt의 단위가 초(s)이므로, P의 단위는 와트(W)가 된다.

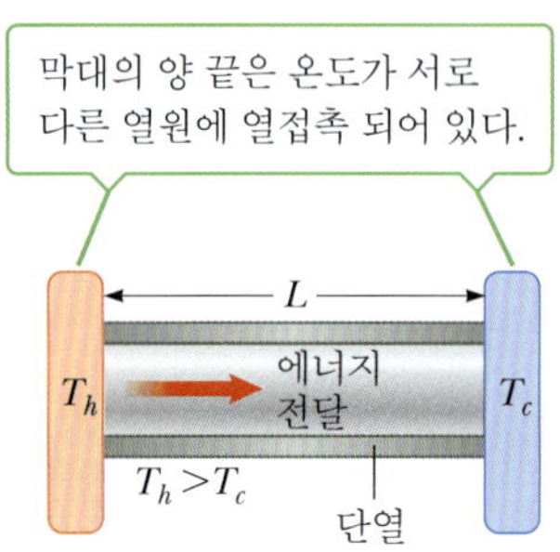

그림 11.5 길이가 L이고 두께가 일정한 절연된 막대를 통한 전도

그림 11.5와 같이, 길이가 L인 균일한 긴 막대 형태의 물체가 있다고 하자. 이 막대는 단열이 되어 있어서 양 끝을 제외하고는 표면을 통한 전도에 의해 열에너지가 방출되지 않는다. 이 막대의 양 끝은 각각 온도가 T_c와 $T_h(>T_c)$인 열원과 열접촉을 하고 있다. 정상 상태에 이르게 되면, 막대의 모든 지점에서 온도가 일정해진다. 이 경우 $\Delta T = T_h - T_c$이고 $\Delta x = L$이므로,

$$\frac{\Delta T}{\Delta x} = \frac{T_h - T_c}{L}$$

이다. 따라서 막대를 통한 전도에 의한 에너지 전달률은 다음의 식으로 주어진다.

표 11.3 열전도도

물질	열전도도 (J/s·m·°C)	물질	열전도도 (J/s·m·°C)	물질	열전도도 (J/s·m·°C)
금속(25°C)		**기체**(20°C)		**비금속**(근삿값임)	
알루미늄	238	공기	0.023 4	석면	0.08
구리	397	헬륨	0.138	콘크리트	0.8
금	314	수소	0.172	유리	0.8
철	79.5	질소	0.023 4	얼음	2
납	34.7	산소	0.023 8	고무	0.2
은	427			물	0.6
				나무	0.08

$$P = kA\frac{(T_h - T_c)}{L} \qquad [11.5]$$

여기서 비례 상수 k를 **열전도도**(thermal conductivity)라고 하며, 그 값은 물질의 특성에 따라 다르다. 좋은 전도체는 열전도도가 크고, 좋은 부도체는 열전도도가 작다. 표 11.3에 여러 가지 물질의 열전도도를 나타내었다.

예제 11.3

문제 인체의 경우는 피부 아래에 지방과 근육 층의 두께가 부위에 따라 다르다. 날씨가 추워지면, 인체 표면에 있는 모세 혈관은 수축하여 혈액이 흐르는 양이 줄면서 조직의 열전도도가 감소한다. 이러한 소식들은 누께가 1인지까지 이르며 열전도도는 약 0.21 W/m·K로 피부나 지방의 열전도도와 거의 같다. **(a)** 조직의 두께를 약 2.0 cm 정도로 보고 피부의 온도를 33.0 °C(피부의 온도는 외부 조건에 따라 변한다)라 가정한 다음 인체의 중심 영역에서 피부 표면까지 전도에 의한 열에너지 손실률을 대략 계산해 보라. **(b)** 1.0 h 동안 전도에 의한 열에너지 손실을 계산하라. **(c)** 에너지가 재충전되지 않을 경우 1.0 h 동안의 체온의 변화를 대략 계산해 보라. 인체의 질량을 75 kg, 피부의 전체 겉넓이를 1.73 m²으로 가정한다.

풀이 **(a)** 전도에 의한 열에너지의 손실률을 대략적으로 구한다.

열전도방정식을 쓴다.

$$P = \frac{kA(T_h - T_c)}{L}$$

값을 대입한다.

$$P = \frac{(0.21\ \mathrm{J/m\cdot K})(1.73\ \mathrm{m^2})(37.0\,^\circ\mathrm{C} - 33.0\,^\circ\mathrm{C})}{2.0 \times 10^{-2}\ \mathrm{m}}$$

$$= \boxed{73\ \mathrm{W}}$$

(b) 1.0 h 동안 전도에 의한 열에너지 손실을 계산한다.

에너지 전달률 P와 시간 Δt를 곱한다.

$$Q = P\Delta t = (73\ \mathrm{W})(3\,600\ \mathrm{s}) = \boxed{2.6 \times 10^5\ \mathrm{J}}$$

(c) 에너지가 재충전되지 않는 경우 1.0 h 동안의 체온의 변화를 대략 계산한다.

식 11.3을 ΔT에 대해 푼다.

$$Q = mc\Delta T$$

$$\Delta T = \frac{Q}{mc} = \frac{2.6 \times 10^5\ \mathrm{J}}{(75\ \mathrm{kg})(3\,470\ \mathrm{J/kg\cdot K})} = \boxed{1.0\,^\circ\mathrm{C}}$$

대류

그림 11.6과 같이 불꽃 위에 손을 올려 놓으면 손이 따뜻해진다. 이 상황에서 불꽃 바로 위의 공기는 가열되고 팽창한다. 그 결과 공기는 밀도가 작아져서 공기가 위로

상승한다. 이 따뜻한 공기의 흐름이 손을 따뜻하게 한다. **물질의 이동에 의한 에너지 전달을 대류라 한다.** 불꽃 주위의 공기처럼 밀도 차이에 의해 흐름이 일어나는 것을 **자연 대류**라고 한다. 난방 시스템에서 따뜻한 공기나 물을 순환시킬 때처럼, 팬이나 펌프에 의해 물질의 이동이 강제로 이루어지는 것을 **강제 대류**라고 한다.

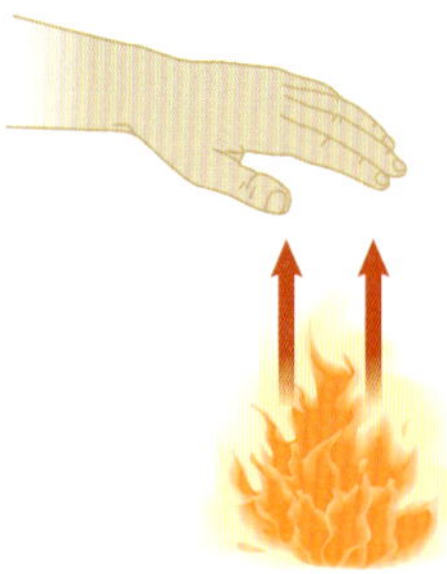

그림 11.6 대류에 의해 손이 따뜻해진다.

대류의 흐름이 없다면 물을 끓이기가 어렵다. 주전자에 있는 물을 끓일 때, 주전자의 맨 밑바닥에 있는 물이 먼저 데워진다. 바닥의 따뜻한 물은 밀도가 낮아지므로 위로 상승하게 된다. 동시에 위쪽의 밀도가 높고 차가운 물은 주전자 바닥으로 하강하여 가열되는데, 이러한 과정을 거쳐 물이 전체적으로 데워지는 것이다.

이와 동일한 과정이 난방기로 방의 온도를 높일 때도 일어난다. 뜨거운 난방기가 방의 밑바닥 부근의 공기를 따뜻하게 하고, 따뜻해진 공기는 팽창하여 밀도가 낮아져서 천장으로 상승한다. 위에 있던 상대적으로 차갑고 밀도가 높은 공기는 밑으로 가라앉으면서, 그림 11.7과 같이 연속적인 공기의 흐름을 만든다.

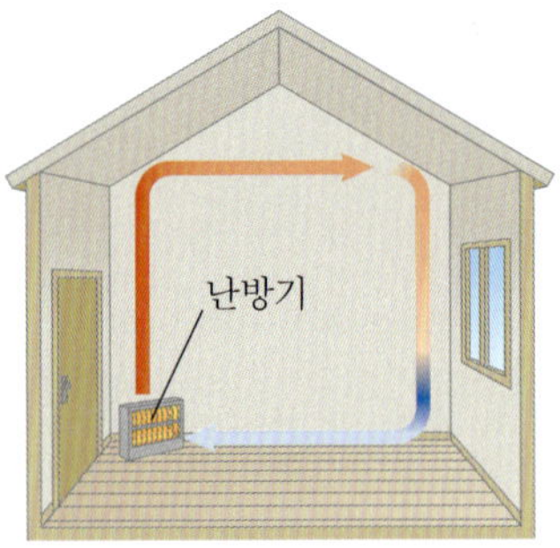

그림 11.7 난방기에 의해 따뜻해진 방안에는 공기의 대류가 형성된다.

복사

에너지를 전달하는 또 다른 방법이 **복사**(radiation)이다. 그림 11.8은 불꽃에서 복사에 의해 손이 어떻게 따뜻해질 수 있는가를 보여주고 있다.

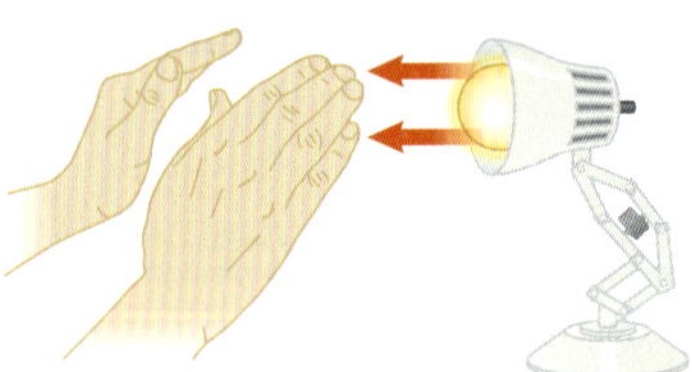

그림 11.8 복사에 의해 손이 따뜻해진다.

모든 물체는 구성 분자의 열진동으로 인하여 전자기파의 형태로 복사 에너지를 연속적으로 방출하고 있다. 이와 같은 진동은 전기 난로와 전기 히터 또는 제빵기의 코일에서 붉은색 빛을 만들어낸다.

물체가 방출하는 에너지 복사율은 물체의 절대 온도의 네제곱에 비례한다. 이것이 **슈테판의 법칙**(Stefan's law)이며 다음의 식으로 표현된다.

$$P = \sigma A e T^4 \qquad [11.6]$$

여기서 P는 물체에서 복사하는 일률이며, 단위는 와트(또는 J/s)이다. σ는 슈테판–볼츠만 상수로서 $5.669\,6\times10^{-8}\ \mathrm{W/m^2\cdot K^4}$이다. A는 물체의 겉넓이를 $\mathrm{m^2}$로 표시한 것이고, e는 **복사율**(emissivity)로서 상수이며, T는 물체의 절대 온도이다. e값은 물체 표면의 성질에 따라 0에서 1 사이의 값을 갖는다.

어떤 물체가 식 11.6에 주어진 비율로 에너지를 복사함과 동시에 전자기 복사를 흡수하기도 한다. 만일 이러한 에너지 흡수 과정이 일어나지 않는다면, 물체는 궁극적으로 모든 에너지를 복사하고 그 물체의 온도가 절대 영도에 이를 것이다. 물체가 흡수하는 에너지는 에너지를 복사하는 다른 물체들로 이루어진 주변 환경으로부터 오는 것이다. 물체의 온도를 T, 주변 온도를 T_0라 하면, 복사에 의해 물체가 초당 얻거나 잃게 되는 알짜 에너지는 다음과 같다.

$$P_{\text{알짜}} = \sigma A e (T^4 - T_0^4) \qquad [11.7]$$

한 물체가 주변과 평형을 이룰 때, 물체는 같은 비율로 에너지를 복사하고 흡수하며, 따라서 물체의 온도는 일정하게 유지된다. 물체가 주변보다 더 뜨거우면, 흡수되는 에너지보다 방출되는 에너지가 더 많으므로 물체는 냉각된다.

연습문제

1. 5.00 g의 납 총알이 300 m/s의 속력으로 날아가서 큰 나무에 박혔다. 이 총알의 운동 에너지의 절반은 총알의 내부 에너지로 전환되고, 나머지 절반은 나무로 이동되었다면, 총알의 온도는 얼마나 올라가는가?

2. 3.00 g짜리 구리로 된 동전을 25.0 °C, 50.0 m 높이에서 땅으로 떨어뜨렸다. (a) 동전-지구 계의 중력 위치 에너지의 60.0 %가 동전의 내부 에너지로 변한다고 가정할 때 동전의 나중 온도를 구하라. (b) 이 결과는 동전의 질량과 관계가 있는가? 이유를 설명하라.

3. 200 g의 알루미늄 컵에 800 g의 물이 80 °C로 컵과 물이 열평형 상태에 있다. 컵과 물은 모두 분당 1.5 °C의 비율로 온도가 낮아지도록 균일하게 냉각되고 있다. 어떤 비율로 에너지가 제거되는가? 와트 단위로 답하라.

4. 처음 온도가 1.50×10^2 °C인 1.85 kg의 알루미늄 덩어리가 더 낮은 온도인 65.0 °C에서 열평형 상태가 되려면 25.0 °C의 물이 얼마나 필요한가? 물은 증기로 되었다가 다시 응결된다고 가정한다.

5. 한 학생이 두 개의 금속 물체를 25 °C의 물 150 g이 담겨 있는 120 g의 강철 용기에 떨어뜨렸다. 한 물체는 처음 온도 85 °C인 200 g의 구리 정육면체이고, 다른 하나는 처음 온도 5.0 °C인 알루미늄 덩어리이다. 놀랍게도 물의 온도는 처음과 똑같이 25 °C에 도달하였다. 알루미늄 덩어리의 질량은 얼마인가?

6. 알루미늄 컵 속에 225 g의 물과 40 g의 구리 막대가 담겨 있는데, 이것의 온도는 모두 27 °C이다. 처음 온도가 87 °C인 400 g의 은 조각을 물 속에 넣고, 구리 막대로 서서히 저어 나중 평형 온도인 32 °C에 도달하였다. 알루미늄 컵의 질량은 얼마인가?

7. 0 °C인 100 g의 얼음을 온도가 80 °C인 1.0 kg의 물속에 떨어뜨렸다. 얼음이 녹은 후, 물의 나중 온도는 얼마인가?

8. 25 °C, 825 g의 물속에 0 °C, 75 g의 각얼음이 있다. 두 물질인 섞인 후, 나중 온도는 얼마인가?

9. 40 g의 얼음 덩어리가 −78 °C로 냉각되었다. 560 g의 물이 담겨 있는 80 g의 구리 열량계에 이 얼음을 넣었다. 얼음을 넣기 전에 물과 열량계의 온도는 25 °C이였다. 물과 얼음과 열량계로 이루어진 계의 나중 온도를 결정하라. (만약 모든 얼음이 녹지 않는다면, 남아 있는 얼음은 얼마인지 결정하라.) 얼음은 먼저 0 °C까지 온도가 올라간 후, 녹고, 물이 되어 계속 온도가 올라간다는 것을 상기하라. 얼음의 비열은 0.500 cal/g·°C=2 090 J/kg·°C이다.

10. 3.00 g의 탄환이 30.0 °C에서 2.40×10^2 m/s의 속력으로 발사되어 0 °C의 고정된 매우 큰 얼음 덩어리 속에 박혔다. (a) 탄환이 냉각됨에 따라 에너지가 변환되는 것을 설명해 보라. 탄환의 나중 온도는 얼마인가? (b) 녹는 얼음의 양은 얼마인가?

11. 지름이 같은 구리 막대와 알루미늄 막대가 열접촉이 아주 좋은 상태로 끝과 끝이 연결되어 있다. 연결되지 않은 구리 막대 끝의 온도는 100 °C로 일정하게 유지되고, 알루미늄 막대의 먼쪽 끝의 온도는 0 °C로 유지된다. 구리 막대의 길이가 0.15 m일 때 접점에서의 온도가 50 °C가 되게 하려면, 알루미늄 막대의 길이는 얼마로 해야 하는가?

12. 너비가 1.0 m, 높이가 2.0 m, 두께가 0.40 cm인 사각형 유리창을 단 주택이 있다. 집 내부의 온도가 22 °C이고 외부의 온도가 2.0 °C인 어느 날 12시간 동안 전도에 의해 전달된 에너지를 구하라. 유리창 표면의 공기층도 고려한다.

13. 어떤 증기 파이프가 열전도가 0.200 cal/cm·°C·s이고 두께가 1.50 cm인 단열재로 싸여 있다. 증기의 온도가 200 °C이고 파이프 주변의 공기 온도가 20.0 °C일 때, 초당 손실되는 에너지는 얼마인가? 파이프의 원둘레는 800 cm이고 길이는 50.0 m이다. 파이프의 양 끝단을 통한 에너지 손실은 무시한다.

열기구(hot-air ballon). 열기구 내부에 열을 가하면 열기구 안의 공기 운동이 활발해지고 기구 내의 공기밀도가 작아져 열기구가 위로 상승하게 된다. 기구 내에 버너의 불을 조절하여 내부의 온도를 낮추면 다시 아래로 내려오게 된다. 열기구 속의 뜨거운 공기 자체는 계가 되고, 표피는 계와 환경의 찬 공기를 구분하는 벽이 된다. 계의 상태는 뜨거운 공기의 압력, 부피, 온도에 대한 값을 정함으로써 규정된다(터키 카파도키아에서 촬영).

열역학 법칙 12

THE LAWS OF THERMODYNAMICS

12.1 열역학 과정에서의 일

움직일 수 있는 피스톤으로 막힌 원통 안에서 평형을 이루고 있는 기체를 살펴 보자(그림 12.1a). 기체는 부피 V를 차지하고, 원통 벽과 피스톤에 균일한 압력 P를 작용한다. 각 순간마다 계가 열역학적 평형을 유지하면서 기체가 천천히 압축된다고 가정하자. 단면의 넓이가 A인 피스톤이 외력 F에 의하여 거리 Δy 만큼 밀려 내려갈 때, 기체에 한 일은

$$W = -F\,\Delta y = -PA\,\Delta y$$

이다.

일정한 압력에서 **기체에 한 일** W는 다음과 같다.

$$W = -P\,\Delta V \qquad [12.1]$$

여기서 P는 기체의 압력이고 ΔV는 과정에서 기체 부피의 변화량이다.

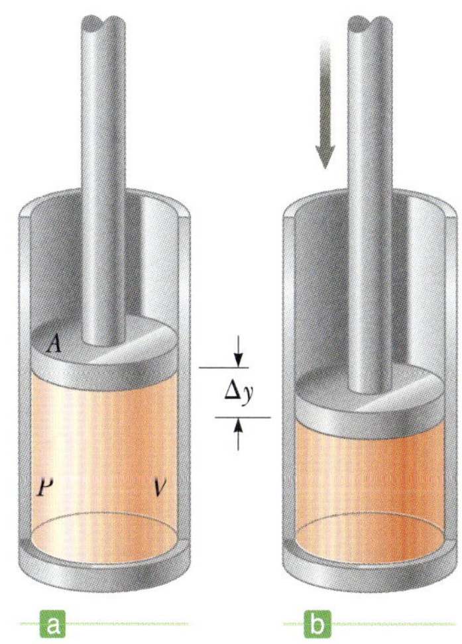

그림 12.1 (a) 압력이 P이고 부피가 V인 원통 속에 있는 기체, (b) 피스톤이 아래로 눌러서 기체를 압축한다.

기체가 그림 12.1b와 같이 압축되면 ΔV가 음이고, 기체에 한 일은 양이 된다. 기

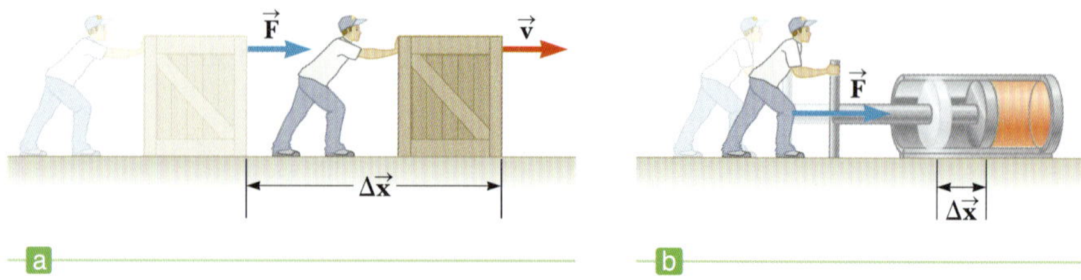

그림 12.2 (a) 상자에 힘이 작용하면, 그 힘이 한 일은 상자의 역학적 에너지를 증가시킨다. (b) 피스톤을 밀어 용기 속 기체를 압축하면 기체의 열에너지가 증가한다.

체가 팽창하면 ΔV가 양이고, 기체에 한 일은 음이 된다. 이 조건에서 기체가 한 일 $W_{주변}$은 간단히 기체에 한 일의 음이다. 부피가 변하지 않으면 기체에 한 일은 영이다.

그림 12.2a에서 사람이 상자를 밀어서 상자에 양의 일을 하고 있으므로, 상자의 속력과 운동 에너지가 증가한다. 그림 12.2b에서 사람이 피스톤을 오른쪽으로 밀어서 용기 속의 분자를 압축하여 기체에 양의 일을 한다. 기체 분자의 평균 속력이 증가하므로, 온도가 증가하고 따라서 기체의 내부 에너지가 증가한다. 결국 상자에 일을 하는 것이 그 상자의 운동 에너지를 증가시키듯이 기체의 계에 일을 하면 그 기체의 내부 에너지를 증가시킨다.

예제 12.1

문제 그림 12.1에 나타낸 것과 비슷한 계에서 원통 안에 있는 기체의 압력이 1.01×10^5 Pa이고 피스톤의 넓이는 $0.100\ \mathrm{m}^2$이다. 열에 의해 기체에 에너지가 서서히 가해질 때, 피스톤이 4.00 cm 밀려 올라갔다. 압력이 일정하다고 가정할 때, 팽창하는 기체가 주변에 한 일 $W_{주변}$을 구하라.

풀이 단면의 넓이에 변위를 곱하여 기체 부피의 변화 ΔV를 구한다.

$$\Delta V = A\,\Delta y = (0.100\ \mathrm{m}^2)(4.00\times10^{-2}\ \mathrm{m})$$
$$= 4.00\times10^{-3}\ \mathrm{m}^3$$

이 값에 압력을 곱하여 기체가 주변에 한 일 $W_{주변}$을 구한다.

$$W_{주변} = P\,\Delta V = (1.01\times10^5\ \mathrm{Pa})(4.00\times10^{-3}\ \mathrm{m}^3)$$
$$= \boxed{404\ \mathrm{J}}$$

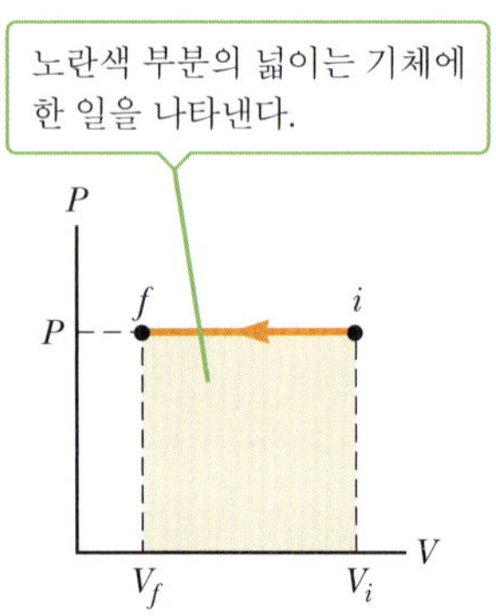

그림 12.3 일정한 압력에서 압축되는 기체에 대한 PV 도표

압력이 일정하게 유지되는 과정을 **등압 과정**(isobaric process)이라고 한다. 등압 과정에서의 압력과 부피의 그래프, 즉 ***PV* 도표**(*PV* diagram)를 그림 12.3에 나타내었다. 그래프에서 곡선은 **경로**라 부르며, 처음 상태와 나중 상태 사이를 연결한다. 화살표는 과정의 진행 방향을 나타내며, 이 경우에는 부피가 큰 지점에서 작은 지점까지이다. 그래프 아래에 있는 넓이는

$$넓이 = P(V_f - V_i) = P\Delta V$$

이다. ***PV* 도표에서 그래프 아래의 넓이는 기체에 한 일의 크기와 같다.**

예제 12.2

문제 **(a)** 그림 12.4a와 **(b)** 그림 12.4b에서 기체에 한 일의 값을 구하라.

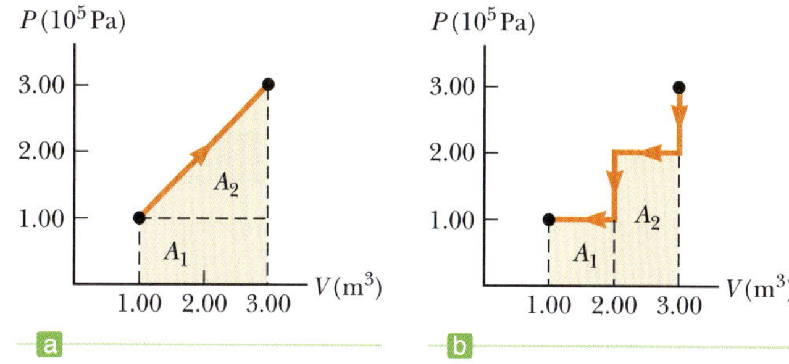

그림 12.4 (예제 12.2)

풀이 **(a)** 그림 12.4a에서 기체에 한 일을 구한다.

그림 12.4a에서 넓이 A_1과 A_2를 계산한다. A_1은 직사각형이고 A_2는 삼각형이다.

$$A_1 = \text{가로} \times \text{세로} = (2.00\ \text{m}^3)(1.00 \times 10^5\ \text{Pa}) = 2.00 \times 10^5\ \text{J}$$

$$A_2 = \frac{1}{2}\ \text{밑변} \times \text{높이} = \frac{1}{2}(2.00\ \text{m}^3)(2.00 \times 10^5\ \text{Pa}) = 2.00 \times 10^5\ \text{J}$$

넓이를 모두 더한다(화살표의 방향이 부피가 증가하는 방향이므로 기체에 한 일은 음이다).

$$\text{넓이} = A_1 + A_2 = 4.00 \times 10^5\ \text{J}$$

$$W = -4.00 \times 10^5\ \text{J}$$

(b) 그림 12.4b에서 기체에 한 일을 구한다.

두 직사각형의 넓이를 계산한다.

$$A_1 = \text{가로} \times \text{세로} = (1.00\ \text{m}^3)(1.00 \times 10^5\ \text{Pa}) = 1.00 \times 10^5\ \text{J}$$

$$A_2 = \text{가로} \times \text{세로} = (1.00\ \text{m}^3)(2.00 \times 10^5\ \text{Pa}) = 2.00 \times 10^5\ \text{J}$$

넓이를 모두 더한다(화살표의 방향이 부피가 감소하는 방향이므로 기체에 한 일은 양이다).

$$\text{넓이} = A_1 + A_2 = 3.00 \times 10^5\ \text{J}$$

$$W = +3.00 \times 10^5\ \text{J}$$

12.2 열역학 제1법칙

열역학 제1법칙(first law of thermodynamics)은 내부 에너지(계에 있는 부자의 진동 및 위치와 관련이 있는 에너지)의 변화가 열과 일에 의한 에너지의 전달과 관련된 또 다른 에너지의 보존 법칙이다.

계와 주변 사이에 교환된 모든 에너지 Q와 압축이나 팽창에 의해 한 모든 일 W는 계의 내부 에너지의 변화 ΔU가 생기게 한다. 내부 에너지의 변화는 계의 압력, 온도, 부피와 같은 거시적 변수의 변화를 가져 온다. 내부 에너지 ΔU, 에너지 Q, 계에 한 일 W 사이의 관계가 **열역학 제1법칙**(first law of thermodynamics)이다.

계가 처음 상태에서 나중 상태로 변한다고 하자. 이렇게 변하는 동안 열의 형태로 계에 전달된 에너지는 Q이고, 계에 한 일은 W로 정하자. 이때 계의 내부 에너지 변화 ΔU는 다음과 같다.

$$\Delta U = U_f - U_i = Q + W \qquad [12.2]$$

Q는 열에 의해 에너지가 계 내부로 이동할 때 양이 되고, 계 밖으로 이동할 때는 음이 된다.

예제 12.3

문제 등압 과정 중에 이상 기체는 주변에 2.00×10^3 J의 일을 하고 5.00×10^3 J의 에너지를 흡수한다. **(a)** 기체의 내부 에너지의 변화를 구하라. **(b)** 내부 에너지가 4.50×10^3 J 만큼 감소되고 계에서 7.50×10^3 J의 열이 방출될 때, 부피의 변화량을 구하라. 등압 과정에서의 압력은 1.01×10^5 Pa라고 가정한다.

풀이 **(a)** 기체의 내부 에너지 변화를 계산한다.

기체가 한 일이 음의 값임에 주의하면서, 제1법칙에 값을 대입한다.

$$\Delta U = Q + W = 5.00\times10^3\ \text{J} - 2.00\times10^3\ \text{J}$$
$$= 3.00\times10^3\ \text{J}$$

(b) 이 경우 ΔU와 Q가 모두 음의 값임에 주의하면서 부피의 변화량을 구한다.

일정한 압력에서 한 일에 대한 식을 제1법칙에 대입한다.

$$\Delta U = Q + W = Q - P\Delta V$$
$$-4.50 + 10^3\ \text{J} = -7.50 + 10^3\ \text{J} - (1.01\times10^5\ \text{Pa})\Delta V$$

부피의 변화 ΔV에 대하여 푼다.

$$\Delta V = -2.97\times10^{-2}\ \text{m}^3$$

다음과 같이 주어지는 이상 기체의 내부 에너지에 대한 식을 살펴보자.

$$U = \frac{3}{2}nRT \qquad [12.3a]$$

이 식은 기체를 구성하는 입자들이 한 종류의 원자로 이루어진 것을 의미하는 **단원자** 이상 기체인 경우에만 적용된다. 이와 같은 기체에 대한 내부 에너지 변화 ΔU는

$$\Delta U = \frac{3}{2}nR\Delta T \qquad [12.3b]$$

이다. 단원자 이상 기체의 **등적 몰비열**(molar specific heat at constant volume) C_v를 다음과 같이 정의한다.

$$C_v \equiv \frac{3}{2}R \qquad [12.4]$$

이때 이상 기체의 내부 에너지 변화는 다음과 같이 표현할 수 있다.

$$\Delta U = nC_v\Delta T \qquad [12.5]$$

이상 기체의 경우 이 식은 부피가 변화하는 경우를 포함하여 모든 경우에 적용할 수 있다. 그러나 몰비열의 값은 기체에 따라 다르며, 온도와 압력에 따라 변한다.

12.3 열역학 과정

등압 과정

팽창되는 기체는 주변에 $W_{주변} = P\Delta V$의 일을 한다. 그림 12.2는 등압 팽창의 PV

도표이다. 앞에서 설명한 바와 같이 기체에 한 일의 크기는 PV 도표에서 경로 아래에 있는 넓이, 즉 가로 곱하기 세로 또는 $P\Delta V$이다. 이것의 음의 값, $W = -P\Delta V$는 기체가 팽창할 때 일을 하기 때문에 기체에 의해서 잃은 에너지이다. 이것은 제1법칙으로 대체되어야 하는 양이다.

기체는 내부 에너지의 변화량 ΔU만큼 계의 주변에 일을 한다. 이상 기체의 내부 에너지 변화량은 $\Delta U = nC_v\Delta T$이기 때문에 내부 에너지가 감소함에 따라 팽창하는 기체의 온도는 감소한다. 이상 기체의 법칙 $PV = nRT$에 의해 부피가 팽창하고 온도가 감소하면 반드시 압력이 감소한다. 따라서 압력이 일정한 상태로 과정이 유지되는 방법은 열 형태로 열에너지 Q가 기체 속으로 이동하는 것이다.

열역학 제1법칙은 다음과 같이 다시 나타낼 수 있다.

$$Q = \Delta U - W = \Delta U + P\Delta V$$

이때 식 12.3b를 이용하여 ΔU값을 대입하고 이상 기체의 법칙 $P\Delta V = nR\Delta T$를 대입하여 정리하면 다음과 같다.

$$Q = \frac{3}{2}nR\Delta T + nR\Delta T = \frac{5}{2}nR\Delta T$$

이와 같은 열전달에 대한 또 다른 식은

$$Q = nC_P\Delta T \qquad [12.6]$$

이며, 여기서 $C_P = \frac{5}{2}R$이다. 이상 기체의 경우 등압 몰비열 C_p는 등적 몰비열 C_v와 기체 상수 R의 합이다.

$$C_P = C_v + R \qquad [12.7]$$

예제 12.4

문제 압력이 2.00×10^5 Pa이고 처음 온도가 293 K인 단원자 이상 기체로 이루어진 계가 압력이 일정한 상태에서 부피가 1.00 L에서 2.50 L로 서서히 팽창하고 있다고 가정하자. **(a)** 주변에 한 일을 구하라. **(b)** 기체의 내부 에너지 변화를 구하라. **(c)** 열역학 제1법칙을 사용하여 과정 중에 흡수된 열에너지를 구하라.

풀이 **(a)** 주변에 한 일을 구한다.
등압에서 일의 정의를 적용한다.

$$W_{주변} = P\Delta V = (2.00\times10^5\ \text{Pa})(2.50\times10^{-3}\ \text{m}^3 - 1.00\times10^{-3}\ \text{m}^3)$$
$$= \boxed{3.00\times10^2\ \text{J}}$$

(b) 기체의 내부 에너지 변화를 구한다.
먼저, $P_i = P_f$임에 주의하고 이상 기체의 법칙을 사용하여 나중 온도를 구한다.

$$\frac{P_fV_f}{P_iV_i} = \frac{T_f}{T_i} \rightarrow T_f = T_i\frac{V_f}{V_i} = (293\ \text{K})\frac{(2.50\times10^{-3}\ \text{m}^3)}{(1.00\times10^{-3}\ \text{m}^3)}$$
$$T_f = 733\ \text{K}$$

이상 기체의 법칙을 다시 사용하여 기체의 몰수를 구한다.

$$n = \frac{P_iV_i}{RT_i} = \frac{(2.00\times10^5\ \text{Pa})(1.00\times10^{-3}\ \text{m}^3)}{(8.31\ \text{J/K}\cdot\text{mol})(293\ \text{K})}$$
$$= 8.21\times10^{-2}\ \text{mol}$$

이 결과와 주어진 값을 사용하여 내부 에너지 변화 ΔU를 구한다.

$$\Delta U = nC_v\Delta T = \frac{3}{2}nR\Delta T$$
$$= \frac{3}{2}(8.21\times10^{-2}\ \text{mol})(8.31\ \text{J/K}\cdot\text{mol})(733\ \text{K} - 293\ \text{K})$$
$$\Delta U = \boxed{4.50\times10^2\ \text{J}}$$

(c) 제1법칙을 사용하여 열로서 전달된 에너지를 구한다.

제1법칙을 Q에 대해 풀고 ΔU와 $W = -W_{\text{주변}} = -3.00 \times 10^2\ \text{J}$을 대입한다.

$$\Delta U = Q + W \ \rightarrow \ Q = \Delta U - W$$

$$Q = 4.50 \times 10^2\ \text{J} - (-3.00 \times 10^2\ \text{J}) = \boxed{7.50 \times 10^2\ \text{J}}$$

단열 과정

단열 과정에서는 $Q = 0$이기 때문에, 제1법칙은 다음과 같이 쓸 수 있다.

$$\Delta U = W \quad (\text{단열 과정})$$

단열 과정 중에 한 일은 내부 에너지의 변화를 구하여 계산할 수 있다. 또한 일은 PV 도표로부터 계산할 수도 있다. 단열 과정에 있는 이상 기체는 다음과 같이 나타낼 수 있다.

$$PV^{\gamma} = \text{일정} \qquad [12.8a]$$

여기서

$$\gamma = \frac{C_p}{C_v} \qquad [12.8b]$$

이며, 기체의 **단열 지수**(adiabatic index)이다.

예제 12.5

문제 1.80×10^3 rev/min으로 회전하는 자동차 엔진에서 뜨거운 고압의 기체가 피스톤을 밀어내며 10 ms 동안 팽창한다. 열에 의한 에너지 전달이 대략 수 분 또는 수 시간 걸리기 때문에 팽창하는 동안 에너지가 뜨거운 기체에서 거의 빠져나가지 않는다고 가정해도 무방하다. 엔진 속의 실린더에 단원자 이상 기체 0.100몰이 담겨 있어서 팽창하는 동안에 기관의 일반 온도인 1.200×10^3 K에서 4.00×10^2 K까지 낮아진다고 할 때, 이 단열 팽창 동안 기체가 피스톤에 한 일을 구하라.

풀이 제1법칙에 $Q = 0$을 대입하여 푼다.

$$W = \Delta U - Q = \Delta U - 0 = \Delta U$$

단원자 이상 기체의 내부 에너지에 대한 식으로부터 ΔU를 구한다.

$$\Delta U = U_f - U_i = \frac{3}{2} nR(T_f - T_i)$$

$$= \frac{3}{2}(0.100\ \text{mol})(8.31\ \text{J/mol}\cdot\text{K})(4.00 \times 10^2\ \text{K} - 1.20 \times 10^3\ \text{K})$$

$$= -9.97 \times 10^2\ \text{J}$$

내부 에너지의 변화는 피스톤에 한 일의 음의 값인 계에 한 일과 같다.

$$W_{\text{피스톤}} = -W = -\Delta U = \boxed{9.97 \times 10^2\ \text{J}}$$

예제 12.6

문제 처음 압력이 1.01×10^5 Pa인 단원자 이상 기체가 처음 부피 $1.50\ \text{m}^3$의 두 배로 팽창한다(그림 12.5). **(a)** 이때의 압력을 구하라. **(b)** PV 도표를 그리고, 기체에 한 일을 추정하라.

풀이 **(a)** 새로운 압력을 구한다.

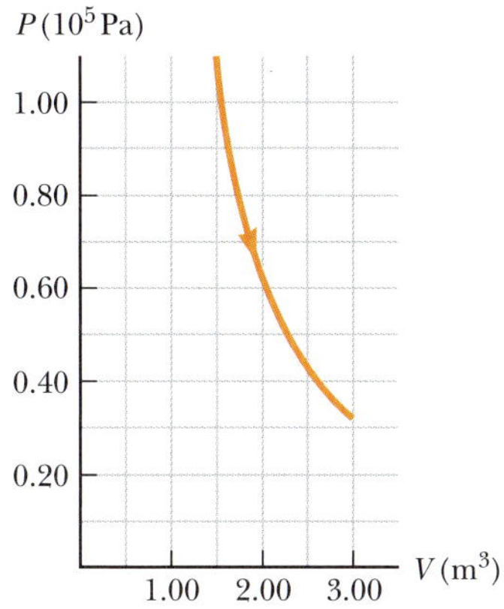

그림 12.5 (예제 12.6) 단열 팽창의 PV 도표. C는 상수이고, $\gamma = C_p/C_v$인 $P = CV^{-\gamma}$의 그래프

먼저 단열 지수를 계산한다.

$$\gamma = \frac{C_p}{C_v} = \frac{(5/2)R}{(3/2)R} = \frac{5}{3}$$

식 12.8a를 이용하여 상수 C를 구한다.

$$C = P_1V_1^{\gamma} = (1.01 \times 10^5\ \mathrm{Pa})(1.50\ \mathrm{m}^3)^{5/3}$$
$$= 1.99 \times 10^5\ \mathrm{Pa \cdot m^5}$$

상수 C는 과정 중에 변하지 않으므로 P_2를 구하는 데 사용할 수 있다.

$$C = P_2V_2^{\gamma} = P_2(3.00\ \mathrm{m}^3)^{5/3}$$
$$1.99 \times 10^5\ \mathrm{Pa \cdot m^5} = P_2(6.24\ \mathrm{m}^5)$$
$$P_2 = \boxed{3.19 \times 10^4\ \mathrm{Pa}}$$

(b) PV 도표를 이용하여 기체에 한 일을 추정한다.
그림 12.5에 나타낸 PV 도표를 참고하여, $V_1 = 1.50\ \mathrm{m}^3$와 $V_2 = 3.00\ \mathrm{m}^3$ 사이에서 $P = (1.99 \times 10^5\ \mathrm{Pa \cdot m^5})V^{-5/3}$인 그래프 아래에 있는 네모 칸의 수를 센다.

$$\text{네모 칸의 수} \approx 17$$

네모 칸 하나의 넓이는 5.00×10^3 J이다.

$$W \approx -17 \cdot 5.00 \times 10^3\ \mathrm{J} = \boxed{-8.5 \times 10^4\ \mathrm{J}}$$

등적 과정

등적 과정(isovolumetric processes)은 부피가 일정한 상태로 진행되는 것이며, PV 도표에서 수직선으로 나타난다. 부피가 변하지 않으면, 계가 한 일 또는 계에 한 일은 없다. 따라서 $W = 0$이고, 열역학 제1법칙은 다음과 같이 표현된다.

$$\Delta U = Q \qquad (\text{등적 과정})$$

이 결과는 등적 과정에서 **계의 내부 에너지의 변화가 열에 의해 계에 전달된 에너지와 같음**을 의미한다. 식 12.5에 의해 등적 과정에서도 열에 의해 전달된 에너지는 다음과 같이 나타낼 수 있다.

$$Q = nC_v\Delta T \qquad [12.9]$$

예제 12.7

문제 어떤 단원자 이상 기체의 온도가 $T = 3.00 \times 10^2$ K이고 부피는 1.50 L로 일정하다. 5.00몰의 기체가 있다면, **(a)** 기체의 온도를 3.80×10^2 K까지 올리려면 얼마의 열에너지가 필요한가? **(b)** 기체의 압력의 변화 ΔP를 계산하라.

풀이 **(a)** 기체의 온도를 3.80×10^2 K까지 올리는 데 필요한 열에너지를 구한다.
식 12.9에 단원자 이상 기체에 대한 $C_v = 3R/2$을 대입한다.

$$Q = \Delta U = nC_v\Delta T = \frac{3}{2}nR\Delta T \qquad (1)$$
$$= \frac{3}{2}(5.00\ \mathrm{mol})(8.31\ \mathrm{J/K \cdot mol})(80.0\ \mathrm{K})$$
$$= \boxed{4.99 \times 10^3\ \mathrm{J}}$$

(b) 기체의 압력 변화 ΔP를 계산한다.
이상 기체 방정식 $PV = nRT$와 식 (1)을 이용하여 ΔP와 Q의 관계를 구한다.

$$\Delta(PV) = (\Delta P)V = nR\Delta T = \frac{2}{3}Q$$

ΔP를 계산한다.

$$\Delta P = \frac{2}{3}\frac{Q}{V} = \frac{2}{3}\frac{4.99 \times 10^3\ \text{J}}{1.50 \times 10^{-3}\ \text{m}^3}$$

$$= 2.22 \times 10^6\ \text{Pa}$$

등온 과정

등온 과정 중에는 계의 온도가 변하지 않는다. 이상 기체에서 내부 에너지 U는 온도가 변할 때에만 변한다. 그래서 이것은 $\Delta T = 0$이기 때문에 $\Delta U = 0$이 된다. 이 경우 열역학 제1법칙을 다음과 같이 쓸 수 있다.

$$W = -Q \quad \text{(등온 과정)}$$

만일 계가 등온 과정에 있는 이상 기체라면, 계에 한 일은 계에 전달된 열에너지의 음의 값과 같다. 온도가 일정한 이상 기체의 경우

$$P = \frac{nRT}{V}$$

이며, 우변 항에서 분자는 상수이다. 전형적인 등온 과정에 대한 PV 도표를 단열 과정과 비교하여 그림 12.6에 나타내었다. 등온 과정보다 단열 과정에서 더 가파르게 떨어지는 이유는 단열 과정에서는 열에너지가 계로 들어갈 수 없기 때문이다. 등온 팽창에서는, 계가 외부에 일을 하면서 에너지를 잃지만 같은 양의 에너지를 경계면을 통해 다시 얻는다.

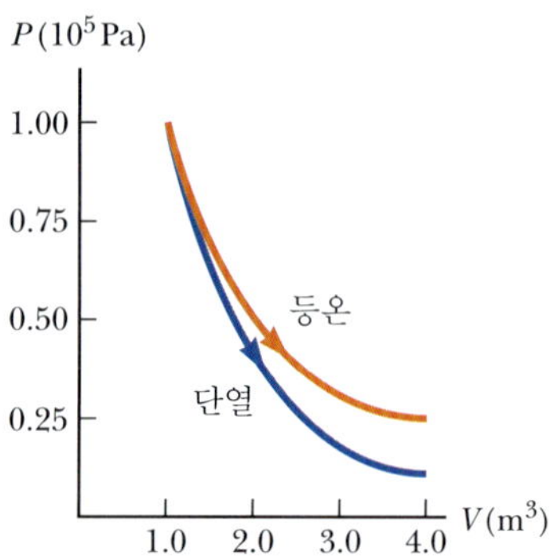

그림 12.6 $P = CV^{-1}$인 등온 팽창과 $P = C_A V^{-\gamma}$인 단열 팽창을 비교하여 나타낸 PV 도표. 여기서 C는 상수이다. C_A는 C와 크기가 같은 상수이나, 단위는 다르다.

등온 과정에서 주변에 한 일은 미적분 계산법을 사용하여 다음과 같이 주어진다.

$$W_{\text{주변}} = nRT\ln\left(\frac{V_f}{V_i}\right) \qquad [12.10]$$

식 12.10에서 'ln' 기호는 자연로그(대수)의 약자이다. 기체에 한 일 W는 $W_{\text{주변}}$의 음의 값이다.

예제 12.8

문제 풍선 속에 단원자 이상 기체 5.00몰이 있다. 열에 의해 계에 에너지가 증가할 때(예를 들면, 태양 빛의 흡수에 의해) 일정한 온도 27.0 °C에서 부피가 25 % 증가한다. 풍선이 팽창하면서 열에너지 Q가 기체에 전달된다. 팽창하는 풍선에서 기체가 한 일 $W_{\text{주변}}$, 기체에 전달된 열에너지 Q, 기체에 한 일 W을 구하라.

풀이 식 12.10에 대입하여 등온 팽창 동안에 한 일을 구한다. $T = 27.0\ ^\circ\text{C} = 3.00 \times 10^2\ \text{K}$임에 주목한다.

$$W_{\text{주변}} = nRT\ln\left(\frac{V_f}{V_i}\right)$$

$$= (5.00\ \text{mol})(8.31\ \text{J/K}\cdot\text{mol})(3.00 \times 10^2\ \text{K}) \times \ln\left(\frac{1.25\,V_0}{V_0}\right)$$

$$W_{\text{주변}} = 2.78 \times 10^3\ \text{J}$$

$$Q = W_{\text{주변}} = 2.78 \times 10^3\ \text{J}$$

이 양의 음의 값은 기체에 한 일이다.

$$W = -W_{\text{주변}} = -2.78 \times 10^3\ \text{J}$$

12.4 열기관과 열역학 제2법칙

열기관(heat engine)은 열에 의해 에너지를 받아들이고, 그 에너지 일부를 전기 에너지나 역학적 에너지와 같은 다른 형태의 에너지로 전환시킨다.

일반적으로 열기관 속의 물질은 (1) 고온의 저장체에서 열 형태로 에너지를 흡수하고 (2) 기관이 일을 한 뒤 (3) 저온의 저장체에 열 형태로 에너지를 내보내는 **순환 과정**(cyclic process)을 거치면서 작동한다.

열기관을 그림 12.7과 같이 개략적으로 표시하면 이해하기가 쉽다. 열기관은 뜨거운 저장체에서 에너지 Q_h를 흡수하고 $W_{기관}$의 일을 한 다음, 차가운 저장체에 에너지 Q_c를 보낸다(기관에 음의 일을 하므로 $W = -W_{기관}$ 임에 주의한다.).

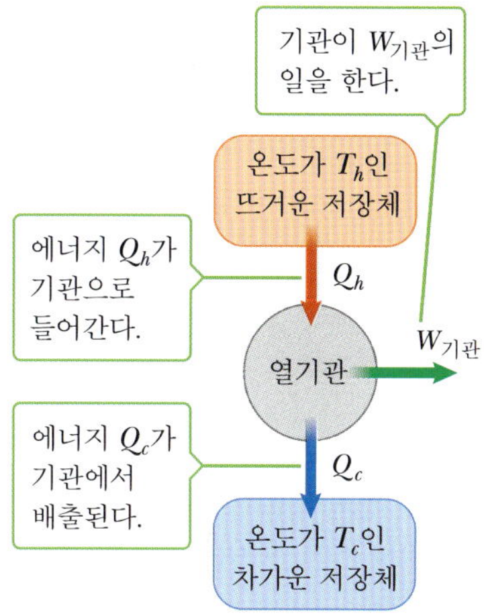

그림 12.7 열기관의 개략도. 뜨거운 저장체의 열에너지 일부가 일을 하고 나머지는 차가운 저장체로 방출된다.

그러므로 열역학 제1법칙에 의해서

$$\Delta U = 0 = Q + W \quad \rightarrow \quad Q_{알짜} = -W = W_{기관}$$

이다. 두 번째 식은 **열기관이 한 일 $W_{기관}$이 기관이 흡수한 알짜 에너지 $Q_{알짜}$와 같음을 의미한다.** 그림 12.9에서 알 수 있듯이 $Q_{알짜} = |Q_h| - |Q_c|$ 이므로

$$W_{기관} = |Q_h| - |Q_c| \qquad [12.11]$$

이다.

동작하는 물질이 기체이면, **순환 과정 동안에 기관이 한 일은 PV 도표에서 과정을 나타내는 곡선으로 둘러싸인 영역의 넓이와 같다.** 그림 12.8에서 임의의 순환 과정에 대하여 이 넓이를 나타내었다.

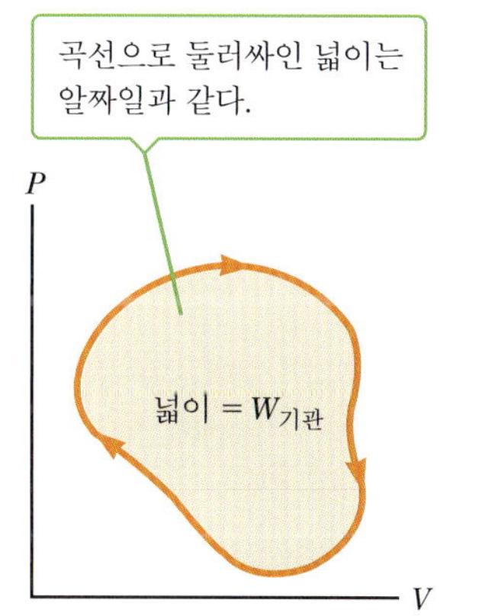

그림 12.8 임의의 순환 과정에 대한 PV 도표

열기관의 **열효율**(thermal efficiency) e는 한 주기 동안 열기관이 한 일 $W_{기관}$을 흡수된 에너지로 나눈 값으로 정의한다.

$$e \equiv \frac{W_{기관}}{|Q_h|} = \frac{|Q_h| - |Q_c|}{|Q_h|} = 1 - \left|\frac{Q_c}{Q_h}\right| \qquad [12.12]$$

예제 12.9

문제 열기관이 한 순환 과정 동안 뜨거운 저장체에서 2.00×10^3 J의 에너지를 전달받고, 차가운 저장체로 1.50×10^3 J을 전달한다. **(a)** 기관의 열효율을 구하라. **(b)** 한 순환 과정 동안 기관이 한 일은 얼마인가?

풀이 **(a)** 기관의 열효율을 구한다.

식 12.12에 Q_c와 Q_h를 대입한다.

$$e = 1 - \frac{|Q_c|}{|Q_h|} = 1 - \frac{1.50 \times 10^3 \text{ J}}{2.00 \times 10^3 \text{ J}} = \boxed{0.250 \text{ 또는 } 25.0\ \%}$$

(b) 한 순환 과정 동안 기관이 한 일을 구한다.

식 12.11 형태의 제1법칙을 이용하여 기관이 한 일을 구한다.

$$W_{기관} = |Q_h| - |Q_c| = 2.00 \times 10^3 \text{ J} - 1.50 \times 10^3 \text{ J}$$

$$= \boxed{5.00 \times 10^2 \text{ J}}$$

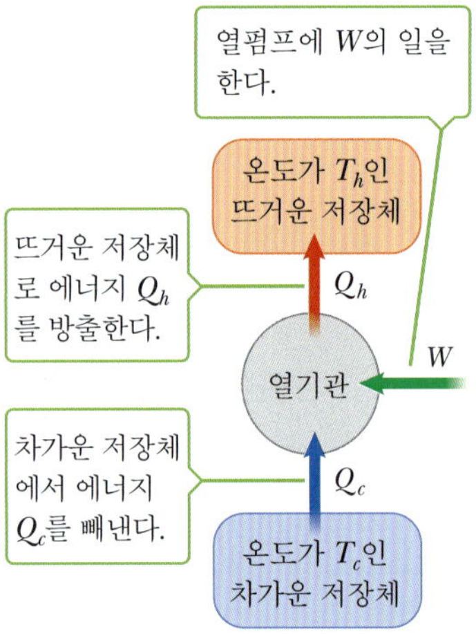

그림 12.9 열펌프의 개략도. 차가운 저장체의 에너지를 빼내어 뜨거운 저장체로 방출한다.

냉장고와 열펌프

열기관은 역으로 동작할 수 있다. 이 경우 에너지는 기관으로 유입되며, 이것은 에너지가 차가운 저장체에서 뜨거운 저장체로 빠져나가는 그림 12.9에서와 같이 일 W로 나타난다. 이러한 계는 열펌프로 동작하며, 냉장고가 일반적인 예이다. 냉장고 내부에서 에너지 Q_c가 빠져나와 부엌의 더운 공기 속으로 에너지 Q_h가 전달된다. 일은 냉장고의 압축기(컴프레서)에서 일어난다. 여기에서 프레온 등과 같은 냉매가 압축되어 온도가 증가된다.

가정용 에어컨도 열펌프의 또 다른 예이다. 일부 가정에서 열펌프로 냉방과 난방을 한다. 겨울에는 차가운 외부 공기에서 에너지 Q_c를 뽑아 실내의 더운 공기에 에너지 Q_h를 전달한다. 반면에 여름에는 시원한 실내 공기에서 에너지 Q_c를 뽑아내어 더운 외부 공기에 에너지 Q_h를 전달한다.

냉동기 또는 에어컨의 성능 계수(COP: coefficient of performance)는 차가운 저장체에서 빼앗은 에너지 $|Q_c|$를 장치가 한 일 W로 나눈 값이다.

$$\text{COP(냉방용)} = \frac{|Q_c|}{W} \qquad [12.13]$$

SI 단위: 차원이 없는 양

이 비율이 커질수록 한 일에 비하여 제거된 에너지가 커지기 때문에 성능이 더 좋아진다. 좋은 냉장고나 냉난방 장치는 COP값이 5 또는 6이다.

열역학 제2법칙

켈빈-플랑크의 **열역학 제2법칙**(second law of thermodynamics)은 다음과 같이 표현할 수 있다.

저장체에서 에너지를 흡수하여 한 순환 과정을 작동하는 동안 그 에너지를 모두 완전한 일로 바꿀 수 있는 열기관은 없다.

이렇게 표현한 제2법칙은 열기관의 효율 $e = W_{기관}/|Q_h|$이 항상 1보다 작다는 것을 의미한다. 일부 에너지 Q_c가 항상 주변에서 손실된다. 다시 말해서 효율이 100 %인 열기관을 만드는 것은 이론적으로 불가능하다는 것이다.

요약하면 제1법칙은 **순환 과정에서 공급한 에너지보다 더 많은 에너지를 얻을 수 없고, 제2법칙은 공급한 에너지와 동일한 에너지를 얻을 수 없다**는 것이다.

열역학 제2법칙은 다음과 같이 표현할 수도 있다.

두 계가 열로 접촉되어 있을 때, 온도가 높은 계에서 온도가 낮은 계로 열에 의해 자발적인 알짜 열에너지의 이동이 일어난다.

캘빈 경 Lord Kelvin, 1824~1907
영국의 물리학자 겸 수학자

북아일랜드의 벨파스트에서 윌리엄 톰슨(William Thomson)이라는 이름으로 태어났다. 켈빈은 절대 온도를 사용하자고 제안한 최초의 인물이다. 에너지는 저절로 차가운 물체에서 뜨거운 물체로 흐르지 않는다는 생각을 이끌어 냈으며, 이것은 현재 열역학 제2법칙으로 알려져 있다.

가역 과정과 비가역 과정

가역(reversible) 과정에서는 그 경로에 있는 모든 상태가 평형 상태이다. 그래서 계는 역방향으로 같은 경로를 따라 진행하면 처음 상태로 되돌아올 수 있다. 이러한 조건을 만족하지 않는 과정이 **비가역**(irreversible) 과정이다.

자연에서 일어나는 모든 과정은 비가역 과정이라고 알려져 있으며, 가역 과정은 이상적인 상황이다. 비록 실제의 과정은 항상 비가역 과정이지만, 일부는 거의 가역 과정이라고 할 수 있다. 과정이 매우 천천히 일어나서 계가 실질적으로 평형 상태를 유지하면, 그 과정은 가역 과정으로 생각할 수 있다.

카르노 기관

카르노의 정리(Carnot's theorem)는 다음과 같이 표현할 수 있다.

> 두 에너지 저장체 사이에서 작동하는 어떠한 열기관도 동일한 에너지 저장체 사이에서 작동하는 카르노 기관보다 열효율이 더 높을 수는 없다.

카르노 Sadi Carnot, 1796~1832
프랑스의 공학자

카르노는 열역학의 창시자로 여겨진다. 사망 이후에 발견된 그의 공책에서 열과 일의 관계를 처음으로 인식하고 있었다는 것을 알 수 있다.

카르노 순환 과정에서, 한쪽 끝이 움직일 수 있는 피스톤으로 막혀 있는 원통 안에 이상 기체가 담겨 있다. 기체의 온도는 T_c와 T_h 사이에서 변한다. 원통의 벽과 피스톤을 통하여 열전도가 일어나지 않는다고 가정하자. 그림 12.10은 카르노 기관의 네 가지 단계이고, 그림 12.11은 순환 과정에 대한 PV 도표이다. 순환 과정은 두 단계의 단열 과정과 두 단계의 등온 과정으로 이루어져 있으며 모두 가역 과정이다.

1. 과정 $A \to B$에서 기체는 온도가 T_h인 뜨거운 저장체(예를 들면, 커다란 오븐)와 열접촉을 통해 온도 T_h에서 등온 팽창을 한다(그림 12.10a). 이 과정에서 기체는 저장체로부터 에너지 Q_h를 흡수하고 피스톤을 밀어 올리면서 일 W_{AB}를 한다.
2. 과정 $B \to C$에서 원통의 바닥이 단열벽으로 바뀌고, 기체가 단열 과정으로 팽창한다. 그래서 이 계는 열 형태로 에너지가 나가거나 들어오지 않는다(그림 12.10b). 이 과정 동안 온도는 T_h에서 T_c로 낮아지며 기체는 피스톤을 밀어 올리면서 일 W_{BC}를 한다.
3. 과정 $C \to D$에서 기체는 온도 T_c의 차가운 저장체와 열접촉을 하며(그림 12.10c) 온도 T_c에서 등온 압축된다. 이 과정 동안 기체는 저장체로 열 Q_c를 내보내며 기체가 한 일은 W_{CD}이다.
4. 마지막 과정 $D \to A$에서 원통의 바닥이 다시 단열 벽으로 바뀌고(그림 12.10d) 기체가 단열 압축된다. 기체의 온도는 T_h로 증가하고 기체에 한 일은 W_{DA}이다.

카르노 기관에서 열에너지 전달과 절대 온도의 관계는 다음과 같이 나타낼 수 있다.

$$\frac{|Q_c|}{|Q_h|} = \frac{T_c}{T_h} \qquad [12.15]$$

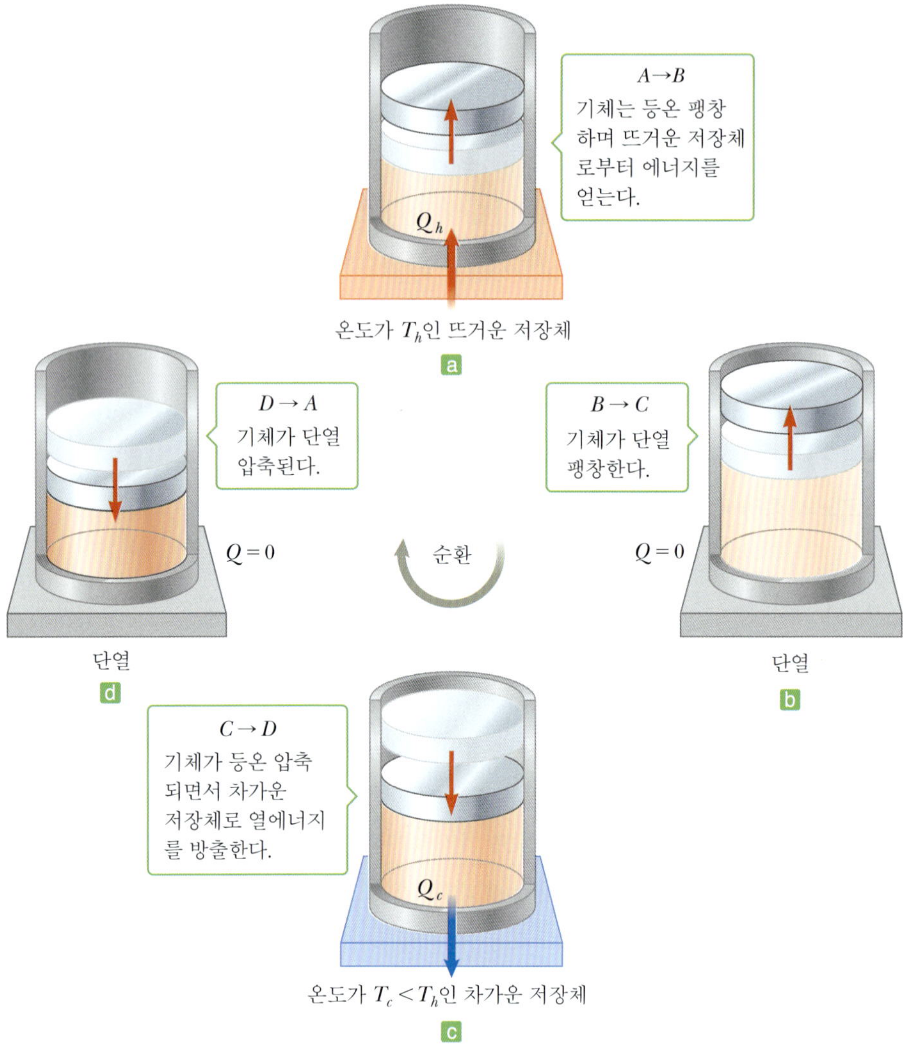

그림 12.10 카르노 순환 과정. 문자 *A*, *B*, *C*, *D*는 그림 12.16에 있는 기체의 상태에 해당하는 기호이다. 피스톤 위의 화살표는 각 과정에서의 피스톤의 운동 방향을 나타낸다.

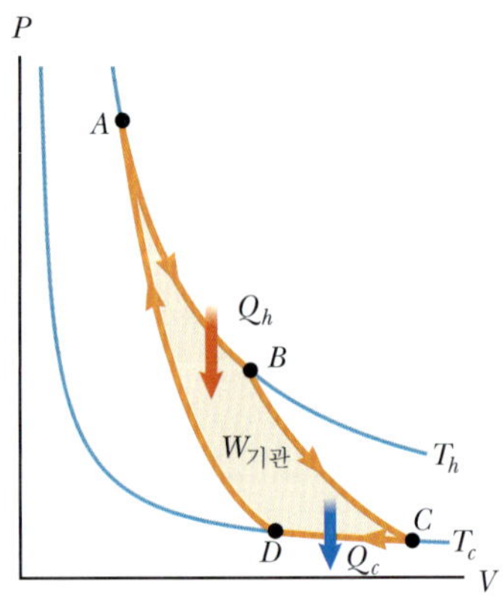

그림 12.11 카르노 순환 과정에 대한 *PV* 도표. 행한 알짜일 $W_{기관}$은 한 순환 과정 동안 열에 의해 얻은 에너지 $|Q_h| - |Q_c|$와 같다.

이 식을 식 12.12에 대입하여 카르노 기관의 열효율을 구하면

$$e_C = 1 - \frac{T_c}{T_h} \qquad [12.16]$$

이며, 여기서 T는 반드시 절대 온도를 사용해야 한다. 이 결과로부터, **동일한 두 온도 사이에서 가역적으로 작동하는 카르노 기관들은 열효율이 모두 같다**는 것을 알 수 있다.

예제 12.10

문제 온도 5.00×10^2 K에서 작동하는 보일러를 가진 증기 기관이 있다. 보일러의 에너지로 인해서 물이 수증기로 바뀌고 피스톤을 밀어낸다. 배기 기체의 온도는 외부 공기의 온도 3.00×10^2 K와 같다. **(a)** 이상적인 기관이라고 할 때, 이 기관의 효율은 얼마인가? **(b)** 보일러에 3.50×10^3 J의 에너지가 공급될 때, 차가운 저장체에 전달된 에너지와 기관이 주변에 한 일을 구하라.

풀이 **(a)** 기관이 이상적인 것이라고 할 때, 기관의 효율을 구한다.

카르노 기관의 효율에 관한 식인 식 12.16에 대입한다.

$$e_C = 1 - \frac{T_c}{T_h} = 1 - \frac{3.00 \times 10^2 \text{ K}}{5.00 \times 10^2 \text{ K}} = 0.400, \text{ 또는 } 40\ \%$$

(b) 한 순환 동안 기관에 3.50×10^3 J이 공급될 때, 차가운 저장체에 전달된 에너지와 기관이 주변에 한 일을 구한다.

식 12.15로부터 에너지의 비는 온도의 비와 같다.

$$\frac{|Q_c|}{|Q_h|} = \frac{T_c}{T_h} \quad \rightarrow \quad |Q_c| = |Q_h|\frac{T_c}{T_h}$$

식에 대입하여 차가운 저장체에 전달된 에너지를 구한다.

$$|Q_C| = (3.50 \times 10^3\ \mathrm{J})\left(\frac{3.00 \times 10^2\ \mathrm{K}}{5.00 \times 10^2\ \mathrm{K}}\right) = \boxed{2.10 \times 10^3\ \mathrm{J}}$$

식 12.11을 사용하여 기관이 한 일을 구한다.

$$W_{기관} = |Q_h| - |Q_c| = 3.50 \times 10^3\ \mathrm{J} - 2.10 \times 10^3\ \mathrm{J}$$

$$= \boxed{1.40 \times 10^3\ \mathrm{J}}$$

12.5 엔트로피

엔트로피(entropy) S라 부르는 상태 변수는 열역학 제2법칙과 관련이 있다.

평형 상태에 있는 두 계 사이에서, 등온 가역 과정 동안 흡수 및 방출하는 에너지를 Q_r이라고 하자. 두 개의 평형 상태를 연결하는 등온 과정 동안 엔트로피의 변화는 다음과 같이 정의된다.

$$\Delta S \equiv \frac{Q_r}{T} \qquad [12.17]$$

SI 단위: 줄/켈빈(J/K)

엔트로피의 개념이 유용하고 널리 받아들여지게 된 이유는 압력, 부피, 온도와 함께 계의 상태를 나타내는 또 다른 변수를 제공하기 때문이다. 엔트로피라는 개념은 **우주의 엔트로피가 자연의 모든 과정에서 증가한다**는 것이 발견되었을 때에 훨씬 중요한 위치를 차지하게 되었다. 이것은 열역학 제2법칙을 표현하는 또 다른 방법이다.

우주의 엔트로피가 자연의 모든 과정에서 증가한다고 하더라도, 한 계의 엔트로피는 감소할 수 있다.

클라우지우스 Rudolf Clausius, 1822~1888, 독일의 물리학자

'변화'를 뜻하는 그리스어를 따서 물체의 엔트로피를 S로 할 것을 제안하였다. 에너지와 비슷한 단어인 엔트로피를 만들어냈다. 왜냐하면, 이 두 물리량이 물리적인 의미에서 도움이 되기 때문이다.

예제 12.11

문제 273 K의 얼음 덩어리가 373 K의 증기가 담긴 용기와 열접촉 상태로 놓여 있다. 증기의 일부가 373 K의 물로 응축되는 동안 25.0 g의 얼음이 273 K의 물로 변한다. **(a)** 얼음의 엔트로피 변화를 구하라. **(b)** 증기의 엔트로피 변화를 구하라.

풀이 **(a)** 얼음의 엔트로피 변화를 구한다.

융해열 L_f를 사용하여, 얼음 25.0 g이 녹는 데 필요한 열에너지를 계산한다.

$$Q_{얼음} = mL_f = (0.025\ \mathrm{kg})(3.33 \times 10^5\ \mathrm{J}) = 8.33 \times 10^3\ \mathrm{J}$$

얼음의 엔트로피 변화를 구한다.

$$\Delta S_{얼음} = \frac{Q_{얼음}}{T_{얼음}} = \frac{8.33 \times 10^3\ \mathrm{J}}{273\ \mathrm{K}} = \boxed{30.5\ \mathrm{J/K}}$$

(b) 증기의 엔트로피 변화를 구한다.

증기가 잃은 열에너지가 얼음이 얻은 열에너지와 같다는 결과를 대입한다.

$$\Delta S_{증기} = \frac{Q_{증기}}{T_{증기}} = \frac{-8.33 \times 10^3\ \mathrm{J}}{373\ \mathrm{K}} = \boxed{-22.3\ \mathrm{J/K}}$$

연습문제

1. 기체가 압력 1.5기압에서 부피 4.0 m^3의 용기 안에 담겨 있다. (a) 일정한 압력에서 부피가 처음 부피의 2배로 팽창되는 동안, (b) 일정한 압력에서 부피가 처음 부피의 1/4배로 압축되는 동안, 이 기체에 한 일은 각각 얼마인가?

2. 헬륨이 일정한 압력에서 273 K에서 373 K로 가열되는 동안 이상 기체처럼 행동한다. 이 과정 동안 헬륨이 20.0 J의 일을 한다면, 헬륨의 질량은 얼마인가?

3. 처음 온도 $T_i = 0\,°C$인 이상 기체 1.00몰이 일정한 압력 1.00기압에서 원래 부피의 네 배로 팽창한다. (a) 기체의 나중 온도 T_f를 계산하라. (b) 팽창되는 동안 기체에 한 일을 계산하라.

4. 일정한 압력 0.800기압에서 기체가 9.00 L에서 2.00 L로 압축된다. 이 과정에서 400 J의 에너지가 열 형태로 기체에서 방출된다. (a) 기체에 한 일은 얼마인가? (b) 기체의 내부 에너지 변화는 얼마인가?

5. 단원자 이상 기체의 분자가 가질 수 있는 유일한 에너지의 형태는 병진 운동 에너지이다. 10.5절에서 논의한 운동론의 결과를 사용하여, 압력 P에서 부피 V를 차지하는 단원자 이상 기체의 내부 에너지가 $U = \frac{3}{2}PV$임을 보여라.

6. 단면의 넓이가 0.150 m^2인 피스톤이 달린 용기에 기체가 담겨 있다. 피스톤이 안쪽으로 20.0 cm 움직이는 동안 기체의 압력은 6 000 Pa를 유지한다. (a) 기체가 한 일을 구하라. (b) 기체의 내부 에너지가 8.00 J만큼 감소한다면, 압축되는 동안 계에서 방출되는 열은 얼마인가?

7. 단원자 이상 기체가 675 K의 등온 상태에서 0.500 m^3에서 1.25 m^3로 팽창된다. 처음 압력이 1.00×10^5 Pa이면, (a) 기체에 한 일, (b) 열에너지 전달 Q, (c) 내부 에너지의 변화를 구하라.

8. 알루미늄 5.0 kg 덩어리가 대기압에서 20 °C에서 90 °C로 가열된다. (a) 알루미늄이 한 일, (b) 열로 알루미늄에 전달된 에너지, (c) 알루미늄의 내부 에너지 증가를 구하라.

9. 열기관이 온도 25 °C와 375 °C의 저장체 사이에서 작동한다. 이 기관의 최대 허용 효율은 얼마인가?

10. 기관이 한 일이 저장체에서 흡수한 에너지의 1/4과 같다. (a) 열효율은 얼마인가? (b) 흡수한 에너지 가운데 차가운 저장체에 배출한 것의 비율은 얼마인가?

11. 어떤 열기관이 매 순환 과정에서 277 °C의 열원에서 1.70 kJ의 에너지를 흡수하여 27 °C의 열원으로 1.20 kJ의 열을 방출한다. (a) 이 기관의 효율은 얼마인가? (b) 사이클당 이 기관이 한 일은 얼마인가? (c) 사이클이 0.300 s 동안 지속된다면 이 기관의 출력(일률)은 얼마인가?

12. 열기관이 한 순환 동안 뜨거운 저장체에서 500 J을 흡수하고 차가운 저장체에 300 J을 배출한다. 이 열기관의 효율이 카르노 기관의 효율의 60 %라면 카르노 기관에서 낮은 온도와 높은 온도의 비는 얼마인가?

13. 1.00×10^2 °C의 뜨거운 물 125 g이 담긴 스티로폼 컵이 상온 20.0 °C로 식는다. 실내의 엔트로피 변화는 얼마인가? 컵의 비열과 실내 온도의 변화는 무시한다.

14. 태양 표면의 온도는 대략 5 700 K이고, 지구 표면의 온도는 대략 290 K이다. 태양에서 지구로 1 000 J의 에너지가 열로 전달될 때에 엔트로피 변화는 얼마인가?

15. 물 1.0 L를 완전히 얼려서 얼음으로 만드는 데 냉동기를 사용하였다. 물과 냉동기는 온도 $T = 0\,°C$로 유지된다. (a) 물의 엔트로피 변화와 (b) 냉동기의 엔트로피 변화를 구하라.

16. 70.0 kg의 통나무가 25.0 m의 높이에서 호수로 떨어진다. 통나무, 호수, 공기의 온도가 모두 300 K이라면 이 과정에 대한 우주의 엔트로피 변화를 구하라.

17. 하루에 8시간을 자는 질량이 65 kg인 사람이 3.0시간 동안 가벼운 활동을 하고, 1.0시간 동안 느리게 걷고, 0.5시간 동안 적당한 속력으로 달리기를 한다면 이들 모든 활동을 통해 그 사람의 내부 에너지는 얼마나 변하는가?

ⓒ 김영우

금속 줄을 감아 만든 피아노 현. 금속 줄을 감아 현을 만들면 단위길이당 질량이 커지므로 파동의 속력이 작아지고, 진동수가 작아져 낮은 소리를 낸다. 피아노 조율은 줄에 걸리는 장력을 조절하여 진동수를 정확하게 맞추는 작업이다.

13 진동과 파동

VIBRATIONS AND WAVES

13.1 훅의 법칙

만일 용수철을 늘어나지 않은 평형 위치로부터 아주 작은 거리 x만큼 늘이거나 압축하였다가 놓으면, 용수철은 그림 13.1과 같이 물체에 힘을 가하게 된다. 이 용수철 힘은 실험을 통해 다음의 식을 따른다는 것을 알 수 있다.

$$F_s = -kx \tag{13.1}$$

여기서 x는 평형 위치($x = 0$)로부터의 물체의 변위이며, k는 **용수철 상수**(spring constant)라고 하는 양의 상수값이다. k값은 용수철의 강도의 척도이다. 강한 용수철은 k값이 크고, 연한 용수철은 k값이 작다.

용수철 힘은 항상 평형 위치를 향하기 때문에 종종 복원력이라고도 한다. **복원력은 항상 평형 위치를 향해 물체를 밀거나 당긴다.**

처음에 물체를 오른쪽으로 A만큼 당겼다가 놓았다고 하자. 용수철이 물체에 가하는 힘은 물체를 평형 위치로 되돌아가게 한다. 물체가 $x = 0$을 향해 다가갈수록 용수철 힘의 크기는 작아지게 되고(x가 작아지므로) 결국 $x = 0$에서 힘은 영이 된다. 한

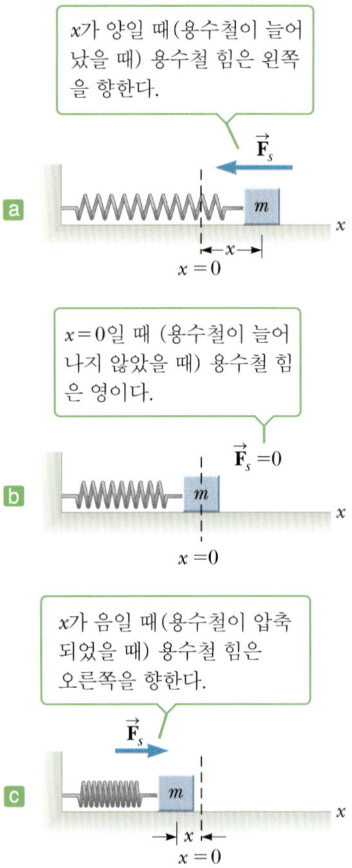

그림 13.1 용수철에 의해 물체에 가해지는 힘은 평형 위치 $x = 0$으로부터 멀어진 물체의 변위에 따라 변한다.

편 물체가 평형 위치로 다가갈수록 물체의 속력은 점점 커지고, $x = 0$에서 최대가 된다. 물체가 얻는 운동량 때문에, 물체는 평형 위치를 지나치게 되고 용수철을 압축한다. 물체가 평형 위치의 왼쪽으로(음의 x값) 움직임에 따라 용수철 힘은 점차 크기가 커지면서 물체에 오른쪽으로 작용하게 되고, 물체의 속력은 줄어든다. 결국 물체는 $x = -A$에서 순간적으로 정지한 후 $x = 0$을 향해 다시 가속하게 되어 마침내 원래 위치인 $x = A$로 돌아간다. 이 과정은 다시 반복되고 물체는 같은 경로를 계속하여 앞뒤로 진동한다. 이러한 유형의 운동을 **단조화 운동**(simple harmonic motion)이라고 하는데, 이는 **운동의 방향에 따른 알짜힘이 훅의 법칙을 따를 때, 즉 알짜힘이 평형점으로부터의 변위에 비례하고 언제나 평형점을 향할 때 일어난다.**

- 물체가 평형 위치로부터 멀어지는 최대 거리를 **진폭**(amplitude) A라고 한다. 마찰이 없을 때 단조화 운동을 하는 물체는 $x = -A$와 $x = +A$ 사이에서 진동한다.
- 물체가 $x = A$로부터 $x = -A$로, 그리고 다시 $x = A$로 돌아오는 한 사이클 동안 걸리는 시간을 **주기**(period) T라고 한다.
- 단위 시간 동안 일어나는 진동 또는 사이클의 횟수를 **진동수**(frequency) f라고 하며, 이는 주기의 역수이다($f = 1/T$).

단조화 운동을 하는 물체의 가속도는 뉴턴의 제2법칙 $F = ma$와 훅의 법칙으로부터 구할 수 있다.

$$ma = F = -kx$$

$$a = -\frac{k}{m}x \qquad [13.2]$$

조화 진동자 식의 한 예인 식 13.2는 가속도를 위치의 함수로 나타낸 것이다. x의 최댓값이 진폭 A이므로 가속도는 $-kA/m$와 $+kA/m$ 사이의 값을 갖는다.

예제 13.1

문제 그림 13.1에서처럼 용수철 상수가 1×10^2 N/m인 용수철에 0.5 kg의 물체가 매달려 마찰이 없는 수평면 위에서 자유롭게 움직인다. $x = 0.100$ m인 곳에서 물체를 놓았을 때, 물체에 작용하는 힘과 물체의 가속도를 구하라.

풀이 훅의 법칙을 쓴다.

$$F_s = -kx$$

k의 값과 $x = A = 0.100$ m를 대입하여 그 점에서 힘을 구한다.

$$F_{최대} = -kA = -(1 \times 10^2\ \text{N/m})(0.100\ \text{m})$$

$$= -10\ \text{N}$$

뉴턴의 제2법칙을 a에 대해 풀고 $x = A$에서의 가속도를 구한다.

$$ma = F_{최대}$$

$$a = \frac{F_{최대}}{m} = \frac{-10.0\ \text{N}}{0.5\ \text{kg}} = -20\ \text{m/s}^2$$

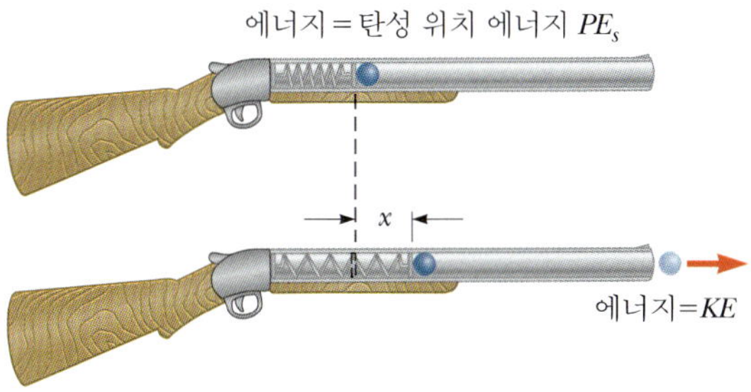

그림 13.2 용수철 총에서 발사되는 구슬. 용수철에 저장된 탄성 위치 에너지가 구슬의 운동 에너지로 전환된다.

13.2 탄성 위치 에너지

압축된 용수철도 위치 에너지를 가지는데, 이로 인해 용수철이 풀렸을 때 다른 물체에 일을 할 수 있다. 이때 용수철의 위치 에너지는 물체의 운동 에너지로 전환된다. 예를 들어, 그림 13.2는 거리 x만큼 용수철이 압축된 장난감 총으로부터 발사되는 구슬에 대해 보여준다. 총을 쏘게 되면 압축된 용수철은 구슬에 일을 하여 구슬이 운동 에너지를 가지게 된다.

인장 또는 압축된 용수철이나 그 밖의 탄성 물질에 저장된 에너지는 탄성 위치 에너지 PE_s라고 하며 다음과 같이 주어진다.

$$PE_s \equiv \frac{1}{2}kx^2 \qquad [13.3]$$

또한 중력 위치 에너지와 용수철 위치 에너지를 모두 포함한 에너지 보존의 법칙은 다음과 같이 주어진다.

$$(KE + PE_g + PE_s)_i = (KE + PE_g + PE_s)_f \qquad [13.4]$$

만일 마찰력과 같은 비보존력이 존재한다면, 역학적 에너지의 변화량은 비보존력이 한 일과 같아야 한다.

$$W_{nc} = (KE + PE_g + PE_s)_f - (KE + PE_g + PE_s)_i \qquad [13.5]$$

궁수가 활줄을 뒤로 당길 때 탄성 위치 에너지는 휘어진 활과 늘어난 활줄에 저장된다(그림 13.3). 화살이 발사되었을 때 계에 저장된 위치 에너지는 화살의 운동 에너지로 전환된다. 석궁과 새총의 원리도 같다.

그림 13.3 당겨진 활에 탄성 위치 에너지가 저장되어 있다.

예제 13.2

문제 13 000 N의 자동차가 10.0 m 높이에서 경사면을 따라 구르기 시작한다(그림 13.4). 그 다음 자동차는 평지 위를 굴러 가벼운 용수철 난간을 들이받는다. **(a)** 마찰에 의한 손실과 바퀴의 회전 운동 에너지를 고려하지 않을 때, 용수철의 최대 압축 거리를 구하라. 용수철 상수는 1.0×10^6 N/m이다. **(b)** 마찰에 의한 손실이 없다고 가정하고 용수철과의 충돌 후 차의 최대 가속도를 구하라.

풀이 **(a)** 마찰에 의한 에너지 손실이 없다고 가정하고 용수철의 최대 압축 거리를 구한다.

역학적 에너지의 보존을 적용한다. 맨 처음에는 중력 위치 에너지

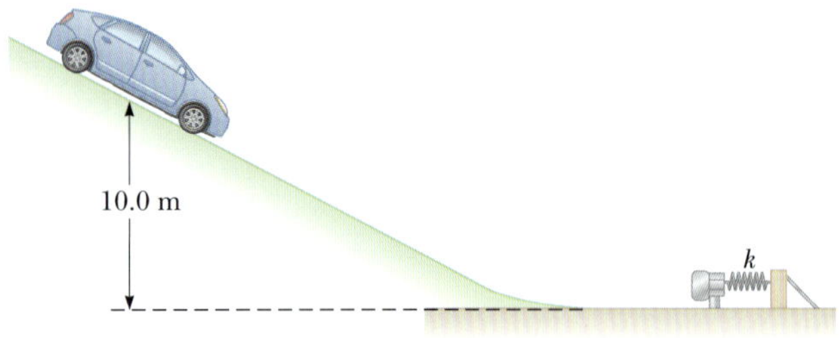

그림 13.4 (예제 13.2) 자동차가 그림과 같이 언덕 위에 정지해 있다가 내려온다. 언덕 밑에서 차는 용수철이 달린 난간과 충돌한다.

만 있고 난간이 최대로 압축되었을 때에는 용수철 위치 에너지만 있다.

$$(KE + PE_g + PE_s)_i = (KE + PE_g + PE_s)_f$$

$$0 + mgh + 0 = 0 + 0 + \frac{1}{2}kx^2$$

x에 대해서 푼다.

$$x = \sqrt{\frac{2mgh}{k}} = \sqrt{\frac{2\,(13\,000\text{ N})\,(10.0\text{ m})}{1.0 \times 10^6\text{ N/m}}} = \boxed{0.51\text{ m}}$$

(b) 마찰을 무시하고 용수철에 의한 차의 최대 가속도를 계산한다. 뉴턴의 제2법칙을 적용한다.

$$ma = -kx \quad \rightarrow \quad a = -\frac{kx}{m} = -\frac{kxg}{mg} = -\frac{kxg}{w}$$

값들을 대입한다.

$$a = -\frac{(1.0 \times 10^6\text{ N/m})\,(0.51\text{ m})\,(9.8\text{ m/s}^2)}{13\,000\text{ N}}$$

$$= \boxed{-380\text{ m/s}^2}$$

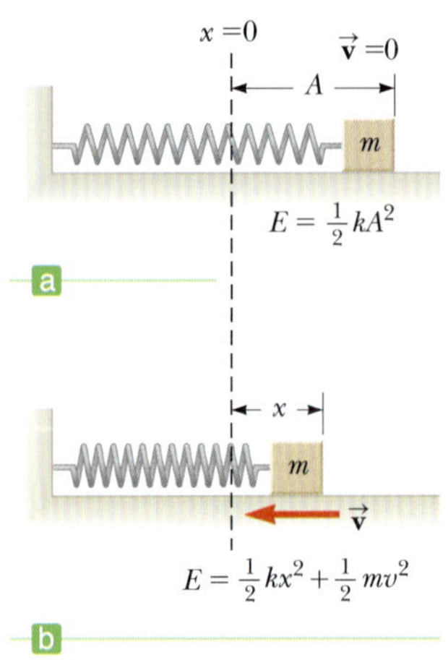

그림 13.5 (a) 마찰이 없는 평면 위에서 용수철에 붙어 있는 물체를 용수철이 A만큼 늘어난 지점에서 놓았다. 물체를 놓기 직전 전체 에너지는 탄성 위치 에너지 $\frac{1}{2}kA^2$이다. (b) 지점 x에 도달했을 때 물체의 운동 에너지는 $\frac{1}{2}mv^2$이고 탄성 위치 에너지는 $\frac{1}{2}kx^2$으로 줄어든다.

위치의 함수로서의 속도

처음에 최대 거리 A만큼 늘어난 곳에서 물체를 놓았다고 하자(그림 13.5a). 계의 처음 에너지는 용수철에 저장된 탄성 위치 에너지 $\frac{1}{2}kA^2$이다. 물체가 새로운 위치 x로 원점을 향해 움직이면(그림 13.5b), 에너지의 일부는 운동 에너지로 전환되고 용수철에 저장된 위치 에너지는 감소하여 $\frac{1}{2}kx^2$이 된다. 계의 전체 에너지는 $\frac{1}{2}kA^2$이므로(처음 용수철에 저장된 에너지) 위치 x에서의 운동 에너지와 위치 에너지의 합은 같아진다.

$$\frac{1}{2}kA^2 = \frac{1}{2}mv^2 + \frac{1}{2}kx^2$$

이것을 v에 대해서 풀면,

$$v = \pm\sqrt{\frac{k}{m}(A^2 - x^2)} \qquad [13.6]$$

이 된다. 이 식에 의하면 물체의 속력은 $x = 0$에서 최대이고, 양 끝 $x = \pm A$에서 영이다.

예제 13.3

문제 용수철 상수가 20.0 N/m인 가벼운 용수철에 연결된 0.500 kg의 물체가 마찰이 없는 수평면 위에서 진동하고 있다. **(a)** 최대 진폭이 3.00 cm일 때 계의 전체 에너지와 물체의 최대 속력을 구하라. **(b)** 변위가 2.00 cm인 순간 물체의 속도는 무엇인가?

풀이 **(a)** 진폭이 3.00 cm일 때, 전체 에너지와 최대 속력을 구한다.

$x = A = 3.00$ cm와 $k = 20.0$ N/m를 전체 역학적 에너지 E에 관한 식에 대입한다.

$$E = KE + PE_g + PE_s$$

$$= 0 + 0 + \frac{1}{2}kA^2 = \frac{1}{2}(20.0\text{ N/m})\,(3.00 \times 10^{-2}\text{ m})^2$$

$$= \boxed{9.00 \times 10^{-3}\ \text{J}}$$

$x_i = A$, $x_f = 0$, 그리고 에너지 보존을 이용하여 원점에서의 물체의 속력을 계산한다.

$$(KE + PE_g + PE_s)_i = (KE + PE_g + PE_s)_f$$

$$0 + 0 + \frac{1}{2}kA^2 = \frac{1}{2}mv_{\text{최대}}^2 + 0 + 0$$

$$\frac{1}{2}mv_{\text{최대}}^2 = 9.00 \times 10^{-3}\ \text{J}$$

$$v_{\text{최대}} = \sqrt{\frac{18.0 \times 10^{-3}\ \text{J}}{0.500\ \text{kg}}} = \boxed{0.190\ \text{m/s}}$$

(b) 변위가 2.00 cm일 때 물체의 속도를 계산한다.

알고 있는 값들을 식 13.6에 대입한다.

$$v = \pm\sqrt{\frac{k}{m}(A^2 - x^2)}$$

$$= \pm\sqrt{\frac{20.0\ \text{N/m}}{0.500\ \text{kg}}}\left[(0.0300\ \text{m})^2 - (0.0200\ \text{m})^2\right]$$

$$= \boxed{\pm 0.141\ \text{m/s}}$$

13.3 시간의 함수로서의 위치, 속도 및 가속도

그림 13.6에 있는 반지름이 A인 회전판의 가장자리에 놓여 있는 공을 생각하자. 공이 그리는 원을 **기준원**이라고 한다. 회전판은 일정한 각속력 ω로 돈다고 가정한다. 공이 기준원을 따라 돌면 선분 OP와 x축 사이의 각도 θ가 시간에 따라 변한다. 동시에 점 P에서 x축에 내린 수선이 x축과 만나는 점 Q는 x축상에서 앞뒤로 움직이며 단조화 운동을 하게 된다.

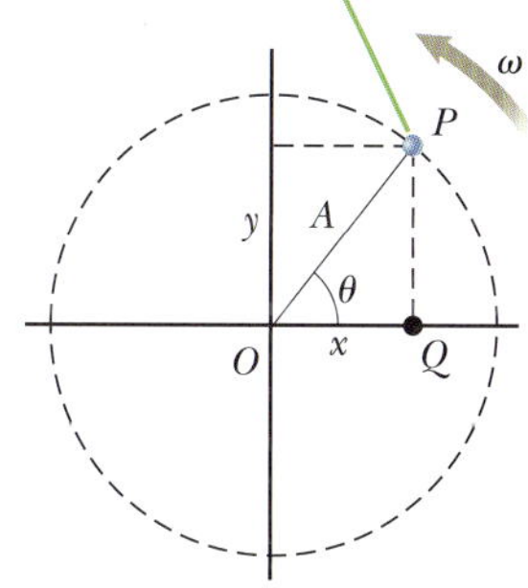

그림 13.6 기준원

직각삼각형 OPQ로부터 $\cos\theta = x/A$이다. 그러므로 공의 x 좌표는

$$x = A\cos\theta$$

이다. 공이 일정한 각속력으로 회전하기 때문에 $\theta = \omega t$이므로(7장 참고)

$$x = A\cos(\omega t) \qquad [13.7]$$

이다. 한 바퀴 도는 동안에 공은 주기 T만큼의 시간 동안 2π rad 각도만큼 돌아간다. 다시 말해 이 운동은 T초마다 반복된다. 그러므로

$$\omega = \frac{\Delta\theta}{\Delta t} = \frac{2\pi}{T} = 2\pi f \qquad [13.8]$$

이다. 이때 f는 운동의 진동수이다. 기준원을 따라 도는 공의 각속력은 x축에 투영된 단조화 운동의 각진동수와 같다. 결과적으로 식 13.12는 다음과 같이 쓸 수 있다.

$$\boxed{x = A\cos(2\pi f t)} \qquad [13.9\text{a}]$$

코사인 함수는 그림 13.7a의 그래프처럼 단조화 운동을 하는 물체의 위치를 시간에 대한 함수로 나타낸 것이다. 코사인 함수는 1과 -1 사이 값을 가지므로 x는 A와 $-A$ 사이의 값을 가진다. 이러한 형태의 그래프를 **사인형 곡선**이라고 한다.

그림 13.7b와 13.7c는 속도와 가속도를 시간의 함수로 나타낸 것이다. 속도에 대한 식은 식 13.6과 13.14a를 삼각 함수 공식 $\cos^2\theta + \sin^2\theta = 1$과 함께 써서 구할 수 있다.

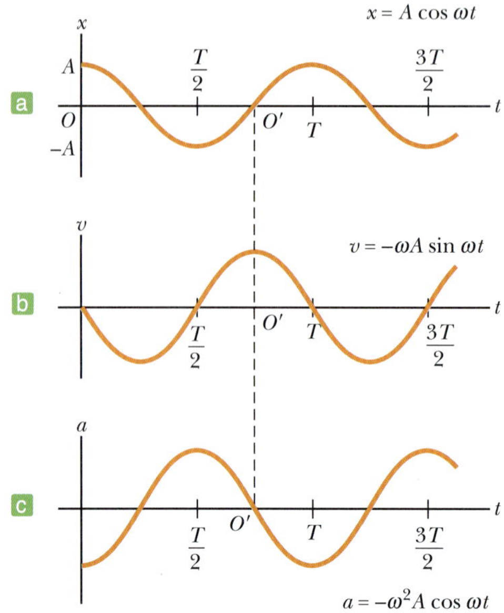

그림 13.7 $t = 0$일 때의 처음 조건이 $x_0 = A$와 $v_0 = 0$인 단조화 운동을 하는 물체의 (a) 변위, (b) 속도, (c) 가속도를 시간에 대해 나타낸 그래프

$$v = -A\omega \sin(2\pi ft) \qquad [13.9b]$$

여기서 $\omega = \sqrt{k/m}$을 사용하였다. 식 13.9a를 용수철에 대한 뉴턴의 제2법칙인 식 13.2에 대입하면 가속도에 관한 식을 구할 수 있다.

$$a = -A\omega^2 \cos(2\pi ft) \qquad [13.9c]$$

예제 13.4

문제 **(a)** 시간에 대한 위치의 함수가 다음과 같을 때,

$$x = (0.250\ \text{m})\cos\left(\frac{\pi}{8.00}t\right)$$

수평 용수철의 끝에서 진동하는 물체의 진폭, 진동수 및 주기를 구하라. **(b)** 속도와 가속도의 최댓값을 구하라. **(c)** 1.00 s가 경과한 후 물체의 위치, 속도 및 가속도는 얼마인가?

풀이 **(a)** 진폭, 진동수 및 주기를 구한다.

식 13.14a와 같은 기본 형태를 적고 그 밑에 주어진 식을 쓴다.

$$x = A\cos(2\pi ft) \qquad (1)$$

$$x = (0.250\ \text{m})\cos\left(\frac{\pi}{8.00}t\right) \qquad (2)$$

코사인 함수 앞에 있는 값들을 같다고 놓아 진폭을 구한다.

$$A = \boxed{0.250\ \text{m}}$$

각진동수 ω는 식 (1)과 (2)의 t 앞에 있는 값이다.

$$\omega = 2\pi f = \frac{\pi}{8.00}\ \text{rad/s} = 0.393\ \text{rad/s}$$

ω를 2π로 나누어서 진동수 f를 구한다.

$$f = \frac{\omega}{2\pi} = \boxed{0.0625\ \text{Hz}}$$

주기 T는 진동수의 역수이다.

$$T = \frac{1}{f} = \boxed{16.0\ \text{s}}$$

(b) 속도와 가속도의 최댓값을 구한다.

식 13.14b의 사인 함수 앞에 있는 값으로부터 최대 속력을 계산한다.

$$v_{최대} = A\omega = (0.250\ \text{m})(0.393\ \text{rad/s}) = \boxed{0.0983\ \text{m/s}}$$

식 13.14c의 코사인 함수 앞에 있는 값으로부터 최대 가속도를 계산한다.

$$a_{최대} = A\omega^2 = (0.250\ \text{m})(0.393\ \text{rad/s})^2 = \boxed{0.0386\ \text{m/s}^2}$$

(c) 1.00 s 후의 물체의 위치, 속도 및 가속도를 구한다.

$t = 1.00$ s를 주어진 식에 대입한다.

$$x = (0.250\text{ m})\cos(0.393\text{ rad/s}) = 0.231\text{ m}$$

값들을 속도 식에 대입한다.

$$v = -A\omega\sin(\omega t)$$
$$= -(0.250\text{ m})(0.393\text{ rad/s})\sin(0.393\text{ rad/s}\cdot 1.00\text{ s})$$
$$= -0.0376\text{ m/s}$$

값들을 가속도 식에 대입한다.

$$a = -A\omega^2\cos(\omega t)$$
$$= -(0.250\text{ m})(0.393\text{ rad/s})^2\cos(0.393\text{ rad/s}\cdot 1.00\text{ s})$$
$$= -0.0357\text{ m/s}^2$$

13.4 진자의 운동

단진자는 주기 운동을 하는 또 다른 역학계이다. 그것은 그림 13.8에서 보듯이, 천정에 달린 길이 L의 가벼운 줄과 그 끝에 매달린 질량 m의 추로 이루어져 있다.

그림 13.8에서 s는 원호 위에서 평형점으로부터의 추의 변위를 나타낸다. 훅의 법칙이 $F = -kx$이므로 s를 포함한 비슷한 표현식 $F_t = -ks$를 찾고자 한다. 여기서 F_t는 원호의 접선 방향으로 작용하는 힘이다. 그림으로부터 복원력은

$$F_t = -mg\sin\theta$$

이다. $s = L\theta$이므로 F_t에 대한 식은

$$F_t = -mg\sin\left(\frac{s}{L}\right)$$

이다. 이 표현식은 $F_t = -ks$의 형태가 아니므로 일반적으로 진자의 움직임은 단조화 운동이 아니다. 그러나 약 15° 미만의 작은 각도에 대해서는 라디안으로 나타낸 각도 θ와 그 각도의 사인값은 거의 같다. $\sin\theta \approx \theta$로 근사시킬 수 있고 복원력은 다음과 같이 쓸 수 있다.

$$F_t = -mg\sin\theta \approx -mg\theta$$

$\theta = s/L$를 대입하면

$$F_t = -\left(\frac{mg}{L}\right)s$$

를 얻는다.

$$\omega = 2\pi f = \sqrt{\frac{k}{m}}$$

진자의 k에 대한 표현식을 대입함으로써

$$\omega = \sqrt{\frac{mg/L}{m}} = \sqrt{\frac{g}{L}}$$

이 얻어진다. 주기는 진동수의 역수이다.

$$T = 2\pi\sqrt{\frac{L}{g}} \qquad [13.10]$$

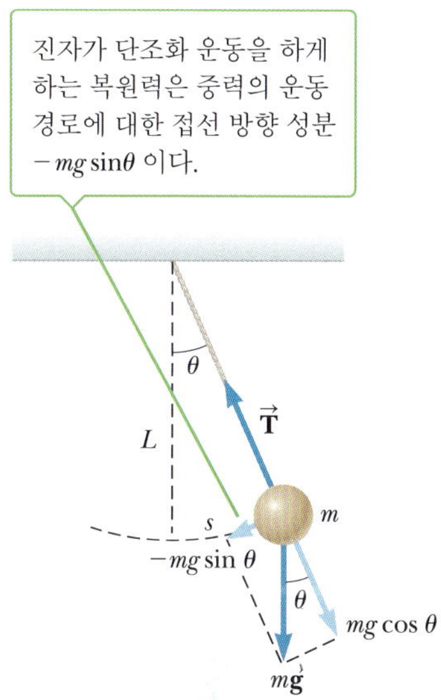

그림 13.8 길이 L(L은 축으로부터 추의 질량 중심까지의 거리)인 가벼운 줄에 달린 질량 m의 추로 이루어진 단진자

예제 13.5

문제 길이 0.171 m의 작은 진자가 60.0 s 동안 72.0번의 왕복 운동을 하였다. 이 지점에서 g의 값을 구하라.

풀이 전체 시간을 진동 횟수로 나누어 주기를 계산한다.

$$T = \frac{\text{전체 시간}}{\text{전체 진동 횟수}} = \frac{60.0\ \text{s}}{72.0} = 0.833\ \text{s}$$

식 13.15를 g에 대해 풀고 값들을 대입한다.

$$T = 2\pi\sqrt{\frac{L}{g}} \quad \rightarrow \quad T^2 = 4\pi^2\frac{L}{g}$$

$$g = \frac{4\pi^2 L}{T^2} = \frac{(39.5)(0.171\ \text{m})}{(0.833\ \text{s})^2} = 9.73\ \text{m/s}^2$$

13.5 파동

세상은 음파, 줄 위에서의 파동, 지진파, 그리고 가시광선, 라디오파, 텔레비전 신호, X선 같은 전자기파 등 온갖 종류의 파동으로 가득 차 있다. 이 모든 파동은 진동하는 물체가 파원이므로 단조화 운동의 개념을 적용하여 이해할 수 있다.

음파의 경우 사람의 성대나 퉁겨진 기타줄 등의 음원으로부터 발생한 진동이 파동을 만든다. 안테나에서 전자의 진동은 라디오파나 텔레비전파를 만들어내고 단순하게 위아래로 움직이는 손의 움직임이 줄에 파동을 만들어낼 수 있다.

파동이란 무엇인가?

호수에 조약돌을 던지면 그때의 교란은 수면파를 만들고, 수면파는 조약돌이 물에 들어간 지점으로부터 멀어지며 퍼져나간다. 교란의 주변에 떠 있는 나뭇잎은 본래 위치를 중심으로 위아래 앞뒤로 움직이지만 교란으로부터 더 멀어지지 않는다. 이것은 수면파(또는 교란)는 한 곳에서 다른 곳으로 이동하지만 물 자체가 수면파를 따라 움직이는 것은 아님을 의미한다.

수면파를 관찰할 때, 물 표면이 재배열되는 것을 볼 수 있다. 물이 없다면 파동도 없다. 마찬가지로 줄 위의 파동은 줄이 없이는 존재할 수 없다. 음파는 위치에 따른 압력의 변화로 인해 공기 중에서 퍼져나간다. 그러므로 **교란의 운동**이 파동이라고 할 수 있다.

이 장에서 논의되는 역학적인 파동은 다음의 세 가지 요소 (1) 교란의 원천인 파원, (2) 교란을 일으킬 수 있는 매질, (3) 매질의 각 부분들이 서로 영향을 주고받을 수 있는 물리적인 메커니즘들을 필요로 한다. 모든 파동은 에너지와 운동량을 전달한다.

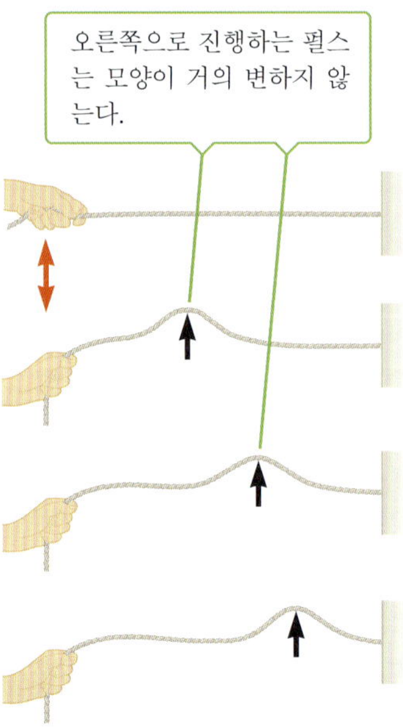

그림 13.9 팽팽한 줄 끝을 손으로 살짝 흔들면(빨간색 화살표) 줄을 따라서 펄스가 진행한다.

파동의 종류

파동의 운동을 관찰하기 위한 간단한 방법 중의 하나는 그림 13.9와 같이 기다란 끈을 한쪽은 벽에 고정시키고 팽팽하게 잡은 상태에서 다른 쪽을 한 번 흔들어주는 것이다. 이때 생긴 융기(펄스라고 한다)는 유한한 속력으로 오른쪽으로 진행한다. 이런

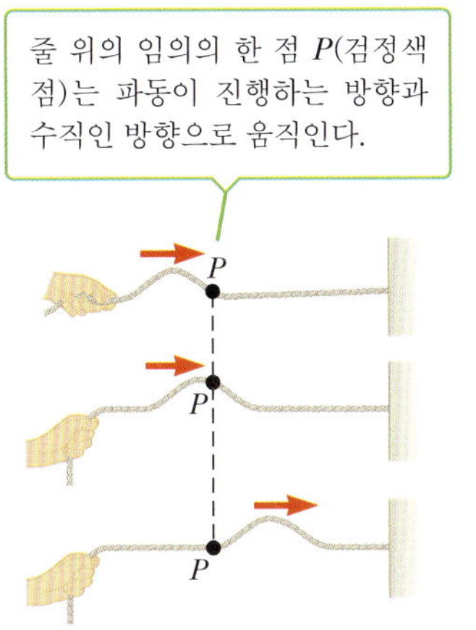

그림 13.10 줄을 따라 진행하는 펄스는 횡파이다.

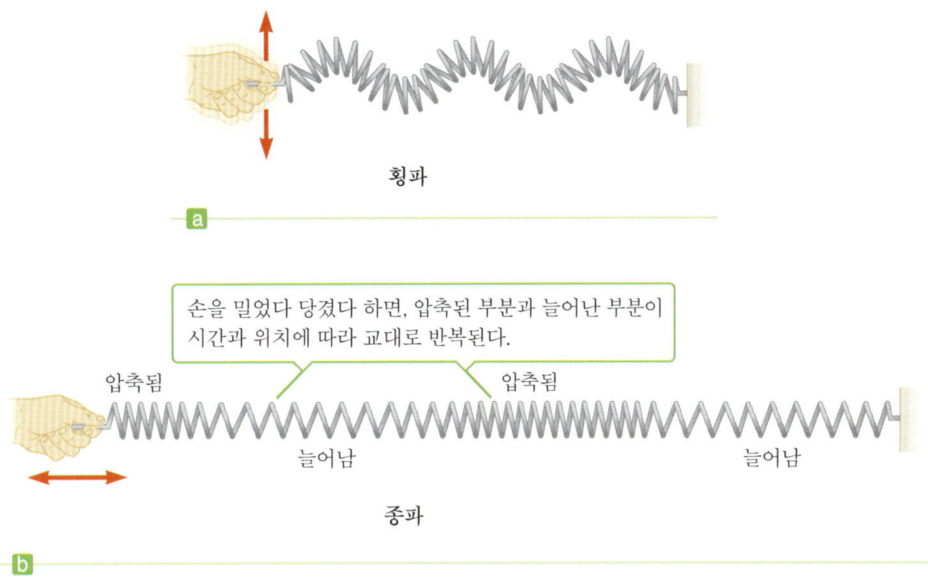

그림 13.11 (a) 용수철의 한쪽 끝을 길이 방향에 수직으로 움직여 횡파를 만든다. (b) 팽팽한 용수철에서의 종파 펄스

종류의 교란을 **진행파**(traveling wave)라고 한다. 그림은 인접한 세 시점에서의 줄의 모양을 보여준다.

파동 펄스가 줄을 따라 진행하면, **교란을 받게 된 줄의 각 부분은 파동의 이동 방향에 수직 방향으로 움직인다.** 그림 13.10은 줄의 작은 부분 P에서의 운동을 예로 든 것이다. 줄은 파동의 방향으로는 움직이지 않는다. 교란된 매질의 각 입자들이 파동의 속도와 수직 방향으로 움직이는 진행파를 **횡파**(transverse wave)라고 한다. 그림 13.11a는 긴 용수철에서 형성된 횡파를 보여준다.

종파(longitudinal wave)라는 다른 종류의 파동에서는 **매질의 입자들이 파동의 진행 방향에 나란한 방향으로 움직인다.** 음파는 종파인데, 이때의 교란은 공기나 그 밖의 다른 매질을 일정한 속력으로 연이어 통과하는 높은 압력과 낮은 압력 영역에 해당한다. 종파는 그림 13.11b와 같이 늘어나 있는 용수철에 쉽게 만들 수 있다. 자유로운 끝부분을 용수철 길이 방향으로 앞뒤로 밀었다 당겼다 하면 된다. 이 동작으로 코일이 압축되는 부분과 늘어나는 부분이 생기고, 이 부분들은 파동의 이동 방향과 나란하게 용수철을 따라 움직인다.

파동의 모양

그림 13.12는 진동하는 줄의 모양을 보여주는데 이는 단조화 운동에서와 마찬가지로 사인형 곡선이다. 갈색 곡선은 진행파를 어느 순간($t = 0$)에 찍은 스냅 사진으로 생각할 수 있다. 파란색 곡선은 같은 진행파를 시간이 좀 흐른 후 찍은 스냅 사진으로 생각할 수 있다. 이 그림은 또한 수면파를 나타낸다고 볼 수도 있다. 곡선의 맨 위 점은 수면파의 **마루**, 곡선의 맨 아래 점은 수면파의 **골**에 각각 해당한다.

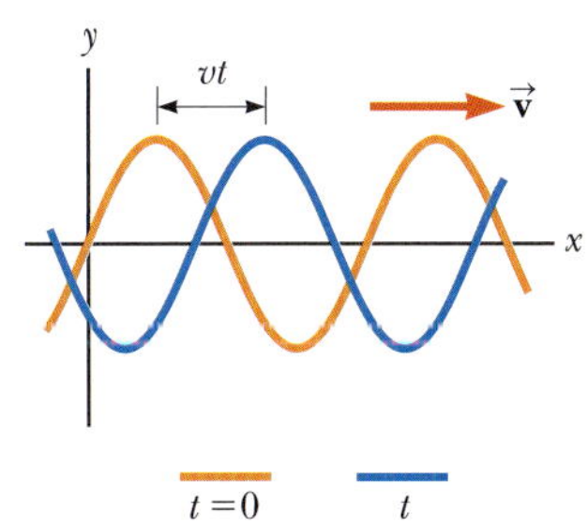

그림 13.12 속력 v로 오른쪽으로 진행하는 일차원 사인형 파동. 갈색 곡선은 $t = 0$일 때의 스냅 사진이고, 파란색 곡선은 시간 t만큼 후의 스냅 사진이다.

위아래 움직임이 없는 종파를 기술하는 데에도 똑같은 파형을 사용할 수 있다. 용수철에서 진행하고 있는 종파를 생각해 보자. 그림 13.13a는 이 파동을 어느 순간에

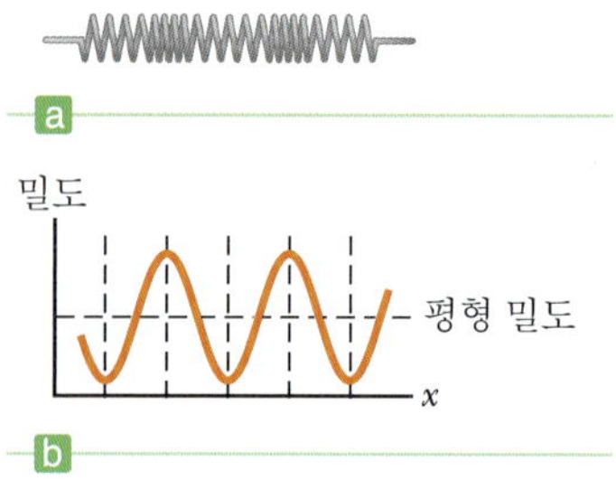

그림 13.13 (a) 용수철에서의 종파 (b) 곡선에서 마루는 용수철의 압축된 부분, 골은 용수철의 늘어난 부분에 해당한다.

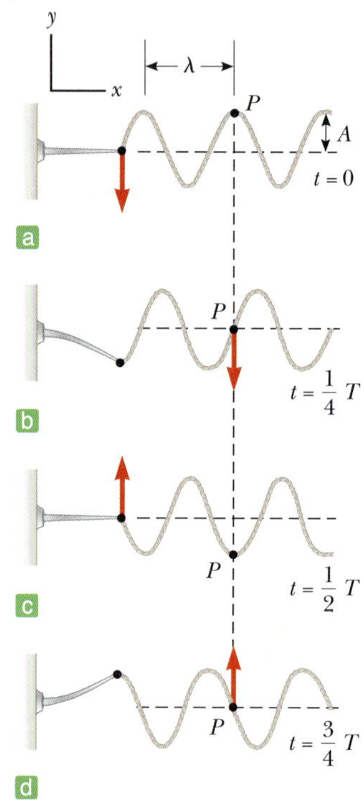

그림 13.14 줄에 진행파를 만드는 방법. 줄의 왼쪽 끝이 진동하는 날에 연결되어 있다. 줄의 각 부분은 점 P와 같이 수직으로 단조화 운동을 하며 진동한다.

찍은 스냅 사진이고, 그림 13.13b는 이 파동을 나타내는 사인형 곡선이다. 용수철의 코일들이 압축된 부분에 해당하는 것이 곡선의 마루이고, 늘어난 부분에 해당하는 것이 곡선의 골이다.

13.6 진동수, 진폭 및 파장

그림 13.14는 주기의 1/4 간격마다 본 파동의 모양이다. **그림의 P와 같이 줄의 각 작은 부분은 단조화 운동을 하며 줄에 수직인 y 방향으로 진동한다.**

그림 13.14에서 점선은 파동이 없을 경우 줄의 위치를 나타낸다. 이 평형값으로부터 줄이 위 또는 아래로 가장 멀어질 때의 거리를 파동의 **진폭**(amplitude) A라고 한다.

그림 13.14b는 파동의 또 다른 특성을 보여준다. 수평 화살표는 똑같은 움직임을 갖는 이웃한 두 점들 사이의 거리를 나타내며, 이를 **파장**(wavelength) λ라고 한다.

먼저 **파동의 속력**(wave speed) v에 대한 식은

$$v = \frac{\Delta x}{\Delta t}$$

와 같이 정의된다.

파동은 진동의 한 주기에 해당하는 시간 동안 한 파장만큼의 거리를 진행한다. 따라서 $\Delta x = \lambda$, $\Delta t = T$라고 놓으면,

$$v = \frac{\lambda}{T}$$

가 된다. 진동수는 주기의 역수이므로,

$$v = f\lambda \qquad [13.11]$$

이다.

예제 13.6

문제 그림 13.15는 $+x$ 방향으로 진행하는 파동을 보여준다. 진동수가 8.00 Hz인 이 파동의 진폭, 파장, 속력 및 주기를 구하라. 여기서 $\Delta x = 40.0\text{ cm}$, $\Delta y = 15.0\text{ cm}$이다.

풀이 파동에서 최대 변위가 진폭 A이다.

$$A = \Delta y = 15.0\text{ cm} = 0.150\text{ m}$$

마루와 마루 사이의 거리가 파장이다.

$$\lambda = \Delta x = 40.0\text{ cm} = 0.400\text{ m}$$

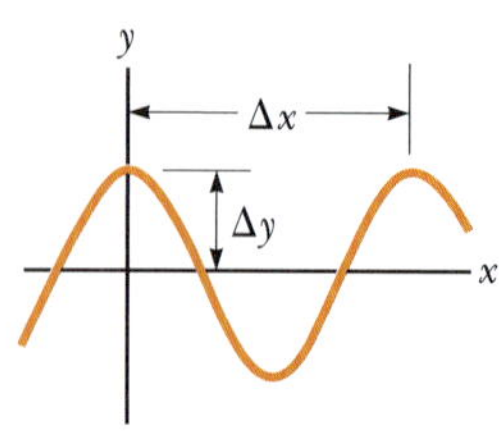

그림 13.15 (예제 13.6)

파장과 진동수의 곱이 속력이다.

$$v = f\lambda = (8.00\ \text{Hz})(0.400\ \text{m}) = \boxed{3.20\ \text{m/s}}$$

진동수의 역수를 취해 주기를 얻는다.

$$T = \frac{1}{f} = \frac{1}{8.00\ \text{Hz}} = \boxed{0.125\ \text{s}}$$

예제 13.7

문제 어떤 파동의 파장이 3.00 m이다. 이 파동이 **(a)** 음파인 경우와 **(b)** 빛인 경우에 대해 진동수를 구하라. 음파의 속력은 343 m/s, 빛의 속력은 3.00×10^8 m/s로 놓는다.

풀이

(a) $\lambda = 3.00$ m를 써서 소리의 진동수를 구한다.

식 13.17을 진동수에 대해 풀고 값을 대입한다.

$$f = \frac{v}{\lambda} = \frac{343\ \text{m/s}}{3.00\ \text{m}} = \boxed{114\ \text{Hz}} \qquad (1)$$

(b) $\lambda = 3.00$ m를 써서 빛의 진동수를 구한다.

빛의 속력 c를 식 (1)에 대입한다.

$$f = \frac{c}{\lambda} = \frac{3.00\times10^8\ \text{m/s}}{3.00\ \text{m}} = \boxed{1.00\times10^8\ \text{Hz}}$$

13.7 파동의 간섭

두 개 이상의 파동이 동시에 같은 공간상의 지점을 통과할 때 흥미로운 자연 현상이 발생한다. **두 진행파는 상쇄되거나 변형됨이 없이 만나고 서로 통과해 지나갈 수 있다.** 겹치는 부분에서의 합성 파동은 각각의 파동들을 합친 것이다. 여기에서 다음과 같은 **중첩의 원리**(superposition principle)가 적용된다.

> 두 개 이상의 진행파가 매질을 통해 이동하다가 만났을 때 생기는 합성파는 각 파동의 변위를 각 위치별로 모두 더한 것과 같다.

그림 13.16a와 13.16b는 같은 진폭과 진동수를 갖는 두 파동을 보여준다. 어떤 순간에 두 파동이 공간상의 같은 지점을 지난다면 그 순간의 합성 파동의 형태는 그림 13.16c와 같다. 이 경우 두 파동의 **위상이 같다**고 하고 **보강 간섭**(constructive

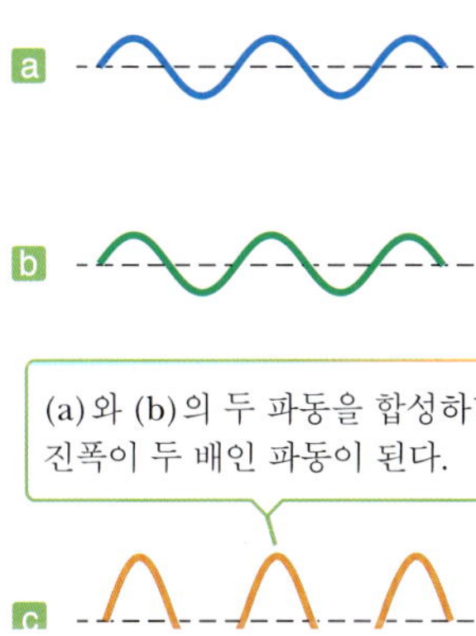

그림 13.16 보강 간섭. (a)와 (b)처럼 진동수와 진폭이 같은 두 파동의 위상이 같을 때, 두 파동이 합쳐져 생기는 합성파 (c)의 진동수는 각 파동의 진동수와 같으나 진폭은 각 파동의 진폭의 두 배가 된다.

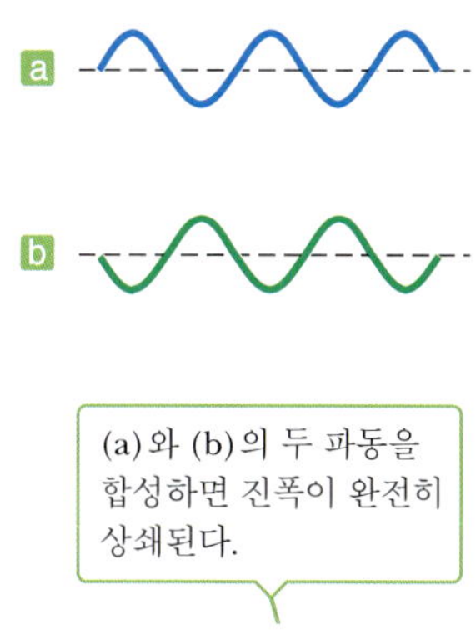

그림 13.17 상쇄 간섭. (a)와 (b)의 두 파동은 진동수와 진폭이 같으나 파동의 위상은 180°만큼 다르다.

interference)을 한다고 한다.

그림 13.17a와 그림 13.17b는 비슷한 파동을 보여준다. 그러나 이 경우에는 한 파동의 마루가 다른 파동의 골과 일치하여 한쪽이 뒤집어진 상태이다. 그림 13.17c와 같이 합성 파동은 완전히 상쇄된 상태다. 이와 같은 경우 두 파동은 180°의 위상차를 가진다고 하고, **상쇄 간섭**(destructive interference)을 한다고 한다.

연습문제

1. 어떤 용수철의 힘상수가 137 N/m이다. (a) 용수철이 늘어나지 않은 길이에서 4.80 cm 압축하는 데 필요한 힘과 (b) 늘어나지 않은 길이에서 7.36 cm 더 늘이는 데 필요한 힘을 구하라.

2. 천정에 매달린 용수철의 끝에 물체가 달려서 그림 P13.2와 같은 평형 상태에서 용수철을 $d = 5.00$ cm만큼 늘어나게 한다. 용수철 상수가 47.5 N/m라면, 물체의 질량은 얼마인가?

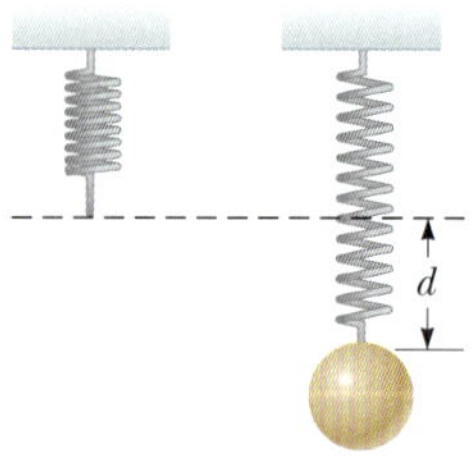

그림 P13.2

3. 용수철에 플라스틱 조각이 달린 장난감이 있다(그림 P13.3). 용수철을 바닥 쪽으로 2.00 cm만큼 압축하였다가 놓았다. 장난감의 질량이 100 g이고 최대 높이 60.0 cm만큼 올라간다면, 용수철 상수는 얼마인가?

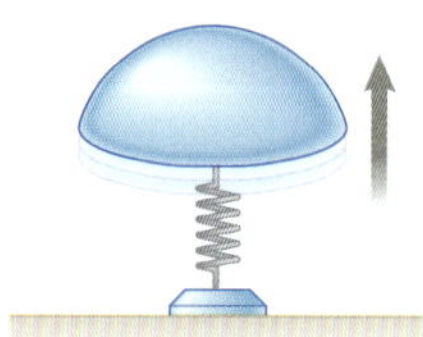

그림 P13.3

4. 10.0 g의 총알이 발사되어 용수철 상수가 19.6 N/m인 질량을 무시할 수 있는 용수철에 달린 2.00 kg의 물체에 박힌다. 물체에 닿기 직전 총알의 속력이 300 m/s이고 물체가 마찰이 없는 표면 위에서 미끄러진다면 용수철은 얼마나 압축되는가? 운동량의 보존 법칙을 이용해야 한다. 그 이유는 무엇일까? Note: 총알과 나무토막이 비탄성 충돌을 하므로 이 문제에서는 운동량 보존의 법칙을 사용해야 한다.

5. 돌을 담는 가벼운 가죽 컵으로 된 새총이 있다. 컵을 뒤로 당기면 평행한 두 고무줄이 늘어난다. 고무줄 하나를 1.0 cm 늘이는 데 15 N의 힘이 필요하다. (a) 50 g의 돌이 든 컵을 평형 위치로부터 0.20 m만큼 뒤로 당겼을 때 두 고무줄에 저장된 위치 에너지는 얼마인가? (b) 돌은 얼마의 속력으로 새총에서 발사되는가?

6. 시장에서 용수철 상수가 16.0 N/m인 용수철에 묶여 바나나 한 송이가 진폭 20.0 cm로 진동하고 있다. 바나나 송이의 최대 속력이 40.0 cm/s로 관찰되었다. 바나나 송이의 무게는 몇 N인가?

7. 용수철 상수가 19.6 N/m인 용수철에 매달린 0.40 kg의 물체가 마찰이 없는 수평면 위에서 진동한다. 용수철을 4.0 cm만큼 압축했다가 정지 상태에서 놓을 때, (a) 물체의 최대 속력 (b) 용수철이 1.5 cm만큼 압축되어 있는 순간의 물체의 속력 (c) 용수철이 1.5 cm만큼 늘어나 있는 순간의 물체의 속력을 구하라 (d) 속력이 최대 속력의 반인 지점 x를 구하라.

8. 326 g의 물체를 용수철에 달아 주기가 0.250 s인 단조화 운동을 하게 하였다. 계의 전체 에너지가 5.83 J이라면, (a) 물체의 최대 속력, (b) 용수철 상수, (c) 진폭을 구하라.

9. 10 g의 물체를 매달면 용수철이 3.9 cm만큼 늘어난다. 그 물체 대신 25 g의 다른 물체를 매달아 단조화 운동을 하도록 진동시켰다. 주기를 계산하라.

10. 마찰이 없는 수평면 위에서 2.00 kg의 물체가 용수철 상수가 5.00 N/m인 용수철 끝에 달려 있다. 물체를 평형 위치로부터 3.00 m만큼 오른쪽으로 당겼다가 놓아서 단조화 운동을 하게 하였다. (a) 물체를 놓고 3.50 s 후에 물체에 작용하는 힘(크기와 방향)은 얼마인가? (b) 물체는 3.50 s 동안 몇 번 진동하는가?

11. 지구 위에서 완벽하게 작동하는 진자 시계를 달로 가져갔다.

(a) 거기서 시계는 더 빨리 가는가, 더 느리게 가는가? (b) 시계가 밤 12시부터 작동되었다면 지구의 하루(24.0 h)가 지난 후 시계는 몇 시를 가리키는가? 달에서의 중력 가속도는 1.63 m/s^2으로 가정한다.

12. 길이가 52.0 cm인 단진자가 2.00분 동안에 82.0번 진동한다. (a) 진자의 주기와 (b) 진자가 있는 위치에서의 중력 가속도 g의 값을 구하라.

13. 그림 P13.13의 사인형 파동이 $+x$ 방향으로 진행하고 그 진동수는 18.0 Hz이다. (a) 진폭, (b) 파장, (c) 주기, (d) 파동의 속력을 구하라.

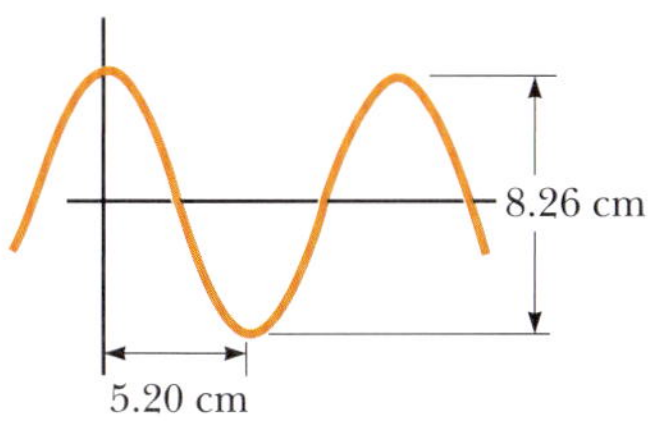

그림 P13.13

14. 조화 파동이 줄을 따라 진행하고 있다. 이 파동을 생성하는 진동자가 30.0 s 동안 40.0번 진동한다. 또한 파동은 줄을 따라 10.0 s 동안 425 cm를 진행한다. 파장은 얼마인가?

15. 빛은 3.00×10^8 m/s의 속력으로 진행하는 전자기파이다. 사람의 눈은 파장이 5.50×10^{-7} m인 빛에 가장 민감하다. 그에 해당하는 빛의 (a) 진동수와 (b) 주기를 구하라.

16. 단위 길이당 질량이 5.00×10^{-3} kg/m인 어떤 피아노 줄이 1 350 N의 장력을 받고 있다. 이 줄에서 진행하는 파동의 속력을 구하라.

17. 팽팽한 줄에 속력이 50.0 m/s인 횡파를 만들려고 한다. 길이 5.00 m, 질량 0.060 0 kg인 줄을 사용한다. (a) 필요한 줄의 장력은 얼마인가? (b) 장력이 8.00 N이라면 줄에서 파동의 속력은 얼마인가?

18. 질량 0.060 0 kg, 길이 L인 균일한 줄에 질량 5.00 kg의 공이 매달린 단진자가 있다. 단진자의 진동 주기가 2.00 s라면 진자가 수직으로 있을 때 줄에서 진행하는 횡파의 속력은 얼마인가?

19. 진폭이 0.30 m인 파동이 같은 방향으로 진행하는 진폭 0.20 m인 다른 파동과 간섭을 일으킨다. 합성파가 가질 수 있는 (a) 최대 진폭과 (b) 최소 진폭을 구하고 어떤 조건에서 각각 일어나는지를 설명하라.

야외에 설치된 대형스피커(사진에는 좌우 2개씩 총 4개가 설치됨). 스피커(확성기)는 전기신호를 소리로 바꿔 주는 전자기계의 변환기이다. 스피커에는 진동판이 달려 있는데, 이 진동판이 진동하면 공기가 진동하여 음파를 형성한다. 이 음파의 밀한 부분과 소한 부분들이 이동하면서 우리 고막을 진동시킨다. 음파의 압력이 고막 뒤의 대기압과 다르기 때문에 고막에 알짜힘이 작용한다. 고막의 진동이 인체 중추 신경을 자극하고 사람이 이를 인지하여 듣게 된다(대천해수욕장 머드축제장에서).

소리(음파) 14

SOUND

14.1 음파의 생성

음파는 공기와 같은 매질 속을 진행하는 종파이다. 소리굽쇠는 두 개의 금속 가지로 이루어져 있으며 망치 등으로 치면 진동한다. 그림 14.1과 같이 진동 가지의 진동은 주위의 공기를 교란시킨다. 그림 14.1a에 나타나 있는 것처럼 진동자가 오른쪽으로 치우칠 때, 그 운동 방향의 앞쪽의 공기 분자는 정상 상태일 때보다 강제적으로 서로 가까워진다. 이러한 높은 분자 밀도와 공기 압력을 갖는 영역을 **압축부**(compression)라고 한다. 이러한 압축 상태는 연못 속의 물결처럼 소리굽쇠로부터 멀리 퍼져나가게 된다. 진동자가 왼쪽으로 치우칠 때는, 그림 14.1b와 같이 진동자의 오른쪽에 있는 분자들이 서로 멀어져서 이 영역의 공기 압력과 밀도가 정상 상태일 때보다 낮아지는데, 이러한 낮은 밀도의 영역을 **희박부**(rarefaction)라고 한다. 그림에서 희박부 오른쪽에 있는 분자들은 왼쪽으로 이동한다. 따라서 희박부 자체는 이전에 생성된 압축부를 따라 오른쪽으로 이동하게 된다.

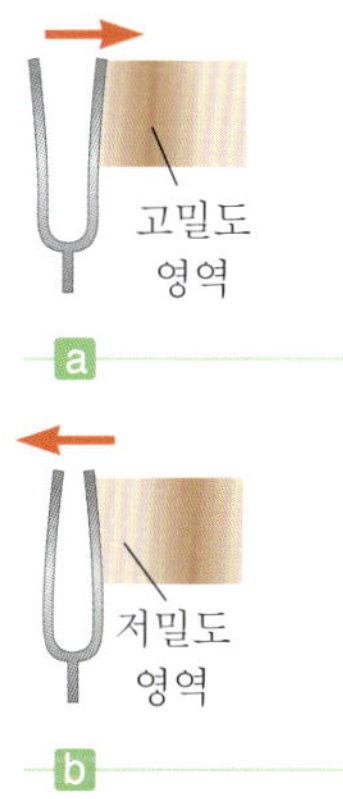

그림 14.1 진동하는 소리굽쇠. (a) 소리굽쇠의 오른쪽 진동 가지가 오른쪽으로 움직임에 따라, 공기의 고밀도 영역(압축부)이 진동 가지 운동의 정면에 형성된다. (b) 소리굽쇠의 오른쪽 진동 가지가 왼쪽으로 움직임에 따라, 공기의 저밀도 영역(희박부)이 소리굽쇠의 오른쪽에 형성된다.

소리굽쇠가 연속적으로 진동함에 따라, 연속적으로 압축부와 희박부가 형성되어 소리굽쇠로부터 퍼져나가게 된다. 그 결과 공기의 형태는 대략 그림 14.2a와 같이 된다. 그림 14.2b와 같이 음파를 나타내는 데 사인형 곡선을 이용할 수 있다. 음파의 압

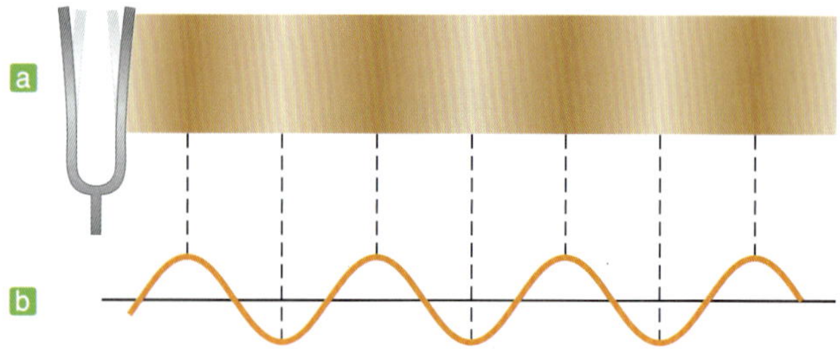

그림 14.2 (a) 소리굽쇠가 진동함에 따라 일련의 압축부와 희박부가 소리굽쇠로부터 퍼져나간다. (b) 사인파의 마루는 압축부에 해당하며, 골은 희박부에 해당한다.

축부가 있는 곳에 사인파의 마루가 음파의 희박부가 있는 곳에 사인파의 골이 있다.

14.2 음파의 특성

종파에서 매질 입자의 운동은 파동이 진행하는 방향을 따라서 앞뒤로 왔다갔다 하는 운동이다. 반면 횡파에서 매질의 진동은 파동이 진행하는 방향에 대해서 수직 방향으로 나타난다.

음파의 분류

음파는 진동수에 따라 세 가지로 분류한다. **가청음파**(audible waves)는 인간의 귀로 느낄 수 있는 범위인 대략 20~20 000 Hz 영역 내의 진동수를 가진 종파이다. **초저주파**(infrasonic waves)는 가청 영역보다 낮은 진동수를 갖는 종파이며, 지진파가 그 예이다. **초음파**(ultrasonic waves)는 가청 진동수보다 큰 종파이다.

초음파의 응용

초음파는 진동수가 20 kHz를 넘는 음파이다. 초음파는 이러한 높은 진동수에 대응되는 짧은 파장을 가지고 있으므로 작은 물체의 영상을 생성하는 데 사용되며, 최근 진단용 의료기구나 일부 치료용 기구 등의 의학적 응용에 널리 쓰이고 있다. 초음파의 흡수와 반사에 의해 생성되는 영상을 통해 내부 장기를 진찰할 수 있다. 초음파는 X선보다는 훨씬 안전하지만, 초음파에 의해 얻어진 영상은 X선보다는 선명하지 않다. 그러나 간이나 비장과 같은 특정 기관은 X선으로는 볼 수 없으나 초음파로는 볼 수 있다.

14.3 음속

유체의 부피 탄성률이 B이고 평균 밀도가 ρ라면, 음속은

$$v = \sqrt{\frac{B}{\rho}} \qquad [14.1]$$

이다. 식 14.1은 기체에 대해서도 성립한다.

고체 막대에서의 종파의 속력

$$v = \sqrt{\frac{Y}{\rho}} \qquad [14.2]$$

를 들 수 있는데, 여기서 Y는 수직 방향의 변형력을 수직 방향의 변형으로 나눈 것으로 정의한 고체의 영률이고, ρ는 고체의 밀도이다.

표 14.1은 여러 가지 매질 내에서의 음속을 보인 것이다. 여기서 볼 수 있듯이 음속은 기체에서보다 고체에서 훨씬 빠르다. 이것은 고체의 분자들이 기체의 분자들보다 더 촘촘히 응집되어 있어 교란을 더 빨리 전달하기 때문이다.

음속은 또한 매질의 온도에 영향을 받는다. 공기를 통한 소리의 전달에 있어서 음속과 온도 사이의 관계는

$$v = (331\,\mathrm{m/s})\sqrt{\frac{T}{273\,\mathrm{K}}} \qquad [14.3]$$

이며, 여기서 331 m/s는 0 °C일 때의 공기 중에서의 음속이며, T는 절대 온도이다. 이 식을 이용하면, 293 K(통상적 실온)의 공기 중에서의 음속은 대략 343 m/s임을 알 수 있다.

표 14.1 여러 매질에서의 음속

매질	v(m/s)
기체	
공기(0 °C)	331
공기(100 °C)	386
수소(0 °C)	1 286
산소(0 °C)	317
헬륨(0 °C)	972
액체(25 °C)	
물	1 493
메틸 알코올	1 143
바닷물	1 533
고체[a]	
알루미늄	6 420
구리(압연)	5 010
철	5 950
납(압연)	1 960
합성 고무	1 600

14.4 음파의 에너지와 세기

파동의 **세기**(intensity) I는 초당 파동이 나아가는 방향에 수직인 넓이 A를 지나가는 에너지양 $\Delta E/\Delta t$로 정의한다.

$$I \equiv \frac{1}{A}\frac{\Delta E}{\Delta t} \qquad [14.4]$$

여기서 에너지 흐름의 방향은 모든 점에서 표면에 수직이다.

SI 단위: 와트/제곱미터(W/m²)

에너지의 전달률이 일률이므로, 식 14.5는 다른 형태로 다음과 같이 정리할 수 있다.

$$I \equiv \frac{\text{일률}}{\text{넓이}} = \frac{P}{A} \qquad [14.5]$$

여기서 P는 표면을 지나는 음파의 일률이며, 단위는 와트(W)이므로 소리의 세기는 W/m^{2}의 단위를 가진다.

인간의 귀가 1 000 Hz의 진동수에서 감지할 수 있는 가장 약한 소리는 1×10^{-12} W/m^{2}의 세기를 갖는데, 이 세기를 **가청 문턱**(threshold of hearing)이라고 한다. 귀가 통증 없이 들을 수 있는 가장 큰 소리의 세기는 약 1 W/m^2 [**고통 문턱**(threshold of pain)]이다.

표 14.2 여러 음원에 대한 데시벨 단위의 세기 준위

음원	β(dB)
제트기 주변	150
착암기, 기관총	130
사이렌, 록 콘서트	120
지하철, 제초기	100
분주한 거리	80
진공청소기	70
보통의 대화	50
모기 소리	40
속삭임	30
나뭇잎의 바삭거림	10
가청 하한	0

데시벨 단위의 세기 준위

소리의 상대적인 세기를 **세기 준위**(intensity level) 또는 **데시벨 준위**(decibel level) β라 하고 다음과 같이 정의한다.

$$\beta \equiv 10 \log\left(\frac{I}{I_0}\right) \qquad [14.6]$$

여기서 상수 I_0는 기준 세기로 정상적인 가청 문턱의 세기($I_0 = 1.0 \times 10^{-12}\ \text{W/m}^2$)로 잡고, I는 임의의 세기이며, β는 데시벨(dB)로 측정한 세기 준위가 된다.

데시벨의 단위로 10 dB의 증가는 소리의 세기가 10배 크다는 것을 의미한다. 예를 들어, 50 dB의 소리는 40 dB의 소리 세기의 10배이고, 60 dB은 40 dB 소리의 100배이다.

표 14.2는 다양한 세기 준위를 나타낸 것이다.

예제 14.1

문제 공장에서 연마기가 $1.00 \times 10^{-5}\ \text{W/m}^2$의 소음을 낸다. **(a)** 이 기계의 세기 준위를 구하라. **(b)** 그리고 동일한 기계가 한 대 더 공장에 설치될 경우 세기 준위를 구하라.

풀이 **(a)** 한 연마기의 세기 준위를 계산한다.

세기를 데시벨 식에 대입한다.

$$\beta = 10 \log\left(\frac{1.00 \times 10^{-5}\ \text{W/m}^2}{1.00 \times 10^{-12}\ \text{W/m}^2}\right) = 10 \log(10^7)$$

$$= 70.0\ \text{dB}$$

(b) 연마기가 한 대 더 추가된 경우의 세기 준위를 계산한다.

(a)의 세기의 두 배를 데시벨 식에 대입한다.

$$\beta = 10 \log\left(\frac{2.00 \times 10^{-5}\ \text{W/m}^2}{1.00 \times 10^{-12}\ \text{W/m}^2}\right) = 73.0\ \text{dB}$$

14.5 구면파와 평면파

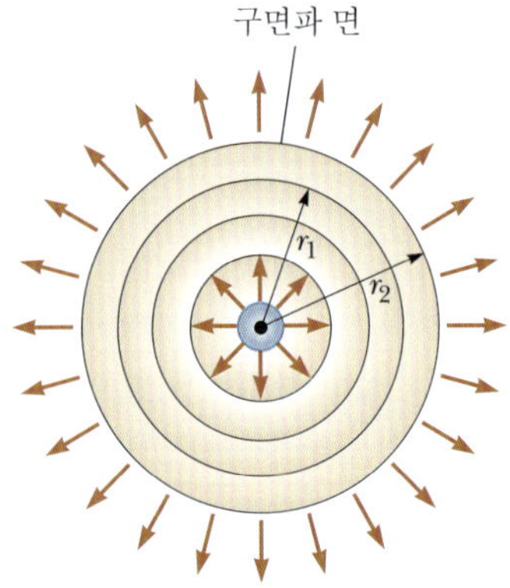

그림 14.3 진동하는 구로부터 지름 방향으로 바깥쪽으로 전파되는 구면파. 파의 세기는 $1/r^2$로 변한다.

작은 구형 물체의 반지름이 주기적으로 변하는 진동을 하면, 구면의 음파가 발생한다(그림 14.3). 구면파는 일정한 속력으로 파원으로부터 바깥쪽으로 퍼져나간다.

진동하는 구의 모든 점에서 같은 방법으로 행동하므로 구면파의 에너지는 모든 방향으로 균일하게 퍼져나간다고 결론내릴 수 있다. 즉, 어떤 방향도 다른 방향보다 더 많은 에너지를 전파할 수 없다. 만약 $P_{평균}$이 파원으로부터 방출되는 평균 일률이고 매질에서 흡수되는 에너지가 없다고 가정하면, 일률은 파원으로부터 임의의 거리 r만큼 떨어진 곳에서 구의 겉넓이 $4\pi r^2$에 걸쳐 균일하게 분산되어 있어야만 한다. 그러므로 파원으로부터 거리 r에서의 소리 **세기**(intensity)는 다음과 같이 주어진다.

$$I = \frac{\text{평균 일률}}{\text{넓이}} = \frac{P_{\text{평균}}}{A} = \frac{P_{\text{평균}}}{4\pi r^2} \qquad [14.7]$$

평균 일률은 파원을 중심으로 한 모든 구 표면에서 동일하기 때문에 파원의 중심으로부터 r_1과 r_2의 거리에서의 세기가

$$I_1 = \frac{P_{\text{평균}}}{4\pi r_1^2}, \quad I_2 = \frac{P_{\text{평균}}}{4\pi r_2^2}$$

임을 알 수 있다(그림 14.3). 따라서 두 구 표면에서 세기의 비는

$$\frac{I_1}{I_2} = \frac{r_2^2}{r_1^2} \qquad [14.8]$$

이 된다.

구면파를 그림 14.4와 같이 구면의 일부를 대표하는 파원과 중심이 같은 일련의 원호들(최대 세기의 선들)로 이루어진 그래프로 나타내는 것이 유용하다. 이와 같은 원호를 **파면**(wave front)이라고 한다. 이웃한 파면 사이의 거리는 파장 λ와 같다. 파원으로부터 바깥으로 향하고 원호에 수직인 지름 방향의 선을 **파선**(rays)이라고 한다.

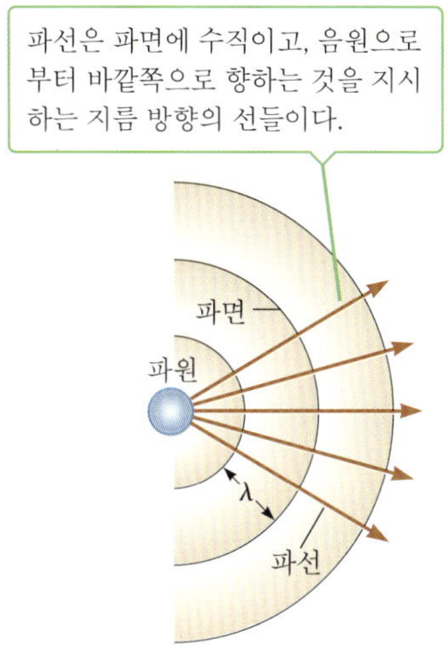

그림 14.4 점 파원으로부터 방출되는 구면파. 원호는 음원을 중심으로 하는 파면을 나타낸다.

예제 14.2

문제 작은 음원이 80.0 W의 출력 일률로 음파를 방출한다. **(a)** 음원으로부터 3.00 m 떨어진 곳에서 세기를 구하라. **(b)** 음원에서 $r = 3.00$ m 떨어진 곳의 세기의 1/4인 곳을 찾아라. **(c)** 세기 준위가 40.0 dB인 점의 거리를 구하라.

풀이 **(a)** 음원으로부터 3.00 m 떨어진 곳의 세기를 구한다.

$P_{\text{평균}} = 80.0$ W와 $r = 3.00$ m를 식 14.7에 대입한다.

$$I = \frac{P_{\text{평균}}}{4\pi r^2} = \frac{80.0 \text{ W}}{4\pi(3.00 \text{ m})^2} = \boxed{0.707 \text{ W/m}^2}$$

(b) 음원에서 $r = 3.00$ m 떨어진 곳의 세기의 1/4인 곳을 찾는다.

$I = (0.707 \text{ W/m}^2)/4$인 곳의 거리를 r이라고 하고 식 14.7에 대입한다.

$$r = \left(\frac{P_{\text{평균}}}{4\pi I}\right)^{1/2} = \left[\frac{80.0 \text{ W}}{4\pi(0.707 \text{ W/m}^2)/4.0}\right]^{1/2} = \boxed{6.00 \text{ m}}$$

14.6 도플러 효과

만약 자동차나 트럭이 달리면서 경적을 울리면, 사람이 듣는 소리의 진동수는 가까이 다가오는 자동차의 경우 더 높게, 멀어지는 자동차의 경우 더 낮게 들린다. 이것은 **도플러 효과**의 한 예이다.

도플러 효과를 유도할 때 공기가 정지해 있고, 모든 속력은 정지된 매질에 대해 상대적으로 측정된다고 가정하자. 관측자의 속력은 v_O, 음원의 속력은 v_S, 음속은 v이다.

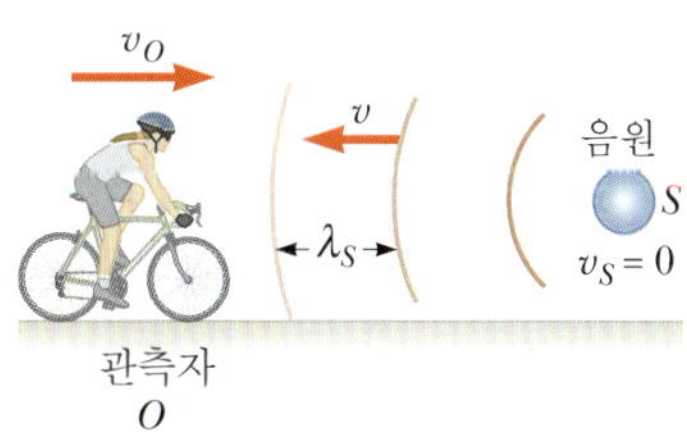

그림 14.5 정지한 점 파원(S)을 향해 v_O의 속력으로 움직이는 관측자는 음원의 진동수 f_S 보다 더 높은 진동수 f_O를 듣는다.

경우 1: 정지한 음원에 대해 관측자가 상대적으로 움직이는 경우

그림 14.5는 관측자가 정지해 있는($v_S = 0$) 음원을 향해 v_O의 속력으로 움직이는

상황을 나타낸다.

음원의 진동수를 f_S, 파장을 λ_S, 공기 중에서의 음속을 v라 하자. 관측자와 음원 둘 다 정지해 있다면, 명백하게 관측자는 초당 f_S개의 파면을 감지할 것이다(즉, $v_O = 0$이고 $v_S = 0$일 때 관측된 진동수 f_O는 음원의 진동수 f_S와 같다). 관측자가 음원을 향해 움직일 때, t초 동안 $v_O t$의 거리를 움직인다. 이 시간 동안 **관측자는 파면을 더 많이 감지하게 된다.** 추가로 감지한 파면의 수는 움직인 거리 $v_O t$를 파장 λ_S로 나눈 값과 같다. 따라서

$$\text{추가로 감지한 파면의 수} = \frac{v_O t}{\lambda_S}$$

가 된다. 초당 추가로 감지하는 파면의 수는 v_O/λ_S이므로 관측자가 듣는 진동수 f_O는 다음과 같이 증가한다.

$$f_O = f_S + \frac{v_O}{\lambda_S}$$

$\lambda_S = v/f_S$를 f_O에 대한 식에 대입하면, 다음의 관계를 얻는다.

$$f_O = f_S\left(\frac{v + v_O}{v}\right) \qquad [14.9]$$

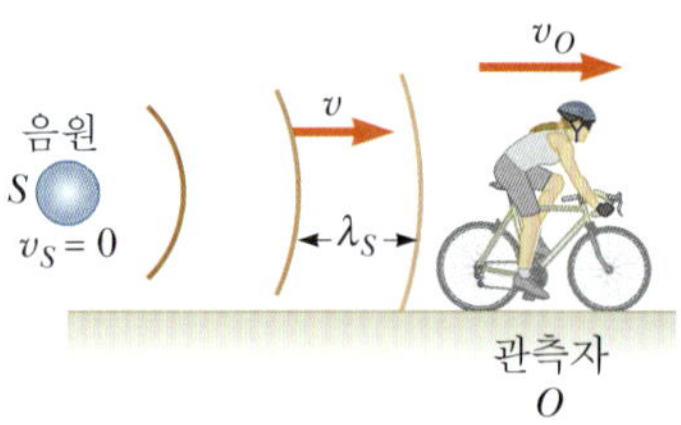

그림 14.6 정지한 음원(S)에서 v_O의 속력으로 멀어지고 있는 관측자는 음원의 진동수 f_S보다 더 낮은 진동수 f_O를 듣는다.

그림 14.6과 같이 정지한 음원으로부터 멀어져가는 관측자는 초당 감지하는 파면의 수가 감소한다. 식 14.9와 동일한 결과를 얻을 수 있으나 분자가 $v - v_O$이다. 따라서 관측자가 음원으로부터 멀어질 때, 식 14.9에서 v_O 대신 $-v_O$을 대입한다.

경우 2: 정지한 관측자에 대해 상대적으로 움직이는 음원

이제 그림 14.7과 같이 정지한 관측자를 향해 음원이 움직이는 경우를 생각해 보자. 이 경우 음원이 바깥쪽으로 진행하는 파동의 방향으로 움직이고 있기 때문에, 관측자 A가 듣는 파면 사이가 더 가깝다. 그 결과 관측자 A가 측정하는 파장 λ_O는 정지한 음원의 파장 λ_S보다 더 짧다. 주기 T의 간격으로 각 진동이 계속되는 동안, 음원은 $v_S T = v_S/f_S$의 거리를 움직이고 **파장은 이 거리만큼 짧아진다.** 그러므로 관측되는 파장은

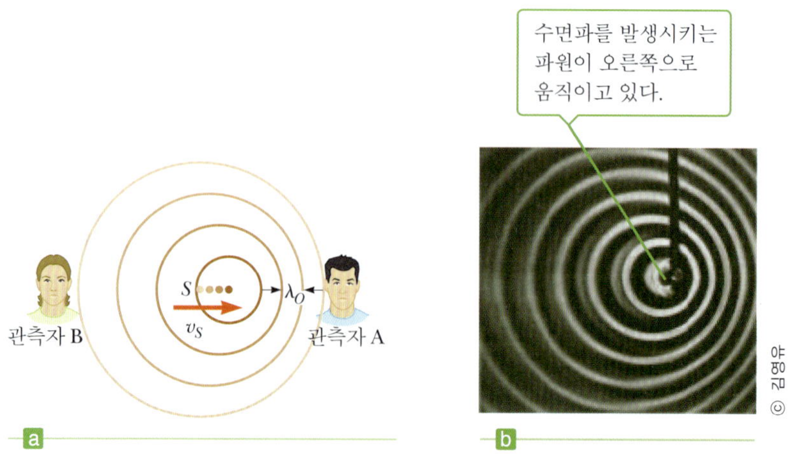

그림 14.7 (a) 속력 v_S로 움직이는 음원(S)이 정지하고 있는 관측자 A쪽으로 가까워지고, 정지하고 있는 관측자 B로부터 멀어지고 있다. 관측자 A는 높아진 진동수를 듣고, 관측자 B는 낮아진 진동수를 듣는다. (b) 잔물결 통에서 관측된 물에서의 도플러 효과

$$\lambda_O = \lambda_S - \frac{v_S}{f_S}$$

로 주어진다. $\lambda_S = v/f_S$이기 때문에 A가 듣는 진동수는

$$f_O = \frac{v}{\lambda_O} = \frac{v}{\lambda_S - \dfrac{v_S}{f_S}} = \frac{v}{\dfrac{v}{f_S} - \dfrac{v_S}{f_S}}$$

또는

$$f_O = f_S\left(\frac{v}{v - v_S}\right) \qquad [14.10]$$

이다. 즉, **음원이 관측자를 향해 움직일 때 관측된 진동수는 증가한다.** 음원이 정지한 관측자로부터 멀어질 때, 분모의 음의 부호를 양의 부호로 바꿔서 $(v + v_S)$가 된다.

일반적인 경우

음원과 관측자가 동시에 땅에 대해 상대적으로 움직일 때, 식 14.9와 14.10은 다음과 같은 관계식으로 나타낼 수 있다.

$$f_O = f_S\left(\frac{v + v_O}{v - v_S}\right) \qquad [14.11]$$

예제 14.3

문제 40.0 m/s의 속력으로 달리는 기차가 5.00×10^2 Hz의 진동수를 가진 기적 소리를 낸다. 기차가 관측자를 향해 다가오고 있을 때, 정지하고 있는 관측자가 듣는 진동수를 구하라. 주변 온도는 24.0 ℃이다.

풀이 식 14.4를 이용해 $T = 24.0$ ℃일 때 음속을 계산한다.

$$v = (331\ \text{m/s})\sqrt{\frac{T}{273\ \text{K}}} = (331\ \text{m/s})\sqrt{\frac{(273 + 24.0)\ \text{K}}{273\ \text{K}}}$$

$$v = 345\ \text{m/s}$$

관측자는 정지해 있으므로 $v_O = 0$이다. 기차가 관측자를 향해 움직이므로, $v_S = +40.0$ m/s이다. 음속과 이 값을 도플러 이동 방정식에 대입하면 다음을 얻는다.

$$f_O = f_S\left(\frac{v + v_O}{v - v_S}\right)$$

$$= (5.00 \times 10^2\ \text{Hz})\left(\frac{345\ \text{m/s}}{345\ \text{m/s} - 40.0\ \text{m/s}}\right)$$

$$= 566\ \text{Hz}$$

예제 14.4

문제 어떤 구급차가 고속도로에서 75.0 mi/h의 속력으로 달리고 있다. 이 차의 사이렌은 진동수 4.00×10^2 Hz의 소리를 낸다. 다음의 경우 구급차 맞은편에 있는 55.0 mi/h로 달리는 차의 승객이 듣는 사이렌의 진동수는 얼마인가?(차가 구급차에 가까워질 때)

풀이 속력을 mi/h에서 m/s로 변환한다.

$$v_S = (75.0\ \text{mi/h})\left(\frac{0.447\ \text{m/s}}{1.00\ \text{mi/h}}\right) = 33.5\ \text{m/s}$$

$$v_O = (55.0\ \text{mi/h})\left(\frac{0.447\ \text{m/s}}{1.00\ \text{mi/h}}\right) = 24.6\ \text{m/s}$$

차와 구급차가 서로 가까워질 때 관측 진동수를 계산한다.
각각의 자동차는 서로를 향해 오고 있으므로 도플러 이동 방정식

에 $v_O = +24.6\text{ m/s}$와 $v_S = +33.5\text{ m/s}$를 대입한다.

$$f_O = f_S\left(\frac{v + v_O}{v - v_S}\right)$$

$$= (4.00 \times 10^2\text{ Hz})\left(\frac{345\text{ m/s} + 24.6\text{ m/s}}{345\text{ m/s} - 33.5\text{ m/s}}\right)$$

$$= 475\text{ Hz}$$

14.7 음파의 간섭

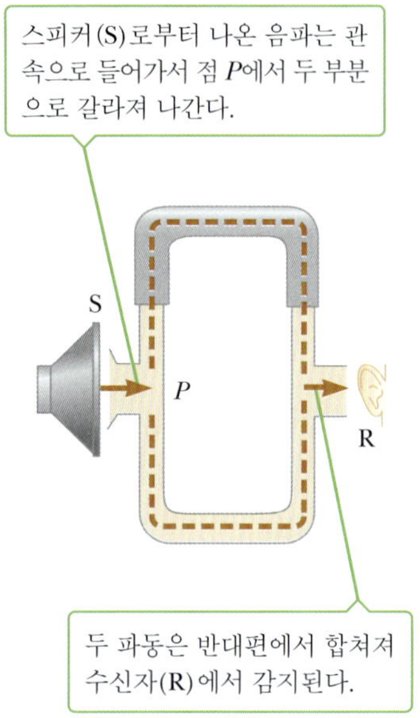

그림 14.8 음파의 간섭을 보여주는 음향 장치. 위쪽으로 가는 경로의 길이는 변화시킬 수 있다.

음파는 서로 간섭을 일으킬 수 있다. 이를 그림 14.8의 장치를 이용하여 보여줄 수 있다. 스피커 S로부터 나온 소리가 T자 모양으로 연결된 튜브 안의 점 P까지 전송된다. 이 소리는 분리되어 빨간 화살표로 표시된 두 개의 다른 길을 따라 전달된다. 소리의 반은 위쪽 길을 지나고, 반은 아래쪽 길을 따라 지난다. 결국 소리는 수신자의 귀가 위치한 출구에서 합쳐진다. 두 경로의 길이 r_1과 r_2가 서로 같다면, 갈래 점으로 들어간 파동의 마루는 절반으로 분리되어 두 경로를 지난 후 수신자의 귀에서 합쳐진다. 이 두 파동이 다시 만나면 보강 간섭을 만들어 내고, 수신자는 큰 소리를 듣게 된다. 만일 위쪽 경로를 아래쪽 경로보다 한 파장 더 길게 조정하면 두 파동의 보강 간섭이 다시 일어나서 수신자는 또 큰 소리를 듣게 될 것이다. 일반적으로 **거리의 차 $r_2 - r_1$이 영이거나 파장의 정수 배가 되면 보강 간섭이 일어난다.**

$$r_2 - r_1 = n\lambda \quad (n = 0, 1, 2, \cdots) \qquad [14.12]$$

그러나 위쪽의 가변 U자형 관을 조절하여 위쪽 경로의 길이 r_2가 아래쪽 경로의 길이 r_1보다 반파장 더 길다고 해보자. 이 경우에도 앞서처럼 들어간 음파는 두 경로로 분리되어 지나게 되는데, 위쪽 경로를 따라 지나는 파동은 아래쪽을 지나는 파보다 반파장에 상응하는 길이를 더 지나야만 한다. 그 결과 수신기에 합쳐질 때 한 파동의 마루는 다른 파동의 골과 만나게 되어 두 음파가 서로 상쇄되어 없어진다. 이러한 현상을 **완전 상쇄 간섭**이라 하며, 청취자는 아무 소리도 들을 수 없다. 일반적으로 **경로차 $r_2 - r_1$이 파장의 $\frac{1}{2}$, $1\frac{1}{2}$, $2\frac{1}{2}$, ⋯ 배가 되면 상쇄 간섭이 일어난다.**

$$r_2 - r_1 = \left(n + \frac{1}{2}\right)\lambda \quad (n = 0, 1, 2, \cdots) \qquad [14.13]$$

예제 14.5

문제 3.00 m 떨어진 두 개의 스피커가 같은 음원에 연결되어 있다(그림 14.15). 처음에 두 스피커를 연결하는 직선 가운데서 8.00 m 떨어진 지점 O에 있던 사람이 그 지점에서 수직 방향으로 0.350 m 떨어진 점 P로 이동하여 첫 번째 상쇄 간섭을 확인하였다. 음원의 진동수는 얼마인가? 공기에서 음속을 $v_s = 343\text{ m/s}$라 고 하자.

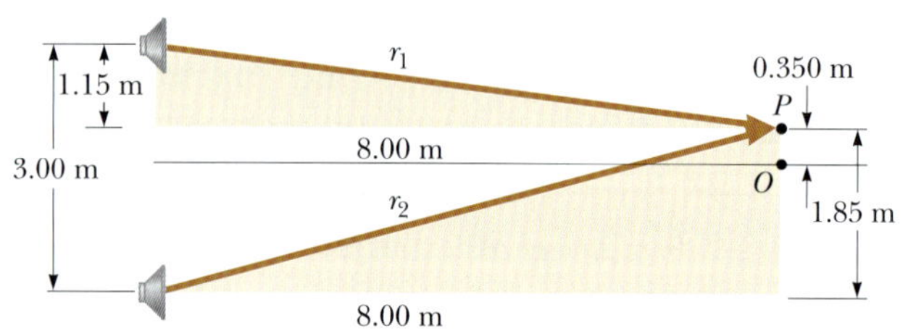

그림 14.9 (예제 14.5) 같은 음원에 연결된 두 스피커는 간섭을 일으킬 수 있다.

풀이 피타고라스 정리를 이용해 경로 길이 r_1과 r_2를 구한다.

$$r_1 = \sqrt{(8.00\text{ m})^2 + (1.15\text{ m})^2} = 8.08\text{ m}$$

$$r_2 = \sqrt{(8.00\text{ m})^2 + (1.85\text{ m})^2} = 8.21\text{ m}$$

이 값과 $n = 0$을 식 14.4에 대입하여 파장을 구한다.

$$r_2 - r_1 = \left(n + \frac{1}{2}\right)\lambda$$

$$8.21\text{ m} - 8.08\text{ m} = 0.13\text{ m} = \lambda/2 \quad \rightarrow \quad \lambda = 0.26\text{ m}$$

음속과 파장을 $v = \lambda f$에 대입하여 진동수 f를 구한다.

$$f = \frac{v}{\lambda} = \frac{343\text{ m/s}}{0.26\text{ m}} = \boxed{1.3\text{ kHz}}$$

14.8 정상파

고정된 벽에 줄의 한쪽 끝을 연결하고, 다른 쪽 끝을 소리굽쇠, 또는 일정한 속력으로 위아래로 흔드는 손과 같은 진동체에 연결하여 줄을 흔들면 정상파를 만들 수 있다(그림 14.10). 이 상태에서 진행파는 줄의 양 끝에서 반사되어, 양방향으로 모두 진행한다. 입사파와 반사파는 **중첩의 원리**(superposition principle)에 따라 합쳐진다. 만약 줄이 정확히 일정한 진동수로 진동한다면, 파동은 정지한 것처럼 보인다. 이 때문에 **정상파**(standing wave)라고 이름 붙였다. **마디**(node)는 항상 두 진행파의 변위의 크기가 같고, 극성이 반대여서 알짜 변위가 영인 곳에 생긴다. 마디에서 줄은 어떤 움직임도 없으나, 인접한 두 마디 사이의 중앙, 즉 **배**(antinode)에서는 줄이 가장 큰 진폭으로 진동한다.

그림 14.10 한쪽 끝이 진동날에 연결된 팽팽한 줄에서 정상파를 만들 수 있다.

줄의 경우라면 여러 가지 진동수의 정상파를 발생시킬 수가 있는데, 마디가 많을수록 진동수가 높다. 그림 14.11은 줄에서 얻은 정상파의 다중 섬광 사진이다.

우선 **줄의 양 끝은 고정되어 있기 때문에 마디**임에 유의하라. 이 진동의 진동수는 다음과 같다.

$$f_1 = \frac{v}{\lambda_1} = \frac{v}{2L} \tag{14.14}$$

줄에서 파동 속력은 $v = \sqrt{F/\mu}$임을 기억할 것이다. 여기서 F는 줄의 장력이고, μ는

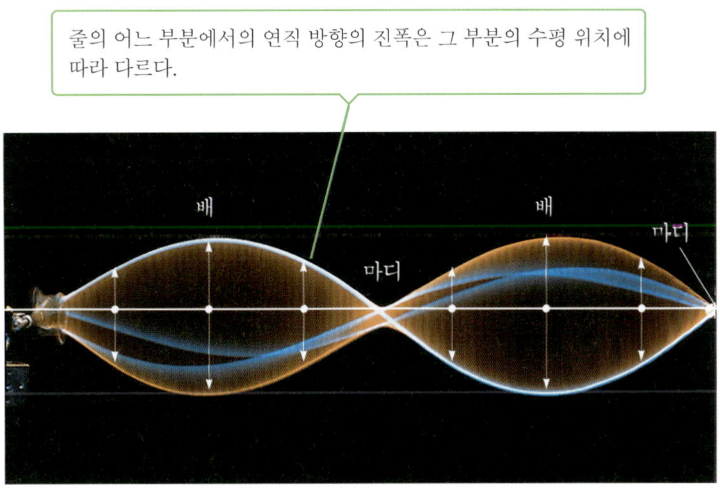

그림 14.11 줄의 왼쪽 끝에 달린 진동자로 만든 배가 두 개인 2차 조화 진동($n = 2$)의 다중 섬광 사진

단위 길이당 질량이다(13장 참고). 이를 식 14.14에 대입하면 다음의 관계식을 얻는다.

$$f_1 = \frac{1}{2L}\sqrt{\frac{F}{\mu}} \qquad [14.15]$$

이 진동의 최저 진동수를 진동하는 줄 또는 **1차 조화 진동**(first harmonic)의 **기본 진동수**(fundamental frequency)라 한다.

2차 조화 진동(제1차 배음)은 다음과 같다.

$$f_2 = \frac{v}{\lambda_2} = \frac{v}{L} = 2\left(\frac{v}{2L}\right) = 2f_1$$

이 진동수는 기본 진동수의 두 배와 같다. 모든 더 높은 진동은 기본 진동의 양의 정수 배가 된다.

$$f_n = nf_1 = \frac{n}{2L}\sqrt{\frac{F}{\mu}} \qquad n = 1, 2, 3, \cdots \qquad [14.16]$$

14.9 공기 기둥 내의 정상파

만약 반사하는 관의 끝이 닫혀 있다면, 공기 분자의 운동이 금지되어 있기 때문에, 마디가 이 끝에 존재해야 한다. 만약 그 끝이 열려있다면, 공기 분자의 운동이 완전히 자유롭기 때문에 배가 된다.

그림 14.12a는 양 끝이 열린 관의 처음 세 가지 진동을 보인 것이다. 공기가 왼쪽에

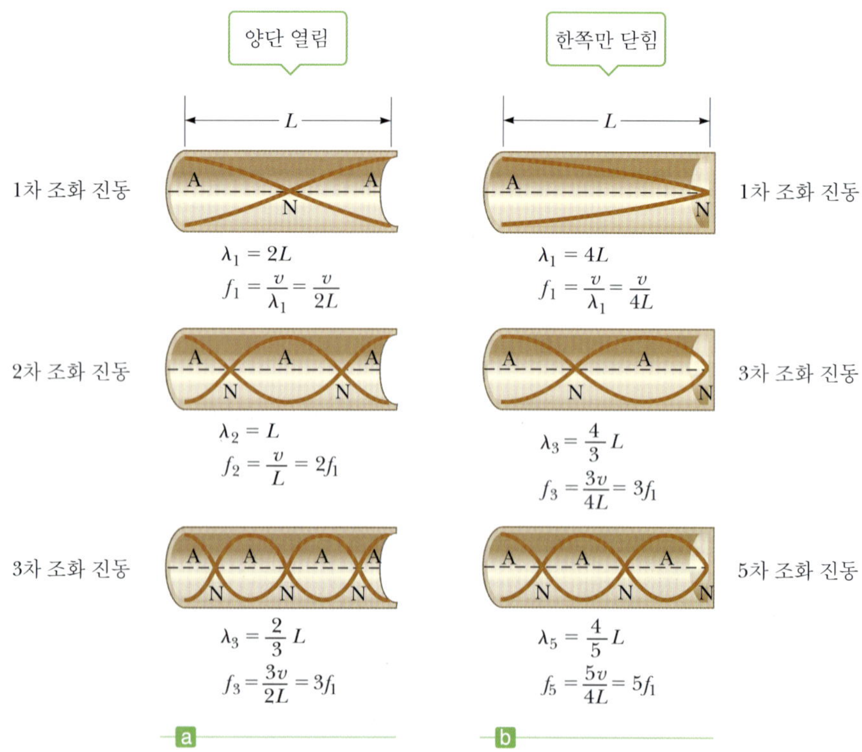

그림 14.12 (a) 양 끝이 모두 열려 있는 오르간 파이프에서의 종파의 정상파. 자연 진동수 f_1, $2f_1$, $3f_1$, …은 조화열을 형성한다. (b) 한쪽 끝이 닫혀 있는 오르간 파이프에서의 종파의 정상파. 오직 홀수 번째의 배진동들이 존재하고, 자연 진동수는 f_1, $3f_1$, $5f_1$, …이다.

서 끝쪽을 향하고 있을 때 정상파가 형성되고, 관은 자신의 자연 진동수로 진동한다.

$$f_n = n\frac{v}{2L} = nf_1 \quad n = 1, 2, 3, \cdots \qquad [14.17]$$

여기서 v는 공기 중의 음속이다. 이 식은 기본 진동수의 정수배를 포함한 식 14.16과 유사함에 주목하라.

만약 관의 한쪽 끝이 닫혀 있고 다른 쪽 끝이 열려 있다면, 열린 쪽 끝은 배가 되고 닫힌쪽 끝은 마디가 된다(그림 14.12b). 양쪽 모두 열린 관과 비교해서 이 경우는 단지 **기본 진동수의 짝수배가 없다.** 한쪽 끝이 닫혀 있고 다른 쪽 끝이 열려 있는 관에서는 단지 홀수의 배진동만이 존재한다. 이 배진동들은

$$f_n = n\frac{v}{4L} = nf_1 \quad n = 1, 3, 5, \cdots \qquad [14.18]$$

이다.

예제 14.6

문제 그림 14.13a는 관에서의 공명을 보여주는 간단한 장치이다. 양쪽 끝이 열린 긴 관이 물이 담긴 비커에 일부 잠겨 있다. 그리고 진동수를 알지 못하는 소리굽쇠가 관의 위쪽 끝에 놓여 있다. 공기 기둥의 길이 L은 상하로 관을 움직여 조절할 수 있다. 소리굽쇠에 의해 발생된 음파는 공기 기둥의 길이가 관의 공명 진동수 중 하나와 같을 때 보강된다. 음의 세기가 극대가 되는 L의 가장 작은 값은 9.00 cm이다. **(a)** 이 소리굽쇠의 진동수를 구하라. **(b)** 다음 두 공명 진동수에 대한 공기 기둥의 길이 L과 파장을 구하라. 음속은 343 m/s이다.

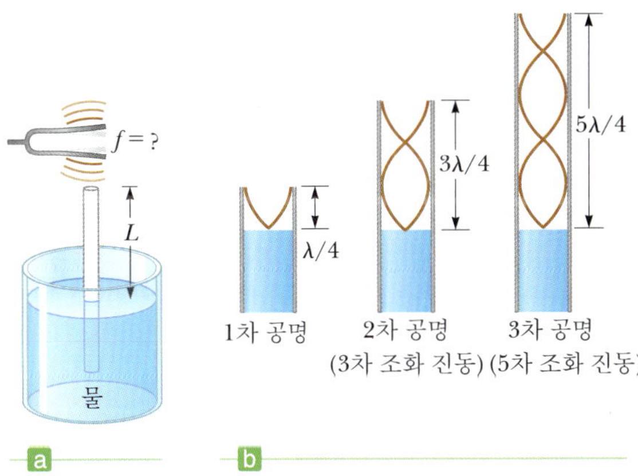

그림 14.13 (예제 14.6) (a) 한쪽 끝이 닫혀 있는 관에서의 음파의 공명을 보여 주기 위한 장치. 공기 기둥의 길이 L은 물속에 일부가 잠겨 있는 관을 수직으로 움직여 변화시킬 수 있다. (b) 이 장치에서 처음 세 개의 공명 진동수

풀이 **(a)** 소리굽쇠의 진동수를 구한다.

식 14.19에 $n = 1$, $v = 343\text{ m/s}$, $L_1 = 9.00 \times 10^{-2}\text{ m}$를 대입한다.

$$f_1 = \frac{v}{4L_1} = \frac{343\text{ m/s}}{4(9.00 \times 10^{-2}\text{ m})} = \boxed{953\text{ Hz}}$$

(b) 다음 두 공명 진동수에 대한 물 기둥의 수위와 파장을 구한다.

한쪽 끝이 열린 관에서 기본 진동수에 대한 $\lambda = 4L$을 이용해 파장을 계산한다.

$$\lambda = 4L_1 = 4(9.00 \times 10^{-2}\text{ m}) = \boxed{0.360\text{ m}}$$

따라서 다음 공명 위치를 구하기 위해 L_1에 반파장을 더한다.

$$L_2 = L_1 + \lambda/2 = 0.0900\text{ m} + 0.180\text{ m} = \boxed{0.270\text{ m}}$$

L_2에 또 반파장을 더해 세 번째 공명 위치를 찾는다.

$$L_3 = L_2 + \lambda/2 = 0.270\text{ m} + 0.180\text{ m} = \boxed{0.450\text{ m}}$$

14.10 맥놀이

이제 약간 다른 진동수를 가진 두 파동이 겹쳐졌을 때 일어나는 또 다른 종류의 간섭 효과에 대해 생각해 보자. 이 경우 어떤 정해진 지점에서 파동들은 주기적으로 위상이 일치하거나 달라진다. 즉, 보강 간섭과 상쇄 간섭이 시간적으로 교대된다. 이와 같은 현상을 이해하기 위해 그림 14.14를 보자. 그림 14.14a에서 두 파동은 약간 다른 진동수를 갖는 두 개의 소리굽쇠에서 나온다. 즉, 그림 14.14b는 두 파동이 겹쳐진 모습이다. 어떤 시각 t_a에서 두 파동은 위상이 같은 상태가 되어 그림 14.14b와 같이 보강 간섭이 일어난다. 그러나 임의의 시간 후에 두 소리굽쇠의 진동은 서로 다르게 움직이게 된다. 시각 t_b에서 한 소리굽쇠가 희박 방출을 하는 동안 다른 소리굽쇠는 압축 방출을 한다. 따라서 그림 14.14b와 같이 시각 t_b에서는 상쇄 간섭이 일어난다. 시간이 지남에 따라 소리굽쇠의 진동은 위상이 정반대인 상태로 움직이고, 그 다음 다시 위상이 같은 상태로 움직이는 것을 반복한다. 그 결과 어떤 한 점에서 소리를 듣고 있는 사람은 소리의 크기가 변화하고 있는 것을 듣게 되는데, 이를 **맥놀이**(beats)라 한다. 초당 맥놀이의 수, 또는 **맥놀이 진동수**는 두 음원 사이의 진동수의 차이와 같다.

$$f_b = |f_2 - f_1| \qquad [14.19]$$

여기서 f_b는 맥놀이 진동수, f_1과 f_2는 두 음원의 진동수이다.

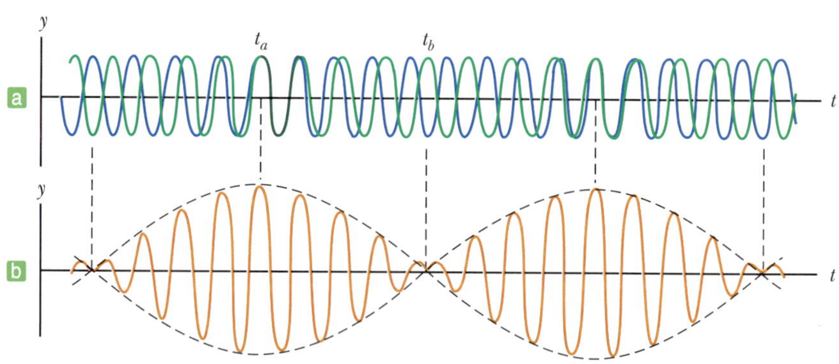

그림 14.14 맥놀이는 같은 방향으로 진행하는 진동수가 약간 다른 두 파동이 결합하여 만들어진다. (a) 공간의 고정된 위치에서 관측자가 듣는 각각의 파동들, (b) 합성파는 시간에 따라 주기적으로 진동하는 진폭(점선)을 가진다.

예제 14.7

문제 어떤 피아노 줄이 4.40×10^2 Hz의 진동수로 진동한다고 가정하자. 그 피아노의 진동수를 조사하기 위해 4.40×10^2 Hz의 진동수로 진동하는 소리굽쇠와 피아노 건반을 동시에 쳐서 소리를 냈고, 초당 4개의 맥놀이 진동수가 들렸다. 줄이 진동할 수 있는 두 가지 가능한 진동수를 구하라.

풀이 두 가지 가능한 진동수를 구한다.

경우 1: $f_2 - f_1$이 양의 값이므로 절댓값 기호는 필요 없다.

$$f_b = f_2 - f_1 \quad \rightarrow \quad 4\ \text{Hz} = f_2 - 4.40 \times 10^2\ \text{Hz}$$

$$f_2 = 444\ \text{Hz}$$

경우 2: $f_2 - f_1$가 음의 값으로 절댓값 기호 대신 음의 부호를 곱한다.

$$f_b = -(f_2 - f_1) \quad \rightarrow \quad 4\ \text{Hz} = -(f_2 - 4.40 \times 10^2\ \text{Hz})$$

$$f_2 = 436\ \text{Hz}$$

연습문제

Note: 특별한 언급이 없는 한 20 °C 공기 중의 음속은 343 m/s로 가정한다. 다른 온도의 경우 섭씨 온도 T_C에서 음속은 식 14.4인

$$v = 331\sqrt{1 + \frac{T_C}{273}}$$

로 주어진다. 여기서 v의 단위는 m/s이고 T의 단위는 °C이다. 다른 매질에서의 음속은 표 14.1을 참조하라.

1. 뜨거운 여름날 공기의 온도가 38 °C라면 그 온도에서의 음속은 얼마인가?

2. 번갯불을 보고 16.2 s 후에 천둥소리를 들었다. 공기 중에서의 빛의 속력은 3.00×10^8 m/s이다. (a) 천둥소리를 들은 사람은 번갯불에서 얼마나 멀리 떨어져 있는가? (b) 이 문제를 푸는 데 빛의 속력의 값을 알 필요가 있는가? 그 이유를 설명하라.

3. 4.00 kHz의 음파가 공기 중으로 전파된다. 음파가 처음에 T = 27.0 °C인 곳에서 T = 10.0 °C인 곳으로 들어갈 때 파장의 변화를 계산하라.

4. 등산객 여러 명이 산 위에서 야호 소리를 낸 다음 3.00 s 후에 반향음을 들었다. 음파를 반사한 산은 얼마나 멀리 있는가?

5. 기차가 건널목에 접근하면서, 기적 소리를 울린다. 10 km 떨어진 관측자는 50 dB의 세기 준위로 이 기적 소리를 듣는다. (a) 기적의 평균 일률은 얼마인가? (b) 기차에서 50 m 떨어진 건널목에서 기다리고 있는 사람이 듣는 기적 소리의 세기 준위는 얼마인가? 기적 소리를 점음원으로 취급하고, 공기에 의한 소리의 흡수는 무시한다.

6. 통근 열차가 40.0 m/s의 속력으로 역을 지나가면서 320 Hz의 기적을 울린다. (a) 기차가 역에 접근할 때와 역에서 멀어질 때, 플랫폼에 서 있는 고객이 듣는 진동수의 전체 변화는 얼마인가? (b) 기차가 역에 접근할 때 고객이 듣는 기적의 파장은 얼마인가?

7. 물리 공부를 열심히 하는 학생이 기차가 지나가는 역 구내의 벽에 기대어 서 있다. 기차가 가까이 다가오고 있을 때 그가 들은 음은 465 Hz이고 멀어져 갈 때 들은 음은 441 Hz이다. 이 두 진동수를 가지고 기차의 속력을 계산해 보라.

8. 두 대의 기차가 서로 다른 선로에서 서로를 향해 달린다. 기차 1은 130 km/h의 속도로, 기차 2는 90.0 km/h의 속도로 달리고 있다. 기차 2가 진동수 500 Hz의 기적을 울린다. 기차 1의 기관사가 듣는 진동수는 얼마인가?

9. 두 개의 작은 스피커가 8.00×10^2 Hz의 같은 진동수로 진동한다. 1.25 m 떨어진 두 스피커는 서로 마주보고 있다. 두 스피커를 연결하는 선 위에서 상대적으로 최소의 음이 들리는 위치를 구하라. (음속은 v = 343 m/s이다.)

10. 길이가 L인 줄을 630 Hz의 진동자로 진동시킬 때 다섯 개의 배가 생기면서 진동한다. 배가 세 개가 되게끔 진동시키려면 진동자의 진동수는 얼마이어야 하는가?

11. 양 끝이 고정되고 팽팽하게 당겨진 줄의 질량이 40.0 g이고 길이가 8.00 m이다. 줄의 장력은 49.0 N이다. (a) 3차 조화 진동의 마디와 배의 위치를 구하라. (b) 이 배진동의 진동수는 얼마인가?

12. 양쪽 끝이 열려 있는 관이 0 °C일 때 300 Hz의 기본 진동수를 갖고 있다. (a) 파이프의 길이는 얼마인가? (b) 30.0 °C에서의 기본 진동수는 얼마인가?

13. 사람의 이도의 길이는 약 2.8 cm이다. 만약 사람의 귀를 한쪽 끝은 열려 있고 다른 한쪽 끝이 고막으로 닫혀 있는 관으로 간주한다면, 우리가 예민하게 듣는다고 생각되는 기본 진동수는 얼마인가?

14. 두 기차의 기적이 1.80×10^2 Hz의 동일한 진동수를 가진다. 한 기차는 정거장에 정지해 있고 다른 한 기차는 근처에서 움직이며 각각 경적이 울릴 때, 정거장에 서 있던 승객은 2.00 beats/s의 맥놀이를 듣는다. 움직이는 기차가 가질 수 있는 두 개의 가능한 방향과 속력을 구하라.

15. 어느 학생이 256 Hz로 진동하는 소리굽쇠를 들고 벽을 향해 1.33 m/s의 속력으로 이동한다. (a) 이 학생이 소리굽쇠의 소리와 반사음 사이에서 듣는 맥놀이 진동수는 얼마인가? (b) 벽에서 멀어지면서 5.00 Hz의 맥놀이를 듣고자 한다면 얼마나 빠르게 움직여야 하는가?

© 김영우

벼락과 번개. 벼락은 구름 아래쪽의 음(−)전하와 지면의 양(+)전하가 가까워지면 아주 짧은 시간에 방전이 일어나고 매우 큰 전류가 흐르는 현상이다. 벼락이 칠때, 순간적으로 이동하는 전자들이 공기입자들과 충돌하여 빛과 열이 발생하는데, 이때 발생하는 빛이 번개이다. 번개가 움직이는 경로가 공기의 온도, 습도, 기압 등 여러 요인 때문에 번개의 모양이 삐뚤삐뚤하다.

전기력과 전기장 15

ELECTRIC FORCES AND ELECTRIC FIELDS

15.1 전하의 성질

플라스틱 빗으로 머리카락을 빗은 다음, 종잇조각에 갖다 대면 빗이 종잇조각을 끌어당기는 것을 볼 수 있을 것이다.

다른 간단한 실험으로 공기를 불어넣은 풍선을 양모(또는 머리카락)에 문지르는 것이다. 건조한 날이면 양모와 문지른 풍선은 방안의 벽에 몇 시간이나 붙어 있다. 물질이 이와 같은 특성을 보이면 이 물질은 **전기적으로 대전**(electrically charged)되었다고 한다.

프랭클린(Benjamin Franklin, 1706~1790)은 간단한 일련의 실험에서 두 종류의 전하를 **양전하**와 **음전하**로 명명하였다. 그림 15.1은 두 전하 사이에 작용하는 힘을 보여주고 있다. 깃털(또는 인공 섬유)로 문지른 딱딱한 고무(또는 플라스틱) 막대가 실에 매달려 있다. 명주 천으로 문지른 유리 막대를 고무 막대 근처에 가까이 가져가면, 고무 막대가 유리 막대 쪽으로 끌리게 된다(그림 15.1a). 만일 대전된 두 고무 막대(또는 대전된 두 유리 막대)를 서로 가까이 하면, 그림 15.1b처럼 그들 사이에 작용하는 힘은 밀어내는 힘이다. 이와 같은 관찰로부터 **같은 종류의 전하끼리는 서로 밀어**

© Book's Hill

프랭클린

Benjamin Franklin, 1706~1790

프랭클린은 출판업자, 작가, 물리학자, 발명가, 외교관이자 미국 건국에 지대한 공헌을 한 정치가였다. 1740년대 말에 그가 세운 전기에 관한 업적은 혼란스럽고 서로 연관이 없어 보이는 일련의 관찰들을 잘 정돈된 학문으로 발전시킨 것이다.

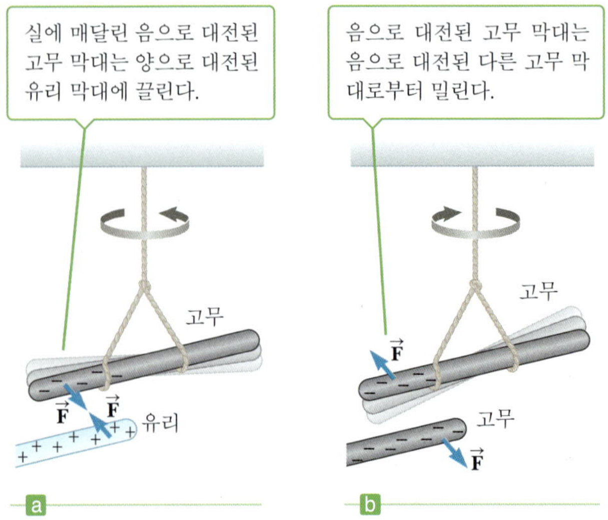

그림 15.1 대전된 두 물체 간의 전기력을 관찰하기 위한 실험장치

내고, 다른 종류의 전하끼리는 서로 끌어당긴다는 결론을 얻을 수 있다.

전하는 쉽게 한 물질에서 다른 물질로 옮겨간다. 두 물질을 서로 문지르면 접촉 범위가 증가되어 전하의 이동이 용이해진다.

전하의 중요한 특징은 **전하는 항상 보존된다**는 것이다. 즉, 처음에는 중성인 두 물체를 서로 문질러 대전시켰을 때, 이 과정에서 전하가 생성되지는 않는다. 물체는 **음전하가 한 물체에서 다른 물체로 전달**되었기 때문에 대전된다. 한 물체가 상당한 양의 음전하를 얻게 되는 반면에, 다른 물체는 같은 양의 음전하를 잃게 되어 알짜 양전하가 남게 된다. 예를 들어, 그림 15.2와 같이 유리 막대를 명주 천에 문질렀을 때, 마찰 과정에서 전자가 유리막대부터 명주 천으로 이동하게 됨으로써 유리막대는 알짜 양전하를 명주천은 알짜 음전하를 갖게 된다.

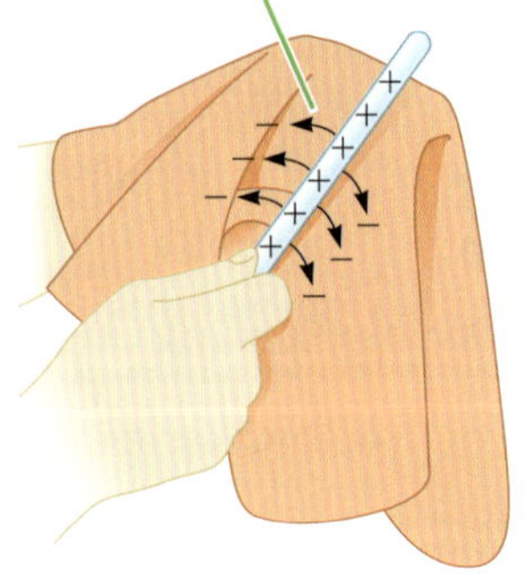

그림 15.2 유리 막대를 명주 천에 문지르면 전자는 유리 막대로부터 명주 천으로 이동한다. 전하들은 불연속적인 덩어리 형태로 이동되기 때문에, 두 물체가 가질 수 있는 전하는 $\pm e$, $\pm 2e$, $\pm 3e$ 등이다.

1909년에 밀리컨(Robert Millikan, 1886~1953)은 한 물체가 대전되면, 그 물체의 전하는 항상 기본 전하량 e의 정수배가 된다는 사실을 발견하였다. 현대적인 용어로는 전하가 **양자화되어 있다**(quantized)고 한다. 밀리컨 시대에 수행된 다른 실험에서는 전자가 $-e$의 전하를 가지며, 양성자는 크기는 같으나 부호가 반대인 전하 $+e$를 갖는다는 것을 보여주었다. 중성자와 같은 입자는 전하를 갖지 않는다. 중성의 원자는 (알짜 전하가 없는) 동일한 수의 전자와 양성자를 갖고 있다. e의 값은 1.602 19×10^{-19} C으로 알려져 있다[전하의 SI 단위는 **쿨롱**(C)이다].

15.2 절연체와 도체

물질은 전하를 전달하는 능력에 따라서 분류될 수 있다.

도체(conductor)는 전기력에 반응하여 전하가 자유롭게 움직이는 물질이고, **절연체**(insulator)는 전하가 자유롭게 움직이지 못하는 물질이다.

유리와 고무는 절연체이다. 이러한 물질들을 마찰에 의해 대전시키면, 문지른 부분만 대전되며, 전하가 물질의 다른 부분으로 이동하려는 경향이 없다. 이에 비하여 구리, 알루미늄, 은과 같은 물질은 좋은 도체이다. 이러한 물질들은 어느 한 부분을 대전시키면, 전하는 물질의 전 표면으로 고르게 퍼진다.

반도체는 물질의 세 번째 부류이며, 전기적 성질은 절연체와 도체의 전기 성질 사이에 있다. 규소와 저마늄은 다양한 전자 소자를 구성하는 데 광범위하게 쓰이는 반도체로 잘 알려져 있다.

15.3 쿨롱의 법칙

1785년에 쿨롱(Charles Coulomb, 1736~1806)은 실험적으로 정지된 두 대전 입자 사이에 작용하는 전기력에 관한 기본 법칙을 확립하였다.

전기력(electric force)은 다음과 같은 성질을 갖는다.

1. 전기력은 대전된 두 입자를 잇는 선을 따른 방향을 가지며, 두 입자간 거리 r의 제곱에 반비례한다.
2. 전기력은 대전된 두 입자의 전하 크기 $|q_1|$과 $|q_2|$의 곱에 비례한다.
3. 두 전하의 부호가 반대이면 인력이 작용하고, 두 전하의 부호가 같으면 척력이 작용한다.

이와 같은 실험 결과로부터 두 전하 사이에 작용하는 전기력을 다음과 같이 표시할 수 있다.

전하 q_1과 q_2가 거리 r만큼 떨어져있을 때 전기력의 크기는 다음과 같다.

$$F = k_e \frac{|q_1||q_2|}{r^2} \qquad [15.1]$$

여기서 k_e는 **쿨롱 상수**이다.

식 15.1은 **쿨롱의 법칙**(Coulomb's law)으로 알려져 있는데, 점전하나 전하의 구형 분포에 대해서만 적용된다. 여기서 거리 r은 전하 중심 사이의 거리이다. 움직이지 않는 전하 사이의 전기력을 **정전기력**이라 한다.

전하의 SI 단위는 **쿨롱**(C)이다. 실험을 통하여 SI 단위로 표시된 **쿨롱 상수**(Coulomb constant)는 다음과 같다.

$$k_e = 8.9875 \times 10^9\ \mathrm{N \cdot m^2/C^2} \qquad [15.2]$$

전자, 양성자, 중성자의 전하와 질량을 표 15.1에 나타내었다.

쿨롱 Charles Coulomb, 1736~1806

쿨롱은 주로 정전기학과 자기학 분야에서 과학적 공헌이 컸다. 그는 평생 동안 재료의 강도를 연구하고 보 위의 물체에 작용하는 힘을 측정하는 등 구조 역학 분야에 기여하였다.

표 15.1 전자, 양성자 및 중성자의 전하와 질량

입자	전하(C)	질량(kg)
전자	-1.60×10^{-19}	9.11×10^{-31}
양성자	$+1.60 \times 10^{-19}$	1.67×10^{-27}
중성자	0	1.67×10^{-27}

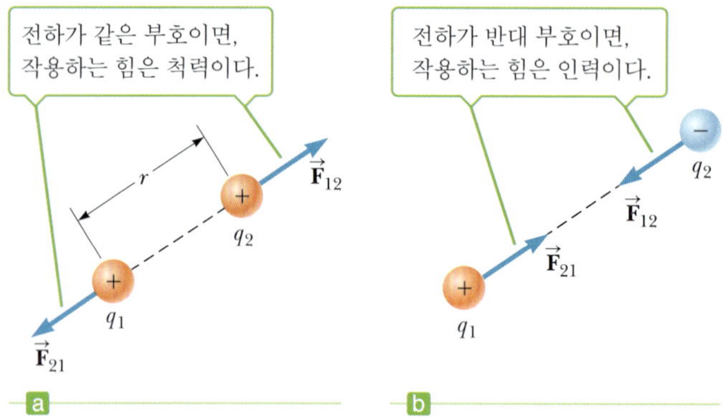

그림 15.3 거리 r만큼 떨어진 두 점전하는 서로 쿨롱의 법칙으로 주어진 힘을 작용한다. q_1에 작용하는 힘은 q_2에 작용하는 힘과 크기는 같고 방향은 반대이다.

쿨롱의 법칙을 다룰 때, 힘이 벡터양임을 기억하고 적절하게 다루어야 한다. 그림 15.3a는 두 양전하 사이에 작용하는 척력을 보여준다. 전기력은 뉴턴의 제3법칙을 따르며, 따라서 힘 $\vec{\mathbf{F}}_{12}$와 힘 $\vec{\mathbf{F}}_{21}$은 크기는 같으나 방향은 반대이다.

예제 15.1

문제 수소 원자 내의 전자와 양성자는 (평균적으로) 거리가 약 5.3×10^{-11} m만큼 떨어져 있다. **(a)** 두 입자 사이의 정전기적인 힘 $\mathbf{F}_e$과 중력의 크기 $\mathbf{F}_g$를 구하라. **(b)** 양성자의 전기력에 의해 전자에 작용하는 가속도를 구하라. 전자의 중력 가속도는 얼마인가?

풀이 **(a)** 전기력과 중력의 크기를 계산하고, F_e/F_g 비를 구한다.

$|q_1| = |q_2| = e$와 거리를 쿨롱의 법칙에 대입하여 전기력을 구한다.

$$F_e = k_e\frac{|e|^2}{r^2} = \left(8.99 \times 10^9\,\frac{\mathrm{N\cdot m^2}}{\mathrm{C^2}}\right)\frac{(1.6 \times 10^{-19}\,\mathrm{C})^2}{(5.3 \times 10^{-11}\,\mathrm{m})^2}$$
$$= 8.2 \times 10^{-8}\,\mathrm{N}$$

질량과 거리를 뉴턴의 중력 법칙에 대입하여 중력을 구한다.

$$F_g = G\frac{m_e m_p}{r^2}$$
$$= \left(6.67\times10^{-11}\,\frac{\mathrm{N\cdot m^2}}{\mathrm{kg^2}}\right)\frac{(9.11\times10^{-31}\,\mathrm{kg})(1.67\times10^{-27}\,\mathrm{kg})}{(5.3\times10^{-11}\,\mathrm{m})^2}$$
$$F_g = 3.6 \times 10^{-47}\,\mathrm{N}$$

두 힘의 비를 구한다.

$$\frac{F_e}{F_g} = 2.3 \times 10^{39}$$

(b) 전기력에 의해 발생한 전자의 가속도와 만유인력에 의한 중력 가속도를 계산한다.

뉴턴의 제2법칙과 (a)에서 구한 전기력을 이용한다.

$$m_e a_e = F_e \quad\rightarrow\quad a_e = \frac{F_e}{m_e} = \frac{8.2 \times 10^{-8}\,\mathrm{N}}{9.11 \times 10^{-31}\,\mathrm{kg}}$$
$$= 9.0 \times 10^{22}\,\mathrm{m/s^2}$$

뉴턴의 제2법칙과 (a)에서 구한 중력을 이용한다.

$$m_e a_g = F_g \quad\rightarrow\quad a_g = \frac{F_g}{m_e} = \frac{3.6 \times 10^{-47}\,\mathrm{N}}{9.11 \times 10^{-31}\,\mathrm{kg}}$$
$$= 4.0 \times 10^{-17}\,\mathrm{m/s^2}$$

예제 15.2

문제 그림 15.4와 같이 삼각형의 꼭짓점에 위치한 세 개의 점전하, $q_1 = 6.00 \times 10^{-9}$ C, $q_2 = -2.00 \times 10^{-9}$ C, $q_3 = 5.00 \times 10^{-9}$ C이 있다. **(a)** q_2가 q_3에 작용하는 힘 $\vec{\mathbf{F}}_{23}$의 성분을 구하라. **(b)** q_1이 q_3에 작용하는 힘 $\vec{\mathbf{F}}_{13}$의 성분을 구하라.

풀이 **(a)** q_2가 q_3에 작용하는 힘의 성분을 구한다.

쿨롱의 법칙으로 $\vec{\mathbf{F}}_{23}$의 크기를 구한다.

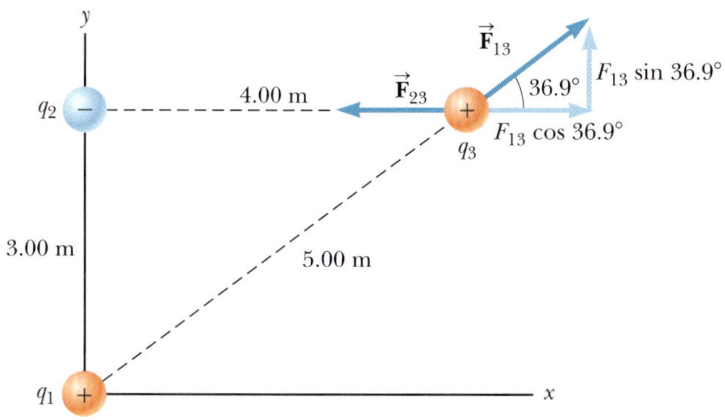

그림 15.4 (예제 15.2) q_1이 q_3에 작용하는 힘은 $\vec{\mathbf{F}}_{13}$이다. q_2가 q_3에 작용하는 힘은 $\vec{\mathbf{F}}_{23}$이다. q_3에 작용하는 합력은 $\vec{\mathbf{F}}_{13}+\vec{\mathbf{F}}_{23}$이다.

$$F_{23} = k_e\frac{|q_2||q_3|}{r^2}$$
$$= (8.99\times10^9\ \mathrm{N\cdot m^2/C^2})\frac{(2.00\times10^{-9}\ \mathrm{C})(5.00\times10^{-9}\ \mathrm{C})}{(4.00\ \mathrm{m})^2}$$
$$= 5.62\times10^{-9}\ \mathrm{N}$$

$\vec{\mathbf{F}}_{23}$는 수평이고 $-x$ 방향을 향하므로, 크기의 음수가 x성분이며 y 성분은 영이다.

$$F_{23x} = -5.62\times10^{-9}\ \mathrm{N}$$
$$F_{23y} = 0$$

(b) q_1이 q_3에 작용하는 힘의 성분을 구한다.

$\vec{\mathbf{F}}_{13}$의 크기를 구한다.

$$F_{13} = k_e\frac{|q_1||q_3|}{r^2}$$
$$=(8.99\times10^9\ \mathrm{N\cdot m^2/C^2})\frac{(6.00\times10^{-9}\ \mathrm{C})(5.00\times10^{-9}\ \mathrm{C})}{(5.00\ \mathrm{m})^2}$$
$$=1.08\times10^{-8}\ \mathrm{N}$$

$\vec{\mathbf{F}}_{13}$의 주어진 삼각형을 이용하여 각 성분을 구한다.

$$F_{13x} = F_{13}\cos\theta = (1.08\times10^{-8}\ \mathrm{N})\cos(36.9°)$$
$$= 8.64\times10^{-9}\ \mathrm{N}$$
$$F_{13y} = F_{13}\sin\theta = (1.08\times10^{-8}\ \mathrm{N})\sin(36.9°)$$
$$= 6.48\times10^{-9}\ \mathrm{N}$$

15.4 전기장

전기장(electric field)은 대전된 물체의 주변 공간에 존재한다. 대전된 어떤 다른 물체가 이 전기장 속으로 들어가면 전기력의 영향을 받는다.

그림 15.5는 아주 큰 양전하 Q 근처에 있는 작은 양전하 q_0를 나타낸 것이다.

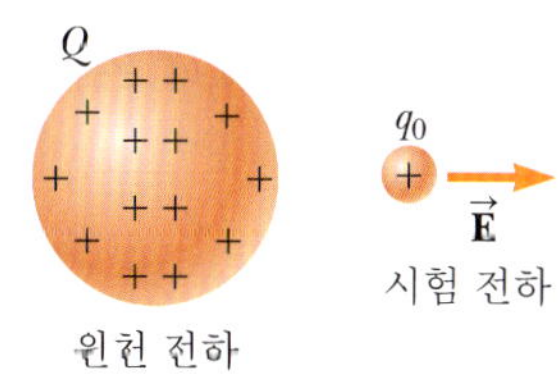

그림 15.5 양전하 q_0를 가진 작은 물체가 더 큰 양전하 Q를 가진 물체의 근처에 놓여, 그림과 같은 방향의 전기장 $\vec{\mathbf{E}}$를 받는다. 전기장의 크기는 q_0에 작용하는 힘을 전하량 q_0로 나눈 값으로 정의한다.

> 작은 시험 전하 q_0의 위치에 전하 Q가 만들어낸 전기장 $\vec{\mathbf{E}}$는 Q가 q_0에 작용하는 전기력 $\vec{\mathbf{F}}$를 q_0로 나눈 값으로 정의한다.
>
> $$\vec{\mathbf{E}} \equiv \frac{\vec{\mathbf{F}}}{q_0} \qquad [15.3]$$
>
> **SI 단위: 뉴턴/쿨롱(N/C)**

개념적으로나 실험적으로 시험 전하 q_0는 매우 작아야 한다. 그래야 q_0이 전기장 $\vec{\mathbf{E}}$를 만들어내는 전하 Q의 재배열의 원인이 되지 않는다. 그러나 수학적으로는 시험 전하의 크기와 무관하게 계산값이 같다. 이런 점에서 식 15.3에서 $q_0=1\,\mathrm{C}$을 사용하는 것은 편리하다.

일단 어떤 곳에서의 전기장을 알면, 임의의 전하 q가 그 곳에서 받는 힘은 식 15.3을 변형한 다음의 식으로부터 구할 수 있다.

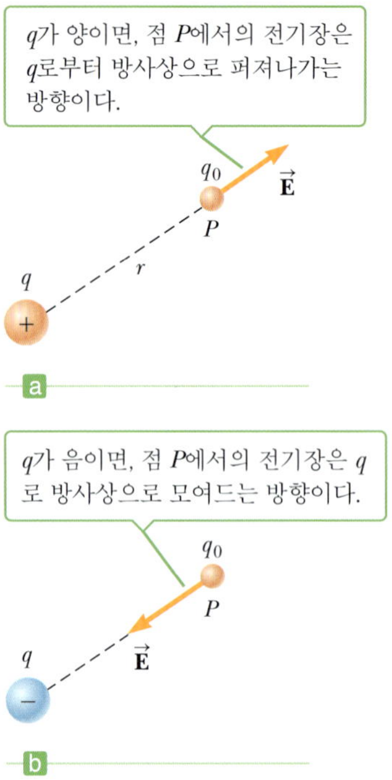

그림 15.6 점 P에 있는 시험 전하 q_0는 점전하 q로부터 거리 r만큼 떨어져 있다.

$$\vec{\mathbf{F}} = q\vec{\mathbf{E}} \qquad [15.4]$$

여기서 q_0은 q로 대치되었고, q는 시험 전하일 필요는 없다.

그림 15.6과 같이 전기장 $\vec{\mathbf{E}}$의 방향은 전기장에 놓인 양의 시험 전하 q_0이 받는 힘의 방향이다. **어떤 점에서 시험 전하가 전기력을 받고 있다면, 그 점에는 전기장이 존재한다**고 말할 수 있다.

점전하 q가 시험 전하 q_0으로부터 거리 r만큼 떨어져 있다고 하자. 쿨롱의 법칙에 의해 시험 전하에 작용하는 힘의 크기는 다음과 같다.

$$F = k_e \frac{|q||q_0|}{r^2} \qquad [15.5]$$

시험 전하의 위치에서 전기장의 크기는 $E = F/q_0$로 정의되었으므로, q_0의 위치에서 전하 q에 의한 전기장의 크기는 다음과 같다.

$$E = k_e \frac{|q|}{r^2} \qquad [15.6]$$

점전하 집단의 전기장을 계산할 때도 중첩의 원리가 성립한다. 먼저, 식 15.6을 이용하여 한 지점에서 각 전하에 의한 전기장을 계산하고, 구한 전기장을 벡터 합으로 나타낸다.

예제 15.3

문제 전하 $q_1 = 8.00\ \mu\text{C}$은 원점에 있고 $q_2 = -5.00\ \mu\text{C}$은 원점으로부터 0.300 m 떨어진 x축에 있다(그림 15.7). **(a)** 점 $P(0, 0.400)$ m에서 전기장의 방향과 크기를 구하라. **(b)** 점 P에 2.00×10^{-8} C의 전하가 있다면, 이 전하에 작용하는 전기력은 얼마인가?

풀이 **(a)** 점 P에서의 전기장을 계산한다.

식 15.6으로 전기장 $\vec{\mathbf{E}}_1$의 크기를 구한다.

$$E_1 = k_e \frac{|q_1|}{r_1^2} = (9 \times 10^9\ \text{N}\cdot\text{m}^2/\text{C}^2)\frac{(8 \times 10^{-6}\ \text{C})}{(0.400\ \text{m})^2}$$
$$= 4.5 \times 10^5\ \text{N/C}$$

벡터 $\vec{\mathbf{E}}_1$은 $+x$축과 90°를 이루면서 연직이다. 이 벡터의 성분을 구하기 위해 이 사실을 이용한다.

$$E_{1x} = E_1 \cos(90°) = 0$$
$$E_{1y} = E_1 \sin(90°) = 4.5 \times 10^5\ \text{N/C}$$

이번에는 식 15.6으로 전기장 $\vec{\mathbf{E}}_2$의 크기를 구한다.

$$E_2 = k_e \frac{|q_2|}{r_2^2} = (9 \times 10^9\ \text{N}\cdot\text{m}^2/\text{C}^2)\frac{(5.00 \times 10^{-6}\ \text{C})}{(0.500\ \text{m})^2}$$
$$= 1.80 \times 10^5\ \text{N/C}$$

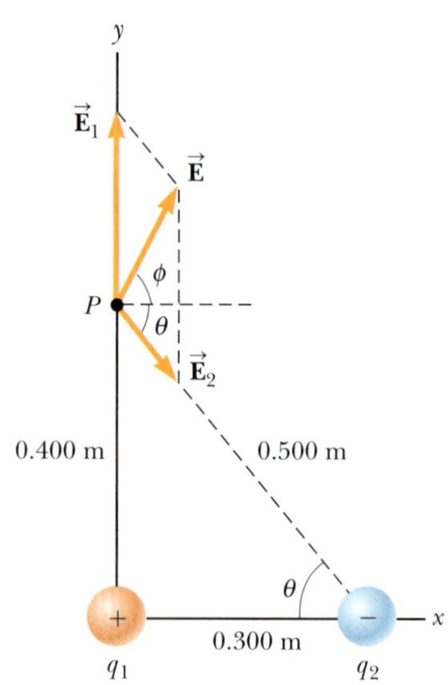

그림 15.7 (예제 15.3) 점 P에서의 전체 전기장은 벡터 합 $\vec{\mathbf{E}}_1 + \vec{\mathbf{E}}_2$이다. $\vec{\mathbf{E}}_1$은 양전하 q_1에 의한 전기장이고 $\vec{\mathbf{E}}_2$는 음전하 q_2에 의한 전기장이다.

그림 15.7의 삼각형을 이용하여 $\cos\theta$를 구하고 $\vec{\mathbf{E}}_2$의 x성분을 구한다.

$$\cos\theta = \frac{\text{밑변}}{\text{빗변}} = \frac{0.300}{0.500} = 0.600$$

$$E_{2x} = E_2\cos\theta = (1.80\times10^5\ \text{N/C})(0.600) = 1.08\times10^5\ \text{N/C}$$

같은 방법으로 y성분을 구하는데, 이 성분은 아래를 향하기 때문에 음의 부호를 갖는다.

$$\sin\theta = \frac{\text{높이}}{\text{빗변}} = \frac{0.400}{0.500} = 0.800$$

$$E_{2y} = E_2\sin\theta = (1.80\times10^5\ \text{N/C})(-0.800) = -1.44\times10^5\ \text{N/C}$$

x성분끼리 더하여 합 벡터의 x성분을 구한다.

$$E_x = E_{1x} + E_{2x} = 0 + 1.08\times10^5\ \text{N/C} = 1.08\times10^5\ \text{N/C}$$

y성분끼리 더하여 합 벡터의 y성분을 구한다.

$$E_y = E_{1y} + E_{2y} = 4.5\times10^5\ \text{N/C} - 1.44\times10^5\ \text{N/C} = 3.06\times10^5\ \text{N/C}$$

피타고라스 정리를 이용하여 합 벡터의 결과를 구한다.

$$E = \sqrt{E_x^2 + E_y^2} = 3.24\times10^5\ \text{N/C}$$

역탄젠트 함수는 합 벡터의 방향을 제시한다.

$$\phi = \tan^{-1}\left(\frac{E_y}{E_x}\right) = \tan^{-1}\left(\frac{3.06\times10^5\ \text{N/C}}{1.08\times10^5\ \text{N/C}}\right) = 70.6°$$

(b) 점 P에 놓인 2.00×10^{-8} C의 전하에 작용하는 힘을 구한다.

힘의 크기를 계산한다(전하가 양이기 때문에 전기장 $\vec{\mathbf{E}}$와 같은 방향이다).

$$F = Eq = (3.24\times10^5\ \text{N/C})(2.00\times10^{-8}\ \text{C}) = 6.48\times10^{-3}\ \text{N}$$

15.5 전기력선

전기장의 모양을 시각화하는 데 편리한 방법은 임의의 점에서 전기장의 방향을 가리키는 선을 그리는 것이다. 패러데이가 도입한 소위 **전기력선**(electric field line)이라는 이 선은 다음과 같은 방법으로 공간의 임의 영역에서의 전기장과 관계를 갖는다.

1. 전기장 벡터 $\vec{\mathbf{E}}$는 각 점에서 전기력선에 접한다.
2. 전기력선에 수직인 면을 지나는 단위 넓이당 전기력선의 수는 주어진 영역에서 이 전기장의 세기에 비례한다.

전기장 $\vec{\mathbf{E}}$는 전기력선들이 서로 가까이 있으면 크고 서로 멀리 떨어져 있으면 작다. 그림 15.8a는 한 개의 양의 점전하에 의한 전기력선의 모습이다. 이 선은 점전하로

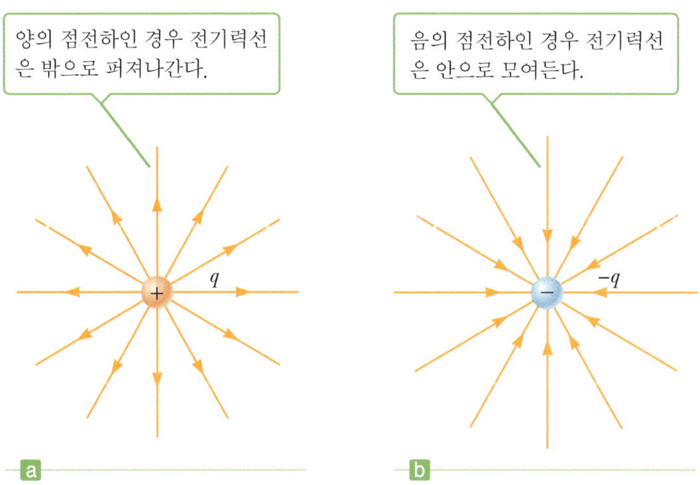

그림 15.8 (a), (b) 점전하의 전기력선. 이 그림은 종이 면에 있는 전기력선만 나타낸 것이다. 실제로는 구의 중심에서 모든 방향으로 나아간다.

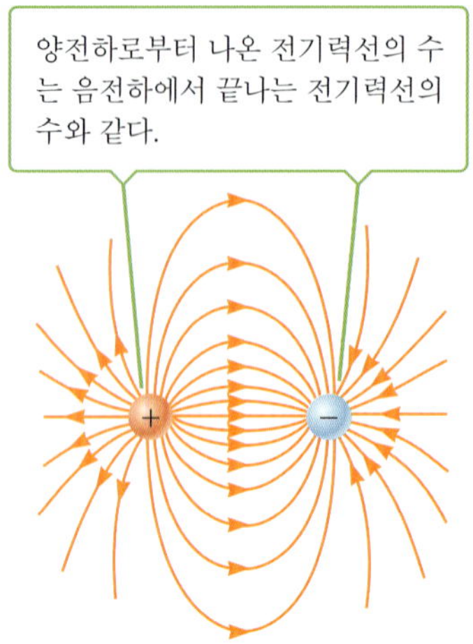

그림 15.9 크기가 같고 부호가 반대인 두 점전하(전기 쌍극자)에 대한 전기력선

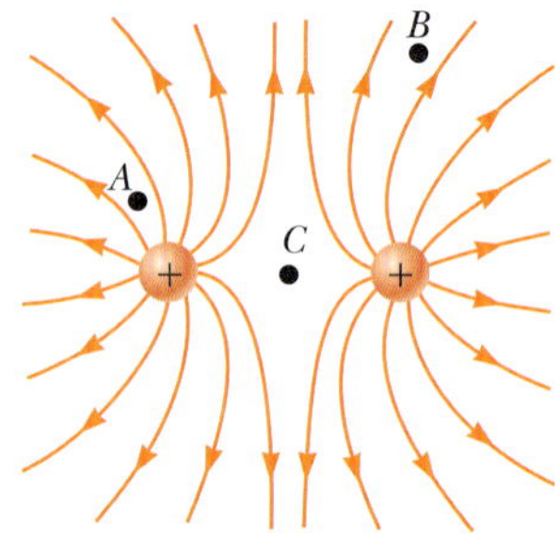

그림 15.10 두 양전하에 대한 전기력선

부터 방사상으로 퍼져나간다. 이러한 전기장에 놓인 양의 시험 전하는 전하 q에 의해서 척력을 받기 때문에, 전기력선은 q로부터 방사상으로 퍼져나가는 방향이다. 한 개의 음의 점전하에 의한 전기력선은 음전하에 의해 양의 시험 전하가 인력을 받기 때문에 전하 쪽으로 모여드는 방향이다(그림 15.8b). 전기력선은 전하에 가까이 갈수록 서로 조밀한데, 이는 전기장의 세기가 증가함을 의미한다.

어떤 전하 분포에 대한 전기력선을 그리는 규칙은 전기력선과 전기장 벡터와의 관계로부터 아래와 같다.

1. 전기력선은 양전하에서 시작하여 음전하에서 끝난다. 여분의 전하가 있는 경우 전기력선은 무한히 멀리 떨어진 곳에서 시작하거나 끝난다.
2. 양전하에서 나오거나 음전하로 들어가는 전기력선의 수는 전하 크기에 비례한다.
3. 두 전기력선은 서로 교차할 수 없다.

그림 15.9는 크기가 같고 부호가 반대인 두 점전하에 대한 전기력선이다. 이러한 전하 구조를 **전기 쌍극자**(electric dipole)라 한다. 이 경우 양전하로부터 시작한 전기력선의 수는 음전하에서 끝나는 전기력선의 수와 같아야 한다.

그림 15.10은 동일한 두 양전하 부근에서의 전기력선이다. 여기서도 각 전하에 가까운 점에서 전기력선은 거의 방사상이고, 전하량이 같으므로 각 전하에서 동일한 수의 전기력선이 나온다. 전하로부터 멀리 떨어진 곳에서의 전기장은 대략 전하량 $2q$의 점전하에 의한 전기장과 같다.

15.6 전기선속과 가우스의 법칙

가우스의 법칙은 폐곡면을 지나는 전기선속과 폐곡면 내의 전기장을 일으키는 전체 전하와의 직접적인 상관 관계를 보여준다. **폐곡면**은 구처럼 안과 밖이 있다. 전기선속은 전기장이 주어진 면을 얼마나 뚫고 지나가는지를 나타낸다.

전기선속

그림 15.11과 같이 크기와 방향 모두가 일정한 전기장이 있다. 전기력선은 전기장에 수직인 방향으로 놓여 있는 넓이 A의 표면을 통과한다. 이 E와 A의 곱을 **전기선속**(electric flux)이라고 하며, 기호 Φ_E로 나타낸다.

$$\Phi_E = EA \quad [15.7]$$

여기서 Φ_E는 SI 단위로 $N \cdot m^2/C$이며, 본질적으로 전기장에 수직인 넓이 A를 통과하는 전기력선의 수이다. 만일 고려하는 면이 그림 15.12와 같이 전기장과 수직으로 놓여 있지 않다면 전기선속에 대한 표현은 다음과 같다.

$$\Phi_E = EA\cos\theta \quad [15.8]$$

여기서 면 A에 수직인 벡터는 전기장과 θ의 각도를 이룬다. 식 15.8로부터, 고정된 면의 A를 지나는 선속은 면과 전기장의 방향이 수직일 때($\theta = 0°$) 최댓값 EA를 가지며, 그 표면과 전기장이 나란할 때($\theta = 90°$) 영이다. **편의상 면이 폐곡면을 이루면, 부피 내부를 향하는 선속을 음으로, 부피 내부로부터 밖을 향하는 선속을 양으로 정한다.**

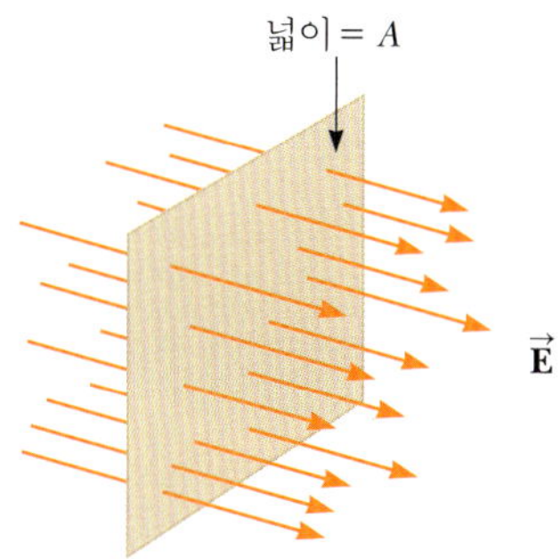

그림 15.11 넓이 A인 평면을 수직으로 통과하는 균일한 전기장을 나타내는 전기력선. 이 면을 통과하는 전기선속 Φ_E는 EA이다.

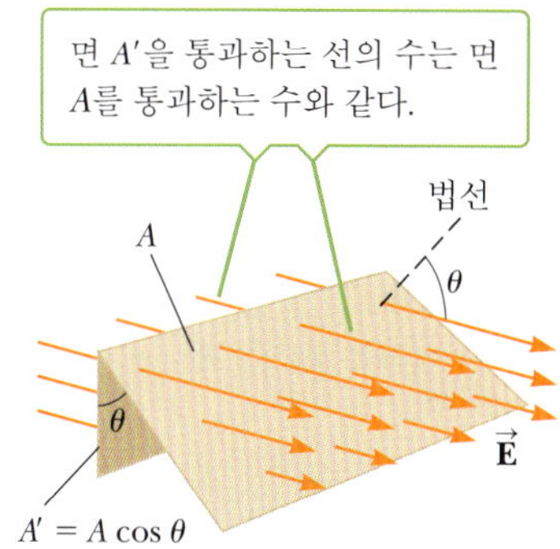

그림 15.12 전기장과 $(90° - \theta)$의 각을 이루고 있는 면 A를 통과하는 균일한 전기장의 전기력선

예제 15.4

문제 x 방향으로 균일한 전기장이 있다고 하자. 그림 15.13에 있는 한 변의 길이가 L인 정육면체의 각각의 면을 통과하는 전기선속과 알짜 선속을 구하라.

풀이 xy평면에 수직인 벡터는 $-z$ 방향이고, 이는 $\vec{\mathbf{E}}$와 수직이므로 $\theta = 90°$이다(반대편 면도 마찬가지이다).

$$\Phi_{xy} = EA\cos(90°) = 0 \qquad \text{(앞과 뒤)}$$

xz평면에 수직인 벡터는 $-y$ 방향이고, $\vec{\mathbf{E}}$와 수직이므로 $\theta = 90°$이다(반대편 면도 마찬가지이다).

$$\Phi_{xz} = EA\cos(90°) = 0 \qquad \text{(위와 아래)}$$

면 ①(yz평면)에 수직인 벡터는 $-x$ 방향이고 $\vec{\mathbf{E}}$와 반평행하므로 $\theta = 180°$이다.

$$\Phi_{yz} = EA\cos(180°) = -EL^2 \qquad \text{(면 ①)}$$

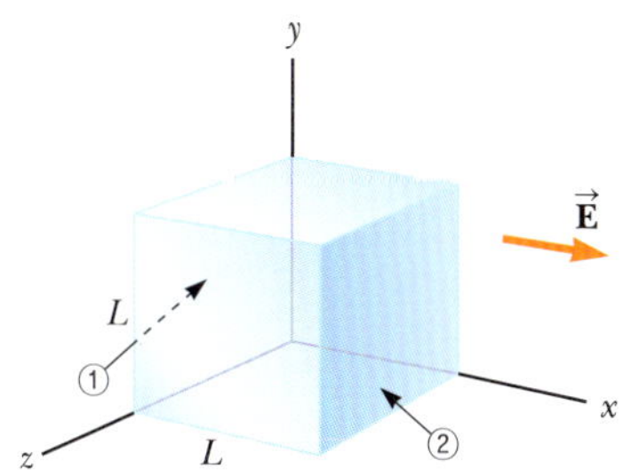

그림 15.13 (예제 15.4) x축에 평행한 균일한 전기장 속에 놓인 정육면체의 표면. 정육면체 내부의 알짜 전하가 영일 때 표면을 통과하는 알짜 선속도 영이다.

면 ②는 $+x$ 방향을 향하는 수직인 벡터를 가지므로 $\theta = 0°$이다.

$$\Phi_{yz} = EA\cos(0°) = +EL^2 \qquad \text{(면 ②)}$$

이 값들을 합하여 알짜 선속을 계산한다.

$$\Phi_{알짜} = 0 + 0 + 0 + 0 - EL^2 + EL^2 = 0$$

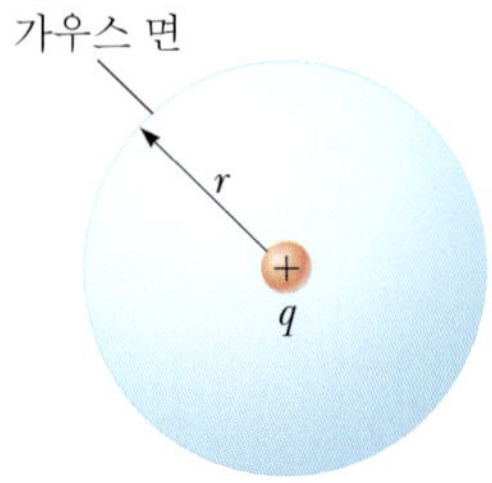

a

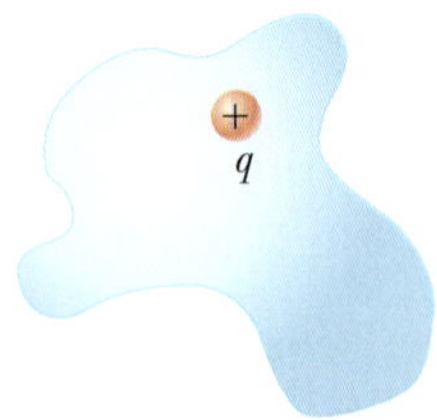

b

그림 15.14 (a) 점전하 q를 둘러싸고 있는 반지름 r인 구면을 통과하는 선속은 $\Phi_E = q/\epsilon_0$이다. (b) 또한 전하를 둘러싸고 있는 임의의 표면을 지나는 선속은 q/ϵ_0와 같다.

가우스의 법칙

그림 15.14a와 같이 반지름이 r인 구의 표면으로 둘러싸여 있는 점전하 q가 있다. 구의 표면에서 전기장의 크기는 어느 점에서나 다음과 같다.

$$E = k_e \frac{q}{r^2}$$

전기장은 구의 표면 어디에서나 수직임에 주목하라. 따라서 표면을 통과하는 전기선속은 EA이며, 이때 $A = 4\pi r^2$은 구의 겉넓이이다.

$$\Phi_E = EA = k_e \frac{q}{r^2}(4\pi r^2) = 4\pi k_e q$$

이때 k_e를 다른 상수인 ϵ_0으로 표현하는 것이 때로는 편리하며, $k_e = 1/(4\pi\epsilon_0)$이다. 상수 ϵ_0는 **자유 공간의 유전율**(permittivity of free space)이며, 다음의 값을 갖는다.

$$\epsilon_0 = \frac{1}{4\pi k_e} = 8.85 \times 10^{-12}\,\text{C}^2/\text{N}\cdot\text{m}^2 \tag{15.9}$$

전하 q를 둘러싸고 있는 폐곡면을 통과하는 전기선속은 다음과 같이 표현할 수 있다.

$$\Phi_E = 4\pi k_e q = \frac{q}{\epsilon_0}$$

이 간단한 결과는 전하 q를 둘러싸고 있는 어떤 형태의 폐곡면에 대해서도 성립함을 보일 수 있다. 예를 들어, q를 둘러싼 표면이 불규칙하다 하더라도, 그 표면을 지나는 선속은 역시 q/ϵ_0이다(그림 15.14b). 이것은 가우스의 법칙으로 알려진 다음의 일반적인 결과를 만들어낸다.

> 임의의 폐곡면을 통과하는 전기선속 Φ_E는 표면 내부의 알짜 전하 $Q_{내부}$를 ϵ_0로 나눈 것과 같다.
>
> $$\Phi_E = \frac{Q_{내부}}{\epsilon_0} \tag{15.10}$$

예제 15.5

문제 안쪽 반지름이 a이고 바깥쪽 반지름이 b인 도전성의 구 껍질이 있다. 대전된 구 껍질은 표면에 전체 전하 $+Q$를 가지고 있다(그림 15.15a). Q는 양의 전하이다. **(a)** 반지름 $r < a$인 도전성의 구 껍질 내부의 전기장을 구하라. **(b)** $r > b$인 구 껍질 밖에서의 전기장을 구하라. **(c)** 구의 중심에 $-2Q$의 전하가 놓여 있다면, $r > b$인 영역에서의 전기장은 얼마인가?

풀이 **(a)** $r < a$에서의 전기장을 구한다.

그림 15.26b에 그려진 가우스 면에 가우스의 법칙인 식 15.12를 적용한다(이 표면 안에는 어떠한 전하도 없다는 것에 주목하라).

$$EA = E(4\pi r^2) = \frac{Q_{내부}}{\epsilon_0} = 0 \quad \rightarrow \quad E = 0$$

(b) $r > b$에서의 전기장을 구한다.

그림 15.26c에 그려진 가우스 면에 가우스의 법칙인 식 15.12를 적용한다.

$$EA = E(4\pi r^2) = \frac{Q_{내부}}{\epsilon_0} = \frac{Q}{\epsilon_0}$$

넓이로 나눈다.

$$E = \frac{Q}{4\pi\epsilon_0 r^2}$$

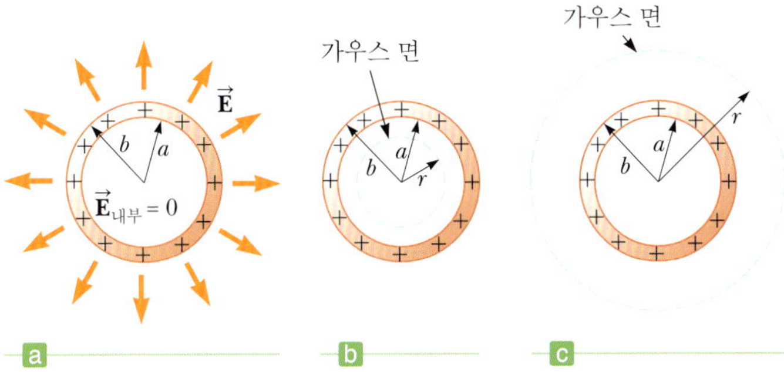

그림 15.15 (예제 15.5) (a) 균일하게 대전된 구 껍질 내부에서의 전기장은 영이다. $a < r < b$인 영역에서 도전성 물체의 전기장 또한 영이다. 구 껍질 외부에서의 전기장은 전체 전하 Q를 가진 점전하가 구 껍질의 중심에 놓여 있을 때의 전기장과 같다. (b) 구 껍질 내부에서의 전기장을 계산하기 위한 가우스 면, (c) 구 껍질 외부에서의 전기장을 계산하기 위한 가우스 면

(c) 새로운 전하 $-2Q$를 구의 중심에 놓는다. $r > b$인 구 바깥에서의 새로운 전기장을 계산한다.

$Q_{내부}$에 새로운 전하를 포함시켜, (b)에서 가우스의 법칙을 적용한다.

$$EA = E(4\pi r^2) = \frac{Q_{내부}}{\epsilon_0} = \frac{+Q - 2Q}{\epsilon_0}$$

$$E = -\frac{Q}{4\pi\epsilon_0 r^2}$$

알짜 전하가 영이 아닌 경우는 언제나, 각각의 전하들은 서로가 멀리 떨어지려고 한다. 그러므로 전하들은 안쪽 면에 있든지 바깥쪽 면에 있어야만 한다. 도체 내부의 전기장은 항상 영이므로, 중심에 있는 전하와 크기는 같고 부호가 반대인 전하가 안쪽 면에 있어야만 한다.

예제 15.6

문제 단위 넓이당 σ의 전하 밀도로 무한히 큰 부도체 평면판에 양전하가 분포된 경우 그 판의 위와 아래에서의 전기장을 구하라(그림 15.16a).

풀이 전하 분포가 균일한 평면의 위와 아래에서의 전기장을 구한다. 가우스의 법칙인 식 15.12를 적용한다.

$$EA = \frac{Q_{내부}}{\epsilon_0}$$

가우스 면으로 둘러싸인 원통 속에 있는 전체 전하는 전하 밀도와 단면의 넓이를 곱한 것이다.

$$Q_{내부} = \sigma A_0$$

전기선속은 각 넓이가 A_0인 양 끝 면으로만 나오므로 $A = 2A_0$와 $Q_{내부}$를 대입하고 E에 대해 푼다.

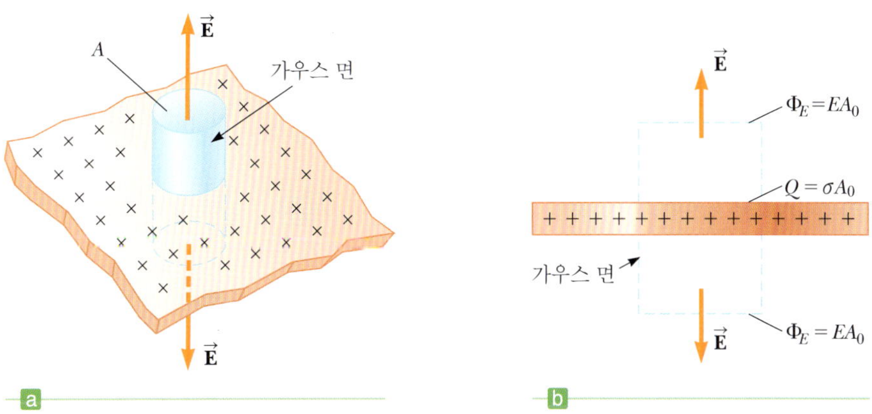

그림 15.16 (예제 15.6) (a) 원통형 가우스 면이 무한히 큰 평면 전하 분포 속으로 들어간다. (b) 원통형 가우스 면에서 양 끝 면의 넓이는 같다. 양 끝 면을 관통하는 전기선속은 EA_0이다. 원통 옆면을 관통하는 전기선속은 없다.

$$E = \frac{\sigma A_0}{(2A_0)\epsilon_0} = \frac{\sigma}{2\epsilon_0}$$

이것은 전기장의 크기일 뿐이다. 면 위와 아래에서의 전기장의 z성분을 구해보자. 전기장은 면에서 멀어지는 방향이므로 위에서는 양이고 아래에서는 음이다.

$$E_z = \frac{\sigma}{2\epsilon_0} \quad z > 0$$

$$E_z = -\frac{\sigma}{2\epsilon_0} \quad z < 0$$

평행판 축전기이다. 이들 두 대전된 판에 의한 전기장의 합이 그림 15.17에 그려져 있다. 두 판 사이의 전기장은 한 판에 의한 전기장의 두 배이다. 즉,

$$E = \frac{\sigma}{\epsilon_0} \qquad [15.11]$$

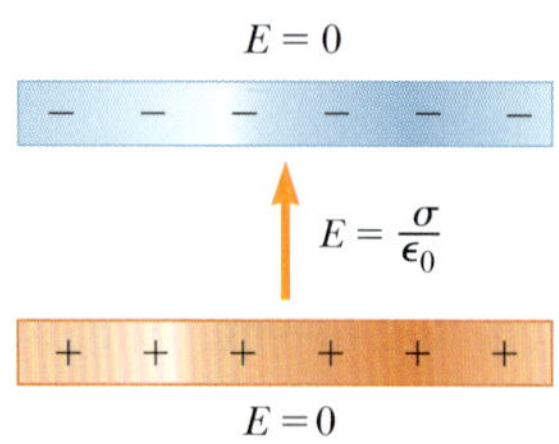

그림 15.17 이상적인 평행판 축전기의 단면도. 전기장 벡터는 판 사이에서는 합으로 나타나나 밖에서는 상쇄된다.

연습문제

1. 7.50 nC의 전하가 4.20 nC의 전하로부터 1.80 m 떨어져 있다. (a) 이들 간에 작용하는 정전기력을 구하라. (b) 이 힘은 인력인가 척력인가?

2. 동일한 두 도체 구의 중심이 0.30 m 떨어져 있다. 한 구의 전하는 12×10^{-9} C이고 다른 구의 전하는 -18×10^{-9} C이다. (a) 한 구에 다른 구가 작용하는 정전기력을 구하라. (b) 구가 도선에 의해 연결되어 있다. 평형이 이루어진 후 두 구의 전하는 같아진다. 두 구 사이의 정전기력을 구하라.

3. 네 개의 양성자와 네 개의 중성자로 구성되어 있는 ^{8}Be 핵은 매우 불안정하여 자발적으로 두 개의 알파 입자(헬륨핵, 각각 두 개의 양성자와 두 개의 중성자로 구성)로 쪼개어진다. (a) 두 개의 알파 입자가 서로 5.00×10^{-15} m 떨어져 있는 경우, 그 사이의 전기력을 구하고, (b) 이 힘에 의한 알파 입자의 처음 가속도의 크기를 구하라. 알파 입자의 질량은 4.002 6 u이다.

4. 세 개의 전하가 그림 P15.4와 같이 배열되어 있다. 원점에 놓여 있는 전하에 작용하는 정전기력의 방향과 크기를 구하라.

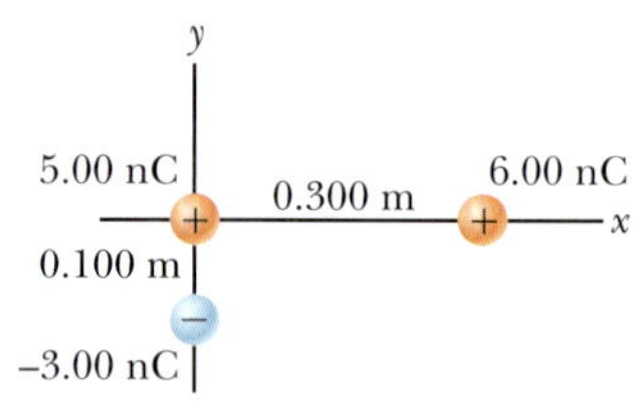

그림 P15.4

5. 점전하 세 개가 그림 P15.5와 같이 정삼각형의 꼭짓점에 배열되어 있다. 2.00 μC 전하에 작용하는 알짜힘을 구하라.

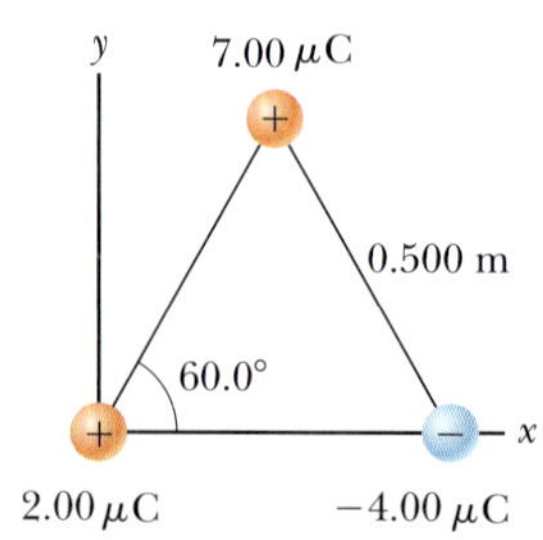

그림 P15.5

6. 일정한 전기장 640 N/C 내에서, 양성자가 정지 상태로부터 가속되었다. 얼마 후에 양성자의 속력이 1.20×10^6 m/s가 되었다. (a) 양성자의 가속도의 크기를 구하라. (b) 양성자가 이 속력에 도달하는 데 걸리는 시간은 얼마인가? (c) 이 시간 동안 양성자는 얼마나 움직일까? (d) 나중 시간에서 양성자의 운동 에너지를 구하라.

7. 크기가 5.25×10^5 N/C인 전기장이 어떤 위치에서 남쪽을 향하고 있다. 그 점에 있는 $-0.600\ \mu$C의 전하가 받는 힘의 크기와 방향을 구하라.

8. 질량이 3.80 g이고 전하가 $-18\ \mu$C인 작은 물체가 지면에 수직한 방향으로 균일한 전기장이 있는 지면 위에 떠서 정지해 있다. 전기장의 크기와 방향을 구하라.

9. 그림 P15.9에서 전체 전기장이 영인 지점(무한대는 제외)을 구하라.

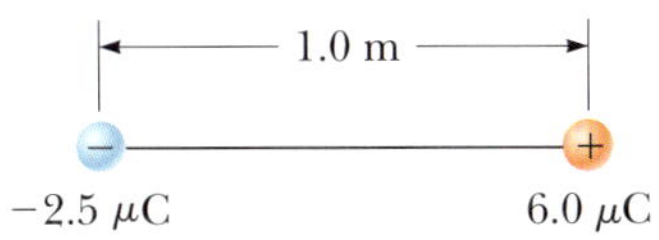

그림 P15.9

10. 두 개의 점전하가 약간 떨어져 있다. (a) 그중 하나는 다른 점전하의 네 배의 전하량을 가지며, 두 전하가 모두 양전하인 경우 두 전하에 의한 전기력선을 그려라. (b) 이 경우를 두 전하가 모두 음전하인 경우에 대하여 반복하라.

11. (a) 고립된 점전하($q > 0$) 주위의 전기력선을 그려라. (b) 크기가 $-2q$인 고립된 음전하 주위의 전기력선을 그려라.

12. 점전하 q가 반지름이 a인 구 껍질의 중심에 놓여 있다. 구 껍질의 표면에는 $-q$의 전하가 균일하게 퍼져 있다. (a) 구 껍질 밖의 모든 위치와, (b) 중심에서 거리 r인 구 껍질 안에 있는 점에서의 전기장을 구하라.

13. 3.50 kN/C의 전기장이 x축을 따라 작용하고 있다. 변의 길이가 0.350 m와 0.700 m인 직사각형 평면을 지나는 전기선속을 (a) 평면이 yz면에 평행할 경우, (b) 평면이 xy면에 평행할 경우, (c) 평면이 y축을 포함하고 평면의 법선이 x축과 40.0°를 이룰 경우에 대하여 구하라.

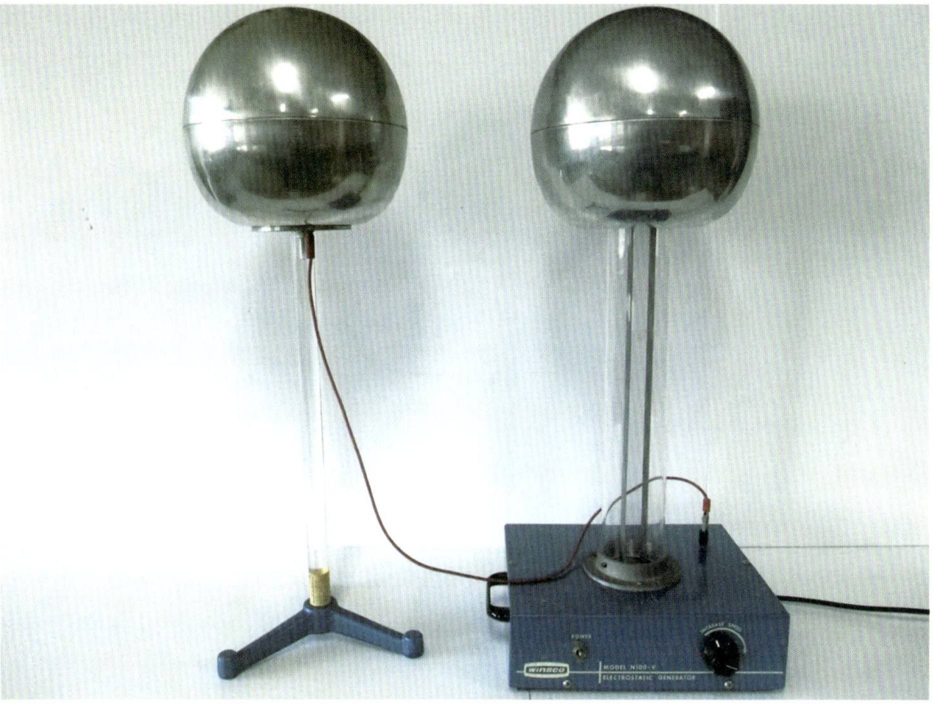

밴 더 그래프 발전기. 전하를 대량으로 모을 수 있는 장치 중 하나이다. 이 정전발전기는 1929년 밴 더 그래프(Robert J. Van de Graaff)에 의해 고안되었으며, 최대 20 MV의 전기에너지를 얻을 수 있다. 초창기 핵물리학 연구에 광범위하게 이용된 바 있다.

16 전기 에너지와 전기용량

ELECTRICAL ENERGY AND CAPACITANCE

16.1 전위차와 전위

일과 전기 위치 에너지

물체에 작용하는 보존력 $\vec{\mathbf{F}}$가 한 일은 물체의 처음 위치와 나중 위치에만 관계되며, 두 지점 사이의 경로에는 무관하다. 이것은 위치 에너지 함수 PE가 존재함을 의미한다. 앞서 보았듯이, 위치 에너지는 스칼라양이며 위치 에너지 변화는 정의에 따라 보존력이 한 일의 음의 값과 같다. 즉, $\Delta PE = PE_f - PE_i = -W_F$ 이다.

그림 16.1과 같이 **균일한** 전기장 $\vec{\mathbf{E}}$ 내에 점 A에 놓인 작은 양전하를 상상하자. 간단히 균일한 전기장과 일차원 상에서 전기장과 평행하게 움직이는 전하만 생각하자. 전하가 전기장의 영향으로 A에서 B로 움직일 때 전기장 $\vec{\mathbf{E}}$가 전하에 한 일은 변위와 나란히 작용하는 전기력 $q\vec{\mathbf{E}}$의 성분과 변위 $\Delta x = x_f - x_i$를 곱한 것과 같다.

$$W_{AB} = F_x \Delta x = qE_x(x_f - x_i)$$

이 표현식에서 q는 전하이고, E_x는 $\vec{\mathbf{E}}$의 x축 방향 벡터 성분이다.

전기적 일의 정의를 일–에너지 정리에 대입할 수 있다.

$$W = qE_x\Delta x = \Delta KE$$

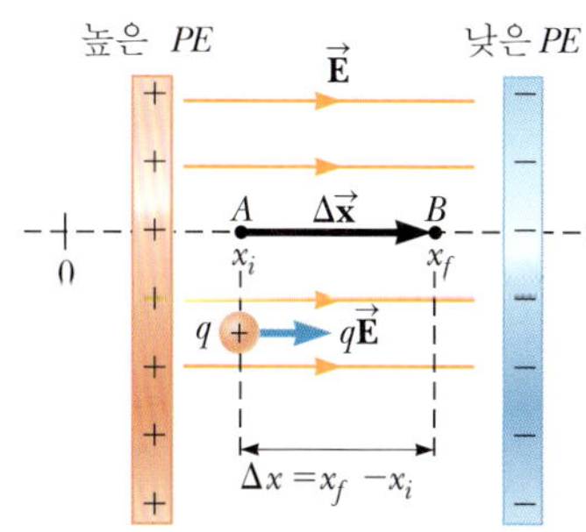

그림 16.1 전하 q가 균일한 전기장 $\vec{\mathbf{E}}$ 내에서 점 A로부터 B로 움직일 때 전기력이 전하에 한 일은 $qE_x\Delta x$이다.

전기력은 보존력이므로 전기장이 한 일은 A와 B 사이의 경로에 관계없이 경로의 끝점들에만 의존한다. 그러므로 그림 16.1과 같이 전하가 오른쪽으로 가속될 때 전하는 운동 에너지를 얻고, 같은 양의 위치 에너지를 잃는다.

균일한 전기장 $\vec{\mathbf{E}}$ 내에서 변위 Δx만큼 이동하는 전하 q로 이루어진 계의 전기 위치 에너지 변화 ΔPE는

$$\Delta PE = -W_{AB} = -qE_x\Delta x \qquad [16.1]$$

로 주어진다. 여기서 E_x는 전기장의 x성분이고 $\Delta x = x_f - x_i$는 x축을 따라 이동하는 전하의 변위이다.

SI 단위: 줄(J)

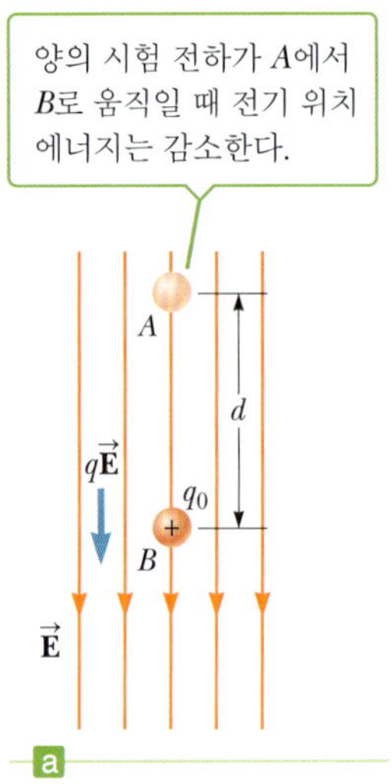

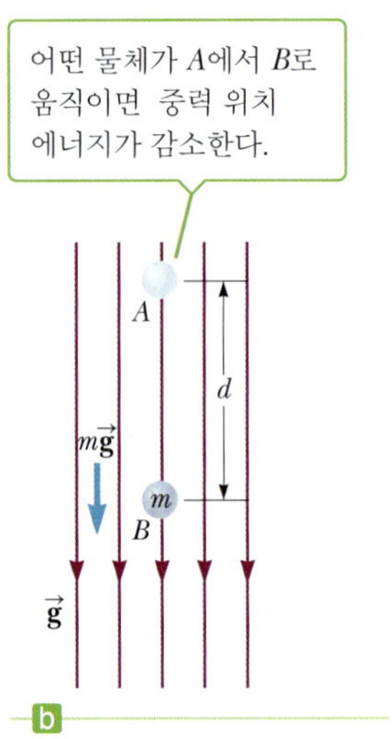

그림 16.2 (a) 전기장 $\vec{\mathbf{E}}$가 아랫방향을 향할 때 점 B는 A보다 더 낮은 전위에 있다. (b) 질량 m의 물체가 중력장 $\vec{\mathbf{g}}$의 방향으로 움직인다.

전기 위치 에너지와 중력 위치 에너지가 그림 16.2에서 비교된다. 이 그림에서 전기장과 중력장이 모두 아랫방향을 향하고 있다. 전기장 내에서 양전하의 행동은 중력장 내에 있는 질량과 매우 유사하다. 점 A에 있는 양전하는 마치 물체가 중력장의 방향으로 떨어지는 것처럼 전기장의 방향으로 떨어진다. 그림 16.2a와 16.2b 모두에서 점 B에서의 위치 에너지를 영으로 놓는다. 에너지 보존으로부터 점 A에서 B로 떨어지는 양전하는 전기 위치 에너지의 감소와 같은 크기의 운동 에너지를 얻는다.

$$\Delta KE + \Delta PE_{\text{전기}} = \Delta KE + (0 - |q|Ed) = 0 \;\rightarrow\; \Delta KE = |q|Ed$$

q에 대한 절댓값 부호는 이 경우에 전하가 양이란 것을 명백히 하기 위함이다. 마찬가지로 그림 16.2b에서 물체는 중력 위치 에너지의 감소와 같은 크기의 운동 에너지를 얻는다.

$$\Delta KE + \Delta PE_{\text{중력}} = \Delta KE + (0 - mgd) = 0 \;\rightarrow\; \Delta KE = mgd$$

그러므로 양전하에 대해 전기 위치 에너지는 중력 위치 에너지처럼 일을 한다.

전하에는 양과 음의 두 종류가 있어서 전기 위치 에너지는 중력 위치 에너지와 아주 다르다. 여기서 중력은 양의 '중력 전하'(즉, 질량)만 갖는다. 그림 16.2a에서 점 A에 정지한 음으로 대전된 입자는 아래의 점 B로 **밀려야** 될 것이다. 왜 그런지 알아보기 위해 점 A에 있는 정지한 음전하에 일-에너지 정리를 적용하고, 점 B에 도달할 때 속력 v를 가졌다고 가정한다.

$$\begin{aligned} W = \Delta KE + \Delta PE_{\text{전기}} &= \left(\frac{1}{2}mv^2 - 0\right) + [0 - (-|q|Ed)] \\ &= \frac{1}{2}mv^2 + |q|Ed \end{aligned}$$

예제 16.1

문제 양성자가 양의 $+x$ 방향을 향하는 1×10^3 N/C의 균일한 전기장 내 $x = -2.00$ cm인 곳에 정지 상태로 놓여 있다. **(a)** 양성자가 $x = 3$ cm에 도달할 때, 양성자와 관련된 전기 위치 에너지의 변화를 계산하라. **(b)** 전자가 같은 위치에서 같은 방향으로 발사된다. 만약 전자가 $x = 8.0$ cm에 도달한다면 전자와 관련된 전기 위치 에너지의 변화는 얼마인가?

풀이 **(a)** 양성자와 관련된 전기 위치 에너지의 변화를 계산한다.

식 16.1을 적용한다.

$$\Delta PE = -qE_x\Delta x = -qE_x(x_f - x_i)$$
$$= -(1.60 \times 10^{-19}\ \text{C})(1 \times 10^3\ \text{N/C}) \times [0.03\ \text{m} - (-0.020\,0\ \text{m})]$$
$$= -8.0 \times 10^{-18}\ \text{J}$$

(b) $x = -0.020\,0$ m에서 발사되어 $x = 0.08$m에 도달한 전자와 관련된 전기 위치 에너지의 변화를 구한다.

식 16.1을 적용하지만 이 경우에 전하 q가 음이라는 것에 주목한다.

$$\Delta PE = -qE_x\Delta x = -qE_x(x_f - x_i)$$
$$= -(-1.60 \times 10^{-19}\ \text{C})(1 \times 10^3\ \text{N/C}) \times [0.08\ \text{m} - (-0.020\,0\ \text{m})]$$
$$= +1.6 \times 10^{-17}\ \text{J}$$

전위

점 A와 B 사이의 전위차 ΔV는 전하 q를 A에서 B로 이동할 때, 전기 위치 에너지의 변화를 전하 q로 나눈 것이다.

$$\Delta V = V_B - V_A = \frac{\Delta PE}{q} \qquad [16.2]$$

SI 단위: 줄/쿨롱 또는 볼트(J/C 또는 V)

전기 위치 에너지는 스칼라양이기 때문에 **전위 또한 스칼라양**이다. 식 16.2로부터 전위차가 단위 전하당 전기 위치 에너지의 변화의 정도라는 것을 안다. 바꾸어 말하자면 전위차는 전기장 내에서 단위 전하를 A에서 B까지 이동시키기 위해 어떤 힘이 한 일이다. 전위의 SI 단위는 J/C이며, 이를 볼트(V)라 한다. 이 단위의 정의로부터 1 C의 전하를 전위차가 1 V인 두 점 사이에서 이동시키는 데는 1 J의 일을 해야 한다. 1 V의 전위차를 이동하는 과정에서 1 C의 전하는 1 J의 에너지를 얻는다.

대전된 평행판 사이에서와 같은 균일한 전기장의 특별한 경우에 대해 식 16.1을 q로 나누면

$$\frac{\Delta PE}{q} = -E_x\Delta x$$

가 된다. 이 식을 식 16.2와 비교하면 다음과 같다.

$$\Delta V = -E_x\Delta x \qquad [16.3]$$

식 16.3은 전위차 역시 전기장과 거리 단위의 곱으로 나타낼 수 있음을 보여준다. 전기장의 SI 단위인 N/C은 V/m로 표현될 수 있음을 알 수 있다.

$$1\ \text{N/C} = 1\ \text{V/m}$$

양전하를 정지 상태에서 놓으면 높은 위치 에너지 영역에서 낮은 위치 에너지 영역으로 자발적으로 가속된다. 음전하가 정지 상태로 놓이면 낮은 위치 에너지 영역에서 높은 위치 에너지 영역을 향하여 가속한다.

예제 16.2

문제 입자 가속기(사이클로트론과 선형 가속기로 알려진)에서 대전된 입자가 텔레비전관에서 가속되는 것과 똑같은 방식으로 전위차로 인하여 가속된다. 그림 16.3에서처럼 5.00 cm 떨어진 두 판 사이에 양성자가 속력 1.00×10^6 m/s로 주입되었다고 하자. 결국 양성자는 틈 사이를 가속해 열린 곳을 통하여 나간다. **(a)** 만약 탈출 속력이 3.00×10^6 m/s라면 전위차는 얼마나 되는가? **(b)** 판 사이의 전기장이 균일하다고 가정하면, 전기장의 크기는 얼마인가?

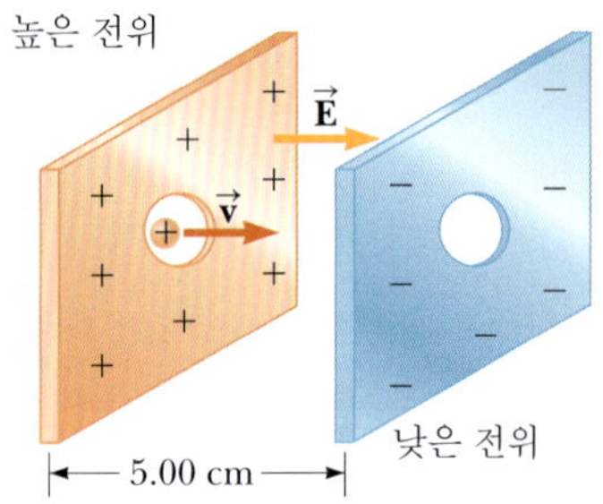

그림 16.3 (예제 16.2) 양성자가 구멍으로 들어간다. 그리고 대전된 판에서 전기장 $\vec{\mathbf{E}}$ 내의 다른 판을 향해 가속된다.

풀이 **(a)** 양성자가 탈출 속력을 갖는 데 필요한 전위차를 구한다. 위치 에너지를 전위로 나타내고 에너지의 보존을 적용한다.

$$\Delta KE + \Delta PE = \Delta KE + q\Delta V = 0$$

에너지의 식을 전위 변화에 대해 푼다.

$$\Delta V = -\frac{\Delta KE}{q} = -\frac{\frac{1}{2}m_p v_f^2 - \frac{1}{2}m_p v_i^2}{q} = -\frac{m_p}{2q}(v_f^2 - v_i^2)$$

주어진 값들을 대입하여 필요한 전위차를 구한다.

$$\Delta V = -\frac{(1.67 \times 10^{-27}\ \text{kg})}{2(1.60 \times 10^{-19}\ \text{C})}[(3.00 \times 10^6\ \text{m/s})^2 - (1.00 \times 10^6\ \text{m/s})^2]$$

$$\Delta V = -4.18 \times 10^4\ \text{V}$$

(b) 판 사이에 존재하는 전기장을 구한다.

식 16.3을 전기장에 대해 풀고 대입한다.

$$E = -\frac{\Delta V}{\Delta x} = \frac{4.18 \times 10^4\ \text{V}}{0.050\,0\ \text{m}} = 8.36 \times 10^5\ \text{N/C}$$

16.2 점전하에 의한 전위와 전기 위치 에너지

점전하에 의한 전기장이 공간에 퍼지듯이 전위 또한 그렇다. 점전하 q로부터 임의 거리 r만큼 떨어진 곳의 전위는 식 16.4와 같이 나타낼 수 있다.

$$V = k_e\frac{q}{r} \qquad [16.4]$$

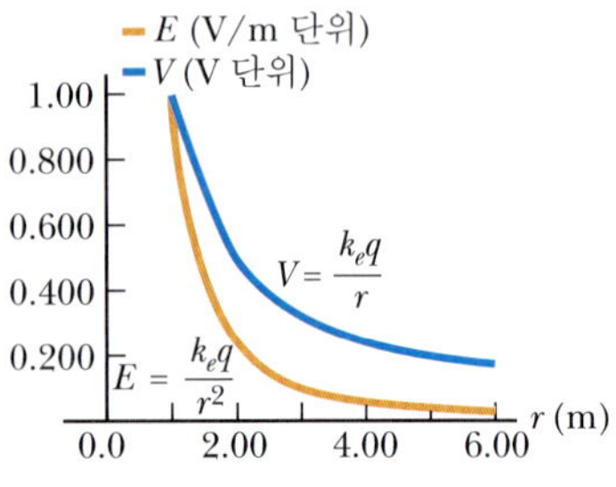

그림 16.4 점전하 1.11×10^{-10} C으로부터 거리에 따른 전기장과 전위. V는 $1/r$에 비례하고 E는 $1/r^2$에 비례함을 주목하라.

식 16.4는 전위(시험 전하를 무한 거리로부터 양의 점전하 q에서 거리 r만큼 떨어진 곳까지 이동하는 데 필요한 단위 전하당 일)로 양의 시험 전하가 q에 가까울수록 증가한다. 식 16.4를 그린 그림 16.4는 점전하에 의한 전위가 거리 r이 증가함에 따라 $1/r$로 감소함을 나타낸다.

둘 또는 그 이상의 전하에 의한 전위는 **중첩의 원리**(superposition principle)를

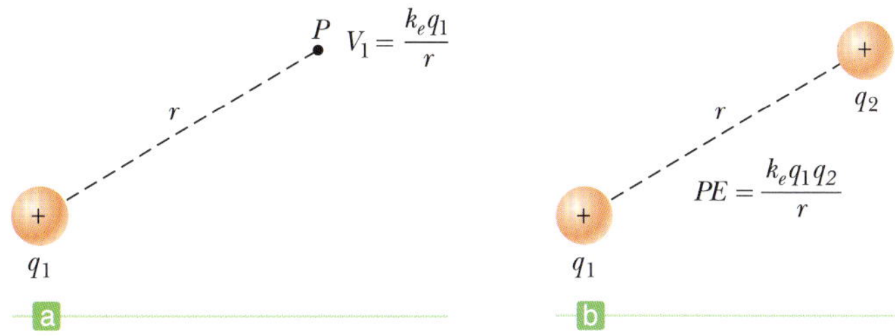

그림 16.5 (a) 점전하 q_1에 의한 점 P에서의 전위 V_1은 $V_1 = k_e q_1/r$이다. (b) 두 번째 전하 q_2를 무한대에서 점 P로 가져올 때, 전하 쌍의 위치 에너지는 $PE = k_e q_1 q_2/r$이다.

적용하여 얻는다. **여러 전하에 의한 어느 한 점 P에서의 전위는 개개 전하에 의한 전위의 대수합이다.**

균일한 전기장의 경우에서와 같이, 전위와 전기 위치 에너지 사이에는 어떤 관계가 있다. V_1이 전하 q_1에 의한 점 P(그림 16.5a)에서의 전위라면, 전하 q_2를 무한대에서 점 P까지 가속 없이 가져오는 데 필요한 일은 q_2V_1이다. 정의에 의해 이 일은 입자들이 거리 r만큼 떨어져 있을 때 두 입자계의 전기 위치 에너지 PE와 같다(그림 16.5b).

$$PE = q_2 V_1 = k_e \frac{q_1 q_2}{r} \qquad [16.5]$$

만일 전하들이 부호가 **같다**면 PE는 양이다. 같은 부호의 전하들은 밀치기 때문에 두 전하를 가까이하기 위해서는 외부에서 계에 양의 일을 해주어야 한다.

예제 16.3

문제 5.00 μC의 점전하가 원점에 있고, 점전하 $q_2 = -2.00\ \mu$C이 그림 16.6과 같이 x축 위 (3.00, 0) m인 곳에 있다. **(a)** 무한대에서의 전위가 0이라면 좌표 (0, 4.00) m인 점 P에서의 이들 전하에 의한 전체 전위를 구하라. **(b)** 4.00 μC의 점전하를 무한히 먼 곳으로부터 점 P까지 가져오는 데 필요한 일은 얼마인가?

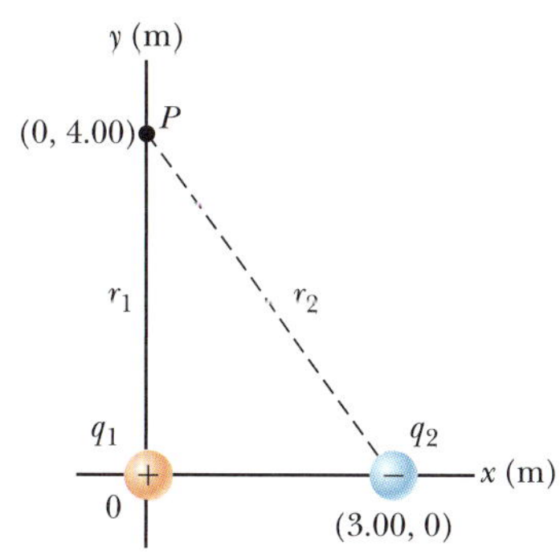

그림 16.6 (예제 16.3) 점전하 q_1과 q_2에 의한 점 P에서의 전위는 개개의 전하에 의한 전위의 대수합이다.

풀이 **(a)** 점 P에서의 전위를 구한다.

5.00 μC의 전하에 의한 점 P에서의 전위를 계산한다.

$$V_1 = k_e \frac{q_1}{r_1} = \left(8.99 \times 10^9 \frac{\text{N}\cdot\text{m}^2}{\text{C}^2}\right)\left(\frac{5.00 \times 10^{-6}\ \text{C}}{4.00\ \text{m}}\right) = 1.12 \times 10^4\ \text{V}$$

−2.00 μC의 전하에 의한 점 P에서의 전위를 구한다.

$$V_2 = k_e \frac{q_2}{r_2} = \left(8.99 \times 10^9 \frac{\text{N}\cdot\text{m}^2}{\text{C}^2}\right)\left(\frac{-2.00 \times 10^{-6}\ \text{C}}{5.00\ \text{m}}\right) = -0.360 \times 10^4\ \text{V}$$

점 P에서의 전체 전위를 구하기 위하여 두 값을 합한다.

$$V_P = V_1 + V_2 = 1.12 \times 10^4\ \text{V} + (-0.360 \times 10^4\ \text{V}) = 7.6 \times 10^3\ \text{V}$$

(b) 4.00 μC의 전하를 무한대에서 점 P까지 가져오는 데 필요한 일을 구한다.

식 16.5와 함께 일-에너지 정리를 적용한다.

$$W = \Delta PE = q_3 \Delta V = q_3(V_P - V_\infty) = (4.00 \times 10^{-6}\ \text{C})(7.6 \times 10^3\ \text{V} - 0) = 3.0 \times 10^{-2}\ \text{J}$$

16.3 전위와 대전된 도체

식 16.1로부터 전기력이 전하에 한 일은 다음과 같이 전하의 전기 위치 에너지의 변화와 관계됨을 알 수 있다.

$$W = -\Delta PE$$

식 16.2로부터 두 점 A와 B 사이의 전기 위치 에너지 변화는 이들 점 사이의 전위차와 다음과 같은 관계가 있음을 알 수 있다.

$$\Delta PE = q(V_B - V_A)$$

이들 두 식을 결합하여 다음을 얻는다.

$$W = -q(V_B - V_A) \qquad [16.6]$$

같은 전위에 있는 두 점 사이로 전하를 이동하는 데에는 어떤 알짜일도 필요로 하지 않는다. 수학적으로 이 결과는 $V_B = V_A$일 때마다 $W = 0$임을 나타낸다.

그림 16.7과 같이 대전된 도체 위 임의의 점 A와 B를 연결하는 표면 경로를 생각하자. 도체 위의 전하들은 서로 평형 상태에 있다고 가정되었으므로, 어떤 전하도 이동하지 않는다. 이 경우에 전기장 $\vec{\mathbf{E}}$는 항상 이 경로에 따른 변위에 수직이다. 전기장 $\vec{\mathbf{E}}$가 경로에 수직이기 때문에, 전하가 주어진 두 점 사이로 이동된다면 전기장에 의해 한 일은 없다. 식 16.6으로부터 한 일이 영이면 전위차인 $V_B - V_A$ 또한 영임을 알 수 있다. 결과적으로 **전위는 평형 상태에 있는 대전된 도체의 표면 어느 곳에서나 같다.** 더 나아가 도체 내부의 전기장이 영이기 때문에, 전하를 도체 내부 두 점 사이를 이동하는 데에는 일이 필요치 않다. 다시 말하면 식 16.6은 한 일이 영이라면, 도체 내 임의 두 점 사이의 전위차 역시 영이 되어야 한다는 것을 보여준다. 전위가 도체 내부 어느 곳에서나 일정하다는 결론을 얻을 수 있다.

+부호의 밀도가 다른 점에 유의하라. 그것은 표면 전하 밀도가 균일하지 않다는 의미이다.

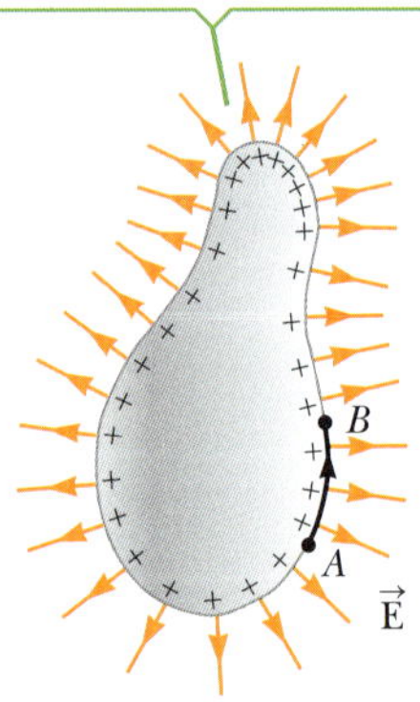

그림 16.7 여분의 양전하를 갖는 임의 모양의 도체. 도체가 정전기적 평형 상태에 있을 때 모든 전하는 표면에 존재하고, 도체 내에서 $\vec{\mathbf{E}} = 0$이고 도체 바로 밖의 전기장은 도체 표면에 수직이다. 전위는 도체 내부에서 일정하며 도체 표면에서의 전위와 같다.

마지막으로 도체 내부의 점들 중 하나가 도체 표면에 아주 가깝게 될 수 있기 때문에, **도체 내부의 어느 곳에서나 전위는 일정하고 도체 표면에서의 값과 같은 값을 갖는다**고 결론을 내린다. 결과적으로 대전된 도체 내부에서 도체의 표면까지 전하를 이동하는 데 어떠한 일도 필요하지 않다.

전자볼트

전자볼트(electron volt)는 전자가 1 V의 전위차를 통하여 가속될 때 얻는 운동 에너지로 정의한다.

1 V = 1 J/C이고 전자의 전하량이 1.60×10^{-19} C이기 때문에 전자볼트는 줄(J)과 다음과 같은 관계에 있다.

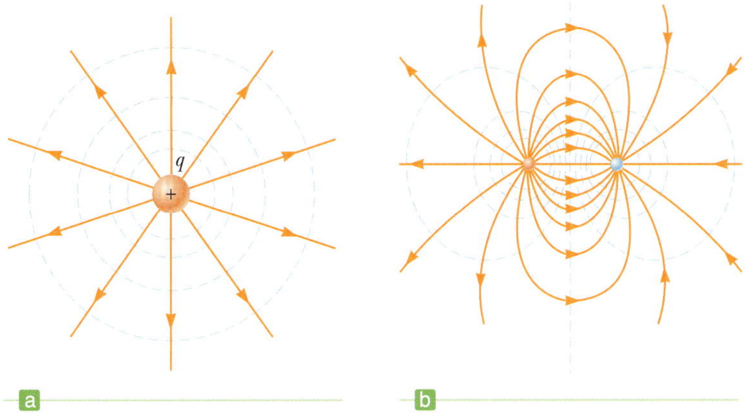

그림 16.8 등전위선(하늘색 점선)과 전기력선(주황색 실선). (a) 양의 점전하, (b) 크기가 같고 부호가 반대인 두 점전하. 모든 경우에 등전위선과 전기력선은 모든 점에서 수직이다.

$$1\,\text{eV} = 1.60 \times 10^{-19}\,\text{C} \cdot \text{V} = 1.60 \times 10^{-19}\,\text{J} \qquad [16.7]$$

16.4 등전위면

모든 점들이 같은 전위에 있는 면을 **등전위면**(equipotential surface)이라고 한다. 등전위면 상 임의의 두 점 사이의 전위차는 영이다. 그러므로 **등전위면 위에서 전하를 일정한 속력으로 이동하는 데는 일이 필요하지 않다.**

등전위면의 모든 점에서 전기장은 표면에 수직이다. 등전위면은 등전위 등고선을 그려서 나타낼 수 있다. 이는 그림 평면과 등전위 면들의 교차점에 대한 이차원 그림이다. 이들 등전위 등고선을 일반적으로 간단하게 **등전위**(equipotentials)라고 한다. 그림 16.8a는 양전하와 관련된 등전위선(하늘색)을 나타낸다. 등전위선이 모든 점에서 전기력선(주황색)에 수직임에 주목하라. 그리고 점전하 q에 의한 전위는 $V = k_e q/r$로 주어짐을 상기하라. 이 관계는 하나의 점전하에 대해 r이 일정한 임의 표면에서 전위가 일정함을 나타낸다. 결과적으로 점전하에 의한 등전위들은 점전하를 중심으로 하는 동심 구이다. 그림 16.8b는 크기가 같고 부호가 반대인 두 전하에 의한 등전위를 나타낸다.

16.5 전기용량

그림 16.9는 일반적인 축전기의 모습이다. 축전기는 거리가 d만큼 떨어진 두 개의 평행 금속판으로 구성된다. 전기 회로에 이용되려면, 판들은 전지나 또 다른 전원의 양극과 음극 단자에 연결된다. 이와 같이 연결되면 그림에서처럼 전자들이 판 중 하나에서 떨어져 나와 그 판은 $+Q$의 전하로 남고, 이 전자들이 전지를 통해 다른 판으로 이동되어 $-Q$의 전하로 금속판에 남는다. 전하의 이동은 판 사이의 전위차가 전지의 전위차와 같아질 때 멈춘다.

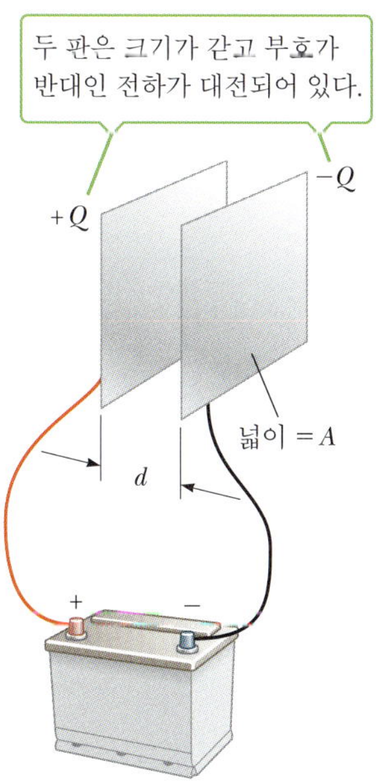

그림 16.9 평행판 축전기는 각 판의 넓이가 A이고, 거리 d만큼 떨어진 평행한 두 판으로 구성된다.

축전기의 전기용량 C는 어느 한쪽 도체 판의 전하의 크기와 두 도체 판 사이의 전위차의 비로 정의한다.

$$C \equiv \frac{Q}{\Delta V} \qquad [16.8]$$

SI 단위: 패럿(F) = 쿨롱/볼트(C/V)

식 16.8로부터 주어진 인가 전압에 대해 많은 양의 전하를 저장하기 위해서는 축전기의 용량이 아주 커야 한다는 것을 알 수 있다.

16.6 평행판 축전기

축전기의 전기용량은 도체의 기하학적 배열에 따른다. 판 사이에 공기로 채워진 평행판 축전기(그림 16.9 참고)의 전기용량은 세 가지 사실로부터 쉽게 계산될 수 있다. 먼저 두 판 사이의 전기장의 크기는 $E = \sigma/\epsilon_0$로 주어진다는 것을 15장으로부터 상기하라. 여기서 σ는 각 판에서 단위 넓이당 전하의 크기이다. 둘째, 두 판 사이의 전위차가 $\Delta V = Ed$임을 이 장의 앞부분에서 살펴보았다. 여기서 d는 판 사이의 거리이다. 셋째, 하나의 판 위의 전하는 $Q = \sigma A$로 주어진다. 여기서 A는 판의 넓이이다. 이들 세 가지 사실을 전기용량의 정의에 대입하면 다음과 같은 결과가 된다.

$$C = \frac{Q}{\Delta V} = \frac{\sigma A}{Ed} = \frac{\sigma A}{(\sigma/\epsilon_0)d}$$

단위 넓이당 전하인 σ를 약분하면 전기용량은

$$C = \epsilon_0 \frac{A}{d} \qquad [16.9]$$

로 주어진다. 여기서 A는 판 하나의 넓이이고, d는 판 사이의 거리이며, ϵ_0는 자유 공간의 유전율이다.

그림 16.10은 보다 사실적인 평행판 축전기의 전기력선을 나타낸다. 전기장은 판 사이 중앙에서 거의 균일하나 가장자리로 갈수록 덜 균일하다. 그러나 대부분의 경우 전기장이 판 사이의 영역 전체에서 균일한 것으로 취급한다.

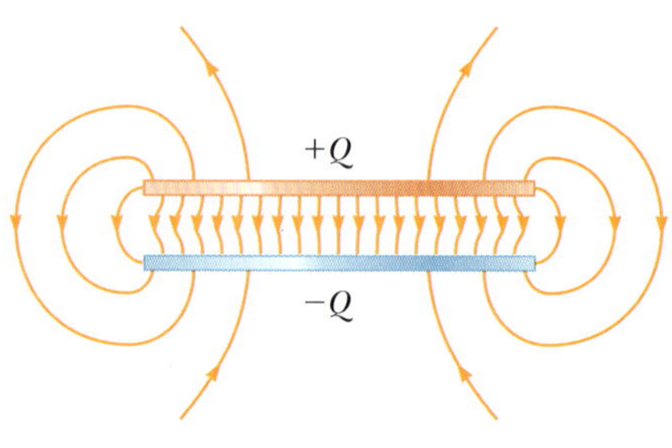

그림 16.10 평행판 축전기의 판 사이의 전기장은 중앙 부근에선 균일하지만 끝 부분에서는 균일하지 않다.

예제 16.4

문제 넓이 $A = 2.00 \times 10^{-4}\,m^2$이고 판 사이의 간격이 $d = 1.00 \times 10^{-3}\,m$인 축전기가 있다. **(a)** 전기용량을 구하라. **(b)** 축전기가 3.00 V의 전지에 연결되어 있다면, 양극판에 얼마나 많은 전하가 있을까? **(c)** 전하 밀도가 균일하다고 가정하여 양극판의 전하 밀도를 계산하라. **(d)** 판 사이의 전기장 크기를 구하라.

풀이 **(a)** 전기용량을 구한다.

식 16.9에 대입한다.

$$C = \epsilon_0 \frac{A}{d} = (8.85 \times 10^{-12}\,C^2/N \cdot m^2)\left(\frac{2.00 \times 10^{-4}\,m^2}{1.00 \times 10^{-3}\,m}\right)$$

$$= 1.77 \times 10^{-12}\,F = 1.77\,pF$$

(b) 축전기가 3.00 V의 전지에 연결된 후 양극판 위의 전하를 구한다.

식 16.8에 대입한다.

$$C = \frac{Q}{\Delta V} \rightarrow Q = C\Delta V = (1.77 \times 10^{-12}\,F)(3.00\,V)$$

$$= 5.31 \times 10^{-12}\,C$$

(c) 양극판 위의 전하 밀도를 계산한다.

전하 밀도는 전하를 넓이로 나눈 것이다.

$$\sigma = \frac{Q}{A} = \frac{5.31 \times 10^{-12}\,C}{2.00 \times 10^{-4}\,m^2} = 2.66 \times 10^{-8}\,C/m^2$$

(d) 판 사이의 전기장 크기를 계산한다.

$\Delta V = Ed$를 적용한다.

$$E = \frac{\Delta V}{d} = \frac{3.00\,V}{1.00 \times 10^{-3}\,m} = 3.00 \times 10^3\,V/m$$

16.7 축전기의 연결

축전기의 병렬 연결

그림 16.11a에 나타낸 방식으로 두 축전기를 연결한 것을 **병렬 연결**이라 한다. 각 축전기의 왼쪽 판은 도선으로 전지의 양극에 연결되어, 같은 전위에 있게 된다. 같은 방법으로 오른쪽 판들은 둘 다 전지의 음극에 연결되어 역시 같은 전위에 있다. 이는 **병렬 연결된 축전기 양단의 전위차 ΔV는 같다**는 것을 의미한다. 병렬로 연결된 축전기가 그림 16.11b에 설명되어 있다.

두 축전기의 최대 전하를 각각 Q_1과 Q_2라 하면, 두 축전기에 의해 저장된 **전체 전하 Q**는

$$Q = Q_1 + Q_2 \qquad [16.10]$$

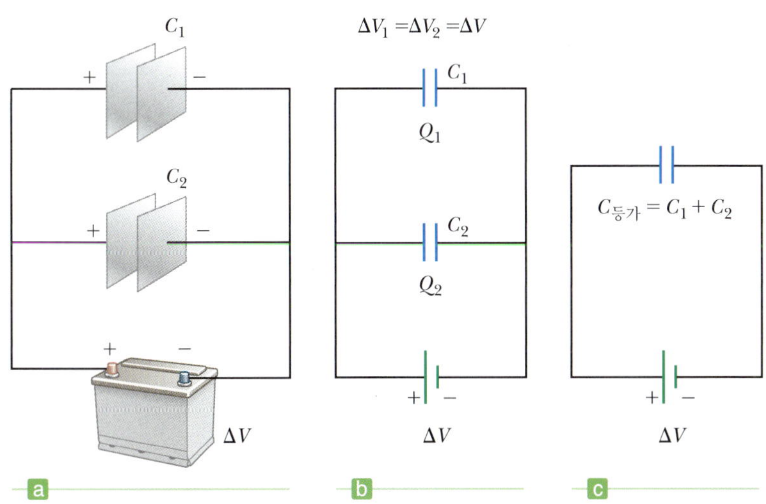

그림 16.11 (a) 두 축전기의 병렬 연결, (b) 병렬 연결에 대한 회로도, (c) 축전기 양단의 전위차는 같고, 등가 전기용량은 $C_{등가} = C_1 + C_2$이다.

이다.

두 축전기는 전기용량 $C_{등가}$를 갖는 하나의 등가 축전기로 대신할 수 있다. 이 등가 축전기는 원래 두 개처럼 회로에서 같은 외부 효과를 가져야 하므로, 전하 Q가 저장되어야 하고, 양단에 같은 전위차를 가져야 한다. 각 축전기의 전하는

$$Q_1 = C_1 \Delta V \quad 및 \quad Q_2 = C_2 \Delta V$$

이다. 등가 축전기의 전하는

$$Q = C_{등가} \Delta V$$

이다. 이들 관계를 식 16.10에 대입하면

$$C_{등가} \Delta V = C_1 \Delta V + C_2 \Delta V$$

또는

$$C_{등가} = C_1 + C_2 \quad (병렬\ 연결) \qquad [16.11]$$

가 된다.

이러한 논리로 병렬로 연결된 셋 이상의 축전기에 확장하면 등가용량은

$$C_{등가} = C_1 + C_2 + C_3 + \cdots \quad (병렬\ 연결) \qquad [16.12]$$

가 된다. **축전기의 병렬 연결에서 등가용량은 어느 개개의 용량보다 더 크다**는 것을 알 수 있다.

예제 16.5

문제 **(a)** 그림 16.12에서처럼 병렬 연결된 축전기들과 등가인 단일 축전기의 전기용량을 구하라. **(b)** 12.0 μF의 축전기의 전하와 **(c)** 축전기 배열에 포함되어 있는 전체 전하를 구하라.

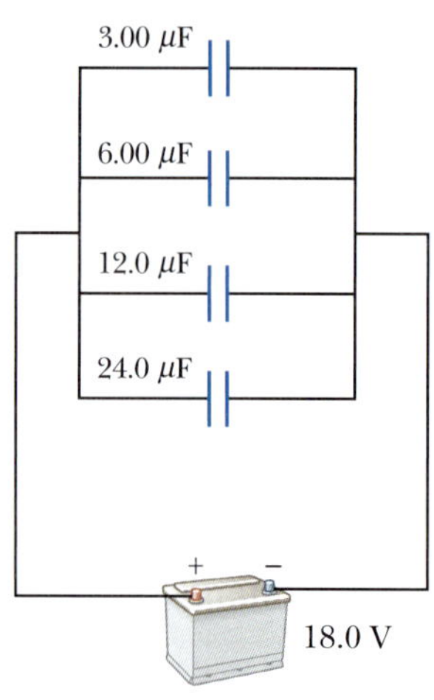

그림 16.12 (예제 16.5) 병렬 연결된 네 개의 축전기

풀이 **(a)** 등가용량을 구한다.

식 16.12를 적용한다.

$$\begin{aligned} C_{등가} &= C_1 + C_2 + C_3 + C_4 \\ &= 3.00\ \mu\text{F} + 6.00\ \mu\text{F} + 12.0\ \mu\text{F} + 24.0\ \mu\text{F} \\ &= 45.0\ \mu\text{F} \end{aligned}$$

(b) 12.0 μF 축전기(C_3으로 표시된)에 있는 전하를 구한다.

전기용량 식을 Q에 대해 풀고 대입한다.

$$\begin{aligned} Q &= C_3 \Delta V = (12.0 \times 10^{-6}\ \text{F})(18.0\ \text{V}) = 216 \times 10^{-6}\ \text{C} \\ &= 216\ \mu\text{C} \end{aligned}$$

(c) 축전기 배열에 포함된 전체 전하를 구한다.
등가 전기용량을 사용한다.

$$C_{\text{등가}} = \frac{Q}{\Delta V} \rightarrow Q = C_{\text{등가}}\Delta V = (45.0\,\mu\text{F})(18.0\,\text{V})$$
$$= 8.10 \times 10^2\,\mu\text{C}$$

축전기의 직렬 연결

이제 그림 16.13a와 같이 **직렬 연결**된 두 개의 축전기를 생각하자. **직렬 연결된 축전기에서 전하의 크기는 모든 판에서 같아야 한다.** 용량 C_1인 축전기의 왼쪽 판 위의 전하 $+Q$는 전기용량 C_1의 축전기 오른쪽 판에 음전하를 끌어모은다. 이 전하들은 전기용량 C_1인 축전기의 왼쪽 판과 오른쪽 판 전하들이 합해져 전기적 중성이 될 때까지 계속 축적된다. 이것은 전기용량 C_1인 축전기의 오른쪽 판 위의 전하가 $-Q$임을 의미한다. 이 음전하는 전기용량 C_2인 축전기의 왼쪽 판에서만 올 수 있다. 그래서 전기용량 C_2인 축전기는 $+Q$의 전하를 갖는다.

직렬 연결된 축전기에 대한 등가 축전기가 완전히 충전되며, **등가 축전기는 결국 오른쪽 판이 $-Q$의 전하를, 왼쪽 판이 $+Q$의 전하를 가져야 한다.** 그림 16.13b에 있는 회로에 전기용량의 정의를 적용하면,

$$\Delta V = \frac{Q}{C_{\text{등가}}}$$

를 얻는다. 여기서 ΔV는 전지 양단 사이의 전위차이고 $C_{\text{등가}}$는 등가 전기용량이다. $Q = C\Delta V$의 관계는 각 축전기에 적용될 수 있으므로 이들 양단의 전위차는

$$\Delta V_1 = \frac{Q}{C_1} \qquad \Delta V_2 = \frac{Q}{C_2}$$

가 된다. 그림 16.13a로부터

$$\Delta V = \Delta V_1 + \Delta V_2 \qquad [16.13]$$

임을 볼 수 있다. 여기서 ΔV_1과 ΔV_2는 축전기 C_1과 C_2 양단의 전위차이다(에너지 보존의 결과).

직렬로 연결된 여러 개의 축전기 양단의 전위차는 개별 축전기 양단의 전위차의 합과 같다. 이 표현을 식 16.13에 대입하고 $\Delta V = Q/C_{\text{등가}}$를 이용하여

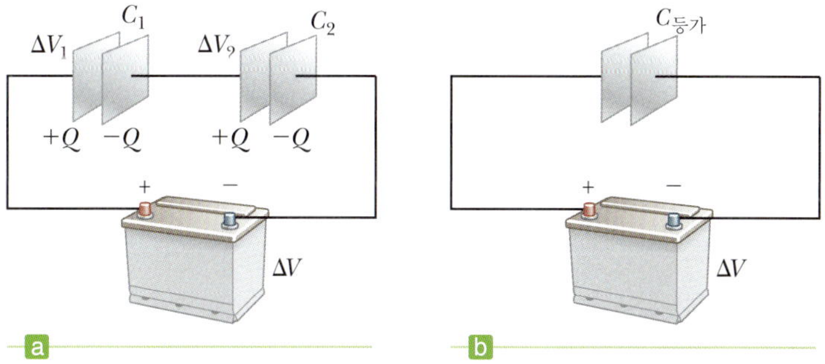

그림 16.13 두 축전기의 직렬 연결. 각 축전기에 있는 전하는 같고, 등가 전기용량은 역수 관계 $1/C_{\text{등가}} = (1/C_1) + (1/C_2)$로부터 계산할 수 있다.

$$\frac{Q}{C_{\text{등가}}} = \frac{Q}{C_1} + \frac{Q}{C_2}$$

를 얻는다. Q를 약분하면 다음의 관계에 도달한다.

$$\frac{1}{C_{\text{등가}}} = \frac{1}{C_1} + \frac{1}{C_2} \quad \text{(직렬 연결)} \qquad [16.14]$$

직렬 연결된 세 개 이상의 축전기에 위의 분석이 적용된다면, 등가 전기용량은 다음과 같은 결과가 된다.

$$\frac{1}{C_{\text{등가}}} = \frac{1}{C_1} + \frac{1}{C_2} + \frac{1}{C_3} + \cdots \quad \text{(직렬 연결)} \qquad [16.15]$$

식 16.15는 **직렬 연결된 축전기의 등가용량은 연결된 개별 축전기의 용량보다 항상 더 작다**는 것을 나타낸다.

예제 16.6

문제 그림 16.14처럼 네 개의 축전기가 전지와 함께 직렬 연결되어 있다. **(a)** 등가 축전기의 전기용량을 계산하라. **(b)** 12 μF 축전기의 전하량을 계산하라. **(c)** 12 μF 축전기 양단의 전압 강하를 구하라.

풀이 **(a)** 직렬 연결된 축전기의 등가 전기용량을 계산한다.
식 16.15를 적용한다.

$$\frac{1}{C_{\text{등가}}} = \frac{1}{3.0\ \mu\text{F}} + \frac{1}{6.0\ \mu\text{F}} + \frac{1}{12\ \mu\text{F}} + \frac{1}{24\ \mu\text{F}}$$

$$C_{\text{등가}} = 1.6\ \mu\text{F}$$

(b) 12 μF 축전기의 전하를 계산한다.
구하려는 전하는 등가 축전기의 전하와 같다.

$$Q = C_{\text{등가}}\Delta V = (1.6 \times 10^{-6}\ \text{F})(18\ \text{V}) = 29\ \mu\text{C}$$

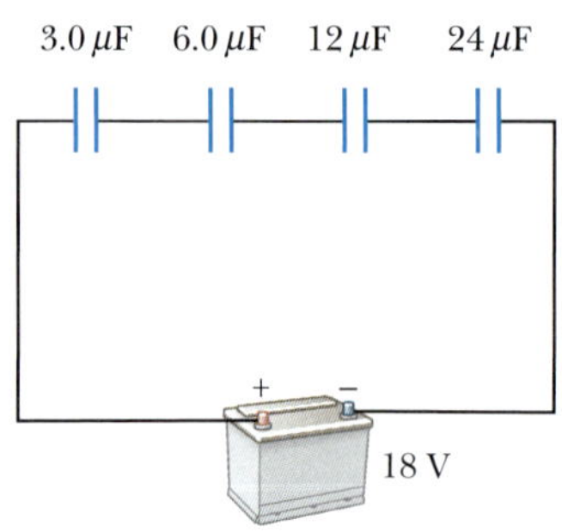

그림 16.14 (예제 16.6) 직렬로 연결된 네 개의 축전기

(c) 12 μF 축전기 양단의 전압 강하를 구한다.
기본적인 전기용량을 구하는 식을 적용한다.

$$C = \frac{Q}{\Delta V} \rightarrow \Delta V = \frac{Q}{C} = \frac{29\ \mu\text{C}}{12\ \mu\text{F}} = 2.4\ \text{V}$$

예제 16.7

문제 **(a)** 그림 16.15a에 나타낸 축전기 결합에서 a와 b 사이의 등가 전기용량을 계산하라. 모든 축전기의 전기용량의 단위는 μF이다. **(b)** 만일 12 V 전지가 계의 양단인 점 a와 b 사이에 연결된다면 첫 번째 그림에서 4.0 μF에 충전된 전하를 구하고 그것 양단의 전압 강하를 구하라.

풀이 **(a)** 등가 전기용량을 계산한다.
그림 16.15a에서 병렬 연결된 1.0 μF과 3.0 μF 축전기의 등가용량을 구한다.

$$C_{\text{등가}} = C_1 + C_2 = 1.0\ \mu\text{F} + 3.0\ \mu\text{F} = 4.0\ \mu\text{F}$$

그림 16.15a에서 병렬 연결된 2.0 μF과 6.0 μF 축전기의 등가용량을 구한다.

$$C_{\text{등가}} = C_1 + C_2 = 2.0\ \mu\text{F} + 6.0\ \mu\text{F} = 8.0\ \mu\text{F}$$

그림 16.15b에서 직렬 연결된 두 개의 4.0 μF 축전기를 결합한다.

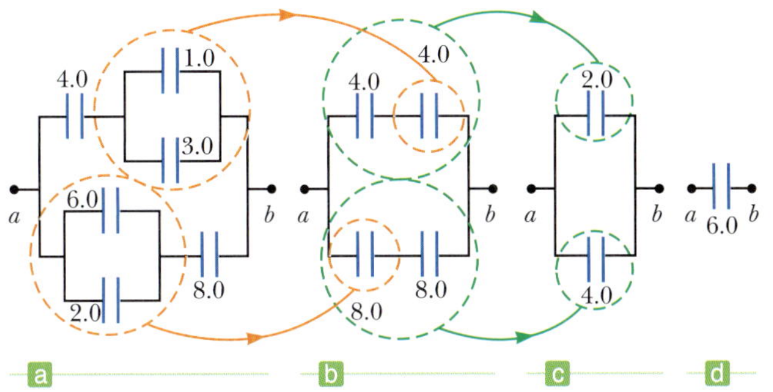

그림 16.15 (예제 16.7) 회로 (a)의 등가 전기용량을 구하기 위해 직렬과 병렬 연결에 대한 공식을 이용하여 (b), (c), (d)에 나타낸 대로 단계별로 회로의 조합을 줄여나간다. 축전기의 단위는 모두 μF이다.

$$\frac{1}{C_{\text{등가}}} = \frac{1}{C_1} + \frac{1}{C_2} = \frac{1}{4.0\ \mu\text{F}} + \frac{1}{4.0\ \mu\text{F}}$$

$$\frac{1}{C_{\text{등가}}} = \frac{1}{2.0\ \mu\text{F}} \ \rightarrow\ C_{\text{등가}} = 2.0\ \mu\text{F}$$

그림 16.15b에서 직렬 연결된 두 개의 8.0 μF 축전기를 결합한다.

$$\frac{1}{C_{\text{등가}}} = \frac{1}{C_1} + \frac{1}{C_2} = \frac{1}{8.0\ \mu\text{F}} + \frac{1}{8.0\ \mu\text{F}}$$

$$= \frac{1}{4.0\ \mu\text{F}} \ \rightarrow\ C_{\text{등가}} = 4.0\ \mu\text{F}$$

그림 16.15c에서 병렬인 두 개의 축전기를 결합하여 최종적으로 a와 b 사이의 등가 전기용량을 구한다.

$$C_{\text{등가}} = C_1 + C_2 = 2.0\ \mu\text{F} + 4.0\ \mu\text{F} = 6.0\ \mu\text{F}$$

(b) 4.0 μF 축전기에 충전된 전하와 축전기 양단의 전압 강하를 구한다.

그림 16.15c에서 2.0 μF 축전기에 충전된 전하를 계산한다. 이는 그림 16.15a에서 4.0 μF에 충전된 전하와 같다.

$$C = \frac{Q}{\Delta V} \ \rightarrow\ Q = C\Delta V = (2.0\ \mu\text{F})(12\ \text{V}) = 24\ \mu\text{C}$$

전기용량 기본 식을 사용하여 그림 16.15a에서 4.0 μF 축전기 양단의 전압 강하를 구한다.

$$C = \frac{Q}{\Delta V} \ \rightarrow\ \Delta V = \frac{Q}{C} = \frac{24\ \mu\text{C}}{4.0\ \mu\text{F}} = 6.0\ \text{V}$$

16.8 충전된 축전기에 저장된 에너지

축전기들은 전기 에너지를 저장한다. 그 에너지는 판으로 전하를 옮기는 데 필요한 일과 같다. 축전기가 처음에 충전되지 않아서(양쪽 판이 중성), 판들이 같은 전위에 있다면, 적은 양의 전하 ΔQ를 한쪽 판에서 다른 쪽 판으로 옮기는 데 일이 거의 필요하지 않다. 그러나 일단 이러한 전하들이 옮겨지면 미소한 전위차 $\Delta V = \Delta Q/C$가 두 판 사이에 나타난다. 따라서 이 전위차를 거슬러서 추가적으로 전하를 옮기기 위해서는 일을 해주어야 한다. 식 16.6으로부터 충전 과정 동안 어느 순간의 전위차가 ΔV이면 이 전위차를 지나 더 많은 전하 ΔQ를 옮기는 데 필요한 일 ΔW는

$$\Delta W = \Delta V \Delta Q$$

로 주어진다. 전체 전하 Q를 갖는 축전기의 전위차는 $\Delta V = Q/C$임을 알고 있다. 그러므로 전체 전하에 대한 전압의 그래프는 그림 16.16에서와 같이 기울기가 $1/C$인 직선이 된다. 특정한 ΔV에 대한 일 ΔW는 파란색 사각형의 넓이이다. 모든 직사각형을 합하면 축전기를 충전하기 위해 필요한 전체 일의 근삿값이 된다. ΔQ가 무한히 작아지는 극한에서, 축전기를 나중 전하 Q와 전압 ΔV까지 충전하는 데 필요한 전체 일은 직선 아래의 넓이가 된다. 이것은 바로 삼각형의 넓이이므로 밑변과 높이를 곱한 값의 1/2이다. 그러므로 다음과 같다.

$$W = \frac{1}{2} Q \Delta V \qquad [16.16]$$

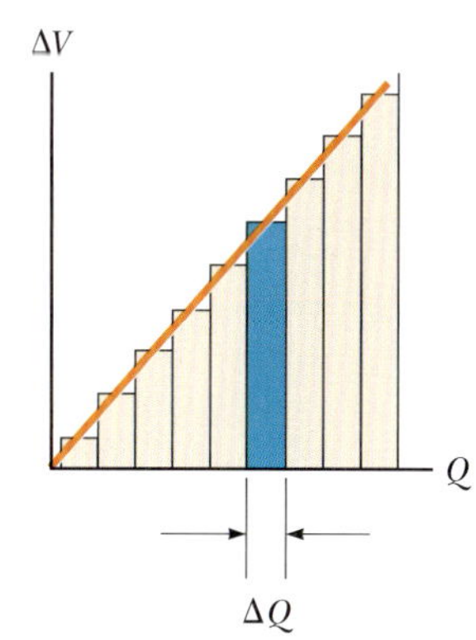

그림 16.16 축전기의 전압 대 전하 그래프는 기울기가 $1/C$인 직선이다. 축전기 판 사이의 전위차 ΔV를 통과하여 전하 ΔQ를 옮기는 데 필요한 일은 $\Delta W = \Delta V \Delta Q$이다. 이는 파란색 직사각형의 넓이와 같다. 나중 전하 Q로 축전기를 충전하는 데 필요한 전체 일은 직선 아래의 넓이가 되며 크기는 $Q\Delta V/2$이다.

전기용량의 정의로부터 $Q = C\Delta V$이므로, 세 개의 다른 식으로 저장된 에너지를 표현할 수 있다.

$$\text{저장된 에너지} = \frac{1}{2}Q\Delta V = \frac{1}{2}C(\Delta V)^2 = \frac{Q^2}{2C} \qquad [16.17]$$

예제 16.8

문제 완전하게 충전된 제세동기는 1.10×10^{-4} F의 축전기에 1.20 kJ의 에너지를 저장한다. 환자에게 방전될 때 6.00×10^2 J의 전기 에너지가 2.50 ms 동안에 전달된다. **(a)** 1.20 kJ의 에너지를 저장하는 데 필요한 전압을 구하라. **(b)** 환자에게 전달된 평균 전력은 얼마인가?

풀이 **(a)** 장치에서 1.20 kJ의 에너지를 저장하기 위하여 필요한 전압을 구한다.
식 16.17을 ΔV에 대하여 푼다.

$$\text{저장된 에너지} = \frac{1}{2}C\Delta V^2$$

$$\Delta V = \sqrt{\frac{2 \times (\text{저장된 에너지})}{C}}$$

$$= \sqrt{\frac{2(1.20 \times 10^3 \text{ J})}{1.10 \times 10^{-4} \text{ F}}}$$

$$= 4.67 \times 10^3 \text{ V}$$

(b) 환자에게 전달된 평균 전력을 구한다.
전달된 에너지를 시간으로 나눈다.

$$P_{\text{평균}} = \frac{\text{전달된 에너지}}{\Delta t} = \frac{6.00 \times 10^2 \text{ J}}{2.50 \times 10^{-3} \text{ s}}$$

$$= 2.40 \times 10^5 \text{ W}$$

16.9 유전체를 가진 축전기

유전체(dielectric)는 고무, 플라스틱 또는 파라핀지와 같은 절연 물질이다. 유전체가 축전기의 판 사이에 삽입되면 전기용량이 증가한다. 유전체가 판 사이의 공간을 완전히 채운다면, 전기용량은 **유전 상수**(dielectric constant)라 부르는 인자 κ배만큼 증가한다.

유전체가 없는 경우 전하 Q_0, 전기용량 C_0의 평행판 축전기를 생각하자. 축전기 판 양단의 전위차는 측정될 수 있고, $\Delta V_0 = Q_0/C_0$으로 주어진다(그림 16.17a). 축전기가 외부 회로에 연결되지 않았기 때문에 전하가 판을 떠나거나 더해지는 통로가 없다. 그림 16.17b에서처럼 유전체가 판 사이에 삽입되면, 판 양단의 전압은 인자 κ만큼 **감소**된다.

$$\Delta V = \frac{\Delta V_0}{\kappa}$$

$\kappa > 1$이기 때문에 ΔV는 ΔV_0보다 더 작다. 축전기의 전하 Q_0은 변하지 않으므로, 유전체가 존재하면 전기용량이 다음 값으로 변해야만 한다는 결론에 도달한다.

$$C = \frac{Q_0}{\Delta V} = \frac{Q_0}{\Delta V_0/\kappa} = \frac{\kappa Q_0}{\Delta V_0}$$

또는

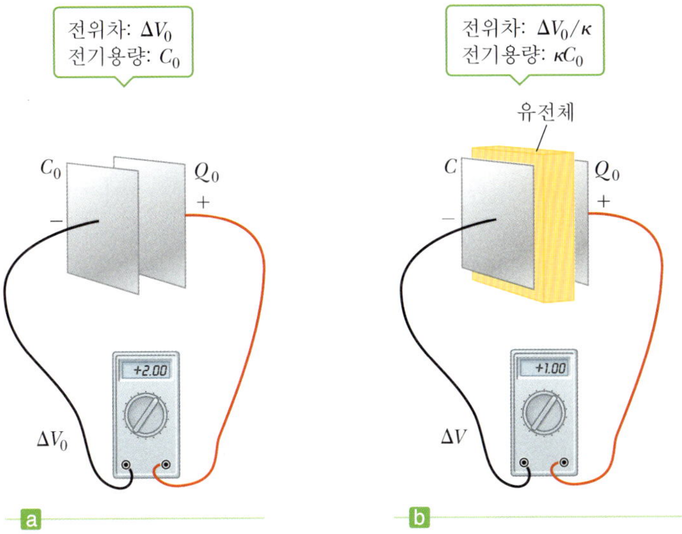

그림 16.17 전지에 연결되지 않은 대전된 축전기에 유전 상수가 κ인 유전체를 밀어 넣으면, 전위차는 $\Delta V = \Delta V_0/\kappa$로 감소하고 전기용량은 $C = \kappa C_0$으로 증가한다.

$$C = \kappa C_0 \qquad [16.18]$$

이다.

$$C = \kappa \epsilon_0 \frac{A}{d} \qquad [16.19]$$

주어진 판 간격에서 절연이 파괴되어 전도가 시작하기 전 유전체에 형성될 수 있는 최대 전기장이 있다. 이 최대 전기장을 **유전 강도**(dielectric strength)라고 하며, 공기에서 그 값은 약 3×10^6 V/m이다. 표 16.1에 열거된 값들이 가리키는 바와 같이 대부분의 물질은 공기보다 더 큰 유전 강도를 갖는다.

표 16.1 상온에서 여러 물질들의 유전 상수와 유전 강도

물질	유전 상수 κ	유전 강도(V/m)
공기	1.000 59	3×10^6
베이클라이트	4.9	24×10^6
수정	3.78	8×10^6
네오프렌 고무	6.7	12×10^6
나일론	3.4	14×10^6
종이	3.7	16×10^6
폴리스티렌	2.56	24×10^6
파이렉스 유리	5.6	14×10^6
실리콘 기름	2.5	15×10^6
스트론튬 티탄산염	233	8×10^6
테플론	2.1	60×10^6
진공	1.000 00	–
물	80	–

예제 16.9

문제 크기가 2.0 cm × 3.0 cm인 판 사이에 두께가 1.0 mm인 종이로 채워진 평행판 축전기가 있다. **(a)** 축전기의 전기용량을 구하라. **(b)** 축전기에 저장할 수 있는 최대 전하를 구하라.

풀이 **(a)** 이 소자의 전기용량을 구한다.

식 16.19에 대입한다.

$$C = \kappa\epsilon_0 \frac{A}{d}$$

$$= 3.7\left(8.85 \times 10^{-12}\frac{\mathrm{C}^2}{\mathrm{N \cdot m}^2}\right)\left(\frac{6.0 \times 10^{-4}\ \mathrm{m}^2}{1.0 \times 10^{-3}\ \mathrm{m}}\right)$$

$$= 2.0 \times 10^{-11}\ \mathrm{F}$$

(b) 축전기에 놓일 수 있는 최대 전하를 구한다.

종이의 유전 강도 $E_{최대}$를 사용하여 최대 인가 전압을 계산한다.

$$\Delta V_{최대} = E_{최대}d = (16 \times 10^6\ \mathrm{V/m})(1.0 \times 10^{-3}\ \mathrm{m})$$

$$= 1.6 \times 10^4\ \mathrm{V}$$

전기용량의 기본 식을 $Q_{최대}$에 대하여 풀고 $\Delta V_{최대}$와 C를 대입한다.

$$Q_{최대} = C\Delta V_{최대} = (2.0 \times 10^{-11}\ \mathrm{F})(1.6 \times 10^4\ \mathrm{V})$$

$$= 0.32\ \mu\mathrm{C}$$

연습문제

1. $+x$축 방향으로 향하는 375 N/C 크기의 균일한 전기장이 처음에 정지한 전자에 작용한다. 전자가 3.20 cm 움직인 후, (a) 전기장이 전자에 한 일을 구하라. (b) 전자에 관련된 위치 에너지 변화는 얼마인가? (c) 전자의 속도는 얼마인가?

2. 반대 부호로 대전된 평행한 판이 5.33 mm 떨어져 있다. 판 사이의 전위차는 600 V이다. (a) 판 사이의 전기장의 크기는 얼마인가? (b) 판 사이에서 전자가 받는 힘은 얼마인가? (c) 처음에 전자가 양극판에서 2.90 mm인 곳에 위치해 있다면 이를 음극판으로 옮기는 데 얼마의 일을 해주어야 하는가?

3. 구형 TV 브라운관 속의 가속 판 사이의 전위차는 약 25 kV이다. 판 사이의 거리가 1.5 cm라면 판 사이에서 형성되는 균일한 전기장 크기는 얼마인가?

4. 두 점전하 $Q_1 = +5.00$ nC와 $Q_2 = -3.00$ nC가 35.0 cm 떨어져 있다. (a) 두 전하의 중간 점에서의 전위는 얼마인가? (b) 전하 쌍의 위치 에너지는 얼마인가? 계산 값이 음인 경우 그 답이 의미하는 바는 무엇인가?

5. (a) 그림 P16.5의 직사각형 위쪽 구석(전하가 없는 모서리)에서의 전위를 구하라. 무한대에서 전위는 영으로 한다. (b) 만약 2.00 μC의 전하가 -2.00 μC의 전하와 교체된 경우 풀이를 반복하라.

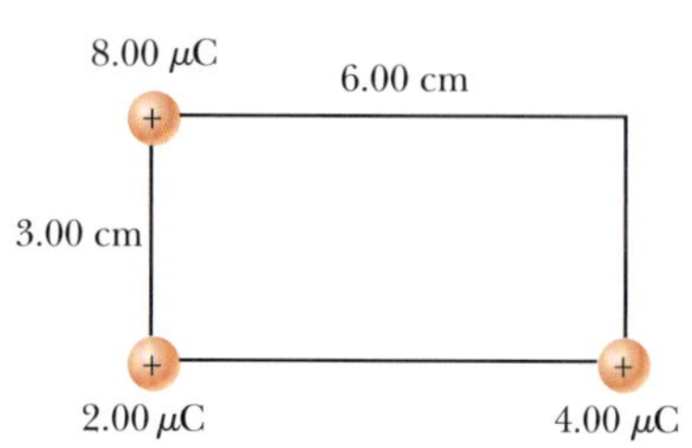

그림 P16.5

6. 전자가 원점에 있다. (a) $x = 0.250$ cm인 점 A에서 전위 V_A를 계산하라. (b) $x = 0.750$ cm인 점 B에서 전위 V_B를 계산하라. 전위차 $V_B - V_A$는 얼마인가? (c) 점 A에 놓인 음으로 대전된 입자가 점 B에 도달하기 위해 같은 전위차를 반드시 통과해야 하는가? 설명하라.

7. 질량이 8.00 μg이고 전하가 -2.80 nC인 작은 구가 처음에 $+8.50$ nC의 고정된 구로부터 1.60 μm 떨어져 있다. 8.00 μg의 구를 정지 상태에서 놓을 때, (a) 고정된 전하로부터 0.500 μm 될 때의 운동 에너지와 (b) 속력을 구하라.

8. 두 평행판 사이가 공기로 채워진 축전기의 각 판의 넓이가 7.60 cm^2이고 판 사이의 거리가 1.80 mm이다. 두 판에 20.0 V의 전위차가 가해질 때 (a) 두 판 사이 전기장의 세기, (b) 전기용량과 (c) 각 판의 전하를 구하라.

9. 공기로 채워진 평행판 축전기의 판의 넓이가 2.30 cm^2이고, 간격이 1.50 mm이다. 축전기는 12.0 V의 전지에 연결되어 있다. (a) 전기용량을 구하라. (b) 축전기의 전하량은 얼마인가? (c) 판 사이의 균일한 전기장의 크기는 얼마인가?

10. 25.0 μF의 축전기와 40.0 μF의 축전기가 50.0 V의 전지에 연결되어 충전된다. (a) 각 축전기에 저장되는 전하를 구하라. (b) 축전기를 전지에서 떼어낸 다음 두 축전기를 직렬로 연결하면 각 축전기에 저장되는 나중 전하는 얼마인가? (c)

40.0 μF 축전기 양단의 전위차는 얼마인가?

11. 그림 P16.11에서 (a) 축전기들의 등가용량, (b) 각 축전기의 전하, (c) 각 축전기 양단의 전위차를 구하라.

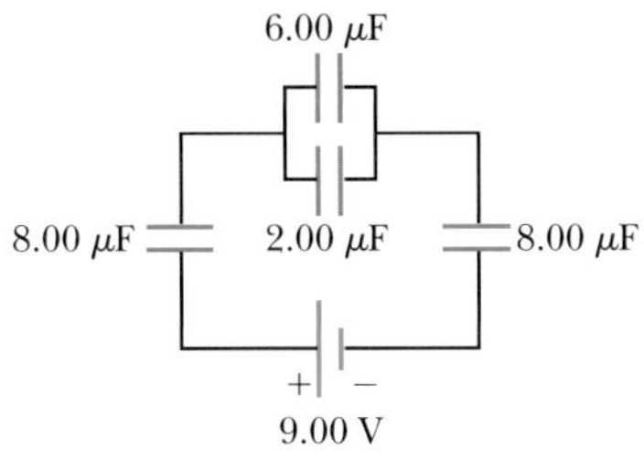

그림 P16.11

12. 그림 P16.12에 나타낸 축전기 계에 대하여 (a) 계의 등가용량, (b) 각각의 축전기에 있는 전하, (c) 각 축전기 양단의 전위차를 구하라.

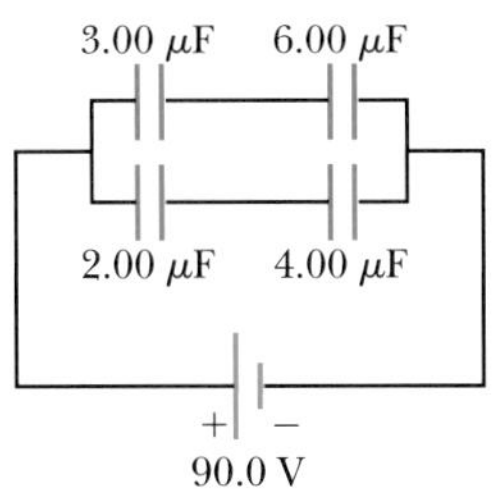

그림 P16.12

13. 그림 P16.13에서 각각의 축전기에 있는 전하를 구하라.

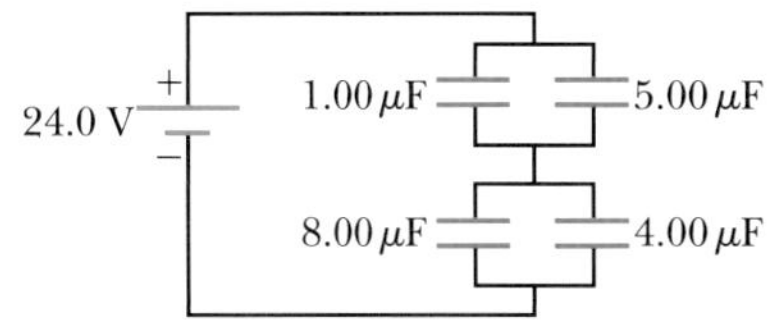

그림 P16.13

14. 2.50 μF 축전기와 6.25 μF 축전기, 그리고 6.00 V의 전지가 있다. (a) 전지 양단에 직렬로 연결할 때와 (b) 전지 양단에 병렬로 연결할 때 각각의 축전기에 있는 전하를 구하라.

15. 12.0 V의 전지가 4.50 μF 축전기에 연결되어 있다. 축전기에 저장된 에너지는 얼마인가?

16. 전기용량이 3.00 μF인 평행판 축전기가 있다. (a) 6.00 V의 전지에 연결된다면 축전기에 저장된 에너지는 얼마인가? (b) 전지의 연결이 끊어지고 대전된 판 사이의 거리가 두 배가 되면 저장된 에너지는 얼마인가? (c) 그 후 전지가 축전기에 다시 연결되었고 판의 간격은 (b)에서와 같다. 저장된 에너지는 얼마인가? (각 부분은 μJ로 답하라.)

17. 테플론으로 채워진 평행판 축전기의 판의 넓이가 175 cm^2이고 절연층의 두께가 0.040 0 mm이다. (a) 전기용량과 (b) 축전기에 가할 수 있는 최대 전압을 구하라.

© 김영우

휴대전화 강국의 초석이 된 CDMA 단말기에 들어있는 여러 종류의 IC칩들(한국전자통신연구원에서 개발)

17 전류와 전기 저항

CURRENT AND RESISTANCE

17.1 전류

그림 17.1과 같이 전하가 넓이 A인 면에 수직인 방향으로 움직이고 있다. **전류란 이 면을 통과하는 전하의 흐름률이다.**

면 A를 Δt 시간 동안 통과하는 전하량을 ΔQ라 하고, 이 면에 수직 방향으로 흐른다고 가정하자. 그러면 **평균 전류**(average current) $I_{평균}$은 단위 시간당 면 A를 통과하는 전하량과 같다.

$$I_{평균} \equiv \frac{\Delta Q}{\Delta t} \qquad [17.1a]$$

SI 단위: 쿨롱/초(C/s) 또는 암페어(A)

전류는 각각의 이동하는 전하들로 이루어진다. 전류는 본질적으로 시간 평균의 개념을 가진 양이다.

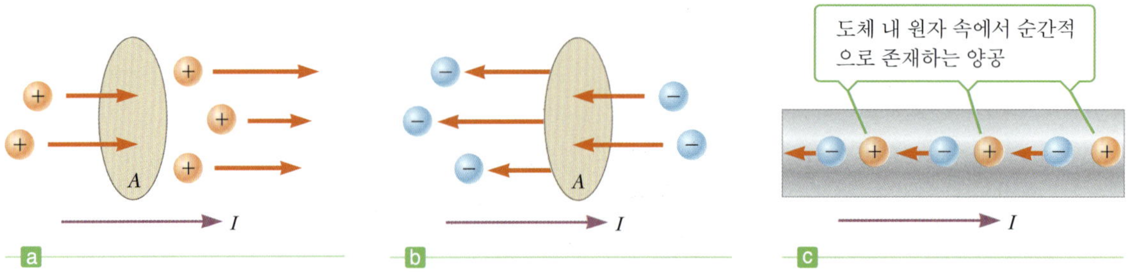

그림 17.1 단면 A를 통과하는 전하의 시간 흐름률을 전류 I라 한다. (a) 전류의 방향은 양전하가 흐르는 방향과 같다. (b) 왼쪽으로 흐르는 음전하는 오른쪽으로 흐르는 양전하와 양이 같다. (c) 도체에서 전위차에 의해 도체 격자의 원자로부터 전자가 빠져나간 빈자리를 양공이라 한다. 실제로 음전하가 왼쪽으로 이동하는 것은 양공을 오른쪽으로 밀어내는 것과 같다.

순간 전류(instantaneous current) $\boldsymbol{I}$는 시간 간격이 영으로 접근할 때 평균 전류의 극한값이다.

$$I = \lim_{\Delta t \to 0} I_{평균} \equiv \lim_{\Delta t \to 0} \frac{\Delta Q}{\Delta t} \qquad [17.1b]$$

SI 단위: 쿨롱/초(C/s) 또는 암페어(A)

전류가 지속적으로 흐르면 평균 전류와 순간 전류는 같다. 1 A의 전류는 1 C의 전하가 어떤 단면을 1 s 동안 통과하는 것과 같다.

구리와 같은 일반적인 도체에서 전류는 음으로 대전된 전자의 운동에 의하여 생긴다. 따라서 전류의 방향은 전자의 이동 방향과 반대 방향이 된다. 양이든 음이든 이동하는 전하를 전하 운반자라 한다. 예를 들어, 금속에서 **전하 운반자**는 전자이다.

예제 17.1

문제 어떤 전구의 필라멘트를 2.00 s 동안 통과하는 전하량이 4 C이다. **(a)** 전구에 흐르는 평균 전류와 **(b)** 필라멘트를 5.00 s 동안 통과하는 전자 수를 구하라. **(c)** 전구에 흐르는 전류가 12.0 V의 전지에 의한 것이라면 필라멘트에서 소비되는 전체 에너지는 얼마인가? 평균 전력은 얼마인가?

풀이 **(a)** 전구에 흐르는 전류를 구한다.

전하와 시간을 식 17.1a에 대입한다.

$$I_{평균} = \frac{\Delta Q}{\Delta t} = \frac{4\ \text{C}}{2.00\ \text{s}} = \boxed{2\ \text{A}}$$

(b) 필라멘트를 5.00 s 동안 통과하는 전자의 개수를 구한다.

전체 전자 수 N과 전자 한 개당 전하를 곱한 $I_{평균}\Delta t$는 전체 전하와 같다.

$$Nq = I_{평균}\,\Delta t \qquad (1)$$

위 식에 N에 대해 값을 대입한 후 푼다.

$$N(1.60 \times 10^{-19}\ \text{C/전자}) = (2\ \text{A})(5.00\ \text{s})$$

$$N = \boxed{6.25 \times 10^{19}\ \text{전자}}$$

(c) 필라멘트에서 소비한 전체 에너지와 평균 전력을 구한다.

전위차와 전체 전하를 곱하면 필라멘트에 전달된 에너지를 얻는다.

$$\Delta U = q\Delta V = (4\ \text{C})(12.0\ \text{V}) = \boxed{48\ \text{J}} \qquad (2)$$

에너지를 경과 시간으로 나누어 평균 전력을 계산한다.

$$P_{평균} = \frac{\Delta U}{\Delta t} = \frac{48\ \text{J}}{2.00\ \text{s}} = \boxed{24\ \text{W}}$$

17.2 미시적으로 본 전류와 유동 속력

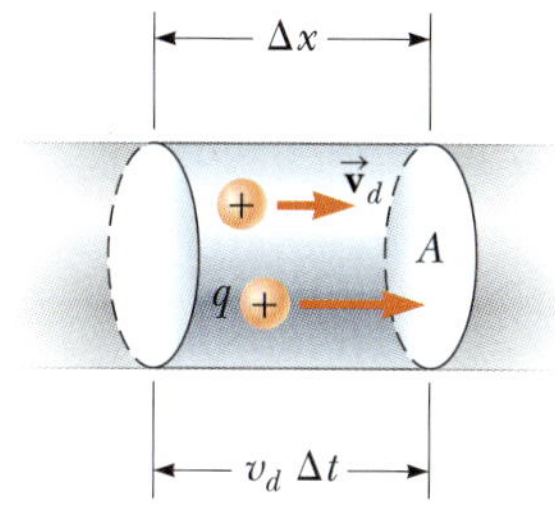

그림 17.2 단면의 넓이가 A인 균일한 도체의 단면. 전하 운반자는 속력 v_d로 움직이고 Δt 시간 동안에 움직인 거리는 $\Delta x = v_d \Delta t$이다. 길이 Δx의 영역 내에 들어 있는 전하 운반자의 수는 $nAv_d\Delta t$이다. n은 단위 부피당 전하 운반자 수이다.

단면의 넓이가 A인 도체에 흐르는 동일하게 대전된 전하들이 있다(그림 17.2). 길이가 Δx인 부분의 부피는 $A\,\Delta x$이다. 만일 n이 '단위 부피당 전하 운반자의 수' 라면, 부피에 들어 있는 전하 운반자의 수는 $nA\,\Delta x$이다. 따라서 그 부분의 유동 전하 ΔQ는

$$\Delta Q = \text{전하 운반자의 수} \times \text{전하 운반자당 전하} = (nA\,\Delta x)\,q$$

가 된다. 여기서 q는 각 전하 운반자의 전하이다. 만일 전하 운반자가 **유동 속력**(drift speed) v_d라고 하는 일정한 평균 속력으로 움직인다면, Δt 시간 동안에 전하 운반자가 움직인 거리는 $\Delta x = v_d \Delta t$이다. 따라서 ΔQ는

$$\Delta Q = (nAv_d\,\Delta t)q$$

가 된다. 이 식의 양변을 Δt로 나누고 Δt를 영으로 가는 극한을 취하면, 도체에 흐르는 전류는 다음과 같이 주어진다.

$$I = \lim_{\Delta t \to 0} \frac{\Delta Q}{\Delta t} = nqv_d\,A \qquad [17.2]$$

예제 17.2

문제 단면의 넓이가 $3.00 \times 10^{-6}\ \text{m}^2$인 구리 도선에 10.0 A의 전류가 흐르고 있다. 각 구리 원자는 하나의 자유 전자를 내어놓을 수 있다고 가정하고, 이 구리 도선에서 전자의 유동 속력을 구하라.

풀이 전자의 유동 속력을 구한다.

구리의 밀도와 원자량으로부터 1몰의 부피를 계산한다.

$$V = \frac{m}{\rho} = \frac{63.5\ \text{g}}{8.92\ \text{g/cm}^3} = 7.12\ \text{cm}^3$$

cm^3을 m^3으로 변환한다.

$$7.12\ \text{cm}^3 \left(\frac{1\ \text{m}}{10^2\ \text{cm}}\right)^3 = 7.12 \times 10^{-6}\ \text{m}^3$$

아보가드로수(1몰의 전자 수)를 1몰당 부피로 나누어 전하 운반자의 수 밀도를 구한다.

$$n = \frac{6.02 \times 10^{23}\ \text{전자/mol}}{7.12 \times 10^{-6}\ \text{m}^3/\text{mol}} = 8.46 \times 10^{28}\ \text{전자/m}^3$$

유동 속력에 대한 식 17.2를 풀고 대입한다.

$$v_d = \frac{I}{nqA}$$

$$= \frac{10.0\ \text{C/s}}{(8.46 \times 10^{28}\ \text{전자/m}^3)(1.60 \times 10^{-19}\ \text{C})(3.00 \times 10^{-6}\ \text{m}^2)}$$

$$v_d = 2.46 \times 10^{-4}\ \text{m/s}$$

17.3 회로에서 전류와 전압 측정

그림 17.3a의 회로는 예제 17.1의 전류를 측정하기 위한 실제 회로이다. 그림 17.3b는 그림 17.3a의 실제 회로를 다시 표현한 것으로 회로도라고 한다. 이 회로는 단지 한 개의 전지와 전구로 구성되어 있다. **회로**라는 단어는 전류가 순환하고 도는 어

그림 17.3 (a) 전구에서의 전류와 전압 측정하는 실제 회로, (b) (a)의 전기 회로도, (c) 전류와 전위차를 측정하는 디지털 멀티미터

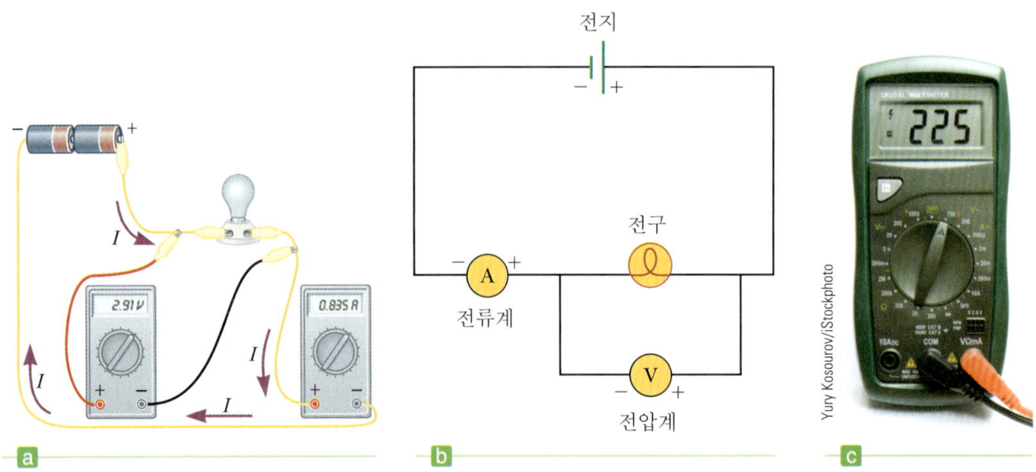

떤 종류의 폐회로를 의미한다. 전지는 전구와 회로로 전하를 내보낸다. 전구가 갖가지 상황에서 어떻게 작동되는가를 특징짓는 가장 중요한 것은 전구 내의 전류 I와 전구에 걸리는 전위차 ΔV이다. 전구 내의 전류를 측정하기 위해서는 전구에서 나온 전류가 다른 길로 새지 않도록 전구와 측정 장치인 전류계를 도선으로 잘 연결하여야 한다. 즉, 전구를 통과하는 모든 전하는 반드시 전류계를 통과하도록 한다. 전압계는 전위차나 전구 필라멘트의 두 양 끝 사이의 전압을 측정한다. 만일 그림 17.3a와 같이 동시에 두 측정기를 사용한다면, 전압계의 연결로 인해 전류계 눈금이 영향을 받는지를 알아보기 위해 전압계를 제거할 수도 있다. 그림 17.3c는 전압, 전류, 또는 저항을 디지털 눈금으로 측정할 수 있도록 편리하게 고안된 디지털 멀티미터이다.

17.4 저항, 비저항, 옴의 법칙

저항과 옴의 법칙

그림 17.4와 같이 전압(전위차) ΔV가 금속 도체의 양단에 걸려있을 때, 도체에서의 전류는 걸린 전압에 비례하는 것을 알 수 있다. 즉, $I \propto \Delta V$ 이다. 만일 이 비율이 유지된다면 $\Delta V = IR$로 쓸 수 있으며, 여기서 비례 상수 R을 도체의 **저항**이라고 한다. 실제로 **저항**(resistance)은 도체 양단에 걸린 전류에 대한 전압의 비로서 정의된다.

$$R \equiv \frac{\Delta V}{I} \qquad [17.3]$$

저항의 SI 단위는 암페어당 전압으로 **옴**(Ω)이다. 만약 도체에 걸린 전위차가 1 V이고 1 A의 전류가 흐른다면, 이 도체의 저항은 1 Ω이 된다.

회로 내의 저항은 전류를 운반하는 전자와 도체 내부에 고정되어 있는 원자 사이의 충돌에 의한 것이며, 이러한 충돌은 마찰력과 같이 전하의 운동을 방해한다. 대부분의 금속을 포함한 많은 물질의 경우, **넓은 범위의 전압 또는 전류에 걸쳐 저항은 일정하다**는 사실을 실험을 통해 알 수 있다.

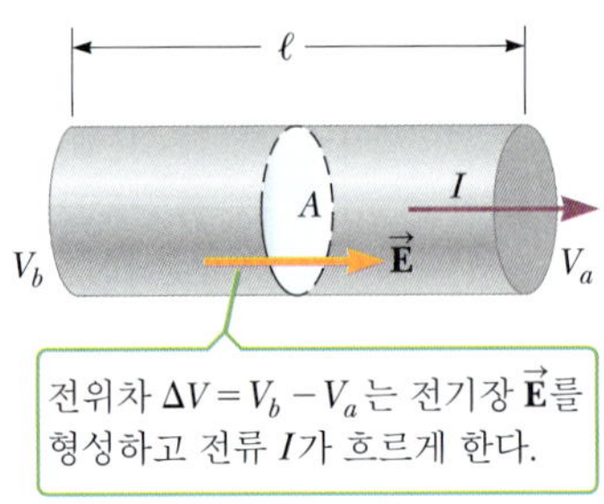

그림 17.4 길이가 ℓ이고 단면의 넓이가 A인 균일한 도체. 전류 I는 전위차, 즉 전기장과 길이에 비례한다.

옴의 법칙은 다음과 같다.

$$\Delta V = IR \qquad [17.4]$$

여기서 R은 전압 ΔV와 전류 I와는 무관하다. **저항기**(resistor)는 전기 회로에서 특정한 저항값을 가진 도체이다. 회로도에서 저항기의 기호는 지그재그 선 —/\/\/\/— 이다.

옴의 법칙은 특정한 물질에 대해서만 성립하는 실험식이다. 옴의 법칙을 만족하고 넓은 범위의 전압에 걸쳐 일정한 저항을 갖는 물질을 **옴성**(ohmic) 물질이라 한다. 전압 혹은 전류 값에 따라 저항이 바뀌는 물질은 **비옴성**(nonohmic) 물질이라 한다. 옴성 물질은 넓은 범위의 전압에 걸쳐 선형적인 전류-전압의 관계를 갖는다(그림 17.5a). 비옴성 물질은 비선형적인 전류-전압의 관계를 갖는다(그림 17.5b).

옴 Georg Simon Ohm, 1789~1854
독일 물리학자

고등학교 교사였고 나중에 뮌헨 대학교의 교수가 된 옴은 저항의 개념을 확립하고 식 17.5로 주어지는 비례 관계식을 발견하였다.

비저항

옴성 도체의 저항은 길이에 따라 증가한다. 이는 도체의 길이가 길어질수록 전자는 더 많은 충돌을 겪어야 하기 때문이다. 좁은 관에서 유체의 흐름이 지체되듯이 도체의 저항은 단면의 넓이가 작을수록 증가한다. 도체의 저항은 길이 ℓ에 비례하고, 단면의 넓이 A에 반비례한다. 즉, 다음과 같이 주어진다.

$$R = \rho \frac{\ell}{A} \qquad [17.5]$$

여기서 비례 상수 ρ를 물질의 **비저항**(resistivity)이라고 한다. 모든 물질은 전자적인 구조와 온도에 따라 고유한 비저항이 있다. 전기적으로 좋은 도체는 비저항이 매우 낮고, 우수한 절연체는 비저항이 매우 높다. 표 17.1은 20 °C에서 여러 물질에 대한 비저항

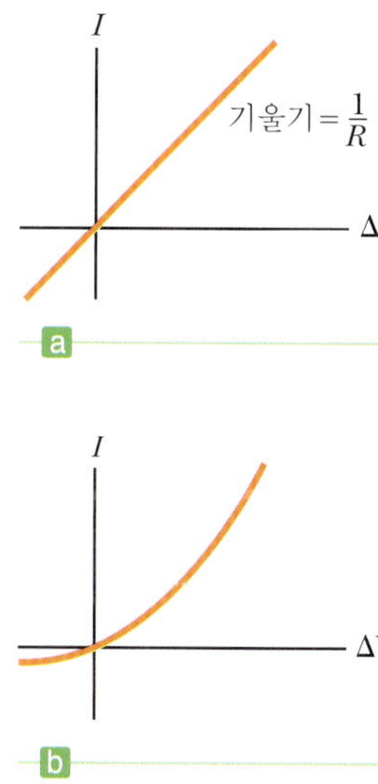

그림 17.5 (a) 옴성 물질의 전류-전압 곡선. 그 기울기로부터 도체의 저항을 구할 수 있다. (b) 반도체 다이오드의 비선형 전류-전압 곡선. 이 소자는 옴의 법칙을 따르지 않는다.

표 17.1 여러 물질에 대한 비저항과 비저항의 온도 계수(20 °C)

물질	비저항(Ω · m)	비저항의 온도 계수[(°C)$^{-1}$]
은	1.59×10^{-8}	3.8×10^{-3}
구리	1.7×10^{-8}	3.9×10^{-3}
금	2.44×10^{-8}	3.4×10^{-3}
알루미늄	2.82×10^{-8}	3.9×10^{-3}
텅스텐	5.6×10^{-8}	4.5×10^{-3}
철	10.0×10^{-8}	5.0×10^{-3}
백금	11×10^{-8}	3.92×10^{-3}
납	22×10^{-8}	3.9×10^{-3}
니크롬[a]	150×10^{-8}	0.4×10^{-3}
탄소	3.5×10^{5}	-0.5×10^{-3}
저마늄	0.46	-48×10^{-3}
실리콘	640	-75×10^{-3}
유리	10^{10}~10^{14}	
단단한 고무	$\approx 10^{13}$	
유황	10^{15}	
석영(용융)	75×10^{16}	

a 보통 열선으로 사용되는 니켈-크로뮴의 합금

값을 나타낸 것이다. 저항의 단위가 옴이므로, 비저항의 단위는 옴 · 미터($\Omega \cdot \text{m}$)가 된다.

예제 17.3

문제 **(a)** 반지름이 0.1 mm인 니크롬선의 단위 길이당 저항을 계산하라. **(b)** 만일 길이가 1.00 m인 니크롬선 양단의 전위차가 10.0 V이면, 이때 흐르는 전류는 얼마인가? **(c)** 이 도선을 녹여 원래 길이의 두 배로 늘였다. 새 저항 R_N은 원래 저항 R_O의 몇 배가 되는가?

풀이 **(a)** 단위 길이당 저항을 계산한다.

도선 단면의 넓이를 구한다.

$$A = \pi r^2 = \pi(0.1 \times 10^{-3}\ \text{m})^2 = 3.14 \times 10^{-8}\ \text{m}^2$$

표 17.1로부터 니크롬선의 비저항을 얻는다. R/ℓ에 대한 식 17.5를 풀고, 값을 대입한다.

$$\frac{R}{\ell} = \frac{\rho}{A} = \frac{1.5 \times 10^{-6}\ \Omega \cdot \text{m}}{3.14 \times 10^{-8}\ \text{m}^2} = 47.8\ \Omega/\text{m}$$

(b) 길이가 1.00 m인 도선의 양단 전위차가 10.0 V일 때, 여기에 흐르는 전류를 구한다.

주어진 값을 옴의 법칙에 대입한다.

$$I = \frac{\Delta V}{R} = \frac{10.0\ \text{V}}{47.8\ \Omega} = 0.2\ \text{A}$$

(c) 이 선을 녹여 원래 길이의 두 배로 늘였을 때, 새 저항이 원래 저항의 몇 배가 되는지 구한다.

원래 단면의 넓이 A_O의 함수로 새 단면의 넓이 A_N을 구한다. 부피는 변함이 없으며 $\ell_N = 2\ell_O$이다.

$$V_N = V_O \ \rightarrow\ A_N \ell_N = A_O \ell_O \ \rightarrow\ A_N = A_O(\ell_O/\ell_N)$$
$$A_N = A_O(\ell_O/2\ell_O) = A_O/2$$

식 17.5에 대입한다.

$$R_N = \frac{\rho \ell_N}{A_N} = \frac{\rho(2\ell_O)}{(A_O/2)} = 4\frac{\rho \ell_O}{A_O} = 4R_O$$

17.5 온도에 따른 저항의 변화

대부분의 금속에서 비저항은 온도가 증가함에 따라 증가한다. 물질의 온도가 증가함에 따라 구성 원자는 점점 더 큰 진폭으로 진동한다. 전자 역시 큰 진폭으로 움직이고 있는 원자를 지나가는 것이 더 어렵다.

대부분의 금속에서 비저항은 한정된 온도 범위에서는 다음의 표현식에 따라 대략 온도에 대해 선형으로 증가한다.

$$\rho = \rho_0[1 + \alpha(T - T_0)] \qquad [17.6]$$

여기서 ρ는 어떤 온도 T(섭씨 온도)에서의 비저항, ρ_0는 어떤 기준 온도 T_0(보통 20 °C)에서의 비저항이며, α는 **비저항의 온도 계수**(temperature coefficient of resistivity)이다. 여러 물질에 대한 온도 계수는 표 17.1에 있다. 반도체에 대한 온도 계수 α가 음의 값인 이유는, 반도체에는 약하게 속박된 전하 운반자가 있어 온도가 상승하면 이 운반자가 자유롭게 움직여 전류에 기여하기 때문이다.

균일한 단면의 넓이를 가진 도체의 저항은 식 17.5($R = \rho\ell/A$)에 따라 비저항에 비례하므로, 저항의 온도 변화는 다음과 같이 쓸 수 있다.

$$R = R_0[1 + \alpha(T - T_0)] \qquad [17.7]$$

이러한 성질을 이용하여 온도를 정밀하게 측정한다.

17.6 전기 에너지와 전력

단자에 저항기가 연결되어 있는 전지를 예로 들어 간단한 회로에서의 에너지 변환 과정을 알아보자. (그림 17.6에서 전지의 양의 단자는 항상 전위가 높다.) 이제 회로를 따라 점 A로부터 전지와 저항기를 지나 점 A로 되돌아오는 양전하 ΔQ를 생각해 보자. 점 A는 접지되어 있는 기준점(접지의 기호는 ⏚ 이다)이며, 그 전위는 영으로 잡는다. 전지를 통하여 전하 ΔQ가 A에서 B로 이동할 때, 계의 전기 위치 에너지는 $\Delta Q \Delta V$만큼 증가하고, 전지의 화학 에너지는 같은 양만큼 감소한다. 그러나 전하는 저항을 통하여 C에서 D로 이동하면서 저항기 내의 원자와 충돌하는 동안에 전기 위치 에너지를 잃게 된다. 이 과정에서 전하의 에너지는 원자의 진동 운동이 증가한 만큼 내부 에너지로 전환된다. 내부 연결선의 전기 저항은 매우 작아 무시할 수 있으므로, 경로 BC와 DA에서의 에너지 전환은 없다. 전하가 점 A로 되돌아왔을 때는 결과적으로 전지의 화학 에너지 일부가 저항기로 옮겨졌으며, 이로 인해 저항기의 온도가 증가한다.

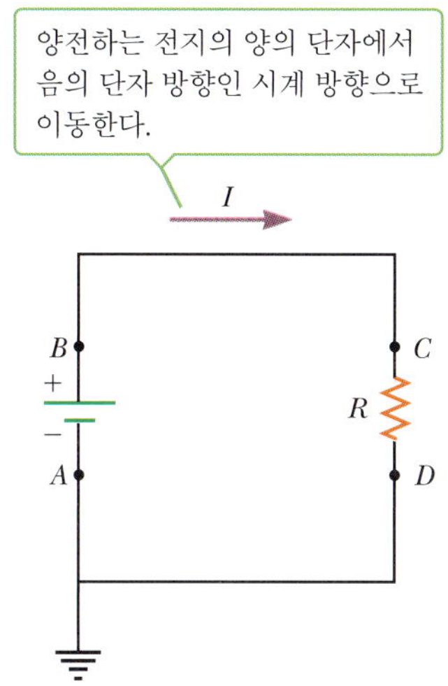

그림 17.6 전지와 저항 R로 구성된 회로. 점 A는 접지되어 있다.

전하 ΔQ는 저항기를 통해 지나가면서 $\Delta Q \Delta V$의 에너지를 잃는다. 만일 전하가 저항기를 통과하는 데 걸리는 시간을 Δt라고 하면 전기 위치 에너지의 순간적인 손실률은

$$\lim_{\Delta t \to 0} \frac{\Delta Q}{\Delta t} \Delta V = I \Delta V$$

이다. 여기서 I는 저항기에서의 전류이고 ΔV는 전위차이다. 물론 전하는 전지를 지날 때 전지의 화학 에너지를 써서 이 에너지를 다시 얻는다. 전하가 저항기를 지남에 따라 잃어버리는 계의 에너지 손실률은 저항기에서 얻는 계의 내부 에너지 증가율과 같다. 그러므로 전력 P, 즉 저항기로 전달되는 에너지율은 다음과 같다.

$$P = I \Delta V \qquad [17.8]$$

식 17.8과 저항기에 대한 $\Delta V = IR$의 관계를 이용하여, 저항기에서 소모된 전력을 다른 형태로 표현할 수 있다.

$$P = I^2 R = \frac{\Delta V^2}{R} \qquad [17.9]$$

여기서 I의 단위는 암페어(A), ΔV의 단위는 볼트(V), R의 단위는 옴(Ω)이면, 전력의 SI 단위는 와트가 된다.

전기 회사가 소비 전력을 계산할 때 사용하는 에너지의 단위는 **킬로와트시**(kilowatt-hour)로, 전력과 시간 단위로 정의된다. 1킬로와트시는 1킬로와트의 일정한 비율로 1시간 동안 변환되거나 소비된 에너지이다. 이 값은

$$1\,\text{kWh} = (10^3\,\text{W})(3\,600\,\text{s}) = 3.60 \times 10^6\,\text{J} \qquad [17.10]$$

이다.

예제 17.4

문제 100 V의 구동 전압에서 어떤 회로의 최대 전류는 20.0 A이다. **(a)** 이 전원으로 50 W 전구 몇 개를 작동시킬 수 있는가? **(b)** 킬로와트시당 1,000원이라면, 이 전구를 5시간 작동시키는 데 드는 비용은 얼마인가?

풀이 **(a)** 불이 들어오는 전구 수를 구한다.
식 17.8에 대입하여 전체 전력을 구한다.

$$P_{\text{전체}} = I\Delta V = (20.0\,\text{A})(100\,\text{V}) = 2 \times 10^3\,\text{W}$$

전체 전력을 전구당 전력으로 나누어 전구 수를 구한다.

$$\text{전구 수} = \frac{P_{\text{전체}}}{P_{\text{전구}}} = \frac{2 \times 10^3\,\text{W}}{50\,\text{W}} = \boxed{40}$$

(b) 하루 8.00시간 사용한 전기 요금을 계산한다.
에너지를 킬로와트시로 구한다.

$$\text{에너지} = Pt = (2 \times 10^3\,\text{W})\left(\frac{1.00\,\text{kW}}{1.00 \times 10^3\,\text{W}}\right)(5\,\text{h})$$
$$= 10\,\text{kWh}$$

이 에너지에 킬로와트시당 비용을 곱한다.

$$\text{비용} = (10\,\text{kWh})(1{,}000\,\text{원/kWh}) = \boxed{10{,}000\text{원}}$$

예제 17.5

문제 저항이 10 Ω인 니크롬선 전열기에 50.0 V의 전위차가 인가되어 작동되었다. **(a)** 도선에 흐르는 전류와 전열기의 전력량을 구하라. **(b)** 이 전열기를 사용하여 이원자 기체(즉, 산소와 질소의 혼합 기체 혹은 공기) 2.50×10^3몰을 10.0 °C에서 25.0 °C까지 가열시키는 데 걸리는 시간은 얼마인가? 공기의 정적 몰비열은 $\frac{5}{2}R$로 한다. **(c)** (b)에서 계산된 시간 동안에 사용된 전력량(kWh)은 얼마이며 그것을 전기 요금으로 환산하면 얼마인가? 한국에서의 전기 요금은 kWh당 1,000원으로 가정한다.

풀이 **(a)** 전류와 전력을 계산한다.
옴의 법칙을 적용하여 전류를 구한다.

$$I = \frac{\Delta V}{R} = \frac{50.0\,\text{V}}{10\,\Omega} = \boxed{5\,\text{A}}$$

식 17.9에 대입하여 전력을 구한다.

$$P = I^2R = (5\,\text{A})^2(10\,\Omega) = \boxed{250\,\text{W}}$$

(b) 기체가 가열되기까지 걸리는 시간을 구한다.
열역학 제1법칙으로부터 공급된 열에너지를 계산한다. 부피가 변하지 않으므로 $W = 0$임에 유의한다.

$$Q = \Delta U = nC_v\Delta T$$
$$= (2.50 \times 10^3\,\text{mol})\left(\frac{5}{2}\cdot 8.31\,\text{J/mol}\cdot\text{K}\right)(298\,\text{K} - 283\,\text{K})$$
$$= 7.79 \times 10^5\,\text{J}$$

시간은 열에너지를 전력으로 나누어 구한다.

$$t = \frac{Q}{P} = \frac{7.79 \times 10^5\,\text{J}}{250\,\text{W}} = \boxed{3.12 \times 10^3\,\text{s}}$$

(c) 전력 사용량과 전기 요금을 계산한다.
$1\,\text{J} = 1\,\text{W}\cdot\text{s}$를 사용하여 에너지를 전력량(kWh)으로 환산한다.

$$U = (7.79 \times 10^5\,\text{W}\cdot\text{s})\left(\frac{1.00\,\text{kW}}{1.00 \times 10^3\,\text{W}}\right)\left(\frac{1.00\,\text{h}}{3.60 \times 10^3\,\text{s}}\right)$$
$$= \boxed{0.216\,\text{kWh}}$$

사용량에 따른 전기 요금을 계산하기 위해 1,000원/kWh를 곱한다.

$$\text{비용} = (0.216\,\text{kWh})(1{,}000\,\text{원/kWh}) = \boxed{216\text{원}}$$

연습문제

1. 어떤 실험에서 길이가 32.0m이고 20.0 °C에서 저항이 2.50 Ω인 알루미늄 도선을 사용하고자 한다. 굵기가 얼마인 도선을 구해야 되는가?

2. 보어의 수소 원자 모형에서 가장 낮은 에너지 준위에 있는 전자는 속력 2.19×10^6 m/s으로 반지름이 5.29×10^{-11} m인 원 궤도를 돌고 있다. 이 궤도를 도는 전자를 전류라고 한다면 그 전류는 얼마인가?

3. 80.0 mA의 전류가 흐르고 있는 금속 도선이 있다. (a) 10.0분 동안 이 도선의 단면의 넓이를 통해 지나가는 전자의 수는 얼마인가? (b) 전류와 전하의 운동 방향을 말하라.

4. 단면의 반지름이 0.791 mm인 니크롬선이 전열기 코일로 감겨 있다. 코일 양단에 1.20×10^2 V의 전압을 걸면 9.25 A의 전류가 흐른다. (a) 코일의 저항은 얼마인가? (b) 코일을 감기 위해 쓰인 도선의 길이는 얼마인가?

5. 0.40 cm의 일정한 반지름을 가진 3.2 cm 길이의 전선에 12 V의 전위차가 걸릴 때 0.40 A의 전류가 흐른다. (a) 이 전선의 저항은 얼마인가? (b) 비저항은 얼마인가?

6. 옴의 법칙을 이용하여 $E = J\rho$의 관계식이 성립함을 보여라. 여기서 E는 전기장의 크기(일정하다고 가정)이고 $J = I/A$는 전류 밀도이다. 사실 이 관계식은 일반적으로 성립되는 식이다.

7. 지름이 2.00 mm이고 길이가 50.0 m인 전선이 9.11 V 전원에 연결되어 36.0 A의 전류가 흐른다. 전선의 온도가 20 °C라 가정할 때, 표 17.1을 이용하여 어느 금속인지 밝혀라.

8. (a) 20.0 °C에서 길이 34.5 m인 구리 도선의 반지름이 0.25 mm이다. 도선의 양단에 9.0 V의 전위차를 걸어주면, 얼마의 전류가 흐르는가? (b) 그 도선이 9.0 V의 전위차를 유지한 채 30.0 °C로 온도가 상승하면 그때 흐르는 전류는 얼마가 되는가?

9. 20 °C에서 2.0×10^2 Ω의 전기 저항을 가진 탄소 저항기가 어떤 전기 회로에서 5.0 V 전지에 연결되어 있다. 이 탄소 저항기의 온도가 80 °C로 증가할 때, 회로의 전류는 얼마인가?

10. 어떤 와플 제조기의 전력이 1.20×10^2 V의 전원에 연결되었을 때 1.00 kW이다. (a) 이 와플 제조기에 흐르는 전류는 얼마인가? (b) 그 저항값은 얼마인가?

11. 같은 재료로 만들어진 두 도선 A와 B가 같은 전위차에 걸려 있다. 도선 A에 공급되는 전력이 B의 세 배라면, 그 두 선의 지름의 비는 얼마인가?

12. 인체에서 휴지기 뉴런의 전위차는 약 75.0 mV이고 약 0.200 mA의 전류를 흘린다. 그 뉴런에서의 전력은 얼마인가?

13. 어떤 구리 케이블은 300 A의 전류가 흐를 때 전력 손실이 2.00 W/m가 되도록 설계되어 있다. 필요한 케이블의 반지름은 얼마인가?

14. 커피 메이커의 가열판은 120 V, 2.00 A에서 작동한다. 물은 저항에 의해 바뀐 모든 에너지를 흡수한다고 가정한다면, 상온(23.0 °C)의 물 0.500 kg이 끓기까지 얼마나 길리는가?

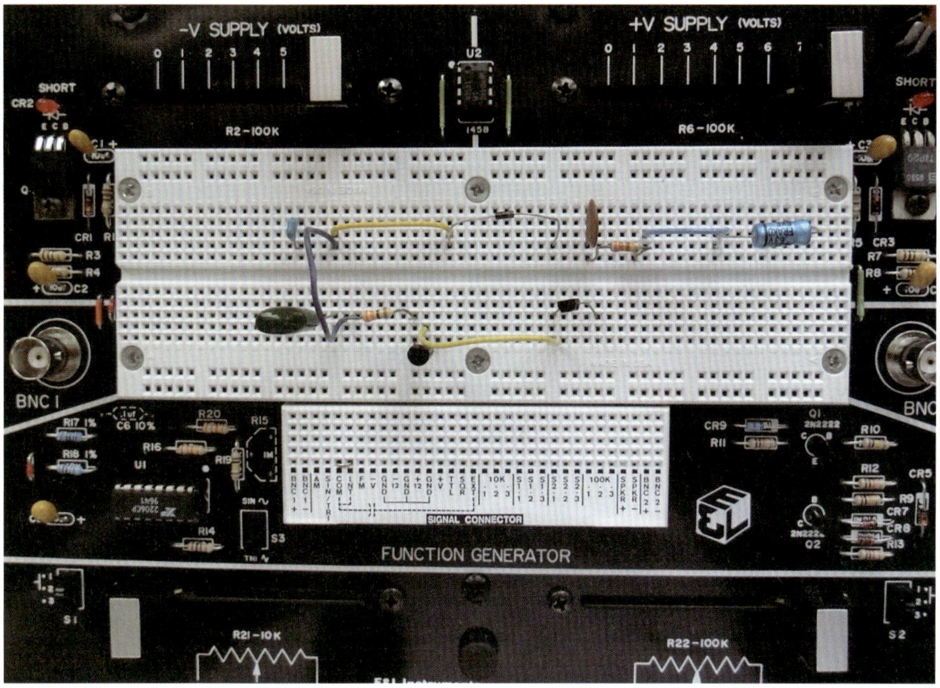

© 김영우

전자부품을 이용한 회로 실습장치. 전자 부품에는 저항, 축전기, 트랜지스터, 다이오드 IC 등이 있다. 직류전원을 연결하면 직류회로가 이루어지며 회로실습을 통해 부품을 특성과 회로의 법칙을 이해할 수 있다. 이러한 실습장치가 작동되기 위해서는 전원을 공급해야 한다. 전원은 지면을 기준으로 한 전기위치에너지를 말한다.

직류 회로 18

DIRECT-CURRENT CIRCUITS

18.1 기전력의 근원

폐회로에서 일정한 전류를 유지하도록 해주는 원천을 기전력(emf)원이라고 한다. 회로를 따라 흐르는 전하들의 위치 에너지를 증가시키는 (전지나 발전기와 같은) 모든 장치들이 기전력원이다. 기전력원의 기전력 ε은 단위 전하당 한 일이고, 따라서 기전력의 SI 단위는 볼트(V)이다.

저항기에 전지가 연결되어 있는 그림 18.1a의 회로를 살펴보자. 연결 도선은 저항이 없다고 가정한다. 전지의 내부 저항을 무시하면, 전지 양단의 전위차(단자 전압)는 전지의 기전력과 같다. 그러나 실제 전지는 항상 내부 저항 r을 가지고 있으므로, 단자 전압은 기전력과 같지 않다. 그림 18.1a의 회로는 그림 18.1b처럼 도식으로 나타낼 수 있다. 점선으로 표시된 전지는 기전력 ε의 전원과 내부 저항 r이 직렬로 연결되어 있다. 이제 양전하가 그림 18.1b와 같이 a에서부터 b까지 움직인다고 생각하자. 전하가 전지의 음극에서 양극으로 이동함에 따라 전하의 전위는 ε만큼 증가한다. 그러나 저항 r을 통해서 전하가 움직일 때, 전하의 전위는 Ir만큼 감소한다. I는 회로의 전류이다. 그러므로 전지 양단 사이의 단자 전압 $\Delta V = V_b - V_a$는

$$\Delta V = \varepsilon - Ir \qquad [18.1]$$

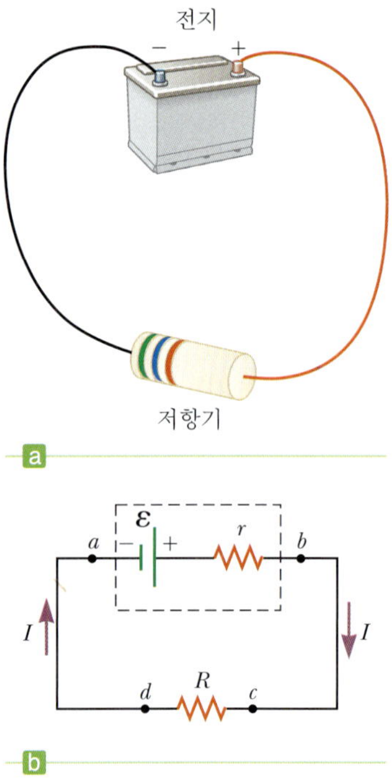

그림 18.1 (a) 전지의 단자에 연결된 저항으로 이루어진 회로, (b) 내부 저항이 r이고 기전력이 $\mathcal{E}$인 전원이 외부 저항기 R에 연결된 회로

이 된다. 이 식에서 **$\mathcal{E}$은 전류가 영일 때의 단자 전압**을 나타내며, 이를 **개회로 전압**이라 한다. 그림 18.1b에서 단자 전압 ΔV는 **부하 저항**(load resistance)이라고 하는 외부 저항 R 양단의 전위차를 나타낸다. 즉, $\Delta V = IR$이다. 이것을 식 18.1과 결합하면

$$\mathcal{E} = IR + Ir \qquad [18.2]$$

이다. 전류에 대하여 풀면

$$I = \frac{\mathcal{E}}{R + r}$$

을 얻는다. 이것은 전류가 전지의 내부 저항과 외부 저항 모두에 의존한다는 것을 나타내고 있다. 만일 R이 r보다 훨씬 크면 r을 무시할 수 있고, 실제로 많은 회로에 대해 그렇게 한다.

식 18.2에 전류 I를 곱하면

$$I\mathcal{E} = I^2R + I^2r$$

18.2 저항기의 직렬 연결

두 개 이상의 저항기들이 그림 18.2처럼 끝과 끝이 이어져 연결되어 있는 경우를 **직렬**(series)로 연결되었다고 한다. 그림 18.2와 같이 두 저항기 R_1과 R_2가 전지에 연결되어 있을 때, **R_1을 통과한 전하는 또한 R_2를 통과해야 하므로 두 저항을 흐르는 전류는 같다.**

그림 18.2b에서 a에서 b 사이의 전위차는 IR_1이고, b와 c 사이의 전위차는 IR_2이므로, a와 c 사이의 전위차는

$$\Delta V = IR_1 + IR_2 = I(R_1 + R_2)$$

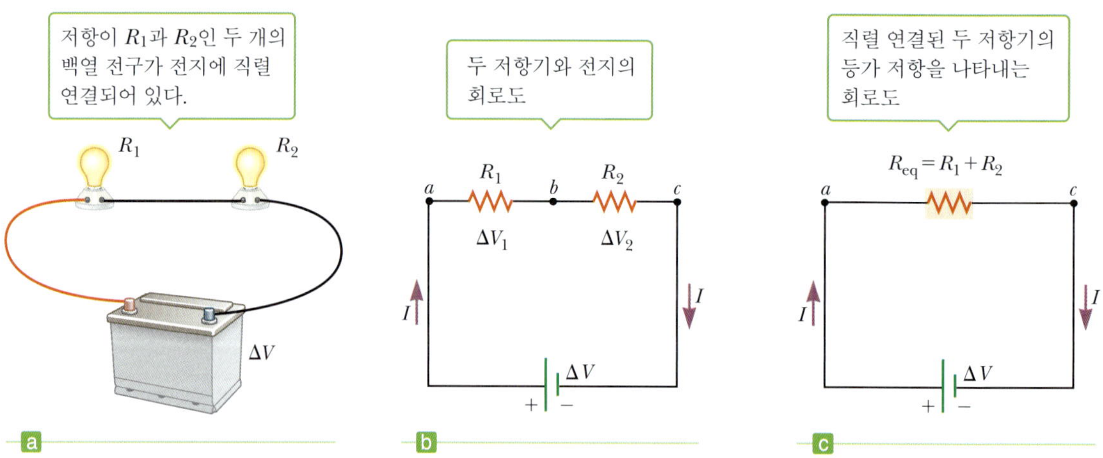

그림 18.2 두 저항기 R_1과 R_2의 직렬 연결. 각각의 저항기에 흐르는 전류의 크기는 동일하며, 등가 저항은 $R_{등가} = R_1 + R_2$이다.

이다. 직렬로 연결한 저항의 수에 관계없이, 저항기를 모두 통과한 후의 전위차는 개별 저항의 전위차의 합과 같다. 그림 18.2c는 원래 회로의 두 저항기를 대체할 수 있는 등가 저항 $R_{등가}$를 보여주고 있다. 두 저항으로 된 회로에 흐르는 전류와 그 등가 저항에 흐르는 전류가 같기 때문에 등가 저항은 원래의 회로와 똑같은 효과가 있다. 이 저항에 옴의 법칙을 적용하면

$$\Delta V = IR_{등가}$$

를 얻는다. 위 두 식을 같게 놓으면,

$$IR_{등가} = I(R_1 + R_2)$$

즉,

$$R_{등가} = R_1 + R_2 \quad \text{(직렬 연결)} \tag{18.3}$$

가 된다. 앞의 분석을 확장하면 직렬 연결된 세 개 이상의 많은 저항기들이 결합된 등가 저항은

$$R_{등가} = R_1 + R_2 + R_3 + \cdots \tag{18.4}$$

로 표시된다. 그러므로 **직렬 연결된 저항기들의 등가 저항은 개별 저항에 대한 대수적 합이며 항상 각각의 저항보다 더 크다**는 것을 알 수 있다.

예제 18.1

문제 저항기 네 개가 그림 18.3a와 같이 연결되어 있다. **(a)** 회로의 등가 저항과, **(b)** 전지의 기전력이 6.0 V인 경우 회로에 흐르는 전류를 구하라. **(c)** 전지의 +단자의 전위가 6.0 V라 할 때, 점 A에서의 전위를 구하라. **(d)** 회로가 열린 상태에서의 전압, 즉 emf ε가 6.2 V라 가정하고 전지의 내부 저항을 구하라.

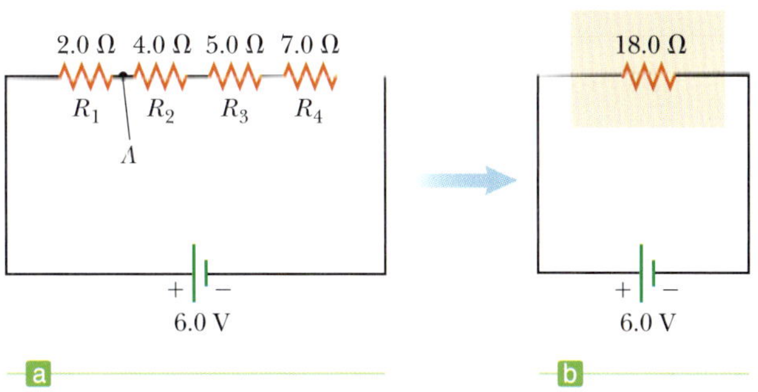

그림 18.3 (예제 18.1) (a) 직렬 연결된 네 저항기, (b) 회로 (a)에 대한 등가 저항

풀이 **(a)** 회로의 등가 저항을 구한다.

식 18.4를 사용하여 저항의 합을 구한다.

$$\begin{aligned} R_{등가} &= R_1 + R_2 + R_3 + R_4 \\ &= 2.0\ \Omega + 4.0\ \Omega + 5.0\ \Omega + 7.0\ \Omega \\ &= 18.0\ \Omega \end{aligned}$$

(b) 회로의 전류를 구한다.

그림 18.3b에 나타낸 등가 저항에 옴의 법칙을 적용한다.

$$I = \frac{\Delta V}{R_{등가}} = \frac{6.0\ \text{V}}{18.0\ \Omega} = 0.33\ \text{A}$$

(c) 점 A에서의 전위를 구한다.

2.0 Ω 저항 양단에 옴의 법칙을 적용하여 그 양단의 전압 강하를 구한다.

$$\Delta V = IR = (0.33\ \text{A})(2.0\ \Omega) = 0.66\ \text{V}$$

+단자의 전위에서 전압 강하를 빼서 점 A에서의 전위를 구한다.

$$V_A = 6.0\ \text{V} - 0.66\ \text{V} = 5.3\ \text{V}$$

(d) 전지의 기전력이 6.2 V일 때 전지의 내부 저항을 구한다.

식 18.1을 쓴다.

$$\Delta V = \varepsilon - Ir$$

내부 저항 r에 대해 풀고 값을 대입한다.

$$r = \frac{\varepsilon - \Delta V}{I} = \frac{6.2\ \text{V} - 6.0\ \text{V}}{0.33\ \text{A}} = \boxed{0.6\ \Omega}$$

18.3 저항기의 병렬 연결

그림 18.4와 같이 두 저항기가 병렬로 연결된 경우를 생각해 보자. 이 경우 **각 저항기가 전지와 직접 연결되어 있어서 저항기 양단의 전위차는 같다.** 그러나 일반적으로 전류는 같지 않다. 전류 I가 점 a(교차점)에 도달하면(그림 18.4b), R_1에 흐르는 I_1과 R_2에 흐르는 I_2의 두 부분으로 나누어진다. 만일 R_1이 R_2보다 크면, I_1은 I_2보다 작다. **전하는 보존되기 때문에, 점 a로 들어가는 전류 I는 그 점을 떠나는 전류 $I_1 + I_2$와 같아야 한다.**

$$I = I_1 + I_2$$

두 저항기에서의 전압 강하가 같아야 하고, 또한 전지 양단의 전압 강하와도 같아야 한다. 각 저항기에 옴의 법칙을 적용하면,

$$I_1 = \frac{\Delta V}{R_1} \qquad I_2 = \frac{\Delta V}{R_2}$$

이다. 그림 18.4c에서 등가 저항에 옴의 법칙을 적용하면,

$$I = \frac{\Delta V}{R_{등가}}$$

가 된다. 전류에 대한 이 식을 식 $I = I_1 + I_2$에 대입하여 ΔV를 소거하면

$$\frac{1}{R_{등가}} = \frac{1}{R_1} + \frac{1}{R_2} \quad (\text{병렬 연결}) \qquad [18.5]$$

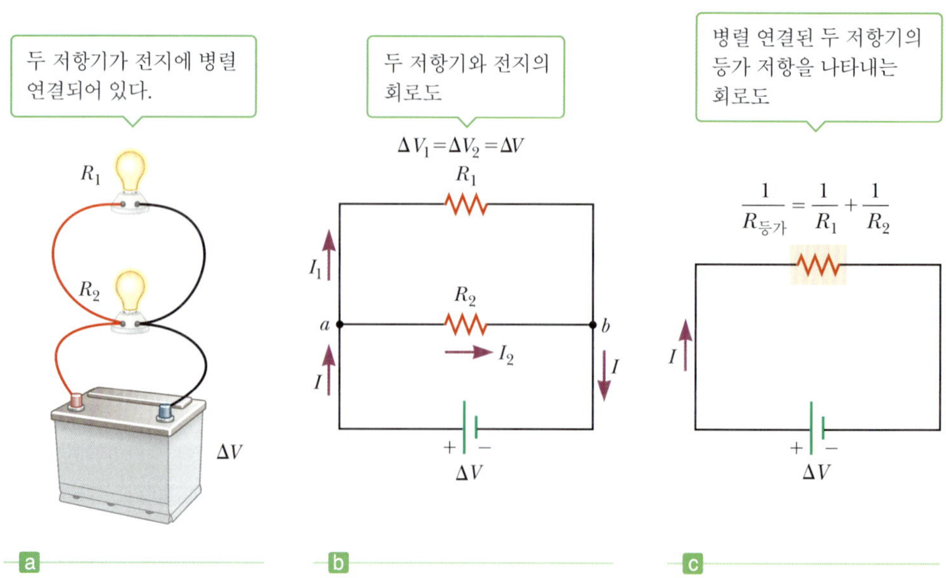

그림 18.4 저항이 R_1과 R_2인 두 백열전구가 전지에 병렬 연결되어 있다. R_1과 R_2 양단의 전위차는 같다. 병렬 연결된 저항의 등가 저항은 $1/R_{등가} = 1/R_1 + 1/R_2$이다.

를 얻는다.

이 분석을 병렬 연결된 세 개 또는 더 많은 저항의 경우로 확장하면, 다음과 같이 등가 저항에 대한 일반적인 식을 얻는다.

$$\frac{1}{R_{등가}} = \frac{1}{R_1} + \frac{1}{R_2} + \frac{1}{R_3} + \cdots \qquad [18.6]$$

이렇게 표현된 식으로부터, **병렬로 연결된 두 개 이상의 저항기에 대한 등가 저항의 역수는 각 저항에 대한 역수의 합이 되며, 등가 저항은 항상 그중 가장 작은 저항보다 더 작다.**

예제 18.2

문제 그림 18.5와 같이 세 저항기가 병렬로 연결되어 있다. 점 a와 b 사이에 18 V의 전위차가 유지된다. **(a)** 각 저항기에 흐르는 전류를 구하라. **(b)** 각 저항기에서 소모하는 전력과 전체 전력을 구하라. **(c)** 회로의 등가 저항을 구하라.

풀이 **(a)** 각 저항기에 흐르는 전류를 구한다.
옴의 법칙을 사용하여 각 저항기에 흐르는 전류 I를 구한다.

$$I_1 = \frac{\Delta V}{R_1} = \frac{18\ \text{V}}{3.0\ \Omega} = 6.0\ \text{A}$$

$$I_2 = \frac{\Delta V}{R_2} = \frac{18\ \text{V}}{6.0\ \Omega} = 3.0\ \text{A}$$

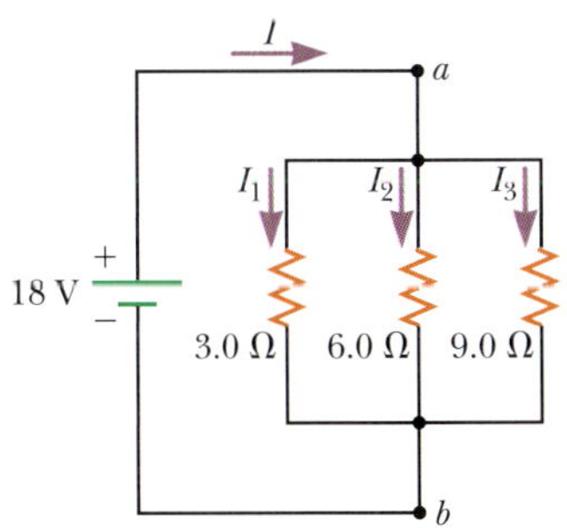

그림 18.5 (예제 18.2) 병렬 연결된 세 저항기. 각 저항기에 걸리는 전압은 18 V이다.

$$I_3 = \frac{\Delta V}{R_3} = \frac{18\ \text{V}}{9.0\ \Omega} = 2.0\ \text{A}$$

(b) 각 저항기에서 소비되는 전력과 전체 전력을 계산한다.
각 저항기에 $P = I^2R$을 적용하고, (a)에서 얻은 결과를 대입한다.

$$3\ \Omega\text{:}\ P_1 = I_1^2R_1 = (6.0\ \text{A})^2(3.0\ \Omega) = 110\ \text{W}$$

$$6\ \Omega\text{:}\ P_2 = I_2^2R_2 = (3.0\ \text{A})^2(6.0\ \Omega) = 54\ \text{W}$$

$$9\ \Omega\text{:}\ P_3 = I_3^2R_3 = (2.0\ \text{A})^2(9.0\ \Omega) = 36\ \text{W}$$

모두 합하여 전체 전력을 얻는다.

$$P_{전체} = 110\ \text{W} + 54\ \text{W} + 36\ \text{W} = 2.0 \times 10^2\ \text{W}$$

(c) 회로의 등가 저항을 구한다.
역수 합 규칙 18.6을 적용한다.

$$\frac{1}{R_{등가}} = \frac{1}{R_1} + \frac{1}{R_2} + \frac{1}{R_3}$$

$$\frac{1}{R_{등가}} = \frac{1}{3.0\ \Omega} + \frac{1}{6.0\ \Omega} + \frac{1}{9.0\ \Omega} = \frac{11}{18\ \Omega}$$

$$R_{등가} = \frac{18}{11}\ \Omega = 1.6\ \Omega$$

가정의 전기 회로는 그림 18.4a와 같이 전기 기기가 병렬로 연결되도록 배선되어 있다. 따라서 각 전기 기기는 다른 전기 기기와 독립적으로 작동하게 되므로 하나가 끊어져도 다른 것은 작동한다. 예를 들어, 그림 18.4에서 전구 하나를 제거하여도 다른 하나는 계속 켜져 있다.

예제 18.3

문제 네 저항기가 그림 18.6a와 같이 연결되어 있다. **(a)** 점 a와 c 사이의 등가 저항을 구하라. **(b)** a와 c 사이에 42 V의 전지가 연결된다면, 각 저항기에 흐르는 전류는 얼마인가?

풀이 **(a)** 회로의 등가 저항을 구한다.

8.0 Ω과 4.0 Ω의 저항기가 직렬로 연결되어 있으므로, 합 법칙을 사용하여 a와 b 사이의 등가 저항을 구한다.

$$R_{\text{등가}} = R_1 + R_2 = 8.0\ \Omega + 4.0\ \Omega = 12.0\ \Omega$$

6.0 Ω과 3.0 Ω의 저항기가 병렬로 연결되어 있으므로, 역의 합 법칙을 사용하여 b와 c 사이의 등가 저항을 구한다(계산 후 역으로 값을 취해야 한다는 것에 유의하라).

$$\frac{1}{R_{\text{등가}}} = \frac{1}{R_1} + \frac{1}{R_2} = \frac{1}{6.0\ \Omega} + \frac{1}{3.0\ \Omega} = \frac{1}{2.0\ \Omega}$$

$$R_{\text{등가}} = 2.0\ \Omega$$

새로 그린 그림 18.6b에는 이제 직렬로 이루어진 두 개의 저항기가 있다. 회로의 등가 저항을 구하기 위해 합 법칙을 사용하여 값을 더한다.

$$R_{\text{등가}} = R_1 + R_2 = 12.0\ \Omega + 2.0\ \Omega = 14.0\ \Omega$$

(b) 42 V의 전지가 a와 c 사이에 연결될 때 각 저항기에 흐르는 전류를 구한다.

그림 18.6c에서 등가 저항에 흐르는 전체 전류를 구한다. 직렬로 연결된 저항기에서는 같은 전류가 흐르므로 그림 18.6b에서 12 Ω의 저항기에 흐르는 전류는 그림 18.6a에서 8.0 Ω과 4.0 Ω의 저항기에 흐르는 전류와 같다.

$$I = \frac{\Delta V_{ac}}{R_{\text{등가}}} = \frac{42\ \text{V}}{14\ \Omega} = 3.0\ \text{A}$$

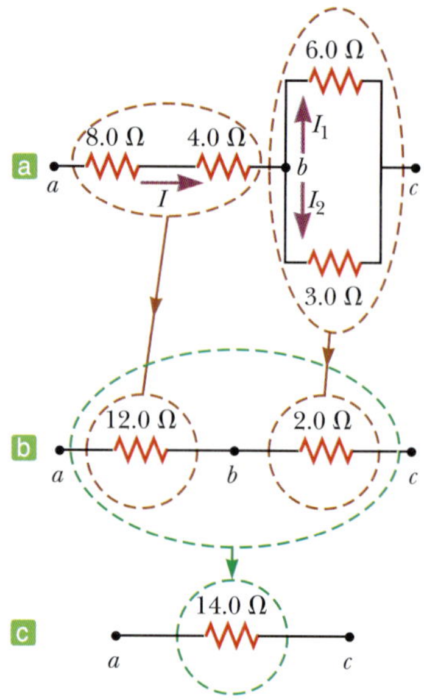

그림 18.6 (예제 18.3) (a)에서 보인 네 저항기는 각 단계를 거쳐 14 Ω의 등가 저항이 된다.

등가 저항이 2.0 Ω인 병렬 회로 양단의 전압 강하 $\Delta V_{\text{병렬}}$을 계산한다.

$$\Delta V_{\text{병렬}} = IR = (3.0\ \text{A})(2.0\ \text{V}) = 6.0\ \text{V}$$

옴의 법칙을 다시 적용하여 병렬 회로의 각 저항에 흐르는 전류를 구한다.

$$I_1 = \frac{\Delta V_{\text{병렬}}}{R_{6.0\,\Omega}} = \frac{6.0\ \text{V}}{6.0\ \Omega} = 1.0\ \text{A}$$

$$I_2 = \frac{\Delta V_{\text{병렬}}}{R_{3.0\,\Omega}} = \frac{6.0\ \text{V}}{3.0\ \Omega} = 2.0\ \text{A}$$

18.4 키르히호프의 법칙과 복잡한 직류 회로

더 복잡한 회로를 분석하는 과정은 **키르히호프의 법칙**(Kirchhoff's rules)의 두 법칙을 사용함으로써 쉽게 해결할 수 있다.

1. 임의의 교차점으로 들어가는 전류의 전체 합은 그 점에서 나오는 전류의 전체 합과 같아야 한다. (**교차점 법칙**)
2. 폐회로 내에 있는 모든 소자들의 전위차 합은 영이 되어야 한다. (**고리 법칙**)

교차점 법칙은 **전하의 보존**을 설명한 것이다. 회로 내의 주어진 점으로 흘러들어가

키르히호프 Gustav Kirchhoff, 1824~1887, 독일의 물리학자

하이델베르크 대학의 교수인 키르히호프는 독일 화학자인 로버트 분젠과 함께 28장에서 다루게 될 분광학을 창안하였다. 또한 그는 "차가운 물체는 그 물체가 뜨거울 때 방출하는 것과 동일한 파장의 빛을 흡수한다"는 것을 공식화하였다.

는 전류는 반드시 그 점에서 나와야 하는데, 이는 전하가 그 점에서 생성 또는 소멸될 수 없기 때문이다. 이 법칙을 그림 18.7a에 있는 교차점에 적용시키면,

$$I_1 = I_2 + I_3$$

이 된다.

고리 법칙은 **에너지 보존**의 원리와 같다. 회로에서 (한 점에서 시작해서 같은 점에서 끝나는) 폐곡선을 따라 움직이는 전하는 잃은 에너지만큼 에너지를 얻어야 한다. 전하는 기전력원을 통과하면서 에너지를 얻는다. 전하의 에너지는 저항기를 지나거나, 또는 전지의 역방향, 즉 축전지의 양극에서 음극으로 이동할 때 전압 강하 $-IR$의 형태로 에너지가 감소한다.

키르히호프의 법칙을 적용할 때, 먼저 다음의 두 가지를 결정해야 한다.

1. 회로의 모든 가지에서 전류의 기호와 방향을 지정해야 한다. 만일 전류의 방향을 잘못 예상했다면, 마지막 결과에서 그 전류는 음의 값이 나오지만 **크기는 정확할 것이다.** (왜냐하면 방정식은 전류에 대해 선형적이어서 모든 전류는 일차식이기 때문이다.)
2. 고리 법칙을 적용할 때, 고리의 도는 방향(시계 방향, 또는 반시계 방향)을 선택해야 한다. 고리를 따라가면서 다음의 법칙에 따라서 전압 강하와 전압 상승을 기록한다. 이 법칙들은 그림 18.8에 요약되어 있다. a에서 b로 움직인다고 가정한다.

   (a) 전류와 같은 방향으로 저항기를 지나가면, 전위의 변화는 $-IR$이다(그림 18.8a).

   (b) 전류와 반대 방향으로 저항기를 지나가면, 전위의 변화는 $+IR$이다(그림 18.8b).

   (c) 기전력의 방향으로($-$극에서 $+$극으로) 기전력원을 지나가면, 전위의 변화는 $+\boldsymbol{\varepsilon}$이다(그림 18.8c).

   (d) 기전력의 반대 방향으로($+$극에서 $-$극으로) 기전력원을 지나가면, 전위의 변화는 $-\boldsymbol{\varepsilon}$이다(그림 18.8d).

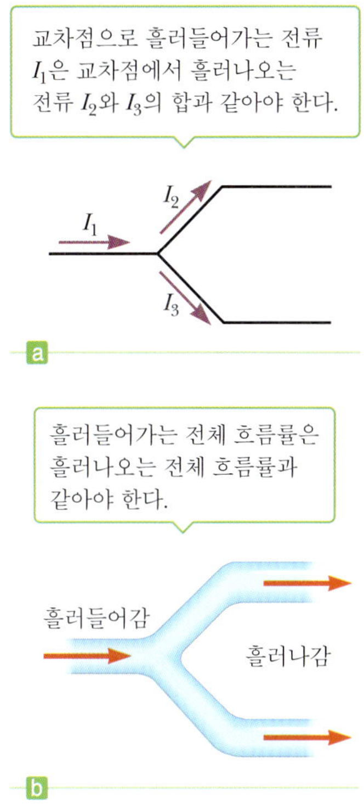

그림 18.7 (a) 키르히호프의 교차점 법칙, (b) 교차점 법칙을 수도관에 비유한 그림

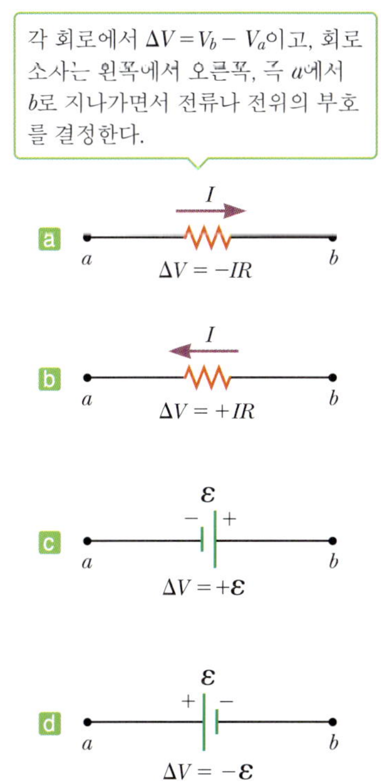

그림 18.8 전지의 내부 저항이 없다고 가정할 경우 저항기와 전지 양단의 전위차를 구하는 규칙

예제 18.4

문제 키르히호프의 법칙을 이용하여 그림 18.9 회로에서 전류를 구하라.

풀이 점 c에 교차점 법칙을 적용한다. I_1은 교차점으로 들어가는 방향이며, I_2와 I_3은 교차점으로부터 나오는 방향이다.

$$I_1 = I_2 + I_3$$

아래 고리를 선택하고 점 a에서 시작하여 시계 방향으로 진행하면서 고리 법칙의 식을 적용한다.

$$\sum \Delta V = \Delta V_{\text{전지}} + \Delta V_{4.0\,\Omega} + \Delta V_{9.0\,\Omega} = 0$$
$$6.0\text{ V} - (4.0\,\Omega)I_1 - (9.0\,\Omega)I_3 = 0$$

위쪽의 고리를 선택하고 점 c에서 시작하여 시계 방향으로 진행한

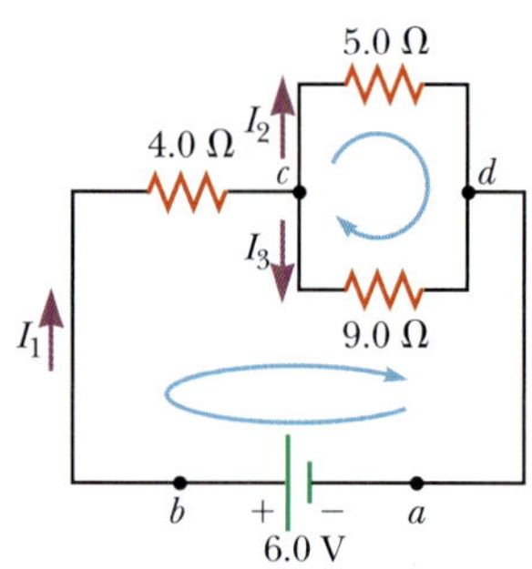

그림 18.9 (예제 18.4)

다. 9.0 Ω 저항기를 통과하는 전류는 방향이 **반대**이므로 (+)의 전압 강하가 되는 것에 주목하라.

$$\sum \Delta V = \Delta V_{5.0\,\Omega} + \Delta V_{9.0\,\Omega} = 0$$
$$-(5.0\,\Omega)I_2 + (9.0\,\Omega)I_3 = 0$$

세 개의 방정식을 다시 쓰고, 항을 정리할 때 편의상 단위는 생략한다.

$$I_1 = I_2 + I_3 \tag{1}$$

$$4.0I_1 + 9.0I_3 = 6.0 \tag{2}$$

$$-5.0I_2 + 9.0I_3 = 0 \tag{3}$$

I_2에 대해 식 (3)을 풀고 식 (1)에 대입한다.

$$I_2 = 1.8I_3$$
$$I_1 = I_2 + I_3 = 1.8I_3 + I_3 = 2.8I_3$$

식 (2)에 대입하고 I_3에 대하여 푼다.

$$4.0(2.8I_3) + 9.0I_3 = 6.0 \rightarrow I_3 = \boxed{0.30\text{ A}}$$

식 (3)에 I_3을 대입하여 I_2를 구한다.

$$-5.0I_2 + 9.0(0.30\text{ A}) = 0 \rightarrow I_2 = \boxed{0.54\text{ A}}$$

식 (2)에 I_3을 대입하여 I_1을 구한다.

$$4.0I_1 + 9.0\,(0.30\text{ A}) = 6.0 \rightarrow I_1 = \boxed{0.83\text{ A}}$$

예제 18.5

문제 그림 18.10에서 I_1, I_2, I_3을 구하라.

풀이 교차점 c에 키르히호프의 교차점 법칙을 적용한다. 선택된 전류의 방향 I_1과 I_2는 교차점으로 들어가고, I_3은 교차점으로부터 나온다.

$$I_3 = I_1 + I_2 \tag{1}$$

고리 $abcda$와 $befcb$에 키르히호프의 고리 법칙을 적용한다. (이 경우 고리 $aefda$는 새로운 정보를 주지 않는다.) 고리 $befcb$에서 6.0 Ω 저항기를 지나갈 때 양의 부호를 얻는데, 이것은 경로의 이동 방향이 전류 I_1의 방향과 반대이기 때문이다.

고리 $abcda$: $10\text{ V} - (6.0\,\Omega)I_1 - (2.0\,\Omega)I_3 = 0$ (2)

고리 $befcb$: $-(4.0\,\Omega)I_2 - 14\text{ V} + (6.0\,\Omega)I_1 - 10\text{ V} = 0$ (3)

식 (1)을 사용하여 식 (2)에서 I_3를 소거한다. (단위는 당분간 무시한다.)

$$10 - 6.0I_1 - 2.0(I_1 + I_2) = 0$$

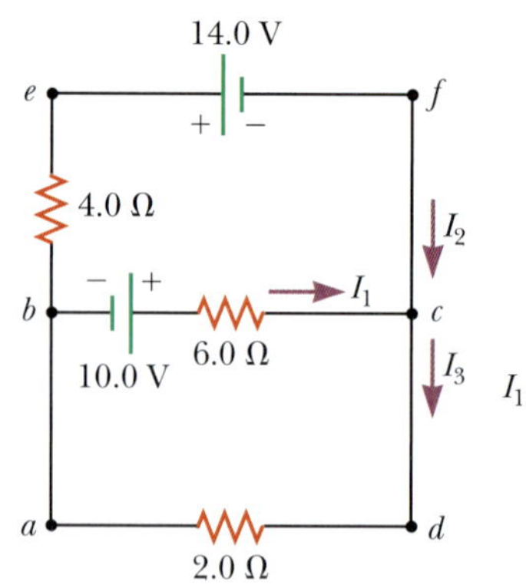

그림 18.10 (예제 18.5)

$$10 = 8.0I_1 + 2.0I_2 \tag{4}$$

식 (3)의 각 항을 2로 나누고 오른쪽에 전류의 항이 오도록 정리한다.

$$-12 = -3.0I_1 + 2.0I_2 \tag{5}$$

식 (4)에서 식 (5)를 빼고 I_2를 소거하여 I_1을 얻는다.

$$22 = 11I_1 \rightarrow I_1 = \boxed{2.0\ \text{A}}$$

식 (5)에 I_1의 값을 대입하여 I_2를 얻는다.

$$2.0I_2 = 3.0I_1 - 12 = 3.0(2.0) - 12 = -6.0\ \text{A}$$

$$I_2 = \boxed{-3.0\ \text{A}}$$

마지막으로 I_1과 I_2의 값을 식 (1)에 대입하여 I_3을 얻는다.

$$I_3 = I_1 + I_2 = 2.0\ \text{A} - 3.0\ \text{A} = \boxed{-1.0\ \text{A}}$$

18.5 RC 회로

그림 18.11a의 직렬 회로를 생각하자. 스위치가 열려 있어 충전되지 않은 축전기가 있다고 가정한다. 스위치가 닫힌 후 전지는 축전기의 판을 충전하기 시작하고 전류는 저항기를 통해 흐른다. 축전기가 충전됨에 따라 회로에 흐르는 전류는 시간에 따라 변한다. 충전 과정은 축전기가 최대 평형값 $Q = C\mathcal{E}$에 도달할 때까지 계속 진행된다. 여기서 $\mathcal{E}$는 축전기 양단의 최대 전압이다. 일단 축전기가 완전히 충전되면 회로 내의 전류는 영이 된다. 만일 스위치가 닫히기 전에 축전기에 전하가 없고 $t = 0$에 스위치를 닫으면, 시간에 따른 축전기의 전하는 다음의 식으로 나타낼 수 있다.

$$q = Q(1 - e^{-t/RC}) \qquad [18.7]$$

여기서 $e = 2.718\cdots$은 자연 로그의 밑(base)인 오일러(Euler) 상수이다. 그림 18.11b는 이 식의 값을 그래프로 나타낸 것이다. $t = 0$일 때 전하가 영이고 시간이 무한대로 접근하면 최댓값 Q에 접근한다. 임의 시간에서 축전기 양단 사이의 전압 ΔV는 전하량을 전기용량으로 나누어 얻는다. 즉, $\Delta V = q/C$이다.

일정 시간이 지나면 축전기의 충전이 완료된다고 본다. 식 18.7에 나타난 RC 항은 **시간 상수**(time constant) τ(그리스 문자 타우)라고 한다.

$$\tau = RC \qquad [18.8]$$

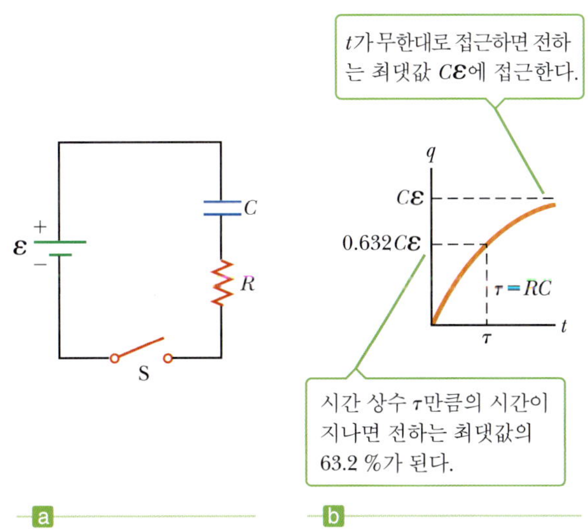

그림 18.11 (a) 저항기, 전지, 스위치가 직렬로 연결된 축전기, (b) 회로 스위치를 닫은 후 축전기에 충전된 전하의 시간에 대한 그래프

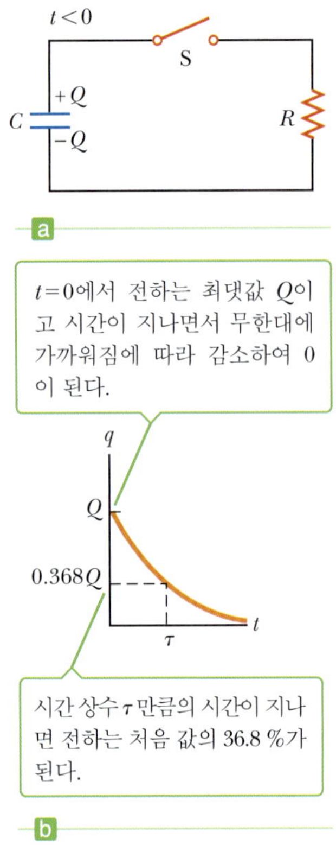

그림 18.12 (a) 충전된 축전기를 스위치와 저항기에 직렬로 연결한다. (b) 스위치를 닫은 후 축전기에 충전된 전하의 시간에 대한 그래프

시간 상수는 전하가 영에서 최대 평형값의 63.2 %까지 증가하는 데 걸리는 시간을 나타낸다. 즉, 한 시간 상수 동안 축전기의 전하는 영에서 $0.632Q$로 증가한다. 이것은 식 18.7에서 $t = \tau = RC$로 치환하고 q에 대한 해를 구하면 알 수 있다($1 - e^{-1} = 0.632$임에 유의한다). 시간 상수가 긴 회로는 매우 느리게 충전되는 반면에, 시간 상수가 짧은 회로는 빨리 충전된다는 것은 중요한 점이다.

이제 처음 전하 Q인 축전기, 저항기, 스위치로 구성된 그림 18.12a의 회로를 생각하자. 스위치를 닫기 전, 충전된 축전기 양단의 전위차는 Q/C이다. 스위치를 일단 닫으면, 축전기가 완전히 방전될 때까지 축전기의 한쪽 극판에서 다른 쪽 극판으로 저항기를 통해 전하가 흐르기 시작한다. 만약 스위치를 닫은 시간이 $t = 0$이면 축전기의 전하 q의 변화는 시간에 따라 식

$$q = Qe^{-t/RC} \qquad [18.9]$$

에 따라 변하는 것을 알 수 있다. $t = \tau = RC$ 시간 동안 전하는 처음 값 Q에서 $0.368Q$로 감소한다. 다시 말하면 한 시간 상수 동안에 축전기는 처음 전하의 63.2 %를 잃는다. $\Delta V = q/C$이기 때문에 축전기 양단 사이의 전압 또한 $\Delta V = \mathcal{E}e^{-t/RC}$에 의해 시간에 따라 지수 함수적으로 감소한다. 여기서 $\mathcal{E}$(Q/C와 같음)는 완전히 충전된 축전기 양단의 처음 전압이다.

예제 18.6

문제 그림 18.11a에서처럼 충전되지 않은 축전기와 저항기가 전지에 직렬로 연결되어 있다. $\mathcal{E} = 12.0\ \text{V}$, $C = 5.00\ \mu\text{F}$, $R = 8.00 \times 10^5\ \Omega$이라고 할 때 **(a)** 회로의 시간 상수, **(b)** 축전기의 최대 전하, **(c)** 6.00 s 후 축전기의 전하

풀이 **(a)** 회로의 시간 상수를 구한다.
시간 상수를 정의한 식 18.8을 사용한다.

$$\tau = RC = (8.00 \times 10^5\ \Omega)(5.00 \times 10^{-6}\ \text{F}) = \boxed{4.00\ \text{s}}$$

(b) 축전기의 최대 전하를 계산한다.
키르히호프의 고리 법칙을 RC 회로에 시계 방향으로 이용하는데, 이때 전지의 전위차는 양의 값이 되고, 축전기와 저항기 양단의 전위차는 음의 값이 된다.

$$\Delta V_{\text{전지}} + \Delta V_C + \Delta V_R = 0 \qquad (1)$$

전기용량에 대한 축전기의 정의식 16.8과 옴의 법칙으로부터 $\Delta V_C = -q/C$와 $\Delta V_R = -IR$을 얻는다. 이 값들은 전압 강하가 일어나므로 음의 값이다. 또 $\Delta V_{\text{전지}} = +\mathcal{E}$를 얻는다.

$$\mathcal{E} - \frac{q}{C} - IR = 0 \qquad (2)$$

최대 전하 $q = Q$에 도달할 때 $I = 0$이 된다. 최대 전하에 대해 식 (2)를 푼다.

$$\mathcal{E} - \frac{Q}{C} = 0 \quad \rightarrow \quad Q = C\mathcal{E}$$

최대 전하를 구하기 위해 이 식에 값을 대입한다.

$$Q = (5.00 \times 10^{-6}\ \text{F})(12.0\ \text{V}) = \boxed{60.0\ \mu\text{C}}$$

(c) 6.00 s 후에 축전기에 저장되는 전하를 구한다.
식 18.7에 값을 대입한다.

$$q = Q(1 - e^{-t/\tau}) = (60.0\ \mu\text{C})(1 - e^{-6.00\ \text{s}/4.00\ \text{s}})$$
$$= \boxed{46.6\ \mu\text{C}}$$

예제 18.7

문제 그림 18.12a에서처럼 저항기 R을 통해 방전되는 축전기 C를 생각해 보자. **(a)** 축전기의 전하가 처음 값의 1/4로 떨어질 때까지 걸리는 시간은 얼마인가? τ의 배수로 답하라. **(b)** 처음 전하와 시간 상수를 계산하라.

풀이 **(a)** 축전기의 전하가 처음 값의 1/4까지 감소하는 데 걸리는 시간을 구한다.
식 18.9에 적용한다.

$$q(t) = Qe^{-t/RC}$$

위 식에 $q(t) = Q/4$를 대입하고 Q를 소거한다.

$$\frac{1}{4}Q = Qe^{-t/RC} \rightarrow \frac{1}{4} = e^{-t/RC}$$

양변에 자연 로그를 취하고 시간 t에 대하여 푼다.

$$\ln\left(\frac{1}{4}\right) = -t/RC$$

$$t = -RC\ln\left(\frac{1}{4}\right) = 1.39RC = 1.39\tau$$

(b) 주어진 자료로부터 처음 전하와 시간 상수를 계산한다.
전기용량에 대한 식을 사용하여 처음 전하를 구한다.

$$C = \frac{Q}{\Delta V} \rightarrow Q = C\,\Delta V = (3.50 \times 10^{-6}\text{ F})(12.0\text{ V})$$

$$Q = 4.20 \times 10^{-5}\text{ C}$$

이제 시간 상수를 계산한다.

$$\tau = RC = (2.00\ \Omega)(3.50 \times 10^{-6}\text{ F}) = 7.00 \times 10^{-6}\text{ s}$$

연습문제

1. (a) 45 Ω의 저항기가 필요한데 매장에는 20 Ω과 50 Ω짜리밖에 없다. 이런 경우 원하는 저항값을 만들기 위해서는 어떻게 해야 하는가? (b) 35 Ω의 저항기가 필요하다면 어떻게 해야 하는가?

2. 120 V, 75 W로 표시된 전구를 전선의 저항이 0.800 Ω인 긴 연결 코드에 꽂아서 120 V의 전원에 연결하였다. (a) 회로도를 그리고, (b) 회로 내에 있는 전구의 실제 전력을 구하라.

3. (a) 그림 P18.3에서 점 a와 b 사이의 등가 저항을 구하라. (b) a와 b 사이에 34.0 V를 걸어줄 때 각 저항기에 흐르는 전류를 구하라.

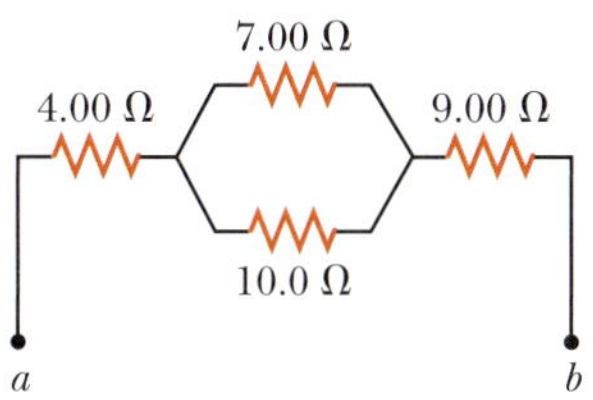

그림 P18.3

4. 직렬 연결된 두 저항기의 등가 저항이 690 Ω이다. 그 두 저항기를 병렬 연결할 때의 등가 저항은 150 Ω이다. 각각의 저항값을 구하라.

5. 그림 P18.5의 회로에서 (a) 점 a와 b 사이의 전위차, (b) 20.0 Ω에 흐르는 전류를 구하라.

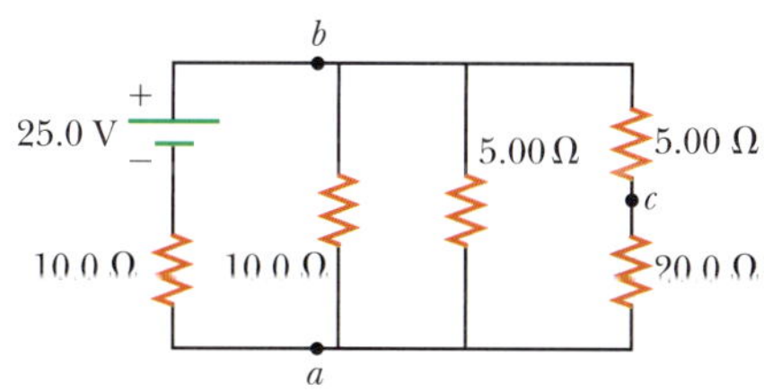

그림 P18.5

6. 기전력이 9.00 V인 전지에 72.0 Ω의 저항을 연결하면 117 mA의 전류가 흐른다. 전지의 내부 저항은 얼마인가?

7. 그림 P18.7과 같은 회로의 전류계가 2.00 A를 나타낼 때 I_1, I_2, $\mathcal{E}$를 구하라.

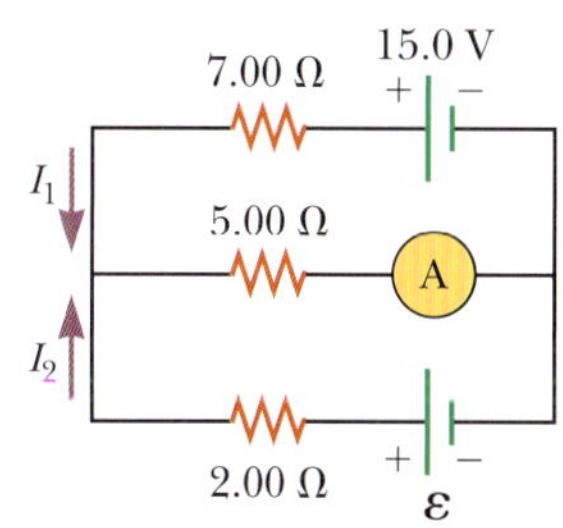

그림 P18.7

8. 그림 P18.8에서 $R = 1.00\text{ k}\Omega$이고 $\mathcal{E} = 250\text{ V}$이다. 점 a와 e 사이의 수평으로 된 도선에 흐르는 전류의 크기와 방향을 구하라.

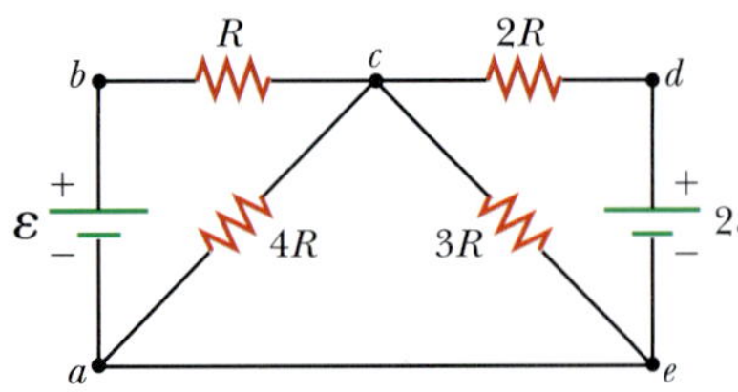

그림 P18.8

9. 그림 P18.9의 회로에서 (a) 각 저항기에 흐르는 전류, (b) 200 Ω 저항기 양단의 전위차를 구하라.

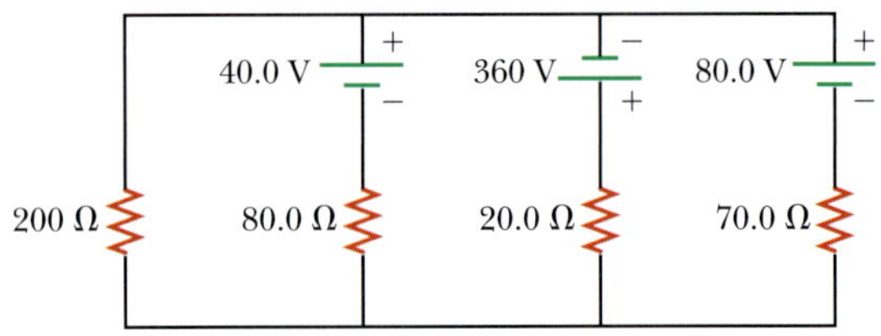

그림 P18.9

10. (a) 그림 P18.10과 같은 회로를 단 하나의 저항기로 전지에 연결된 형태로 축소할 수 있는지에 대해 설명하라. (b) 미지 전류 I_1, I_2, I_3을 각각 계산하라.

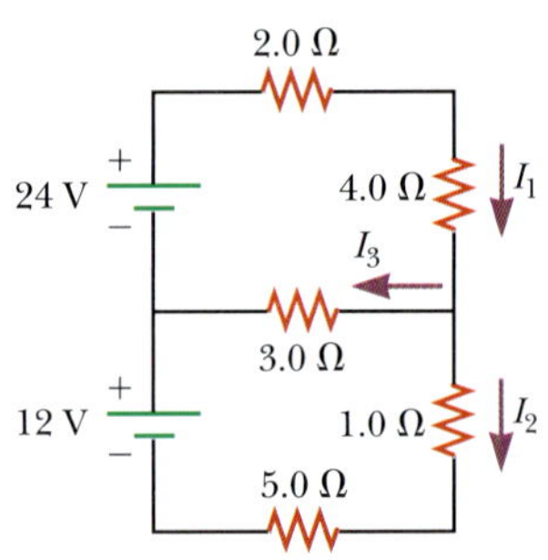

그림 P18.10

11. (a) 그림 P18.11과 같은 회로를 단 하나의 저항기로 전지에 연결된 형태로 축소할 수 있는지에 대해 설명하라. (b) 그림 P18.14의 회로에서 각 저항기에 흐르는 전류를 구하고 각 저항기에서의 방향을 나타내라.

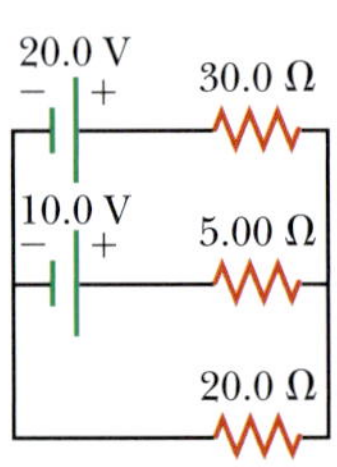

그림 P18.11

12. 그림 P18.12의 회로에서 각 저항기에 걸리는 전위차를 구하라.

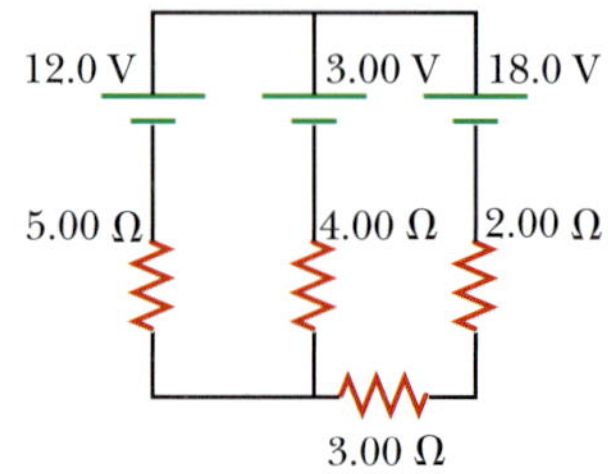

그림 P18.12

13. 그림 18.11과 같이 $R = 75.0\ \text{k}\Omega$, $C = 25.0\ \mu\text{F}$, $\varepsilon = 12.0\ \text{V}$인 직렬 *RC* 회로를 생각하라. (a) 회로의 시간 상수를 구하라. (b) 스위치가 닫힌 후 1시간 상수의 시간이 흐르는 동안에 축전기에 충전된 전하를 구하라.

14. 그림 P18.14에서 $R = 1.00\ \text{M}\Omega$, $C = 5.00\ \mu\text{F}$, $\varepsilon = 30.0\ \text{V}$이다. (a) 이 회로의 시간 상수, (b) 스위치가 닫힌 후 축전기에 흐르는 최대 전하, (c) 스위치가 닫힌 후 10.0 s 때의 저항기에 흐르는 전류를 구하라.

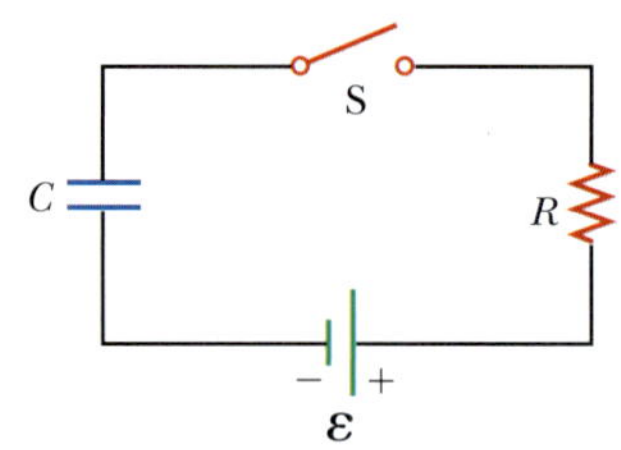

그림 P18.14

15. 그림 P18.15와 같이 충전된 축전기가 저항기와 스위치에 연결되어 있다. 회로는 1.50 s의 시간 상수를 갖는다. 스위치가 닫힌 후 축전기에 충전된 전하는 처음 값의 75.0 %가 된다. (a) 이 전하에 도달할 때까지 걸리는 시간을 구하라. (b) 만일 $R = 250\ \text{k}\Omega$이면 *C*의 값은 얼마인가?

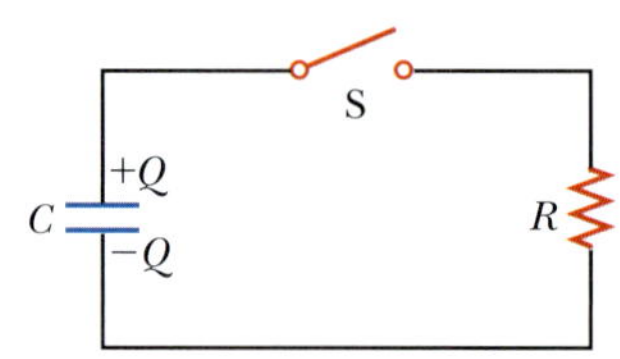

그림 P18.15

16. 전기 난로의 발열 소자가 240 V에 연결될 때 3 000 W가 소비되도록 설계되어 있다. (a) 저항이 일정하다고 가정하고 120 V에 연결될 경우에 발열 소자에 흐르는 전류를 계산하라. (b) 그 전압에서 소비되는 전력을 계산하라.

17. 30.0 A의 회로 차단기가 작동하려면 단상 120 V의 가정용 회로에 최소 몇 개의 75 W 전구가 병렬로 연결되어야 하는가?

© 김영유

초전도체가 영구자석 위에 떠 있는 모습. 초전도 물질을 액체 질소(77.4 K) 용기에 담구어 냉각시킨 영구자석 위에 올려놓으면 영구자석의 자기장에 반발하여 공기 중에 떠 있게 된다.
아랫부분 원통형 영구자석 4개의 자기장은 약 3 000 G이다. 윗부분은 YBCo 화합물로 제작된 초전도체로 그 임계온도는 92 K 이다(한국기초과학지원연구원 제공).

자기 19
MAGNETISM

19.1 자석

철로 된 막대 자석의 한쪽 끝은 **북극**(north pole)이라 하고, 다른 쪽 끝은 **남극**(south pole)이라 하는데, 이와 같은 명칭은 지구 자기장 내에 존재하는 자석의 움직임으로부터 유래되었다. 자극 간에는 대전된 물체 간의 전기력과 유사하게 당기는 힘과 밀어내는 힘이 서로 작용한다. 실제로 두 개의 막대 자석을 사용한 간단한 실험에 의하면, **같은 극끼리는 서로 밀고, 다른 극끼리는 서로 잡아당긴다.**

양성자 혹은 전자와 같이 전하는 홀로 존재할 수 있지만, 자극은 홀로 존재할 수 없다. 아무리 여러 번 영구 자석을 자르더라도 각각의 조각은 항상 북극과 남극을 가진다. 따라서 자석의 두 극은 언제나 쌍을 이루며 나타난다.

자화되지 않은 철 조각은 자석에 문질러서 자화시킬 수도 있고 다른 방법으로 자화시킬 수도 있다. 자성 물질 조각은 자성의 성질을 가지는 정도에 따라 **경성**(hard) 혹은 **연성**(soft)으로 분류한다. 철과 같은 연자성 물질들은 쉽게 자화되지만, 또한 쉽게 자성을 잃는 경향이 있다. 이러한 물질들은 변압기, 발전기 및 전동기의 철심으로 사용된다. 철은 값이 싸기 때문에 가장 많이 사용되는 재료이다. 또 다른 연자성 물질에는 니켈, 니켈-철 합금 및 페라이트가 있다.

경자성 물질은 영구 자석을 만드는 데 사용된다. 그러한 영구 자석은 전류를 공급

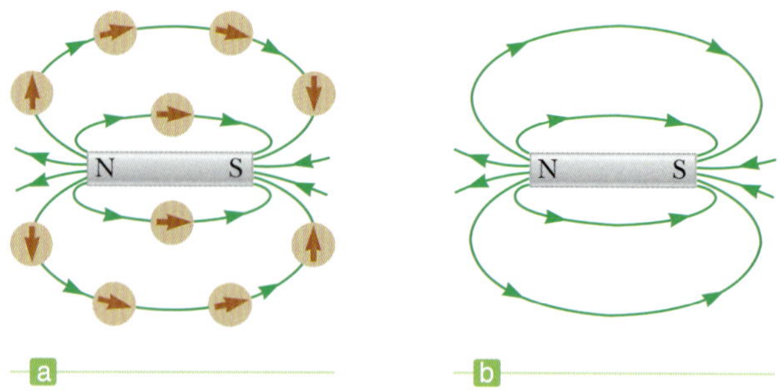

그림 19.1 (a) 막대 자석의 자기장 궤적, (b) 막대 자석의 여러 가지 자기력선

하지 않아도 자기장을 유지한다. 영구 자석은 스피커, 영구 자석 전동기, 컴퓨터 하드 드라이브의 읽기/쓰기 헤드 등에 사용된다. 영구 자석에 사용되는 재료는 수만 가지가 있다. 알니코(Alnico) 자석의 어원은 알루미늄(Al), 니켈(Ni), 코발트(Co)를 모은 단어로서 철, 코발트, 니켈의 합금에다 약간의 알루미늄, 구리 및 다른 원소들을 섞어서 만든 것이다.

어떤 위치에서 자기장 $\vec{\mathbf{B}}$의 방향은 그 위치에서 나침반 바늘이 북극을 가리키는 방향이다. 그림 19.1a는 나침반을 이용하여 막대 자석의 자기장을 어떻게 추적할 수 있는지를 **자기력선**(magnetic field line)을 이용하여 나타내고 있다. 이렇게 막대 자석에 대한 몇 개의 추적된 자기력선들이 그림 19.1b에 이차원으로 표현되어 있다. 자기장의 모양은 그림 19.2와 같이 미세한 철가루들을 뿌려 가시화할 수 있다.

19.2 자기장

실험에 의하면 정지해 있는 대전 입자는 자기장과 상호작용하지 않는다. 그러나 **대전 입자가 자기장 내에서 움직일 때는 자기력을 받는다.**

어떤 점에서 시험 전하에 작용하는 자기력으로 그 점에서의 자기장 $\vec{\mathbf{B}}$를 정의할 수 있다. 전하 q인 시험 전하가 속도 $\vec{\mathbf{v}}$로 움직인다. 그 시험 전하에 작용하는 자기력의 세기는 전하 q, 속도 $\vec{\mathbf{v}}$, 외부 자기장 $\vec{\mathbf{B}}$, 그리고 자기장 $\vec{\mathbf{B}}$와 속도 $\vec{\mathbf{v}}$ 사잇각 θ의 사인값의 크기에 비례하는 것을 실험적으로 알 수 있다. 이런 관측 결과로부터 자기력의 크기는

$$F = qvB\sin\theta \tag{19.1}$$

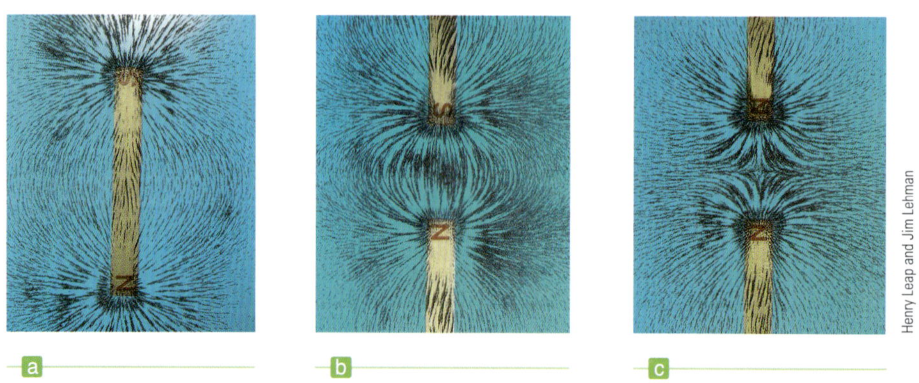

그림 19.2 (a) 철가루를 뿌린 종이 위로 나타난 막대 자석의 자기장 모양, (b) 철가루에 의해 서로 다른 극의 막대 자석 사이에 나타난 자기장 모양, (c) 같은 극 사이의 자기장 모양

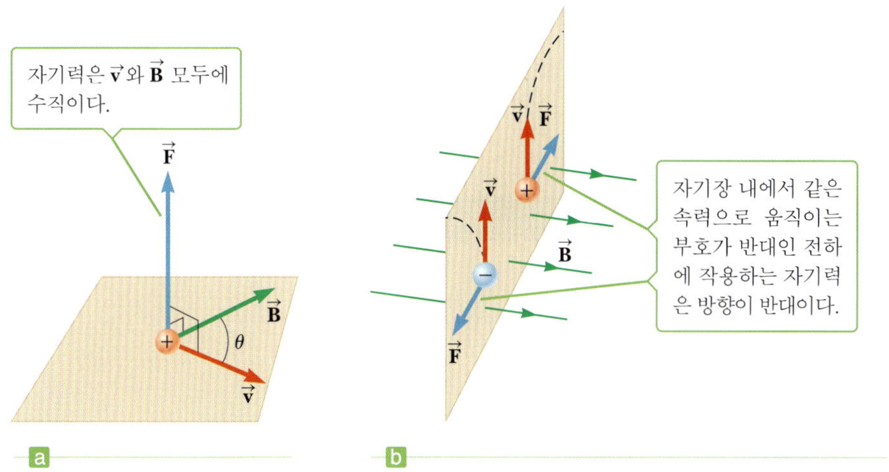

그림 19.3 (a) 자기장 $\vec{\mathbf{B}}$ 내에서 속도 $\vec{\mathbf{v}}$로 움직이는 전하에 작용하는 자기력 $\vec{\mathbf{F}}$의 방향, (b) 양전하와 음전하에 작용하는 자기력. 점선은 입자의 경로를 나타낸다. 그것에 관하여는 19.6절에서 공부할 것이다.

로 요약된다. 위의 식으로부터 자기장의 크기는

$$B \equiv \frac{F}{qv\sin\theta} \qquad [19.2]$$

가 된다. 여기서 F의 단위가 뉴턴(N), 전하는 쿨롱(C), 속도는 m/s라면, SI 단위계에서 자기장의 단위는 **테슬라**(tesla, T) 또는 **단위 넓이당 웨버**(weber, Wb)라고도 한다(즉, 1 T = 1 Wb/m^2). 자기장 $\vec{\mathbf{B}}$의 단위를 다음과 같이 쓸 수도 있다.

$$[B] = T = \frac{Wb}{m^2} = \frac{N}{C \cdot m/s} = \frac{N}{A \cdot m} \qquad [19.3]$$

실제로는 자기장의 cgs 단위인 **가우스**(gauss, G)가 주로 사용되는데, 가우스와 테슬라 사이의 관계식은 다음과 같다.

$$1\,T = 10^4\,G$$

식 19.1에서 자기장 안에서 운동하는 전하에 작용하는 힘은 입자가 자기장에 수직으로 움직일 때 최댓값을 갖는다. 이때 $\theta = 90°$이고, 따라서 $\sin\theta = 1$이다. 이때 자기력의 최댓값은

$$F_{최대} = qvB \qquad [19.4]$$

가 된다. 또 식 19.1에서 $\vec{\mathbf{v}}$가 $\vec{\mathbf{B}}$의 방향과 평행할 때(이 경우 $\theta = 0°$이거나 $\theta = 180°$), 자기력 F는 영이 된다. 그러므로 전하가 자기장에 평행하거나 반평행하게 움직일 때, 자기력은 대전 입자에 작용하지 않는다.

양으로 대전된 입자의 경우 그림 19.3과 같은 실험에 의하면 자기력은 항상 $\vec{\mathbf{v}}$와 $\vec{\mathbf{B}}$에 수직이다.

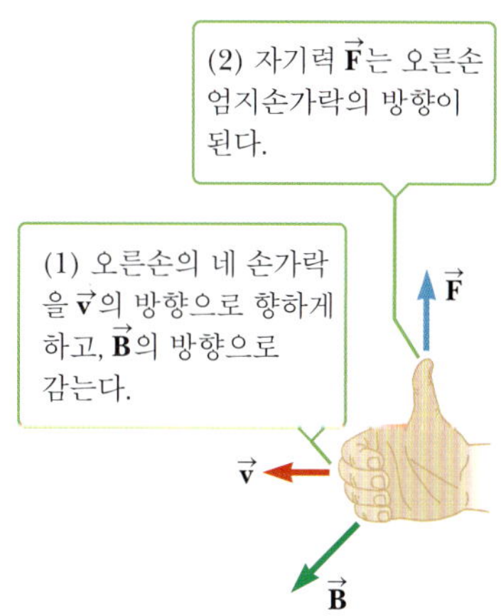

그림 19.4 자기장 $\vec{\mathbf{B}}$ 안에서 속도 $\vec{\mathbf{v}}$로 운동하는 양전하에 작용하는 자기력의 방향을 결정하는 오른손 법칙 1번

1. 오른손의 네 손가락을 속도 $\vec{\mathbf{v}}$의 방향으로 향하게 한다.
2. 손가락들을 자기장 $\vec{\mathbf{B}}$의 방향으로 감아진다(그림 19.4).
3. 엄지손가락의 방향은 양전하에 미치는 자기력 $\vec{\mathbf{F}}$의 방향이다.

만일 전하가 양전하가 아니고 음전하라면, 이때 받는 자기력 $\vec{\mathbf{F}}$는 그림 19.3a와 19.4에 보인 것과는 **반대** 방향이 된다.

예제 19.1

문제 양성자가 x축을 따라 8.00×10^6 m/s의 속력으로 크기 2.50 T인 자기장 영역으로 입사한다. 자기장의 방향은 x축과 $60.0°$의 각을 이루며, xy평면에 있다(그림 19.5). **(a)** 이 양성자에 작용하는 자기력의 처음 크기와 방향을 구하라. **(b)** 이때 양성자가 받는 가속도를 계산하라.

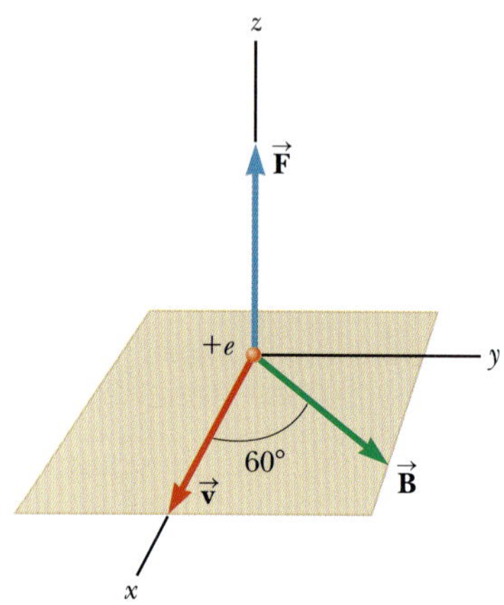

그림 19.5 (예제 19.1) 양성자에 작용하는 자기력 $\vec{\mathbf{F}}$는 속도 $\vec{\mathbf{v}}$와 자기장 $\vec{\mathbf{B}}$가 xy평면에 놓일 때, $+z$ 방향이다.

풀이 **(a)** 양성자에 작용하는 자기력의 크기와 방향을 구한다.

식 19.1에 $v = 8.00 \times 10^6$ m/s, 자기장 세기 $B = 2.50$ T, 각도, 양성자의 전하를 대입한다.

$$F = qvB\sin\theta$$

$$= (1.60 \times 10^{-19}\ \text{C})(8.00 \times 10^6\ \text{m/s})(2.50\ \text{T})(\sin 60°)$$

$$F = \boxed{2.77 \times 10^{-12}\ \text{N}}$$

자기력의 처음 방향을 구하기 위해 오른손 법칙 1번을 적용한다. x 방향($\vec{\mathbf{v}}$ 방향)으로 오른손의 네 손가락을 향하게 하고 $\vec{\mathbf{B}}$쪽으로 손가락을 감는다. 엄지손가락의 방향이 $+z$ 방향, 즉 위로 향한다.

(b) 양성자의 처음 가속도를 계산한다.

뉴턴의 제2법칙에 힘과 양성자의 질량을 대입한다.

$$ma = F \quad \rightarrow \quad (1.67 \times 10^{-27}\ \text{kg})\,a = 2.77 \times 10^{-12}\ \text{N}$$

$$a = \boxed{1.66 \times 10^{15}\ \text{m/s}^2}$$

19.3 전류가 흐르는 도체에 작용하는 자기력

그림 19.6과 같이 자석의 두 극 사이에 전류가 흐르는 도선을 걸어두면, 도선에 힘이 작용하는 것을 볼 수 있다. 이 그림에서 자기장은 종이 속으로 들어가고, 색이 칠해진 영역에 걸쳐져 있다. 전류가 도선을 따라 흐르면 그 도선은 오른쪽이나 왼쪽으로 휘어진다.

이 논의들을 정량화해 보자. 그림 19.7은 균일한 외부 자기장 $\vec{\mathbf{B}}$ 내에서 전류 I가 흐르는 길이가 ℓ, 단면의 넓이가 A인 도선의 한 부분을 나타낸 것이다. 자기장은 도선에 수직이고 종이 속으로 들어간다고 가정하면, 도선 내에 있는 각각의 전하 운반자는 크기가 $F_{\text{최대}} = qv_d B$인 힘을 받는다. 여기서 v_d는 전하의 유동 속력이다. 도선에 작용하는 전체 힘은 한 전하 운반자에 작용하는 힘과 그 부분에 존재하는 전하의 수를 곱한 것이다. 그 부분의 부피는 $A\ell$이므로, 운반자의 수는 $nA\ell$이 된다. 여기서 n은 단위 부피당 운반자의 수이다. 따라서 길이 ℓ인 도선에 작용하는 전체 자기력의 크기는

전체 힘 = 전하 운반자 하나에 작용하는 힘 × 전체 운반자의 수

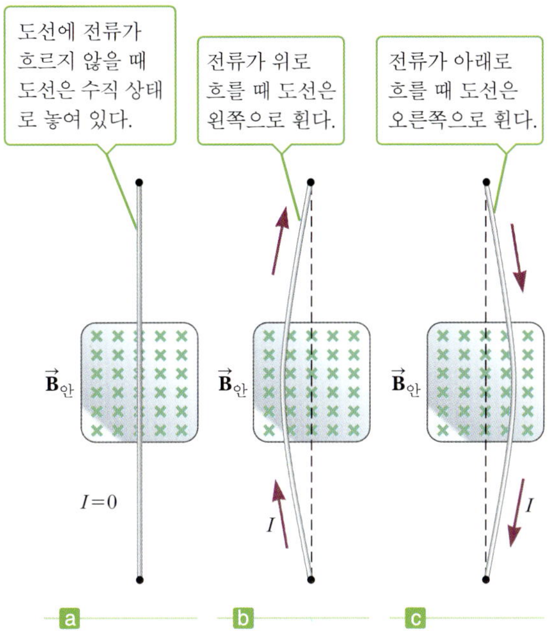

그림 19.6 팽팽히 잡아당긴 잘 구부러지는 수직 도선의 일부가 자극 사이에 놓여 있고 자기장(초록색)은 종이면 속으로 향한다.

$$F_{최대} = (qv_d B)(nA\ell)$$

이 된다. 17장에서 도선에 흐르는 전류는 $I = nqv_d A$임을 알았다. 그러므로

$$F_{최대} = BI\ell \qquad [19.5]$$

로 표시된다. **이 식은 전류와 자기장이 서로 직각을 이룰 때만 사용할 수 있다.**

전류가 자기장에 수직이 아니고 그림 19.8과 같이 임의의 각 θ를 이루면, 도선에 작용하는 힘은

$$F = BI\ell \sin\theta \qquad [19.6]$$

이다. 여기서 θ는 $\vec{B}$와 전류가 흐르는 방향 사이의 각이다.

전류가 자기장과 같은 방향이거나 반대 방향일 때, 도선에 작용하는 자기력은 영이다.

자기력은 자기장 내에서 전류가 흐르는 도선에 힘을 작용한다. 이 현상은 음향 장치에서 사용되는 대부분의 스피커의 동작 원리가 된다. 그림 19.9와 같이 스피커는 음성 코일이라는 도선을 감은 코일, 유연하게 구부러지는 종이 콘, 그리고 영구 자석으로 구성되어 있다. 자석의 북극 주위의 코일은 자기력선이 코일 축에서 지름 방향의 바깥으로 향하게 되어 있다. 전기 신호를 코일에 보내면 그림 19.9와 같은 방향의 전류가 생기고, 왼쪽으로 편향시기려는 지기력이 코일에 작용힌디(이는 도선에 감긴 각 코일에 오른손 법칙 1번을 적용해 보면 알 수 있다). 교류 전류에서와 같이 전류의 방향이 바뀌게 되면, 코일에 작용하는 자기력 또한 방향을 바꾸고 종이 콘은 오른쪽으로 가속된다. 코일을 통과하는 교류 전류는 스피커에 진동력을 주고, 이것은 스피커 콘에 진동을 일으키게 된다. 이 스피커 콘은 그 앞의 공기를 밀고 당기면서 음파를 만드는데, 이러한 방법으로 1 kHz 전기 신호는 1 kHz 음파로 변환된다.

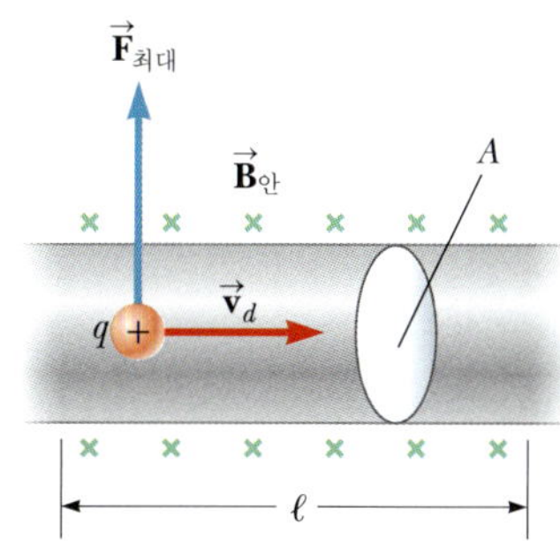

그림 19.7 외부 자기장 $\vec{B}$ 내에서 움직이는 전하를 포함하는 도선의 일부분

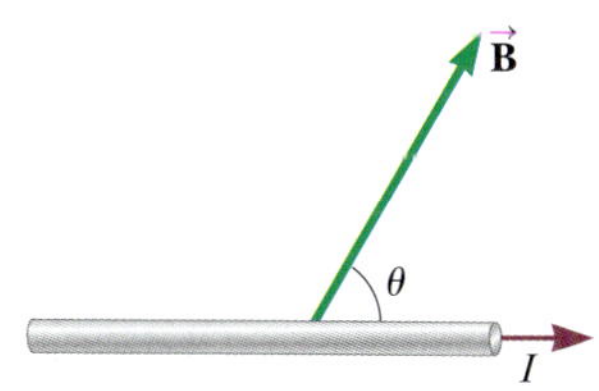

그림 19.8 외부 자기장 $\vec{B}$ 내에 있는 전류 I가 흐르는 도선이 자기장과 각 θ를 이루고 있다. 자기력 벡터는 종이면 밖으로 향한다.

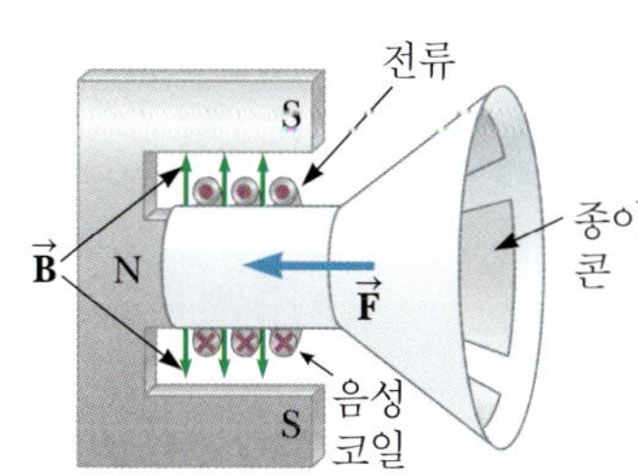

그림 19.9 스피커의 모습

예제 19.2

문제 동쪽에서 서쪽으로 20 A의 전류가 흐르는 도선이 있다. 이곳에서의 지구 자기장은 수평이며, 남에서 북으로 향한다고 하자. 또 크기는 0.500×10^{-4} T이다. 길이가 30 m인 도선에 작용하는 자기력의 크기와 방향을 구하라.

풀이 도선에 미치는 자기력을 계산한다.

전류와 자기장은 서로 수직이라는 사실을 이용하여 식 19.6에 적용한다.

$$F = B I \ell \sin\theta = (0.500\times10^{-4}\ \text{T})(20\ \text{A})(30\ \text{m})(\sin 90.0°)$$

$$= 3 \times 10^{-2}\ \text{N}$$

오른손 법칙 1번을 이용하여 자기력의 방향을 구한다.

오른손의 손가락을 전류의 방향인 동쪽에서 서쪽 방향으로 가리키고 자기장의 방향인 북쪽으로 감으면, 엄지손가락은 위를 향한다.

19.4 전류 고리에 작용하는 토크와 전동기

그림 19.10a는 균일한 자기장이 전류 고리의 평면 내에 존재할 때, 전류 I가 흐르는 직사각형 도선의 전류 고리를 나타낸다. 도선이 자기장과 평행하기 때문에 길이가 a인 변에 작용하는 힘은 영이다. 그러나 길이가 b인 변에 작용하는 힘은

$$F_1 = F_2 = BIb$$

이다. 전류 고리의 왼쪽 변에 작용하는 힘 $\vec{\mathbf{F}}_1$의 방향은 종이면으로부터 나오는 방향이고, 전류 고리의 오른쪽 변에 작용하는 힘 $\vec{\mathbf{F}}_2$는 종이면 속으로 들어가는 방향이다. 그림 19.10b처럼 한쪽 끝에서 전류 고리를 보면, 작용하는 힘의 방향은 그림과 같이 향하게 된다. 만일 점 O를 중심으로 회전시킨다면, 이 두 힘은 점 O에 대해 전류 고리를 시계 방향으로 회전시키는 토크를 발생시킨다. 이 토크의 크기 $\tau_{\text{최대}}$는

$$\tau_{\text{최대}} = F_1 \frac{a}{2} + F_2 \frac{a}{2} = (BIb)\frac{a}{2} + (BIb)\frac{a}{2} = BIab$$

이다. 여기서 점 O에 대한 회전 모멘트 팔의 길이는 $\frac{a}{2}$이다. 직사각형 전류 고리의 넓

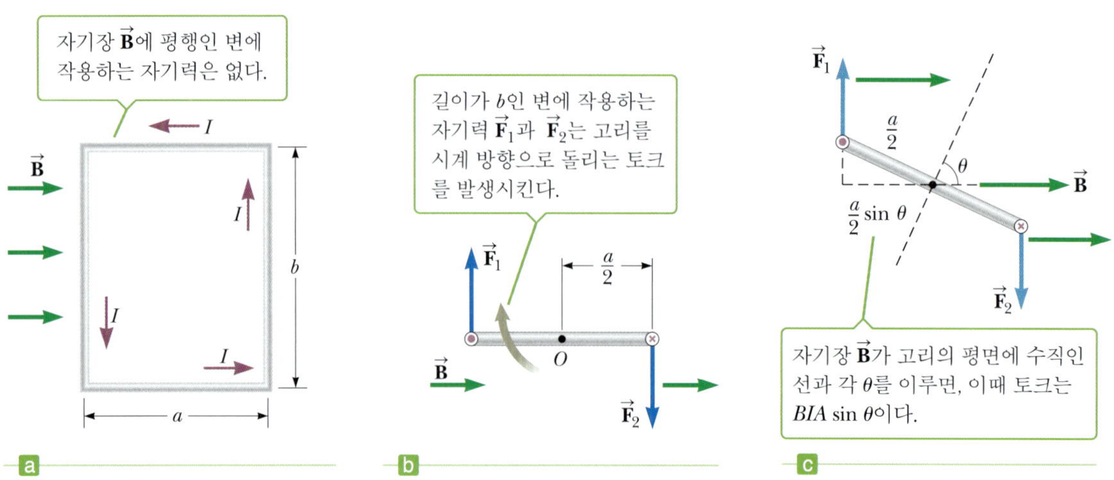

그림 19.10 (a) 균일한 자기장 $\vec{\mathbf{B}}$ 내에 놓인 직사각형 고리, (b) (a)의 직사각형 고리를 옆에서 본 모습, (c) (a)의 고리를 옆에서 본 모습. 그러나 고리 면의 법선이 자기장과 θ의 각을 이루고 있다.

이는 $A = ab$이므로, 토크는

$$\tau_{최대} = BIA \qquad [19.7]$$

와 같이 나타낼 수 있다. 그림 19.10b와 같이 이 결과는 자기장이 고리의 면에 **평행**할 때만 성립된다. 그림 19.10c와 같이 자기장이 전류 고리의 면에 수직인 선과 각 θ를 이룬다면, 각각의 힘의 모멘트 팔의 길이는 $\frac{a}{2}\sin\theta$로 주어지고, 앞에서와 같은 방법으로 토크의 크기는

$$\tau = BIA\sin\theta \qquad [19.8]$$

이다. 이러한 결과는 자기장이 전류 고리의 면과 평행할 때($\theta = 90°$) 토크는 **최댓값** BIA를 가지고, 자기장이 전류 고리의 면에 수직일 때는($\theta = 0$) 토크가 **영**임을 보여준다. 그림 19.10c에서 보면 전류 고리는 θ를 보다 작은 값으로 회전시키려는 경향이 있다(즉, 고리 면에 대한 법선은 자기장의 방향을 향하도록 회전한다).

비록 이러한 분석이 직사각형 전류 고리에서만 적용되었으나, 보다 일반적인 식 19.8은 전류 고리의 모양에 관계없이 적용됨을 알 수 있다. 나아가 N번 감은 전류 고리에 작용하는 토크는

$$\tau = BIAN\sin\theta \qquad [19.9a]$$

이다. $\mu = IAN$은 코일의 **자기 모멘트**라 불리는 벡터양 $\vec{\boldsymbol{\mu}}$의 크기이다. $\vec{\boldsymbol{\mu}}$는 전류 고리의 면에 항상 수직 방향이며, 오른손 엄지손가락이 $\vec{\boldsymbol{\mu}}$의 방향을 가리키면 오른손 네 개 손가락은 전류의 방향을 가리킨다. 식 19.8과 19.9에 있는 각 θ는 자기 모멘트 $\vec{\boldsymbol{\mu}}$의 방향과 자기장 $\vec{\mathbf{B}}$의 사잇각이다. 따라서 토크의 크기는

$$\tau = \mu B\sin\theta \qquad [19.9b]$$

로 쓸 수 있다.

예제 19.3

문제 반지름이 1.00 m인 원형 전류 고리가 $B = 0.500$ T인 자기장 내에 놓여 있다. 고리 면의 법선은 자기장과 30.0°의 각을 이루고 있다(그림 19.11a). 고리에는 그림에서 보여주는 방향으로 2.00 A의 전류가 흐르고 있다. **(a)** 고리의 자기 모멘트와 이때 고리에 가해지는 토크의 크기를 구하라. **(b)** 같은 전류가 그림 19.11b와 같이 변이 2.00 m × 3.00 m인 직사각형 고리 모양으로 세 번 감긴 코일에 흐르고 있다. 코일의 자기 모멘트와 이때 코일에 작용하는 토크의 크기를 구하라.

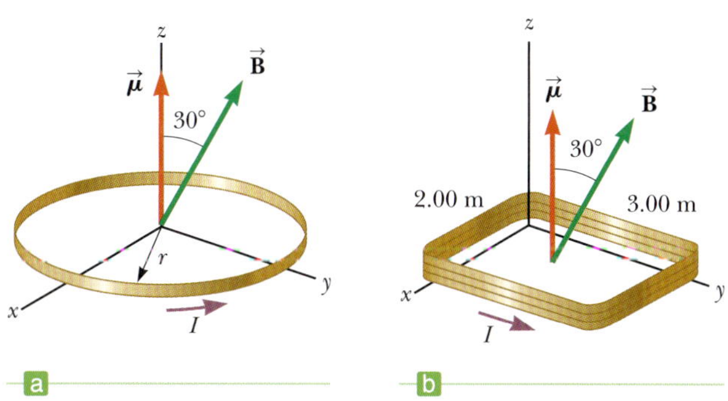

그림 19.11 (예제 19.3) (a) 외부 자기장 $\vec{\mathbf{B}}$ 내에 놓인 원형 전류 고리, (b) 동일한 자기장 내에 놓인 직사각형 전류 고리

풀이 **(a)** 전류 고리의 자기 모멘트와 고리에 가해지는 자기 토크를 구한다.

먼저 전류 고리의 넓이를 계산한다.

$A = \pi r^2 = \pi(1.00\text{ m})^2 = 3.14\text{ m}^2$

고리의 자기 모멘트를 계산한다.

$$\mu = IAN = (2.00\text{ A})(3.14\text{ m}^2)(1) = \boxed{6.28\text{ A}\cdot\text{m}^2}$$

자기 모멘트, 자기장, θ를 식 19.9b에 대입한다.

$$\tau = \mu B\sin\theta = (6.28\text{ A}\cdot\text{m}^2)(0.500\text{ T})(\sin 30.0°)$$
$$= \boxed{1.57\text{ N}\cdot\text{m}}$$

(b) 직사각형 코일의 자기 모멘트와 고리에 작용하는 자기 토크를 구한다.

코일의 넓이를 계산한다.

$$A = L\times H = (2.00\text{ m})(3.00\text{ m}) = 6.00\text{ m}^2$$

코일의 자기 모멘트를 계산한다.

$$\mu = IAN = (2.00\text{ A})(6.00\text{ m}^2)(3) = \boxed{36.0\text{ A}\cdot\text{m}^2}$$

식 19.9b에 값들을 대입한다.

$$\tau = \mu B\sin\theta = (0.500\text{ T})(36.0\text{ A}\cdot\text{m}^2)(\sin 30.0°)$$
$$= \boxed{9.00\text{ N}\cdot\text{m}}$$

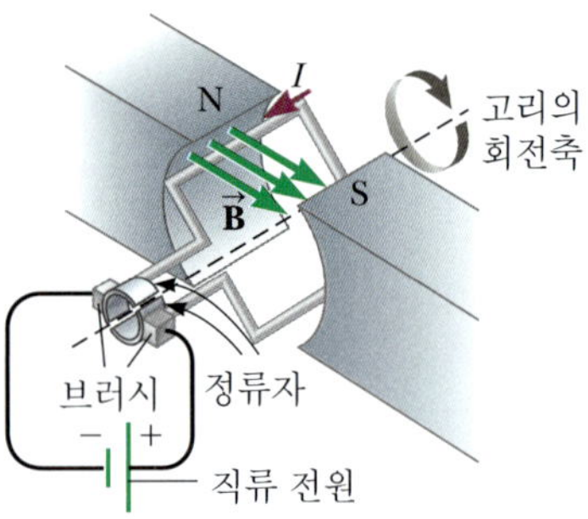

그림 19.12 직류 전동기의 얼개 그림

전동기

전동기와 관련되어 있는 많은 가전제품들로는 컴퓨터 디스크 드라이버, CD 플레이어, VCR이나 DVD 플레이어, 전자레인지, 자동차 시동기, 전열기, 에어컨 등 무수히 많다. 전동기는 전기 에너지를 회전 운동 에너지로 변환시켜 주는 장치로서, 자석의 자기장 내에 놓일 때 회전하게 되는 전류 고리로 이루어져 있다.

실제로 전동기에는 여러 개의 전류 고리와 정류자들이 있지만, 간단히 나타내기 위하여 그림 19.12에서는 한 개의 전류 고리에 부착되어 돌아가고 있는 한 개의 고리와 정류자만 나타내었다. **브러시**라고 하는 고정되어 있는 전기 접촉자는 회전하는 정류자와 전기적으로 접촉하도록 되어 있다. 이와 같은 브러시들은 대개 흑연으로 만든다. 그 이유는 흑연이 훌륭한 윤활 역할을 함과 동시에 전기적으로도 좋은 도체이기 때문이다. 고리가 자기장과 수직이 되어 토크가 영이 되는 지점에서는 관성에 의해 고리가 시계 방향으로 계속 전진하고, 브러시는 정류자의 갈라진 틈을 지나게 된다. 이때 고리에는 반대 방향의 전류가 흐르게 되고, 이로 인해 고리를 시계 방향으로 회전하도록 하는 새로운 토크가 공급되어 나머지 180°를 회전하게 되고 이러한 과정이 반복된다.

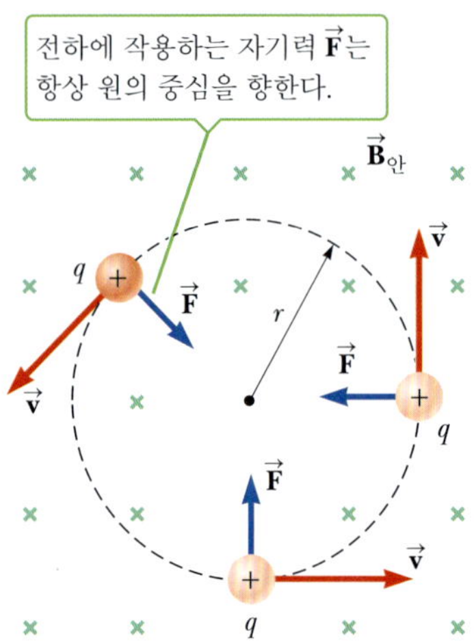

그림 19.13 속도가 균일한 자기장에 수직일 때, 대전 입자는 종이 속으로 향하는 $\vec{B}$와 수직인 면에서 그림과 같은 원운동을 한다(×표는 자기장 벡터의 꼬리를 나타낸다).

19.5 자기장 내에서 대전 입자의 운동

그림 19.13과 같이 균일한 자기장 내에서 입자 속도의 방향이 **자기장에 수직**인 양으로 대전된 입자를 생각하자. 오른손 법칙 1번을 적용하면 어느 점에서든지 **자기력은 항상 원형 경로의 중심을 향한다**는 것을 알 수 있다. 그러므로 자기력은 속도의 크기는 변화시키지 않고 방향만을 바꾸는 구심력을 일으킨다. $\vec{F}$가 원운동에서 구심력 역할을 하기 때문에 그 크기 qvB가 입자의 질량과 구심 가속도 v^2/r의 곱과 같으므로, 뉴턴의 제2법칙으로부터 다음 식으로 나타낼 수 있다.

$$F = qvB = \frac{mv^2}{r}$$

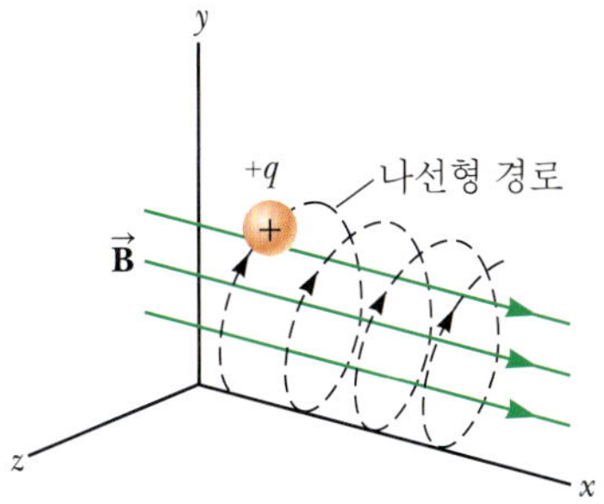

그림 19.14 균일한 자기장과 각을 이루는 방향으로 속도를 갖는 대전 입자는 나선형 경로를 움직인다.

또는

$$r = \frac{mv}{qB} \qquad [19.10]$$

대전 입자의 처음 속도 방향이 자기장과 수직이 아니고 그림 19.14와 같이 자기장과 어떤 각을 이루고 있다면, 입자의 경로는 자기력선을 따라 가는 나선형이 된다.

예제 19.4

문제 대전 입자가 속력 1.79×10^6 m/s로 질량 분석기의 자기장 안으로 입사된 후 입자의 속도에 수직 방향으로 놓인 크기 0.350 T인 자기장 내에서 반지름 16.0 cm인 원 궤도를 따라 원운동을 한다. 입자의 질량 대 전하 비를 구하고, 이 입자가 무엇인지 설명하라.

풀이 사이클로트론 식을 쓴다.

$$r = \frac{mv}{qB}$$

이 식을 질량을 전하로 나눈 $\frac{m}{q}$에 대해 풀고, 값들을 대입한다.

$$\frac{m}{q} = \frac{rB}{v} = \frac{(0.160\text{ m})(0.350\text{ T})}{1.79 \times 10^6\text{ m/s}} = 3.13 \times 10^{-8}\text{ kg/C}$$

입자	m(kg)	q(C)	m/q(kg/C)
수소	1.67×10^{-27}	1.60×10^{-19}	1.04×10^{-8}
중수소	3.35×10^{-27}	1.60×10^{-19}	2.09×10^{-8}
삼중수소	5.01×10^{-27}	1.60×10^{-19}	3.13×10^{-8}
헬륨-3	5.01×10^{-27}	3.20×10^{-19}	1.57×10^{-8}

표로부터 어느 입자인지를 식별한다. 표에서 모든 입자는 완전히 이온화되어 있다. 따라서 입자는 삼중수소 이다.

예제 19.5

문제 이온화된 두 원자가 그림 19.15와 같이 점 S의 슬릿에서 나와 종이 속으로 향하는 0.100 T의 자기장 안으로 들어간다. 속력은 1.00×10^6 m/s이다. 첫 번째 원자핵은 양성자 한 개를 갖고 질량이 $m_1 = 1.67 \times 10^{-27}$ kg이며, 두 번째 원자핵은 양성자 한 개와 중성자 한 개를 갖고 질량이 $m_2 = 3.34 \times 10^{-27}$ kg이다. 화학적 성분은 같고 질량이 서로 다른 원소를 동위 원소라 한다. 이 두 동위 원소는 수소와 중수소이다. 이 원자들은 P에 놓인 사진 건판과 충돌하여 기록된다. 이때 떨어진 거리는 얼마인가?

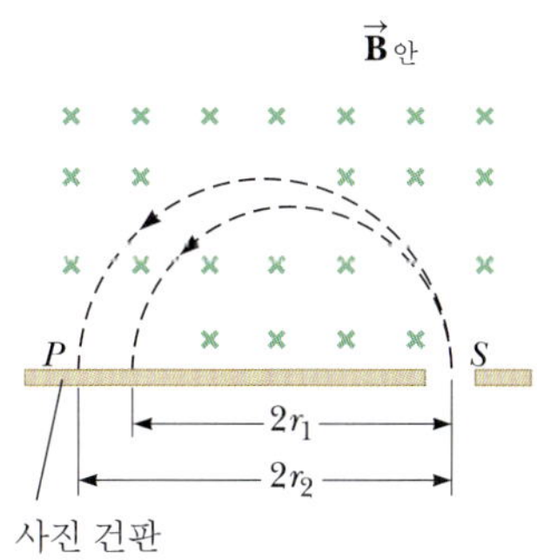

그림 19.15 (예제 19.5) 두 개의 동위 원소가 점 S의 슬릿으로부터 나와 서로 다른 반원 경로를 진행한 후, 사진 건판 P에 부딪힌다.

풀이 식 19.10을 사용하여 가벼운 동위 원소, 수소에 의한 원 궤도의 반지름을 구한다.

$$r_1 = \frac{m_1 v}{qB} = \frac{(1.67 \times 10^{-27}\ \text{kg})(1.00 \times 10^6\ \text{m/s})}{(1.60 \times 10^{-19}\ \text{C})(0.100\ \text{T})}$$

$$= 0.104\ \text{m}$$

무거운 동위 원소, 중수소에 의한 원 궤도의 반지름을 같은 식을 사용하여 구한다.

$$r_2 = \frac{m_2 v}{qB} = \frac{(3.34 \times 10^{-27}\ \text{kg})(1.00 \times 10^6\ \text{m/s})}{(1.60 \times 10^{-19}\ \text{C})(0.100\ \text{T})}$$

$$= 0.209\ \text{m}$$

반지름을 두 배하여 지름을 구하고 차이를 구하여 동위 원소 사이의 떨어진 거리를 구한다.

$$x = 2r_2 - 2r_1 = \boxed{0.210\ \text{m}}$$

19.6 긴 직선 도선의 자기장과 앙페르 법칙

그림 19.16a를 보면 여러 개의 나침반 바늘이 수직인 도선 근처의 수평면에 놓여 있다. 도선에 전류가 흐르지 않을 때, 예상대로 모든 나침반 바늘의 끝은 같은 방향인 지구 자기장의 방향을 가리킨다. 그러나 도선에 일정하고 강한 전류가 흐르게 되면, 그림 19.16b와 같이 모든 바늘은 원의 접선 방향을 향한다.

그림 19.17a와 같이 오른손의 엄지손가락이 전류의 방향을 가리키도록 도선을 감아쥐면 네 손가락들은 $\vec{\mathbf{B}}$의 방향으로 회전한다.

자침은 $\vec{\mathbf{B}}$의 방향으로 정렬되기 때문에 $\vec{\mathbf{B}}$의 자기력선은 도선 주위에 원형을 이루

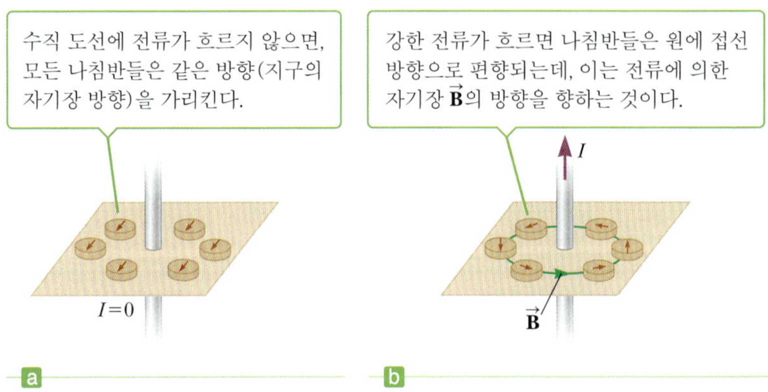

그림 19.16 (a)와 (b) 도선 주위 전류의 영향을 보여주는 나침반

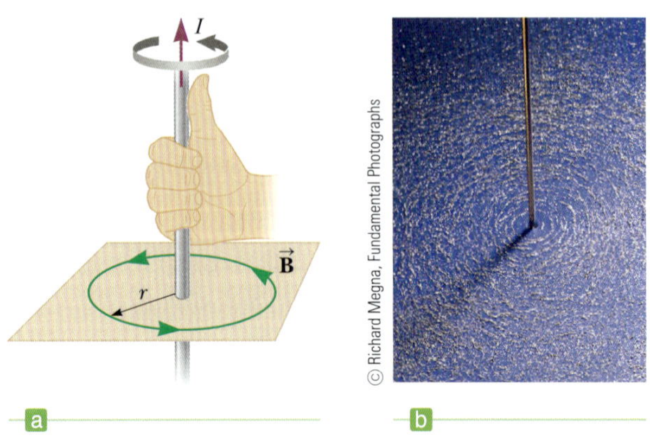

그림 19.17 (a) 전류가 흐르는 긴 직선 도선에 의해 생성되는 자기장의 방향을 결정하는 오른손 법칙 2번. 자기력선은 도선 주위에 원형으로 생성된다. (b) 전류가 흐르는 도선 주위의 원형 자기력선. 철가루가 원형 고리 모양을 이루고 있다.

게 된다. 전류 I가 흐르는 도선으로부터 거리 r만큼 떨어진 곳에서의 자기장은

$$B = \frac{\mu_0 I}{2\pi r} \quad [19.11]$$

이다. 여기서 비례 상수 μ_0를 **자유 공간의 투자율**(permeability of free space)이라 하고 다음의 값을 가진다.

$$\mu_0 \equiv 4\pi \times 10^{-7}\ \mathrm{T \cdot m/A} \quad [19.12]$$

앙페르의 법칙과 긴 직선 도선

그림 19.18과 같이 전류 주위에 임의의 폐경로를 하나 생각해 보자. 이 경로를 길이가 $\Delta\ell$인 수 많은 짧은 선분 요소로 나눌 수 있다. 이러한 선분 요소 한 개에 이 선분 요소에 평행한 자기장 성분을 곱하여 $B_\parallel \Delta\ell$로 표시한다. 앙페르에 의하면 폐경로에서 이러한 곱의 모든 합은 폐경로를 둘러싼 표면을 통과하는 알짜 전류 I에 μ_0를 곱한 것과 같다. 이것을 **앙페르의 회로 법칙**(Ampère's circuital law)이라 하며

$$\sum B_\parallel \Delta\ell = \mu_0 I \quad [19.13]$$

로 주어지고, 여기서 $B_\parallel$는 선분 요소 $\Delta\ell$에 평행인 $\vec{\mathbf{B}}$의 성분이며, $\sum B_\parallel \Delta\ell$은 전체 폐경로에 대한 모든 $B_\parallel \Delta\ell$의 합이다.

이런 모양의 자기력선은 그림 19.19와 같이 도선을 중심으로 원형을 이룬다. 자기장은 반지름이 r인 원둘레 상의 모든 점에서 접선 방향이고, 같은 값 B를 가진다. 따라서 그림 19.19에서와 같이 $B_\parallel = B$이다. $\sum B_\parallel \Delta\ell$에서 $B_\parallel$은 원둘레 상의 모든 점에서 일정한 값을 가지므로 식 19.13은

$$\sum B_\parallel \Delta\ell = B_\parallel \sum \Delta\ell = B(2\pi r) = \mu_0 I$$

가 된다. 양변을 $2\pi r$로 나누면,

$$B = \frac{\mu_0 I}{2\pi r}$$

가 되고, 이는 긴 직선 도선에 대한 자기장의 식 19.11과 같다.

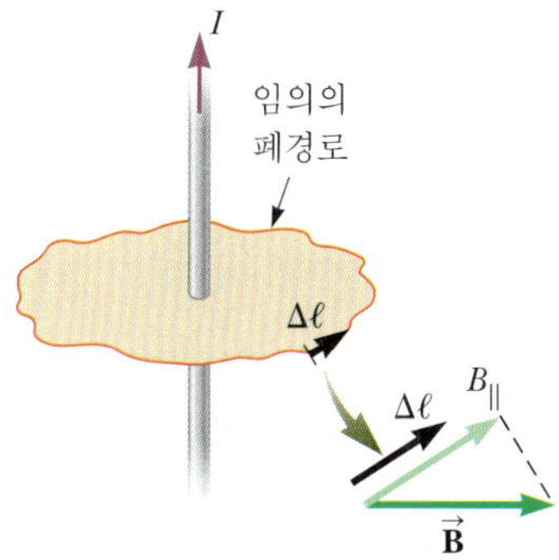

그림 19.18 앙페르의 법칙으로부터 전류 주위의 임의의 폐경로를 이용하여 전류에 의한 자기장을 계산할 수 있다.

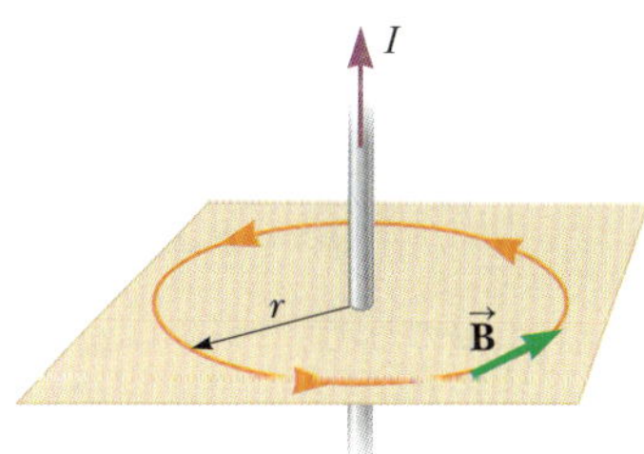

그림 19.19 전류가 흐르는 긴 직선 도선 주위의 반지름이 r인 원형의 폐경로를 이용하여 도선에 의해 생성되는 자기장을 계산한다.

예제 19.6

문제 어떤 동축 케이블이 전류 $I_1 = 3.00\ \mathrm{A}$가 흐르는 절연된 내부 노선을 전류 $I_2 = 1.00\ \mathrm{A}$가 흐르는 원통형 도체가 둘러싸고 있다. I_1과 I_2의 방향은 반대이다(그림 19.20). **(a)** 두 도체 사이의 공간인 $r_{안} = 0.500\ \mathrm{cm}$ 되는 곳에서의 자기장을 계산하라. **(b)** 원통형 외부 도체 밖의 $r_{밖} = 1.50\ \mathrm{cm}$ 되는 곳에서의 자기장을 구하라.

풀이 **(a)** 두 도체 사이의 공간인 $r_{안} = 0.500\ \mathrm{cm}$ 되는 곳에서의 자기장을 계산한다.

암페어의 법칙을 쓴다.

$$\sum B_\parallel \Delta\ell = \mu_0 I$$

원형 경로에서 자기장은 일정하고 경로의 전체 길이는 $2\pi r_{안}$이다.

$$B_{안}(2\pi r_{안}) = \mu_0 I_1$$

$B_{안}$에 대해 풀고 값을 대입한다.

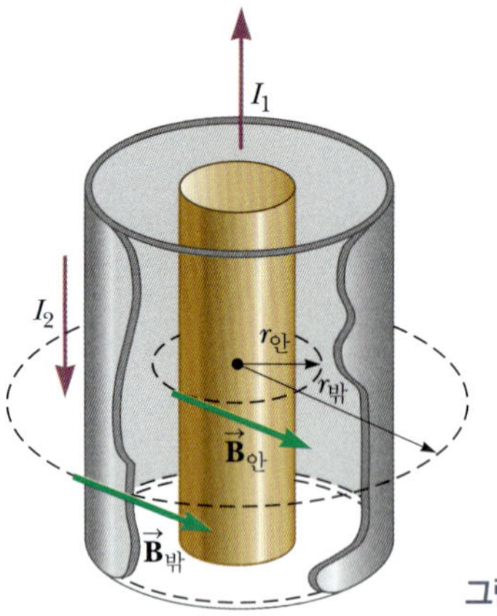

그림 19.20 (예제 19.6)

$$B_{안} = \frac{\mu_0 I_1}{2\pi r_{안}} = \frac{(4\pi \times 10^{-7}\ \mathrm{T \cdot m/A})(3.00\ \mathrm{A})}{2\pi(0.005\ \mathrm{m})}$$

$$= \boxed{1.20 \times 10^{-4}\ \mathrm{T}}$$

(b) 원통형 외부 도체 밖의 $r_{밖} = 1.50\ \mathrm{cm}$ 되는 곳에서의 자기장 $B_{밖}$을 계산한다.

암페어의 법칙을 쓴다.

$$\sum B_{\parallel}\Delta \ell = \mu_0 I$$

원형 경로에서 자기장은 일정하고 경로의 전체 길이는 $2\pi r_{밖}$이다.

$$B_{밖}(2\pi r_{밖}) = \mu_0(I_1 - I_2)$$

$B_{밖}$에 대해 풀고 값을 대입한다.

$$B_{밖} = \frac{\mu_0(I_1 - I_2)}{2\pi r_{밖}}$$

$$= \frac{(4\pi \times 10^{-7}\ \mathrm{T \cdot m/A})(3.00\ \mathrm{A} - 1.00\ \mathrm{A})}{2\pi(0.015\ \mathrm{m})}$$

$$= \boxed{2.67 \times 10^{-5}\ \mathrm{T}}$$

19.7 평행한 두 도선 사이의 자기력

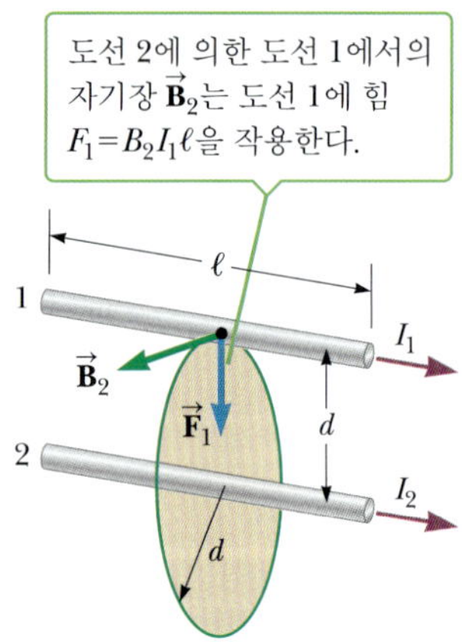

그림 19.21 연직 방향으로 평행하게 놓인 두 도선에 일정한 전류가 흐를 때 서로에게 힘을 작용한다. 전류의 방향이 같다면 힘은 인력이고, 전류의 방향이 반대이면 척력이다.

그림 19.21과 같이 거리 d만큼 떨어진 긴 평행 직선 도선에 전류 I_1과 I_2가 같은 방향으로 흐를 때, 한 도선에 의해 형성된 자기장이 다른 도선에 작용하는 힘을 알아보자.

여기서는 도선 2의 자기장이 도선 1에 작용하는 힘을 알아본다. 전류 I_2가 흐르는 도선 2는 도선 1에 자기장 $\vec{\mathbf{B}}_2$를 만든다. $\vec{\mathbf{B}}_2$의 방향의 도선에 수직이다. 식 19.11에서 이 자기장의 크기는

$$B_2 = \frac{\mu_0 I_2}{2\pi d}$$

이다.

식 19.5로부터 전류 I_2에 의한 자기장 $\vec{\mathbf{B}}_2$로 인해 도선 1이 받는 자기력은

$$F_1 = B_2 I_1 \ell = \left(\frac{\mu_0 I_2}{2\pi d}\right) I_1 \ell = \frac{\mu_0 I_1 I_2 \ell}{2\pi d}$$

이고, 이를 단위 길이당 힘의 크기로 다시 쓰면,

$$\boxed{\frac{F_1}{\ell} = \frac{\mu_0 I_1 I_2}{2\pi d}} \qquad [19.14]$$

가 된다.

같은 방향으로 전류가 흐르는 평행 도선은 서로 **잡아당긴다**는 것을 알았다. 또한 그림 19.21과 식 19.14에 의한 과정으로 나타낸 풀이 방법을 이용하면 반대 방향으로 흐르는 두 평행 도선은 서로 **밀어낸다**는 것을 알 수 있다.

전류가 흐르는 두 평행 도선 사이에 작용하는 힘을 사용하여 전류의 SI 단위인 **암페어**(ampere, A)를 정의한다.

> 서로 1 m 떨어져 있는 두 개의 긴 평행 도선에 같은 양의 전류가 흐를 때, 각 도선에 작용하는 단위 길이당 자기력이 2×10^{-7} N/m일 때의 전류를 1 A로 정의한다.

예제 19.7

문제 단위 길이당 무게가 1.00×10^{-4} N/m인 두 도선이 평행하게 한 도선의 바로 위쪽에 다른 도선이 놓여 있다. 도선에는 크기는 같고 방향이 반대인 전류가 흐른다고 가정한다. 두 도선은 0.10 m 떨어져 있고 위에 놓인 도선에 작용하는 중력과 자기력의 합은 영이다. 도선에 흐르는 전류를 계산하라. 지구 자기장은 무시한다.

풀이 힘의 합을 영으로 놓고 푼다. 이때 도선 사이의 자기력은 척력임에 주목하라.

$$\vec{\mathbf{F}}_{\text{중력}} + \vec{\mathbf{F}}_{\text{자기력}} = 0$$

$$-mg + \frac{\mu_0 I_1 I_2}{2\pi d}\ell = 0$$

전류는 같으므로 $I_1 = I_2 = I$이다. I^2에 대해서 푼다.

$$\frac{\mu_0 I^2}{2\pi d}\ell = mg \quad \rightarrow \quad I^2 = \frac{(2\pi d)(mg/\ell)}{\mu_0}$$

주어진 값을 대입하여 I를 구한다. 단위 길이당 무게는 mg/ℓ임에 주목하라.

$$I^2 = \frac{(2\pi \cdot 0.100\ \text{m})(1.00 \times 10^{-4}\ \text{N/m})}{(4\pi \times 10^{-7}\ \text{T} \cdot \text{m})} = 50.0\ \text{A}^2$$

$$I = \boxed{7.07\ \text{A}}$$

19.8 전류 고리와 솔레노이드의 자기장

그림 19.22에서 전류 고리의 여러 작은 선분 요소들에 대한 효과를 고려한다면 그 이유를 이해할 수 있다. 고리의 꼭대기에 Δx_1으로 표시된 작은 선분 요소는 고리의 중심에서 종이면으로부터 나오는 방향의 자기장 크기 B_1을 만들어 낸다. 엄지손가락이 전류 방향이 되도록 오른손으로 도선을 감싸쥐면, 나머지 네 손가락은 $\vec{\mathbf{B}}$의 방향을 가리킨다.

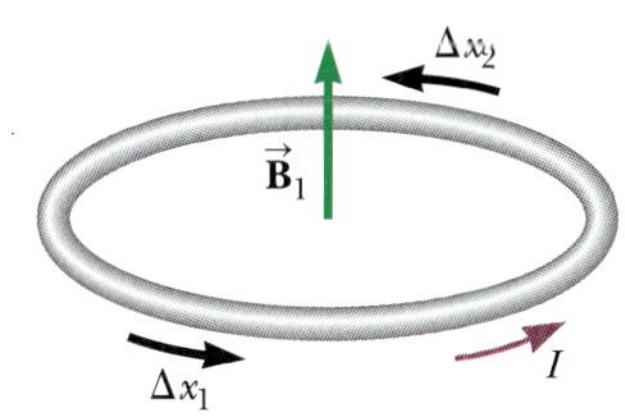

그림 19.22 전류 고리의 모든 선분 요소는 고리의 중심에 위로 향하는 방향의 자기장을 생성한다.

고리 바닥 쪽에 있는 선분 요소 Δx_2 또한 중심의 자기장에 기여하기 때문에 자기장의 세기는 증가된다. 선분 요소 Δx_2에 의해 고리 중심에 생긴 자기장은 B_1과 크기가 같고, 방향 또한 종이면으로부터 나오는 방향이다. 마찬가지로 전류 고리의 모든 다른 선분 요소들도 자기장을 만드는 데 기여한다. 알짜 효과는 그림 19.23a에 나타낸 전류 고리의 자기장과 같다.

그림 19.23a를 보면 자기력선은 전류 고리의 아래쪽으로 들어가서 위쪽으로 나온다. 전류 고리에 의한 자기장(그림 19.23b)과 막대 자석의 자기장은 서로 닮았다.

전류 I가 흐를 때 전류 고리의 중심에서 자기장의 크기는

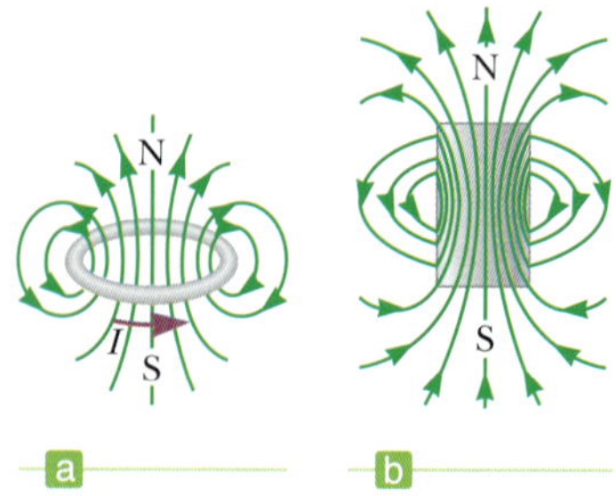

그림 19.23 (a) 전류 고리의 자기력선. 전류 고리의 자기력선은 막대 자석의 자기력선과 유사하다. (b) 막대 자석의 자기장은 전류 고리의 자기장과 비슷하다.

$$B = \frac{\mu_0 I}{2R}$$

로 주어진다.

전류 I가 흐르는 코일이 N번 감겨 있다면, 중심에서의 자기장은

$$B = N\frac{\mu_0 I}{2R} \qquad [19.15]$$

이다.

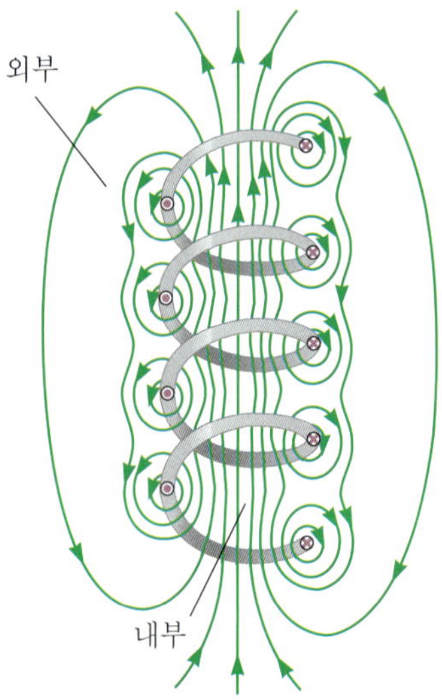

그림 19.24 느슨하게 감긴 솔레노이드의 자기력선

솔레노이드의 자기장

긴 직선 도선을 나선형의 코일 모양으로 촘촘히 감은 장치를 **솔레노이드**(solenoid)라 하고 흔히 **전자석**(electromagnet)이라 부른다.

그림 19.24는 느슨하게 감은 길이가 ℓ이고, 감은 전체 수가 N인 솔레노이드의 자기력선을 나타낸 것이다. 솔레노이드 내부의 자기력선은 거의 평행이고 균일하며 촘촘하다. 따라서 솔레노이드 내부의 자기장은 거의 일정하며 강하다. 솔레노이드 측면의 외부 자기장은 균일하지 않으며, 내부의 장과도 **반대 방향**이다.

도선이 촘촘히 감겨 있다면 그림 19.25a와 같이 자기력선은 솔레노이드의 한쪽으로 들어가서 다른 쪽으로 나온다. 솔레노이드 내부의 자기장은 끝부분을 제외한 모든 점에서 거의 일정한 크기를 갖는다. 이러한 것들을 고려하면 솔레노이드에 앙페르의

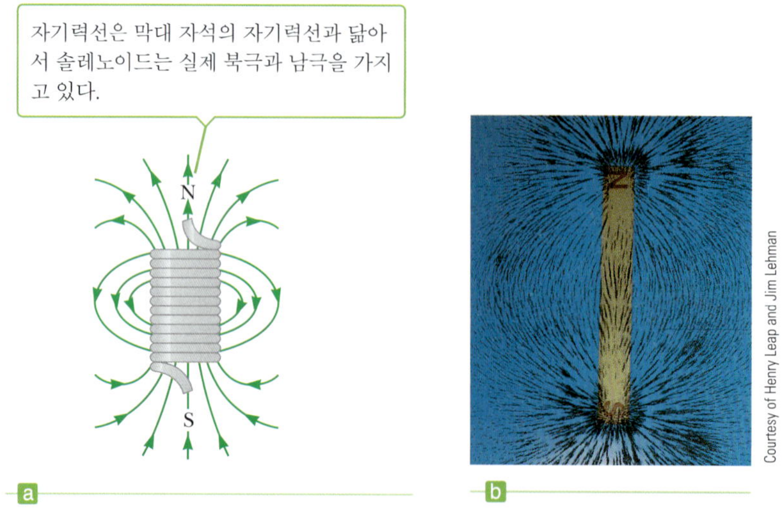

그림 19.25 (a) 정상 전류가 흐르는 유한한 길이의 촘촘히 감긴 솔레노이드의 자기력선. 솔레노이드 내부의 자기장은 거의 균일하며 강하다. (b) 종이 위의 작은 철가루들이 만든 막대 자석의 자기장 형태

법칙을 적용할 수 있으며, 그 결과 솔레노이드 내부의 자기장은

$$B = \mu_0 nI \qquad [19.16]$$

가 된다. 여기서 $n = N/\ell$은 단위 길이당 감은 수이다.

예제 19.8

문제 길이가 10.0 cm이고 100번 감은 솔레노이드가 있다. **(a)** 솔레노이드에 0.500 A의 전류가 흐를 때 내부 자기장은 얼마인가? **(b)** 솔레노이드 내부에서 반지름 0.020 m인 원 궤도를 도는 양성자의 운동량은 얼마인가? 솔레노이드의 축은 궤도면에 수직이다.

풀이 **(a)** 솔레노이드에 전류 0.500 A가 흐를 때 솔레노이드의 내부 자기장 크기를 구한다.
단위 길이당 감은 수를 계산한다.

$$n = \frac{N}{\ell} = \frac{100\text{번}}{0.100\text{ m}} = 1.00 \times 10^3\text{ 번/m}$$

식 19.16에 n과 I를 대입하여 자기장의 크기를 구한다.

$$B = \mu_0 nI$$
$$= (4\pi \times 10^{-7}\text{ T}\cdot\text{m/A})(1.00 \times 10^3\text{ 번/m})(0.500\text{ A})$$
$$= 6.28 \times 10^{-4}\text{ T}$$

(b) 솔레노이드 중심 부근의 반지름 0.020 m의 원 궤도를 도는 양성자의 운동량을 구한다.
양성자에 대한 뉴턴의 제2법칙을 사용한다.

$$ma = F = qvB$$

구심 가속도 $a = v^2/r$을 대입한다.

$$m\frac{v^2}{r} = qvB$$

양변에서 v를 소거하고 r을 곱해서 운동량 mv를 구한다.

$$mv = rqB = (0.020\text{ m})(1.60 \times 10^{-19}\text{ C})(6.28 \times 10^{-4}\text{ T})$$
$$p = mv = 2.01 \times 10^{-24}\text{ kg}\cdot\text{m/s}$$

연습문제

1. 지구의 적도 부근에 전자 하나가 놓여 있다. 전자의 속도가 (a) 연직 아래로 향할 때, (b) 북쪽으로 향할 때, (c) 서쪽으로 향할 때, (d) 남동쪽으로 향할 때 전자는 어느 쪽으로 휘어지는가?

2. 양으로 대전된 입자가 자기장 내로 그림 P19.2와 같이 다양한 방향으로 입사하고 있고 이때 받는 힘의 크기를 그림에 표시하였다. 각각의 경우에서 자기장의 방향을 구하라.

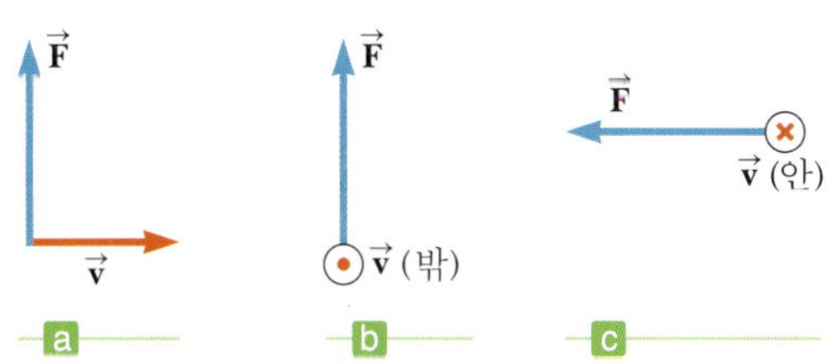

그림 P19.2

3. 적도의 지표면 근처에서 맑은 날, 자기장은 북쪽으로 약 50.0 μT이고, 전기장은 아랫방향으로 약 100 N/C이다. 순간 속도 6.00×10^6 m/s로 동쪽으로 운동하는 전자에 작용하는 중력, 전기력, 자기력을 구하라.

4. 4.00×10^6 m/s의 속력으로 1.70 T의 자기장 내에서 움직이는 양성자가 받는 자기력의 크기는 8.20×10^{-13} N이다. 양성자의 속도와 자기장의 방향 사이의 각은 얼마인가?

5. 지구의 자기 적도 1 000 km 상공에서 양성자가 원운동을 하기 위한 속도는 얼마인가? 이 지점에서 지구 자기장은 지표에 수평하며 북쪽 방향이고 크기는 4.00×10^{-8} T이다.

6. 자기장의 세기가 0.300 T이고 자기장과 30.0°를 이루는 방향으로 10.0 A의 전류가 흐르는 도선이 있다. 도선의 길이는 5.00 m이다. 작용하는 자기력은 얼마인가?

7. $I = 15$ A의 전류가 $+x$축 방향을 따라 자기장에 수직으로 흐

른다. 이때 도선은 $-y$축 방향으로 단위 길이당 0.12 N/m의 자기력을 받고 있다. 전류가 흐르는 영역에서 자기장의 크기와 방향을 구하라.

8. 장축이 40.0 cm, 단축이 30.0 cm인 타원에 8번 감긴 코일이 그림 P19.8과 같이 종이면에 놓여 있다. 이 코일에는 시계 방향으로 6.00 A의 전류가 흐른다. 이 코일에 2.00×10^{-4} T의 균일한 자기장이 종이면의 왼쪽으로 가해지면 이 코일에 작용하는 토크의 크기는 얼마인가? 타원의 넓이는 $A = \pi ab$이고, a와 b는 각각 타원의 장축과 단축 길이의 절반이다.

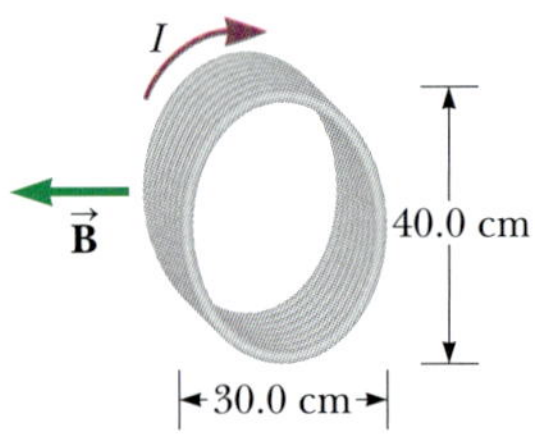

그림 P19.8

9. 크기가 3.0 cm × 5.0 cm인 200번 감긴 직사각형 고리가 0.90 T의 자기장 속에 놓여 있다. (a) 고리에 작용하는 최대 토크가 0.15 Nm라면 코일에 흐르는 전류는 얼마인가? (b) 자기장이 코일의 면과 이루는 각이 25°라면 토크의 크기는 얼마인가?

10. 질량이 0.100 kg이고 길이가 4.00 m인 긴 도선을 이용하여 한 변의 길이가 0.100 m인 정사각형 코일을 만들었다. 이 코일이 수평인 한 변을 회전축으로 하여 회전할 수 있게 고정시킨 다음, 3.40 A의 전류를 흘리면서 크기 0.010 0 T인 수직 자기장 내에 놓았다. (a) 코일이 평형 상태에 있을 때 코일 면이 수직 방향과 이루는 각을 구하라. (b) 평형 상태에서 자기력에 의해 코일에 가해지는 토크를 구하라.

11. 전자 한 개가 0.235 T의 자기장에 수직인 원형 경로로 운동하고 있다. 전자의 운동 에너지가 3.30×10^{-19} J일 때 (a) 전자의 속력과 (b) 원형 경로의 반지름을 구하라.

12. 질량이 2.50×10^{-26} kg인 1가 양이온이 있다. 이온이 250 V의 전위차로 가속된 후, 0.500 T의 자기장에 수직 방향으로 입사되었다. 자기장 내에서 이온 경로의 반지름은 얼마인가?

13. 심장 박동기는 1.7 mT 정도의 아주 작은 자기장에 의해서도 영향을 받을 수 있다. 이러한 심장 박동기를 가지고 있는 사람은 20 A의 전류가 흐르는 직선 도선에 얼마나 가까이 갈 수 있는가?

14. 번개는 매우 짧은 시간 동안 1.00×10^{4} A의 전류를 나른다. 이 번개로부터 100 m 떨어진 지점에서의 자기장을 구하라. 번개는 관측점 위, 아래로 아주 멀리 뻗어있다고 가정한다.

15. 두 개의 길고 평행한 도선이 2.50 cm 떨어져 있다. 두 도선의 전류는 반대 방향으로 흐르며 한 도선에는 1.25 A, 다른 도선에는 3.50 A의 전류가 흐른다. (a) 한 도선이 다른 도선에 작용하는 단위 길이당 자기력을 구하라. (b) 그 힘은 인력인가 척력인가?

16. 단위 길이당 무게가 0.080 N/m인 도선이 다른 도선 바로 위에 떠 있다. 위 도선에 30.0 A의 전류가 흐르고, 아래 도선에 60.0 A의 전류가 흐르고 있다. 위 도선이 떨어지지 않고 자기 척력에 의해 한 곳에 고정되기 위한 두 도선 사이의 거리를 구하라.

17. 전류 4.00 A가 흐를 때 저항이 5.00 Ω이 되고(20 °C에서) 중심에서의 자기장이 4.00×10^{-2} T가 되는 솔레노이드를 만들고자 한다. 사용되는 도선은 지름 0.500 mm의 구리 도선이다. 솔레노이드의 반지름이 1.00 cm일 때 (a) 감아야 할 횟수와 (b) 솔레노이드의 길이를 구하라.

© 김영우

한빛원자력발전소. 우리나라 원전 건설 역사상 가장 의미가 깊은 발전소로 영광원자력발전소에서 한빛원자력발전소로 명칭을 바꾸었다. 한빛원전 1호기는 순수하게 우리 손으로 건설해 전력을 생산한 원전이다. 현재는 총 6기의 원자로가 가동되고 있으며, 발전용량은 5 900 MW로, 국내 원전 발전량의 약 30 % 정도를 담당하고 있는 대형 발전소이다. 패러데이의 유도법칙에 의해 인류의 삶을 윤택하게 하는 전기를 생산하게 되었다(한빛원자력발전소 제공).

20 유도 전압과 유도 계수

INDUCED VOLTAGES AND INDUCTANCE

20.1 유도 기전력과 자기선속

그림 20.1과 같은 실험 장치에서 스위치와 전지에 연결된 코일을 **일차 코일**이라 하며 그에 해당하는 회로를 일차 회로라고 한다. 코일을 통하여 흐르는 전류에 의해 생성된 자기장의 세기를 크게 하기 위하여 이 코일은 철심을 둘러싸고 있다. 철심을 둘

© Book's Hill

패러데이 Michael Faraday, 1791~1867
영국의 물리학자 겸 화학자

패러데이는 1800년대의 가장 위대한 실험 과학지로 인정받는다. 전자기 유도 법칙, 전기 분해 법칙의 발견뿐만 아니라, 전동기, 발전기, 변압기의 발명 등 전기 분야의 연구에 지대한 공헌을 하였다. 그는 종교에 깊이 심취하였기 때문에, 영국 정부의 군용 독가스 개발에 참여를 거부하였다.

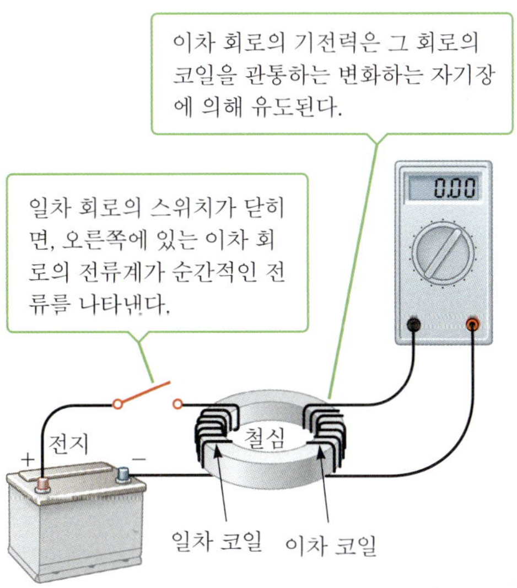

그림 20.1 패러데이의 실험

러싸고 검류계에 연결된 오른쪽의 코일을 **이차 코일**이라 하며, 그에 해당하는 회로를 이차 회로라고 한다. **이차 회로에는 전원이 연결되어 있지 않는 것**에 주목하여야 한다.

스위치를 닫으면, 즉시 검류계의 바늘이 한쪽 방향으로 치우쳤다가 제자리로 돌아온다. 스위치를 열면, 이번에는 바늘이 반대 방향으로 치우쳤다가 다시 제자리로 돌아온다. 마지막으로 일차 회로에 정상 전류가 흐르면, 바늘은 영을 가리킨다.

이러한 관찰로부터, 패러데이는 자기장의 변화에 의하여 전류가 생성될 수 있다고 결론지었다. 이차 회로에 생성된 전류는 이차 코일을 통과하는 자기장이 변하는 동안에만 나타난다. **유도 기전력은 자기장의 변화에 의하여 이차 회로에 생성된다.**

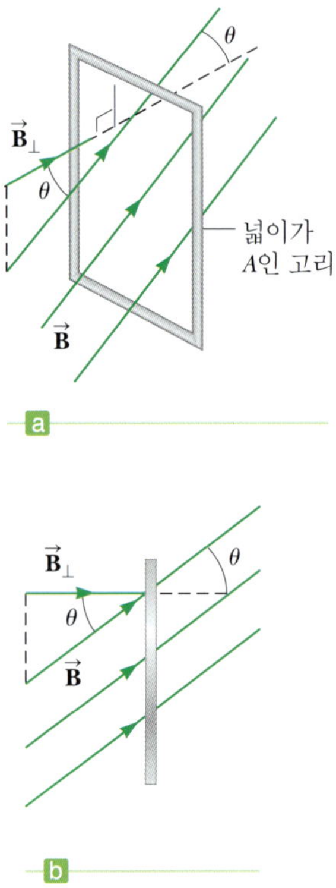

그림 20.2 (a) 균일한 자기장 $\vec{\mathbf{B}}$가 넓이가 A인 도선 고리 면의 법선 방향과 θ의 각을 이룬다. (b) 옆에서 본 고리의 모습

자기선속

자기선속은 도선 고리의 넓이와 고리를 관통하는 자기장의 세기에 비례한다.

> 넓이가 A인 고리를 통과하는 **자기선속**(magnetic flux) $\mathbf{\Phi}_B$를 다음과 같이 정의한다.
>
> $$\Phi_B \equiv B_\perp A = BA\cos\theta \qquad [20.1]$$
>
> 여기서 $B_\perp$는 그림 20.2a에 보인 것처럼 고리 면에 수직인 $\vec{\mathbf{B}}$의 성분이고, θ는 $\vec{\mathbf{B}}$와 고리 면에 법선(직교하는) 방향 사이의 각도이다.
>
> **SI 단위: 웨버(Wb)**

식 20.1로부터 $B_\perp = B\cos\theta$이다. 자기선속은 고리 면에 수직인 $\vec{\mathbf{B}}$의 크기에 고리의 넓이를 곱한 것이 된다. 그림 20.2b는 고리의 측면을 나타낸 것으로서, 고리를 통과하는 자기력선을 보여주고 있다. B의 SI 단위가 테슬라(T) 또는 웨버/제곱미터(Wb/m^2)이므로, 자기선속의 단위는 테슬라 · 제곱미터(T · m^2) 또는 웨버(Wb)이다.

그림 20.3에서와 같이 자기력선을 그려보면 식 20.1의 중요성을 이해할 수 있다. 자기장의 세기가 증가할수록 단위 넓이당 선의 수가 증가한다. **자기선속의 값은 고리를 통과하는 자기력선의 전체 수에 비례한다.**

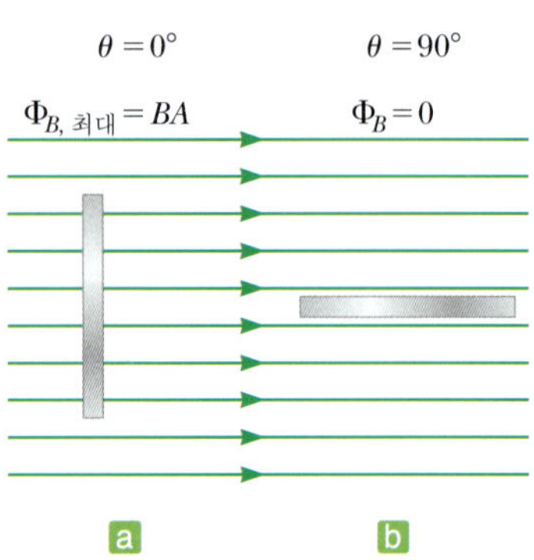

그림 20.3 균일한 자기장 내에 있는 고리를 옆에서 볼 때, (a) 자기력선이 고리의 면과 수직일 때, 고리를 통과하는 자기선속은 최대가 되며 $\Phi_B = BA$이다. (b) 자기력선이 고리 면과 평행일 때, 고리를 통과하는 자기선속은 영이다.

20.2 패러데이의 유도 법칙과 렌츠의 법칙

그림 20.4와 같이 검류계에 연결된 도선 고리를 생각해 보자. 자석을 고리에 접근시키면, 검류계의 전류는 그림 20.4a와 같이 한쪽 방향으로 흐름을 나타낸다. 자석을 그림 20.4b와 같이 움직이지 않으면 전류는 영이다. 자석을 고리에서 멀어지게 하면, 전류계는 그림 20.4c와 같이 반대 방향으로 흐름을 나타낸다. 또한 자석을 고정시키고 고리를 자석에 가까이 하거나 멀어지게 하여도 역시 전류계는 전류가 흐름을 나타낸다. **자석과 고리 사이에 상대적인 운동이 있으면 회로에는 전류가 발생한다.** 고리가 움직이든 자석이 움직이든 간에 결과는 같다. 이 전류는 **유도 기전력**(induced emf)에

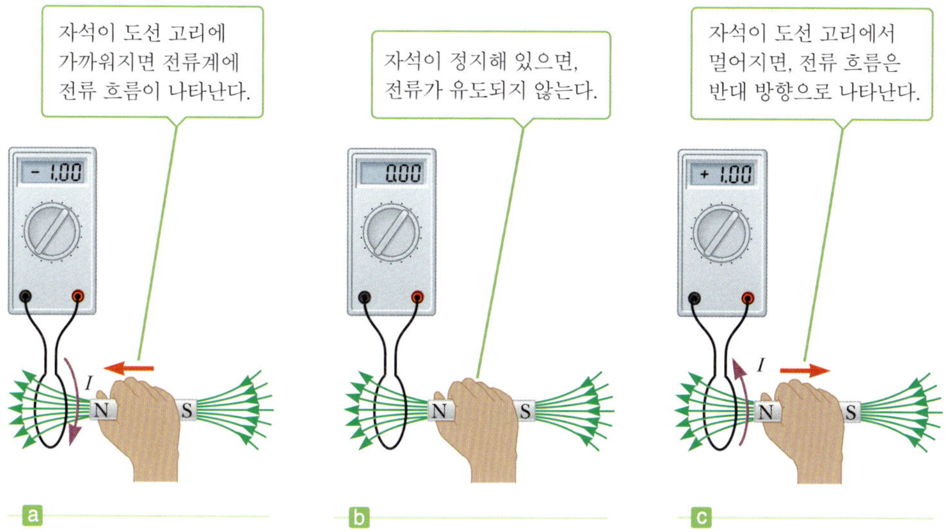

그림 20.4 간단한 실험으로 자석이 도선 고리에 가까워지거나 멀어질 때 전류가 유도되는 모습을 관찰할 수 있다.

의해 발생되었다고 해서, 이 전류를 **유도 전류**(induced current)라고 한다.

이를 **패러데이의 자기 유도 법칙**(Faraday's law of magnetic induction)이라 한다.

회로에 고리가 N번 감겨 있고 각 고리를 통과하는 자기선속이 시간 Δt 동안에 $\Delta\Phi_B$만큼 변하면, 이 시간 동안 회로에 유도된 평균 기전력은 다음과 같이 된다.

$$\varepsilon = -N\frac{\Delta\Phi_B}{\Delta t} \qquad [20.2]$$

$\Phi_B = BA\cos\theta$이므로 시간에 대해 B, A 혹은 θ의 변화는 기전력을 생성한다. 식 20.2에서 음의 부호는 유도 기전력의 극성을 나타내며, **렌츠의 법칙**(Lenz's law)으로부터 이해할 수 있다.

유도 기전력에 의한 전류는 회로를 관통하는 처음 선속의 변화에 반대하는 선속이 만들어지는 방향으로 자기장이 유도되도록 흐른다.

예제 20.1

문제 한 변의 길이가 2 cm인 사각형 프레임에 코일이 25번 감겨 있다. 전체 저항은 0.2 Ω이다. 그림 20.5에서와 같이 일정한 자기장이 코일 면에 수직으로 작용한다. **(a)** 자기장이 1 s만에 0.00 T에서 0.500 T로 변할 때 자기장의 변화에 따른 유도 기전력은 얼마인가? **(b)** 유도 전류의 크기와 **(c)** 유도 전류의 방향을 구하라.

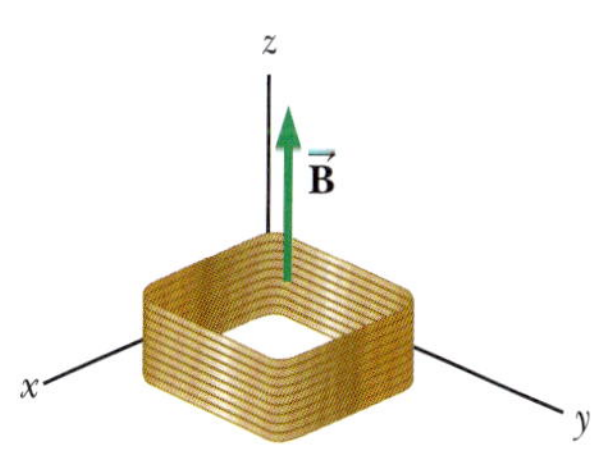

그림 20.5 (예제 20.1)

풀이 **(a)** 코일에서의 유도 기전력을 구한다.

선속을 계산하려면 코일의 넓이를 알아야 한다.

$$A = L^2 = (0.02\ \text{m})^2 = 4 \times 10^{-4}\ \text{m}^2$$

$t = 0$에서 코일을 관통하는 자기선속 $\Phi_{B,i}$는 $B = 0$이므로 영이다. $t = 1\text{ s}$일 때 자기선속을 계산한다.

$$\Phi_{B,f} = BA\cos\theta = (0.500\text{ T})(4\times10^{-4}\text{ m}^2)\cos0° = 2\times10^{-4}\text{ Wb}$$

1 s 동안에 코일의 단면을 관통하는 자기선속의 변화를 계산한다.

$$\Delta\Phi_B = \Phi_{B,f} - \Phi_{B,i} = 2\times10^{-4}\text{ Wb}$$

패러데이의 유도 법칙에 대입하여 코일에 유도되는 기전력을 구한다.

$$\varepsilon = -N\frac{\Delta\Phi_B}{\Delta t} = -(25\text{회})\left(\frac{2\times10^{-4}\text{ Wb}}{1\text{ s}}\right) = -5\times10^{-3}\text{ V}$$

(b) 코일에 유도된 전류의 크기를 구한다.

옴의 법칙에 전위차와 저항을 대입한다. 여기서는 $\Delta V = \varepsilon$ 이다.

$$I = \frac{\Delta V}{R} = \frac{5\times10^{-3}\text{ V}}{0.2\ \Omega} = 2.5\times10^{-2}\text{ A}$$

(c) 코일에 유도된 전류의 방향을 구한다.

자기장은 고리를 관통하며 고리 면에 수직인 방향으로 증가한다. 그러므로 선속은 양이며 증가한다. 아랫방향을 향하는 유도 자기장은 반대 방향의 음의 선속을 만들 것이다. 고리를 따라 시계 방향으로 엄지손가락을 가져가면 다른 손가락은 코일을 관통하여 아랫방향을 가리키며 역자기장과 방향이 일치하게 된다. 그러므로 전류는 시계 방향으로 흘러야만 한다.

20.3 운동 기전력

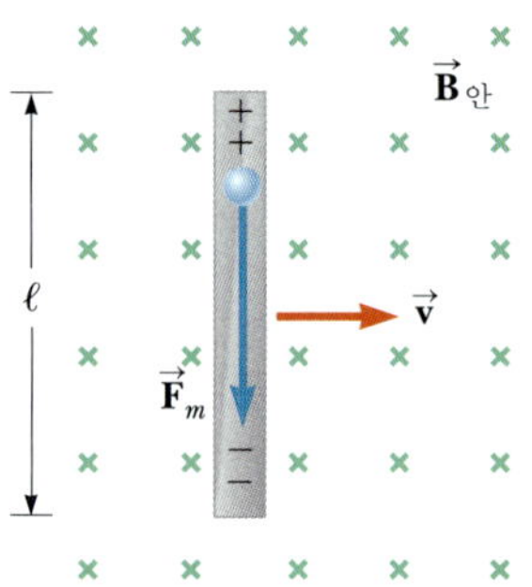

그림 20.6 균일한 자기장 $\vec{B}$ 내부를 길이 ℓ의 직선 도체가 자기장 방향과 수직으로 속도 $\vec{v}$로 움직인다. 벡터 $\vec{F}_m$은 도체 내부의 전자에 작용하는 자기력이다. 이때 막대의 양 끝에는 $B\ell v$의 기전력이 유도된다.

먼저 그림 20.6과 같이 종이면 속으로 향하는 균일한 자기장 내에서 길이가 ℓ인 도체가 등속도로 움직이는 경우를 생각해 보자. 문제를 간단히 하기 위해 도체가 자기장과 수직 방향으로 움직인다고 가정하자. 도체 속의 전자는 크기가 $F_m = qvB$인 자기력을 받아서 도체 아래쪽으로 움직이려고 한다. 자기력에 의해 자유 전자는 아래쪽으로 이동하여 축적되고, 위쪽은 순수한 양전하의 상태로 남는다. 이렇게 전하가 분리됨으로써 도체 내부에는 전기장이 형성되며, 양단의 전하는 자기장에 의하여 아래로 향하는 자기력 qvB가 위로 향하는 전기력 qE와 균형을 이룰 때까지 계속 축적된다. 균형이 이루어지면 전하는 더 이상 이동하지 않고 다음과 같은 관계가 유지된다.

$$qE = qvB \quad 또는 \quad E = vB$$

도체에 유도된 전기장은 일정하기 때문에, 양단의 전위차 ΔV와 $\Delta V = E\ell$의 관계를 가진다. 따라서

$$\Delta V = E\ell = B\ell v \qquad [20.3]$$

가 된다.

도체의 상단에는 양전하가 과잉 축적되고, 하단에는 음전하가 과잉 축적되어서 상단이 하단보다 높은 전위를 유지하게 된다. 따라서 자기장 내에서 도체가 운동하고 있는 동안 도체 내부에서 전위차가 발생하게 된다.

길이가 ℓ인 도체 막대가 그림 20.7a와 같이 두 개의 고정된 평행한 도체 레일 위를 미끄러지는 회로를 생각해 보자. 균일하고 일정한 자기장 $\vec{\mathbf{B}}$가 회로의 면에 수직으로 작용한다. 외부에서 힘 $\vec{\mathbf{F}}_{인가}$를 가하여 막대를 $+x$ 방향으로 $\vec{\mathbf{v}}$의 속도로 오른쪽으로 당겨주면 막대 내의 자유 전하들은 막대를 따라 힘을 받게 된다. 이 경우 고리를 통과하는 자기선속의 변화와 막대의 양단에 유도되는 기전력은 막대가 자기장을 끊으며

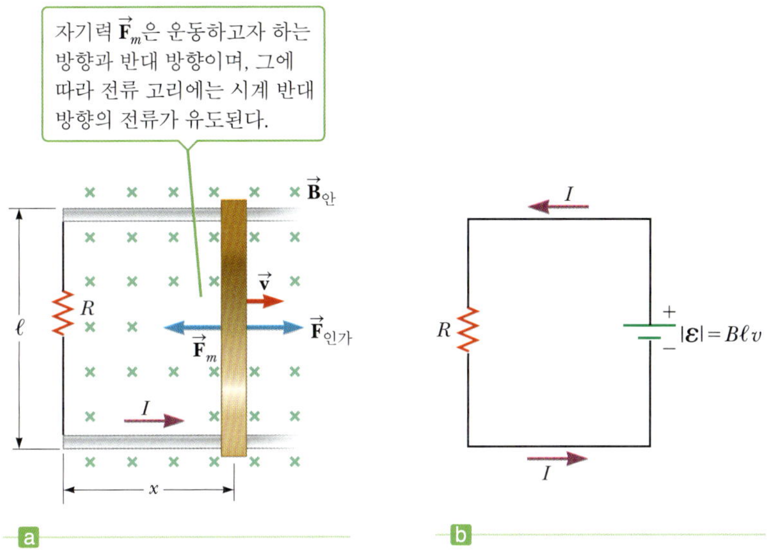

그림 20.7 (a) 도체 막대가 외부에서 가한 힘 $\vec{F}_{인가}$에 의해 두 개의 도체 레일을 따라 $\vec{v}$의 속도로 미끄러진다. (b) (a)의 등가 회로

지나갈 때 고리의 넓이 변화에 의하여 생성된다. 선속이 종이면 속으로 들어가면서 증가하기 때문에, 렌츠의 법칙에 의해 유도 전류가 반시계 방향으로 돌게 되는 선속을 생기게 하여 전체 선속의 변화가 일어나지 않는다.

그림 20.8과 같이 막대가 시간 Δt 동안에 거리 Δx를 움직인다면, 그 시간 동안 고리를 통과하여 지나가는 자기선속 $\Delta\Phi_B$의 증가는 넓이가 $\ell\Delta x$인 회로 부분을 지나는 자기선속의 양과 같다.

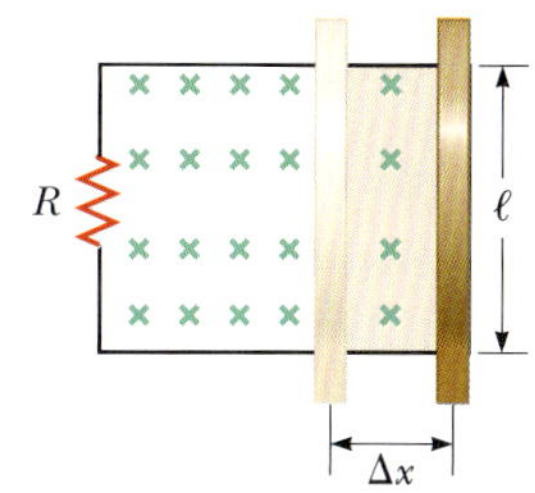

그림 20.8 막대가 오른쪽으로 움직여 고리의 넓이가 $\ell\Delta x$만큼 커지면, 고리를 통과하는 자기선속은 $B\ell\Delta x$만큼 증가한다.

$$\Delta\Phi_B = BA = B\ell\Delta x$$

고리가 한 개일 때($N = 1$) 패러데이의 법칙을 적용하면, 유도 기전력의 크기는 다음과 같이 된다.

$$|\varepsilon| = \frac{\Delta\Phi_B}{\Delta t} = B\ell\frac{\Delta x}{\Delta t} = B\ell v \qquad [20.4]$$

유도 기전력은 자기장을 통과하는 도체의 운동에 의하여 생성되기 때문에, 흔히 **운동 기전력**(motional emf)이라고 한다.

또한 회로의 저항이 R이라면 유도 전류의 크기는 다음과 같다.

$$I = \frac{|\varepsilon|}{R} = \frac{B\ell v}{R} \qquad [20.5]$$

그림 20.7b는 이 예에 대한 등가 회로이다.

예제 20.2

문제 날개의 길이가 30.0 m인 비행기가 지구 중심으로 향하는 지구 자기장의 성분이 0.5×10^{-4} T인 지점을 지표면과 평행하게 북쪽으로 비행하고 있다. 북쪽 방향의 자기장 성분의 크기는 0.470×10^{-4} T이다. **(a)** 비행기의 속력이 2.0×10^2 m/s일 때 양 날개 끝 사이의 전위차를 구하라. **(b)** 어느 쪽 날개 끝이 양(+)일까?

풀이 **(a)** 날개 끝 사이의 전위차를 계산한다.

운동 기전력 식에 주어진 값들을 대입한다.

$$\varepsilon = B\ell v = (0.5 \times 10^{-4}\ \text{T})(30.0\ \text{m})(2 \times 10^{2}\ \text{m/s})$$

$$= \boxed{0.3\ \text{V}}$$

(b) 어느 쪽 날개 끝이 양인지 구한다.

오른손의 네 손가락을 속도의 방향인 북쪽으로 향하게 하고 자기장의 방향인 아래쪽으로 손가락들을 감아쥐면, 엄지는 **서쪽**을 가리킨다.

예제 20.3

문제 **(a)** 길이가 0.500 m인 막대가 그림 20.7a와 같이 자기장이 0.2 T인 영역에서 2.00 m/s로 미끄러지고 있다. 운동 기전력의 개념을 이용하여 움직이는 막대에 유도되는 전압을 구하라. **(b)** 회로의 저항이 0.500 Ω일 때, 회로의 전류와 저항기에 전달되는 전력을 구하라(Note: 이 경우 전류는 고리의 반시계 방향으로 흐른다). **(c)** 막대에 작용하는 자기력을 계산하라.

풀이 **(a)** 운동 기전력의 개념으로 유도 기전력을 구한다.

식 20.4를 이용하여 유도 기전력을 구한다.

$$\varepsilon = B\ell v = (0.2\ \text{T})(0.500\ \text{m})(2.00\ \text{m/s}) = \boxed{0.2\ \text{V}}$$

(b) 회로에서의 유도 전류와 저항기에 의한 전력 손실을 구한다.

옴의 법칙에서 기전력과 저항을 대입하여 유도 전류를 구한다.

$$I = \frac{\varepsilon}{R} = \frac{0.2\ \text{V}}{0.500\ \Omega} = \boxed{0.4\ \text{A}}$$

$I = 0.4$ A와 $\varepsilon = 0.2$ V를 식 17.8에 대입하여 0.500 Ω 저항기에 의해 소모된 전력을 계산한다.

$$P = I\Delta V = (0.4\ \text{A})(0.2\ \text{V}) = \boxed{0.08\ \text{W}}$$

(c) 막대에 작용하는 자기력의 크기와 방향을 계산한다.

식 19.6에 I, B, ℓ의 값을 대입하고 $\sin\theta = \sin(90°) = 1$로 하여 힘의 크기를 구한다.

$$F_m = IB\ell = (0.4\ \text{A})(0.2\ \text{T})(0.500\ \text{m}) = \boxed{4\times10^{-2}\ \text{N}}$$

양의 전류의 방향으로 오른손의 네 손가락을 향하게 하고 펼치며 자기장의 방향으로 손가락들을 감으면, 엄지손가락은 **$-x$ 방향**을 향한다.

20.4 발전기

교류 발전기의 구조를 가장 단순하게 표현하면, 외부 힘에 의해 자기장 내에서 회전하는 도선 고리로 구성되어 있다(그림 20.9a). 수력 발전소의 경우 터빈의 날개를

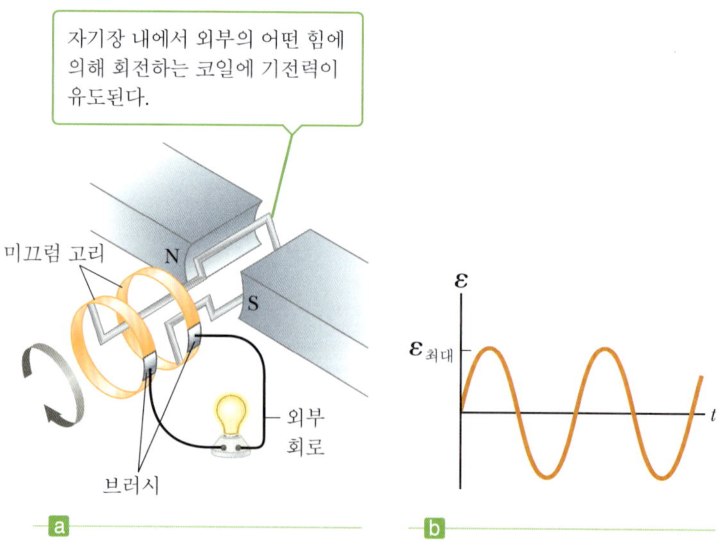

그림 20.9 (a) 교류 발전기의 개략도. 자기장 안에 있는 고리를 외부 힘으로 회전시키면, 코일에 기전력이 유도된다. (b) 고리에 유도되는 교류 기전력 대 시간의 그래프

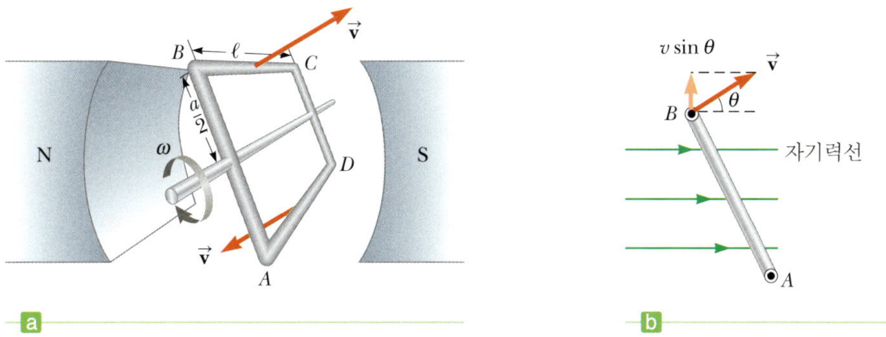

그림 20.10 (a) 외부 자기장 안에서 일정한 각속도로 회전하는 고리. 고리에 유도되는 기전력은 시간에 대해 사인형으로 변한다. (b) 회전하는 고리를 옆에서 본 모습

향해 떨어지는 물이 터빈을 회전시키고, 화력 발전소에서는 석탄을 태워 얻은 열이 물을 수증기로 만들고, 이 수증기가 터빈을 회전시킨다. 고리가 회전함에 따라서 고리를 통과하는 자기선속은 시간에 따라 변하므로 외부 회로에 기전력과 전류를 유도한다. 고리의 양쪽 끝은 고리와 함께 회전하는 미끄럼 고리에 연결되어 있고, 외부 회로와는 미끄럼 고리와 접촉하고 있는 고정된 브러시를 통해서 연결된다.

회전하는 고리에서 생성되는 기전력은 운동 기전력 $\mathcal{E} = B\ell v$를 이용하여 표현할 수 있다. 그림 20.10a는 오른쪽으로 향한 자기장 내에서 시계 방향으로 회전하는 도선 고리를 나타낸 것이다. 도선 AB와 CD에 있는 전하에 작용하는 자기력(qvB)은 도선의 길이 방향이 아니다(이들 도선 내부에 있는 전자들에 작용하는 힘은 도선과 수직이다). 그러므로 도선 BC와 AD에서만 기전력이 생성된다. 어떤 순간에도 도선 BC는 그림 20.10b에 보인 것과 같이 자기장과 어떤 각도 θ를 이루며 속도 $\vec{\mathbf{v}}$를 가진다(자기장과 평행한 속도 성분은 도선의 전자에 영향을 미치지 못하는 반면, 자기장에 수직인 속도 성분은 전자를 C에서 B로 움직이도록 자기력을 작용한다는 점에 주목하라). 도선 BC에서 얻은 기전력은 $B\ell v_\perp$이고, 여기서 ℓ과 $v_\perp$는 각각 도선의 길이와 자기장에 수직인 속도 성분이다. 도선 DA에서 생성되는 기전력 $B\ell v_\perp$는 도선 BC에서 생성되는 기전력과 같다. $v_\perp = v\sin\theta$이므로 전체 유도 기전력은 다음과 같다.

$$\mathcal{E} = 2B\ell v_\perp = 2B\ell v\sin\theta \qquad [20.6]$$

고리가 일정한 각속력 ω로 회전하면 식 20.6에 $\theta = \omega t$를 대입할 수 있다. 뿐만 아니라 도선 BC와 DA 상의 모든 점이 회전축 주위로 일정한 각속력 ω로 회전하므로 $v = r\omega = (a/2)\omega$가 된다. 여기서 a는 변 AB와 CD의 길이이다. 그러므로 식 20.6은 다음과 같이 요약될 수 있다.

$$\mathcal{E} = 2B\ell\left(\frac{a}{2}\right)\omega\sin\omega t = B\ell a\omega\sin\omega t$$

도선의 감은 수가 N이라면, 각각의 고리에 같은 크기의 유도 기전력이 발생하므로 기전력은 N배가 된다. 고리의 넓이가 $A = \ell a$이므로 전체 기전력은

$$\mathcal{E} = NBA\,\omega\sin\omega t \qquad [20.7]$$

가 된다. 이 결과는 그림 20.9b와 같이 기전력이 시간에 대해서 사인형으로 변하는 것

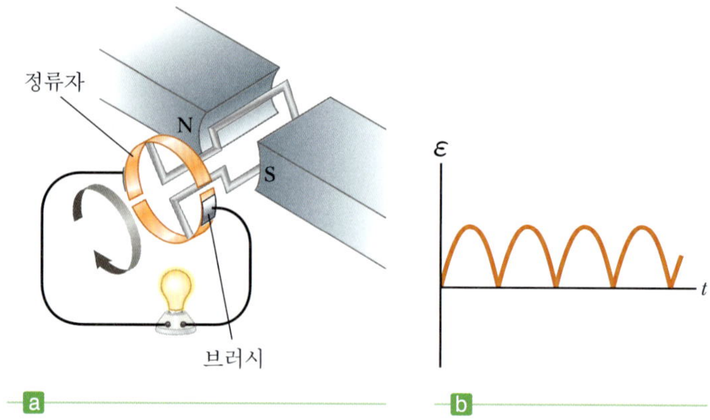

그림 20.11 (a) 직류 발전기의 개략도, (b) 기전력의 크기는 변하나 극은 항상 같다.

을 보여준다.

우리나라, 미국, 캐나다 등에서 상업용 발전기의 회전 진동수는 60 Hz이며 유럽의 일부 국가들은 50 Hz를 사용한다.

그림 20.11a는 **직류 발전기**(DC generator)의 구조이다. 회전하는 고리가 분할 고리, 혹은 정류자에 접촉하고 있다는 것 외에는 구성 요소가 본질적으로 교류 발전기와 동일하다. 이 구조의 출력 전압은 항상 같은 극성을 가지며, 전류는 그림 20.11b와 같이 맥동하는 직류이다. 이것은 분할 고리에 접촉하는 회전 고리가 반 주기마다 바뀌기 때문이다. 그와 동시에 유도 기전력의 극성도 함께 바뀐다. 따라서 분할 고리의 극성은 계속 같은 상태로 남는다.

예제 20.4

문제 도선을 8번 감은 고리로 구성된 교류 발전기가 있다. 고리의 단면의 넓이는 $A = 0.090\,0\ \text{m}^2$이며, 전체 저항은 12.0 Ω이다. 이 고리가 0.500 T의 자기장 내에서 60.0 Hz의 일정한 진동수로 회전하고 있다. **(a)** 최대 유도 기전력을 구하라. **(b)** 최대 유도 전류를 구하라. **(c)** 유도 기전력과 전류는 시간에 따라 어떻게 변하는가?

풀이 **(a)** 최대 유도 기전력을 구한다.

먼저 회전 운동의 각진동수를 계산한다.

$$\omega = 2\pi f = 2\pi(60.0\ \text{Hz}) = 377\ \text{rad/s}$$

식 20.8에 N, A, B, ω를 대입하면 최대 유도 기전력을 구한다.

$$\mathcal{E}_{\text{최대}} = NAB\omega = 8(0.090\,0\ \text{m}^2)(0.500\ \text{T})(377\ \text{rad/s}) = \boxed{136\ \text{V}}$$

(b) 최대 유도 전류를 구한다.

최대 유도 기전력 $\mathcal{E}_{\text{최대}}$와 저항 R을 옴의 법칙에 대입하여 최대 유도 전류를 구한다.

$$I_{\text{최대}} = \frac{\mathcal{E}_{\text{최대}}}{R} = \frac{136\ \text{V}}{12.0\ \Omega} = \boxed{11.3\ \text{A}}$$

(c) 시간에 따른 유도 기전력과 전류를 결정한다.

식 20.7에 $\mathcal{E}_{\text{최대}}$와 ω를 대입하여 시간에 따른 $\mathcal{E}$의 변화를 얻는다.

$$\mathcal{E} = \mathcal{E}_{\text{최대}} \sin \omega t = \boxed{(136\ \text{V}) \sin 377\,t}$$

여기서 t는 시간이며 단위는 초이다.

전류의 시간 변화는 다음과 같다.

$$I = \boxed{(11.3\ \text{A}) \sin 377t}$$

20.5 자체 유도 계수

그림 20.12에서와 같이 스위치, 저항기, 전원으로 구성된 회로에서 스위치가 닫힐 때 전류는 영에서 순간적으로 최댓값 ε/R로 변하지 않는다. 전자기 유도 법칙인 패러데이의 법칙에 의해 그렇게 되지 않는다. 그 대신에 다음과 같은 일들이 생긴다. 시간이 지남에 따라 전류가 증가하고, 이 전류 때문에 고리를 통과하는 자기선속 역시 증가한다. 자기선속의 증가는 선속의 변화에 반대하는 기전력을 회로에 유도한다. 렌츠의 법칙에 의해 유도된 기전력은 그림에서 점선으로 표시한 방향으로 유도된다. 저항기 양단의 알짜 전위차는 전원의 기전력에서 유도 기전력을 뺀 값이다. 전류의 크기가 증가함에 따라, 전류의 증가율은 줄어들고 따라서 유도 기전력도 감소하게 된다. 역방향으로 작용하는 유도 기전력의 감소로 인하여 전류가 서서히 증가하게 된다. 같은 원리에 의해 스위치가 열릴 때에도 전류는 서서히 감소하여 영이 된다. 회로를 통과하는 자기선속의 변화가 회로 자체에서 일어나기 때문에, 이 효과를 **자체 유도**(self-induction)라고 하고, 이때 회로에 형성되는 기전력을 **자체 유도 기전력**(self-induced emf)이라 한다.

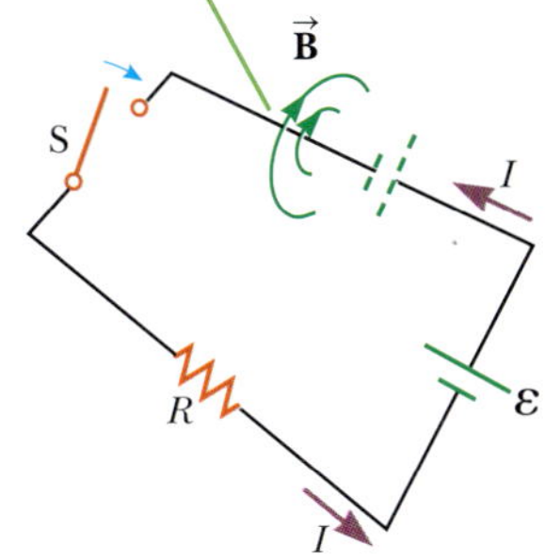

그림 20.12 회로의 스위치가 닫히면 전류는 고리를 통과하는 자기선속을 생성한다. 전류가 평형값까지 증가하는 동안, 선속은 시간에 따라 변하고 고리에는 기전력이 유도된다. 점선으로 그린 전원 기호는 자체 유도 기전력의 방향을 표시하기 위한 것이다.

자체 유도의 두 번째 예로 그림 20.13과 같이 원기둥 철심에 코일이 감긴 경우를 생각해 보자(실제 장치에는 코일이 수백 번 감겨 있다). 이때 전류는 시간에 따라 변한다고 가정하자. 전류가 그림과 같은 방향으로 흐르면 코일 내부에 형성되는 자기장은 오른쪽에서 왼쪽으로 향한다. 그 결과 자기선속의 일부는 코일의 단면의 넓이를 통과하여 코일에 유도 기전력을 발생시킨다. 시간에 따라 전류가 변하므로 코일을 통과하는 선속이 변하여 코일에 기전력을 유도시킨다. 렌츠의 법칙을 적용하면 이 유도 기전력은 전류의 변화에 대해 반대하는 방향으로 정해진다. 즉, 전류가 증가하면 유도 기전력은 그림 20.13b와 같이 나타나고, 전류가 감소하면 그림 20.13c와 같이 나타난다.

식 20.2에 따라 유도 기전력은

$$\varepsilon = -N\frac{\Delta\Phi_B}{\Delta t}$$

로 주어진다. 자기선속은 자기장에 비례하고 자기장은 코일에 흐르는 전류에 비례한다. 따라서 **자체 유도 기전력은 시간에 대한 전류의 변화율에 비례해야 한다.** 즉,

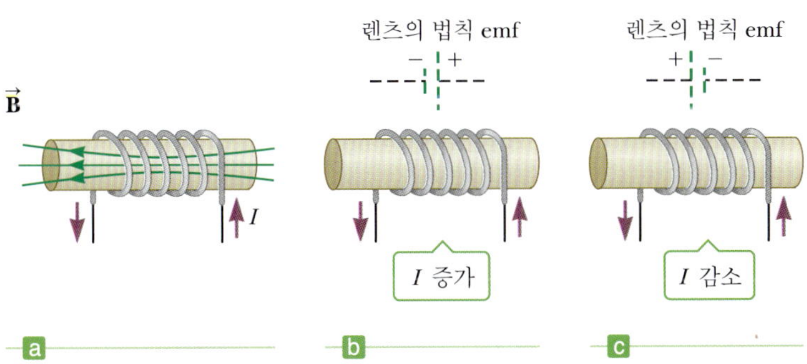

그림 20.13 (a) 코일에 흐르는 전류는 왼쪽으로 향하는 자기장을 생성한다. (b) 전류가 증가하면, 코일은 점선으로 표시한 전지와 같은 방향의 전원처럼 작용한다. (c) 전류가 감소하면, 기전력의 극이 바뀐다. 점선으로 된 전지 기호는 코일에 유도되는 기전력을 나타낸다.

헨리 Joseph Henry, 1797~1878
미국의 물리학자

헨리는 스미스소니언협회의 초대 원장과 자연과학협회의 초대 회장을 지냈다. 미국 뉴욕 주에 있는 알바니 대학의 교수였던 그는, 자기장으로 전류를 만드는 것을 처음으로 성공하였지만, 강의 부담이 많아 연구 결과는 패러데이보다 늦게 발표하였다. 그는 전자석을 개선하였고, 최초의 전동기 중의 하나를 제작하였다. 또한 자체 유도 현상을 발견하였다. 유도 계수의 단위인 헨리는 그를 기념하여 붙인 것이다.

$$\varepsilon \equiv -L\frac{\Delta I}{\Delta t} \qquad [20.9]$$

이고, 여기서 L은 비례 상수로서 **유도 계수**(inductance)라고 부른다. 음의 부호는 전류의 변화에 반대되는 방향으로 기전력이 유도된다는 뜻이다.

코일의 유도 계수는 코일의 단면의 넓이 등 여러 가지 기하적인 요소에 의해서 결정된다. 유도 계수의 SI 단위는 **헨리**(henry, H)이며, 식 20.9로부터 1 V · s/A와 같다, 즉,

$$1\,\mathrm{H} = 1\,\mathrm{V \cdot s/A}$$

이다.

L에 대한 식을 구하기 위하여 식 20.2와 20.9를 같다고 놓는 것이 때때로 편리하다.

$$N\frac{\Delta\Phi_B}{\Delta t} = L\frac{\Delta I}{\Delta t}$$

$$L = N\frac{\Delta\Phi_B}{\Delta I} = \frac{N\Phi_B}{I} \qquad [20.10]$$

솔레노이드의 유도 계수를 구해 보자. 길이가 ℓ이고, 도선이 균일하게 N번 감긴 솔레노이드가 있다. ℓ은 솔레노이드의 반지름에 비해서 매우 크고, 내부는 비어있다고 가정한다. 내부 자기장은 균일하고 식 19.16으로 주어진다.

$$B = \mu_0 nI = \mu_0\frac{N}{\ell}I$$

여기서 $n = N/\ell$은 도선의 단위 길이당 감은 수이다. 따라서 각 도선을 통과하는 자기선속은

$$\Phi_B = BA = \mu_0\frac{N}{\ell}AI$$

이며, 여기서 A는 솔레노이드의 단면의 넓이이다. 이 식과 식 20.10으로부터,

$$L = \frac{N\Phi_B}{I} = \frac{\mu_0 N^2 A}{\ell} \qquad [20.11a]$$

를 얻을 수 있다. 이 식으로부터 L은 ℓ, A, μ_0 등과 같은 기하학적인 요소에 관계되어 있고, 감은 도선 수의 제곱에 비례함을 알 수 있다. $N = n\ell$이기 때문에 이 식을 다음과 같이 나타낼 수 있다.

$$L = \mu_0\frac{(n\ell)^2}{\ell}A = \mu_0 n^2 A\ell = \mu_0 n^2 V \qquad [20.11b]$$

여기서 $V = A\ell$은 솔레노이드의 부피이다.

예제 20.6

문제 **(a)** 길이가 25.0 cm, 단면의 넓이가 $4.00 \times 10^{-4}\ \text{m}^2$, 도선의 감은 수가 300인 솔레노이드의 유도 계수를 구하라. **(b)** (a)에서 전류가 50.0 A/s의 비로 감소할 때 솔레노이드에 유도되는 자체 기전력은 얼마인가?

풀이 **(a)** 솔레노이드의 유도 계수를 계산한다.

식 20.11a에 감은수 N, 넓이 A, 길이 ℓ을 대입하여 유도 계수를 구한다.

$$L = \frac{\mu_0 N^2 A}{\ell}$$

$$L = (4\pi \times 10^{-7}\ \text{T}\cdot\text{m/A})\frac{(300)^2(4.00 \times 10^{-4}\ \text{m}^2)}{25.0 \times 10^{-2}\ \text{m}}$$

$$= 1.81 \times 10^{-4}\ \text{T}\cdot\text{m}^2/\text{A} = \boxed{0.181\ \text{mH}}$$

(b) 솔레노이드의 자체 유도 기전력을 계산한다.

식 20.9에 L과 $\Delta I/\Delta t = -50.0$ A/s를 대입하여 자체 유도 기전력을 구한다.

$$\mathcal{E} = -L\frac{\Delta I}{\Delta t} = -(1.81 \times 10^{-4}\ \text{H})(-50.0\ \text{A/s})$$

$$= \boxed{9.05\ \text{mV}}$$

20.6 *RL* 회로

인덕터(inductor)는 촘촘하게 많이 감은 코일과 같이 유도 효과가 매우 큰 전기 소자를 말한다. 인덕터의 회로 기호는 —ꝏ— 이다.

회로에서 인덕터의 효과를 이해하기 위하여 그림 20.14에 보인 두 회로를 비교해 보자. 그림 20.14a는 전원과 저항기로 이루어진 회로이다. 이 회로에 키르히호프의 법칙을 적용하면 $\mathcal{E} - IR = 0$이고, 저항기 양단의 전압 강하는

$$\Delta V_R = -IR \qquad [20.12]$$

이 된다. 이 식으로부터 **저항은 전류의 흐름을 방해하는 척도**로 이해할 수 있다. 이제 전원과 인덕터로 이루어진 그림 20.14b의 회로를 보자. $IR = 0$이기 때문에 스위치가 닫히는 순간, 코일에 발생한 역기전력은 전원의 기전력과 같다. 따라서

$$\mathcal{E}_L = -L\frac{\Delta I}{\Delta t} \qquad [20.13]$$

이다. 이 식으로부터 ***L*은 전류의 변화를 방해하는 척도**로 이해할 수 있다.

그림 20.15는 전원, 저항기, 인덕터로 이루어진 회로이다. $t = 0$인 순간 스위치가 닫혔다고 가정하자. 전류는 증가하기 시작하지만 인덕터에서는 전류의 증가를 방해하

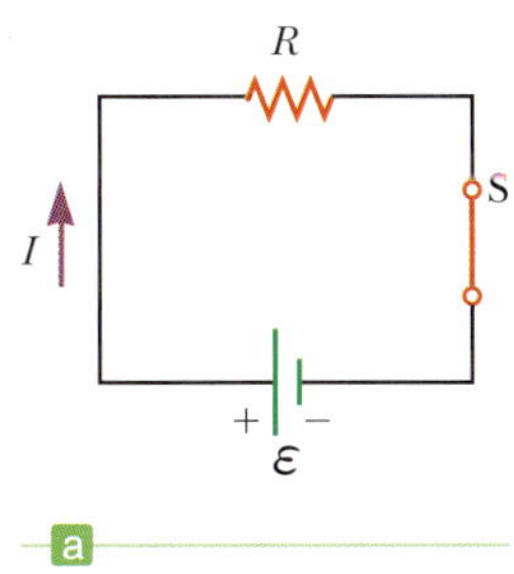

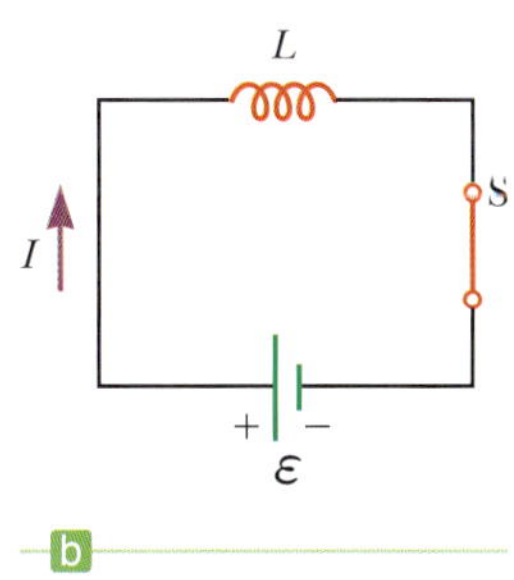

그림 20.14 인덕터와 저항기의 효과를 비교하기 위한 간단한 회로

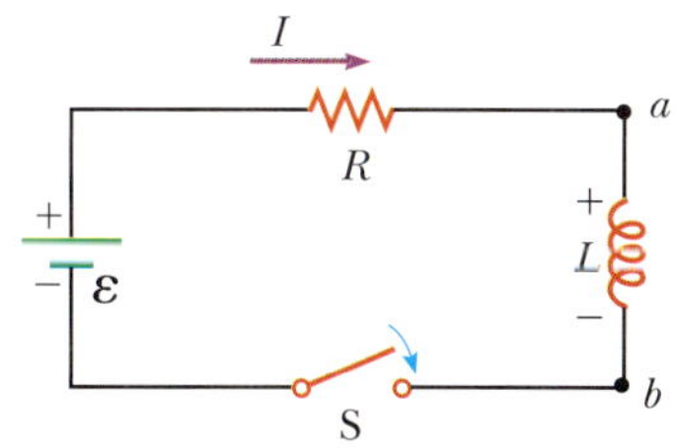

그림 20.15 직렬 *RL* 회로. 전류가 최댓값으로 증가함에 따라 인덕터는 전류의 증가를 방해하는 방향으로 유도 기전력을 생성한다.

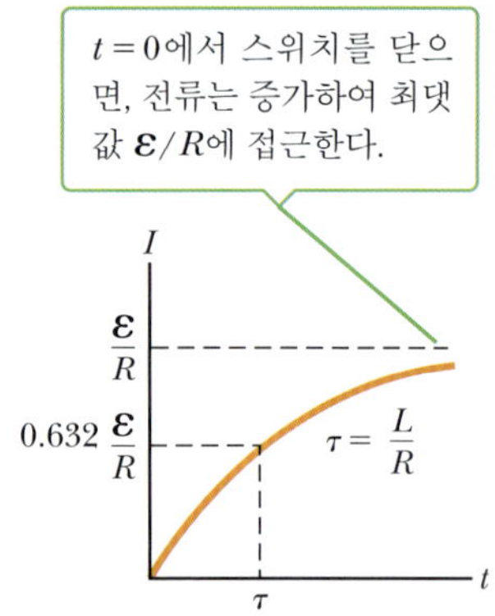

그림 20.16 그림 20.15에 보인 RL 회로에서 시간에 따른 전류의 변화. $t=0$에서 스위치를 닫으면 전류는 최댓값인 $\mathcal{E}/R$까지 증가한다. 시간 상수 τ는 최댓값의 63.2 %에 이르는 데까지 걸리는 시간이다.

는 유도 기전력을 생성한다. 그러므로 전류는 영에서 최대 전류인 $\mathcal{E}/R$까지 순간적으로 증가하지 못한다. 식 20.13으로부터 전류가 가장 빨리 변할 때, 유도 기전력이 최대가 됨을 알 수 있고 이것은 스위치가 닫히는 순간에 해당된다. 전류가 정상 상태의 값에 접근함에 따라 전류가 천천히 변하기 때문에, 코일에 유도되는 역기전력도 점점 감소한다. 전류가 정상 상태의 값에 이르렀을 때 전류의 변화율은 영이고 따라서 역기전력도 영이 된다. 그림 20.16은 회로에 흐르는 전류를 시간에 따라 표현한 것이다. RL 회로에서 **시간 상수**(time constant) τ는 전류가 정상 전류값인 $\mathcal{E}/R$의 63.2 %에 도달하는 데까지 걸리는 시간이다. 즉, RL 회로에서 시간 상수는

$$\tau = \frac{L}{R} \qquad [20.14]$$

이다.

$$I = \frac{\mathcal{E}}{R}(1 - e^{-t/\tau}) \qquad [20.15]$$

시간 $t=0$에서 스위치는 닫힌 상태이며 전류는 영이다. 그 후 시간이 경과하면서 어떤 최댓값에 도달하게 된다.

예제 20.7

문제 12.6 V의 전지는 그림 20.15와 같이 30.0 mH의 인덕터와 0.150 Ω의 저항기에 연결되어 있다. $t=0$일 때 스위치를 닫았다. **(a)** 회로의 시간 상수를 구하라. **(b)** 시간 상수만큼 경과한 순간의 전류를 구하라. **(c)** $t=0$과 $t=$ 시간 상수일 때, 저항기에 걸리는 전압 강하를 구하라.

풀이 **(a)** 회로의 시간 상수를 구한다.

식 20.14에 유도 계수 L과 저항 R을 대입하여 시간 상수를 구한다.

$$\tau = \frac{L}{R} = \frac{30.0 \times 10^{-3}\,\mathrm{H}}{0.150\,\Omega} = \boxed{0.200\,\mathrm{s}}$$

(b) 시간 상수 경과 후의 전류를 구한다.

옴의 법칙을 사용하여 여러 배의 시간 상수만큼 경과 후의 전류의 나중 값을 계산한다.

$$I_{최대} = \frac{\mathcal{E}}{R} = \frac{12.6\,\mathrm{V}}{0.150\,\Omega} = 84.0\,\mathrm{A}$$

시간 상수 후 전류는 나중 값의 63.2 %로 증가한다.

$$I_{1\tau} = (0.632)I_{최대} = (0.632)(84.0\,\mathrm{A}) = \boxed{53.1\,\mathrm{A}}$$

(c) $t=0$과 $t=$ 시간 상수일 때 저항기에 걸리는 전압 강하를 구한다.

처음에 회로의 전류는 영이다. 그래서 옴의 법칙으로부터 저항기에 걸리는 전압은 영이다.

$$\Delta V_R = IR$$

$$\Delta V_R(t = 0\,\mathrm{s}) = (0\,\mathrm{A})(0.150\,\Omega) = \boxed{0}$$

옴의 법칙을 사용하여 시간 상수 후에 저항기에 걸리는 전압 강하의 크기를 구한다.

$$\Delta V_R(t = 0.200\,\mathrm{s}) = (53.1\,\mathrm{A})(0.150\,\Omega) = \boxed{7.97\,\mathrm{V}}$$

20.7 자기장에 저장된 에너지

인덕터에 의해 유도된 기전력은 전지가 회로에 전류를 순간적으로 흐르게 하는 것을 방해한다. 전지는 전류를 흘리기 위해 일을 해야 하며, 이 전류를 생산하는 데 소요된 일이 인덕터에 자기장 형태의 에너지로 저장되었다고 볼 수 있을 것이다. 인덕터에 저장된 에너지를 다음과 같이 구할 수 있다.

$$PE_L = \frac{1}{2}LI^2 \qquad [20.16]$$

예제 20.8

문제 12.0 V 전지는 25.0 Ω의 저항기와 5.00 H의 인덕터로 직렬 연결되어 있다. **(a)** 회로에서 최대 전류를 구하라. **(b)** 이때 인덕터에 저장된 에너지를 구하라.

풀이 **(a)** 회로에서 최대 전류를 구한다.
회로에 키르히호프의 전압 법칙을 적용한다.

$$\Delta V_{전지} + \Delta V_R + \Delta V_L = 0$$

$$\mathcal{E} - IR - L\frac{\Delta I}{\Delta t} = 0$$

최대 전류에 도달했을 때, $\Delta I/\Delta t = 0$이다. 그래서 인덕터에 걸리는 전압 강하는 영이다. 최대 전류 $I_{최대}$에 대하여 푼다.

$$I_{최대} = \frac{\mathcal{E}}{R} = \frac{12.0\ \text{V}}{25.0\ \Omega} = 0.480\ \text{A}$$

(b) 이때 인덕터에 저장된 에너지를 구한다.
식 20.16에 알고 있는 값들을 대입한다.

$$PE_L = \frac{1}{2}LI_{최대}^2 = \frac{1}{2}(5.00\ \text{H})(0.480\ \text{A})^2 = 0.576\ \text{J}$$

연습문제

1. 반지름이 12.0 cm인 둥근 고리가 일정한 자기장에 놓여 있다. (a) 자기장이 고리 면에 수직으로 지나고 고리를 통과하는 자기선속의 크기가 $8.00 \times 10^{-3}\ \text{T}\cdot\text{m}^2$일 때, 자기장의 세기는 얼마인가? (b) 자기장이 고리 면과 평행할 때, 고리를 통과하는 자기선속은 얼마인가?

2. 크기가 8.0 cm × 12 cm인 사각형 모양의 도선에 0.50 T의 자기장이 수직으로 통과한다. 이 사각형 도선을 통과하는 자기선속을 구하라.

3. 반지름이 0.010 m인 원형 코일의 지름을 따라 2.0 A의 전류가 흐르는 긴 직선 도선이 놓여 있다. (a) 이 코일을 통과하는 전체 자기선속을 구하라. (b) 만약 직선 도선이 코일 면의 중심에 대해 수직으로 통과한다면, 코일을 통과하는 전체 자기선속은 얼마인가?

4. 반지름이 0.30 m인 고리가 크기가 0.30 T이고 고리 면에 수직으로 지나는 외부 자기장이 있는 곳에 놓여 있다. 자기장은 방향이 180° 바뀌면서 1.5 s 동안에 0.20 T로 감소한다. 이 시간 동안에 고리에 유도되는 평균 기전력의 크기를 구하라.

5. 그림 P20.5에서처럼 막대자석이 전류 코일 가까이에 놓여 있다. 자석이 (a) 왼쪽으로, (b) 오른쪽으로 각각 움직일 때 저항기에 흐르는 전류의 방향을 구하라.

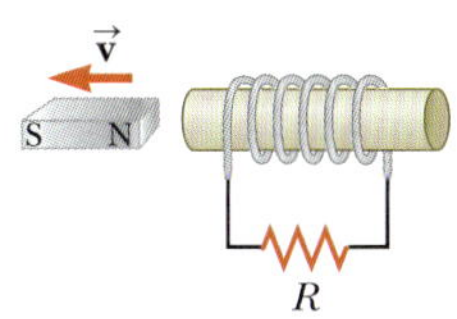

그림 P20.5

6. 그림 P20.6a에서처럼 전류가 흐르는 긴 직선 도선 바로 밑에 원형 도선 고리가 있다. (a) 유도 전류가 있다면 그 방향은 어떻게 되는가? (b) 그림 P20.6b에서처럼 도선 고리가 직선 도

선 옆에 놓여 있다. 이 경우 유도 전류가 있다면 그 방향은 어떻게 되는가? 각각에 대해 이유를 설명하라.

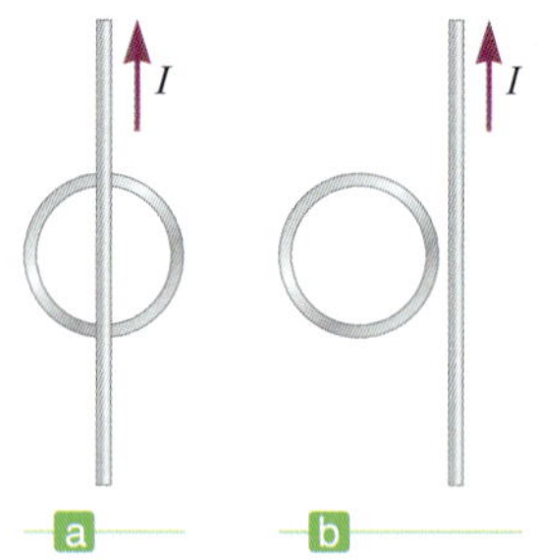

그림 P20.6

7. 너비가 2.00 m인 소형 트럭이 있다. 트럭이 북쪽을 향해 37 m/s의 속력으로 달린다. 트럭이 달리는 곳에서의 지구 자기장의 연직 성분의 크기가 35 μT 이라면, 트럭 운전수와 그 옆에 앉은 승객 사이의 유도 기전력의 크기는 얼마인가?

8. 길이 15.0 m의 강철 빔을 실은 어떤 트럭이 고속도로를 달리고 있다. 사고로 인해 강철 빔이 쏟아져 나와 수평으로 25.0 m/s의 속력으로 길 위로 미끄러지고 있다. 동서 방향으로 놓여 있던 빔의 질량 중심의 속도는 북쪽을 향하고 있다. 그곳에서의 지구 자기장의 연직 성분의 크기는 35.0 μT 이다. 강철 막대 양단 사이의 유도 기전력의 크기는 얼마인가?

9. 한 변의 길이가 2.80 cm인 정사각형 도선 코일이 1.25 T의 균일한 자기장 내에 놓여 있다(그림 P20.9). 자기장은 종이면으로 들어가는 방향이며, 28.0번 감긴 코일의 저항은 0.780 Ω이다. 그림에 나타나 있는 것처럼 코일이 수평축에 대해 0.335 s 동안 90.0° 회전한다면, (a) 이러한 회전에 의한 평균 유도 기전력과 (b) 코일에 유도되는 전류를 구하라.

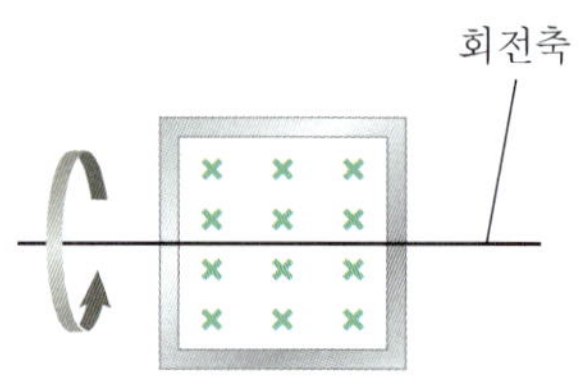

그림 P20.9

10. 건물 밖에 있는 송전선 등에 의해 생기는 아주 약한 교류 자기장이 인체에 끼치는 영향이 어떠한지를 알아내기 위한 과학적인 연구가 현재 진행 중이다. 그중 한 가지는 60 Hz로 진동하는 1.0×10^{-3} T의 자기장으로 적혈구 세포에 자극을 주면 암세포가 될 수도 있다는 것이다. 적혈구 세포의 지름이 8.0 μm 라 할 때, 세포 둘레에 생길 수 있는 최대 유도 기전력을 구하라.

11. 500번 감기고, 크기가 8.0 cm × 20 cm인 직사각형 코일이 0.60 T의 균일한 자기장 내에서 120 rev/min로 회전하고 있는 교류 발전기가 있다. (a) 코일에 유도되는 최대 기전력은 얼마인가? (b) $t = (\pi/32)$ s인 순간에 코일에 유도되는 순간 기전력은 얼마인가? $t = 0$일 때 유도 기전력은 영으로 가정하라. (c) 유도 기전력이 최대가 될 때까지 걸리는 최소 시간은 얼마인가?

12. 반지름이 2.5 cm, 길이가 20 cm, 400번 감긴 솔레노이드가 있다. (a) 유도 계수를 구하라. (b) 75 mV의 유도 기전력을 발생시키는 데 필요한 전류의 시간 변화율은 얼마인가?

13. 어떤 코일에 흐르는 전류가 0.50 s 동안 3.5 A에서 2.0 A로 감소되었다. 코일의 평균 유도 기전력이 12 mV라면 자체 유도 계수는 얼마인가?

14. 전자석은 인덕터와 저항기가 직렬 연결된 것으로 해석할 수 있다. $L = 20.0$ H, $R = 4.50\ \Omega$인 어떤 대형 전자석이 24.0 V의 전지와 스위치에 연결되어 있다(그림 P20.14). 스위치가 닫힌 후, (a) 전자석에 흐를 수 있는 최대 전류, (b) 회로의 시간 상수, (c) 전류가 최댓값의 95.0 %에 도달하는 데 걸리는 시간을 구하라.

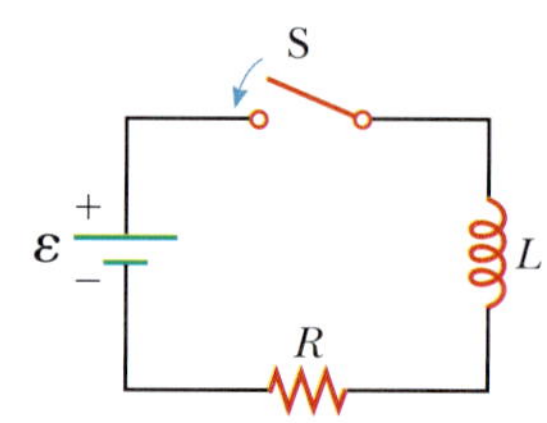

그림 P20.14

15. $L = 2.50$ H이고, 3.00 s 동안 최대 전류의 90.0 %까지 증가하는 RL 회로가 있다. 이 회로의 저항을 계산하라.

16. 각각 $R = 8.0\ \Omega$이고 $L = 4.0$ H인 저항기와 인덕터로 구성된 회로에 24 V의 전원이 직렬로 연결된 RL 회로가 있다. (a) 전류가 최댓값이 되었을 때 인덕터에 저장된 에너지를 구하라. (b) 스위치를 닫은 후 시간 상수만큼 경과한 순간 인덕터에 저장된 에너지를 구하라.

17. (a) 전류가 1.70 A 흐르는 순간에 인덕터에 저장된 에너지가 0.300 mJ이라 할 때 이 인덕터의 유도 계수를 구하라. (b) 3.0 A의 전류가 흐른다면 같은 인덕터에 저장된 에너지는 얼마인가?

© 김영우

대형 전력용 변압기. 교류발전소에서 생산된 전기는 송전하기 전에 발전소 내에 설치된 전력용 변압기를 통해 전압을 높이게 된다. 사진은 발전기에서 출력되는 27 kV의 교류전압을 765 kV로 승압시키는 대형 변압기이다. 765 kV로의 승압은 세계 최고이다.

21 교류 회로와 전자기파

ALTERNATING-CURRENT CIRCUITS AND ELECTROMAGNETIC WAVES

21.1 교류 회로에서의 저항기

교류 회로는 회로 소자와 이들에게 교류 전류를 공급하는 교류 전원이나 교류 발전기를 연결하여 구성된다. 교류 발전기의 출력은 사인파이며 시간에 따라 다음과 같이 변화한다.

$$\Delta v = \Delta V_{최대} \sin 2\pi f t \qquad [21.1]$$

여기서 Δv는 순간 전압, $\Delta V_{최대}$는 교류 발전기의 최대 전압, f는 전압이 변화하는 진동수로서 단위는 헤르츠(Hz)이다. 우선 그림 21.1과 같이 하나의 저항과 교류 전원(기호 —(~)— 로 표시)으로 구성된 간단한 회로를 살펴보자. 저항기 양단에 걸리는 전류와 전압은 그림 21.2와 같이 변한다.

곡선 위의 점 a에서 전류는 양의 방향으로 정의된 한 방향으로 최댓값을 가진다. 점 a와 b 사이에서 전류는 크기가 감소하지만 여전히 양의 방향으로 흐르고 있다. 점 b에서는 전류가 순간적으로 영이 된 후, 점 b와 c 사이에서는 반대 방향(음의 방향)으로 증가한다. 점 c에서 전류는 음의 방향으로 최댓값에 도달한다.

전류와 전압은 동시에 모두 최댓값에 도달하기 때문에 그 둘은 위상이 같다. 또한 **한 주기 동안의 전류의 평균값은 영**임에 주목하라.

전기 에너지가 저항기에서 소모되는 비율인 전력 P를 다음과 같이 정량화할 수 있다.

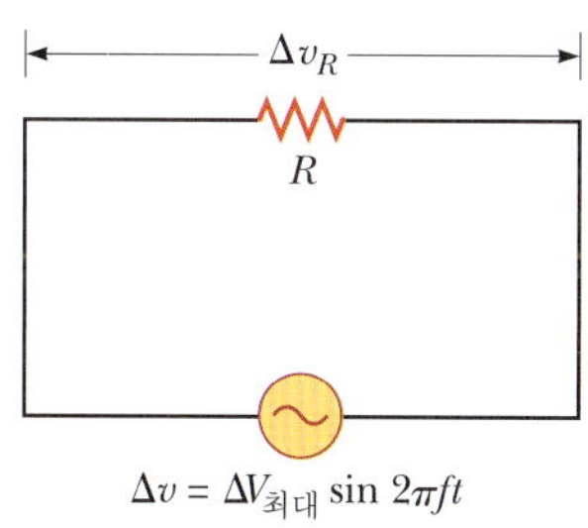

그림 21.1 기호 —(~)— 로 표시되는 교류 발전기에 연결된 저항기 R로 구성된 직렬 회로

그림 21.2 시간에 대한 전류와 저항기 양단에 걸리는 전압 그래프

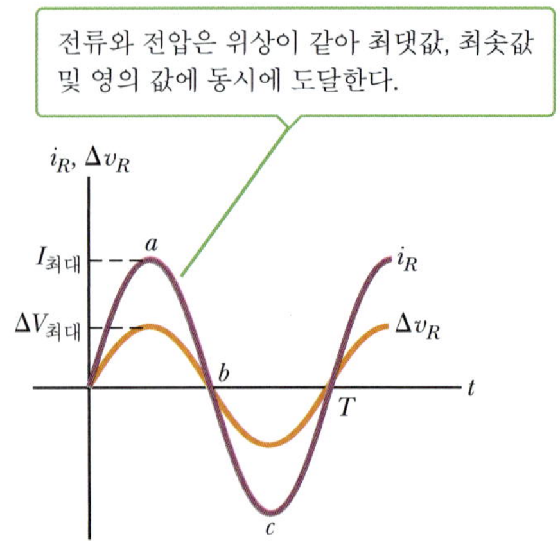

$$P = i^2 R$$

여기서 i는 저항기에 흐르는 **순간** 전류이다. 그림 21.3a에 그려진 것과 같은 모양의 교류 전류 i의 평균값을 구하는 것은 평균이 영이 되기 때문에 의미가 없다. 반면에 rms 전류는 항상 양의 값을 갖는다. rms 전류를 구하기 위해 우선 전류값을 제곱하고 이것의 평균값을 구한 다음, 이 평균값의 제곱근을 취하면 된다. 따라서 rms 전류는 전류 제곱을 평균한 값의 제곱근을 의미한다. i^2은 $I^2_{최대}\sin^2 2\pi ft$로 변하므로 i^2의 평균값은 $\frac{1}{2}I^2_{최대}$이다(그림 21.3b). 그러므로 rms 전류 I_{rms}는 교류 전류의 최댓값 $I_{최대}$와 다음과 같은 관계가 있다.

$$I_{rms} = \frac{I_{최대}}{\sqrt{2}} = 0.707 I_{최대} \quad [21.2]$$

즉, 교류 전류 I에 의해 저항기에서 소모되는 평균 전력은

$$P_{평균} = I^2_{rms} R$$

이다.

교류 전압은 교류 전류의 경우와 동일한 방법으로, rms 전압을 이용하여 잘 설명

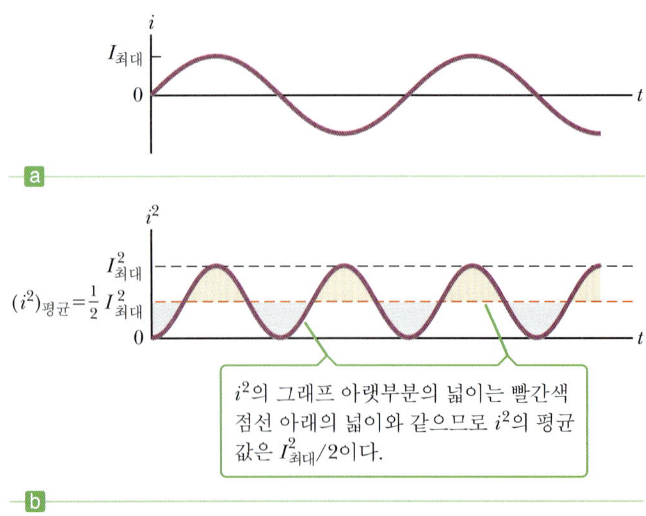

그림 21.3 (a) 저항기에 흐르는 전류를 시간의 함수로 나타낸 그래프, (b) 저항기에 흐르는 전류의 제곱을 시간의 함수로 나타낸 그래프. 이 그래프에서 주황색 영역의 넓이와 회색 영역의 넓이는 같다. 따라서 i^2 곡선의 아랫부분의 넓이는 빨간색 점선 아래의 넓이와 같다. 그러므로 $(i^2)_{평균} = I^2_{최대}/2$이다.

할 수 있다. 즉,

$$\Delta V_{\text{rms}} = \frac{\Delta V_{\text{최대}}}{\sqrt{2}} = 0.707\,\Delta V_{\text{최대}} \tag{21.3}$$

이다. 여기서 ΔV_{rms}는 rms 전압이고 $\Delta V_{\text{최대}}$는 교류 전압의 최댓값이다.

이 장에서는 교류 전류와 교류 전압을 논의할 때는 rms값들을 사용한다. 그런 이유 중의 하나는 교류 전류계와 교류 전압계가 rms값들을 읽도록 설계되어 있기 때문이다.

교류 발전기에 저항기가 연결되어 있는 그림 21.1의 직렬 회로를 생각해 보자. 직류 회로에서와 같이 저항기는 교류 회로에 흐르는 전류를 방해한다. 그러므로 옴의 법칙은 교류 회로에 대해서도 유효하며, 다음과 같은 식이 성립한다.

$$\Delta V_{R,\,\text{rms}} = I_{\text{rms}} R \tag{21.4a}$$

저항기에 걸리는 rms 전압은 회로에 흐르는 rms 전류와 저항의 곱과 같다. 이 식은 전류와 전압의 최댓값들을 사용해도 성립한다.

$$\Delta V_{R,\,\text{최대}} = I_{\text{최대}} R \tag{21.4b}$$

예제 21.1

문제 교류 전원의 출력이 $\Delta v = (2.00 \times 10^2\ \text{V})\sin 2\pi ft$이다. 그림 21.1과 같이 전원은 $1.00 \times 10^2\ \Omega$인 저항기에 연결되어 있다. 저항기에서 rms 전압과 rms 전류를 구하라.

풀이 출력에 대해 주어진 표현식과 일반적인 표현식을 비교하여 최대 전압을 얻는다.

$$\Delta v = (2.00 \times 10^2\ \text{V})\sin 2\pi ft \qquad \Delta v = \Delta V_{\text{최대}} \sin 2\pi ft$$

$$\rightarrow \Delta V_{\text{최대}} = 2.00 \times 10^2\ \text{V}$$

이 결과를 식 21.3에 대입하여 전원의 rms 전압을 구한다.

$$\Delta V_{\text{rms}} = \frac{\Delta V_{\text{최대}}}{\sqrt{2}} = \frac{2.00 \times 10^2\ \text{V}}{\sqrt{2}} = 141\ \text{V}$$

이 결과를 옴의 법칙에 대입하여 rms 전류를 구한다.

$$I_{\text{rms}} = \frac{\Delta V_{\text{rms}}}{R} = \frac{141\ \text{V}}{1.00 \times 10^2\ \Omega} = 1.41\ \text{V}$$

21.2 교류 회로에서의 축전기

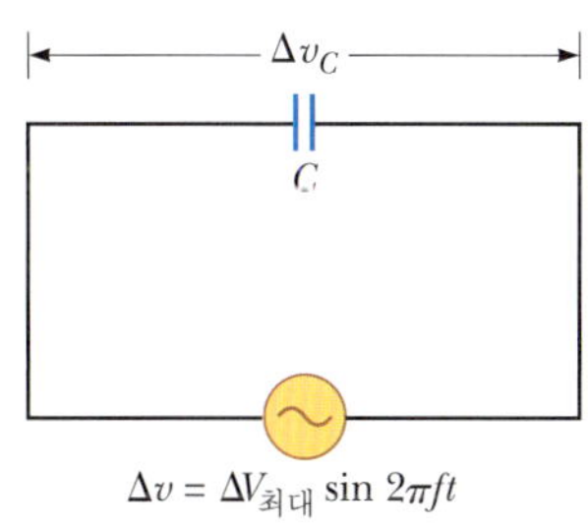

그림 21.4 교류 발전기에 연결된 축전기 C로 구성된 직렬 회로

그림 21.4에 있는 축전기가 교류 발전기에 연결된 간단한 직렬 회로를 생각하자. 그림 21.5는 이 곡선들이다. 먼저 a에서 b까지 전류 부분은 전류가 상당히 큰 값에서 출발했음에 주목하자. $t = 0$에서 축전기에는 전하가 없었으므로 이 순간에 전하의 흐름을 방해하는 것은 도선의 저항밖에 없으므로 전류의 크기가 큰 것은 이해할 수 있다. 그러나 전압 곡선에서 c에서부터 d로 축전기 양단의 전압이 증가하면 전류는 감소한다. 전압이 점 d에 이르게 되면, 전류는 흐름 방향을 바꾸어 반대 방향으로 증가하

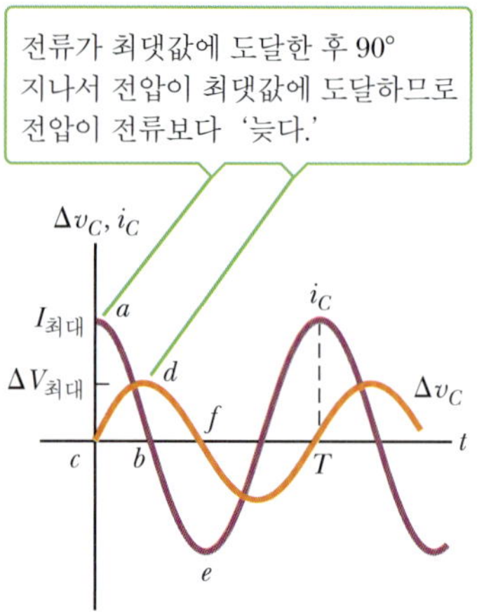

그림 21.5 교류 회로에서 시간에 대한 전류와 축전기 양단의 전압 그래프

기 시작한다(전류 곡선에서 점 b에서 e). 이 시간 동안 축전기 양단의 전압은 d에서 f로 감소한다. 그 이유는 앞서 축적된 전하들을 판에서 잃기 때문이다. 전압과 전류 양쪽에 대한 주기의 나머지 부분은 처음 반 주기 동안에 일어났던 것들의 반복이다. 전류 곡선 위 점 e에서 반대 방향으로 전류가 최댓값에 도달하고 축전기 양단의 전압이 증가하면 다시 전류는 감소한다.

그림 21.5에서 축전기 양단에 교류 전압이 걸리면, 전류가 최댓값에 도달하고 난 후 1/4 주기 뒤에 교류 전압이 최댓값에 도달한다. 이때 **축전기 양단의 전압은 전류보다 위상이 항상 90° 늦다**고 말한다.

교류 회로에서 전류에 대한 축전기의 방해 효과는 **용량 리액턴스**(capacitive reactance) X_C라고 부르는 인자로 표현되며, 다음과 같이 정의된다.

$$X_C \equiv \frac{1}{2\pi f C} \qquad [21.5]$$

여기서 C의 단위가 패럿(F)이고 f가 헤르츠(Hz)이면, X_C의 단위는 옴(Ω)이다. $2\pi f = \omega$는 각진동수임에 주목하라.

다음 식은 회로에 있는 rms 전압과 rms 전류를 용량 리액턴스에 관련시키는 식이다.

$$\Delta V_{C,\,\mathrm{rms}} = I_{\mathrm{rms}} X_C \qquad [21.6]$$

예제 21.2

문제 8.00 μF 의 축전기가 rms 전압이 1.50×10^2 V이고 진동수가 60.0 Hz인 교류 발전기 단자에 연결되어 있다. 회로에서 용량 리액턴스와 rms 전류를 구하라.

풀이 식 21.5에 f와 C의 값을 대입한다.

$$X_C = \frac{1}{2\pi f C} = \frac{1}{2\pi(60.0\ \mathrm{Hz})(8.00 \times 10^{-6}\ \mathrm{F})} = 332\ \Omega$$

rms 전압과 X_C값을 식 21.6에 대입하여 rms 전류를 구한다.

$$I_{\mathrm{rms}} = \frac{\Delta V_{C,\,\mathrm{rms}}}{X_C} = \frac{1.50 \times 10^2\ \mathrm{V}}{332\ \Omega} = 0.452\ \mathrm{A}$$

21.3 교류 회로에서의 인덕터

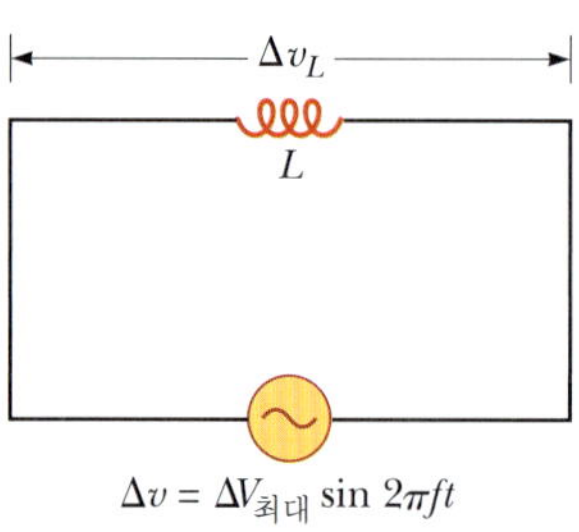

그림 21.6 교류 발전기에 연결된 인덕터 L로 구성된 직렬 회로

그림 21.6과 같이 교류 전원 단자에 인덕터 하나만 연결된 교류 회로를 생각해 보자. 발전기에서 출력 전류가 시간에 따라 변하면 역기전력이 발생하여 코일에서 전류를 방해한다. 역기전력의 크기는

$$\Delta v_L = L\frac{\Delta I}{\Delta t} \qquad [21.7]$$

이다. 교류 회로에 있는 코일의 유효 저항은 **유도 리액턴스**(inductive reactance) X_L이라고 하는 양으로 표현된다. 즉

$$X_L \equiv 2\pi f L \qquad [21.8]$$

이다. 여기서 f의 단위가 헤르츠(Hz), L의 단위가 헨리(H)이면, X_L의 단위는 옴(Ω)이다.

코일이나 인덕터에 걸린 전압에 대하여 옴의 법칙과 같은 형태의 방정식을 쓸 수 있다. 즉,

$$\Delta V_{L,\,\text{rms}} = I_{\text{rms}} X_L \qquad [21.9]$$

여기서 $\Delta V_{L,\,\text{rms}}$는 코일 양단 간의 rms 전압이고, I_{rms}는 코일에 흐르는 rms 전류이다.

그림 21.7은 코일에 걸린 순간 전압과 순간 전류를 시간의 함수로 나타내고 있다. 이런 경우를 **인덕터 양단 사이의 전압은 전류보다 위상이 항상 90° 앞선다**고 말한다.

전류 곡선의 점 a에서 전류는 양의 방향으로 증가하기 시작한다. 이 순간에 전류의 변화율 $\Delta I/\Delta t$(전류 곡선의 기울기)는 최대가 되고, 식 21.7로부터 인덕터에 걸리는 전압 역시 이 순간 최대가 된다. 곡선 상의 점 a와 b 사이에서 전류가 증가함에 따라 $\Delta I/\Delta t$는 점점 감소하여 점 b에서 영이 된다. 결과적으로 전압 곡선상의 c와 d 사이에 나타나 있는 것처럼, 이 시간 동안에 인덕터에 걸린 전압은 감소한다. 점 b를 지난 직후, 전류는 감소하기 시작한다. 그러나 전류의 방향은 앞의 1/4 주기 동안과 같다. 전류가 감소하여 영으로 접근하면(곡선의 b와 e 사이), 전압이 코일에 다시 유도된다(d와 f 사이). 그러나 이 전압의 극성은 c와 d 사이에서 유도된 전압의 극성과 반대이다. 이는 역기전력은 전류의 변화에 항상 반대로 발생하기 때문이다.

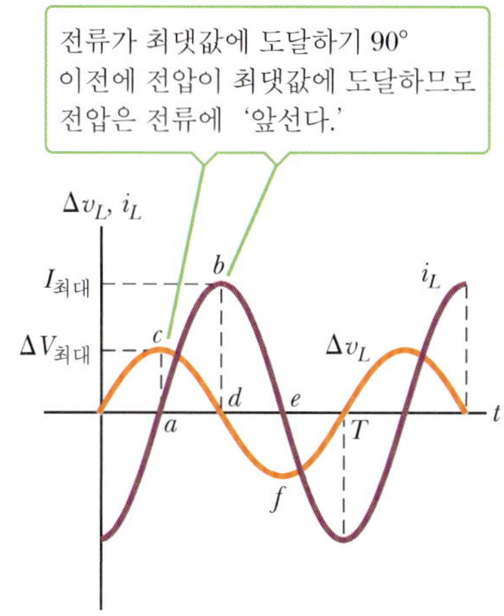

그림 21.7 교류 회로에서 시간에 대한 전류와 인덕터 양단의 전압 그래프

예제 21.3

문제 순수 인덕터 교류 회로에서(그림 21.6 참고), $L = 25.0$ mH이고 rms 전압이 1.50×10^2 V이다. 진동수가 60.0 Hz인 경우 회로의 유도 리액턴스와 rms 전류를 구하라.

풀이 L과 f를 식 21.8에 대입하여 유도 리액턴스를 얻는다.

$$X_L = 2\pi f L = 2\pi(60.0\ \text{s}^{-1})(25.0 \times 10^{-3}\ \text{H}) = \boxed{9.42\ \Omega}$$

rms 전류에 대해 식 21.9를 풀고 대입한다.

$$I_{\text{rms}} = \frac{\Delta V_{L,\,\text{rms}}}{X_L} = \frac{1.50 \times 10^2\ \text{V}}{9.42\ \Omega} = \boxed{15.9\ \text{A}}$$

21.4 RLC 직렬 회로

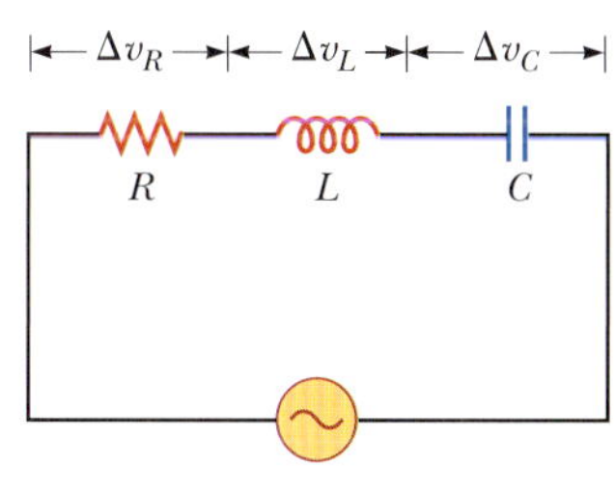

그림 21.8 교류 발전기에 연결된 저항기, 인덕터, 축전기로 구성된 직렬 회로

그림 21.8은 저항기와 인덕터, 그리고 축전기가 교류 전원과 직렬 연결되어 있는 회로를 나타내고 있다. 회로에 흐르는 전류는 임의의 순간에 회로의 모든 점에서 같은 값을 가지며, 그림 21.9a에 나타낸 것과 같이 시간에 따라 사인파 형태로 변한다.

$$i = I_{\text{최대}} \sin 2\pi f t$$

1. 저항기에 걸린 순간 전압 Δv_R은 순간 전류와 위상이 같다(그림 21.9b).

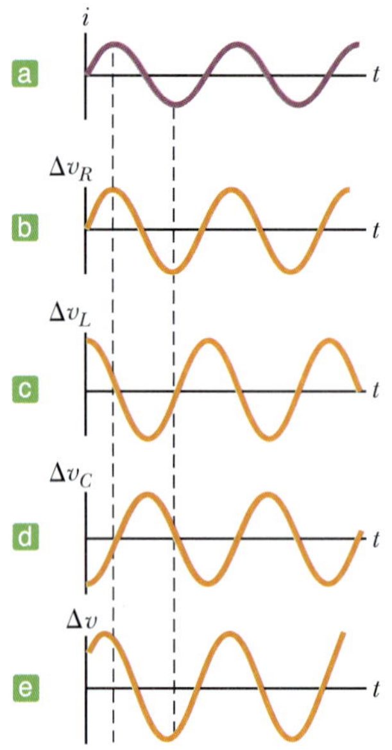

그림 21.9 그림 21.8에 나타낸 직렬 *RLC* 회로에서 위상 관계

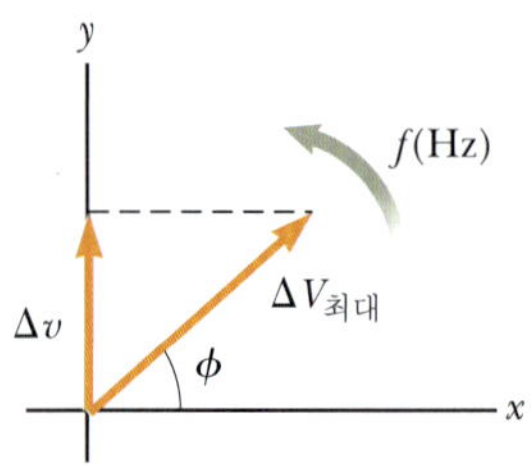

그림 21.10 교류 회로에서 전압에 대한 위상자 도표. 여기서 ϕ는 전압과 전류 사이 위상각이고 Δv는 순간 전압이다.

2. 인덕터에 걸린 순간 전압 Δv_L은 순간 전류보다 90° 앞선다(그림 21.9c).

3. 축전기에 걸린 순간 전압 Δv_C는 순간 전류보다 90° 늦다(그림 21.9d).

전원이 공급한 알짜 순간 전압 Δv는 각 소자에 걸린 순간 전압들의 합으로 $\Delta v = \Delta v_R + \Delta v_C + \Delta v_L$이 된다. 하지만 R, C, L에 걸린 전압을 교류 전압계로 각각 측정해서 더한 것이 교류 전원의 전압을 의미하는 것은 아니다. R, C, L에 걸린 전압들이 모두 다른 위상을 갖고 있기 때문에, 측정된 전압들을 더한 것은 전원의 전압을 측정한 것과 다르다.

벡터를 사용하여 전압 강하들 사이 다른 위상들을 설명해 보자. 각 소자에 걸린 전압을 그림 21.10과 같은 회전 벡터로 나타내자. 이 회전 벡터를 **위상자**(phasor)라고 부르며 그 도표를 **위상자 도표**(phasor diagram)라고 한다. 이 특별한 도표는 $\Delta v = \Delta V_{최대}(\sin 2\pi ft + \phi)$로 주어지는 회로의 전압을 나타내는데, 여기서 $\Delta V_{최대}$는 최대 전압(회전 벡터 또는 위상자의 크기)이며 ϕ는 $t = 0$일 때 위상자와 $+x$축 사이의 각이다. 이 위상자를 일정한 진동수 f로 회전하는 크기가 $\Delta V_{최대}$인 벡터라고 하면, 이 벡터의 y축 성분이 회로의 순간 전압이 된다. ϕ가 전압과 회로에 흐르는 전류 사이의 위상각이므로, 전류에 대한 위상자(그림 21.10에 나타나 있지 않음)는 $t = 0$일 때 $+x$축을 따라 놓여 있으며 $i = I_{최대}\sin(2\pi ft)$로 표현된다.

그림 21.11의 위상자 도표는 직렬 *RLC* 회로를 분석하는 데 유용하다. 전류와 동일한 위상인 전압들은 $+x$축과 나란한 벡터들로 표시되고 전류와 위상이 어긋난 전압들은 다른 방향으로 놓인다. 따라서 ΔV_R은 전류와 동일한 위상을 갖기 때문에 오른쪽으로 수평 방향으로 표시된다. 마찬가지로 ΔV_L은 전류보다 90° 앞서가기 때문에 $+y$축을 따라 표시된다. 마지막으로 ΔV_C는 전류보다 90° 지연되기 때문에 $-y$축을 따라 놓인다. R, L, C에 걸리는 각 전압들의 다른 위상들을 설명하기 위하여 위상자들을 벡터양으로 가정하고 더하면, 그림 21.11a와 같이 전압의 유일한 x성분은 ΔV_R이고, 알짜 y성분은 $\Delta V_L - \Delta V_C$가 된다. 최대 전압을 나타내는 위상자 $\Delta V_{최대}$를 찾기 위해 위상자들을 벡터로서 더하면 된다(그림 21.11b). 그림 21.11b의 직각삼각형으로부터 최대전압 및 최대 전압과 전류 사이의 위상각 ϕ에 대한 식을 얻을 수 있다.

$$\Delta V_{최대} = \sqrt{\Delta V_R^2 + (\Delta V_L - \Delta V_C)^2} \qquad [21.10]$$

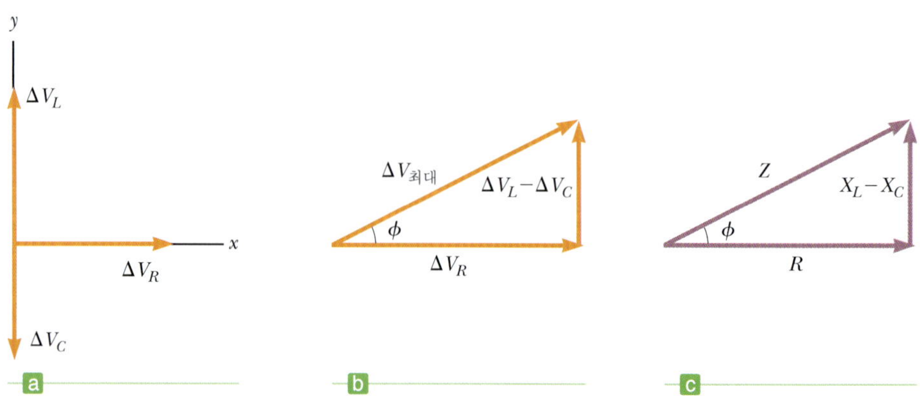

그림 21.11 (a) *RLC* 회로에 대한 위상자 도표, (b) 벡터로서 위상자의 합은

$$\Delta V_{최대} = \sqrt{\Delta V_R^2 + (\Delta V_L - \Delta V_C)^2}$$

이다. (c) 임피던스 관계

$$Z = \sqrt{R^2 + (X_L - X_C)^2}$$

을 나타내는 리액턴스 삼각형

$$\tan\phi = \frac{\Delta V_L - \Delta V_C}{\Delta V_R} \qquad [21.11]$$

식 21.10에서 주어진 최대 전압 $\Delta V_{최대}$에 관한 결과는 **저항기와 축전기, 그리고 인덕터에 걸리는 전압들은 위상이 서로 다르므로 이것들을 단순하게 더해서는 소자 전체에 걸린 전압 또는 전원의 전압을 구할 수는 없다**는 사실을 강조한다.

최대 전류 $I_{최대}$에 대한 관계식 $\Delta V_R = I_{최대}R$, $\Delta V_L = I_{최대}X_L$, $\Delta V_C = I_{최대}X_C$를 이용하여 식 21.10을 옴의 법칙 형태로 쓸 수 있다.

$$\Delta V_{최대} = I_{최대}\sqrt{R^2 + (X_L - X_C)^2} \qquad [21.12]$$

회로의 **임피던스**(impedance) Z라고 부르는 변수를 다음과 같이 정의하는 것이 편리하다.

$$Z \equiv \sqrt{R^2 + (X_L - X_C)^2} \qquad [21.13]$$

그러면 식 21.12는 다음과 같이 표현할 수 있다.

$$\Delta V_{최대} = I_{최대}Z \qquad [21.14]$$

그림 21.11c와 같이 임피던스를 벡터 도표로 표시하면 편리하다. 이 직각삼각형은 높이가 $X_L - X_C$, 밑변이 R, 빗변이 Z가 된다. 이 직각삼각형에 피타고라스의 정리를 적용하면

$$Z = \sqrt{R^2 + (X_L - X_C)^2}$$

이 되므로 이는 식 21.13이다. 또한 그림 21.11c에서의 벡터 도표로부터 전류와 전압 사이의 위상각 ϕ가 다음과 같이 주어짐을 알 수 있다.

$$\tan\phi = \frac{X_L - X_C}{R} \qquad [21.15]$$

© Book's Hill

테슬라 Nikola Tesla, 1856~1943

테슬라는 크로아티아에서 출생했으나, 대부분의 직업활동기를 미국에서 발명가로서 보냈다. 그는 교류 전류 전기학, 고전압 변압기, 교류 송전선을 이용한 전력 수송 등의 개발에 중요한 인물이었다. 테슬라의 견해는 전력 수송에서 직류를 사용하려고 했던 에디슨의 생각과는 달랐다. 교류를 택한 테슬라가 이겼다.

표 21.2 회로 소자들의 다양한 조합에 대한 임피던스 값과 위상각

회로 소자	임피던스 Z	위상각 ϕ
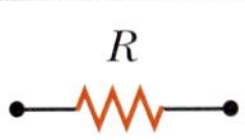	R	0°
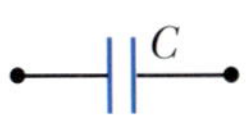	X_C	−90°
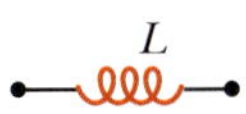	X_L	+90°
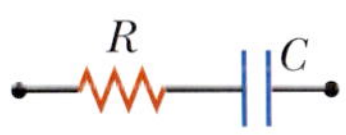	$\sqrt{R^2 + X_C^2}$	−90°에서 0° 사이의 음의 값
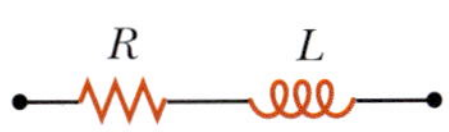	$\sqrt{R^2 + X_L^2}$	0°에서 90° 사이의 양의 값
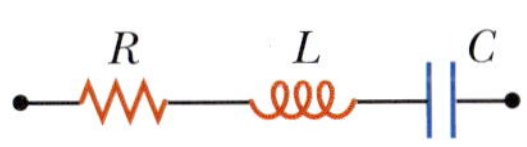	$\sqrt{R^2 + (X_L - X_C)^2}$	$X_C > X_L$일 때 음의 값 $X_C < X_L$일 때 양의 값

Note: 각각의 경우 회로의 양단에 교류 전압이 걸려 있다고 가정한다.

표 21.2는 회로 소자들의 몇 가지 다른 결합으로 이루어진 직렬 회로에 대한 임피던스 값과 위상각을 나타낸 것이다.

예제 21.4

문제 직렬 RLC 교류 회로에서 저항 $R = 2.50 \times 10^2\ \Omega$, 인덕턴스 $L = 0.600\ \text{H}$, 전기용량 $C = 3.50\ \mu\text{F}$, 진동수 $f = 60.0\ \text{Hz}$, 최대 전압 $\Delta V_{최대} = 1.50 \times 10^2\ \text{V}$이다. 이때 **(a)** 회로의 임피던스, **(b)** 회로에 흐르는 최대 전류, **(c)** 위상각, **(d)** 요소 각각의 양단 간에 걸리는 최대 전압을 구하라.

풀이 **(a)** 회로의 임피던스를 구한다.
먼저 유도 및 용량 리액턴스를 계산한다.

$$X_L = 2\pi f L = 226\ \Omega \qquad X_C = 1/2\pi f C = 758\ \Omega$$

이 결과와 저항 R을 식 21.13에 대입하여 회로의 임피던스를 구한다.

$$Z = \sqrt{R^2 + (X_L - X_C)^2}$$

$$= \sqrt{(2.50 \times 10^2\ \Omega)^2 + (226\ \Omega - 758\ \Omega)^2} = \boxed{588\ \Omega}$$

(b) 회로에서의 최대 전류를 구한다.
옴의 법칙과 동등한 식 21.12를 이용하여 최대 전류를 구한다.

$$I_{최대} = \frac{\Delta V_{최대}}{Z} = \frac{1.50 \times 10^2\ \text{V}}{588\ \Omega} = \boxed{0.255\ \text{A}}$$

(c) 위상각을 구한다.
식 21.15로 전류와 전압 사이의 위상각을 계산한다.

$$\phi = \tan^{-1}\frac{X_L - X_C}{R} = \tan^{-1}\left(\frac{226\ \Omega - 758\ \Omega}{2.50 \times 10^2\ \Omega}\right)$$

$$= \boxed{-64.8^\circ}$$

(d) 요소들 양단간 최대 전압을 구한다.
전류 요소 개개의 형태에 대해 '옴의 법칙' 표현에 대입한다.

$$\Delta V_{R,\,최대} = I_{최대} R = (0.255\ \text{A})(2.50 \times 10^2\ \Omega) = \boxed{63.8\ \text{V}}$$

$$\Delta V_{L,\,최대} = I_{최대} X_L = (0.255\ \text{A})(2.26 \times 10^2\ \Omega) = \boxed{57.6\ \text{V}}$$

$$\Delta V_{C,\,최대} = I_{최대} X_C = (0.255\ \text{A})(7.58 \times 10^2\ \Omega) = \boxed{193\ \text{V}}$$

21.5 교류 회로에서의 전력

우선 발전기와 축전기만을 포함한 교류 회로에서 소모되는 전력에 대하여 분석해 보자.

교류 회로에서 한 방향으로 전류가 증가하기 시작하면, 축전기에 전하가 충전되며 축전기 양단에서 전압 강하가 나타난다. 전압이 최대에 도달할 때, 축전기에 저장된 에너지는 다음과 같다.

$$PE_C = \frac{1}{2}C(\Delta V_{최대})^2$$

그러나 이 에너지 저장은 순간적인 것이다. 전류의 방향이 바뀌면 전하는 축전기 극판을 떠나 전원으로 되돌아온다. 따라서 각 주기의 처음 반 동안에는 전하가 축전기에 충전되고 나머지 1/2 주기 동안에는 전하가 다시 전원으로 되돌아가게 된다. 그러므로 전원에 의해 공급되는 평균 전력은 영이다. 다시 말해서 **교류 회로에서 축전기는 전력을 소모하지 않는다.**

마찬가지로 전원은 전류가 흐르는 인덕터의 역기전력에 대해 일을 해주어야 한다. 전류가 최대가 되었을 때, 인덕터에 저장된 에너지는 최대가 되고 다음과 같이 주어진다.

$$PE_L = \frac{1}{2} LI_{최대}^2$$

회로에서 전류가 감소하기 시작하면, 인덕터는 회로 전류를 유지하기 위하여 저장된 에너지를 전원으로 돌려보낸다. *RLC* 회로에서 저항기에 전달된 평균 전력은

$$P_{평균} = I_{rms}^2 R \qquad [21.16]$$

이다. **발전기에서 공급되는 평균 전력은 저항에서 내부 에너지로 전환된다. 이상적인 축전기나 인덕터에서의 전력 손실은 없다.**

교류 회로에서 평균 전력 손실에 대한 또 다른 수식은 식 21.16에 옴의 법칙으로부터 $R = \Delta V_{R,\,rms}/I_{rms}$를 대입하면 된다.

$$P_{평균} = I_{rms}\,\Delta V_{R,\,rms}$$

그림 21.11b와 같이 ΔV_{rms}, $\Delta V_{R,\,rms}$, $\Delta V_{L,\,rms} - \Delta V_{C,\,rms}$ 사이의 관계를 보여주는 전압 삼각형을 참고하면 편리하다(그림 21.11은 최댓값과 rms값, 두 경우 모두 적용된다는 것을 기억하라). 이 그림으로부터 저항기에서의 전압 강하를 전원의 전압 ΔV_{rms}로 나타낼 수 있다.

$$\Delta V_{R,\,rms} = \Delta V_{rms} \cos\phi$$

따라서 교류 회로에서 발전기가 공급하는 평균 전력은

$$P_{평균} = I_{rms}\Delta V_{rms} \cos\phi \qquad [21.17]$$

인데, 여기서 $\cos\phi$를 **전력 인자**(power factor)라고 한다.

예제 21.5

문제 예제 21.4에서 서술된 *RLC* 직렬 회로에 전달되는 평균 전력을 계산하라.

풀이 먼저 식 21.2와 21.3을 이용하여 rms 전류와 rms 전압을 계산한다.

$$I_{rms} = \frac{I_{최대}}{\sqrt{2}} = \frac{0.255\ \text{A}}{\sqrt{2}} = 0.180\ \text{A}$$

$$\Delta V_{rms} = \frac{\Delta V_{최대}}{\sqrt{2}} = \frac{1.50 \times 10^2\ \text{V}}{\sqrt{2}} = 106\ \text{V}$$

이들 결과와 위상각 $\phi = -64.8°$를 식 21.17에 대입하여 평균 전력을 구한다.

$$P_{평균} = I_{rms}\Delta V_{rms}\cos\phi = (0.180\ \text{A})(106\ \text{V})\cos(-64.8°)$$

$$= 8.12\ \text{W}$$

21.6 변압기

종종 작은 교류 전압을 크게 또는 그 반대로 바꾸어야 할 경우가 있다. 이때 변압기를 사용하면 전압을 쉽게 변환할 수 있다.

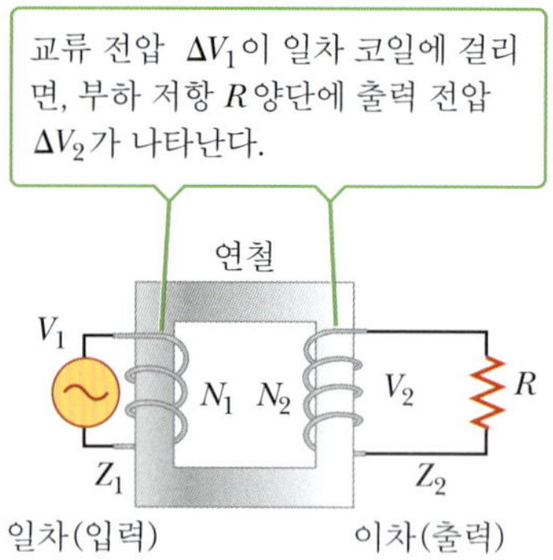

그림 21.12 같은 철심에 감겨 있는 두 개의 코일로 구성된 이상적인 변압기. 교류 전압 ΔV_1이 일차 코일에 걸리고, 스위치를 닫은 후에 부하 저항 R 양단에는 출력 전압 ΔV_2가 관찰된다.

가장 간단한 형태의 **교류 변압기**(AC transformer)는 그림 21.12와 같이 연철심 둘레에 두 개의 도선이 감긴 코일로 이루어져 있다. 왼쪽 코일은 입력 교류 전원에 연결되고 N_1번 감겨 있는데, 이것을 일차 권선, 또는 **일차**라고 한다. 오른쪽의 코일은 저항기 R에 연결되고 N_2번 감겨 있으며 **이차**라고 한다.

입력 교류 전압 ΔV_1이 일차에 가해지면, 이 양단에 유도되는 전압은

$$\Delta V_1 = -N_1 \frac{\Delta \Phi_B}{\Delta t} \qquad [21.20]$$

이다. 여기서 Φ_B는 각각의 고리를 통과하는 자기선속이다. 철심에서 자기선속의 손실이 없다면, 일차 개개 고리를 통과한 선속은 이차 개개 고리를 통과한 선속과 같다. 그러므로 이차 코일 양단 사이의 전압은

$$\Delta V_2 = -N_2 \frac{\Delta \Phi_B}{\Delta t} \qquad [21.21]$$

와 같다.

$$\Delta V_2 = \frac{N_2}{N_1} \Delta V_1 \qquad [21.22]$$

이다. N_2가 N_1보다 크면, ΔV_2가 ΔV_1보다 크므로 이 변압기를 **승압 변압기**라 하고, N_2가 N_1보다 작으면, ΔV_2가 ΔV_1보다 작게 되어 이를 **강압 변압기**라 한다.

전력을 먼 거리로 보낼 때, 송전선에서 저항의 열로 손실되는 전력이 I^2R이기 때문에 고전압과 저전류를 사용하는 것이 경제적이다. 이것은 전기 회사가 전류를 10분의 1로 줄일 수 있다면 전력 소모는 100분의 1로 줄일 수 있다는 것을 의미한다.

예제 21.6

문제 전기회사에 있는 발전기는 4.00×10^3 V에서 1.00×10^2 A의 전류를 생산한다. 시골에서 도시로 가는 고압 송전선으로 보내기 전에 이 전압은 2.40×10^5 V로 승압된다. 송전선의 유효 저항은 30.0 Ω이고 변압기는 이상적이라고 가정하라. **(a)** 송전선에서 손실되는 비율을 결정하라. **(b)** 전압이 승압되지 않았다면 송전선에서 손실되는 전력은 원래 전력의 몇 퍼센트인가?

풀이 **(a)** 송전선에서 손실된 전력의 비율을 구한다.

식 21.23에 대입하여 송전선에서 전류를 구한다.

$$I_2 = \frac{I_1 \Delta V_1}{\Delta V_2} = \frac{(1.00 \times 10^2\ \text{A})(4.00 \times 10^3\ \text{V})}{2.40 \times 10^5\ \text{V}} = 1.67\ \text{A}$$

식 21.16을 이용하여 송전선에서 손실된 전력을 구한다.

$$P_{\text{손실}} = I_2^2 R = (1.67\ \text{A})^2 (30.0\ \Omega) = 83.7\ \text{W} \qquad (1)$$

발전기의 출력 전력을 계산한다.

$$P = I_1 \Delta V_1 = (1.00 \times 10^2\ \text{A})(4.00 \times 10^3\ \text{V})$$
$$= 4.00 \times 10^5\ \text{W}$$

마지막으로 $P_{\text{손실}}$을 출력 전력으로 나누고 100을 곱하여 전력 손실 백분율을 구한다.

$$\text{전력 손실(\%)} = \left(\frac{83.7\ \text{W}}{4.00 \times 10^5\ \text{W}}\right) \times 100 = 0.020\,9\ \%$$

(b) 전압이 승압되지 않을 경우 원래 전력의 몇 퍼센트가 송전선에서 손실되는지 구한다.

식 (1)에 있는 승압 전류를 원래 전류 1.00×10^2 A로 대체한다.

$$P_{\text{손실}} = I^2 R = (1.00 \times 10^2\ \text{A})^2 (30.0\ \Omega) = 3.00 \times 10^5\ \text{W}$$

앞에서처럼 전력 손실 백분율을 계산한다.

$$\text{전력 손실(\%)} = \left(\frac{3.00 \times 10^5\ \text{W}}{4.00 \times 10^5\ \text{W}}\right) \times 100 = 75\ \%$$

21.7 맥스웰의 예측

전기와 자기 현상은 연구와 개발의 초기 단계에서는 서로 무관하다고 여겨졌다. 그러나 1865년에 맥스웰(James Clerk Maxwell, 1831~1879)은 모든 전기와 자기 현상이 서로 밀접하게 관련되어 있는 것을 보여주는 수학적인 이론을 제시하였다. 그의 뛰어난 이론은 전기와 자기장이 파동처럼 공간을 통하여 전달될 수 있음을 예측하였다. 그가 발전시킨 이론은 다음의 네 가지 사실에 바탕을 두고 있다.

맥스웰 James Clerk Maxwell, 1831~1879, 스코틀랜드의 이론물리학자

맥스웰은 빛의 전자기 이론과 기체 운동론을 발전시켰고, 토성의 고리와 색을 설명하였다. 맥스웰의 성공적인 전자기장의 해석은 결과적으로 방정식에 그의 이름이 붙게 했다. 뛰어난 통찰력과 엄청난 수학적 능력을 이용하여 전자기학과 기체 운동론에서 선구적 업적을 남겼다.

1. 전기력선은 양전하에서 시작되어 음전하에서 끝난다.
2. 자기력선은 항상 닫힌 고리를 형성한다. 즉, 어디에서 시작하지도 끝나지도 않는다.
3. 변화하는 자기장은 기전력을 유도하고 이는 곧 전기장을 유도한다. 이것이 패러데이 법칙이다(20장).
4. 앙페르의 법칙에 요약된 것처럼(19장), 자기장은 움직이는 전하(또는 전류)에 의해 발생된다.

첫 번째 설명은 쿨롱의 법칙에 의해 주어지는 대전 입자들 간에 작용하는 정전기적인 힘의 성질의 결과이다. 그것은 **자연계에 자유 전하(전기 홀극)가 존재**함을 의미한다.

자기장은 연속된 고리를 형성한다는 두 번째 설명은 긴 직선 도선 주위의 자기력선이 닫힌 원이 되고, 막대자석의 자기력선이 닫힌 고리를 이루는 것으로 나타난다. 첫 번째 설명과는 대조적으로 이것은 **자연계에 자유 자기 전하(자기 홀극)가 존재하지 않음**을 나타내는 것이다.

세 번째 설명은 패러데이의 유도 법칙에 해당되고, 네 번째는 앙페르의 법칙과 동일하다.

교류 전압을 걸어준 도체 막대에 들어 있는 전하들과 같이 빠르게 진동하는 전하들의 운동에 맥스웰은 주목하였다. 맥스웰의 예측에 따르면 이러한 전하들은 가속되며, 시간에 따라 바뀌는 전기장과 자기장을 발생한다. 이 변화하는 장들은 파동과 같이 공간으로 전파되는 전자기적 교란을 유발한다. 진동하는 전하에 의해 퍼져나간 파동은 전기장과 자기장이 요동하는 것으로 **전자기파**라고 부른다. 맥스웰은 파동의 속력이 빛의 속력인 $c = 3 \times 10^8$ m/s와 같다고 계산하였다. 그는 가시광이나 다른 전자기파들은 모두 전기장과 자기장의 요동으로 이루어져 있으며, 각각의 변화하는 장들이 서로를 유도하며 빈 공간을 진행한다고 주장하였다.

21.8 맥스웰의 예측에 대한 헤르츠의 검증

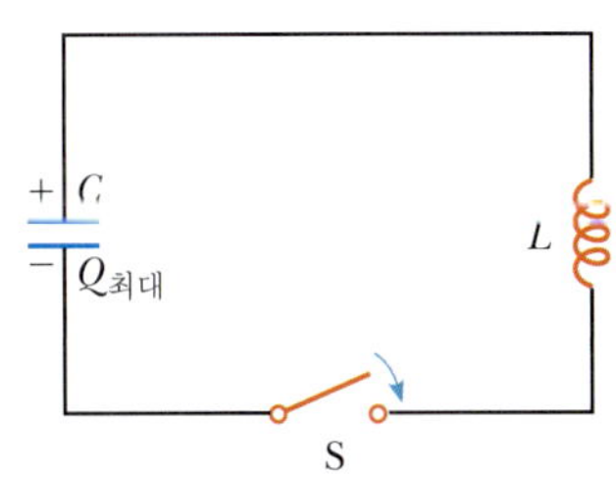

그림 21.13 간단한 LC 회로. 축전기는 처음 전하 $Q_{최대}$를 갖고 있고 시각 $t = 0$에 스위치가 닫힌다.

1887년 헤르츠(Heinrich Hertz, 1857~1894)는 역사상 최초로 LC 회로를 이용한 실험 장치에서 전자기파를 발생시키고 이를 검출하였다. 그림 21.13에서와 같이, 그의 실험 장치 회로에서는 대전된 축전기가 인덕터에 연결되어 있다. 스위치가 닫히

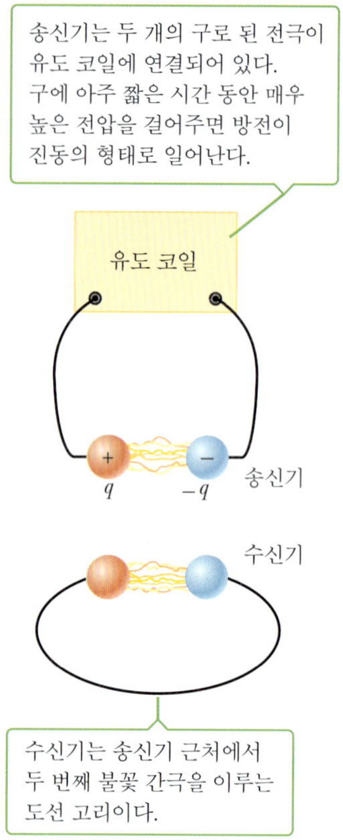

그림 21.14 전자기파를 생성하고 검출하는 헤르츠의 실험 장치 개략도

헤르츠
Heinrich Rudolf Hertz, 1857~1894
독일의 물리학자

헤르츠는 1887년에 전자기파의 발견이라는 가장 중요한 업적을 남겼다. 전자기파의 속력이 빛의 속력과 같다는 것을 발견한 후, 헤르츠는 라디오파도 광파처럼 반사, 굴절 그리고 회절될 수 있다는 것을 보였다. 헤르츠는 36세에 패혈증으로 죽었다. 짧은 생애 동안 과학에 많은 공헌을 하였다. 초당 한 번의 완전한 진동, 즉 사이클을 나타내는 헤르츠(Hz) 단위는 그의 이름을 따서 명명되었다.

면 회로에 있는 전류와 축전기에 있는 전하에서 진동이 일어난다.

아래의 분석에서는 회로의 저항을 무시하고, 축전기는 처음 전하량 $Q_{최대}$를 가지며 $t = 0$일 때 스위치가 닫힌다고 가정한다. 축전기가 완전히 충전되었을 때, 회로 내의 전체 에너지는 축전기의 전기장으로 저장되고 그 크기는 $Q_{최대}^2/2C$이다. 이때 전류는 영이므로, 인덕터에 저장된 에너지는 없다. 축전기가 방전하기 시작하면, 전기장에 저장되어 있던 에너지는 감소한다. 동시에 전류는 증가하고 $LI^2/2$인 에너지가 인덕터의 자기장에 저장된다. 따라서 에너지는 축전기의 전기장으로부터 인덕터의 자기장으로 이동한다. 축전기가 완전히 방전되었을 때 축전기에 저장된 에너지는 없다. 이때 전류는 최댓값이 되고, 모든 에너지는 인덕터에 저장된다.

LC 회로의 진동수는 회로의 **공명 진동수**라 하고 다음과 같이 주어진다.

$$f_0 = \frac{1}{2\pi\sqrt{LC}}$$

헤르츠가 전자기파 연구에 사용한 회로는 방금 논의한 것과 유사하고, 그림 21.14에 개략적으로 나타내었다. 축전기의 역할을 하도록 좁은 간격을 둔 두 개의 금속 구가 유도 코일(도선이 많이 감긴 코일)에 연결되어 있다. 코일을 통해 구로 보내는 짧은 전압 펄스에 의해 한쪽은 양으로, 다른 쪽은 음으로 대전되면서 회로에서 진동이 시작된다. 이 회로에서는 L과 C가 매우 작기 때문에 진동수는 $f \approx 100$ MHz 정도로 매우 높게 된다. 이러한 회로는 전자기파를 발생시키기 때문에 송신기라고 부른다.

헤르츠는 송신기 회로에서 수 미터 떨어진 곳에 두 번째 회로인 수신기를 위치시켰다. 이것은 자체의 유효 인덕턴스와 전기용량, 그리고 공명 진동수를 갖는다. 헤르츠는 수신기의 공명 진동수가 송신기의 진동수와 일치하도록 조절될 때 송신기에서 수신기로 에너지가 전달되는 것을 발견하였다.

헤르츠는 송신기로부터 수신기로 이동되는 에너지가 파동 형태로 운반된다고 가정하였다. 이는 오늘날 전자기파라고 알려진 것이다. 그는 일련의 실험을 통하여 송신기에서 발생되는 복사가 파동의 성질, 즉 간섭, 회절, 반사, 굴절 및 편광의 성질을 가진다는 것을 보였다. 헤르츠는 맥스웰의 신비스런 전자기파는 존재하며 빛의 모든 성질을 갖는 것을 보임으로써 맥스웰의 이론을 효과적으로 증명하였다.

송신기로부터 나오는 알고 있는 진동수의 파동이 금속판에서 반사되면 간섭 무늬가 만들어지는데, 이는 당겨진 줄에 형성되는 정상파와 매우 유사하다. 마디와 마디 간의 거리는 $\lambda/2$이므로, 헤르츠는 파장 λ를 결정할 수 있었다. $v = \lambda f$의 관계를 이용하여 v가 빛의 속력으로 잘 알려진 3×10^8 m/s에 가까움을 알아내었다. 따라서 헤르츠의 실험은 맥스웰의 이론을 뒷받침하는 최초의 증거가 되었다.

21.9 안테나에서 발생하는 전자기파

전자기파 복사와 관련된 기본 메커니즘은 대전 입자의 가속 운동이다. **대전된 입자가 가속될 때는 언제나 전자기 에너지가 방출된다.**

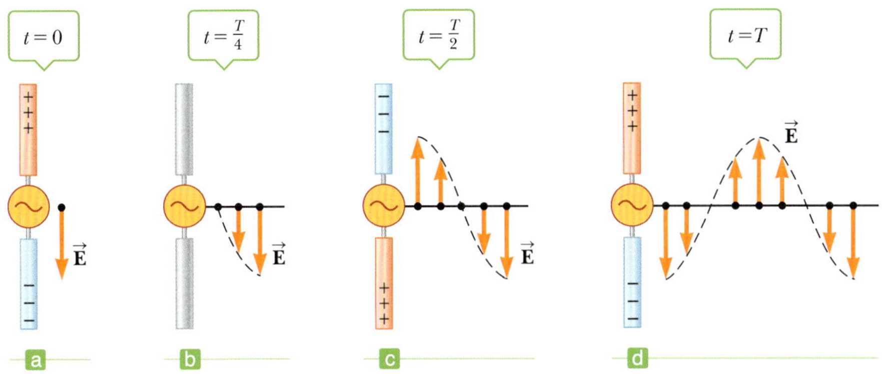

그림 21.15 안테나에서 진동하는 전하에 의해 만들어지는 전기장. 장은 빛의 속력으로 안테나로부터 멀리 이동한다.

도선으로 이루어진 안테나에 가해진 교류 전압은 도선 내의 전하를 진동시킨다. 대전 입자를 가속시키는 이 기술은 라디오 방송국의 방송용 안테나에서 방출되는 라디오파의 원천이 된다.

그림 21.15는 안테나에서 전하의 진동에 의해 전자기파가 발생하는 것을 나타낸다. 두 개의 금속 막대가 교류 전원에 연결되어 있고, 이로 인하여 전하가 두 막대 사이에서 진동한다. 송신기의 출력 전압은 사인형이다. 그림 21.15a와 같이 $t = 0$에서 위의 막대가 최대 양전하를 띠고 아래의 막대는 같은 크기의 음전하를 띤다. 이 순간 막대 주변의 전기장도 그림 21.15a에 나타나 있다. 전하가 진동함에 따라 막대의 전하량이 작아지고 막대 근처 전기장의 세기가 줄어든다. 동시에 $t = 0$에서 발생한 아래쪽 방향의 최대 전기장은 막대로부터 멀어지는 방향으로 전파된다. 그림 21.15b와 같이 전하가 중화되면 전기장은 영으로 떨어진다. 이것은 진동 주기의 1/4에 해당하는 시간이 지난 후에 일어난다. 이런 식으로 계속되면, 그림 21.15c와 같이 위의 막대가 최대 음전하를 띠게 되고 아래의 막대는 최대 양전하로 대전되면서 전기장의 방향이 위로 향하게 된다. 이것은 진동 주기의 반과 같은 시간이 지난 후에 일어난다. 진동은 그림 21.15d와 같이 그 후 계속된다. 안테나 주변의 전기장은 전하 분포와 동일한 위상으로 진동함에 주목하라. 위의 막대가 양이면 전기장은 아래로 향하고, 막대가 음이면 위로 향한다. 뿐만 아니라 어떤 순간에서든지 전기장의 크기는 그 순간 막대에 대전된 전하의 양에 의존한다.

전하가 막대 사이에서 계속 진동(그리고 가속)을 함에 따라, 전하에 의해 형성된 전기장은 모든 방향으로 빛의 속력으로 안테나에서 멀어져 간다. 그림 21.15는 진동의 한 주기 동안 안테나 한편에서 전기장의 모양을 보여준다. 전하 진동의 한 주기가 전기장 모양에서 완전한 한 파장을 만든다.

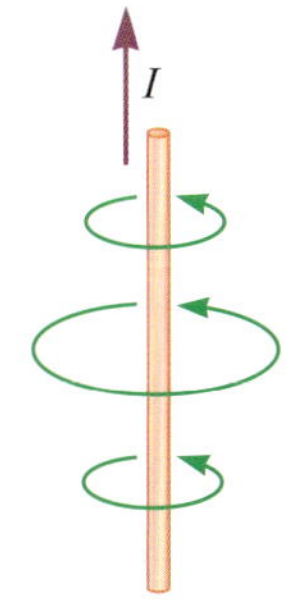

그림 21.16 변화하는 전류가 흐르는 안테나 주위의 자기력선

진동하는 전하가 막대에 전류를 만들어내기 때문에, 막대를 따라 전류가 위로 흐르면 자기장 역시 그림 21.16과 같이 발생한다. 자기력선은 안테나를 감싸는 원을 이루고 모든 점에서 전기장과 수직을 이룬다. 전류가 시간에 따라 변하면, 자기력선들은 안테나로부터 퍼져나간다. 안테나로부터 멀리 떨어지면, 전기장과 자기장의 세기는 매우 약해진다. 그러나 맥스웰이 예측했듯이 이러한 거리에서는 (1) 변화하는 자기장이 전기장을 발생시키고, (2) 변화하는 전기장이 자기장을 발생시킨다는 사실을 고려할 필요가 있다. 이러한 유도 전기장과 자기장은 동일한 위상을 갖는다. 즉, 어떤 점에

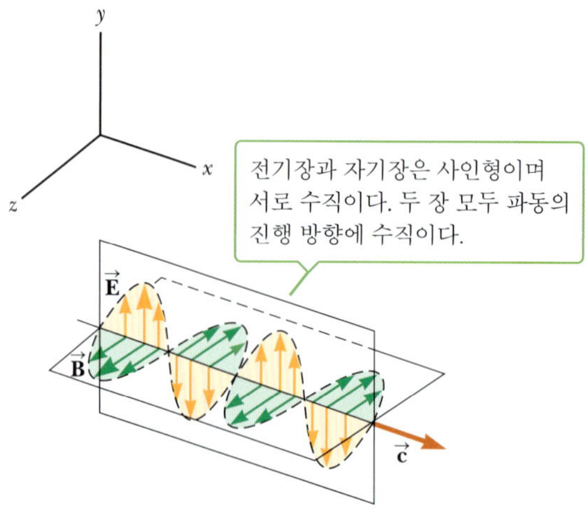

그림 21.17 안테나에 있는 진동 전하에 의해 내보내진 전자기파. 안테나에서 아주 먼 거리에서 c의 속력으로 $+x$ 방향으로 움직이는 한 순간의 전자기파를 나타낸다.

서 두 장들은 동시에 최댓값에 도달한다. 어떤 한순간에 이러한 동시성을 그림 21.17에 나타내었다. (1) 이들 $\vec{\mathbf{E}}$와 $\vec{\mathbf{B}}$장은 서로 수직이고, (2) 두 장 모두 파동의 진행 방향에 수직이라는 점에 유의하자. 이 두 번째 성질이 횡파의 특성이다. 따라서 **전자기파는 횡파이다**라는 것을 알 수 있다.

21.10 전자기파의 성질

평면 전자기파는 멀리 떨어진 파원으로부터 진행하는 파동이다. 그림 21.17은 어느 한순간에서 이 파동의 모습을 보여준다. 이 경우 전기장과 자기장의 진동은 x축에 수직인 평면에서 일어나며, 따라서 파동의 진행 방향에 수직이다. (1) $\vec{\mathbf{E}}$의 방향으로 오른손 손가락들을 향하게 한다. (2) $\vec{\mathbf{B}}$의 방향으로 감는다. (3) 오른손 엄지는 파동의 진행 방향을 가리킨다.

전자기파는 빛의 속력으로 진행한다. 사실 전자기파의 속력은 그것이 진행하는 매질의 투자율과 유전율에 관계되어 있다. 맥스웰은 자유 공간에서, 그 관계가

$$c = \frac{1}{\sqrt{\mu_0 \epsilon_0}} \qquad [21.23]$$

임을 보였는데, 여기서 c는 빛의 속력, $\mu_0 = 4\pi \times 10^{-7}\ \mathrm{N \cdot s^2/C^2}$은 자유 공간의 투자율, $\epsilon_0 = 8.854\,19 \times 10^{-12}\ \mathrm{C^2/N \cdot m^2}$은 자유 공간의 유전율이다. 식 21.24에 이 값들을 대입하면

$$c = 2.997\,92 \times 10^8\ \mathrm{m/s} \qquad [21.24]$$

임을 알 수 있다. 전자기파는 진공 중에서의 빛의 속력과 정확히 같은 속력으로 진행하므로 과학자들은 **빛은 전자기파**라고 결론을 내렸다.

맥스웰은 또한 전자기파에서 전기장과 자기장 사이의 비가 다음과 같음을 증명하였다.

$$\frac{E}{B} = c \qquad [21.25]$$

이는 전기장의 크기와 자기장의 크기 비율은 빛의 속력과 같다는 것을 의미한다.

전자기파는 공간을 진행하면서 에너지를 운반하고, 이 에너지는 그 경로에 위치한 물체들에 전달될 수 있다. 파동의 진행 방향에 수직인 면을 통과하는 에너지의 평균 비율, 또는 단위 넓이당 평균 일률을 파동의 **세기**(intensity) I라고 하고 다음과 같이 정의한다.

$$I = \frac{E_{최대} B_{최대}}{2\mu_0} \qquad [21.26]$$

여기서 $E_{최대}$와 $B_{최대}$는 각각 E와 B의 최댓값이다.

주어진 시간 Δt 동안 물체의 겉넓이 A에 파동이 부딪치면, $U = IA\Delta t$인 에너지가 전달되고, 운동량도 전달된다. 따라서 전자기파가 물체에 부딪치면 표면에 압력이 가해진다. 전자기파가 시간 Δt 동안 표면에 전체 에너지 U를 전달한다고 가정하자. 맥스웰은 이 시간 동안 표면이 입사 에너지 U 모두를 흡수한다면, 이 표면에 운반된 전체 운동량 $\vec{\mathbf{p}}$의 크기는 다음과 같음을 보였다.

$$p = \frac{U}{c} \quad (\text{완전 흡수}) \qquad [21.27]$$

완전한 반사체에서 반사되는 빛은 완전 반사에서 다음과 같다.

$$p = \frac{2U}{c} \quad (\text{완전 반사}) \qquad [21.28]$$

요약하면, 자유 공간을 통해 이동하는 전자기파는 다음과 같은 성질을 갖는다.

1. 전자기파는 빛의 속력으로 진행한다.

2. 전자기파는 횡파로서 전기장과 자기장은 서로 수직이고, 또한 파의 진행 방향과도 서로 수직이다.

3. 전자기파에서 전기장과 자기장의 비율은 빛의 속력과 같다.

4. 전자기파는 에너지와 운동량 모두를 가지고 있으므로 표면에 전달할 수 있다.

예제 21.7

문제 태양은 지구 표면에 단위 넓이당 약 $1.00 \times 10^3\ \mathrm{W/m^2}$으로 평균 일률을 운반한다. **(a)** 크기가 $20.0\ \mathrm{m} \times 8.00\ \mathrm{m}$인 평평한 지붕 위에 입사하는 전체 일률을 계산하라. 복사는 지붕에 수직으로 입사한다고 가정한다. **(b)** 주석 지붕은 얼마간의 빛을 반사하고, 평형 온도에 이를 때까지 대류, 전도, 복사는 나머지 열에너지를 다른 곳으로 이동시킨다. 지붕이 완벽한 흑체이고 열복사를 통해 입사 복사의 반이 없어진다면 평형 온도는 얼마인가? 주위 온도는 298 K로 가정한다.

풀이 **(a)** 지붕에 전달된 일률을 계산한다.

세기에 넓이를 곱하여 일률을 구한다.

$$P = IA = (1.00 \times 10^3\ \mathrm{W/m^2})(20.0\ \mathrm{m} \times 8.00\ \mathrm{m})$$

$$= 1.60 \times 10^5\ \mathrm{W}$$

(b) 지붕의 평형 온도를 구한다.

슈테판의 법칙에 대입한다. 입사 일률의 반만 대입해야 하고 지붕의 넓이는 두 배이다(지붕 위, 아래 포함).

GorillaAttack, 2010/Used under license from Shutterstock.com

(예제 21.7) 태양열 주택

$$P = \sigma eA(T^4 - T_0^4)$$

$$T^4 = T_0^4 + \frac{P}{\sigma eA}$$

$$T^4 = (298\ \text{K})^4 + \frac{(0.500)(1.60\times10^5\ \text{W/m}^2)}{(5.67\times10^{-8}\ \text{W/m}^2\cdot\text{K}^4)(1)(3.20\times10^2\ \text{m}^2)}$$

$$T = 333\ \text{K} = \boxed{6.0\times10^1\ {}^\circ\text{C}}$$

예제 21.8

문제 알루미늄 처리한 마일러 필름은 반사가 아주 잘 되는 가벼운 물질로, 태양 빛으로 운행하는 우주선 돛을 만드는 데 이용될 수 있다. 넓이가 $1.00\ \text{km}^2$인 돛이 태양에서부터 거리 1.50×10^{11} m에서 선회한다고 하자. 돛의 질량은 5.00×10^3 kg으로 질량 2.00×10^4 kg인 우주선에 묶여 있다. **(a)** 태양 빛의 세기가 1.34×10^3 W이고 돛은 입사광에 수직으로 향해 있다면, 태양으로부터 지름 방향으로 돛에 가해지는 힘은 얼마인가? **(b)** 돛의 지름 방향 속력을 1.00 km/s 정도로 변화시키는 데 걸리는 시간은 얼마인가? 돛이 빛을 완전히 반사한다고 가정하라. **(c)** 빛이 태양이 아닌 대용량 레이저 발생기에서 공급된다면(그런 것이 있다고 가정한다), 그 레이저 빛의 전기장 및 자기장의 최댓값을 계산해 보라.

풀이 **(a)** 돛에 가해지는 힘을 계산한다.

식 21.30을 쓰고 돛에 전달된 에너지에 대해 $U = P\Delta t = IA\Delta t$를 이용한다.

$$\Delta p = \frac{2U}{c} = \frac{2P\Delta t}{c} = \frac{2IA\Delta t}{c}$$

양변을 Δt로 나눠 빛이 돛에 가해진 힘 $\Delta p/\Delta t$를 구한다.

$$F = \frac{\Delta p}{\Delta t} = \frac{2IA}{c} = \frac{2\,(1\,340\ \text{W/m}^2)(1.00\times10^6\ \text{m}^2)}{3.00\times10^8\ \text{m/s}}$$

$$F = \boxed{8.93\ \text{N}}$$

(b) 1.00 km/s씩 지름 방향 속력 변화를 하는 데 걸리는 시간을 구한다.

뉴턴의 제2법칙에 힘을 대입하고 돛의 가속도에 대해 푼다.

$$a = \frac{F}{m} = \frac{8.93\ \text{N}}{2.50\times10^4\ \text{kg}} = 3.57\times10^{-4}\ \text{m/s}^2$$

운동학 속도 식을 적용한다.

$$v = at + v_0$$

시간 t에 대해 푼다.

$$t = \frac{v - v_0}{a} = \frac{1.00\times10^3\ \text{m/s}}{3.57\times10^{-4}\ \text{m/s}^2} = \boxed{2.80\times10^6\ \text{s}}$$

(c) 레이저로 빛을 공급하는 경우 전기장 및 자기장의 최댓값을 계산한다.

식 21.28을 $E_{최대}$에 대해 푼다.

$$I = \frac{E_{최대}^2}{2\mu_0 c} \rightarrow E_{최대} = \sqrt{2\mu_0 cI}$$

$$E_{최대} = \sqrt{2(4\pi\times10^{-7}\ \text{N}\cdot\text{s}^2/\text{C}^2)(3.00\times10^8\ \text{m/s})(1.34\times10^3\ \text{W/m}^2)}$$

$$= \boxed{1.01\times10^3\ \text{N/C}}$$

$E_{최대} = B_{최대}c$를 이용하여 $B_{최대}$를 구한다.

$$B_{최대} = \frac{E_{최대}}{c} = \frac{1.01\times10^3\ \text{N/C}}{3.00\times10^8\ \text{m/s}}$$

$$= \boxed{3.37\times10^{-6}\ \text{T}}$$

21.11 전자기파의 스펙트럼

모든 전자기파는 진공 중에서 빛의 속력 c로 이동한다. 이들 파동은 파원으로부터 수신기까지 에너지와 운동량을 수송한다.

모든 전자기파는 속력 c로 자유 공간을 통해 이동하므로, 그들의 진동수 f와 파장 λ는 다음과 같은 중요한 관계를 가진다.

$$c = f\lambda \qquad [21.29]$$

그림 21.18에 전자기파의 다양한 형태가 나타나 있다. 진동수와 파장의 넓고 겹쳐지는 범위를 주목하라. 예를 들어, 진동수 1.50 MHz(전형적인 값)인 AM 라디오파는 파장이

$$\lambda = \frac{c}{f} = \frac{3.00 \times 10^8\ \text{m/s}}{1.50 \times 10^6\ \text{s}^{-1}} = 2.00 \times 10^2\ \text{m}$$

이다. 다음 약어들이 짧은 파장과 거리를 표시하기 위해 자주 사용된다.

$$1\text{마이크로미터}(\mu\text{m}) = 10^{-6}\ \text{m}$$
$$1\text{나노미터}(\text{nm}) = 10^{-9}\ \text{m}$$
$$1\text{옹스트롬}(\text{Å}) = 10^{-10}\ \text{m}$$

예를 들면, 가시광선의 파장은 0.4~0.7 μm, 또는 400~700 nm, 또는 4 000~7 000 Å

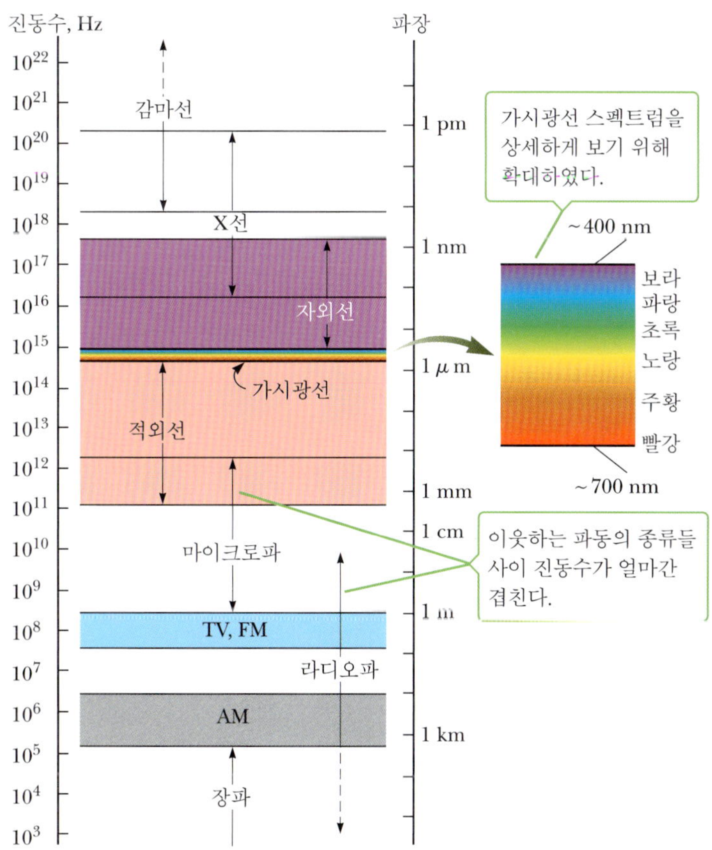

그림 21.18 전자기 스펙트럼

까지 범위이다.

라디오파 도선을 통해 가속되는 전하에 의해 발생된다. 이들은 라디오와 텔레비전 통신 시스템에 이용된다.

마이크로파 파장이 약 1 mm~30 cm 범위로 전자 장치에 의해 발생된다. 이들의 짧은 파장은 비행기 항법에 이용되는 레이더 시스템과 물질의 원자 및 분자적 성질을 연구하는 데 적절하다. 전자레인지는 이 파들을 이용하는 흥미로운 가전제품이다. 우주에 태양 집열기를 설치하여 태양 에너지를 수집한 다음 마이크로파를 이용하여 지구에 전송하여 태양 에너지를 모으자는 제안이 있었다.

적외선 뜨거운 물질과 분자들로부터 생성된 약 1 mm에서부터 가시광선에서 가장 긴 파장인 7×10^{-7} m까지 파장 범위이다. 이들은 대부분의 물질에 의해 잘 흡수된다. 물질에 흡수된 적외선 에너지는 물질의 원자들을 교란하여 이들의 진동 및 병진 운동을 증가시켜 따뜻하게 한다. 이로 인해 온도는 증가한다. 적외선 복사는 물리 치료, 적외선 사진, 원자의 진동 연구 등을 포함하여 실용적으로나 과학적으로 많이 응용된다.

가시광선 전자기파의 가장 친밀한 형태로 전자기파 스펙트럼에서 사람의 눈으로 검출할 수 있는 부분이다. 이 빛은 원자와 분자에 있는 전자들의 재배치에 의해 생성된다. 가시광선의 파장들은 색으로 분류되며 보라색($\lambda \approx 4 \times 10^{-7}$ m)에서 빨간색($\lambda \approx 7 \times 10^{-7}$ m)까지 범위이다.

자외선(UV) 약 4×10^{-7} m (400 nm)에서 6×10^{-10} m (0.6 nm)까지 범위의 파장을 포함한다. 태양으로부터 오는 대부분의 자외선은 초고층 대기 또는 성층권에 있는 원자들에 의해 흡수된다. 성층권의 중요한 구성 성분 중의 하나인 오존(O_3)은 자외선 복사와 산소의 반응으로 생긴다. 이러한 오존층은 치명적인 고에너지 자외선을 열로 바꾸어 성층권을 따뜻하게 한다.

X선 약 10^{-8} m(10 nm)에서 10^{-13} m(10^{-4} nm)까지 파장을 갖는 전자기파이다. X선의 가장 일반적인 근원은 가속된 고에너지 전자를 금속 표적에 충돌시켜 발생하는 것이다. X선은 의학에서 진단 도구로 그리고 암의 한 형태에 대한 치료에 이용된다. X선은 쉽게 투과하고 살아 있는 조직이나 유기체를 손상시키거나 파괴하므로, 불필요한 노출이나 과다 노출을 피하도록 조심해야 한다.

감마선 방사성 핵으로부터 방출되는 전자기파로 10^{-10}에서 10^{-14} m까지 파장을 포함한다. 매우 잘 투과되고 살아 있는 조직에 흡수되면 심각한 손상을 입힌다. 따라서 이러한 복사선 근처에서 작업하는 사람들은 납판과 같이 흡수를 잘하는 물질을 포함하는 의류를 입어 몸을 반드시 보호해야 한다.

연습문제

1. (a) 최대 전압이 170 V이고 진동수가 60.0 Hz인 전력선에 연결된 평균 소비 전력이 75.0 W인 전구의 저항은 얼마인가? (b) 100 W 전구의 저항은 얼마인가?

2. 그림 P21.2의 회로에 흐르는 전류는 $t = 7.00$ ms일 때 최댓값의 60.0 %가 된다. 이러한 전류를 흘리는 전원의 가장 낮은 진동수는 얼마인가?

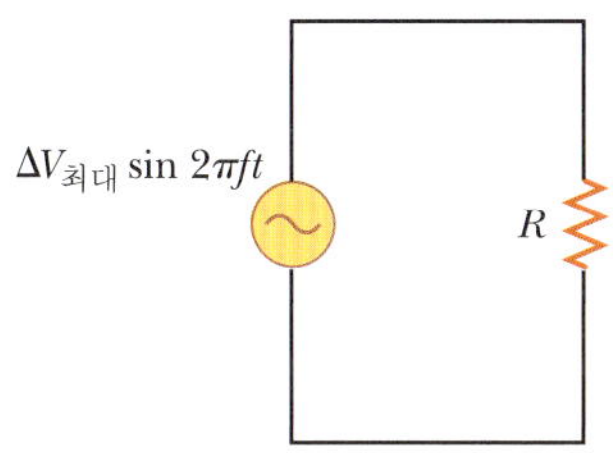

그림 P21.2

3. 4.0 μF의 축전기가 rms 출력이 30 V인 발전기에 연결되어 있을 때, 회로에 0.30 A의 전류가 관측되었다. 전원의 진동수는 얼마인가?

4. (a) 22.0 μF의 축전기의 리액턴스가 175 Ω이 되기 위한 진동수는 얼마인가? (b) 같은 진동수에 대해 44.0 μF 축전기의 리액턴스는 얼마인가?

5. $\Delta V_{최대} = 48.0$ V이고 $f = 90.0$ Hz인 교류 전원에 3.70 μF의 축전기를 연결했을 때 흐르는 교류 전류의 최댓값은 얼마인가?

6. 표준 콘센트($\Delta V_{rms} = 120$ V, $f = 60.0$ Hz)에 연결된 인덕터의 최대 자기선속을 구하라.

7. 그림 P21.7은 인덕터 성분만 있는 $\Delta V_{최대} = 100$ V의 교류 회로이다. (a) 최대 전류는 50.0 Hz에서 7.50 A이다. 인덕턴스 L을 구하라. (b) 최대 전류가 2.50 A일 때 각진동수 ω는 얼마인가?

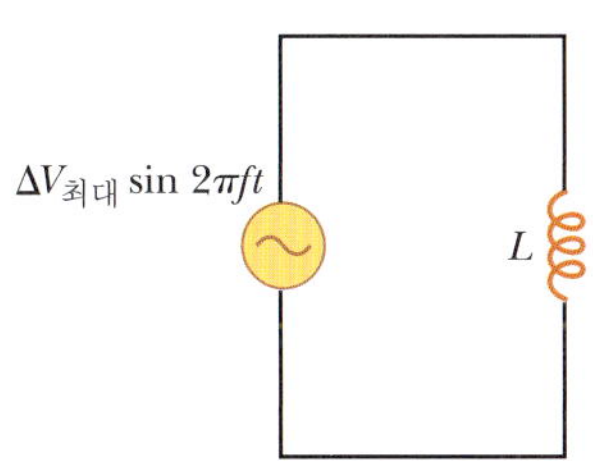

그림 P21.7

8. 40.0 μF의 축전기가 50.0 Ω의 저항기와 rms 출력이 60.0 Hz에서 30.0 V인 발전기에 연결되어 있다. 다음을 구하라. (a) 회로의 rms 전류, (b) 저항기 양단의 rms 전압 강하, (c) 축전기 양단의 rms 전압 강하, (d) 회로의 위상각

9. 최대 전압 150 V, $f = 50.0$ Hz인 교류 전원이 그림 P21.9에 있는 점 a와 d 사이에 연결되었다. 다음 점 사이의 rms 전압을 계산하라. (a) a와 b, (b) b와 c, (c) c와 d, (d) b와 d

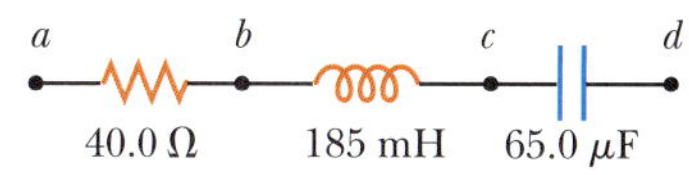

그림 P21.9

10. 인덕터와 저항기가 직렬 연결되어 있다. 그것을 60.0 Hz, 90 V(rms)의 전원에 연결하면, 저항기 양단의 전압이 50 V(rms)가 되고 소비 전력은 14 W가 된다. (a) 저항값과 (b) 인덕터 값을 구하라.

11. RL 회로에 연결된 멀티미터가 0.500 A의 rms 전류와 60.0 Hz, 104 V rms 발전기 전압을 표시하고 있다. 와트미터는 저항기에서 소모된 평균 전력이 10.0 W임을 나타낸다. 다음을 구하라. (a) 회로의 임피던스, (b) 저항 R, (c) 인덕턴스 L

12. 어떤 교류 발전기가 3 600 V에서 50 A(rms)의 전류를 발전한다. 그러한 전원을 이상적인 변압기를 사용하여 100 000 V로 전압을 높여서 저항이 100 Ω인 장거리 전력선을 통해 송전한다. 발전기에서 나온 전력의 몇 %가 송전선에서 열로 없어지는가?

13. 변압기의 일차 코일에서 감긴 수는 $N_1 = 250$번이고 이차 코일에서 감긴 수는 $N_2 = 1\ 500$번이다. 일차 코일 양단의 입력 전압이 $\Delta v = (170\text{ V}) \sin \omega t$이면 이차 코일 양단에 걸리는 rms 전압은 얼마인가?

14. 태양은 지구 상층에 1 370 W/m^{2}의 평균 일률을 전달한다. 대기 상층에서 전자기파에 대한 최댓값 $\vec{\mathbf{E}}_{최대}$와 $\vec{\mathbf{B}}_{최대}$를 구하라.

15. (a) AM 라디오 밴드(540~1 600 kHz)와 (b) FM 라디오 밴드(88~108 MHz)의 파장 범위를 계산해 보라.

16. 진동수가 (a) 5.00×10^{19} Hz와 (b) 4.00×10^{9} Hz인 경우에 자유 공간에서 전자기파의 파장을 각각 구하라.

ⓒ 김영우

무지개. 공기 중에서 물방울에 의해 생성되는 무지개는 빛이 가지는 직진, 반사, 굴절, 분산 특성 때문에 나타난다. 물방울로 입사된 햇빛이 분산되어 스펙트럼의 색이 나타난다(2013년 3월 18일, 제주시 외곽에서 촬영).

빛의 반사와 굴절 22

REFLECTION AND REFRACTION OF LIGHT

22.1 빛의 본질

대부분의 과학자들은 뉴턴의 빛의 입자설을 받아들였다. 1678년에 네덜란드의 물리학자 겸 천문학자인 호이겐스(Christian Huygens, 1629~1695)는 반사와 굴절의 법칙을 빛의 파동설로도 설명할 수 있음을 보여주었다.

실제로 빛이 물체의 가장자리 부근에서 휘어진다는 것이 알려져 있다. **회절**이라고 알려진 이 현상은 빛의 파장이 매우 짧기 때문에 쉽게 관찰되지는 않는다.

빛의 파동성에 대한 첫 번째 확실한 증명은 1801년 영(Thomas Young, 1773~1829)에 의해 이루어졌는데, 그는 적절한 조건하에서 빛이 간섭 현상을 나타낸다는 것을 보여주었다. 즉, 하나의 광원에서 방출된 빛은 두 가지 다른 광 경로를 거쳐서 도달한 어떤 점에서는 합쳐져서 상쇄 간섭에 의하여 서로 상쇄될 수 있다.

빛의 이론에 관한 가장 중요한 발전은 맥스웰의 업적이었는데, 그는 1865년 빛이 높은 진동수를 가진 일종의 전자기파의 한 형태라고 예측하였다. 그의 이론은 전자기파가 측정된 빛의 속력과 같은 3×10^8 m/s의 속력을 가져야 함을 예언하였다.

고전 전자기학 이론은 빛의 알려진 성질들을 대부분 설명할 수 있었다.

1905년에 아인슈타인은 광양자(입자) 이론을 공식화하여 광전 효과를 설명하는 논문을 발표하였다. 이러한 미립자 또는 양자들은 입자성을 강조하기 위하여 오늘날 **광자**라고 한다. 광자의 에너지는 해당 전자기파의 진동수에 비례한다.

ⓒ Book's Hill

호이겐스
Christian Huygens, 1629~1695
네덜란드의 물리학자 겸 천문학자

호이겐스는 광학과 동역학 분야에 공헌한 것으로 잘 알려져 있다. 호이겐스는 빛이란 에테르 속에서 진동 운동을 하며 퍼져나가, 눈으로 들어와 인식하게 되는 것이라 생각하였다. 이러한 이론을 바탕으로 반사와 굴절의 법칙을 유도하였고, 이중 굴절 현상을 설명하였다.

$$E = hf \quad [22.1]$$

여기서 비례 상수 h는 **플랑크 상수**로서 $h = 6.63 \times 10^{-34}\,\text{J}\cdot\text{s}$이다. 이 이론은 빛의 입자설과 파동설의 특성을 모두 가지고 있다.

빛은 경우에 따라서 파동처럼 행동하기도 하고 다른 경우에는 입자처럼 움직이기도 한다. 고전 전자기학 이론은 빛의 전파와 간섭 효과를 적절하게 설명될 수 있지만, 광전 효과나 빛과 물질과의 상호작용에 대한 실험들은 빛이 입자라고 가정해야 가장 잘 설명할 수 있다.

22.2 반사와 굴절

반사(reflection)에서는 두 번째 매질을 마주친 빛의 일부가 그 매질로부터 튕겨진다. **굴절**(refraction)에서는 두 번째 매질로 들어간 빛이 경계면의 법선에 대하여 일정한 각도로 휘어진다.

기하 광학에서의 광선 근사

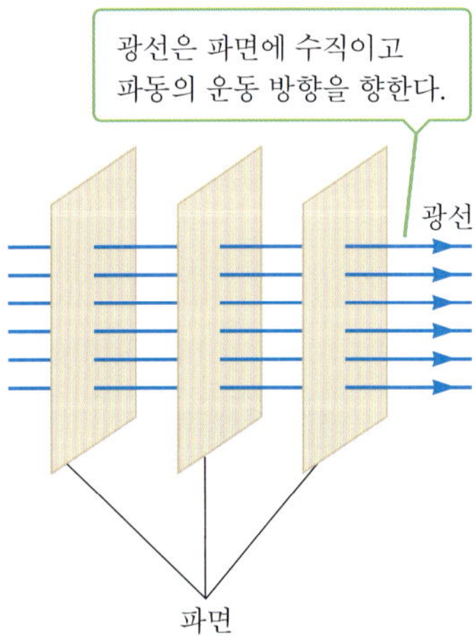

그림 22.1 오른쪽으로 진행하는 평면파

빛은 두 가지 서로 다른 물질의 경계면에 부딪힐 때까지 동일한 매질 내에서는 직선 경로로 진행한다. 빛이 경계면에 부딪힐 때 그 빛은 경계면에서 반사되거나, 경계면의 다른 쪽 매질로 투과하거나, 또는 부분적으로 두 가지 모두 일어나거나 한다.

그림 22.1과 같이 광선은 빛의 진행 방향을 따라 그린 가상적인 선이다. **파면**(wave front)은 파동의 위상과 진폭이 일치하는 점들로 이루어진 면이다. 이를테면, 그림 22.1에서 파면은 파동의 마루를 연결한 면이 될 수 있다. 광선은 파동의 운동 방향과 일치하여 파면에 수직인 직선이 된다. 광선이 평행하게 진행할 경우, 파면은 광선에 수직인 평면이 된다.

빛의 반사

그림 22.2a는 거울과 같은 매끄러운 반사면에 입사된 여러 광선을 보여준다. 반사된 광선은 그림에 나타낸 바와 같이 서로 평행을 이룬다. 이와 같이 매끄러운 표면에서 빛이 반사되는 것을 **거울 반사**(specular reflection)라고 한다. 반면에 만일 반사면이 그림 22.2b와 같이 거칠다면, 광선은 여러 방향으로 반사될 것이다. 거친 면에서의 반사는 **확산 반사**(diffuse reflection)라고 한다. 표면의 거칠기가 입사광의 파장에 비하여 작으면, 그 표면은 매끄러운 표면처럼 작용한다. 그림 22.2c와 22.2d는 각각 레이저 광선의 거울 반사 및 확산 반사를 보여주는 사진이다.

그림 22.3과 같이 공기 중에서 진행하는 광선이 일정한 각도로 매끄럽고 편평한 표면에 입사된다고 생각하자. 입사 광선과 반사 광선은 입사 광선이 표면에 부딪히는 점에서 그 표면에 수직인 선과 각각 θ_1과 θ'_1의 각을 이룬다. 이 선을 그 표면에 대한

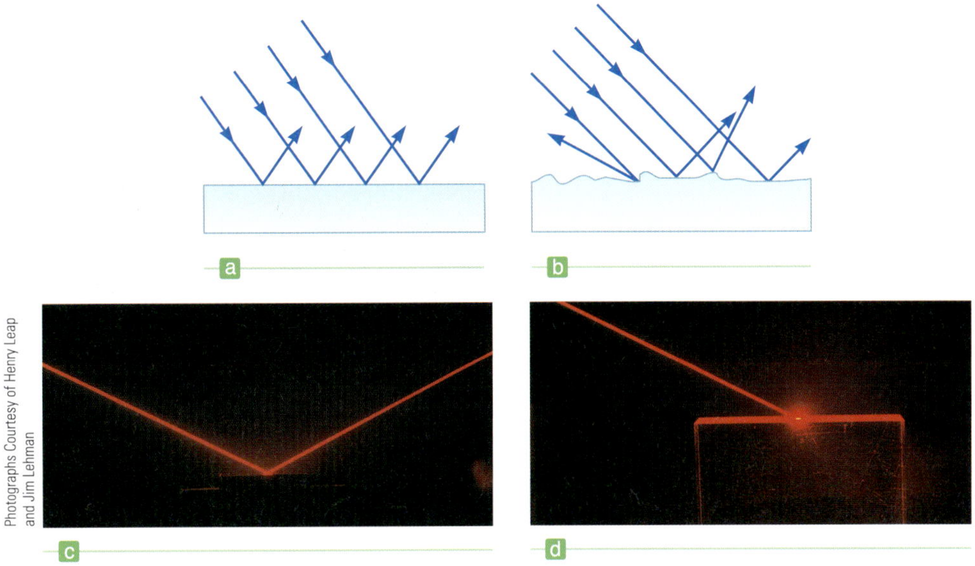

그림 22.2 (a) 반사 광선의 방향이 서로 평행한 거울 반사와 (b) 반사 광선이 임의의 방향으로 진행하는 확산 반사에 대한 개략도. (c, d) 레이저 광선을 이용하여 찍은 거울 반사와 확산 반사의 사진

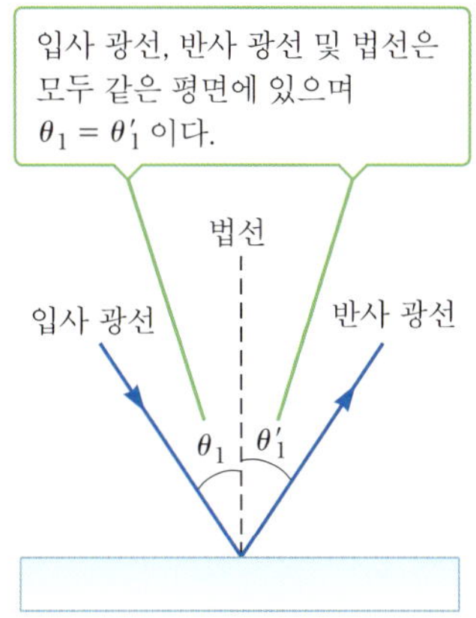

그림 22.3 반사파 모형

법선이라고 한다. 이때 **입사각과 반사각이 같다**는 것은 실험을 통해 알 수 있다.

$$\theta'_1 = \theta_1 \qquad [22.2]$$

예제 22.1

문제 그림 22.4와 같이 두 개의 거울이 서로 120°의 각을 이루며 놓여 있다. 한 광선이 거울 M_1의 법선에 대해서 65°의 각으로 입사한다. 두 거울에서 반사된 후, 거울 M_2의 법선에 대한 반사각을 구하라.

풀이 M_1에 반사 법칙을 적용하여 반사각 $\theta_{반사}$를 구한다.

$$\theta_{반사} = \theta_{입사} = 65°$$

$\theta_{반사}$의 여각인 각 ϕ를 구한다.

$$\phi = 90° - \theta_{반사} = 90° - 65° = 25°$$

M_1, M_2와 M_1에서 M_2로 진행하는 광선이 이루는 삼각형에서 세 각의 합이 180°임을 이용하여 미지의 각 α를 구한다.

$$180° = 25° + 120° + \alpha \quad \rightarrow \quad \alpha = 35°$$

각 α는 M_2에 대한 입사각 $\beta_{입사}$의 여각이다.

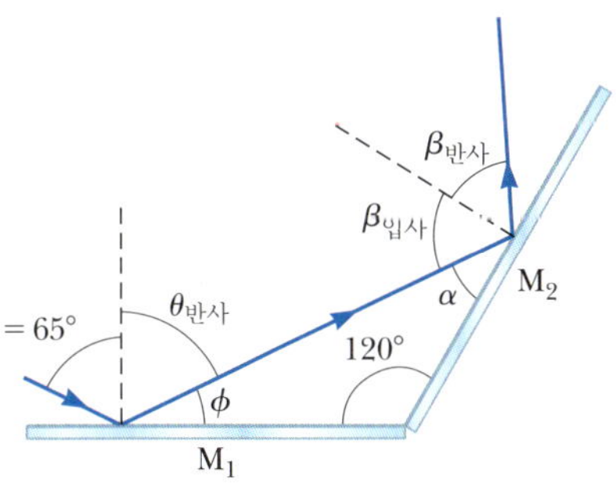

그림 22.4 (예제 22.1) 거울 M_1과 M_2가 서로 120°의 각을 이룬다.

$$\alpha + \beta_{입사} = 90° \quad \rightarrow \quad \beta_{입사} = 90° - 35° = 55°$$

두 번째로 반사의 법칙을 적용하여 $\beta_{반사}$를 구한다.

$$\beta_{반사} = \beta_{입사} = 55°$$

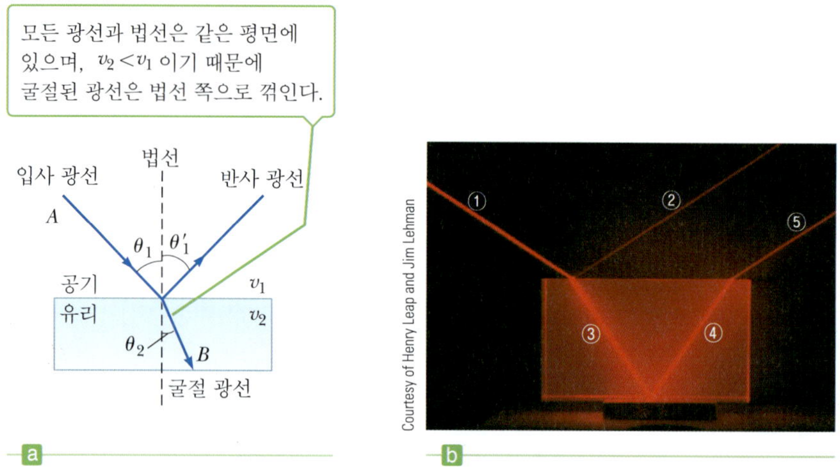

그림 22.5 (a) 굴절파 모형, (b) 투명 합성수지 물체에 입사한 광선은 들어갈 때나 나올 때 모두 꺾인다.

빛의 굴절

투명한 매질을 진행하던 광선이 또 다른 투명한 매질의 경계면과 만나면, 그림 22.5a와 같이 광선의 일부는 반사되고 일부는 두 번째 매질로 진행한다. 두 번째 매질에 들어온 광선은 경계면에서 꺾이는데, 이것을 **굴절**되었다고 한다. 그림 22.5a에서 **굴절각**(angle of refraction) θ_2는 두 매질의 성질과 입사각에 의해 결정되며, 그 관계식은

$$\frac{\sin\theta_2}{\sin\theta_1} = \frac{v_2}{v_1} = \text{일정} \qquad [22.3]$$

으로 주어진다. 여기서 v_1은 매질 1에서의 빛의 속력, v_2는 매질 2에서의 빛의 속력이다. 굴절각 역시 법선과 이루는 각이다.

실험을 통하여 **굴절면을 통과하는 광선의 경로를 거꾸로 할 수 있다**는 것을 알 수 있다. 예를 들면, 그림 22.5a에서 광선은 점 A에서 점 B로 진행한다. 만일 광선이 점 B에서 출발하면, 이 광선은 같은 경로로 점 A에 도달한다.

빛의 속력이 큰 매질에서 작은 매질로 빛이 진행할 때, 굴절각 θ_2는 입사각 θ_1보다 작다. 따라서 그림 22.6a와 같이 굴절된 광선은 법선 쪽으로 꺾인다. 만일 빛의 속력이 작은 매질에서 큰 매질로 빛이 진행하면, 그림 22.6b처럼 법선으로부터 멀어지는 쪽으로 꺾인다.

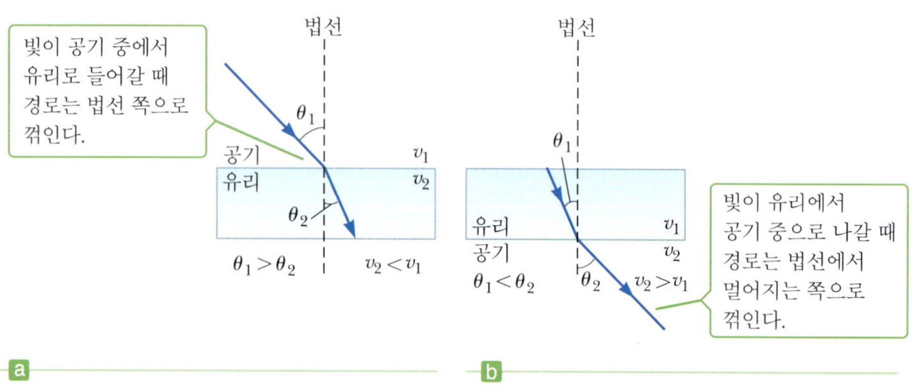

그림 22.6 (a) 공기 중에서 유리로 들어갈 때와 (b) 유리에서 공기 중으로 나갈 때 빛이 굴절하는 모습

표 22.1 진공에서 파장이 $\lambda_0 = 589$ nm인 빛으로 측정된 여러 가지 물질의 굴절률

물질	굴절률	물질	굴절률
고체(20 °C)		**액체**(20 °C)	
다이아몬드 (C)	2.419	벤젠	1.501
형석 (CaF_2)	1.434	이황화탄소	1.628
석영 (SiO_2)	1.458	사염화탄소	1.461
크라운 유리	1.52	에틸알코올	1.361
납유리	1.66	글리세린	1.473
얼음 (0 °C, H_2O)	1.309	물	1.333
폴리스티렌	1.49		
소금 (NaCl)	1.544	**기체**(0 °C, 1기압)	1.000 293
저어콘	1.923	공기	
		이산화탄소	1.000 45

22.3 굴절의 법칙

빛이 한 투명 매질에서 다른 투명 매질로 들어갈 때, 두 매질 내에서의 빛의 속력이 다르기 때문에 빛이 굴절된다. 매질의 **굴절률**(index of refraction) n은 c/v의 비율로 정의된다.

$$n \equiv \frac{\text{진공에서 빛의 속력}}{\text{매질에서 빛의 속력}} = \frac{c}{v} \qquad [22.4]$$

이러한 정의로부터 굴절률은 차원이 없는 수이며, v가 항상 c보다 작기 때문에 이 값은 항상 1보다 크거나 같다. 더구나 진공 중에서는 $n = 1$이다. 표 22.1에 여러 가지 물질들의 굴절률을 나타내었다.

그림 22.7을 생각해 보자. 어떤 진동수를 가지는 파면이 매질 1 내의 점 A에 있는 관측자를 지나 매질 1과 매질 2 사이의 경계면에 입사된다. 파면이 매질 2 내의 점 B에 있는 관측자를 지나는 진동수는 점 A에 도달하는 진동수와 같아야 한다. 광선이 한 매질에서 다른 매질로 진행할 때 진동수는 일정하게 유지되어야 한다.

그러므로 두 매질 내에서 $v = f\lambda$의 관계가 유효해야 하고, $f_1 = f_2 = f$이므로

$$v_1 = f\lambda_1 \qquad \text{그리고} \qquad v_2 = f\lambda_2$$

임을 알 수 있다. $v_1 \neq v_2$이므로 $\lambda_1 \neq \lambda_2$이어야 한다.

$$\frac{\lambda_1}{\lambda_2} = \frac{v_1}{v_2} = \frac{c/n_1}{c/n_2} = \frac{n_2}{n_1} \qquad [22.5]$$

따라서 다음의 식을 얻는다.

$$\lambda_1 n_1 = \lambda_2 n_2 \qquad [22.6]$$

매질 1이 진공이어서 $n_1 = 1$이면, 임의의 매질에서 굴절률은 식 22.6으로부터 다음과 같은 비로 나타낼 수 있다.

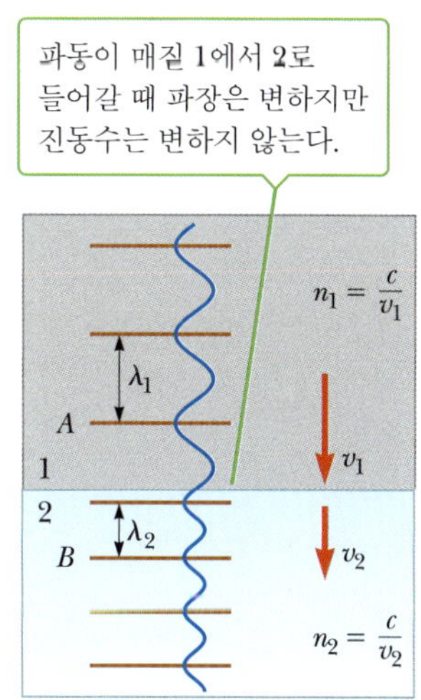

그림 22.7 파동이 매질 1에서 2로 진행할 때, 속력이 느려진다.

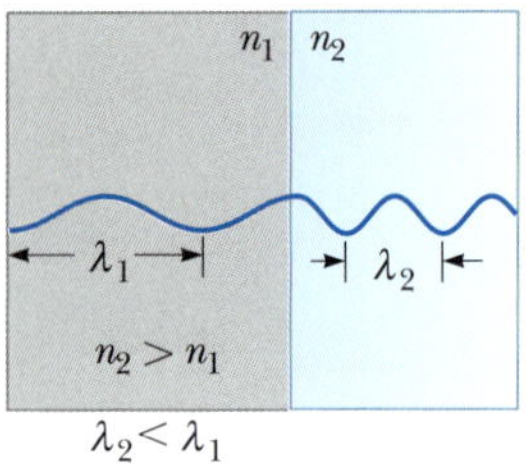

그림 22.8 빛이 굴절률이 작은 매질에서 큰 매질로 진행할 때, 빛의 파장이 감소하는 현상을 나타낸 개략도

$$n = \frac{\lambda_0}{\lambda_n} \qquad [22.7]$$

여기서 λ_0은 진공에서의 빛의 파장이며, λ_n은 굴절률이 n인 매질 내에서의 파장이다. 그림 22.8은 빛이 진공에서 투명한 매질 속으로 진행할 때 파장이 줄어드는 것을 보여준다.

식 22.5를 식 22.3에 대입하면, 다음과 같은 식을 얻을 수 있다.

$$n_1 \sin\theta_1 = n_2 \sin\theta_2 \qquad [22.8]$$

이 관계식은 **스넬의 굴절 법칙**(Snell's law of refraction)이라 한다.

22.4 분산과 프리즘

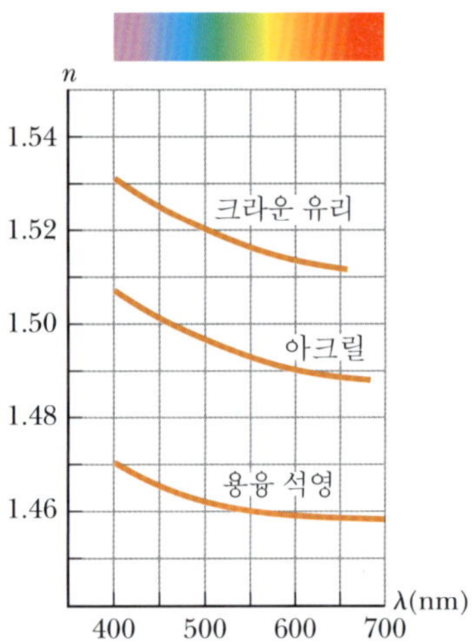

그림 22.9 세 가지 물질의 진공 파장에 대한 가시광선 스펙트럼에서의 굴절률 변화

표 22.1에 여러 가지 물질의 굴절률을 나타내었다. 굴절률이 파장에 따라 달라지는 것을 **분산**(dispersion)이라 한다. 그림 22.9는 파장에 따른 굴절률의 변화를 그래프로 나타낸 것이다. 굴절률 n이 파장의 함수이므로, 스넬의 법칙에 따라, **빛이 물질에 입사할 때 형성되는 굴절각은 빛의 파장에 따라 달라진다**. 그림과 같이 굴절률의 값은 파장이 증가함에 따라 일반적으로 감소한다. 이것은 빛이 공기로부터 어떤 물질로 투과할 때 보라색 빛($\lambda \cong 400$ nm)이 빨간색 빛($\lambda \cong 650$ nm)보다 더 많이 꺾인다는 것을 의미한다.

그림 22.10a와 같이 빛이 프리즘에 부딪힐 때 어떤 일이 생기는지를 생각해 보자. 왼쪽에서 프리즘에 입사한 단일 파장의 광선이 본래의 진행 방향에서 각 δ만큼 꺾여 나온다. 이 각을 **편향각**(angle of deviation)이라 한다. 이제 백색광의 선속이 프리즘에 입사된다고 가정하자. 그림 22.10b에서처럼 분산 때문에 다른 색들은 다른 편향각으로 꺾여서 프리즘의 두 번째 면으로부터 빠져나오는 광선들은 그림 22.11과 같이 가시광 **스펙트럼**(spectrum)이라고 하는 일련의 색깔들로 퍼진다. 이 색깔들은 파장이

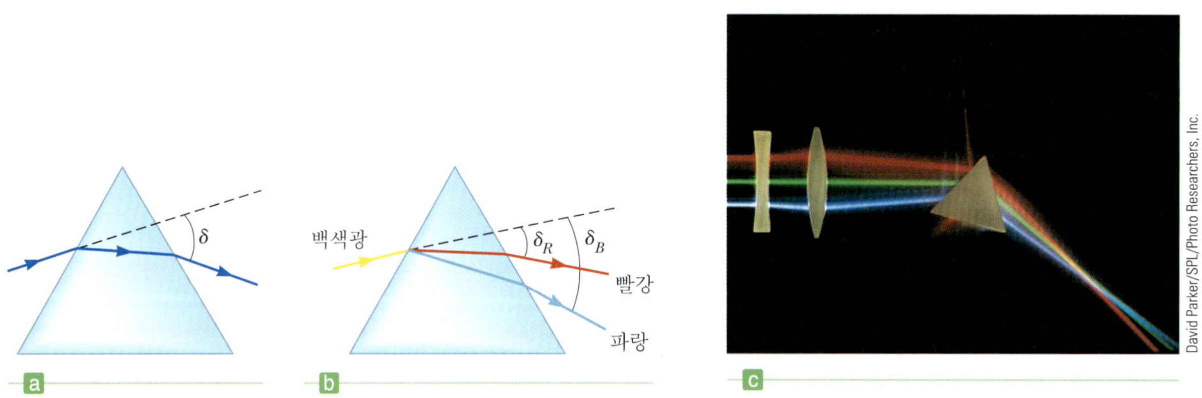

그림 22.10 (a) 프리즘은 광선을 굴절시켜 각 δ만큼 편향시킨다. (b) 빛이 프리즘에 입사될 때, 파란색 빛은 빨간색 빛보다 더 많이 꺾인다. (c) 서로 다른 색깔을 가진 빛이 프리즘과 두 렌즈를 통과한다. 빛이 프리즘을 통과할 때, 서로 다른 파장의 빛이 다른 각도로 굴절됨에 주목하라.

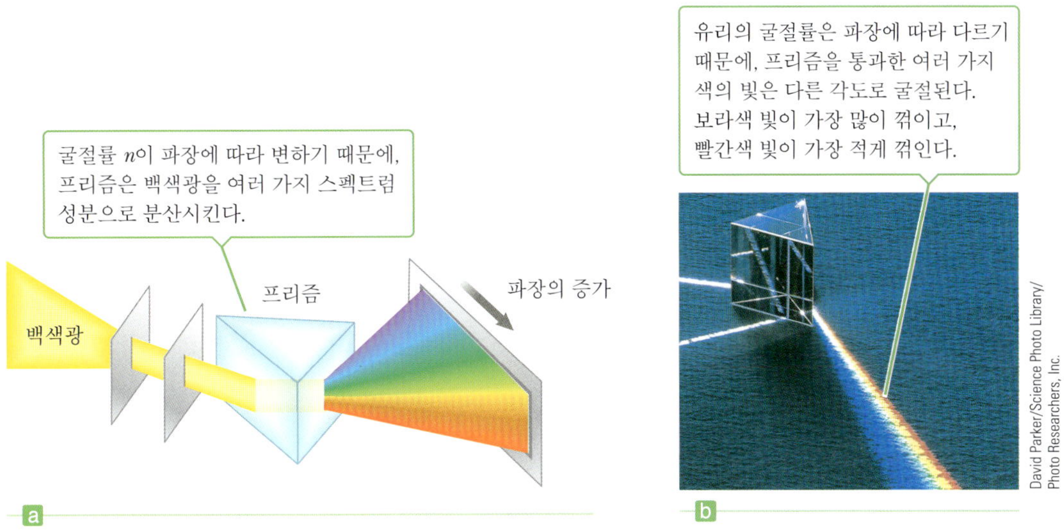

그림 22.11 (a) 프리즘에 의한 백색광의 분산, (b) 백색광이 프리즘의 왼쪽으로 들어간다.

감소하는 순서대로 빨강, 주황, 노랑, 초록, 파랑, 보라색 빛이다. 보라색 빛이 가장 많이 꺾이고 빨간색 빛이 가장 적게 꺾이며 나머지 가시광선의 스펙트럼의 색깔들은 이 양단 사이에 놓인다.

프리즘은 종종 **프리즘 분광계**(prism spectrometer)라고 하는 기기에 사용되는데, 그 필수 요소들이 그림 22.12a에 표시되어 있다. 이 기기는 보통 나트륨 증기등과 같은 광원으로부터 나오는 빛의 파장을 조사하는 데 사용된다. 광원에서 나온 빛을 가늘고 조절 가능한 슬릿과 렌즈를 통과시켜서 평행광 또는 집속된 선속을 만든다. 그리고 빛은 프리즘을 통과하여 스펙트럼으로 분산되며, 굴절된 빛은 망원경을 이용하여 관측된다. 실험자는 망원경의 대안 렌즈를 통해 다른 색으로 된 슬릿의 상을 관측한다. 다른 편향각을 갖는 다양한 파장을 관측할 수 있도록 망원경을 움직이거나 프리즘을 회전시킬 수 있다. 그림 22.12b는 실험실에서 사용하는 프리즘 분광계 한 종류를 보여준다.

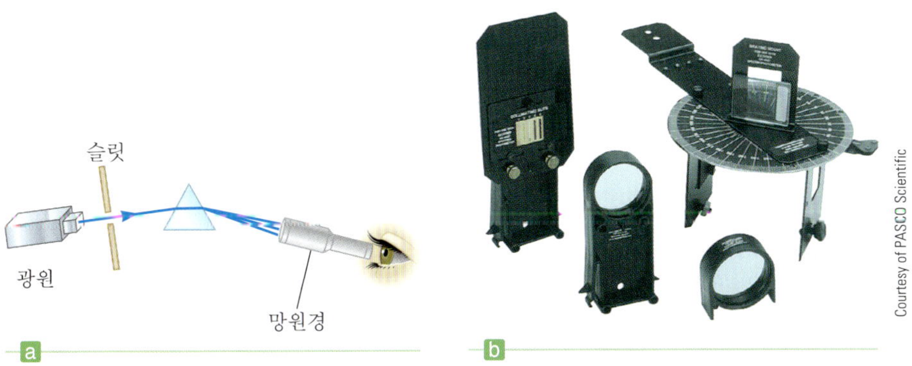

그림 22.12 (a) 프리즘 분광계를 설명하는 그림. 스펙트럼의 색깔들이 망원경으로 보인다. (b) 부품들을 바꾸어가면서 조립할 수 있는 분광계

예제 22.2

문제 그림 22.13과 같이, 광선이 어떤 유리 프리즘에 $\theta_1 = 30.0°$로 입사한다. 만일 유리의 굴절률이 보라색 빛에 대하여 1.80이라면, **(a)** 공기-유리 경계면에서의 굴절각 θ_2, **(b)** 유리-공기 경계면에서의 입사각 ϕ_2, **(c)** 보라색 빛이 프리즘을 떠날 때의 굴절각 ϕ_1을 구하라. **(d)** 보라색 빛이 수직으로 이동한 거리인 Δy의 크기는 얼마인가?

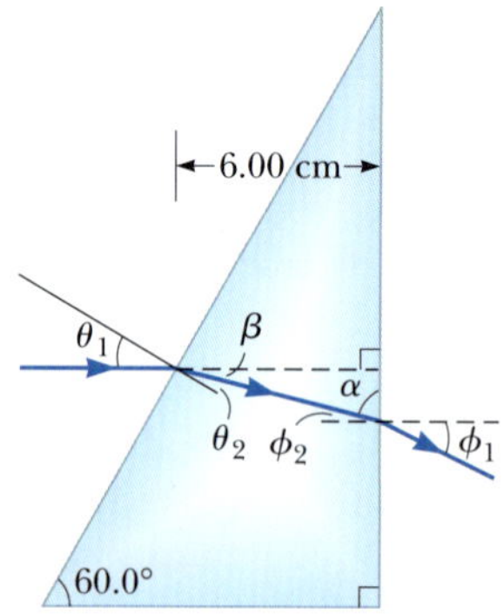

그림 22.13 (예제 22.2)

풀이 **(a)** 공기-유리 경계면에서의 굴절각 θ_2를 구한다.
스넬의 법칙을 이용하여 첫 번째 굴절각을 구한다.

$$n_1 \sin\theta_1 = \sin\theta_2 \quad \rightarrow \quad (1.00)\sin 30.0 = (1.80)\sin\theta_2$$

$$\theta_2 = \sin^{-1}\left(\frac{0.500}{1.80}\right) = \boxed{16.1°}$$

(b) 유리-공기 경계면에서의 입사각 ϕ_2를 구한다.
각 β를 계산한다.

$$\beta = 30.0° - \theta_2 = 30.0° - 16.1° = 13.9°$$

삼각형의 내각의 합이 180°임을 이용하여 각 α를 계산한다.

$$180° = 13.9° + 90° + \alpha \quad \rightarrow \quad \alpha = 76.1°$$

유리-공기 경계면의 입사각 ϕ_2는 α의 여각이다.

$$\phi_2 = 90° - \alpha = 90° - 76.1° = \boxed{13.9°}$$

(c) 보라색 빛이 프리즘을 떠날 때의 굴절각 ϕ_1을 구한다.
스넬의 법칙을 적용한다.

$$\phi_1 = \left(\frac{1}{n_1}\right)\sin^{-1}(n_2 \sin\phi_2)$$

$$= \left(\frac{1}{1.00}\right)\sin^{-1}[(1.80)\sin\phi_2] = \boxed{25.6°}$$

(d) 보라색 빛이 연직으로 변위된 거리인 Δy의 크기를 구한다.
탄젠트 값을 사용하여 연직 변위를 구한다.

$$\tan\beta = \frac{\Delta y}{\Delta x} \quad \rightarrow \quad \Delta y = \Delta x \tan\beta$$

$$\Delta y = (6.00\text{ cm})\tan(13.9°) = \boxed{1.48\text{ cm}}$$

22.5 무지개

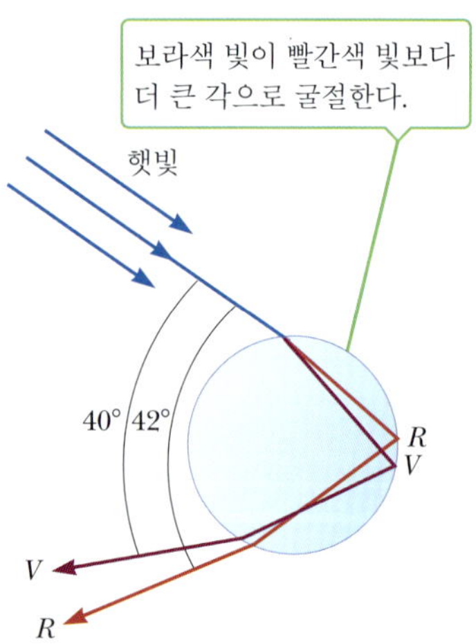

그림 22.14 구형 빗방울에 의한 햇빛의 굴절

무지개가 어떻게 만들어지는지 알아보기 위하여 그림 22.14를 보자. 머리 위를 지나는 한 광선이 대기 중에 있는 물방울에 부딪히고 다음과 같이 굴절되고 반사된다. 먼저 광선은 물방울 앞 표면에서 굴절되는데, 보라색 빛은 가장 많이 편향되고 빨간색 빛은 가장 적게 편향된다. 물방울의 뒷면에서 이 빛이 반사되어 다시 앞면으로 되돌아오는데, 여기서 빛은 다시 굴절을 일으키면서 물에서 공기로 빠져나온다. 광선들이 물방울을 빠져나오면서 보라색 빛이 입사한 백색광과 이루는 각도는 40°가 되며, 빨간색 빛이 입사한 백색광과 이루는 각은 42°가 된다. 되돌아오는 광선들 사이의 작은 각도 차이가 무지개를 만든다.

이제 그림 22.15a와 같이 무지개를 바라보는 관측자가 있다고 하자. 만일 하늘 높이 떠 있는 물방울을 바라본다면, 물방울에서 되돌아오는 빛 중 가장 많이 편향되어 있는 빨간색 빛은 관측자에게 도달할 수 있겠지만, 가장 적게 편향되어 있는 보라색 빛은 관측자 위로 지나갈 것이다. 따라서 관측자는 이 물방울을 빨간색으로 보게 된

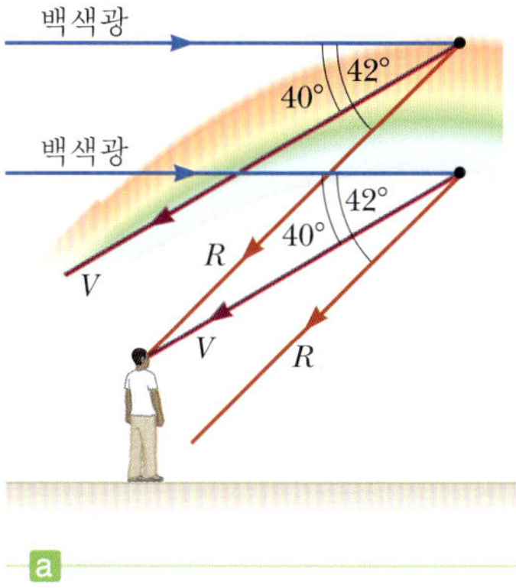

그림 22.15 (a) 태양을 뒤로 한 관측자가 바라본 무지개의 모습, (b) 이 사진의 무지개는 색의 순서가 반대로 된 이차 무지개이다.

다. 마찬가지로 하늘에 낮게 떠 있는 물방울은 보라색 빛이 관측자를 향하게 되므로, 이 물방울은 보라색으로 보인다. 스펙트럼의 나머지 색들은 양끝의 두 색 사이에 놓여서 물방울로부터 관측자에게 도달한다. 그림 20.15b는 아름다운 무지개와 색깔의 배열이 거꾸로 이루어지는 이차 무지개를 보여준다.

22.6 호이겐스의 원리

호이겐스는 빛이란 입자의 흐름이 아니라 파동 운동의 한 형태라고 가정하였다.

호이겐스의 원리는 앞선 파면에 대한 지식으로부터 임의의 순간에 새로운 파면의 위치를 결정하는 기하학적인 작도법이다. 호이겐스의 작도법에서 **주어진 파면 위의 모든 점들은 잔파동이라고 하는 이차 구면파를 생성하기 위한 점 파원이라고 생각할 수 있으며, 이 잔파동은 매질 속에서 정해진 속력을 가지고 전방으로 퍼져나간다. 얼마의 시간이 경과한 후, 새로운 파면의 위치는 작은 파에 접한 면이 된다.**

그림 22.16은 호이겐스의 작도법의 간단한 두 가지 예를 보여준다. 우선 그림 22.16a에서와 같이 자유 공간을 진행하는 평면파를 생각해 보자. 시각 $t = 0$에서 파면은 AA'으로 부호를 붙인 평면으로 표시되어 있다. 호이겐스의 작도법에서 이 파면

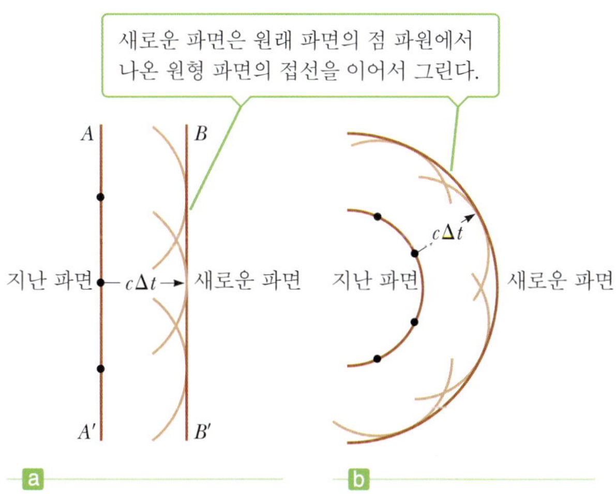

그림 22.16 호이겐스의 작도법. (a) 오른쪽으로 전파되는 평면파, (b) 구면파

상의 각 점은 하나의 점 파원으로 생각할 수 있다. 간단히 하기 위하여 AA' 면 위에 몇 개의 점들만 나타내었다. 이 점들을 잔파동의 파원으로 생각하고 각각 반지름이 $c\Delta t$인 원을 그린다. 여기서 c는 진공에서의 광속이며, Δt는 한 파면에서 다음 파면까지의 전파 주기이다. 이들 잔파동에 접하도록 그린 면은 AA' 면과 나란한 BB' 면이 된다. 그림 22.16b는 바깥쪽으로 진행하는 구면파에 대한 호이겐스의 작도법을 나타낸 것이다.

반사와 굴절에 적용한 호이겐스의 원리

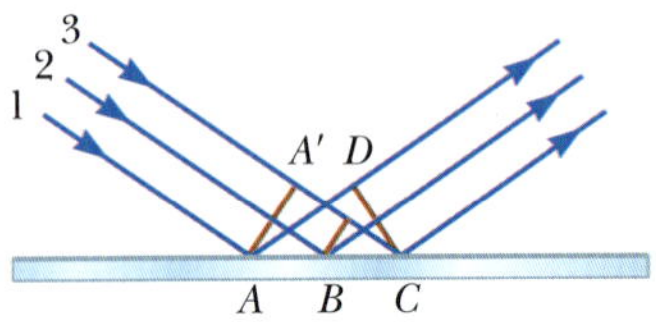

a

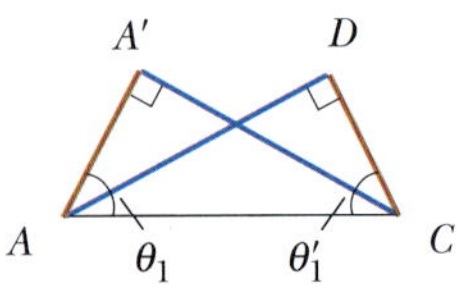

b

그림 22.17 (a) 반사의 법칙을 증명하기 위한 호이겐스의 작도법, (b) 삼각형 ADC는 삼각형 $AA'C$와 합동이다.

그림 22.17a는 반사의 법칙에 대하여 설명하고 있다. 직선 AA'은 입사 광선의 파면을 나타낸다. 광선 3이 A'에서 C까지 진행함에 따라, 광선 1은 A로부터 반사되어 반지름 AD인 구형 잔파동을 생성한다. (호이겐스 잔파동의 반지름은 $v\,\Delta t$이다.) 반지름 $A'C$와 AD를 가진 두 잔파동은 같은 매질 내에 있고 같은 속력 v를 가지므로 $AD = A'C$이다. 한편 광선 2는 광선 1보다 뒤늦게 표면에 부딪히기 때문에, B에 중심을 둔 구형 잔파동은 A에 중심을 둔 것의 절반만큼만 퍼져나간다.

호이겐스의 원리로부터, 반사된 파면은 바깥쪽으로 나아가는 모든 구형 잔파동에 접하는 직선인 CD임을 알 수 있다. 나머지 분석은 그림 22.17b에 요약한 기하학을 따른다. 직각삼각형 ADC와 $AA'C$는 동일한 빗변 AC를 가지며, $AD = A'C$이기 때문에 합동이 된다. 그림 22.17b로부터

$$\sin\theta_1 = \frac{A'C}{AC} \qquad \text{그리고} \qquad \sin\theta_1' = \frac{AD}{AC}$$

가 된다. 우변이 일치하므로 $\sin\theta_1 = \sin\theta_1'$이고, 따라서 $\theta_1 = \theta_1'$이라는 것이 반사의 법칙이다.

호이겐스의 원리와 그림 22.18a를 이용하여 스넬의 굴절 법칙을 유도해 보자. 시간 간격 Δt 사이에 광선 1은 A로부터 B까지, 광선 2는 A'으로부터 C까지 나아간다. A에 중심을 두고 바깥쪽으로 퍼지는 구형 잔파동의 반지름은 $v_2\Delta t$와 같다. 거리 $A'C$는 $v_1\Delta t$와 같다. 기하학적인 성질에 따라 각 $A'AC$가 θ_1과 같고, 각 ACB가 θ_2와 같

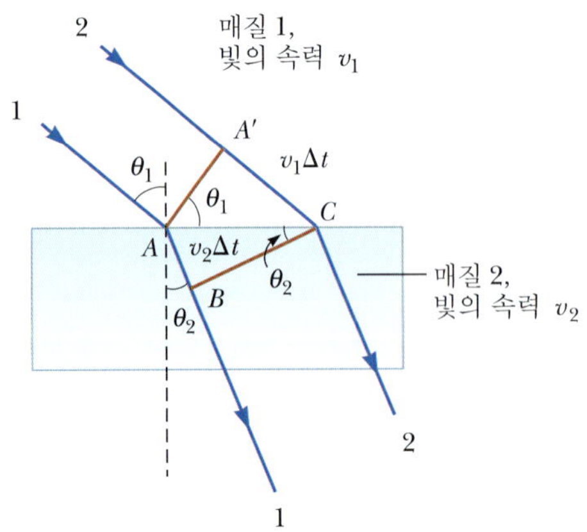

a

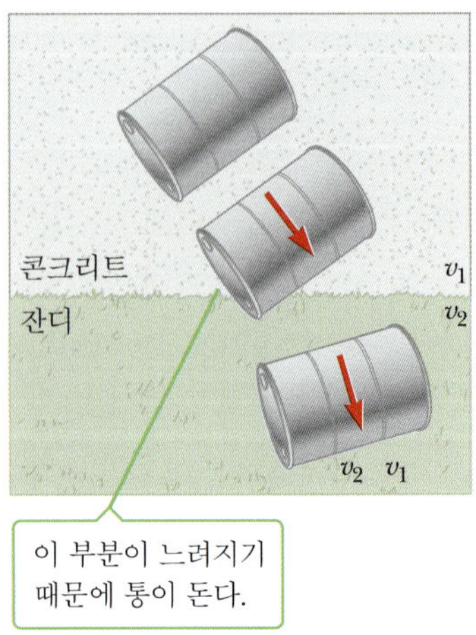

b

그림 22.18 (a) 굴절의 법칙을 증명하기 위한 호이겐스의 작도법, (b) 콘크리트 바닥에서 잔디로 굴러가는 통을 위에서 본 모양

다는 것을 알 수 있다. 삼각형 $A'AC$와 ACB로부터

$$\sin\theta_1 = \frac{v_1\Delta t}{AC} \quad \text{그리고} \quad \sin\theta_2 = \frac{v_2\Delta t}{AC}$$

임을 알 수 있다. 이 두 식을 나누면,

$$\frac{\sin\theta_1}{\sin\theta_2} = \frac{v_1}{v_2}$$

이 된다. 그런데 식 22.4로부터 $v_1 = c/n_1$이고 $v_2 = c/n_2$임을 알 수 있다. 그러므로

$$\frac{\sin\theta_1}{\sin\theta_2} = \frac{c/n_1}{c/n_2} = \frac{n_2}{n_1}$$

$$n_1 \sin\theta_1 = n_2 \sin\theta_2$$

이며, 이것이 스넬의 굴절 법칙이다.

그림 22.18b는 굴절 현상의 역학적인 유사성을 보여준다.

22.7 내부 전반사

내부 전반사(total internal reflection)라고 하는 흥미로운 효과는 굴절률이 큰 매질로부터 굴절률이 작은 매질로 빛이 진행할 때 일어날 수 있다. 매질 1 속에서 진행하여 매질 1과 매질 2 사이의 경계면에서 만나는 광선을 생각해 보자. 여기서 n_1은 n_2보다 크다(그림 22.19). n_1이 n_2보다 크기 때문에, 굴절 광선은 법선으로부터 먼 쪽으로 꺾임을 유의하자. **임계각**(critical angle)이라고 하는 특정한 입사각 θ_c에서 굴절 광선은 경계면에 평행하게 진행하므로, $\theta_2 = 90°$가 된다(그림 22.19b). **θ_c보다 큰 입**

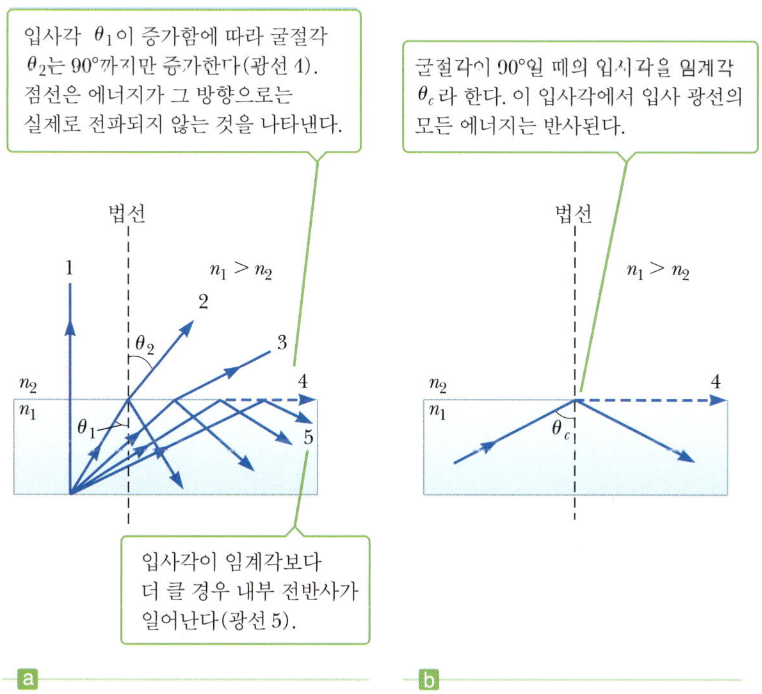

그림 22.19 (a) 굴절률 n_1인 한 매질에서 굴절률 n_2인 다른 매질로 광선이 진행한다. 여기서 $n_1 > n_2$이다. (b) 광선 4만 밖으로 나온다.

그림 22.20 프리즘 속에서의 내부 전반사. (a) 광선이 90° 만큼 편향된다. (b) 광선의 방향이 거꾸로 된다. (c) 잠망경에 사용되는 두 개의 프리즘

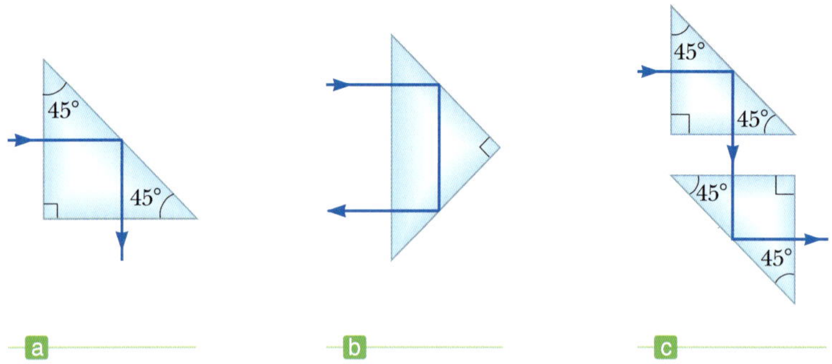

사각에 대하여, 빛살은 그림 22.19a의 광선 5와 같이 경계면에서 모두 반사된다.

스넬의 법칙을 사용하여 임계각을 알 수 있다. $\theta_1 = \theta_c$ 이고 $\theta_2 = 90°$ 일 때 스넬의 법칙(식 22.8)은

$$n_1 \sin\theta_c = n_2 \sin 90° = n_2$$

$$\sin\theta_c = \frac{n_2}{n_1} \qquad n_1 > n_2 \qquad [22.9]$$

로 주어진다. **내부 전반사는 굴절률이 큰 매질로부터 작은 매질로 빛이 진행할 경우에만 일어난다.**

매질 2가 공기이고 매질 1이 $n = 2.42$인 다이아몬드처럼 굴절률이 큰 물질일 때, $\theta_c = 24.0°$로 임계각은 작아진다.

광선의 진행 방향을 바꾸기 위하여 프리즘과 내부 전반사 현상을 이용할 수 있다. 이러한 두 가지 가능성을 그림 22.20에 나타내었다. 첫 번째 경우는 광선이 90.0°만큼 편향된 것이고(그림 22.20a), 두 번째 경우는 빛의 경로가 반전된 것이다(그림 22.20b). 내부 전반사의 일반적인 응용 중의 하나는 잠수함의 잠망경이다. 이 장치에서는 그림 22.20c와 같이 두 개의 프리즘이 정렬되어 있고, 입사 광선은 그림의 경로를 따라 꺾여 나오기 때문에 관측자는 직접 볼 수 없는 곳을 볼 수 있다.

예제 22.3

문제 **(a)** 물의 굴절률이 1.333일 때, 물-공기 경계면에 대한 임계각을 구하라. **(b)** (a)의 결과를 써서 물고기가 40.0°, 48.6°, 60.0°의 각도로 물의 표면을 올려다볼 때(그림 22.21), 물고기가 무엇을 볼 것인지 예측하라.

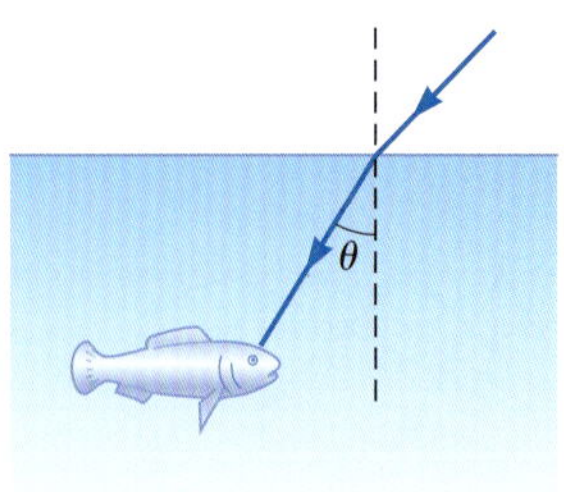

그림 22.21 (예제 22.3) 물고기가 수면 쪽으로 올려다본다.

풀이 **(a)** 물-공기 경계면에 대한 임계각을 구한다.

식 22.9에 대입하여 임계각을 구한다.

$$\sin\theta_c = \frac{n_2}{n_1} = \frac{1.00}{1.333} = 0.750$$

$$\theta_c = \sin^{-1}(0.750) = 48.6°$$

(b) 물고기가 40.0°, 48.6°, 60.0°의 각도로 물의 표면을 올려다볼 때, 물고기가 무엇을 볼 것인지 예측한다.

40.0°의 각도에서, 물밑으로부터 나온 광선은 표면에서 굴절되어

위쪽 공기 중으로 들어간다. 광선의 경로는 가역적이므로 (스넬의 법칙은 오가는 두 방향 모두에 적용되므로), 물 위에서 오는 빛은 동일한 경로를 따라 물고기에 의해 감지된다. 물에 대한 임계각인 48.6°에서는 물밑으로부터 오는 빛은 꺾여서 표면을 따라 진행한다. 따라서 같은 경로를 거꾸로 거슬러오는 빛은 물고기의 눈으로 굴절되어 오기 전에 수면을 따라 스쳐지나오는 것만 가능하다. 임계각인 48.6°보다 큰 각에서는, 수면을 향해 발사된 광선은 연못의 바닥으로 완전히 반사된다. 경로를 거꾸로 하면, 물고기는 반사된 바닥의 물체를 보게 된다.

연습문제

1. (a) 진동수가 5.00×10^{17} Hz인 광자와 (b) 파장이 3.00×10^2 nm인 광자의 에너지를 구하라. 여기서 구한 답을 전자볼트 단위로 나타내라. $1 \text{ eV} = 1.60 \times 10^{-19}$ J이다.

2. (a) 물, (b) 크라운 유리, (c) 다이아몬드에서 빛의 속력을 구하라.

3. 빛이 공기 중에서 법선과 각 $\theta_1 = 45.0°$을 이루며 매질로 들어간다(그림 P22.3). 두 번째 매질이 (a) 석영인 경우와 (b) 이황화탄소인 경우에 대해 굴절 θ_2를 계산하라.

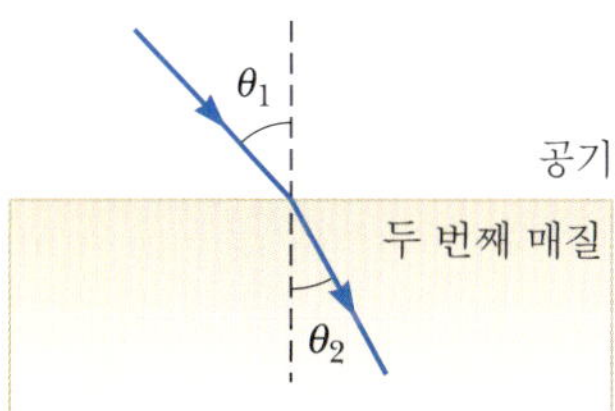

그림 P22.3

4. 광선이 얼음 덩어리의 표면에 법선과 40.0°의 각도로 입사한다. 빛의 일부는 반사되고 일부는 굴절된다. 반사된 빛과 굴절된 빛 사이의 각도를 구하라.

5. 물속에 있는 스쿠버 다이버가 물 밖의 태양을 바라본 겉보기 각이 연직과 45.0°이다. 태양의 실제 방향은 어떻게 되는가?

6. 그림 P22.6의 광선은 아마인유 내에서 법선 NN'과 20.0°의 각을 이룬다. 각 θ와 θ'을 구하라. 아마인유의 굴절률은 1.48이다.

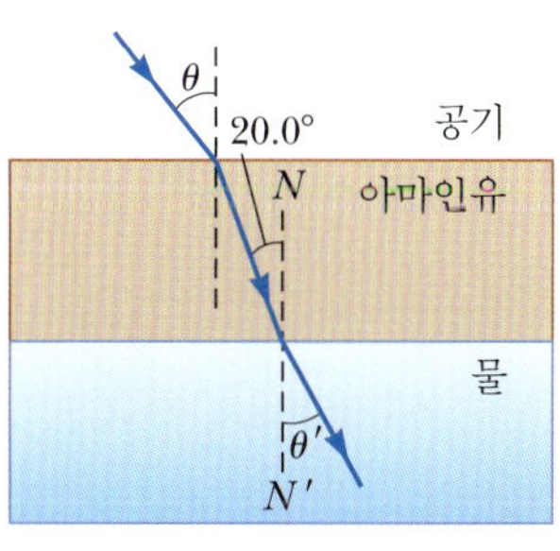

그림 P22.6

7. 그림 P22.7과 같이 공기와 유리의 경계면에서 빛이 반사되고 굴절된다. 유리의 굴절률이 n_g일 때, 반사 광선과 굴절 광선이 서로 수직을 이루는 공기 중에서의 입사각 θ_1을 구하라. [힌트: $\sin(90° - \theta) = \cos\theta$이다.]

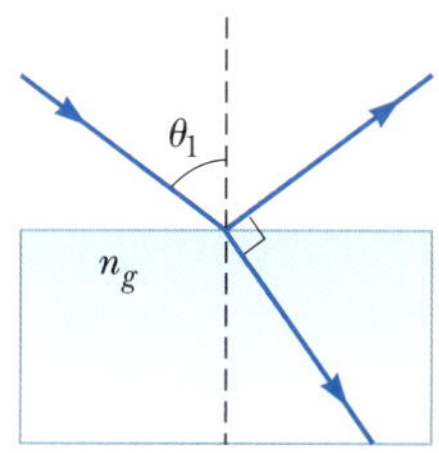

그림 P22.7

8. 물속에서 빨간색 빛의 굴절률은 1.331이고, 파란색 빛의 굴절률은 1.340이다. 백색광이 입사각 83.00°로 물속으로 들어갈 때, 이 빛의 (a) 파란색과 (b) 빨간색 성분들의 물속에서의 굴절각은 얼마인가?

9. 그림 22.20b와 같이 공기로 둘러싸인 45°−45°−90° 프리즘의 빗면에 광선이 수직으로 입사하고 있다. 직각을 이루는 두 면의 각각에서 내부 전반사를 일으킬 수 있는 프리즘의 최소 굴절률을 계산하라.

10. 플라스틱 도광관이 1.53의 굴절률을 갖고 있다. 이 도광관이 (a) 공기와 (b) 물에 놓여 있다면, 내부 전반사가 일어날 수 있는 최소 입사각은 각각 얼마인가?

11. 파장이 589 nm인 빛에 대하여 물로 둘러싸인 다음 물질의 임계각을 구하라. (a) 석영, (b) 폴리스티렌, (c) 소금

© 김영우

굽은 도로에서 양쪽 운전자가 상대방을 미리 확인할 수 있는 볼록거울. 이런 거울은 사고를 예방하는 효과가 있다.

23 거울과 렌즈

MIRRORS AND LENSES

23.1 평면 거울

그림 23.1과 같이 평면 거울 앞으로 거리가 p 만큼 떨어진 점 O에 점광원이 있는 경우를 생각해 보자. 여기서 거리 p는 **물체 거리**(object distance)라 한다. 광원을 출발한 광선은 거울에서 반사된다. 반사된 광선은 발산을 하지만 관측자에게는 거울 뒤의 점 I에서부터 나오는 것처럼 보인다. 점 I는 점 O에 있는 물체의 **상**(image)이라 한다. 고려하고 있는 계와는 상관없이 **상은 광선들이 실제로 서로 교차하거나 또는 발원한 것처럼 보이는 점에 만들어진다.** 그림 23.1에서 광선들은 거울 뒤쪽으로 거리 q 만큼 떨어진 점 I에서 출발한 것처럼 보이기 때문에, 점 I가 상의 위치이다. 여기서 거리 q는 **상 거리**(image distance)라 한다.

상은 실상과 허상으로 분류된다. **실상**은 빛이 실제로 상점(image point)을 통과하면서 만들어지는 상이며, **허상**은 빛이 실제로 상점을 통과하지는 않으나 상점에서 출발한 것처럼 보이면서 만들어지는 상이다. 그림 23.1에서 평면 거울에 의한 상은 허상이다. 실제로 평면 거울에서 만들어지는 상은 항상 (실물체에 대해서) 허상이다. 실상은 영화관에서 스크린 위에 나타낼 수 있으나 허상은 그럴 수 없다.

간단한 기하학적인 방법을 이용하여 평면 거울에서 만들어지는 상의 성질에 대해

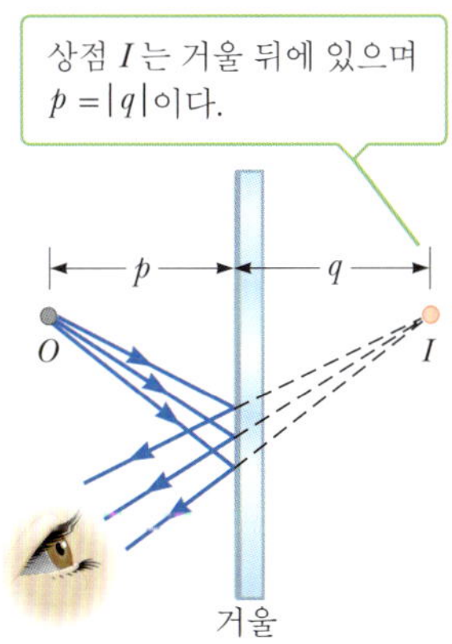

그림 23.1 평면 거울의 반사에 의해 상이 형성되는 모습. 점 I에 있는 상은 허상이다. 허상의 대해서 q가 음이 된다는 것은 23.3절에서 배울 것이다. 따라서 물체 거리 p는 상 거리 q의 절댓값과 같다.

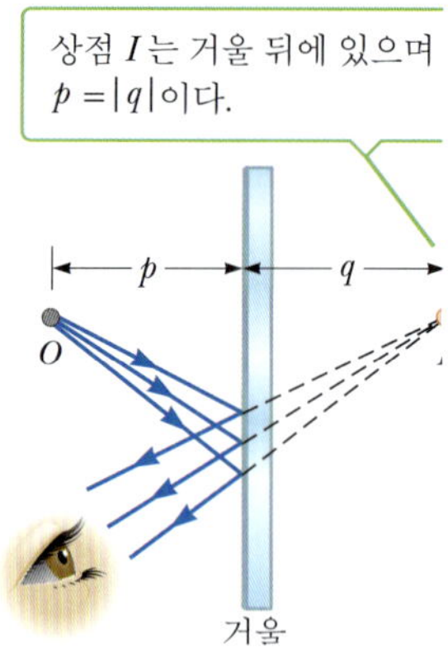

그림 23.2 평면 거울 앞에 있는 물체의 상의 위치를 구하기 위한 기하학적인 작도

서 알아보자. 상이 어디에 생기는지를 알기 위해서는 그림 23.2와 같이 거울에서 반사하는 최소한 두 개의 광선을 추적해야 한다. 한 광선은 점 P에서 출발하여 수평 경로 PQ를 따라 거울에 도달한 후 반사되어 같은 경로를 따라 되돌아간다. 다른 광선은 경사진 경로 PR을 따라가다가 그림과 같이 반사된다. 거울의 왼쪽에 있는 관측자에게는 반사된 두 광선이 점 P'에서 출발한 것처럼 보이게 된다. 점 P 이외의 물체의 다른 점들에 대하여 이 과정을 계속하여 보면, 거울의 오른쪽에 허상(노란색 화살표)을 얻게 된다. 두 삼각형 PQR과 $P'QR$은 합동이므로 $PQ = P'Q$이다. 따라서 **평면 거울 앞에 놓인 물체의 상은 물체와 거울 사이의 거리만큼 거울 뒤편에 생긴다.** 물체의 높이 h와 상의 높이 h'은 크기가 같다. **가로 배율**(lateral magnification) M은 다음과 같이 정의된다.

$$M \equiv \frac{\text{상의 크기}}{\text{물체의 크기}} = \frac{h'}{h} \qquad [23.1]$$

식 23.1은 모든 형태의 거울의 가로 배율에 대한 일반적인 정의이다. 평면 거울의 경우는 $h = h'$이므로 $M = 1$이 된다.

평면 거울에 의하여 만들어지는 상의 성질을 요약하면 다음과 같다.

1. 상은 물체가 거울 앞면에서 떨어진 거리만큼 거울 뒤편에 떨어져서 생긴다.
2. 상은 물체와 크기가 같으며, 허상이며 정립이다. (**정립**이라는 것은 그림 23.2처럼 화살표 물체가 위로 향하면 화살표 상도 위를 향하는 것을 말한다. 정립상의 반대는 도립상이다.)

마지막으로 평면 거울은 좌우가 물체와 정확하게 반대되는 상을 만듦에 주목하라.

예제 23.1 벽걸이 거울

문제 키가 1.80 m인 사람이 거울 앞에 서서 자신의 전신을 부족하거나 남지 않게 보려고 한다. 그의 눈이 머리 꼭대기에서 0.14 m 아래에 있다면 거울의 최소 높이는 얼마인가?

풀이 크기가 d인 선분 BE를 구해야 한다. 이것을 사람의 키와 관계시킨다.

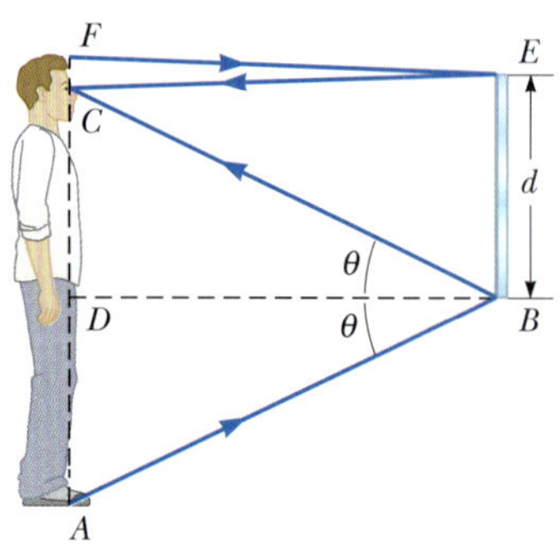

그림 23.3 (예제 23.1)

$$BE = DC + \frac{1}{2}CF \qquad (1)$$

선분 DC와 CF의 길이가 필요하다. 동일한 크기의 θ와 마주보는 변의 합을 AC와 같다고 놓는다.

$$AD + DC = AC = (1.80 - 0.14) = 1.66 \text{ m} \qquad (2)$$

$AD = DC$이므로, 이를 식 (2)에 대입하고 DC에 대하여 푼다.

$$AD + DC = 2DC = 1.66 \text{ m} \quad \rightarrow \quad DC = 0.83 \text{ m}$$

CF는 0.14 m로 주어져 있으므로, 이 값과 DC를 식 (1)에 대입한다.

$$BE = d = DC + \frac{1}{2}CF = 0.83 \text{ m} + \frac{1}{2}(0.14 \text{ m}) = \boxed{0.90 \text{ m}}$$

23.2 오목 거울에 의한 상

구면 거울(spherical mirror)은 이름에서 알 수 있듯이 그 모양이 구의 일부분과 같다. 그림 23.4는 오목한 내부의 면을 은으로 막을 입힌 구면 거울이다. 이러한 형태의 거울을 **오목 거울**(concave mirror)이라 한다. 이 거울의 곡률 반지름은 R이고 곡률 중심은 점 C에 있다. 점 V는 구면의 중심이고, 점 C와 V를 지나는 선을 거울의 **주축**(principal axis)이라 한다.

그림 23.4b와 같이 주축 위에 있으며 점 C 바깥에 있는 점 O에 위치한 점광원이 있다. O에서 나와 발산하는 여러 광선이 거울에서 반사된 후 점 I에 수렴하는 것을 볼 수 있는데, 이 점을 **상점**(image point)이라 한다. 이 광선들은 마치 물체가 점 I에 있는 것처럼 점 I에서 발산하고 계속 진행하여 실상을 형성한다. **반사된 빛이 실제로 한 점을 지날 때는 그 점에서 형성되는 상은 언제나 실상이다.**

물체에서 나온 모든 광선은 주축과 아주 작은 각을 만든다고 가정해 보자. 이러한 광선들은 그림 23.4b와 같이 거울에서 반사하여 모두 상점을 지난다. 한편 주축과 큰 각을 만드는 광선들은 그림 23.5와 같이 주축 상의 서로 다른 점들에 모이면서 흐릿한 상을 만든다. 이러한 효과를 **구면 수차**(spherical aberration)라 하며, 이는 모든 구면 거울에 어느 정도는 나타나는 것으로서 23.7절에서 다룬다.

그림 23.6과 같은 기하학을 사용하여 물체 거리 p와 곡률 반지름 R로부터 상 거리 q를 계산할 수 있다. 이런 거리들은 점 V를 기준으로 하여 측정하는 것이 관례이다. 그림 23.6에는 물체의 위쪽 끝으로부터 나온 두 개의 광선이 있다. 한 광선은 거울의 곡률 중심 C를 지나서 거울에 정면으로 들어와서(거울 면에 수직) 반사하여 왔던 경로로 되돌아간다. 다른 광선은 점 V에 도달한 후 반사의 법칙을 따라서 그림과 같이 반사된다. 화살 모양의 위쪽 끝의 상은 두 광선이 교차하는 지점에 생긴다. 그림 23.6의 가장 큰 삼각형에서 $\tan\theta = h/p$이고 노란 삼각형에서 $\tan\theta = -h'/q$이 된다. 상이 뒤집혀 있기 때문에 음($-$)의 부호를 도입하여 h'은 음의 값이 된다. 이러한 결과와 식 23.1을 이용하여 거울의 배율을 구할 수 있다.

$$M = \frac{h'}{h} = -\frac{q}{p} \qquad [23.2]$$

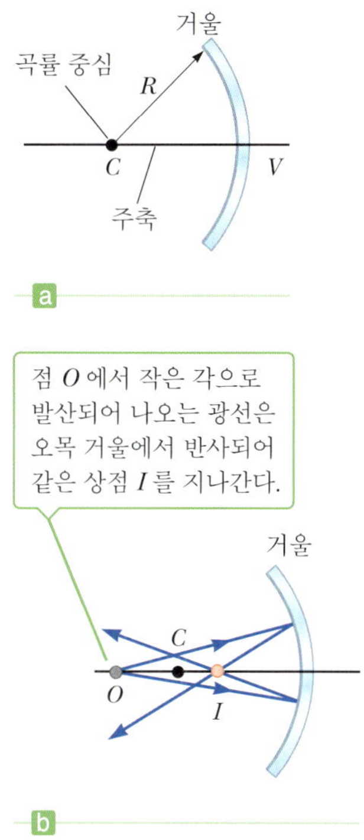

그림 23.4 (a) 반지름이 R인 오목 거울. 곡률 중심 C는 주축 위에 위치한다. (b) 점 물체가 반지름 R인 구면 오목 거울 앞의 점 O에 위치하는데, O는 거울의 표면으로부터 R보다 더 멀리 있는 주축 위의 임의의 점이며, I에서 실상을 맺는다.

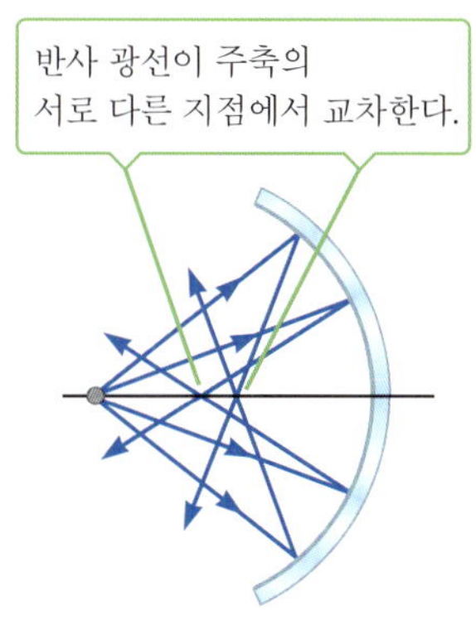

그림 23.5 구면 오목 거울에서 광선들이 주축과 큰 각도를 이루면, 구면 수차가 생긴다.

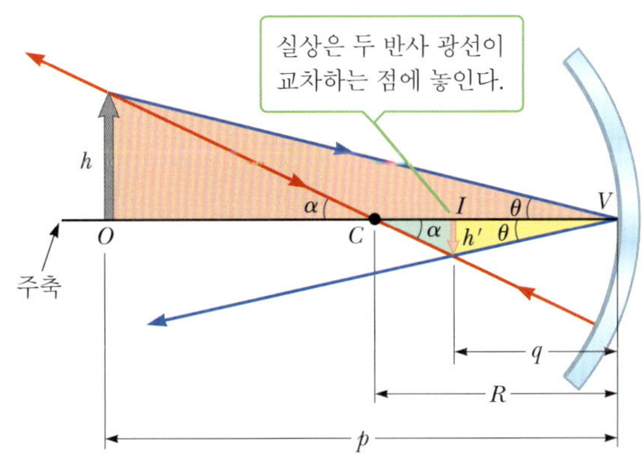

그림 23.6 물체가 곡률 중심 C 밖의 점 O에 있을 때 구면 오목 거울에 의해 만들어지는 상

그림 23.6에 있는 다른 두 삼각형으로부터

$$\tan\alpha = \frac{h}{p-R} \text{ 과 } \quad \tan\alpha = -\frac{h'}{R-q}$$

의 관계를 알 수 있고, 이 두 식에서 다음의 식을 얻을 수 있다.

$$\frac{h'}{h} = -\frac{R-q}{p-R} \qquad [23.3]$$

식 23.2와 식 23.3을 비교하면

$$\frac{R-q}{p-R} = \frac{q}{p}$$

임을 알 수 있다. 이 식을 다시 간단히 정리하면

$$\frac{1}{p} + \frac{1}{q} = \frac{2}{R} \qquad [23.4]$$

가 되며, 이 식을 **거울 방정식**(mirror equation)이라 한다.

물체가 거울로부터 매우 멀리 떨어져 있다면, 즉 물체 거리 p가 R에 비해서 충분히 커서 p가 거의 무한대로 볼 수 있다면, $1/p \approx 0$이므로 식 23.4로부터 $q \approx R/2$이 된다. 다시 말해서 물체가 거울로부터 아주 멀리 떨어져 있다면, 상점은 그림 23.7a와 같이 **곡률의 중심과 거울의 중심 사이의 중간이 되는 곳에 위치**하게 된다. 광원이 거울로부터 아주 멀리 떨어져 있다고 가정하였기 때문에 그림에서 입사 광선은 평행한 광선이 된다. 이런 특수한 경우의 상점을 **초점**(focal point) F라 하고, 상 거리 q를 **초점 거리**(focal length) f라 하며 다음과 같은 식을 얻을 수 있다.

$$f = \frac{R}{2} \qquad [23.5]$$

거울 방정식은 초점 거리 f를 사용하여 다음과 같이 표현된다.

$$\frac{1}{p} + \frac{1}{q} = \frac{1}{f} \qquad [23.6]$$

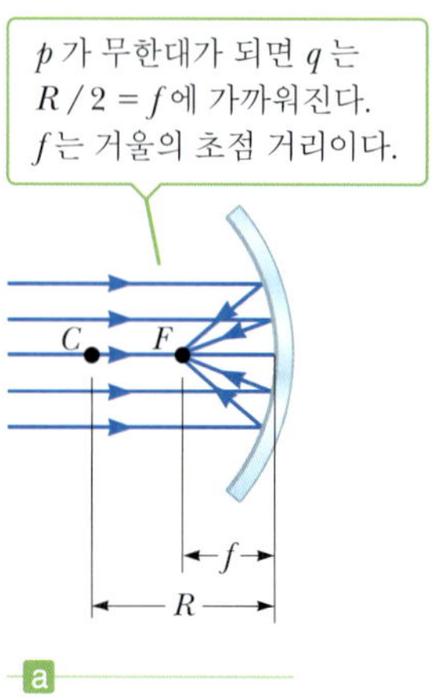

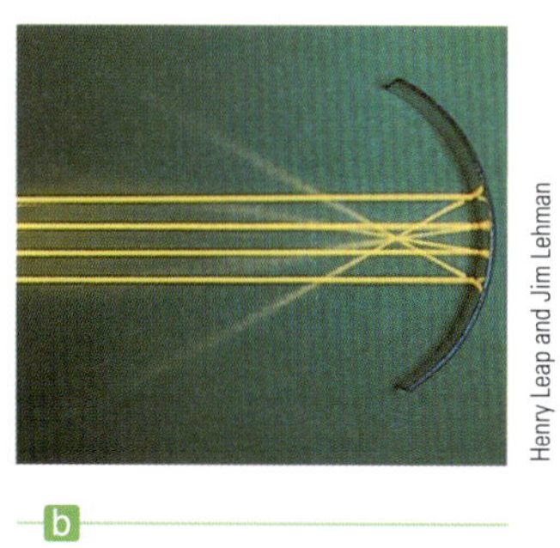

그림 23.7 (a) 멀리 떨어져 있는($p = \infty$) 물체에서 나온 광선들은 오목 거울에서 반사되어 초점 F를 지나간다. (b) 평행한 광선이 오목 거울에서 반사되는 사진

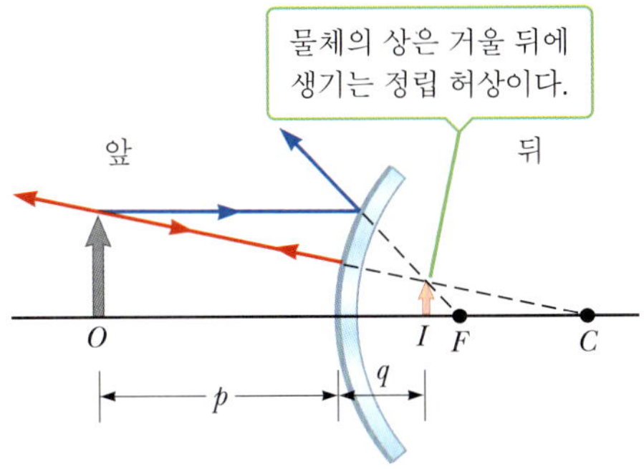

그림 23.8 구면 볼록 거울에 의한 상의 형성

거울로부터 무한히 멀리 있는 물체로부터 나온 광선은 항상 초점에 모인다는 사실에 주목하라.

23.3 볼록 거울과 부호 규약

그림 23.8은 **볼록 거울**(convex mirror)에 의하여 상이 형성되는 것을 보여주고 있다. 이 거울은 외부 볼록한 면에서 빛이 반사될 수 있도록 은으로 도금 처리되어 있다. 물체의 어느 한 점에서 나온 광선들은 거울에서 반사된 후 마치 광선들이 거울 뒤의 한 점에서 나온 것처럼 발산하기 때문에, 이러한 거울을 **발산 거울**(diverging mirror)이라고도 한다. 그림 23.8에 있는 상은 거울에서 반사된 광선들이 거울 뒤의 한 점에서 나오는 것처럼 보일 뿐이므로, 실상이 아니고 허상이다. 볼록 거울에 의하여 만들어지는 상은 일반적으로 정립 허상이며, 크기가 물체보다 더 작다.

광선이 움직이는 영역을 거울의 **앞면**이라 하고, 허상이 형성되는 반대쪽 면을 **뒷면**이라 한다. 예를 들면, 그림 23.6과 23.8에서 거울의 왼쪽은 앞면이고, 거울의 오른쪽은 뒷면이다. 그림 23.9는 물체 거리와 상 거리를 이해하는 데에 도움이 될 것이다. 표 23.1은 필요한 모든 물리량에 대한 부호 규약을 요약한 것이다. 빛이 거울의 앞면에 있다면 p, q, f(와 R)의 부호는 양(+)이고, 빛이 거울의 뒷면에 있다면 음(−)이다.

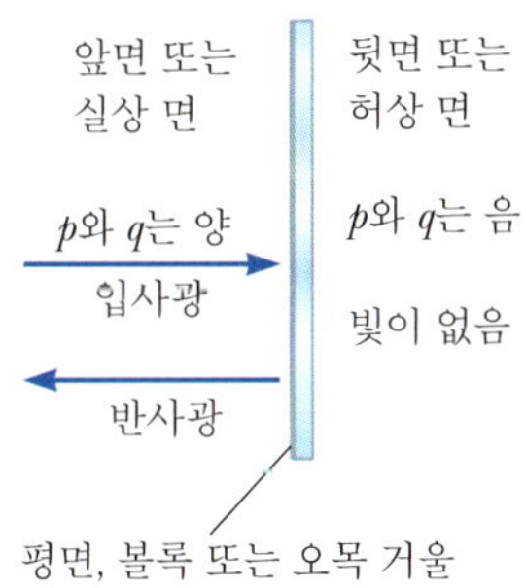

그림 23.9 볼록 및 오목 거울에 대한 p와 q의 부호

거울에 대한 광선 도표

광선 도표를 그리기 위해서는 물체의 위치와 곡률 중심의 위치를 알아야 한다. 그림 23.10과 같이 세 광선이 사용하여(지금까지는 두 광선만 사용되었지만) 상의 위치

표 23.1 거울에 대한 부호 규약

물리량	기호	거울 앞	거울 뒤	정립상	도립상
물체의 위치	p	+	−		
상의 위치	q	+	−		
초점 거리	f	+	−		
상의 크기	h'			+	−
배율	M			+	−

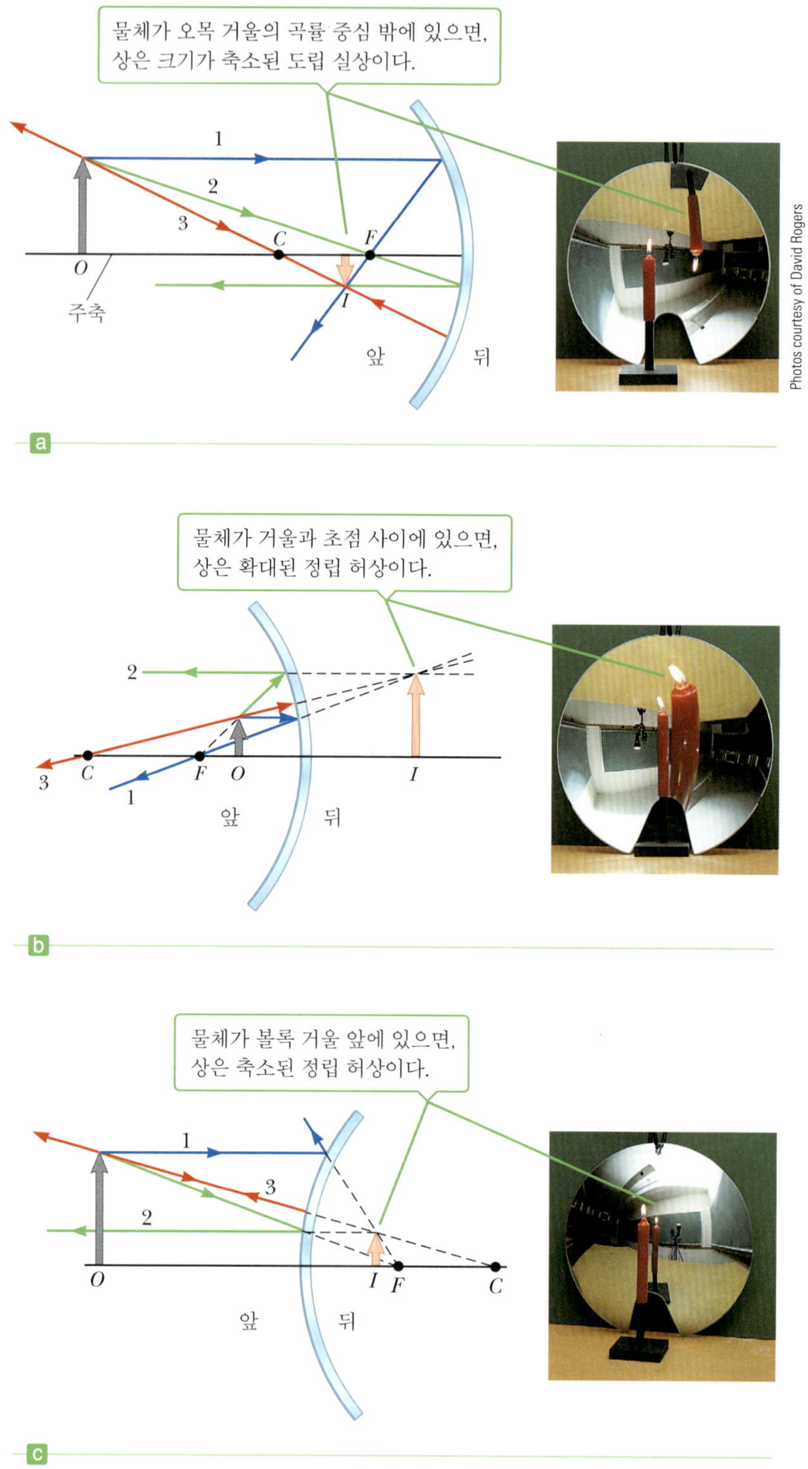

그림 23.10 구면 거울에 대한 광선 도표와 촛불 상의 사진들

를 결정할 수 있다. 세 광선은 모두 물체의 동일한 점에서 출발한다. 이 예에서는 화살표의 위쪽 끝을 택하였다. 그림 23.10a와 b와 같이 오목 거울의 경우 광선들은 다음과 같이 그린다.

1. 광선 1은 주축과 평행하며, 반사 후에는 초점 F를 지난다.
2. 광선 2는 초점을 지나며, 반사 후에는 주축과 평행하게 진행한다.

3. 광선 3은 곡률 중심 C를 지나며, 반사 후에는 왔던 경로를 따라 되돌아간다.

물체에서 나오는 광선은 모든 방향으로 발산하지만, 광선 도표를 간단하게 하는 방향으로 진행하는 광선을 선택한다는 것을 알아두자.

광선 중 어느 두 개가 교차하는 곳에 상이 생긴다.

오목 거울의 경우, 물체가 거울에 가까워질 때 어떤 일이 일어나는가 알아보자. 그림 23.10a에서 물체가 초점에 가까이 가면 도립 실상은 왼쪽으로 움직인다. 물체가 초점 위에 있을 때에는 상은 왼쪽 무한대에 생긴다. 그림 23.10b와 같이 물체가 초점과 거울 사이에 있으면, 상은 정립 허상이 된다.

그림 23.10c처럼 볼록 거울인 경우는 물체에 대한 상은 항상 정립 허상이다. 물체 거리가 멀어지면 허상의 크기는 작아지며, p가 무한대로 가면 허상은 초점에 접근하게 된다. 광선 도표를 그려 이러한 내용들을 확인해 보자.

면도를 하거나 화장을 하는 데 필요한 거울을 디자인하는 경우를 생각해 보자. 이를 위해서는 그림 23.10b의 거울과 같이 사용자를 초점과 거울 사이에 있게 하는 오목 거울이 필요하다. 이 거울의 상은 정립이며 상당히 확대된 상을 만든다. 한편, 넓은 시야를 확보하는 것이 주된 목적인 경우에는 그림 23.10c와 같이 볼록 거울이 필요하다. 상의 크기가 작아졌다는 것은 거울에 비춰지는 시야가 매우 넓다는 것을 의미한다. 이와 같은 거울은 흔히 가게에서 고객이 물건 훔치는 것을 감시하기 위해서 설치되어 있다. 또한 볼록 거울은 자동차의 측면 거울에 사용되고 있다(그림 23.11).

그림 23.11 자동차의 볼록한 측면 거울은 실물보다 작은 정립상을 만든다. 상이 작다는 것은 거울에서 관측되는 겉보기 거리보다 물체가 더 가까이 있다는 뜻이다.

예제 23.2

문제 초점 거리가 10.0 cm인 오목 거울이 있다. **(a)** 25.0 cm 앞에 있는 물체의 상의 위치와 배율을 구하라. 상은 실상 혹인 허상인지, 도립 혹은 정립인지, 확대 혹은 축소되었는지 판단하라. 물체 거리가 **(b)** 10.0 cm인 경우에 대해서도 각각 구하라.

풀이 **(a)** 물체 거리 25.0 cm에 대한 상의 위치를 구한다. 그 다음 배율을 계산하고 상에 대해서 설명한다.

거울 방정식을 사용하여 상 거리를 구한다.

$$\frac{1}{p}+\frac{1}{q}=\frac{1}{f}$$

p와 f의 값을 대입하고 q를 구한다. 표 23.1에 따라서 p와 f는 양이다.

$$\frac{1}{25.0\text{ cm}}+\frac{1}{q}=\frac{1}{10.0\text{ cm}}$$

$$q = 16.7\text{ cm}$$

q가 양이므로 상은 거울 앞에 있으며 실상이다. 배율은 식 23.2에 대입하여 구할 수 있다

$$M=-\frac{q}{p}=-\frac{16.7\text{ cm}}{25.0\text{ cm}}=-0.668$$

$|M|<1$이므로 상의 크기가 물체보다 작으며, M이 음이므로 도립이다(그림 23.11a).

(b) 물체 거리가 10.0 cm일 때 상 거리를 구한다. 배율을 구하고 상에 대해서 설명한다.

물체가 초점에 있으므로 p = 10.0 cm, f = 10.0 cm를 거울 방정식에 대입한다.

$$\frac{1}{10.0\text{ cm}}+\frac{1}{q}=\frac{1}{10.0\text{ cm}}$$

$$\frac{1}{q}=0 \quad \rightarrow \quad q=\infty$$

$M=-q/p$이므로 배율도 무한대이다.

예제 23.3

문제 초점 거리가 8.00 cm인 볼록 거울 앞으로 20.0 cm 떨어진 곳에 높이 3.00 cm의 물체가 놓여 있다. **(a)** 상의 위치, **(b)** 거울의 배율, **(c)** 상의 높이를 각각 구하라.

풀이 **(a)** 상의 위치를 구한다.
거울이 볼록이기 때문에 초점 거리는 음이다. 거울 방정식에 물체 거리와 초점 거리를 대입한다.

$$\frac{1}{p}+\frac{1}{q}=\frac{1}{f}$$

$$\frac{1}{20.0\text{ cm}}+\frac{1}{q}=\frac{1}{-8.00\text{ cm}}$$

q에 대하여 푼다.

$$q = \boxed{-5.71\text{ cm}}$$

(b) 거울의 배율을 구한다.
식 23.2에 대입한다.

$$M=-\frac{q}{p}=-\left(\frac{-5.71\text{ cm}}{20.0\text{ cm}}\right)=\boxed{0.286}$$

(c) 상의 높이를 구한다.
물체의 높이와 배율을 곱한다.

$$h'=hM=(3.00\text{ cm})(0.286)=\boxed{0.858\text{ cm}}$$

23.4 굴절에 의한 상

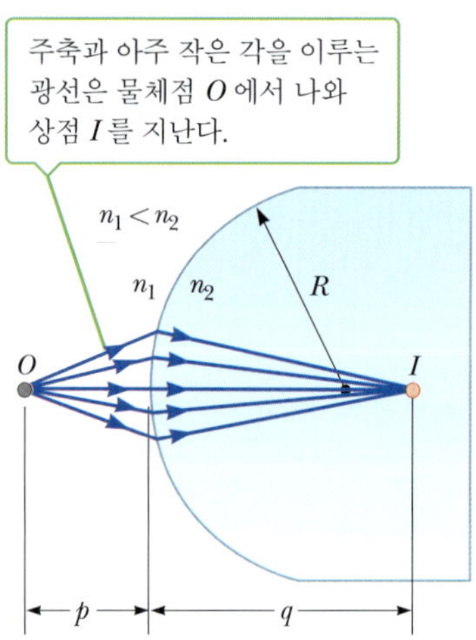

그림 23.12 구면에서 굴절에 의하여 형성되는 상

굴절률이 각각 n_1과 n_2인 투명한 두 매질의 경계면이 반지름 R인 구면이다(그림 23.12). 오른쪽에 있는 매질의 굴절률이 왼쪽의 것보다 더 크다($n_2 > n_1$). 이것은 공기 중에서 빛이 유리의 굽은 면이나 어항의 물속으로 들어가는 경우와 같다. 물체의 위치 O에서 나온 광선이 구면에서 굴절하여 상점 I에 모인다. 굴절에 대한 스넬의 법칙과 간단한 기하학을 사용하면, 물체 거리, 상 거리 및 곡률 반지름에 대한 다음의 방정식을 얻을 수 있다.

$$\frac{n_1}{p}+\frac{n_2}{q}=\frac{n_2-n_1}{R} \qquad [23.7]$$

그리고 굴절면의 배율은 다음과 같다.

$$M=\frac{h'}{h}=-\frac{n_1 q}{n_2 p} \qquad [23.8]$$

거울과 마찬가지로 상황에 따라 부호 규약을 적용해야 한다. 우선 실상은 굴절에 의하여 빛이 나온 면의 반대쪽에서 형성된다는 것에 유의하자. 반면에 거울의 경우는 반사면과 같은 쪽에 실상이 형성된다. 빛은 거울에서 반사가 되기 때문에 실상은 반드시 빛이 나온 쪽과 같은 쪽에서 만들어진다. 투명한 매질의 경우는 광선이 매질을 통과하여 자연스럽게 반대쪽에 실상을 형성한다. 빛이 나오는 면을 앞면이라 하고, 반대

표 23.2 굴절면에 대한 부호 규약

물리량	기호	앞면	뒷면	정립상	도립상
물체의 위치	p	+	−		
상의 위치	q	−	+		
반지름	R	−	+		
상의 크기	h'			+	−

쪽을 뒷면이라 하자. 실상의 위치가 다르기 때문에 q와 R에 대한 굴절 부호 규약은 반사의 경우와는 반대이다. 예를 들면 그림 23.12에서 p, q, R의 부호는 모두 양(+)이다. 구면 굴절면에 대한 부호 규약이 표 23.2에 요약되어 있다.

평면 굴절면

굴절면이 평면이면 R은 무한대가 되고, 식 23.7은 다음과 같이 된다.

$$\frac{n_1}{p} = -\frac{n_2}{q}$$

$$q = -\frac{n_2}{n_1}p \qquad [23.9]$$

식 23.9로부터 q의 부호는 p의 부호와 반대인 것을 알 수 있다. 따라서 **평면 굴절면에 의해 만들어지는 상은 물체와 같은 쪽에 생긴다.** n_1이 n_2보다 더 큰 경우 허상이 물체와 경계면 사이에 형성된다(그림 23.13). 여기서 $n_1 > n_2$이므로 굴절된 광선은 법선으로부터 멀어진다.

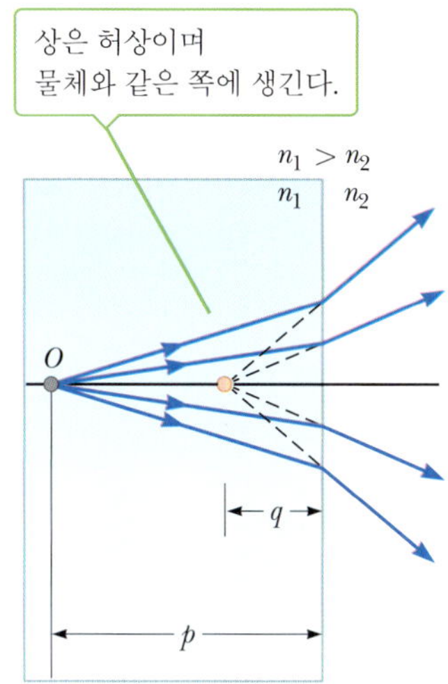

그림 23.13 편평한 굴절면에 의하여 형성되는 상

예제 23.4

문제 지름이 2.00 cm인 동전이 반지름이 30.0 cm인 유리 구 안에 들어 있다(그림 23.14). 유리 구의 굴절률이 1.50이고, 동전은 유리 구의 표면에서 20.0 cm인 곳에 있다. 동전의 상의 위치와 크기를 구하라.

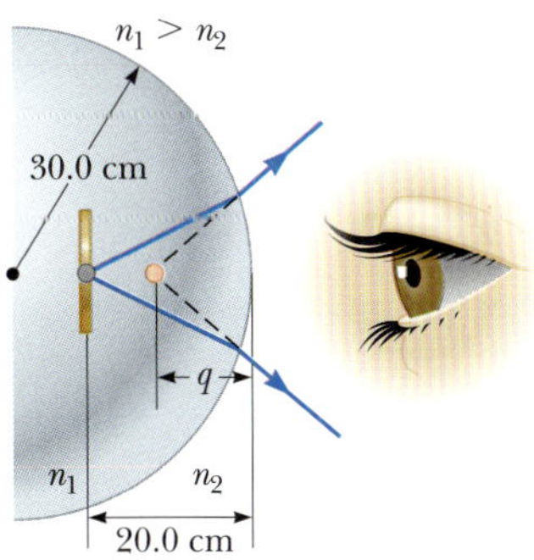

그림 23.14 (예제 23.4) 유리 구 안에 있는 동전은 동전과 유리 구의 표면 사이에 허상을 만든다.

풀이 식 23.7에 $n_1 = 1.50$, $n_2 = 1.00$, $p = 20.0\text{ cm}$, $R = -30.0\text{ cm}$ 를 대입한다.

$$\frac{n_1}{p} + \frac{n_2}{q} = \frac{n_2 - n_1}{R}$$

$$\frac{1.50}{20.0\text{ cm}} + \frac{1.00}{q} = \frac{1.00 - 1.50}{-30.0\text{ cm}}$$

q에 대하여 푼다.

$$q = \boxed{-17.1\text{ cm}}$$

배율에 대한 식 23.8을 사용하여 상의 크기를 구한다.

$$M = -\frac{n_1 q}{n_2 p} = -\frac{1.50(-17.1\text{ cm})}{1.00(20.0\text{ cm})} = \frac{h'}{h}$$

$$h' = 1.28h = (1.28)(2.00\text{ cm}) = \boxed{2.56\text{ cm}}$$

예제 23.5

문제 조그만 물고기가 연못의 수면 아래로 깊이가 d인 곳에서 헤엄치고 있다(그림 23.16). **(a)** 물고기 바로 위에서 볼 때 물고기의 겉보기 깊이는 얼마인가? **(b)** 물고기의 실제 길이가 12 cm라면 상은 얼마로 보이는가?

풀이 **(a)** 물고기의 겉보기 깊이를 구한다.

$n_1 = 1.33$과 $p = d$를 식 23.9에 대입한다.

$$q = -\frac{n_2}{n_1}p = -\frac{1}{1.33}d = \boxed{-0.752d}$$

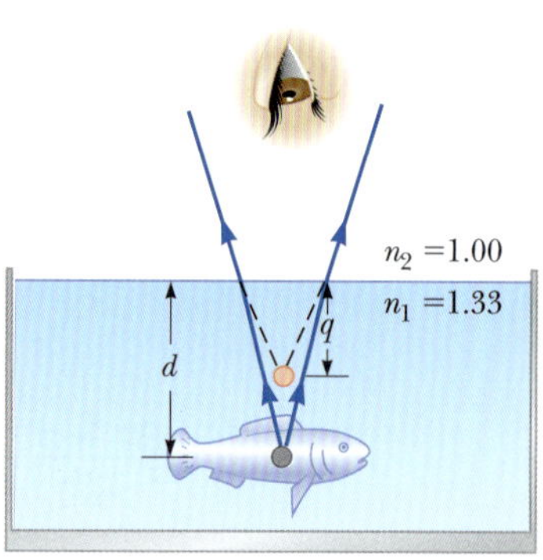

그림 23.15 (예제 23.5) 물고기에 대한 겉보기 깊이 q는 실제 깊이 d보다 얕다.

(b) 물고기의 상의 크기를 구한다.

식 23.9를 사용하여 배율 방정식 23.8에서 q를 소거한다.

$$M = \frac{h'}{h} = -\frac{n_1 q}{n_2 p} = -\frac{n_1\left(-\frac{n_2}{n_1}p\right)}{n_2 p} = 1$$

$$h' = h = \boxed{12\ \text{cm}}$$

23.5 대기에 의한 굴절

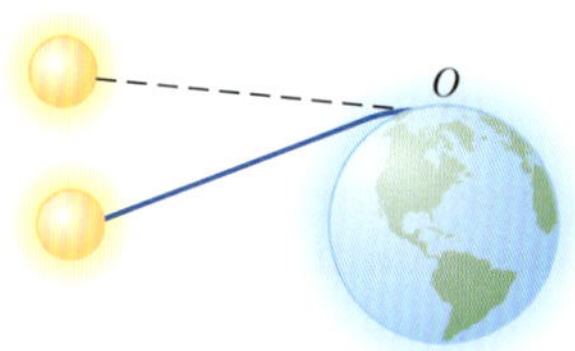

그림 23.16 햇빛이 지구의 대기에 의해서 굴절하기 때문에 태양이 지평선 아래로 내려가도 점 O에 있는 관측자는 태양을 볼 수 있다.

매일 접하는 현상 중 하나는 저녁 무렵에 태양이 지평선 아래로 내려갔음에도 불구하고 태양이 보인다는 것이다. 그림 23.16은 어떻게 이런 현상이 나타나는지를 보여준다. 태양에서 나온 광선들은 지구의 대기(지구 주위의 어두운 부분)에 도달한 후, 그 곳까지 날아온 거의 진공인 공간과는 달리 약간의 굴절률이 있는 매질을 지나는 동안 휘어지게 된다. 여기서의 휘어짐은 빛이 지구의 점 O에 있는 관측자를 향해 대기를 통과하는 동안 점진적이고 연속적으로 일어난다는 점에서 이전에 취급하던 휘어짐과는 다소 다르다고 볼 수 있다. 이것은 빛이 굴절률이 연속적으로 변하는 공기층을 통과하기 때문이다. 광선이 관측자에게 도달하면 관측자의 눈은 광선이 눈에 도달하는 방향에서 나온 것으로 보게 된다(그림에서는 점선으로 표시되어 있다). 그 결과 태양이 지평선 아래로 내려간 후에도 태양이 지평선 위에 있는 것처럼 보인다.

대기 중에서 굴절에 의해서 나타나는 또 다른 자연 현상은 **신기루**(mirage)이다.

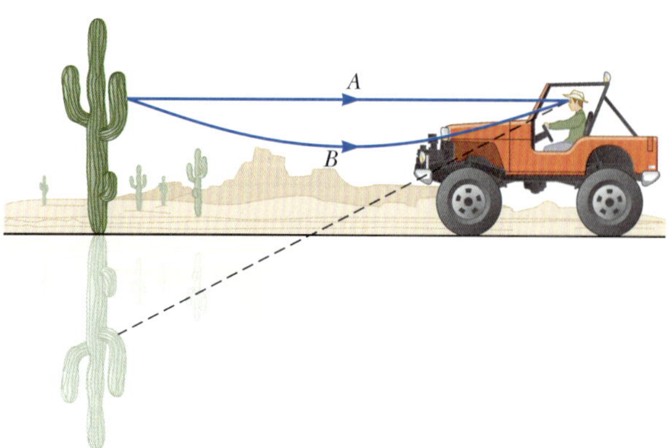

그림 23.17 (a) 지면과 공기 사이에 온도의 차이가 클 때 대기에서 광선이 휘어져서 형성된 신기루, (b) 자동차가 반사되어 나타난 신기루 사진. 지면이 마치 물로 덮인 것처럼 보이나, 실제는 말라 있다.

신기루는 지면이 매우 뜨거워서 바로 위의 공기가 높은 고도에 있는 공기보다 더 따뜻할 때 관측된다. 사막 지역이나, 여름철 뜨거워진 도로에서 이런 신기루가 일어나는 것을 자주 볼 수 있다. 지구 상의 서로 다른 고도에서의 공기층은 서로 다른 밀도와 굴절률을 가지는데, 이러한 차이에 의한 효과가 그림 23.17a에 나타나 있다. 관측자는 서로 다른 두 경로로 하늘과 나무를 볼 수 있다. 광선들 중 한 부류는 직선 경로 A를 따라서 관측자에게 도달되고, 관측자의 눈은 정상적으로 나무를 보게 된다. 다른 광선들은 휘어진 경로 B를 따라서 관측자에게 도달된다. 이 광선들은 바닥을 향해서 출발하였으나 굴절에 의해서 휘어졌다. 결과적으로 관측자는 광선이 발생한 것으로 보이는 점을 찾아가다가 거꾸로 된 나무와 하늘의 배경을 보게 된다.

23.6 얇은 렌즈

대부분의 **얇은 렌즈**(thin lens)는 유리나 플라스틱으로 만드는데, 양쪽 굴절면이 구면 또는 평면이 되도록 연마를 한다. 렌즈는 일반적으로 카메라, 망원경, 현미경 등과 같은 광학 기기에서 굴절에 의한 상을 만드는 데에 사용된다.

그림 23.18은 렌즈의 대표적인 형태로, 두 종류로 나뉜다. 그림 23.18a는 가장자리보다 가운데가 더 두꺼우며, 그림 23.18b는 가장자리보다 가운데가 더 얇다. 전자의 렌즈는 **수렴 렌즈**(converging lenses)의 예이고, 후자의 렌즈는 **발산 렌즈**(diverging lenses)의 예이다. 이름에 대한 뜻은 곧 설명할 예정이다.

거울에서처럼 렌즈에 대해서도 **초점**(focal point)을 정의하는 것이 편리하다. 예를 들면, 그림 23.19a에서 축과 평행한 광선들은 렌즈에 의해서 수렴되어 초점 F를

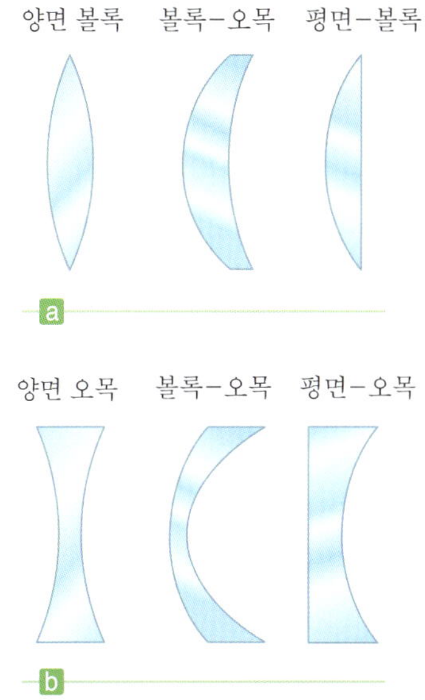

그림 23.18 다양한 렌즈의 모양. (a) 수렴 렌즈의 초점 거리는 양이며 가운데가 가장 두껍다. (b) 발산 렌즈의 초점 거리는 음이며 가장자리가 가장 두껍다.

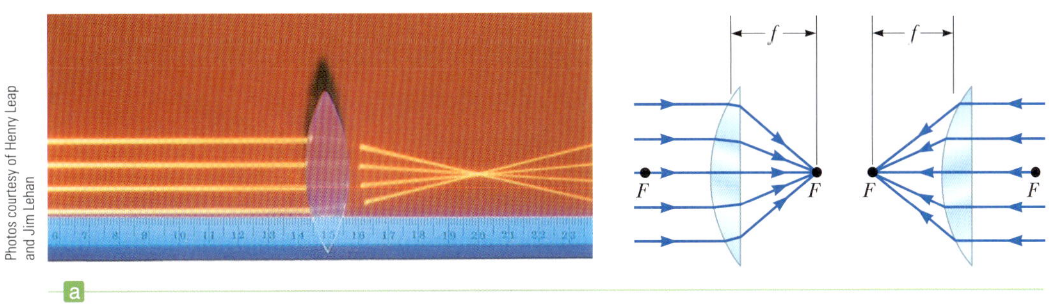

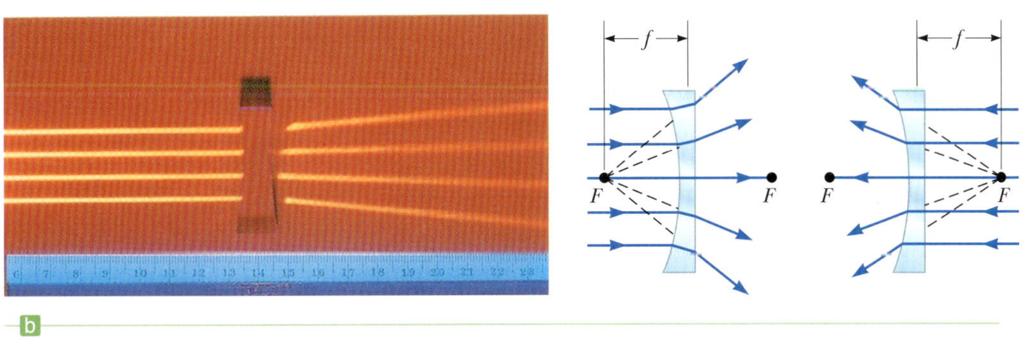

그림 23.19 (왼쪽) 평행 광선에 대한 수렴 및 발산 렌즈의 효과에 대한 사진. (오른쪽) (a) 양면 볼록 렌즈 및 (b) 양면 오목 렌즈의 초점

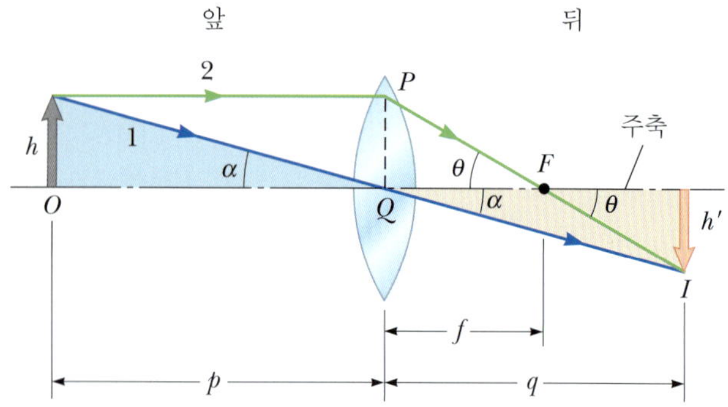

그림 23.20 얇은 렌즈 방정식을 유도하기 위한 기하학적인 작도

지난다. 초점에서 렌즈까지의 거리를 **초점 거리**(focal length) f라 한다. **초점 거리는 물체가 무한대에 있을 때 생기는 상 거리이다.** 얇은 렌즈에는 그림 23.19와 같이 두 개의 초점이 있는 데, 렌즈의 양쪽에 하나씩 있다. 각 초점은 왼쪽과 오른쪽으로 평행하게 진행하는 광선에 대응하는 점이다.

축에 평행한 광선은 그림 23.19b처럼 양면 오목 렌즈를 통과한 후 발산한다. 이 경우, 초점은 발산된 광선이 발생한 것처럼 보이는 점으로(그림에서는 F로 표시) 정의한다.

그림 23.20에서 렌즈의 중심을 지나는 광선 1이라고 표시한 광선을 보자. 얇은 렌즈의 경우 중심을 지나는 광선은 꺾이지 않는다. 광선 2는 렌즈의 주축(점 O를 지나는 수평축)과 평행하며, 굴절한 후 초점 F를 지난다. 광선 1과 2는 화살 모양 상의 끝점에서 교차한다.

먼저 그림 23.20에서 파란색과 노란색 삼각형을 사용하여 각 α의 기울기를 구해 보자.

$$\tan\alpha = \frac{h}{p} \qquad \text{또는} \qquad \tan\alpha = -\frac{h'}{q}$$

이다. 이 결과로부터 다음을 얻을 수 있다.

$$M = \frac{h'}{h} = -\frac{q}{p} \tag{23.10}$$

렌즈의 배율 방정식은 거울의 배율 방정식과 같으며, 그림 23.20으로부터 다음의 관계를 얻을 수 있다.

$$\tan\theta = \frac{\overline{PQ}}{f} \qquad \text{또는} \qquad \tan\theta = -\frac{h'}{q-f}$$

첫 번째 식에서 사용한 높이 $\overline{PQ}$는 물체의 높이 h와 같으며, 따라서 다음과 같은 관계를 구할 수 있다.

$$\frac{h}{f} = -\frac{h'}{q-f}$$

$$\frac{h'}{h} = -\frac{q-f}{f}$$

이 식과 식 23.10을 이용하면,

$$\frac{q}{p} = \frac{q-f}{f}$$

가 된다. 이 식은 다음과 같이 정리된다.

$$\frac{1}{p} + \frac{1}{q} = \frac{1}{f} \quad [23.11]$$

이 식을 **얇은 렌즈 방정식**(thin-lens equation)이라 하며, 부호 규약을 적용하면 수렴 렌즈와 발산 렌즈 모두에 적용할 수 있다. 그림 23.21은 p와 q의 부호를 얻는 데 유용하며, 표 23.3은 렌즈에 대한 부호 규약을 보여 준다. 이 규약에 따르면 **수렴 렌즈의 초점 거리는 양의 부호이며 발산 렌즈의 초점 거리는 음의 부호이다.**

공기 중에서 렌즈의 초점 거리는 앞면 및 뒷면의 곡률과 렌즈 재료의 굴절률 n과 관계가 있으며 다음의 식으로 주어진다.

$$\frac{1}{f} = (n-1)\left(\frac{1}{R_1} - \frac{1}{R_2}\right) \quad [23.12]$$

여기서 R_1은 렌즈 앞면의 곡률 반지름이고, R_2는 뒷면의 곡률 반지름이다(거울에서와 같이, 빛이 들어오는 면을 렌즈의 앞면이라 하자). 표 23.3에 R_1과 R_2에 대한 부호 규약이 있다. 식 23.12는 알려진 렌즈의 특성으로부터 초점 거리를 계산할 수 있다. 이 관계식을 **렌즈 제작자의 방정식**(lens-maker's equation)이라고 한다.

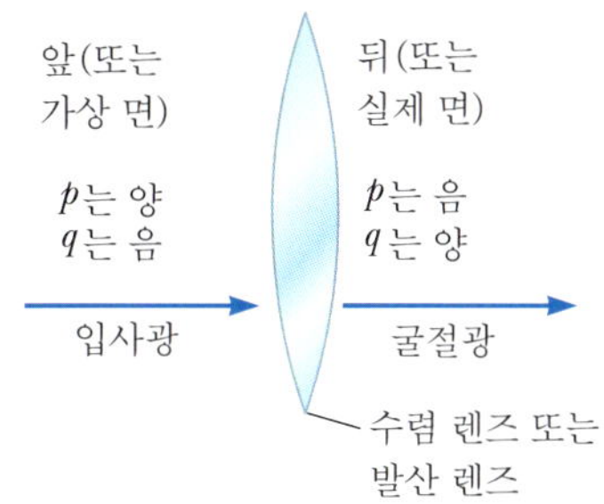

그림 23.21 얇은 렌즈나 굴절면에 대하여 p와 q의 부호를 결정하기 위한 도표

표 23.3 얇은 렌즈에 대한 부호 규약

물리량	기호	앞면	뒷면	수렴	발산
물체의 위치	p	+	−		
상의 위치	q	−	+		
렌즈 반지름	R_1, R_2	−	+		
초점 거리	f			+	−

얇은 렌즈에 대한 광선 도표

그림 23.22는 단일 렌즈의 세 가지 상황에 대한 광선 도표를 나타낸 것이다. 수렴 렌즈에 의하여 형성되는 상의 위치를 알기 위해서(그림 23.22a와 b), 물체의 꼭대기에서 시작하여 다음의 세 광선을 그린다.

1. 첫 번째 광선은 주축과 평행하게 그린다. 렌즈에서 굴절된 후에는, 이 광선은 한 초점을 지난다(또는 한 초점에서 나온 것처럼 보인다).
2. 두 번째 광선은 렌즈의 중심을 지나도록 그린다. 이 광선은 계속 직진한다.
3. 세 번째 광선은 다른 초점을 지나고, 렌즈에서 굴절된 후 주축과 평행하게 진행한다.

발산 렌즈에 의하여 생기는 상의 위치는 그림 23.22c와 비슷한 그림을 그려 결정

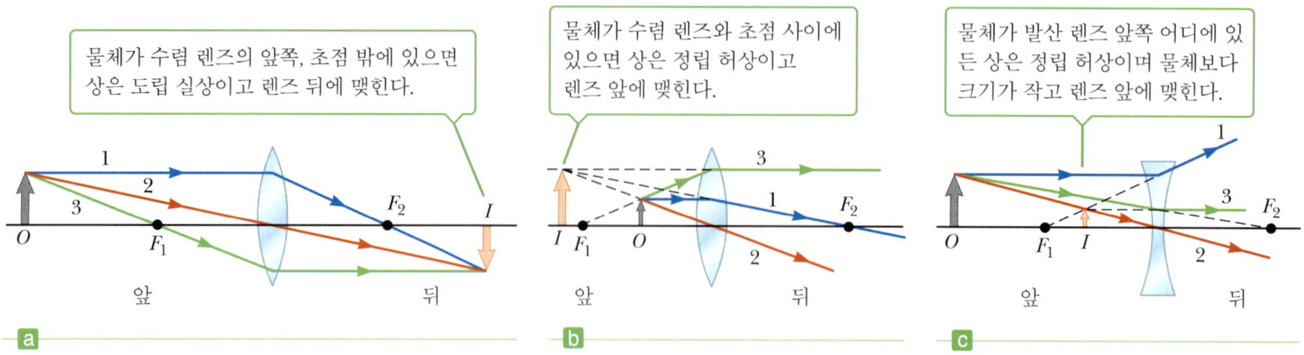

그림 23.22 물체의 상의 위치를 찾기 위한 광선 도표

할 수 있다. 이러한 광선 도표에서는 임의의 두 광선이 교차하는 점이 상의 위치가 되며, 세 번째 광선은 위치가 제대로 정해졌는지 확인하는 데 사용된다.

그림 23.22a와 같이 물체가 수렴 렌즈의 앞면의 초점 바깥에 있는 경우에는 ($p > f$), 광선 도표에서 보이는 상은 도립 실상이다. 그림 23.22b와 같이 물체가 앞면의 초점 안에 있을 때의($p < f$) 상은 정립 허상이다. 발산 렌즈의 경우는 그림 23.22c와 같이 정립 허상이 된다.

예제 23.6

문제 초점 거리가 10.0 cm인 수렴 렌즈로 물체의 위치를 바꾸면서 물체의 상을 만들려고 한다. 물체가 렌즈로부터 **(a)** 30.0 cm 떨어진 곳에 있을 때, **(b)** 10.0 cm 떨어진 곳에 있을 때, **(c)** 5.00 cm 떨어진 곳에 있을 때, 각각 생기는 상의 위치를 정하고, 이 상이 실상인지, 허상인지 또 배율이 얼마인지를 구하라.

풀이 **(a)** 먼저 물체가 30.0 cm 떨어져 있을 때의 상 거리를 구하고, 상에 대해서 설명한다.

광선 도표가 그림 23.24a에 주어져 있다. 상의 위치를 구하기 위해서 얇은 렌즈 방정식에 값을 대입한다.

$$\frac{1}{p} + \frac{1}{q} = \frac{1}{f}$$

$$\frac{1}{30.0\text{ cm}} + \frac{1}{q} = \frac{1}{10.0\text{ cm}}$$

상 거리 q에 대하여 푼다. q가 양이므로 상은 실상이며 렌즈의 뒤쪽에 나타난다.

$$q = +15.0\text{ cm}$$

식 23.10을 이용하면 렌즈의 배율을 구할 수 있다. M이 음이며 절댓값이 1보다 작으므로, 상은 도립이며 실물보다 작게 나타난다.

$$M = -\frac{q}{p} = \left(-\frac{1.50\text{ cm}}{30.0\text{ cm}}\right) = -0.500$$

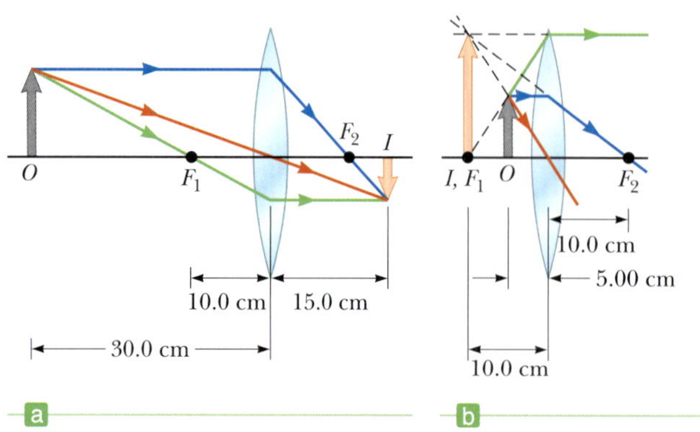

그림 23.23 (예제 23.6)

(b) 물체가 10.0 cm 떨어진 경우에 대해서 푼다.

얇은 렌즈 방정식에 값을 대입하여 상의 위치를 구한다.

$$\frac{1}{10.0\text{ cm}} + \frac{1}{q} = \frac{1}{10.0\text{ cm}} \quad \rightarrow \quad \frac{1}{q} = 0$$

이 방정식은 q가 무한대에 근접할 때에만 만족된다.

$$q \quad \rightarrow \quad \infty$$

(c) 물체가 5.00 cm 떨어진 경우에 대해서 다시 푼다.

그림 23.24b의 광선 도표를 보고, 상의 위치를 구하기 위해 얇은 렌즈 방정식에 값을 대입한다.

$$\frac{1}{5.00\text{ cm}} + \frac{1}{q} = \frac{1}{10.0\text{ cm}}$$

q에 대하여 푼다. q가 음이므로 허상이며, 물체와 같은 쪽에 생긴다.

$$q = -10.0\text{ cm}$$

배율 방정식에 p와 q의 값을 대입한다. M이 양이고 1보다 크므로, 상은 정립이며 물체의 두 배 크기이다.

$$M = -\frac{q}{p} = -\left(\frac{-10.0\text{ cm}}{5.00\text{ cm}}\right) = +2.00$$

예제 23.7

문제 예제 23.6의 문제에서 렌즈를 초점 거리 10.0 cm인 발산 렌즈로 바꾸고 풀어라.

풀이 **(a)** 물체가 30.0 cm 앞에 있을 때 상의 위치와 크기를 구한다.

광선 도표가 그림 23.24a에 주어져 있다. 얇은 렌즈 방정식에 $p = 30.0$ cm의 값을 대입하고 상의 위치를 구한다.

$$\frac{1}{p} + \frac{1}{q} = \frac{1}{f}$$

$$\frac{1}{30.0\text{ cm}} + \frac{1}{q} = -\frac{1}{10.0\text{ cm}}$$

q에 대하여 푼다. q는 음이기 때문에 상은 허상이다.

$$q = -7.50\text{ cm}$$

식 23.10에 대입하여 배율을 얻는다. M이 양이고 절댓값이 1보다 작으므로, 상은 정립이며 물체보다 크기가 작다.

$$M = -\frac{q}{p} = -\left(\frac{-7.50\text{ cm}}{30.0\text{ cm}}\right) = +0.250$$

(b) 물체가 렌즈로부터 10.0 cm인 곳이 있을 때 상의 위치와 배율을 구한다.

얇은 렌즈 방정식에 $p = 10.0$ cm를 대입한다.

$$\frac{1}{10.0\text{ cm}} + \frac{1}{q} = -\frac{1}{10.0\text{ cm}}$$

q에 대하여 푼다(다시 한 번, q가 음이므로 상은 허상이다).

$$q = -5.00\text{ cm}$$

배율을 계산한다. M이 양이고 절댓값이 1보다 작으므로, 상은 정립이며 물체보다 크기가 작다.

$$M = -\frac{q}{p} = -\left(\frac{-5.00\text{ cm}}{10.0\text{ cm}}\right) = +0.500$$

(c) 물체가 5.00 cm인 곳에 있을 때 상의 위치와 배율을 구한다.

광선 도표가 그림 23.24b에 주어져 있다. 얇은 렌즈 방정식에 $p = 5.00$ cm의 값을 대입하여 상의 위치를 구한다.

$$\frac{1}{5.00\text{ cm}} + \frac{1}{q} = -\frac{1}{10.0\text{ cm}}$$

q에 대하여 푼다. 여기서도 q가 음이므로 상은 허상이다.

$$q = -3.33\text{ cm}$$

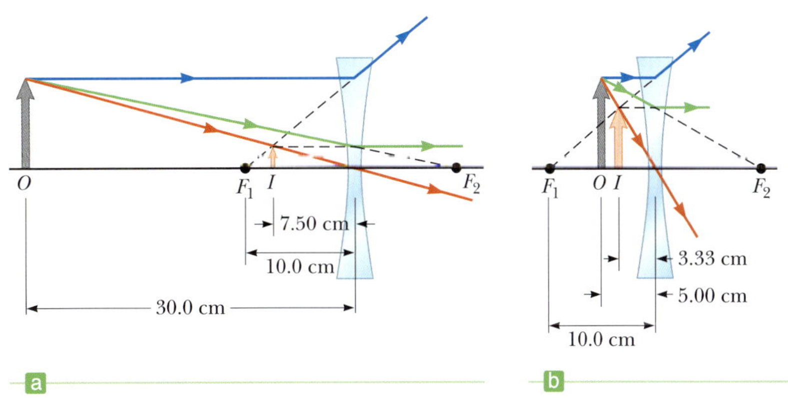

그림 23.24 (예제 23.7)

배율을 계산한다. M이 양이고 1보다 작으므로, 상은 정립이며 물체보다 크기가 작다.

$$M = -\frac{q}{p} = -\left(\frac{-3.33\text{ cm}}{5.00\text{ cm}}\right) = +0.666$$

연습문제

1. 어떤 사람이 마주보는 벽에 평면 거울이 있어서 여러 개의 상을 볼 수 있는 방으로 들어갔다. 왼쪽 벽의 거울에서 5.00 ft 오른쪽 벽의 거울에서 10.0 ft 떨어져 있을 때, 왼쪽 거울에 보이는 처음 세 개의 상과 사람 사이의 거리를 구하라.

2. 높이가 2.00 cm인 물체가 오목 거울 앞 3.00 cm인 곳에 있다. 상의 높이가 5.00 cm이고 허상이라면 거울의 초점 거리는 얼마인가?

3. 병원의 복도 끝에서 꺾어 돌아가는 구석 위에 사람들이 부딪치지 않도록 볼록 거울을 설치해 놓았다. 거울의 곡률 반지름이 0.550 m라고 하자. (a) 거울 앞 10.0 m 되는 곳에 있는 환자의 상의 위치는 어디인가? (b) 상은 정립인가 도립인가? (c) 상의 배율을 구하라.

4. 초점 거리가 15.0 cm인 구면 볼록 거울 뒤 10.0 cm 되는 곳에 상을 형성하려고 한다. (a) 물체를 어디에 두어야 하는가? (b) 거울의 배율은 얼마인가?

5. 오목 거울로 된 화장대 앞 25 cm인 곳에서 두 배로 확대된 정립상을 볼 수 있다. 거울의 곡률 반지름은 얼마인가?

6. 면도용 거울 앞 1.52 m인 곳에 서 있는 사람이 거울 앞 18.0 cm인 곳에 자신의 도립상을 만들고 있다. 자신의 턱이 거울에서 두 배로 확대된 정립상을 보려고 한다면 거울에 얼마나 가까이 있어야 하는가?

7. 곡률 반지름이 40.0 cm인 오목 거울 앞 20.0 cm 되는 곳에 허상이 맺혀 있다. (a) 물체의 위치를 구하라. (b) 거울의 배율은 얼마인가?

8. 굴절률이 1.50인 유리로 만든 반지름이 4.0 cm인 반구 형태의 문진이 있다. 종이에 그은 길이 2.5 mm 선 위로 반구의 중심이 오도록 하여 문진을 올려 놓았다. 바로 위에서 수직으로 내려다 볼 때, 선의 길이는 얼마로 보이는가?

9. 물이 가득 채워진 수족관에서 굴절률이 1.50이고 두께가 6.00 cm인 평판 유리 뒤 1.00 m인 곳에 해파리가 떠다니고 있다. (a) 해파리가 보이는 위치는? (b) 유리의 두께가 무시될 수 있을 정도로 얇다고 가정하고 다시 풀어보라. (c) 유리의 두께는 얼마인가? (a)의 문제에서 어떤 영향을 주는가?

10. 굴절률이 1.50인 플라스틱으로 만들어진 콘택트 렌즈의 바깥쪽 곡률 반지름은 +2.00 cm이고, 안쪽 곡률 반지름은 +2.50 cm이다. 이 렌즈의 초점 거리는 얼마인가?

11. 초점 거리가 2.44 cm인 수렴 렌즈 앞에 투명한 사진용 슬라이드가 놓여 있다. 렌즈로부터 12.9 cm 되는 곳에 슬라이드의 상을 만들었다. 렌즈와 슬라이드 사이의 거리를 (a) 실상이 맺어졌을 때, (b) 허상이 맺어졌을 때 각각 구하라.

12. 어떤 발산 렌즈의 초점 거리가 20.0 cm이다. (a) 물체 거리가 (i) 40.0 cm, (ii) 20.0 cm, (iii) 10.0 cm인 경우, 상의 위치를 구하라. 각 경우 상은 (b) 실상인가 허상인가? (d) 정립인가 도립인가? (c) 각 경우의 배율을 구하라.

13. 수렴 렌즈의 초점 거리가 10.0 cm이다. 물체 거리가 각각 (a) 20.0 cm, (b) 10.0 cm, (c) 5.00 cm일 때, 상이 만들어지는 경우, 상의 위치를 구하라. 또한 각각에 대해서 실상 또는 허상인지, 정립 또는 도립인지 구분하고, 그 배율을 구하라.

14. 높이가 1.00 cm인 물체가 초점 거리가 8.00 cm인 수렴 렌즈의 왼쪽 4.00 cm인 곳에 놓여 있고, 초점 거리가 −16.00 cm인 발산 렌즈가 수렴 렌즈의 오른쪽 6.00 cm 되는 곳에 놓여 있다. 최종 상의 위치와 높이를 구하라. 상이 정립 또는 도립인지, 실상 또는 허상인지 설명하라.

15. 초점 거리가 15.0 cm인 두 개의 수렴 렌즈가 40.0 cm 떨어져 있는데, 한 물체가 첫 번째 렌즈 앞 30.0 cm 되는 곳에 있다. 물체의 최종 상이 형성되는 곳의 위치와 이 계의 배율을 구하라.

© 김영우

2015 청주국제공예비엔날레. 'CD프로젝트'. 버려진 CD를 모아 사람들의 추억을 담아 공공예술로 승화시킨 프로젝트로 비엔날레 역사상 가장 큰 규모의 단일 예술작품으로 기네스북에 등재되었다. 가로 180 m, 세로 30 m의 외벽을 CD로 덮어 버려진 담배공장을 눈부신 꿈의 공장으로 탈바꿈시켜 희망을 심어주었으며, 사용된 CD는 9개국 31개 도시에서 288개 기관과 27 912명의 시민들이 참여하여 총 308 193장이 소요되었다.

CD면에는 약 1 μm의 간격으로 나선 모양의 트랙이 나 있다. 이러한 구조 때문에 반사회절격자와 비슷한 작용을 한다. 태양광선 아래에서 관찰한 CD의 표면에서는 여러 색의 무늬가 나타나는데, 이는 표면의 작은 홈에서 반사된 광선들의 간섭 현상 때문에 나타난다. 간섭무늬는 바람의 세기와 광원의 종류와 세기, 보는 사람의 위치에 따라, 매 순간 변신을 거듭한다.

24 파동 광학

WAVE OPTICS

24.1 간섭 조건

13장에서 역학적인 파동에 대한 간섭을 논의하면서 두 파동이 합쳐져서 보강될 수도 있고, 상쇄될 수도 있다는 것을 알았다. 보강 간섭에서 합성파의 진폭은 개별 파의 진폭보다 큰 반면, 상쇄 간섭에서는 작다. 빛도 서로 간섭한다. 근본적으로 광파와 관련된 모든 간섭은 개별 파동을 구성하는 전자기파가 결합할 때 발생한다.

간섭이 일어나도록 하기 위해서는 우선 (두 진행파를 만들어내는) 광원들이 있어야 한다. 안정된 간섭 무늬를 만들기 위해서는 개별 광들이 서로 동일한 위상을 유지해야 한다. 이러한 광원들을 결맞는 광원이라고 한다.

두 개의 결맞는 광원을 만드는 고전적인 방법은 단일 파장(단색) 광원에서 나오는 빛을 하나의 좁은 슬릿을 통과하도록 한 다음, 그 빛을 두 개의 좁은 슬릿이 있는 스크린에 통과시키는 것이다. 첫 번째 슬릿은 두 슬릿에 결맞는 빛을 비추도록 하기 위한 단일 파면을 만들어내는 데 필요하다. 두 슬릿에서 나오는 빛은 원래 단일 광원에서 나왔으므로 결맞는다. 슬릿은 단지 원래 광선을 둘로 나누는 역할만을 할 뿐이다. 광원에서 나오는 빛이 제멋대로 변한다 해도, 이는 동시에 두 슬릿에서 나누어진 빛들에 대해서도 똑같이 나타나므로 간섭 현상을 관측할 수 있다.

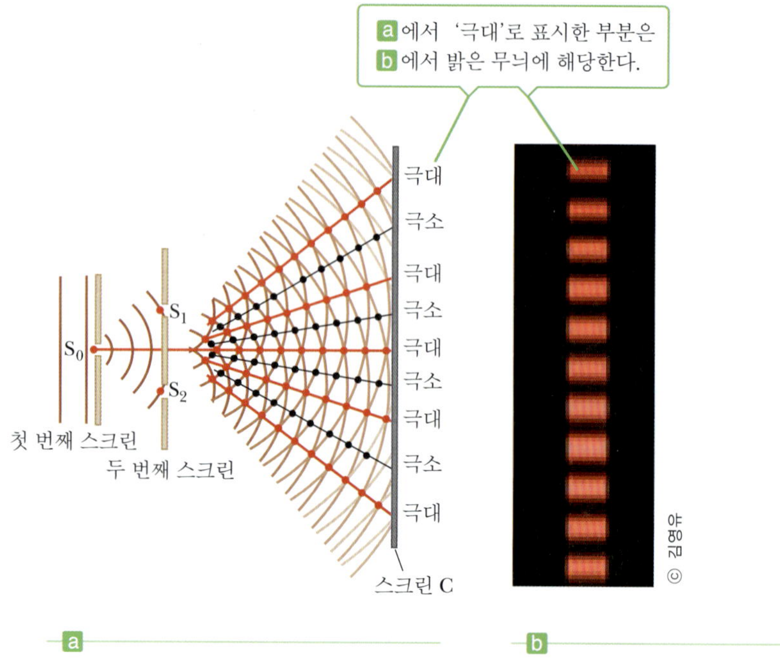

그림 24.1 (a) 영의 이중 슬릿 실험의 개략도. 좁은 슬릿은 광원의 역할을 한다. 슬릿 S_1과 S_2는 스크린 C에 간섭 무늬를 만드는 결맞는 광원과 같다. (그림은 실제 비율과 다름) (b) 스크린 C에 나타난 간섭 무늬는 이와 같이 보인다.

24.2 영의 이중 슬릿 실험

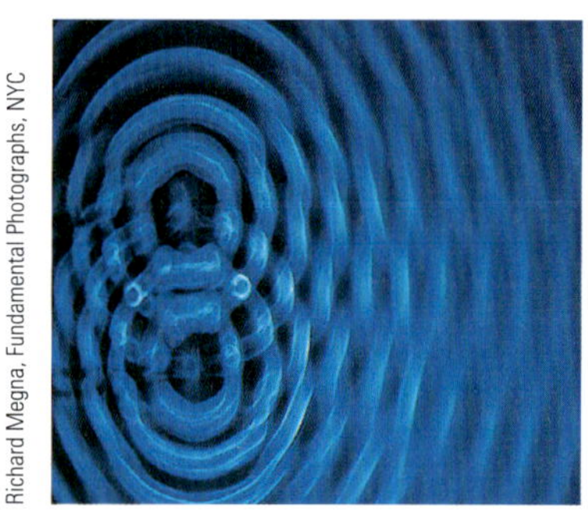

그림 24.2 수면파의 간섭 무늬는 수면에 있는 두 진동원에 의해서 생긴다. 간섭 무늬는 영의 이중 슬릿 실험에서 관측된 것과 유사하다. 보강 간섭과 상쇄 간섭이 일어나는 영역을 주의 깊게 살펴보자.

1801년 영(Thomas Young)은 두 광원에서 나오는 광파들을 이용하여 최초로 간섭 현상을 보여주었다. 그림 24.1a는 이 실험에서 사용된 장치의 개략도이다(영은 원래의 실험에서 슬릿이 아닌 바늘 구멍을 사용하였다). 좁은 슬릿 S_0가 있는 스크린에 빛을 비추면, 이 슬릿에서 나오는 광파들은 두 개의 나란한 좁은 슬릿 S_1과 S_2가 있는 두 번째 스크린에 도달한다. 두 슬릿에서 나온 빛들은 스크린 C에 **간섭 무늬**(fringes)라고 부르는 밝고 어두운 줄무늬를 만든다(그림 24.1b). 슬릿 S_1과 S_2에서 나오는 빛들이 스크린 위의 한 지점에 도달하여 보강 간섭을 일으키면 밝은 간섭 무늬를 볼 수 있다. 두 슬릿에서 나온 빛들이 스크린 위의 한 지점에서 상쇄 간섭을 일으키면 어두운 간섭 무늬가 나타난다. 그림 24.2는 두 결맞는 파원에 의해 수조에서 생기는 간섭 무늬 사진이다.

그림 24.3은 그림 24.1의 스크린 C에서의 두 광파가 만나는 몇 가지 방법에 대한 개략도이다. 그림 24.3a에서 같은 위상으로 슬릿을 떠난 두 광파가 스크린의 중앙에 있는 점 P에서 만난다. 이 두 광파는 같은 거리를 진행하였기 때문에 점 P에서 위상이 일치하여 보강 간섭을 일으키게 되고, 따라서 밝은 간섭 무늬를 볼 수 있다. 그림 24.3b에서 두 광파는 역시 같은 위상으로 떠나지만, 위쪽 광파가 스크린 상의 점 Q에 도달하기 위해서는 한 파장을 더 진행해야 한다. 따라서 위쪽 광파가 정확히 한 파장만큼 아래쪽 광파보다 뒤늦게 도달하므로, 두 광파는 여전히 Q에서 위상이 일치된 상태로 만나며 그 결과 이 위치에서 두 번째 밝은 무늬가 나타난다. 이제 그림 24.3c에서 P와 Q 사이에 있는 점 R을 생각하자. R에서 위쪽 광파는 1/2 파장 늦게 아래쪽 광파와 만난다. 이것은 아래쪽 파동의 골이 위쪽 파동의 마루와 겹쳐진다는 것을 뜻하게

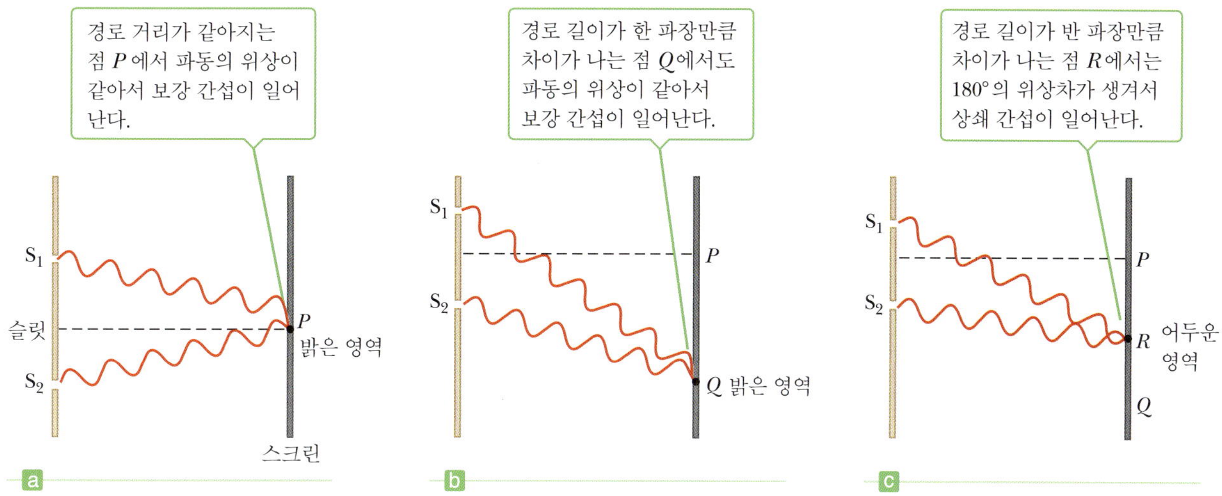

그림 24.3 슬릿에서 나온 파동이 스크린의 여러 점에서 더해진다. (그림은 실제 비율과 다름)

되므로 상쇄 간섭이 일어난다. 결과적으로 R에서는 어두운 무늬가 관측된다.

그림 24.4를 이용하여 영의 간섭 실험을 정량적으로 기술할 수 있다. 스크린 위에 한 점 P가 있다고 하자. 관측용 스크린은 d만큼 떨어져 있는 슬릿 S_1과 S_2가 있는 스크린으로부터 수직 거리 L만큼 떨어진 곳에 있다. r_1과 r_2는 두 슬릿에서 마지막 관측용 스크린 상의 한 지점까지의 거리이다. 슬릿 S_1과 S_2에서 나오는 광파들은 진동수와 진폭이 같고 위상이 일치한다고 하자. 스크린 위의 점 P에서의 빛의 세기는 두 슬릿에서 나온 빛들이 합성된 결과이다. 그러나 아래쪽 슬릿에서 나온 광파는 위쪽 슬릿에서 나온 광파보다 $d\sin\theta$만큼 더 진행한다. 이 거리를 **경로차**(path difference) δ(그리스 소문자 델타)라 하며 다음과 같다.

$$\delta = r_2 - r_1 = d\sin\theta \qquad [24.1]$$

식 24.1은 두 광파가 평행하게 진행한다는 가정하에서 나온 것인데, 이는 L이 d보다 훨씬 더 클 때 근사적으로 성립한다. 앞서 언급했듯이 이 경로차는 두 광파가 P에서 만날 때 위상이 일치하는지, 안 하는지를 정하는 데 이용된다. 만일 경로차가 영이거나 파장의 정수배이면 두 광파는 P에서 위상이 일치되어 보강 간섭이 일어난다. 그러

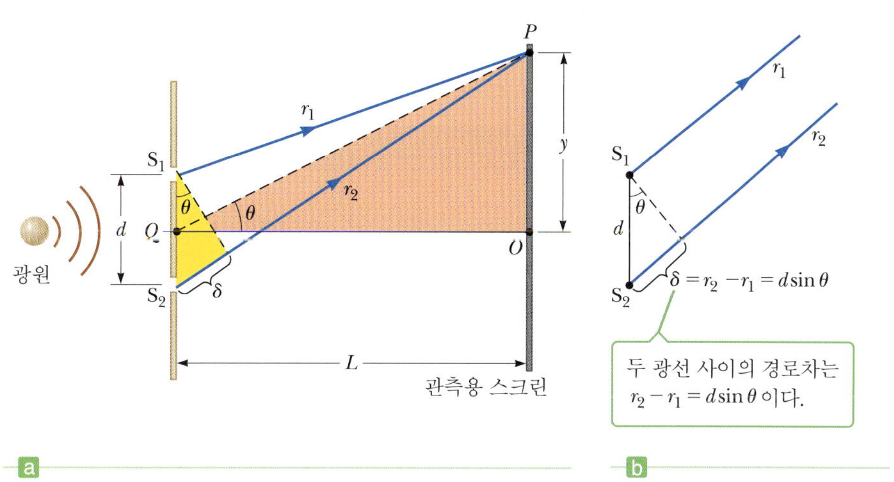

그림 24.4 영의 이중 슬릿 실험을 설명하는 기하학적 구조. (그림은 실제 비율과 다름)

므로 P에서 밝은 간섭 무늬, 즉 **보강 간섭**(constructive interference)에 대한 조건은 다음과 같다.

$$\delta = d\sin\theta_{\text{밝은}} = m\lambda \qquad m = 0, \pm1, \pm2, \cdots \tag{24.2}$$

여기서 m을 **차수**(order number)라 한다. $\theta_{\text{밝은}} = 0(m = 0)$인 중앙의 밝은 무늬를 **0차 극대**라 한다. 양쪽에 있는 $m = \pm1$인 첫 번째 극대를 **1차 극대**라 하며, 다른 극대는 그에 대응하는 차수의 극대로 부른다.

δ가 $\lambda/2$의 홀수배일 때, P에 도달하는 두 광파는 180°의 위상차를 보이며 상쇄 간섭이 일어난다. 그러므로 P에서 어두운 간섭 무늬, 즉 **상쇄 간섭**(destructive interference)에 대한 조건은 다음과 같다.

$$\delta = d\sin\theta_{\text{어두운}} = \left(m + \frac{1}{2}\right)\lambda \qquad m = 0, \pm1, \pm2, \cdots \tag{24.3}$$

$L \gg d$라는 가정에 $d \gg \lambda$를 추가한다. 이러한 가정들은 실제로 L이 대개는 1미터 정도이고, d는 밀리미터 정도, λ는 마이크로미터 정도이기 때문에 타당하다. 이러한 조건하에서 θ는 작기 때문에 $\sin\theta \cong \tan\theta$라는 근사식을 이용할 수 있다. 그러면 그림 24.4의 직각 삼각형 OPQ로부터 다음과 같은 결과를 얻는다.

$$y = L\tan\theta \approx L\sin\theta \tag{24.4}$$

식 24.2를 $\sin\theta$에 대하여 풀고, 이 결과를 식 24.4에 대입하면 O에서부터 측정한 **밝은 간섭 무늬**들의 위치는

$$y_{\text{밝은}} = \frac{\lambda L}{d}m \qquad m = 0, \pm1, \pm2, \cdots \tag{24.5}$$

가 된다. 식 24.3과 24.4를 이용하면 어두운 간섭 무늬들의 위치는

$$y_{\text{어두운}} = \frac{\lambda L}{d}\left(m + \frac{1}{2}\right) \qquad m = 0, \pm1, \pm2, \cdots \tag{24.6}$$

가 된다.

예제 24.1

문제 스크린이 이중 슬릿 광원으로부터 1.20 m 떨어져 있다. 두 슬릿 사이의 간격은 0.030 0 mm이다. 2차 밝은 간섭 무늬($m = 2$)가 중심선으로부터 4.50 cm 떨어진 곳에 나타났다. **(a)** 빛의 파장을 구하라. **(b)** 이웃한 밝은 간섭 무늬들까지의 거리는 얼마인가?

풀이 **(a)** 빛의 파장을 결정한다.

파장에 대해서 식 24.5를 풀고, $m = 2$, $y_2 = 4.50 \times 10^{-2}$ m, $L = 1.20$ m, $d = 3.00 \times 10^{-5}$ m를 대입한다.

$$\lambda = \frac{y_2 d}{mL} = \frac{(4.50 \times 10^{-2}\text{ m})(3.00 \times 10^{-5}\text{ m})}{2(1.20\text{ m})}$$

$$\lambda = 5.63 \times 10^{-7}\text{ m} = \boxed{563\text{ nm}}$$

(b) 이웃한 밝은 간섭 무늬 사이의 거리를 결정한다.

식 24.5를 이용하여 임의의 이웃한 두 밝은 간섭 무늬들 사이의 거리를 구한다(여기서 이 값은 m과 $m+1$으로 나타낸다).

$$\Delta y = y_{m+1} - y_m = \frac{\lambda L}{d}(m+1) - \frac{\lambda L}{d}m = \frac{\lambda L}{d}$$

$$= \frac{(5.63 \times 10^{-7}\ \text{m})(1.20\ \text{m})}{3.00 \times 10^{-5}\ \text{m}} = \boxed{2.25\ \text{cm}}$$

24.3 반사에 의한 위상 변화

단일 광원으로 간섭 무늬를 만들어내는 간단하면서도 독창적인 또 다른 광학적 배치는 **로이드 거울**(Lloyd's mirror)이다. 그림 24.5와 같이 점광원이 거울 가까운 곳 점 S에 있다. 광파는 직접 경로인 S에서 P, 혹은 거울 반사를 통해서 가는 경로 중 하나를 지나 관측점 P에 도달한다. 반사 광선은 거울 뒤쪽에 있는 S′에서 나오는 광선으로 취급할 수 있다. S의 상인 광원 S′은 허광원으로 생각할 수 있다.

광원에서 멀리 떨어져 있는 곳에서 마치 실제 결맞는 광원들에서 나오는 것처럼 S와 S′으로부터 나오는 광파들 때문에 생긴 간섭 무늬를 볼 수 있다. 그러나 어두운 간섭 무늬와 밝은 간섭 무늬의 위치는 실제 두 결맞는 광원에 의한 간섭 무늬(영의 간섭 실험)의 위치들과는 서로 뒤집혀져 있다. 이것은 결맞는 광원 S가 거울에 반사될 때 위상 변화가 생겨 180° 만큼 달라졌기 때문이다.

더 많은 지점에 대하여 알아보기 위하여 거울과 스크린이 교차하는 점 P'을 생각하자. 이 점은 S와 S′으로부터 같은 거리에 있다. 위상차에 의해서만 경로차가 일어난다면 P'에서는 (이 점에서는 경로차가 영이므로) 밝은 간섭 무늬가 관측될 것이다. 이 점은 이중 슬릿 실험에서는 중앙의 간섭 무늬에 대응한다. 그러나 거울 반사 때문에 180°의 위상 변화가 생긴다는 결론에 의해 P에서 어두운 간섭 무늬가 관측된다. 일반적으로 **전자기파는 진행하고 있는 매질보다 큰 굴절률을 가진 매질에서 반사될 때 180°의 위상 변화가 일어난다.**

반사된 광파와 잡아당겨진 줄에서의 횡파가 경계면에 부딪혀 생긴 반사파 사이의 유사성이 그림 24.6에 나타나 있다. 줄에서 반사된 펄스가 보다 밀한 줄과 연결된 경

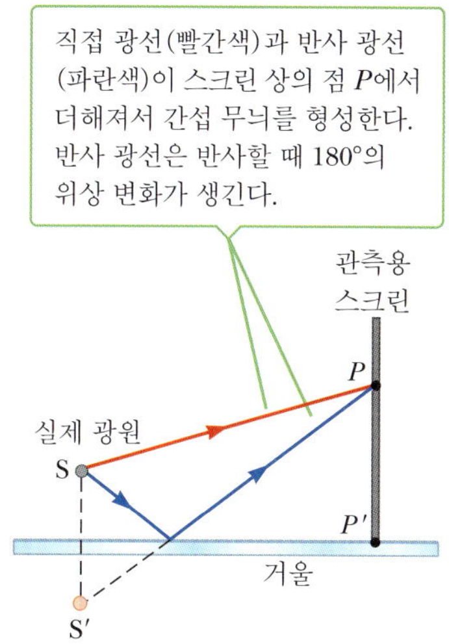

그림 24.5 로이드 거울

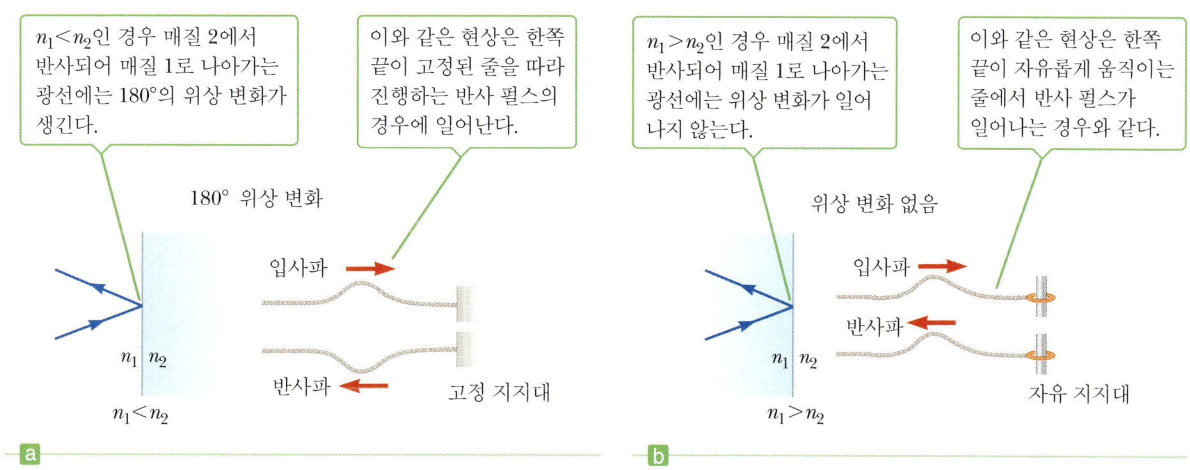

그림 24.6 광파와 줄 위에서의 파동의 반사를 비교해 보기

계면에서 반사되거나 단단한 벽에서 반사될 때는 180° 의 위상 변화가 생기지만, 보다 소한 줄과 연결된 경계면에서 반사될 때는 위상 변화가 없다. 이와 마찬가지로 전자기파도 그 전자기파를 전파하는 매질보다 더 큰 굴절률의 매질과 만나는 경계면에서 반사되면 180° 의 위상 변화가 일어나지만, 작은 굴절률의 매질로 된 경계면에서 반사될 때는 위상 변화가 일어나지 않는다. 한편 경계면을 지나가는 투과파는 어떤 경우에도 위상 변화는 없다.

24.4 박막에서의 간섭

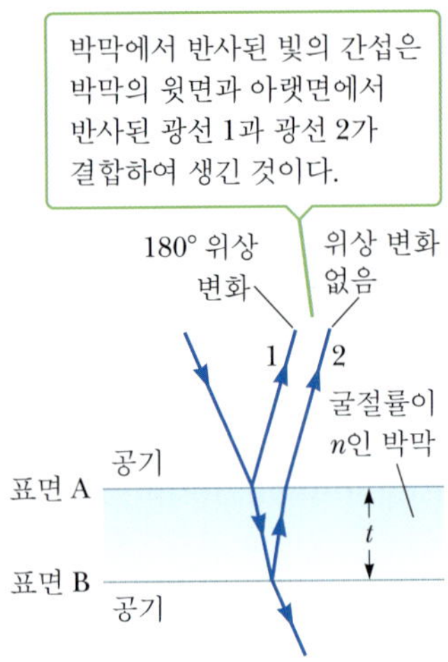

그림 24.7 박막을 지나가는 빛의 경로

그림 24.7과 같이 균일한 두께 t와 굴절률 n인 박막이 있다고 하자. 공기 중에서 진행하고 있는 광선은 박막의 두 표면에 거의 수직으로 입사한다고 가정할 때, 박막의 윗면과 아랫면에서 반사된 광선이 보강 간섭을 일으키는지, 상쇄 간섭을 일으키는지를 결정하기 위해서는 우선 다음과 같은 사실을 알아야 한다.

1. 굴절률이 n_1인 매질에서 굴절률이 n_2인 매질로 진행하는 전자기파가 반사하는 경우 $n_2 > n_1$일 때는 180° 의 위상 변화가 일어나고, $n_2 < n_1$일 때는 위상 변화가 일어나지 않는다.
2. 굴절률 n인 매질 내에서의 빛의 파장 λ_n은

$$\lambda_n = \frac{\lambda}{n} \qquad [24.7]$$

이다. 여기서 λ는 진공 중에서의 빛의 파장이다.

이와 같은 규칙들은 그림 24.7의 박막에 적용된다. 첫 번째 규칙에 따르면 윗면 A에서 반사된 광선 1은 180° 의 위상 변화가 생긴다. 아랫면 B에서 반사되는 광선 2는 입사파에 대하여 위상 변화가 없다. 이 때문에 광선 1은 광선 2에 대하여 180° 만큼의 위상차가 생기는데, 이는 $\lambda_n/2$의 경로차에 해당한다. 여기에 두 광파가 박막의 표면 위 공기 중에서 다시 결합하기 전에 광선 2가 $2t$의 거리를 더 진행한다는 사실도 고려해야 한다. 예를 들어, $2t = \lambda_n/2$이면 광선 1과 광선 2는 위상이 같은 상태로 결합하여 보강 간섭이 일어난다. 일반적으로 박막에서의 **보강 간섭**에 대한 조건은 다음과 같다.

$$2t = \left(m + \frac{1}{2}\right)\lambda_n \quad m = 0, 1, 2, \cdots \qquad [24.8]$$

$\lambda_n = \lambda/n$이므로 식 24.8은 다음과 같은 형태로 쓸 수 있다.

$$2nt = \left(m + \frac{1}{2}\right)\lambda \quad m = 0, 1, 2, \cdots \qquad [24.9]$$

광선 2가 추가로 진행한 거리 $2t$가 λ_n의 정수배라면, 두 광파는 위상 불일치 상태로 결합하므로 상쇄 간섭이 생긴다. 박막에서의 **상쇄 간섭**에 대한 조건은 일반적으로 다음과 같다.

$$2nt = m\lambda \quad m = 0, 1, 2, \cdots \qquad [24.10]$$

보강 간섭과 상쇄 간섭에 대한 식 24.9와 24.10은 단 한 번의 위상 반전이 있을 때만 유효하다. 이것은 박막 위, 아래의 매질이 박막보다 굴절률이 더 크거나 또는 굴절률이 더 작을 때 생긴다. 그림 24.7은 박막 위, 아래 매질이 공기($n = 1$)로 박막의 굴절률보다 더 작은 굴절률을 갖는다. 그 결과 박막 위쪽 층에서 반사될 때는 위상 반전이 일어나지만, 아래쪽에서는 위상 반전이 없으므로 식 24.9와 24.10이 적용된다. **만일 박막보다 굴절률이 더 작은 매질과 더 큰 매질 사이에 놓인다면 식 24.9와 24.10은 바뀐다. 즉, 식 24.9는 상쇄 간섭에, 그리고 식 24.10은 보강 간섭에 적용된다.**

뉴턴의 원무늬

광파에 의한 간섭을 관측할 수 있는 또 다른 경우는 그림 24.8a와 같이 평평한 유리면 위에 평볼록 렌즈를 올려놓는 경우이다. 이렇게 하면 유리면에 있는 공기막의 두께는 0(접촉점)에서부터 t(P 지점)까지 변한다. 렌즈의 곡률 반지름 R이 중심으로부터의 거리 r보다 매우 클 때, 파장 λ인 빛을 비추면서 렌즈 위에서 내려다보면 밝고 어두운 고리 모양의 간섭 무늬를 볼 수 있다(그림 24.8b). 뉴턴이 발견한 이러한 원무늬를 **뉴턴의 원무늬**(Newton's rings)이라 한다. 이 간섭 무늬는 평면 유리에서 반사된 광선 1과 렌즈 아래쪽 표면에서 반사된 광선 2가 결합하여 생기는 것이다. 광선 1은 보다 큰 굴절률의 매질로 들어가는 경계면에서 반사되기 때문에 180° 의 위상 변화가 일어나는 반면, 광선 2는 보다 작은 굴절률의 매질로 들어가는 경계면에서 반사되기 때문에 위상 변화가 생기지 않는다. 따라서 박막이 공기이므로 $n = 1$로 놓으면 보강 간섭과 상쇄 간섭에 대한 조건은 각각 식 24.9와 24.10으로 주어진다. 그림 24.8b에서처럼 접촉점 O에서는 어두운데, 이는 이 지점에서는 경로차는 없고, 단지 반사에 의한 180° 의 위상 변화만 있기 때문이다. 그림 24.8a에서와 같은 기하학적 배치를 이용하면 밝고 어두운 띠에 대한 반지름 r을 곡률 반지름 R과 진공 중에서의 파장 λ로 표현할 수 있다. 예를 들어, 어두운 원무늬의 반지름은 $r \approx \sqrt{m\lambda R/n}$이다.

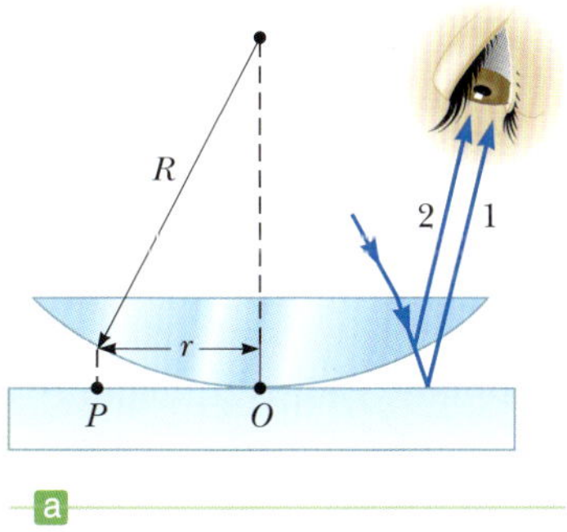

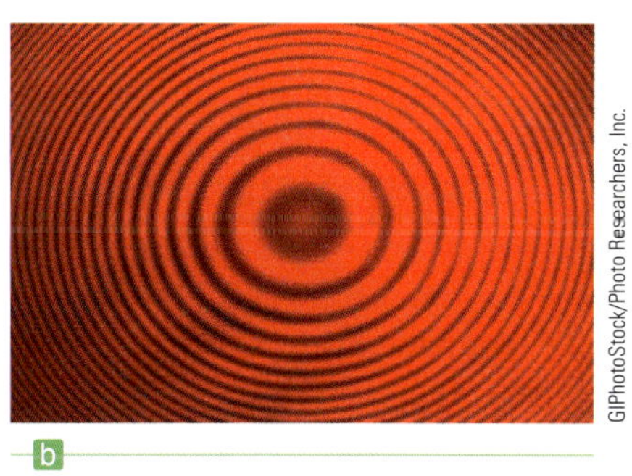

그림 24.8 (a) 평평한 유리면과 렌즈 곡면에서 반사된 광선이 결합하여 뉴턴의 원무늬라고 하는 간섭 무늬를 만든다. (b) 뉴턴 원무늬 사진

예제 24.2

문제 실리콘과 같은 반도체는 태양에 노출시켰을 때 전기 에너지를 만들어내는 태양 전지와 같은 장치를 생산할 때 이용된다. 실리콘 태양 전지 $n = 3.50$는 대개 일산화규소(SiO; $n = 1.45$)와 같은 얇고 투명한 박막으로 코팅하여 반사 손실을 최소화 한다(그림 24.9). 파장이 552 nm인 빛을 수직으로 입사시킬 때, 반사를 최소화하기 위한 박막의 최소 두께를 구하라.

풀이 $2nt = \lambda/2$를 t에 대하여 푼다.

$$t = \frac{\lambda}{4n} = \frac{552\text{ nm}}{4(1.45)} = \boxed{95.2\text{ nm}}$$

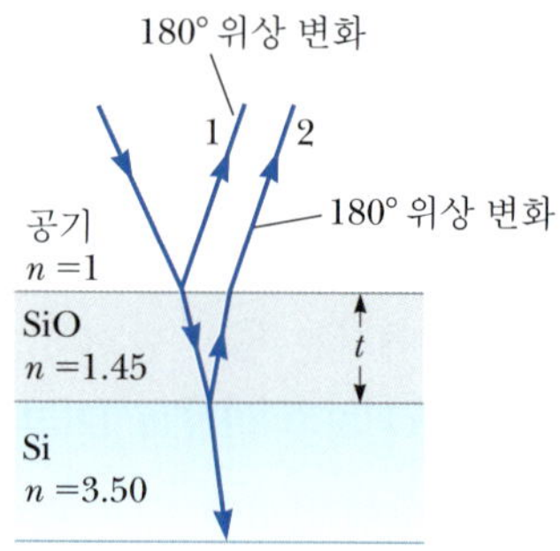

그림 24.9 (예제 24.2) 실리콘 태양 전지에서 반사에 의해 일어나는 손실은 일산화규소(SiO) 박막을 입힘으로써 최소화할 수 있다.

예제 24.3

문제 길이 10.0 cm, 굴절률 $n = 1.52$인 한 쌍의 슬라이드 유리판 사이 한 끝에 머리카락을 끼워 넣어 그림 24.10과 같은 삼각형 쐐기 모양의 공기층을 만든다. 파장이 633 nm인 헬륨-네온 레이저에서 나오는 결맞는 광선을 위쪽에서 입사시키자 센티미터당 15.0개의 어두운 간섭 무늬가 생겼다. 머리카락의 두께를 구하라.

풀이 상쇄 간섭을 나타내는 식을 두께 t에 대하여 푼다(공기의 굴절률 $n = 1$).

$$t = \frac{m\lambda}{2}$$

어두운 띠에서 그 다음 어두운 띠까지의 거리를 d라 하면 m번째 띠의 x좌표는 d의 정수배이다.

$$x = md$$

차원 분석을 통하여 d는 단지 센티미터당 띠 개수의 역수이다.

$$d = \left(15.0\,\frac{\text{띠}}{\text{cm}}\right)^{-1} = 6.67 \times 10^{-2}\,\frac{\text{cm}}{\text{띠}}$$

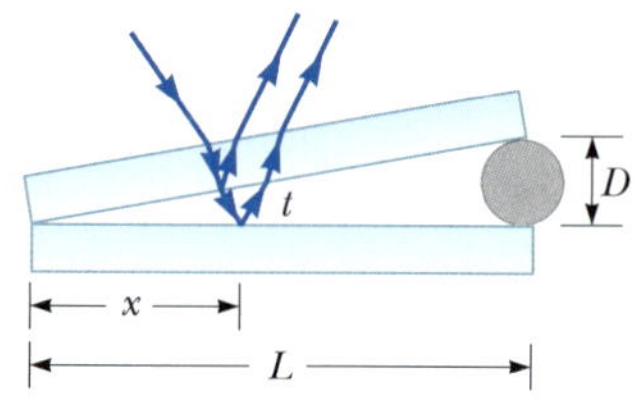

그림 24.10 (예제 24.3) 단색광을 쐐기 모양의 박막에 비추면 반사된 빛에서 나타나는 간섭 무늬를 볼 수 있다. 간섭 무늬의 어두운 부분은 상쇄 간섭이 나타나는 위치에 해당한다.

삼각형의 닮음꼴을 이용하고 모든 값을 대입한다.

$$\frac{t}{x} = \frac{m\lambda/2}{md} = \frac{\lambda}{2d} = \frac{D}{L}$$

D에 대하여 풀고 주어진 값을 대입한다.

$$D = \frac{\lambda L}{2d} = \frac{(633 \times 10^{-9}\text{ m})(0.100\text{ m})}{2(6.67 \times 10^{-4}\text{ m})} = \boxed{4.75 \times 10^{-5}\text{ m}}$$

24.5 간섭을 이용한 CD와 DVD 재생

CD(compact discs)와 DVD(digital video discs)는 고속 입출력, 즉 문서와 그림, 영화 등을 고밀도로 압축저장하고, 고품질로 음성 녹음하여 컴퓨터와 오락 산업에 대변혁을 가져왔다. 이러한 비디오디스크 자료들은 0과 1로 구성된 디지털 형태로 저장된다. 이러한 0과 1은 디스크에서 반사되는 레이저 빛에 의해 재생된다. 디스크에

그림 24.11 현미경으로 본 DVD 상의 트랙. 홈과 평평한 영역에 저장된 정보는 레이저 빔으로 재생된다.

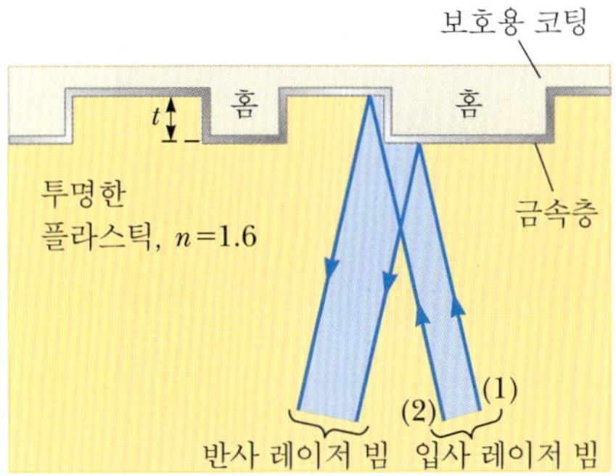

그림 24.12 금속 표면에 깊이 t로 패인 홈을 레이저 빔이 감지하는 모습을 보여주는 CD의 단면도

서 나오는 강한 반사(보강 간섭)는 0으로, 약한 반사(상쇄 간섭)는 1로 표현된다.

박막 간섭이 어떻게 해서 CD 재생에 중요한 역할을 하는지 그림 24.11을 통하여 자세히 알아보자. 이 그림은 디스크의 위쪽 또는 레이블이 있는 면에서 보았을 때 빛을 반사하는 금속 정보층에 새겨진 길이가 다른 일련의 홈(pit)으로 구성된 CD 트랙들을 보여주는 현미경 사진이다. 그림 24.12는 CD의 단면도로서, 아래쪽에서 코팅된 깨끗한 플라스틱을 통하여 레이저 빔이 금속층으로 비춰지고 있고 있으며, 홈은 레이저 빔이 부딪히는 돌출부 역할을 한다.

디스크가 회전하게 되면 돌출부에 의해 반사된 레이저 빔은 아래쪽에 있는 광검출기로 들어가, 반사된 세기에 따라 0 또는 1의 전기적 신호로 바뀐다. 이러한 빛의 세기를 보다 강하게, 보다 쉽게 검출하기 위해 홈의 깊이 t를 플라스틱 내 레이저 광의 1/4 파장이 되도록 한다. 레이저 빔이 돌출부의 모서리 위, 아래 부분에 부딪히면, 빔의 일부는 모서리 위쪽에서, 일부는 인접해 있는 아래쪽에서 반사되며, 반사된 빔은 상쇄 간섭되거나 세기가 매우 약해진 상태로 검출기에서 검출된다. 돌출부의 변은 1로 읽히고, 평평한 모서리 위쪽과 중간에 있는 평평한 부분은 0으로 읽힌다.

24.6 회절

그림 24.13a와 같이 빛이 슬릿을 통과한 후 직선 경로를 따라 진행한다면 그 광파들은 겹쳐지지 않을 것이며, 따라서 간섭 무늬도 나타나지 않을 것이다. 반면, 호이겐스의 원리에 의하면 광파들은 그림 24.13b와 같이 슬릿으로부터 퍼져나간다. 다시 말해 빛은 직선 경로에서 구부러져 어두운 영역으로 들어간다. 이렇게 빛이 처음의 진행 경로로부터 퍼져나가는 현상을 **회절**(diffraction)이라 한다.

일반적으로 회절은 광파가 작은 구멍이나 장애물 주위, 날카로운 모서리를 지날 때 생긴다. 예를 들어, 멀리 떨어져 있는 광원과 스크린 사이에 좁은 단일 슬릿을 놓으면 회절 무늬가 생긴다. 이 회절 무늬는 넓고 밝은 중앙 띠와 이 주변에 차례로 위치하는 더 좁고 덜 밝은 2차 띠(**2차 극대**라 함)들과 일련의 어두운 띠(**극소**)들로 되어 있다.

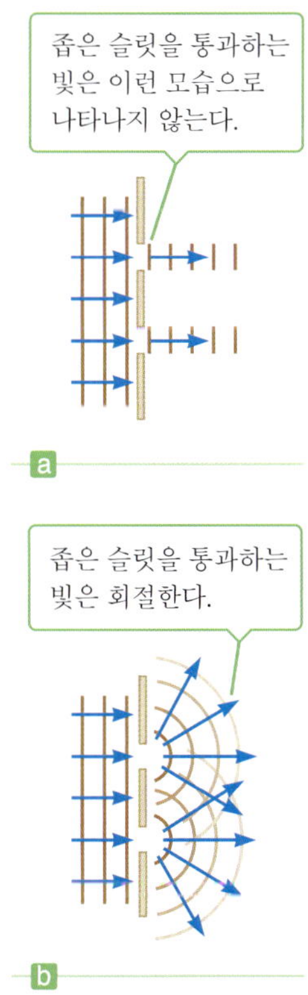

그림 24.13 (a) 빛이 슬릿을 통과한 후 퍼져나가지 않으면 간섭은 일어나지 않는다. (b) 두 슬릿에서 나온 빛이 퍼져나가면서 중첩되고, 빛은 어두운 부분일 것이라 기대되는 곳을 채우면서 간섭 무늬를 만든다.

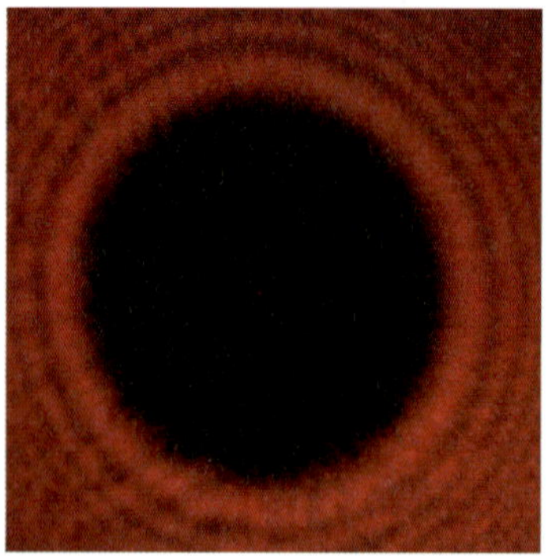

그림 24.14 광원과 스크린 사이에 놓인 작은 동전에 의한 회절 무늬. 중심에 밝은 점이 있다.

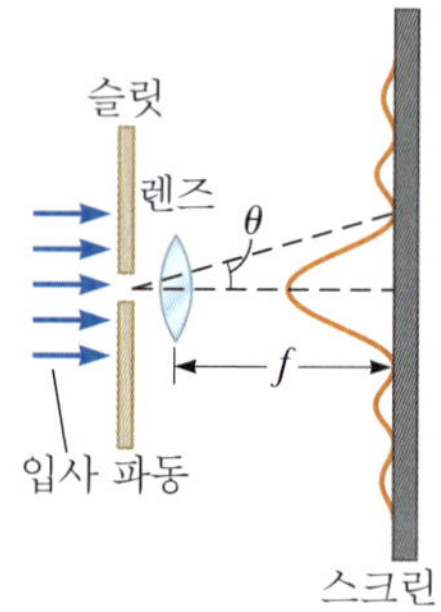

그림 24.15 단일 슬릿에 의해 형성된 프라운호퍼 회절 무늬. 평행 광선은 볼록 렌즈에 의해 스크린에 모인다. 간섭 무늬는 중앙 극대의 밝은 부분과 그 양쪽에 좁고 덜 밝은 무늬로 구성되어 있다(그림은 실제 비율과 다름).

그림 24.14는 작은 동전에 의한 회절 무늬와 그림자이다. 이 회절 무늬는 그림자와 중심부의 밝은 점, 그리고 그림자 가장자리 근처에 보이는 일련의 밝고 어두운 원무늬들로 구성되어 있다. 프레넬(Augustin Fresnel)의 빛의 파동론에 의하면, 중앙의 밝은 점(**밝은 프레넬 점**이라 함)은 작은 동전에 의한 회절광이 이 중심부에서 보강 간섭되기 때문에 나타나는 것이다. 기하학적인 관점에서 보면 회절 무늬의 중심은 작은 동전에 의해 완전히 가려지기 때문에, 밝은 점이 나타나지 말아야 한다.

회절의 한 종류인 **프라운호퍼 회절**(Fraunhofer diffraction)은 광선이 회절 물체에 평행하게 나갈 때 생긴다. 프라운호퍼 회절은 실험적으로 그림 24.15와 같이 관측용 스크린을 슬릿에서 멀리 떨어진 위치에 놓거나 볼록 렌즈를 이용하여 가까이 있는 스크린에 평행 광선들을 모이게 함으로써 볼 수 있다. 밝은 무늬들은 $\theta = 0$의 축에서 나타나며, 이 중심의 밝은 간섭 무늬의 양쪽으로는 밝고 어두운 간섭 무늬가 교대로 나타난다.

24.7 단일 슬릿 회절

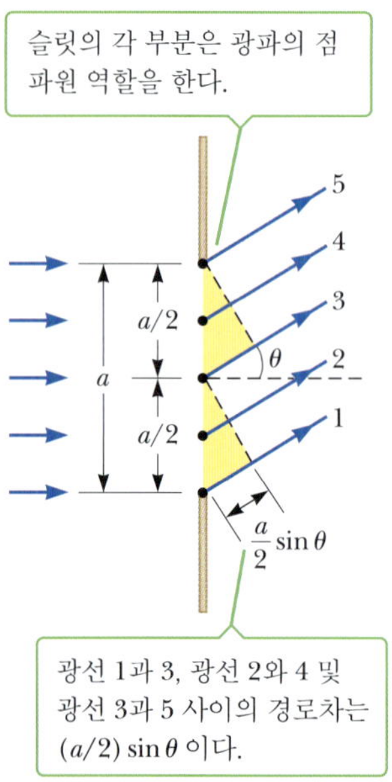

그림 24.16 너비가 a인 좁은 슬릿에 의한 회절. (그림은 실제 비율과 다르며, 광파들은 먼 점에 수렴되는 것으로 가정한다.)

그림 24.16과 같이 슬릿의 여러 부분에서 나오는 광파들을 살펴보면 이 문제의 중요한 개념을 유도할 수 있다. 호이겐스의 원리에 의하면 **슬릿의 각 점들은 점 파원으로 작용한다. 그러므로 슬릿의 한 부분에서 나오는 광파는 다른 부분에서 나오는 광파와 간섭을 일으킬 수 있다.** 그리고 스크린에 나타나는 합성파의 세기는 방향 θ에 따라 달라진다.

회절 무늬를 분석하기 위해서는 그림 24.16과 같이 슬릿을 반으로 나누는 것이 편리하다. 슬릿에서 나오는 모든 광파들의 위상은 일치한다. 슬릿의 중심과 아래쪽에서 나오는 광파 1과 3을 살펴보자. 광파 1은 광파 3보다 경로차 $(a/2)\sin\theta$ 만큼 더 많이 진행한다. 여기서 a는 슬릿의 너비이다. 마찬가지로 광파 3과 5의 경로차는 $(a/2)\sin\theta$이다. 이 경로차가 정확히 (180° 위상차에 해당하는) 파장의 1/2이라면, 두 광파는 서로 상쇄되어 상쇄 간섭을 일으킨다. 실제로 이것은 슬릿 너비의 1/2만큼 떨어진 두 지

점에서 나오는 광파들에 대하여 위상차가 180° 이기 때문에 사실이다. 그러므로

$$\frac{a}{2}\sin\theta = \frac{\lambda}{2}$$

또는

$$\sin\theta = \frac{\lambda}{a}$$

일 때, 슬릿의 위쪽 절반에서 나오는 광파들은 아래쪽에서 나오는 광파들과 상쇄 간섭을 일으킨다.

만일 슬릿을 둘이 아닌 넷으로 나누고 위와 같은 방식으로 다루면, 다음과 같은 경우에 어두운 무늬가 나타난다.

$$\sin\theta = \frac{2\lambda}{a}$$

계속해서 슬릿을 여섯으로 나누면 일 때, 어두운 무늬가 나타난다.

$$\sin\theta = \frac{3\lambda}{a}$$

그러므로 너비가 a인 단일 슬릿에 대한 **상쇄 간섭 조건**은 일반적으로

$$\sin\theta_{\text{어두운}} = m\frac{\lambda}{a} \qquad m = \pm1, \pm2, \pm3, \cdots \qquad [24.11]$$

이 된다.

식 24.11에서는 회절 무늬의 세기가 영이 되는, 즉 어두운 무늬가 나타나는 각도 θ를 알 수 있다. 스크린 상에 나타나는 일반적인 세기 분포는 그림 24.17과 같다. 너비가 넓고 밝은 중심부의 간섭 무늬 주위로는 덜 밝은 무늬와 어두운 무늬가 교대로 펼쳐져 있다. 어두운 무늬들(세기가 0인 지점들)은 식 24.11을 만족하는 각 θ에서 일어난다. 보강 간섭의 위치들은 근사적으로 어두운 무늬 사이의 중앙에 있다. 중심부의 밝은 무늬의 너비가 밝기가 더 약한 $m > 1$인 극대 위치에 생기는 무늬의 너비의 두 배이다.

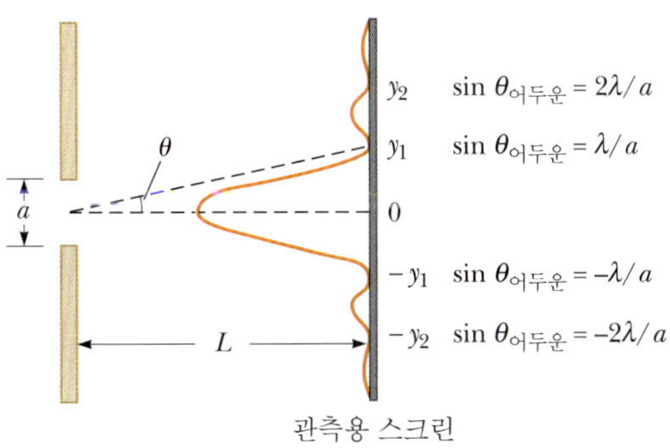

그림 24.17 너비가 a인 단일 슬릿이 만드는 프라운호퍼 회절 무늬에서 극소점의 위치. (그림은 실제 비율과 다름)

예제 24.4

문제 너비가 0.300 mm인 슬릿에 파장이 5.80×10^2 nm인 빛을 비추었다. 스크린이 슬릿으로부터 2.00 m 거리에 있을 때, 첫 번째 어두운 무늬의 위치와 중앙의 밝은 무늬의 너비를 각각 구하라.

풀이 $m = \pm 1$에 대응되는 중앙의 밝은 무늬 양쪽에 생기는 첫 번째 어두운 무늬는 식 24.11을 이용하여 계산한다.

$$\sin\theta = \pm\frac{\lambda}{a} = \pm\frac{5.80 \times 10^{-7}\text{ m}}{0.300 \times 10^{-3}\text{ m}} = \pm 1.93 \times 10^{-3}$$

그림 24.17의 삼각형에서 간섭 무늬의 위치와 탄젠트 함수와의 관계를 알아낸다.

$$\tan\theta = \frac{y_1}{L}$$

θ가 매우 작으므로 $\sin\theta \approx \tan\theta$의 근사를 이용하여 y_1에 대하여 푼다.

$$\sin\theta \approx \tan\theta = \frac{y_1}{L}$$

$$y_1 \approx L\sin\theta = (2.00\text{ m})(\pm 1.93 \times 10^{-3})$$

$$= \pm 3.86 \times 10^{-3}\text{ m}$$

양과 음의 1차 극대 사이의 거리를 계산한다. 이 값이 중앙 극대의 너비이다.

$$w = +3.86 \times 10^{-3}\text{ m} - (-3.86 \times 10^{-3}\text{ m})$$

$$= 7.72 \times 10^{-3}\text{ m}$$

24.8 회절 격자

회절 격자는 광원을 분석하는 데 매우 유용한 장치로 일정한 간격으로 된 아주 많은 평행 슬릿들로 이루어져 있다. 전형적인 회절 격자는 센티미터당 수천 개의 선을 가지고 있다. 예를 들어, 5 000라인/cm인 회절 격자의 간격은 그 역수와 같다. 즉, $d = (1/5\,000)\text{ cm} = 2 \times 10^{-4}\text{ cm}$이다.

그림 24.18은 평면형 회절 격자의 단면도에 대한 개략도이다. 평면파가 회절 격자의 왼쪽에서 격자면에 수직으로 입사하고 있다. 스크린 상의 회절 무늬의 세기는 간섭과 회절의 복합적인 결과이다. 각 슬릿은 회절을 일으킨다. 이 회절된 광속은 다른 회절된 광속과 간섭 무늬를 일으킨다. 게다가 각 슬릿은 광파의 광원 역할을 한다. 모든

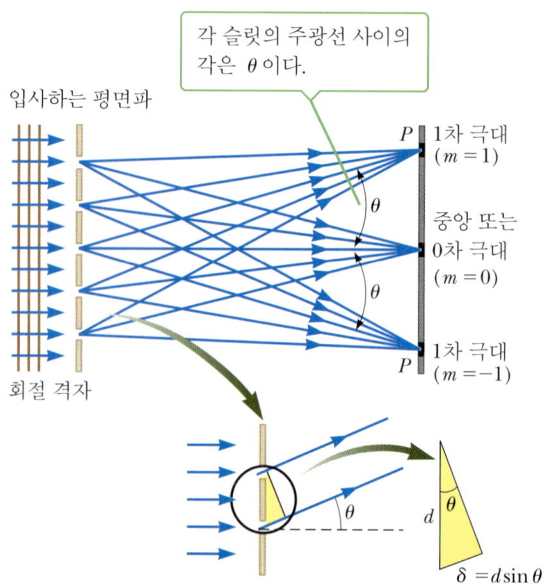

그림 24.18 옆에서 본 회절 격자의 모습. 슬릿의 너비는 d이고 이웃 슬릿 간의 경로차는 $d\sin\theta$이다.

광파는 슬릿에서 위상이 일치된 상태로 떠난다. 그러나 수평선에서 측정한 임의의 각도 θ로 슬릿을 떠난 빛들은 스크린 상의 특정한 점 P에 도달하기 전에 서로 **다른** 경로를 진행한다. 그림 24.18에서 인접한 두 슬릿에서 나온 광파들 사이의 경로차는 $d\sin\theta$이다. 만일 경로차가 파장의 정수배이거나 같으면 모든 슬릿에서 나오는 광파들은 점 P에서 위상이 같게 되고 밝은 무늬가 관찰된다. 따라서 각도 θ에 대한 간섭무늬의 **극대**(maxima) 조건은 다음과 같다.

$$d\sin\theta_{\text{밝은}} = m\lambda \qquad m = 0, \pm1, \pm2, \cdots \qquad [24.12]$$

극대 회절이 일어나는 각도 이외의 다른 각도에서 나오는 빛은 회절 격자의 다른 슬릿에서 나오는 빛과 거의 완벽하게 상쇄 간섭한다. 그림 24.19와 같이 이러한 쌍들의 빛은 모두 그 방향에서 거의 없거나 사라진다.

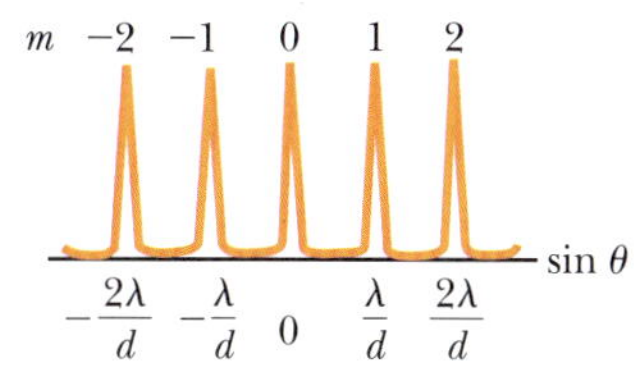

그림 24.19 회절 격자에서 $\sin\theta$에 대한 회절 무늬의 세기. 0차, 1차, 2차 주 극대를 나타낸다.

식 24.12를 이용하면 격자 간격과 편향각 θ를 구할 수 있다. 정수 m은 회절 무늬의 **차수**(order number)이다. 입사광이 여러 개의 파장으로 이루어져 있다면, 각 파장의 빛들은 식 24.12를 만족하는 특정한 각도로만 편향될 것이다. 모든 파장의 빛들은 $m = 0$에 해당하는 $\theta = 0$에 모인다. 이 지점을 **0차 극대**라 한다. **1차 극대**는 $m = 1$에 해당하는 $\sin\theta \approx \lambda/d$를 만족하는 각도에서 관측되며, **2차 극대**는 $m = 2$에 해당하는 보다 더 큰 각도에서 관측된다. 그림 24.20은 회절 격자에 의해 생기는 몇 개의 차수에 대한 세기 분포를 나타낸다.

회절 격자를 이용하여 CD 읽어내기

CD 플레이어가 소리를 잘 재생시키려면 레이저 빔이 나선형 정보 트랙을 정확하게 읽어야 한다.

그림 24.20은 3빔 방식 회절 격자를 이용한 레이저의 트랙 추적 방법을 보여주고 있다. 회절 무늬의 중앙 극대는 CD 트랙의 정보를 읽어 들이며, 두 개의 1차 극대는 빔의 방향을 제어한다. 회절 격자는 1차 극대가 정보 트랙 양쪽의 매끈한 표면을 비추도록 설계되어 있다. 이 반사되는 두 빔은 각자의 검출기를 갖고 있는데, 모두가 매끈한 표면에서 반사되므로 검출되는 빛의 세기는 같아진다. 그러나 중앙의 빔이 트랙에서 벗어나 두 조정빔 중의 하나가 정보 트랙의 돌출부에 부딪히게 되면 반사되는 빛의 세기가 감소하게 된다. 전자 회로는 이 정보를 이용하여 중앙빔이 원래 위치로 돌아가도록 유도한다.

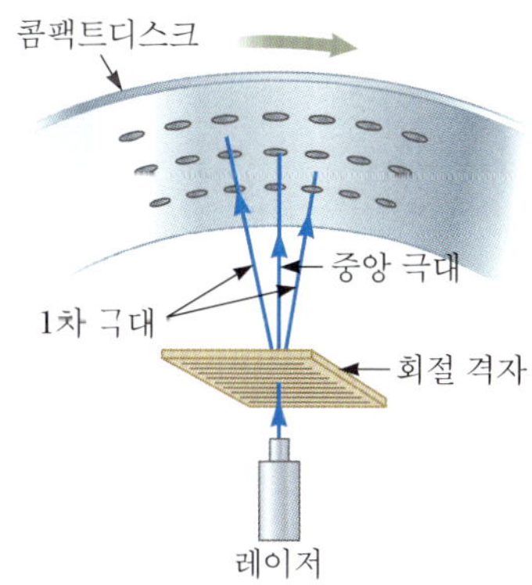

그림 24.20 CD 플레이어에 있는 레이저광은 회절 격자에 의해서 만들어진 세 개의 광을 사용하여 나선형 궤도를 추적할 수 있다.

24.9 빛의 편광

그림 24.21에서 전자기파와 관련된 전기장 벡터와 자기장 벡터는 서로 수직이고, 또한 전자기파의 진행 방향에 수직이다.

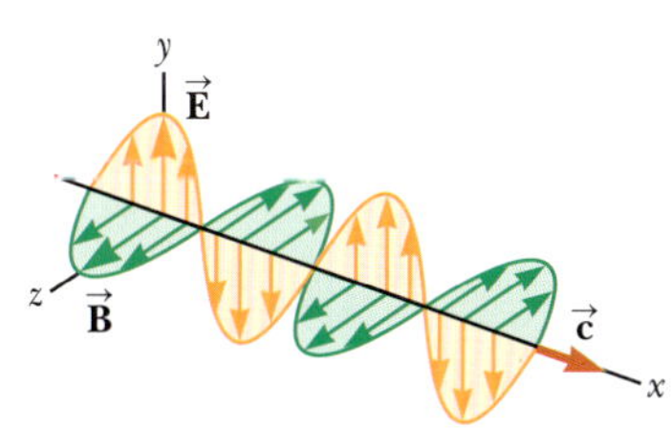

그림 24.21 x축 방향으로 진행하는 편광된 전자기파. 전기장 $\vec{\mathbf{E}}$는 xy평면에서 진동하고 자기장 벡터 $\vec{\mathbf{B}}$는 xz평면에서 진동한다.

각 원자는 그림 24.21과 같이 원자 진동 방향에 대응하여 $\vec{\mathbf{E}}$의 방향을 갖는 전자기

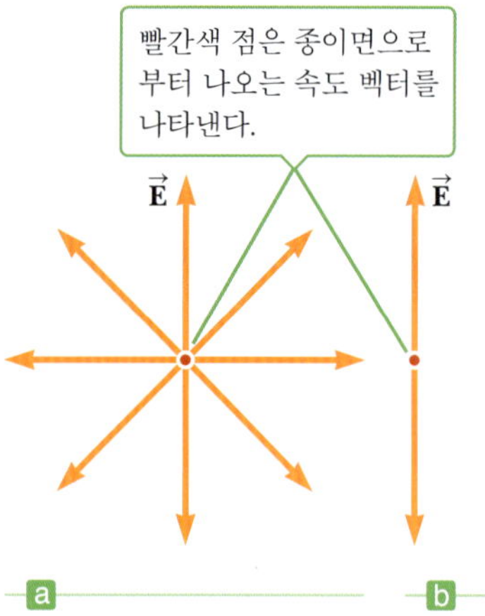

그림 24.22 (a) 종이면에 수직인 진행 방향에서 본 편광되지 않은 광선. 횡방향의 전기장 벡터는 모든 방향에 대하여 같은 확률로 진동한다. (b) 연직 방향으로 진동하는 전기장 벡터를 갖는 선형 편광된 광선

파를 만들어낸다. 그러나 모든 방향으로의 진동이 가능하므로 합성 전자기파는 개개 원자 광원들이 만들어내는 전자기파들의 중첩이 된다. 그 결과 그림 24.22a에서 개략적으로 그려져 있는 **편광되지 않은**(unpolarized) 광파가 된다. 이 그림에서 전파 방향은 종이면에 수직이다. 전기장 벡터의 **모든** 방향이 확률적으로 동등하며 (이 페이지의 종이면과 같은) 진행 방향의 수직인 평면에 놓인다는 것에 주목하라.

합성 전기장 $\vec{\mathbf{E}}$가 그림 24.22b와 같이 특정한 지점에서 **항상** 같은 방향으로 진동한다면, 이러한 전자기파를 **선형 편광**(linerarly polarized)되었다고 한다. [때때로 이러한 전자기파를 **평면 편광**(plane polarized) 또는 간단히 **편광파**(polarized)라고 한다.] 그림 24.21에 있는 전자기파는 y방향으로 선형 편광된 전자기파의 한 예이다. 전자기파가 x방향으로 진행하므로 $\vec{\mathbf{E}}$의 방향은 언제나 y방향이다. $\vec{\mathbf{E}}$와 전파 방향에 의해 형성되는 평면을 파동의 **편광면**이라 한다. 그림 24.21에서 편광면은 xy면이다.

하나의 면 위에서만 진동하는 전기장 벡터의 광속을 제외하고 나머지 전기장 벡터의 광속을 제거함으로써 비편광파로부터 선형 편광파를 만들어낼 수 있다. 이렇게 할 수 있는 세 가지 방법, 즉 (1) 선택적 흡수, (2) 반사, (3) 산란에 대하여 논의한다.

선택적 흡수에 의한 편광

빛을 편광시키는 가장 일반적인 방법은 어떤 특정한 방향에 대하여 평행한 면으로 진동하는 전기장 벡터를 갖는 전자기파는 투과시키면서, 이 전기장 벡터에 수직으로 진동하는 전기장 벡터를 갖는 전자기파는 흡수하는 물질을 이용하는 것이다.

1932년 랜드(E. H. Land)는 방향성이 있는 분자들에 의한 선택적 흡수를 통해 빛을 편광시키는 **폴라로이드**(Polaroid)라고 하는 물질을 발견하였다. 이 물질은 긴 사슬 형태의 탄화수소로 된 얇은 막을 잡아당겨 분자를 정렬시켜 만든다. 이 막을 아이오딘이 들어 있는 용액에 담그면 분자들은 좋은 전도체가 된다. 그러나 분자의 가전자들은 고분자 사슬을 따라 쉽게 이동할 수 있으므로, 일차적으로는 탄화수소 사슬을 따라 전도가 일어난다. 그 결과 분자들은 분자들의 길이 방향에 평행인 전기장 벡터를 갖는 빛을 쉽게 **흡수**하고, 수직 방향의 전기장 벡터를 갖는 빛은 **투과**시킨다. 흔히, 분자 사슬에 수직인 방향을 **투과축**(transmission axis)이라고 한다. 이상적인 편광자는 투과축에 평행인 $\vec{\mathbf{E}}$를 모든 빛은 투과시키고, 이 투과축에 수직인 $\vec{\mathbf{E}}$를 갖는 모든 빛은 흡수한다.

편광 물질은 그 물질을 통과하는 빛의 세기를 감소시킨다. 그림 24.23에서 편광되지 않은 빛이 **편광자**(polarizer)라고 하는 첫 번째 편광막에 입사되고 있다. 그림에 투과축이 표시되어 있다. 이 막을 통과하는 빛은 수직으로 편광되며, 투과된 전기장 벡터는 $\vec{\mathbf{E}}_0$이다. **검광자**(analyzer)라고 하는 두 번째 편광막이 편광자의 축과 θ의 각도로 투과축과 기울어져 있다. 검광자의 투과축에 수직인 $\vec{\mathbf{E}}_0$의 성분은 검광자에 의해 모두 흡수된다. 검광자 축에 평행인 $\vec{\mathbf{E}}_0$의 성분인 $E_0 \cos\theta$은 검광자를 통과할 수 있다. 투과된 빛의 세기는 진폭 E의 제곱에 따라 변하므로, 검광자를 통과한 (편광된) 광속의 세기는

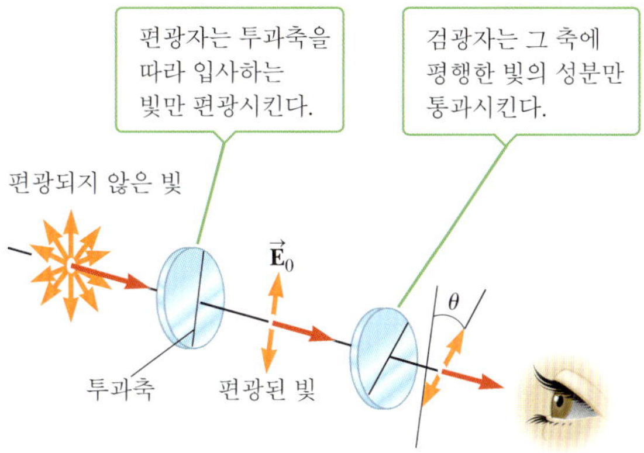

그림 24.23 투과축이 서로 θ의 각을 이루고 있는 두 개의 편광판. 검광자에 들어온 편광된 빛의 일부만이 검광자를 통과한다.

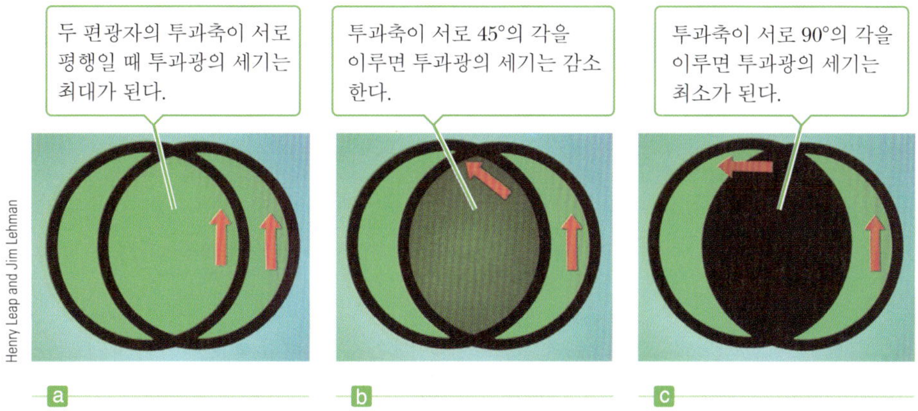

그림 24.24 두 편광자를 통과하는 빛의 세기는 편광자의 투과축 사이의 각에 따라 달라진다.

$$I = I_0 \cos^2 \theta \qquad [24.13]$$

가 된다. 여기서 I_0는 검광자에 입사하는 편광파의 세기이다. 이 식은 **발루스의 법칙**(Malus's law)라고 알려져 있는데, 투과축이 서로 각도 θ만큼 기울어져 있는 두 편광 물질에 대하여 적용된다. 식 24.13에서 투과된 빛의 세기는 투과축이 평행($\theta = 0$ 또는 180°)일 때 최대이며, 투과축이 서로 수직이면 최소(검광자에 의해 안전히 흡수되므로)가 된다. 한 쌍의 편광판을 통과한 투과광에 대한 세기의 변화를 그림 24.24에서 볼 수 있다.

세기가 I_0인 편광되지 않은 빛이 이상적인 단일 편광자를 통과하면, 통과된 선형 편광파의 세기는 $I_0/2$가 된다. 이것은 $\cos^2\theta$의 평균값이 1/2이기 때문에 나오는 말루스의 법칙의 결과이다.

예제 24.5

문제 편광되지 않은 빛이 세 개의 편광자로 입사한다. 첫 번째 편광자는 투과축에 수직이고, 두 번째 편광자는 첫 번째 편광자에 대하여 30.0° 만큼 회전해 있으며, 세 번째 편광자는 첫 번째 편광자에 대하여 75.0° 만큼 회전해 있다. 최초의 빛의 세기를 I_b라 하면, **(a)** 두 번째 편광자와 **(b)** 세 번째 편광자를 통과한 후의 빛의 세기는 어떻게 될까?

풀이 **(a)** 두 번째 편광자를 통과한 후의 광속의 세기를 계산한다. 입사광의 세기는 $I_b/2$이다. 두 번째 편광자에 말루스의 법칙을 적용한다.

$$I_2 = I_0 \cos^2\theta = \frac{I_b}{2}\cos^2(30.0°) = \frac{I_b}{2}\left(\frac{\sqrt{3}}{2}\right)^2 = \boxed{\frac{3}{8}I_b}$$

(b) 세 번째 편광자를 통과한 후의 광속의 세기를 계산한다.

입사광의 세기는 $3I_b/8$이다. 세 번째 편광자에 대하여 말루스 법칙을 적용한다.

$$I_3 = I_2 \cos^2\theta = \frac{3}{8}I_b \cos^2(45.0°) = \frac{3}{8}I_b\left(\frac{\sqrt{2}}{2}\right)^2 = \boxed{\frac{3}{16}I_b}$$

반사에 의한 편광

편광되지 않은 광속이 표면에서 반사될 때 반사된 빛은 입사각에 따라 완전 편광, 부분 편광, 또는 편광되지 않는다. 입사각이 0° 또는 90° (수직 또는 수평)라면 반사된 광속은 편광되지 않는다. 그러나 0°에서 90° 사이의 입사각에 대해서는 어느 정도 편광된다. 어떤 특정한 입사각에 대해서는 완전히 편광된다.

그림 24.25a와 같이 편광되지 않은 광속이 표면에 입사한다고 하자. 광속은 표면에 평행인 전기장 성분(점으로 표시됨)과 이 성분에 수직이면서 전파 방향에 수직인 전기장 성분(주황색의 화살표로 표시됨)으로 나타낼 수 있다. 평행 성분은 수직 성분보다 강하게 반사되므로 부분 편광된 광속이 반사된다. 더불어 굴절된 광속 또한 부분 편광된다.

반사광과 굴절광 사이의 각도가 90°가 될 때까지 입사각 θ_1을 변화시키면(그림 24.25b), 어떤 특별한 각에서 반사광의 전기장 벡터는 표면에 평행하게 완전 편광되고, 굴절광은 부분 편광된다. 이러한 현상이 일어날 때의 입사각을 **편광각**(polarizing angle) θ_p라고 한다.

편광각과 반사 표면의 굴절률과의 관계는 그림 24.25b로부터 구할 수 있다. 이 그림에서 입사각이 편광각이라면 $\theta_p + 90° + \theta_2 = 180°$이므로 $\theta_2 = 90° - \theta_p$이다. 스넬의 법칙과 $n_1 = n_{공기} = 1.00$, $n_2 = n$을 이용하면

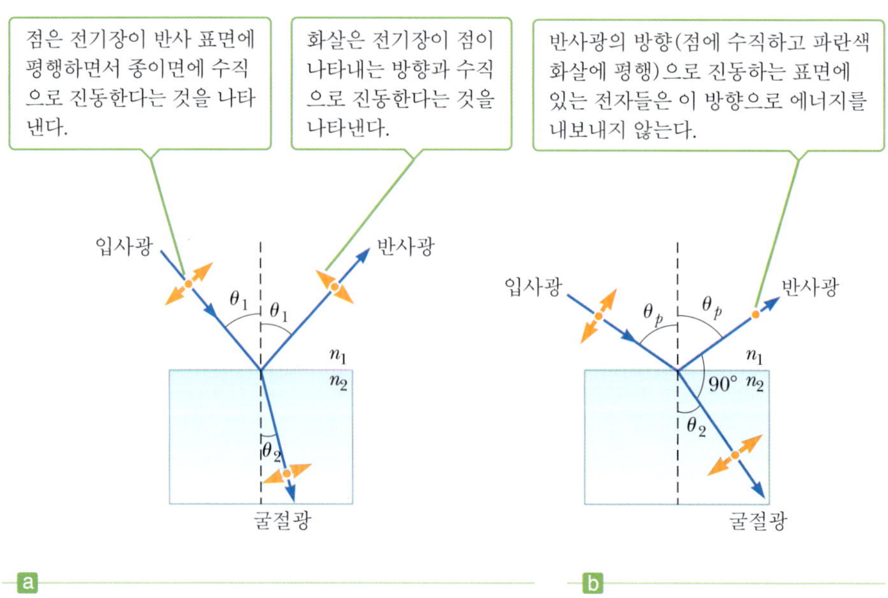

그림 24.25 (a) 편광되지 않은 광선이 반사면에 입사하였을 때, 반사광과 굴절광은 부분적으로 편광된다. (b) 입사각이 식 $n = \tan\theta_p$를 만족하는 편광각 θ_p일 때, 반사광은 완전히 편광된다.

$$n = \frac{\sin\theta_1}{\sin\theta_2} = \frac{\sin\theta_p}{\sin\theta_2}$$

이다. $\sin\theta_2 = \sin(90° - \theta_p) = \cos\theta_p$이므로 n은 다음과 같이 쓸 수 있다.

$$n = \frac{\sin\theta_p}{\cos\theta_p} = \tan\theta_p \qquad [24.14]$$

식 24.14를 **브루스터의 법칙**(Brewster's law)이라 하며, 편광각 θ_p는 발견자인 브루스터 경(Sir David Brewster, 1781~1868)의 이름을 따서 **브루스터 각**(Brewster's angle)이라고 한다. 예를 들어, 크라운 유리($n = 1.52$)에 대한 브루스터 각은 $\theta_p = \tan^{-1}(1.52) = 56.7°$이다. 물질에 대한 굴절률 n은 파장에 따라 변하므로 브루스터 각 역시 파장의 함수이다.

반사에 의해 일어나는 편광은 일반적인 현상이다. 물이나 유리, 눈에서 반사된 햇빛은 부분 편광된 빛이다. 반사면이 수평이면 반사광의 전기장 벡터는 수평 성분이 강하다. 편광 선글라스는 반사광에 의한 눈부심을 편광 물질을 이용해 감소시킨다. 렌즈의 투과축이 수직 방향으로 되어 있어 반사광의 강한 수평 성분을 흡수한다. 반사광은 대부분 편광되어 있기 때문에 반사광의 수직 성분을 제거하지 않고서도 대부분의 눈부심을 없앨 수 있다.

산란에 의한 편광

빛이 기체와 같은 입자로 이루어진 물질계에 입사되면, 물질 내에 있는 전자들은 빛을 흡수하고 일부 재복사한다. 이러한 물질에 의한 빛의 흡수와 재복사를 **산란**(scattering)이라고 하는데, 지구의 관측자로 다가오는 햇빛을 편광시키는 원인이 된다.

그림 24.26은 빛이 어떻게 편광되는지를 보여준다. 그림의 왼쪽은 편광되지 않은 빛이 공기 중에 떠 있는 분자와 충돌하는 것을 보여주고 있다. 빛이 공기 중의 분자와 충돌하면, 분자 내의 전자들은 진동한다. 복잡한 형태로 진동하는 전하들을 제외하고는 안테나 내에 진동하는 전하와 같이 행동한다. 입사광의 전기장 벡터의 수평 성분의 일부는 전하들을 수평으로 진동시키고, 입사광의 전기장 벡터의 수직 성분의 일부는 전하들을 수직으로 진동시킨다. 수평으로 편광된 광파는 수평으로 진동하는 전자로부터 방출되고, 수직으로 편광된 광파는 수직으로 진동하는 전자에 의해 종이면과 평행하게 방출된다.

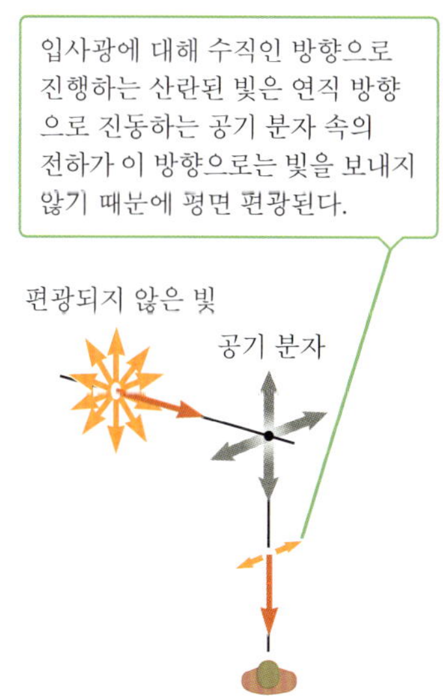

그림 24.26 편광되지 않은 햇빛의 공기 분자에 의한 산란

연습문제

1. 단색광이 2.10 mm 간격의 두 슬릿을 지나 1.75 m 떨어진 스크린에 비추어진다. 첫 번째 밝은 무늬와 두 번째 밝은 무늬 사이의 간격이 0.552 mm라면 단색광의 파장은 얼마인가?

2. 간격이 0.250 mm인 좁고 평행한 두 슬릿에 수은등에서 나온 초록색 빛(파장 $\lambda = 546.1\,\text{nm}$)이 비추어진다. 슬릿에서 1.20 m 떨어진 스크린에 간섭 무늬가 나타난다. (a) 간섭 무늬의 중앙 극대에서 양쪽으로 첫 번째 밝은 무늬까지의 거리와 (b) 첫 번째와 두 번째 어두운 띠 사이의 거리를 구하라.

3. 음속이 354 m/s인 곳에서 2 000 Hz의 음파가 슬릿 간의 간격이 30.0 cm인 이중 슬릿에 부딪힌다. (a) 1차 극대는 어떤 각도에 위치하는가? (b) 음파를 파장이 3.00 cm인 마이크로파로 교체한다면, 같은 각도에서 1차 극대가 생기기 위해서는 슬릿 간의 간격이 얼마이어야 하는가? (c) 슬릿 간의 간격이 1.00 μm라면, 같은 각도에서 1차 극대가 생기기 위해서는 입사광의 진동수가 얼마이어야 하는가?

4. 레이저 광속이 간격이 0.200 mm인 이중 슬릿에 입사하고 이중 슬릿에서 5.00 m 떨어진 곳에 스크린이 있다. 스크린에서 밝은 간섭 무늬들 사이의 거리가 1.58 cm이면, 레이저 빛의 파장은 얼마인가?

5. 레이더에 비행기가 포착되지 않도록 하는 방법은 무반사 고분자를 비행기 표면에 코팅하는 것이다. 만일 레이더의 파장이 3.00 cm이고, 고분자의 굴절률이 $n = 1.50$이라면, 코팅의 두께는 얼마이어야 하는가?

6. 공기 중에 놓인 두께가 524 nm인 글리세린 박막($n = 1.473$) 위에서 법선 방향으로 백색광이 비추어진다. 300~700 nm 사이의 빛 중에서 가장 강하게 반사되는 빛의 파장은 얼마인가?

7. 액체 메틸렌 아이오딘화합물($n = 1.756$)의 얇은 막이 평평한 두 유리판($n = 1.50$) 사이에 들어 있다. 공기 중에서 파장 $\lambda = 6.00 \times 10^2\,\text{nm}$인 빛이 수직으로 입사하여 강하게 반사된다면, 액체막의 최소 두께는 얼마가 되어야 하는가?

8. 파장이 5.40×10^2 nm인 빛이 너비가 0.200 mm인 슬릿을 통과한다. (a) 슬릿에서 1.50 m 떨어진 곳에 있는 스크린에 나타나는 중앙 극대의 너비는 얼마인가? (b) 첫 번째 밝은 무늬의 너비를 구하라.

9. 파장이 500 nm인 빛이 너비가 0.50 mm인 단일 슬릿을 지난다. 스크린은 슬릿으로부터 120 cm 떨어진 위치에 놓여 있다. 중앙 극대의 양쪽에 있는 1차와 2차 극대의 너비는 얼마인가?

10. 어떤 단색광이 너비가 0.600 mm인 슬릿에서 회절된다. 슬릿에서 1.30 m 떨어진 벽에 형성되는 간섭 무늬의 중앙 극대의 너비가 2.00 mm이다. 빛의 파장을 구하라.

11. 수소 스펙트럼에서 빨간색은 656 nm에 나타나고 보라색은 434 nm에 나타난다. 4 500선/cm인 회절 격자로 얻은 이들 두 스펙트럼선 사이의 각 분리는 얼마인가?

12. 태양광이 2 750선/cm인 회절 격자에 입사한다. 가시영역(400~700 nm)에서 2차 스펙트럼은 격자로부터 거리 L만큼 떨어진 스크린에 1.75 cm로 제한된다. 격자로부터 스크린까지의 거리 L은 얼마인가?

13. 유리판의 굴절률은 1.52이다. 유리판이 (a) 공기 중에 있을 때, (b) 물속에 있을 때 브루스터 각은 각각 얼마인가? (문제 20 참고)

14. 진공 속에서 파장이 546.1 nm인 빛이 두께가 1.000 μm인 생체 시료에 수직으로 입사한다. 빛은 서로 수직으로 편광되어 두 빛으로 나눠지며, 이때 굴절률은 각각 1.320과 1.333이다. (a) 빛이 시료를 지나는 동안 빛의 각 성분별 파장은 얼마인가? (b) 두 빛이 생체 시료를 나올 때 두 빛 사이의 경로차는 얼마인가?

현대물리학을 대표하는 과학자들(맨 앞 줄 가운데가 아인슈타인). 이 사진은 1927년 벨기에에서 개최된 솔베이 회의때 찍은 것이다. 노벨물리학상 수상자가 5명, 노벨화학상 수상자가 3명이 포함되어 있는 이 사진 속에는, 맨 아랫줄 왼쪽에서 두 번째가 막스 플랑크, 세 번째가 퀴리부인, 둘째 줄 오른쪽에서 첫 번째가 닐스 보어, 세 번째가 드브로이다.

25 상대성 이론

RELATIVITY

25.1 갈릴레이의 상대성

물리직인 사건을 기술하기 위해서는 **기준틀**을 선택하는 것이 필요하다. 예를 들어, 실험실에서 실험을 할 때, 실험실에 대해 정지한 기준틀 또는 좌표계를 선택한다.

갈릴레이의 상대성 원리에 의하면, **모든 관성 기준틀에서 역학 법칙은 같아야 한다.** 관성틀은 뉴턴의 법칙들이 성립하는 기준틀을 의미한다. 이 기준틀에서 관측된 물체는 영이 아닌 알짜힘이 작용하지 않는 한 일정한 속력으로 직선 운동을 하며, 뉴턴의 제1법칙인 관성의 법칙을 만족하기 때문에 '관성틀'이라고 한다. 앞서 언급된 상황에서 실험실의 좌표계와 움직이는 차의 좌표계는 모두 관성 기준틀이다. 따라서 실험실에서 역학 법칙이 성립한다면, 차에 탄 관측자도 동일한 법칙이 성립되어야 한다.

그림 25.1a와 같이 등속도로 달리는 트럭이 있다. 연직 방향으로 공을 던진 트럭 안의 승객은 공이 연직 경로로 움직이는 것을 관측한다. 공은 트럭이 지상에 정지한 상태에서 던졌을 때와 동일한 운동을 한다. 즉, 트럭이 정지해 있거나 혹은 일정한 운동을 하는가에 관계없이 공은 중력의 법칙과 등가속도 운동의 법칙을 만족한다.

동일한 실험을 지상에 정지해 있는 다른 관측자의 관점에서 생각해 보자. 이 정지한 관측자에게 공의 경로는 그림 25.1b와 같이 평면에서 포물선을 그리는 것으로 보인다. 뿐만 아니라, 이 관측자에게는 공이 트럭의 속도와 동일한 크기를 갖고 오른쪽 방향을 향하는 속도로 운동하는 것으로 보인다. 비록 두 관측자가 공의 운동 경로에 대해서는 서로 동의하지 않지만, 이들은 공의 운동이 중력의 법칙과 뉴턴의 운동 법칙

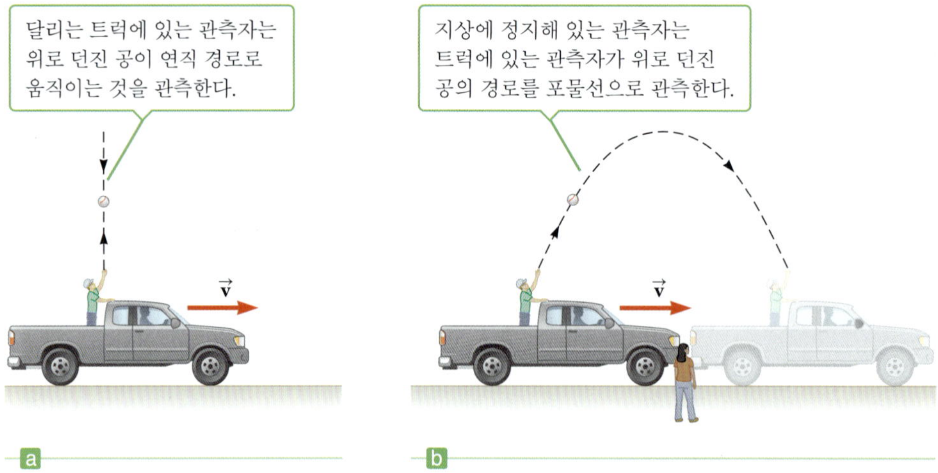

그림 25.1 위로 던진 공을 두 관측자가 관측하지만 서로 다른 결과를 얻는다.

을 만족한다는 데에는 동의할 뿐만 아니라 공이 공중에 머무는 시간에 대해서도 동의한다. 따라서 **역학 법칙을 기술하는 데 우선적인 기준틀은 존재하지 않는다**는 중요한 결론을 내릴 수 있다.

25.2 빛의 속력

전자기 이론에 의하면 빛은 진공 중에서 $2.997\ 924\ 58 \times 10^8$ m/s라는 고정된 속력을 갖는다. 그러나 갈릴레이의 상대성에 의하면, 그림 25.2에서 수송 열차 밖에 정지한 관측자 S에 대한 펄스의 속력은 $c + v$가 되어야 한다. 따라서 갈릴레이의 상대성은 맥스웰에 의해 정립된 전자기 이론과 일치하지 않는다.

전자기 이론에 의하면 빛 파동은 진공에서 빛의 속력으로 퍼져나간다. 19세기의 물리학자들은 전자기 파동도 퍼져나가기 위해서는 매질이 필요하다고 생각하고, 그 가상의 매질에 **발광성 에테르**(luminiferous ether)라는 이름까지 붙였다. 에테르는 진공을 포함한 어디에서나 존재하며, 빛 파동을 에테르 진동으로 간주하였다. 이와 더불어 전자기학의 골치 아픈 법칙들이 에테르에 대해 **정지**한 특별한 기준틀에서는 매우 단순한 형태를 가질 것으로 생각하고, 이 기준틀을 **절대 기준틀**이라 불렀다. 전자기학의 법칙들은 절대 기준틀에서 유효하고, 절대 기준틀에 대해 움직이는 임의의 기준틀

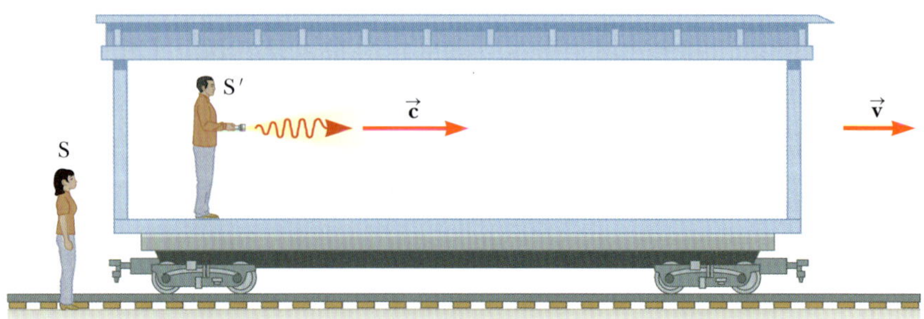

그림 25.2 달리는 수송 열차 안의 사람이 광 펄스를 보내고 있다. 갈릴레이의 상대성에 의하면, 정지한 관측자에 대한 펄스의 속도는 $\vec{c} + \vec{v}$이어야 한다.

에서는 수정되어야만 한다고 생각했던 것이다.

지상의 실험자 관점에서 볼 때, 지구가 에테르 속에서 운동하기 때문에 실험실에는 '에테르 바람'이 불 것으로 생각되었다. 에테르 바람을 검출하기 위한 직접적인 방법은 지상에 고정된 기구를 사용하여 에테르 바람이 빛의 속력에 미치는 영향을 측정하는 것이다. 지구에 대한 에테르의 속력이 v라면, 그림 25.3a와 같이 바람을 따라 진행하는 빛의 속력은 최댓값인 $c + v$가 될 것이다. 마찬가지로, 그림 25.3b와 같이 바람을 거슬러 진행하는 빛의 속력은 최솟값인 $c - v$가 될 것이고, 그림 25.3c와 같이 바람에 수직인 방향으로 진행하는 빛의 속력은 중간 값인 $(c^2 - v^2)^{1/2}$이 될 것이다. 태양이 에테르에 대해 정지해 있다고 가정하면, 에테르 바람의 속도는 지구가 태양 주위를 공전하는 속도와 같은 값인 3×10^4 m/s가 될 것이다. 그런데 빛의 속력이 $c = 3 \times 10^8$ m/s이므로 바람을 따라 움직일 때와 바람을 거슬러 움직일 때의 측정값들에서 1만분의 1 크기의 속력 변화를 감지할 수 있게 된다.

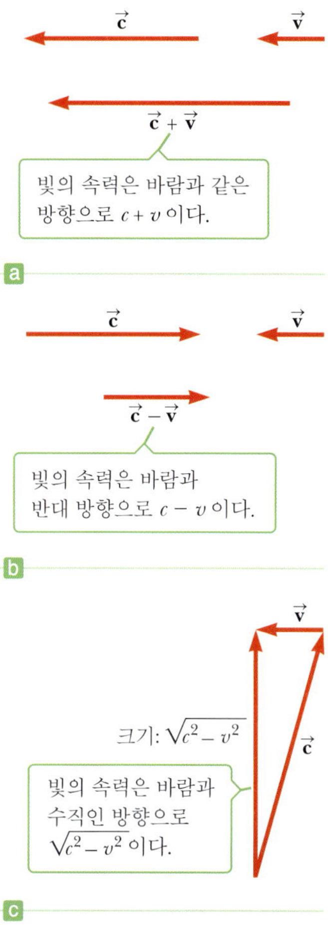

그림 25.3 지구에 대한 에테르 바람의 속력이 v이고 에테르에 대한 빛의 속력이 c라면, 지구에 대한 빛의 속력은 에테르 바람과 (a) 같은 방향으로는 $c + v$이고, (b) 반대 방향으로는 $c - v$이며, (c) 수직인 방향으로는 $\sqrt{c^2 - v^2}$이다. 그러나 마이컬슨–몰리의 실험에 의하면, 이러한 에테르 바람의 가설이 증명되지 못했다. 이후 아인슈타인은 진공 중에서의 빛의 속력은 관성 기준틀에 있는 관측자의 운동에 관계없이 항상 같은 값을 가진다는 가정을 하게 되었다.

마이컬슨–몰리 실험

빛의 속력의 미세한 변화도 측정할 수 있도록 고안된 가장 유명한 실험은 1881년에 마이컬슨(Albert A. Michelson, 1852~1931)에 의해 처음으로 수행되고, 나중에는 다양한 조건하에서 마이컬슨과 몰리(Edward W. Morley, 1838~1923)에 의해 반복된 실험이다. 실험은 가상의 에테르에 대한 지구의 속도를 결정하기 위해 고안되었다. 실험에 사용한 장치는 그림 25.4의 마이컬슨 간섭계이다. 간섭계의 한쪽 팔 2가 지구의 운동 방향과 평행하게 정렬되어 있다. 지구가 속력 v로 에테르 속에서 움직이는 것은 에테르가 속력 v로 지구와 반대 방향으로 움직이는 것과 마찬가지이다. 따라서 지구의 운동 방향과 반대 방향으로 부는 에테르 바람은 빛이 거울 M_2로 접근할 때에는 지구 기준틀에서 측정된 빛의 속력이 $c - v$, 반사 후에는 $c + v$가 되게 한다. 여기서 c는 에테르 기준틀에 대한 빛의 속력이다.

이 실험에서 거울 M_1과 M_2에서 반사된 두 빛이 다시 만나서 밝고 어두운 줄무늬가 반복되는 간섭 무늬를 만든다. 간섭계가 90° 만큼 회전하는 동안 간섭 무늬가 관측되었다. 이 회전은 팔 1을 따르는 에테르 바람의 속력을 변화시키고, 효과는 작지만

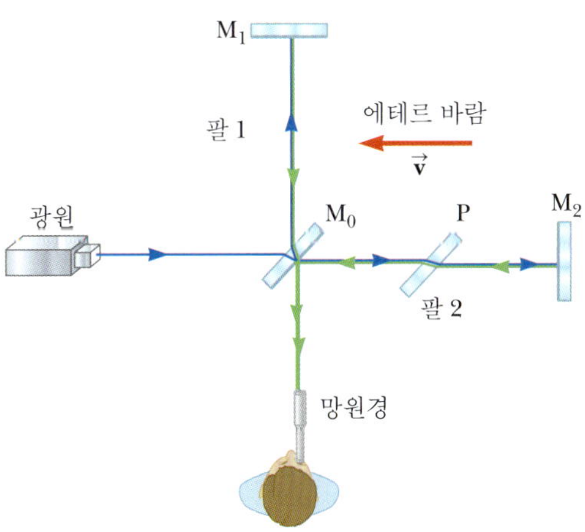

그림 25.4 에테르 바람 이론에 의하면, 빛의 속력은 빛이 거울 M_2에 접근할 때에는 $c - v$이고, 반사된 후에는 $c + v$이어야 한다.

측정 가능할 정도로 줄무늬 패턴을 이동시킬 것으로 기대가 되었다. 그러나 측정 결과, 간섭 무늬에 어떤 변화도 감지되지 않았다. 에테르 바람의 방향이 바뀔 것으로 기대되는 시기에 수시로 마이컬슨-몰리 실험이 반복되었지만 결과는 항상 똑같았다. 즉, **요구되는 크기의 줄무늬 이동이 전혀 관측되지 않았다.**

마이컬슨-몰리 실험의 기대하지 않던 결과는 에테르 가설을 부정할 뿐만 아니라 에테르 기준틀에 대한 지구의 절대 속도를 측정하는 것이 불가능하다는 것을 보여주었다.

25.3 아인슈타인의 상대성 원리

그의 특수 상대성 이론은 다음과 같은 두 가설에 근거를 두었다.

1. **상대성 원리:** 모든 관성 기준틀에서 물리 법칙은 같다.
2. **빛의 속력 불변:** 진공에서 빛의 속력은 관측자나 광원의 속도에 무관하게 모든 관성 기준틀에서 $c = 2.997\,924\,58 \times 10^8$ m/s의 일정한 값을 갖는다.

첫 번째 가설은 **모든** 물리 법칙이 서로 등속도로 움직이는 모든 기준틀에서 같다는 것으로, 역학 법칙만을 다루는 갈릴레이의 상대론을 일반화한 것이다.

두 번째 가설은 아인슈타인의 뛰어난 이론적 통찰로 1905년 이후 다양한 실험적으로 확인되었다. 아마도 가장 직접적인 실험은 빛의 속력의 99.99 %로 움직이는 입자가 방출한 광자(photon)의 속력을 측정한 것이다. 이 경우 측정된 광자의 속력은 진공에서 빛의 속력과 유효숫자 다섯 자리까지 일치한다.

예측되는 결과를 설명하는 과정에서 에테르 바람과 반대 방향으로 전파되는 빛의 속력이 $c - v$임을 언급했다. 그러나 관측자나 광원의 운동 상태가 빛의 속력 값에 아무런 영향을 주지 않는다면 측정된 빛의 속력은 항상 c이어야만 한다. 마찬가지로 거울에서 반사된 빛은 $c + v$가 아니라 c의 속력으로 되돌아온다. 즉, 지구의 공전은 마이컬슨-몰리 실험에서 관측되는 간섭 무늬에 아무런 영향을 주지 않으므로 부정적인 실험 결과가 예측된다.

아인슈타인 Albert Einstein, 1879~1955
독일-미국 물리학자

인류 역사상 가장 위대한 물리학자 중의 한 사람인 아인슈타인은 독일의 울름에서 태어났다. 26세가 되던 1905년에 물리학 혁명을 일으킨 네 편의 논문을 발표하였다. 이중 두 편의 논문은 많은 사람들이 그의 가장 중요한 업적이라 생각하는 특수 상대성 이론에 관한 것이다. 수학자 힐버트(David Hilbert)와 흥미진진한 경합을 벌이던 아인슈타인은 1916년에 일반 상대성 이론으로 불리는 중력에 대한 이론을 발표하였다. 이 이론의 가장 극적인 예측은 별빛이 중력장에 의해 휘어지는 각에 대한 것이다. 1919년에 개기 일식 때 천문학자들이 태양 근처의 밝은 별에 대해 측정한 결과는 아인슈타인의 예측이 옳았음을 확인해 주었고, 그 결과 아인슈타인은 일약 세계적인 저명 명사가 되었다. 과학 혁명을 일으킨 공로에도 불구하고 아인슈타인은 1920년대에 진행된 양자 역학의 발전에 크게 혼란스러워 하였다. 특히 양자 이론의 중심 사상인 자연계에서 일어나는 현상에 대한 확률론적 견해를 끝까지 수용하지 않았다. 인생의 나머지 수십 년 기간 동안 중력과 전자기학을 결합한 통일장 이론 연구에 매진하였지만 끝내 성공하지는 못하였다.

25.4 특수 상대성 이론의 결과

상대론적 역학에서는 두 지점 사이의 거리와 두 사건 사이의 시간 간격은 이 물리량들이 측정되는 기준틀에 따라 달라진다. 즉, **상대론적 역학에서는 절대 길이와 절대 시간 같은 것은 존재하지 않는다.** 뿐만 아니라 **어떤 기준틀에서는 다른 장소에서 동시에 일어난 것으로 관측되는 사건이 그 기준틀에 대해 상대적으로 움직이는 다른 기준틀에서는 동시에 일어나는 것으로 관측되지 않는다.**

동시성과 시간의 상대성

아인슈타인은 다음과 같은 사고 실험(thought experiment)을 고안하였다. 일정한 속력으로 움직이고 있는 수송 열차에 그림 25.5a와 같이 번개가 떨어져 열차의 양 끝과 땅에 자국을 남긴다. 열차에 난 자국을 A'과 B'으로, 땅에 난 자국을 A와 B로 표시한다. 열차와 함께 움직이면서 O'에 있는 관측자는 A'과 B'의 중간에 있고, 땅 위의 O에 있는 관측자는 A와 B의 중간에 있다. 각 관측자가 기록하는 사건은 열차에 번개가 떨어지는 순간이다.

그림 25.5b와 같이 두 번개가 떨어지는 순간을 기록하는 광신호들이 O에 있는 관측자에게 동시에 도달했다고 하자. 광신호들이 같은 거리를 같은 속력으로 움직인다는 사실을 깨달은 관측자는 즉각적으로 A와 B에서 사건들이 동시에 발생했다는 결론을 내린다. 이제 O'에 있는 관측자가 본, 같은 사건을 생각해 보자. 신호들이 O에 있는 관측자에게 도달하는 순간 그림 25.5b와 같이 관측자 O'은 이미 움직였다. 그러므로 B'에서 온 신호는 이미 O'을 지난 반면, A'에서 오는 빛은 아직 O'에 도달하지 않았다. 다시 말하면 O'은 B'에서 온 신호를 A'에서 오는 신호보다 먼저 본다. 아인슈타인에 의하면, **두 관측자에게 빛은 같은 속력으로 움직인다.** 따라서 관측자 O'은 번개가 열차의 앞쪽에 먼저 떨어지고 나중에 뒤쪽에 떨어진다고 결론내린다.

이 사고 실험은 관측자 O에게 동시에 일어난 사건이 O'에 있는 관측자에게는 동시에 일어난 사건이 아니라는 것을 분명하게 입증한다. 다시 말하면,

> 한 기준틀에서 동시에 일어난 두 사건은 일반적으로 그 기준틀에 대하여 상대적으로 움직이고 있는 다른 기준틀에서 볼 때 동시에 일어난 사건이 아니다. 동시성은 절대적인 개념이 아니라 관측자의 운동 상태에 따라 변하는 개념이다.

시간 지연

서로 다른 관성 기준틀에 있는 관측자들이 두 사건의 시간 간격을 다르게 측정한다는 사실을 설명하기 위해 그림 25.6a와 같이 속력 v로 오른쪽으로 움직이는 차량을

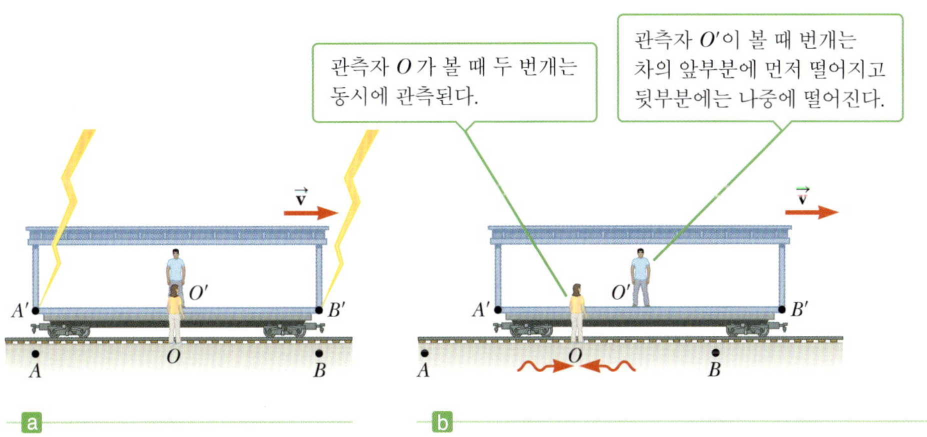

그림 25.5 (a) 움직이는 수송 열차의 양 끝에 번개가 떨어진다. (b) 오른쪽에서 왼쪽으로 진행하는 빛은 이미 O'에 도달했지만 왼쪽에서 오른쪽으로 진행하는 빛은 아직 O'에 도달하지 않았다.

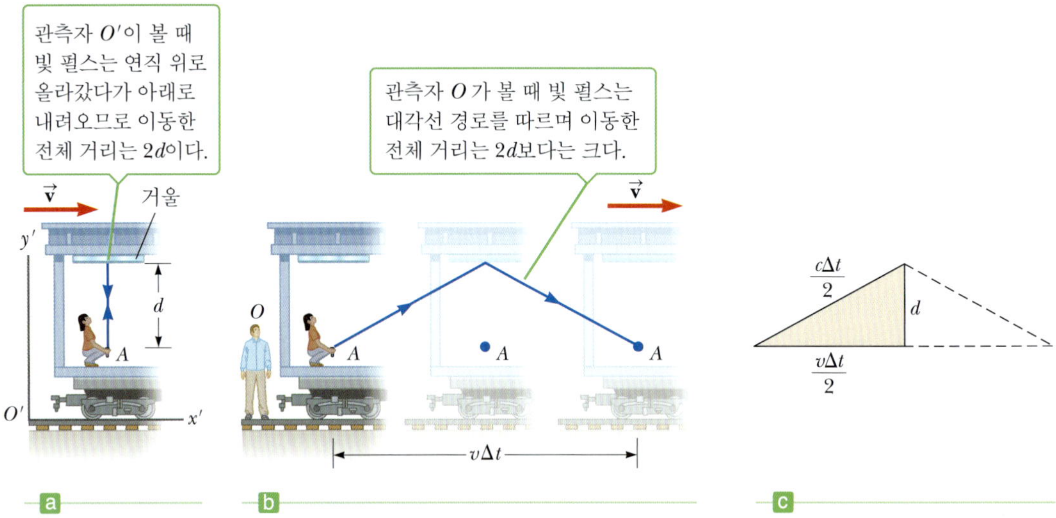

그림 25.6 (a) 움직이는 차량에 거울이 고정되어 있고 광 펄스가 차량에 정지한 O'을 떠난다. (b) 지상에 정지한 관측자 O에 대해 거울과 O'은 v의 속력으로 움직인다. (c) Δt와 Δt_p 사이의 관계를 계산하기 위한 직각삼각형

살펴보자. 차량의 천장에 거울이 부착되어 있고, 이 기준틀에서 정지한 관측자 O'은 거울로부터 거리 d 만큼 떨어진 곳에서 레이저를 붙잡고 있다. 어느 순간 레이저가 거울 쪽으로 똑바로 향하는 광 펄스(사건 1)를 방출하고, 잠시 후 이 펄스는 거울에서 반사되어 레이저로 되돌아온다(사건 2). 관측자 O'은 같은 장소에서 발생하는 것으로 관측되는 두 사건 사이의 시간 간격 Δt_p를 시계로 측정한다[아래 첨자 p는 'proper(고유)'를 의미한다]. 광 펄스는 빛의 속력 c로 움직이기 때문에 이 펄스가 A지점에서 나와 거울에서 반사된 후 다시 A지점까지 도달하는 데 걸리는 시간은

$$\Delta t_p = \frac{\text{이동한 거리}}{\text{속력}} = \frac{2d}{c} \qquad [25.1]$$

가 된다. O'이 측정한 시간 간격 Δt_p는 이 기준틀에 있는 레이저와 같은 곳에 놓인 시계 하나로 측정된다.

이제 그림 25.6b와 같이 두 번째 기준틀에 있는 O가 바라보는 동일한 사건을 생각하자. 이 관측자에 의하면 거울과 레이저가 속력 v로 오른쪽으로 움직이고, 그 결과 사건의 경과는 다르게 나타난다. 레이저에서 나온 빛이 거울에 도착할 때까지 거울은 오른쪽으로 거리 $v\Delta t/2$만큼 움직인다. 여기서 Δt는 광 펄스가 점 A에서 거울까지 이동한 후 점 A로 되돌아오는 데 걸리는 시간으로 O에 의해 측정된다. 다시 말하면 빛이 거울에 부딪힌다면, 차량의 운동 때문에 빛은 수직축에 대해 일정한 각을 이루며 거울을 떠나야 한다고 O는 결론을 내린다. 그림 25.6a와 그림 25.6b를 비교할 때, 빛은 (a)의 경우보다 (b)의 경우 더 멀리 진행함을 알 수 있다.

특수 상대성 이론의 두 번째 가설에 따르면, 두 관측자가 측정한 빛의 속력은 모두 c이어야 한다. 기준틀 O에서 빛이 더 멀리 진행하므로 O가 측정한 시간 간격 Δt는 O'이 측정한 시간 간격 Δt_p보다 더 길다. 두 시간 간격 사이의 관계를 구하기 위해 그림 25.6c의 직각삼각형을 이용하면 편리하다. 피타고라스 정리에 의하면

$$\left(\frac{c\Delta t}{2}\right)^2 = \left(\frac{v\Delta t}{2}\right)^2 + d^2$$

이 성립한다. 이 식을 Δt에 대해서 풀면

$$\Delta t = \frac{2d}{\sqrt{c^2 - v^2}} = \frac{2d}{c\sqrt{1 - v^2/c^2}}$$

이다. $\Delta t_p = 2d/c$이므로 위의 식은

$$\Delta t = \frac{\Delta t_p}{\sqrt{1 - v^2/c^2}} = \gamma \Delta t_p \qquad [25.2]$$

와 같이 표현할 수 있는데, 여기서

$$\gamma = \frac{1}{\sqrt{1 - v^2/c^2}} \qquad [25.3]$$

이다. γ는 항상 1보다 크기 때문에 식 25.2는 **시계에 대해 움직이는 관측자가 측정한 두 사건 사이의 시간 간격 Δt는 시계에 대해 정지해 있는 관측자가 측정한 두 사건 사이의 시간 간격 Δt_p보다 더 길다**는 사실을 말해준다. 따라서 $\Delta t > \Delta t_p$이고, 고유 시간 간격은 γ배만큼 확장되거나 지연된다. 그러므로 이 효과는 시간 지연으로 알려져 있다.

관측자를 지나 속력 v로 움직이는 시계는 관측자에 대해 정지해 있는 같은 시계보다 γ^{-1} 배만큼 더 느리게 간다.

식 25.1과 식 25.2에서 시간 간격 Δt_p를 **고유 시간**(proper time)이라고 한다. 일반적으로 **고유 시간은 같은 위치에서 일어나는 두 사건을 본 관측자가 측정한 두 사건 사이의 시간 간격이다.**

우주 공간에서 이동하는 우주 비행사의 심장 박동은 우주선 안에 있는 시계와 시간이 맞을 수 있다. 우주 비행사의 심장 박동과 시계는 지구에 있는 시계에 대하여 느리게 갈 것이다(우주 비행사가 우주선에서 느리게 가는 인생을 자각하지는 못할 것이다).

시간 지연의 흥미로운 예는 **뮤온**(muon)에서 관측할 수 있는데, 뮤온은 무겁고 불안정한 기본 입자로서 전자와 전하는 같지만 질량이 207배나 된다. 뮤온은 우주 복사선(cosmic radiation)이 대기 상공의 원자와 충돌할 때 발생한다. 정지한 기준틀에서 뮤온의 수명은 2.2 μs이다. 뮤온의 평균 수명을 2.2 μs로 잡고 뮤온의 속력을 빛의 속력에 가깝다고 할 때, 뮤온은 붕괴될 때까지 고작 600 m 정도를 이동할 수 있다(그림 25.7a). 따라서 뮤온은 결코 자신이 만들어지는 상층 대기로부터 지상까지 도달할 수 없다. 그러나 실험에서는 다량의 뮤온이 지상에 도달하는데, 이 현상은 시간 지연으로 설명할 수 있다. 지상의 관측자에 대해 뮤온의 수명은 $\gamma\tau_p$인데, 여기서 $\tau_p = 2.2\ \mu$s는 뮤온과 함께 움직이는 기준틀에서의 수명이다. 예를 들어, $v = 0.99c$일 때 $\gamma \approx 7.1$이고, 따라서 $\gamma\tau_p \approx 16\ \mu$s이다. 따라서 그림 25.7b에 나타낸 바와 같이, 지상의 관측자가 측정한 뮤온의 평균 이동 거리는 $\gamma v \tau_p \approx 4\,800$ m이므로 뮤온은 충분히 지상에 도달할 수 있다.

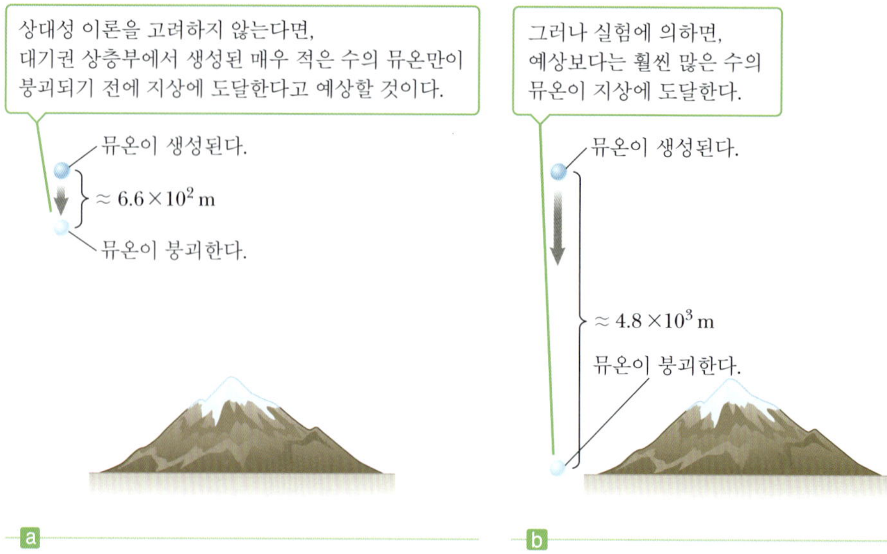

그림 25.7 (a) 대기의 상층부에서 생성되어 지구에 대해 $0.99c$의 속력으로 움직이는 뮤온은 붕괴되기 전 2.2×10^{-6} s 동안 평균 660 m를 이동한다. (b) 시간 지연 때문에 지구에 있는 관측자가 측정한 뮤온의 수명은 길어져서 붕괴되기 전 4.8×10^3 m를 이동한다. 결국, 예상보다는 많은 수의 뮤온이 지상에 도달하는 것으로 관측된다. 그러나 뮤온의 입장에서 보면 평균 수명은 단지 2.2×10^{-6} s에 지나지 않지만, 뮤온과 지표 사이의 거리가 수축되기 때문에 상당 수의 뮤온이 붕괴되기 전에 지상에 도달하는 것이 가능하다.

예제 25.1

문제 지상에 위치한 진자의 관성틀에서 진자의 주기가 3.00 s로 측정되었다. 진자에 대해 $0.950c$의 속력으로 운동하는 관측자가 측정한 진자의 주기는 얼마인가?

풀이 고유 시간과 상대 속력을 식 25.2에 대입한다.

$$\Delta t = \frac{\Delta t_p}{\sqrt{1 - v^2/c^2}} = \frac{3.00\ \text{s}}{\sqrt{1 - \dfrac{(0.950c)^2}{c^2}}} = \boxed{9.61\ \text{s}}$$

쌍둥이 역설

시간 지연의 흥미로운 결과 중 하나가 소위 쌍둥이 역설이다(그림 25.8). 쌍둥이 스피도와 고슬로를 대상으로 하는 실험을 생각하자. 그들이 20세 되던 해에 둘 중 더 모험적인 스피도가 지구로부터 20광년 떨어진 행성 X로 여행을 떠난다. 스피도가 탄

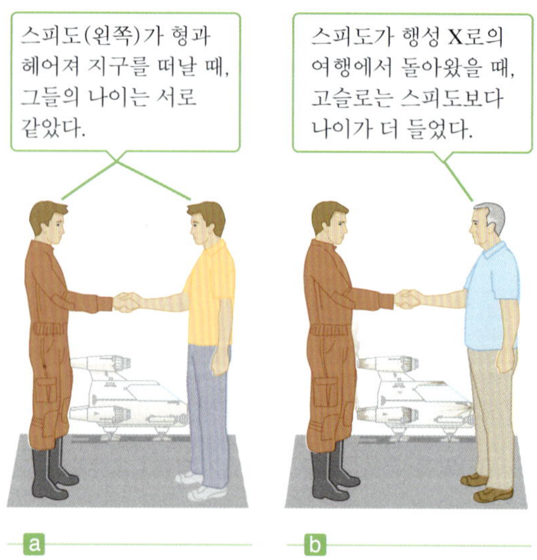

그림 25.8 쌍둥이 역설. 스피도가 20광년 떨어진 행성 X로 여행 갔다가 지구로 되돌아온다.

우주선은 지구에 남아 있는 고슬로의 관성틀에 대해 $0.95c$의 속력으로 여행한다. 향수병에 걸린 스피도는 행성 X에 도착하자마자 $0.95c$의 속력으로 지구로 되돌아온다. 지구에 도착한 스피도는 자신의 나이는 단지 13년 더 들었을 뿐인데 반해 고슬로는 $2D/v = 2$(20광년)/(0.95광년/년) =42년의 나이가 들어 62세가 되었다는 사실에 충격을 받는다.

역설은 스피도의 관점에서 자신은 정지해 있고 지구 상의 고슬로가 그로부터 $0.95c$의 속력으로 멀어졌다가 되돌아오는 것이다. 따라서 고슬로의 시계는 스피도에 대해 움직이므로 스피도의 시계와 비교해서 느리게 간다. 결론은 고슬로가 아니라 스피도가 쌍둥이 중 더 나이가 들어야 한다는 것이다!

이 역설을 해결하기 위해 고슬로에 대해 $0.5c$의 일정한 속력으로 움직이는 제3의 관측자를 생각하자. 제3의 관측자에게 고슬로는 관성틀을 결코 변화시키지 않는다. 즉, 제3의 관측자에 대한 고슬로의 속력은 항상 똑같다. 그러나 제3의 관측자에게는 **여행 과정에서 스피도의 기준틀이 변하면서** 스피도가 가속하는 것으로 보인다. 따라서 제3의 관측자 입장에서는 스피도의 운동과 비교할 때 고슬로의 운동이 무언가 매우 다르다는 것이 명확하다. 고슬로와 스피도가 맡은 역할은 서로 대칭적이지 않으므로 시간의 흐름이 서로 다르다는 것은 놀랄만한 것이 아니다. 더불어 가속으로 인해 스피도의 기준틀이 비관성틀이므로, 비록 상대성 이론에서 가속 운동을 다루는 방법이 있기는 하지만, 스피도의 운동은 특수 상대성 이론의 범위를 벗어난 것이다. 오직 단일 관성틀을 유지하는 고슬로만이 스피도의 여행에 간단한 시간 지연 공식을 적용할 수 있다. 고슬로는 스피도가 나이를 42살 먹는 것이 아니라 단지 $(1 - v^2/c^2)^{1/2}$(42년) = 13년 의 나이를 더 먹었음을 발견한다. 13년 중에서 스피도가 행성 X로 가는 데 6.5년이 지나가고 지구로 돌아오는 데 나머지 6.5년이 흘러가게 되어, 앞서 언급한 내용과 일치하게 된다.

길이 수축

물체의 **고유 길이**(proper length) L_p는 물체에 대해 **정지해 있는 사람이 측정한 물체의 길이**이다. 물체에 대해 운동하는 기준틀에서 측정된 물체의 길이는 항상 고유 길이보다 작다. 이 효과는 **길이 수축**(length contraction)으로 알려져 있다.

길이 수축을 정량적으로 이해하기 위해 하나의 별에서 다른 별로 속력 v로 움직이는 우주선을 생각해 보자. 두 관측자가 있는데 한 사람은 지구에, 다른 사람은 우주선에 있다. 지구에서 정지하고 있을 뿐 아니라 (두 별에 대해서도 정지하고 있는) 관측자가 측정한 두 별 사이의 거리를 L_p라고 하자. 이 관측자에 의하면 우주선이 여행을 마치는 데 걸리는 시간은 $\Delta t = L_p/v$가 된다. 우주선에 있는 시계를 사용해서 우주 여행자가 측정한 시간 간격은 시간 지연에 의해 더 작은 값인 $\Delta t_p = \Delta t/\gamma$ 이다. 우주 여행자는 자신은 정지해 있고 목적지인 별이 속력 v로 우주선을 향해 운동한다고 주장한다. 우주선은 Δt_p의 시간이 지나 별에 도착하기 때문에 이 여행자는 두 별 사이의 거리 L이 L_p보다 짧다고 결론짓는다. 우주 여행자가 측정한 거리는

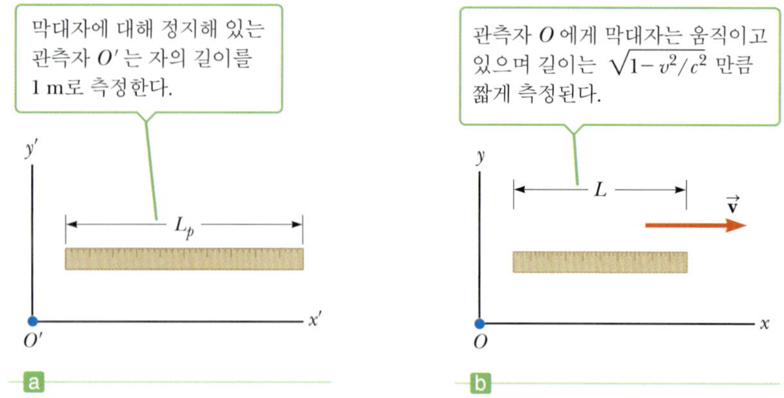

그림 25.9 두 관측자가 막대자의 길이를 측정한다.

$$L = v\Delta t_p = v\frac{\Delta t}{\gamma}$$

이다. 그런데 $L_p = v\Delta t$이므로

$$L = \frac{L_p}{\gamma} = L_p\sqrt{1 - \frac{v^2}{c^2}} \qquad [25.4]$$

이 된다. **길이 수축은 운동 방향으로만 나타나는 것**에 주의하라.

예제 25.2

문제 **(a)** 지상의 관측자가 4 350 km의 고도에서 0.970c의 속력으로 지구를 향해 떨어지고 있는 우주선을 바라본다. 우주선 선장이 측정한 우주선과 지구 사이의 거리는 얼마인가? **(b)** 엔진이 점화된 후, 우주선의 고도는 지상의 관측자에게는 625 km로, 선장에게는 267 km로 측정되었다. 이 순간 우주선의 속력은 얼마인가?

풀이 **(a)** 선장이 측정한 우주선에서 지구까지의 거리를 구한다.
선장이 측정한 고도를 식 26.4에 대입한다.

$$L = L_p\sqrt{1 - v^2/c^2} = (4\,350\text{ km})\sqrt{1-(0.970\,c)^2/c^2}$$

$$= 1.06 \times 10^3\text{ km}$$

(b) 지상에 있는 관측자가 측정한 지구에서 우주선까지의 거리가 625 km이고 우주인이 측정한 거리는 267 km일 때 그 우주선의 속력을 구한다.
길이 수축의 식을 적용한다.

$$L = L_p\sqrt{1 - v^2/c^2}$$

양변을 제곱한 후 v에 대해서 푼다.

$$L^2 = L_p^2(1 - v^2/c^2) \quad \rightarrow \quad 1 - v^2/c^2 = (L/L_p)^2$$

$$v = c\sqrt{1 - (L/L_p)^2} = c\sqrt{1 - (267\text{ km}/625\text{ km})^2}$$

$$= 0.904\,c$$

길이 수축은 관측자의 운동 방향으로만 일어나며, 운동에 수직인 방향으로는 일어나지 않는다. 예를 들어, 관측자에 대해 정지한 정삼각형 모양의 우주선이 밑변에 평행한 방향으로 상대론적 속력을 갖고 관측자를 지나갈 때, 밑변은 줄어드는 반면 높이는 같은 길이를 유지한다. 따라서 관측자는 우주선이 이등변 삼각형 모양을 가졌다고 판단할 것이다. 그러나 우주선과 함께 여행하는 관측자에게 우주선은 여전히 정삼각형으로 보일 것이다.

25.5 상대론적 운동량

특수 상대성 이론 체계에서 물체의 운동을 적절히 기술하기 위해서는 뉴턴의 운동의 법칙과 운동량과 에너지에 대한 정의를 일반화할 필요가 있다. 일반화된 정의는 v가 c보다 아주 작은 영역에서는 고전적 (혹은 비상대론적인) 정의로 환원된다.

운동량 보존이란 두 물체가 충돌할 때, 두 물체가 고립되어 서로에게만 작용한다는 가정하에 계의 전체 운동량이 일정하게 유지되는 것을 일컫는다. 그러나 매우 빠르게 움직이는 관성틀에서 충돌 현상을 분석할 때, 운동량의 고전적 정의인 $p = mv$를 이용하면 운동량이 보존되지 않는다. c에 근접하는 관성틀을 포함한 모든 관성틀에서 운동량 보존의 법칙이 성립하기 위해서는 운동량의 정의가 다음과 같이 수정되어야 한다.

$$p \equiv \frac{mv}{\sqrt{1 - v^2/c^2}} = \gamma mv \qquad [25.5]$$

여기서 v는 입자의 속력이고 m은 입자에 대해 정지한 관측자가 측정한 질량이다. v가 c에 비해 매우 작은 경우 식 25.5의 분모가 1로 접근하여 p가 mv로 접근하므로 상대론적 운동량은 v가 c에 비해 매우 작은 경우 고전적 표현으로 환원된다.

25.6 특수 상대성 이론에서의 상대 속도

갈릴레이 상대론에서는, 속도 v로 움직이는 우주선 안에 있는 사람이 머리 위에서 레이저 불빛을 쪼이게 되면 그 빛은 지상에 있는 관측자가 보았을 때 $c + v$의 속도로 나아갈 것으로 예상한다. 그러나 소득 없는 마이컬슨-몰리 실험의 결과에 의하면 레이저 빛은 어떤 관측자에게나 같은 속력 c로 관측된다. 여기서는 우주선 내에 있는 관측자를 B라 하고, 지상에 있는 관측자를 E로 표기하자. 그러면 $+x$ 방향으로 움직이는 B의 지상에 있는 관측자 E에 대한 속도는 v_{BE}로 표기한다. 여기서의 목표는 물체 A의 운동에 관한 관측자 각각의 측정 간의 관계를 알아보는 것이다. 관측자 E가 측정한 A의 속도 v_{AE}가 주어지면, 관측자 B에 대한 A의 속도 v_{AB}는 무엇인가? 갈릴레이 상대론에 의하면, 3장에서 유도된 답은

$$v_{AB} = v_{AE} - v_{BE} \qquad [25.6]$$

이다. 광속의 10 % 내외의 값을 갖는 속도의 경우 상대 속도를 관계 짓는 올바른 식은[2]

$$v_{AB} = \frac{v_{AE} - v_{BE}}{1 - \dfrac{v_{AE}v_{BE}}{c^2}} \qquad [25.7]$$

이다. v_{AE}나 v_{BE}가 c보다 훨씬 작다면, 이 식은 당연히 갈릴레이(비상대론적) 관계식

과 일치한다. 식 25.7은 정지계에 있는 관측자 E가 측정한 속도가 알려진 경우 기준계에 있는 B가 측정하게 될 속도를 구하는 데 유용하다. 반면에, 문제의 속도가 관측자 B에 의해 측정되고 관측자 E가 측정하게 될 속도를 구하는 것이라면, 식 25.7을 v_{AE}에 대해 풀어야만 한다. 그 결과 식은

$$v_{AE} = \frac{v_{AB} + v_{BE}}{1 + \frac{v_{AB}v_{BE}}{c^2}} \qquad [25.8]$$

가 된다.

식 25.8을 사용하여, 지상에 있는 관측자가 측정한 달리는 자동차에서 전방으로 발사한 포물체의 속력을 계산할 수 있다. 예를 들어, 지상에 있는 관측자에 대해 v_{BE}의 속력으로 매우 빠르게 움직이는 우주선 안에 있는 관측자 B가 전방으로 레이저 빛을 비춘다고 상상하자. 위 식에서 v_{AB}는 관측자 B에 대한 빛의 속도이다. 그렇게 되면 지상에 있는 관측자가 측정한 빛의 속력 v_{AE}는

$$v_{AE} = \frac{v_{AB} + v_{BE}}{1 + \frac{v_{AB}v_{BE}}{c^2}} = \frac{c + v_{BE}}{1 + \frac{cv_{BE}}{c^2}} = \frac{c\left(1 + \frac{v_{BE}}{c}\right)}{1 + \frac{v_{BE}}{c}} = c$$

가 된다. 이러한 계산은 유도된 속도 변환이 빛의 속력이 관측자의 운동과 관계없이 일정하다는 실험적인 결과와 일치하게 된다.

예제 25.3

문제 지상에 정지해 있는 관측자가 측정한 앨리스(Alice)의 우주선은 $+x$ 방향으로 $0.600\,c$의 속력으로 움직이고 있다. 반면, 같은 관측자가 측정한 밥(Bob)이 탄 우주선은 $-x$ 방향으로 $-0.800\,c$의 속력으로 앨리스의 우주선을 정면으로 향하여 움직이고 있다. 밥이 측정한 앨리스의 속도는 얼마인가?

풀이 식 25.7을 쓴다.

$$v_{AB} = \frac{v_{AE} - v_{BE}}{1 - \frac{v_{AB}v_{BE}}{c^2}}$$

값을 대입한다.

$$v_{AB} = \frac{0.600c - (-0.800c)}{1 - \frac{(0.600c)(-0.800c)}{c^2}} = \frac{1.400c}{1 - (-0.480)}$$

$$= 0.946c$$

25.7 상대론적 에너지와 질량-에너지 등가 원리

아인슈타인은 물체의 **운동 에너지**(kinetic energy)에 대한 정확한 표현은 다음과 같음을 발견하였다.

$$KE = \gamma mc^2 - mc^2 \tag{25.9}$$

식 25.9에서 물체의 속력과 무관한 상수항 mc^2을 물체의 **정지 에너지**(rest energy) E_R이라고 한다.

$$E_R = mc^2 \tag{25.10}$$

식 25.9에서 γmc^2은 물체의 속력에 의존하며, 운동 에너지와 정지 에너지의 합이다. 따라서 γmc^2을 **전체 에너지**(total energy) E로 정의한다. 그러므로

$$\text{전체 에너지} = \text{운동 에너지} + \text{정지 에너지}$$

또는 식 25.9를 이용하면

$$E = KE + mc^2 = \gamma mc^2 \tag{25.11}$$

이 된다. 그런데 $\gamma = (1 - v^2/c^2)^{-1/2}$이므로 전체 에너지 E를

$$E = \frac{mc^2}{\sqrt{1 - v^2/c^2}} \tag{25.12}$$

로 표현할 수 있는데, 이 식이 아인슈타인의 유명한 질량-에너지 등가 식이다.[3]

관계식 $E = \gamma mc^2 = KE + mc^2$은 **운동 에너지가 없는 정지 입자는 자신의 질량에 비례하는 에너지를 갖는다**는 놀라운 결과를 보여준다. 더욱 놀라운 것은 질량과 에너지 사이의 비례 상수가 매우 큰 값 $c^2 = 9 \times 10^{16}\ \text{m}^2/\text{s}^2$이므로 작은 질량도 어마어마한 양의 에너지에 해당한다는 것이다. 아인슈타인이 처음 세안했듯이 $E_R = mc^2$은 입자의 질량이 에너지로 완전히 전환될 수 있고, 전자기 에너지와 같은 순수 에너지가 질량을 갖는 입자로 전환될 수 있음을 의미한다.

대규모 핵연료 공장은 우라늄 분열을 이용하여 에너지를 생산하는데 우라늄이 작은 질량이 에너지로 전환되는 과정을 수반한다. 태양도 질량이 에너지로 전환되고, 사방으로 엄청난 양의 전자기 에너지를 내보내면서 끊임없이 질량을 소모한다.

에너지와 상대론적 운동량

$E = \gamma mc^2$과 $p = \gamma mv$를 각각 제곱한 후 뺀 다음 v를 소거한다. 다음 약간의 대수적 과정을 거치면

$$E^2 = p^2c^2 + (mc^2)^2 \tag{25.13}$$

을 얻을 수 있다. 입자가 정지해 있을 때 $p = 0$이므로 $E = E_R = mc^2$이다. 즉, 이와 같은 특별한 경우에 전체 에너지는 정지 에너지이다. 광자(질량이 없고 전하도 띠지 않는 빛의 입자)와 같이 입자가 질량을 갖지 않는 경우, 식 25.13에 $m = 0$을 대입하면

$$E = pc \tag{25.14}$$

를 얻는다. 이 식은 빛의 속력으로 운동하는 광자의 에너지와 운동량 사이의 정확한 관계식이다.

아원자(subatomic) 입자를 다룰 때에는 정전기적 전위차를 통해 가속하는 입자가 얻는 에너지인 전자볼트(eV)로 입자의 에너지를 표현하는 것이 편리하다. 바꿈 인수는

$$1\,\text{eV} = 1.60 \times 10^{-19}\,\text{J}$$

이다. 예를 들면, 전자의 질량이 9.11×10^{-31} kg 이므로 전자의 정지 에너지는

$$m_e c^2 = (9.11 \times 10^{-31}\,\text{kg})(3.00 \times 10^8\,\text{m/s})^2 = 8.20 \times 10^{-14}\,\text{J}$$

이다. 이 값을 eV로 변환하면

$$m_e c^2 = (8.20 \times 10^{-14}\,\text{J})(1\,\text{eV}/1.60 \times 10^{-19}\,\text{J}) = 0.511\,\text{MeV}$$

인데, 여기서 $1\,\text{MeV} = 10^6\,\text{eV}$이다.

예제 25.4

문제 $v = 0.850c$의 속력으로 움직이는 전자의 전체 에너지와 운동 에너지를 MeV 단위로 계산하고, 이를 고전적인 운동 에너지와 비교하라. $10^6\,\text{eV} = 1\,\text{MeV}$이다.

풀이 주어진 값들을 식 25.12에 대입하여 전체 에너지를 구한다.

$$E = \frac{m_e c^2}{\sqrt{1 - v^2/c^2}} = \frac{(9.11 \times 10^{-31}\,\text{kg})(3.00 \times 10^8\,\text{m/s})^2}{\sqrt{1 - (0.850\,c/c)^2}}$$

$$= 1.56 \times 10^{-13}\,\text{J} = (1.56 \times 10^{-13}\,\text{J})\left(\frac{1.00\,\text{eV}}{1.60 \times 10^{-19}\,\text{J}}\right)$$

$$= \boxed{0.975\,\text{MeV}}$$

전체 에너지로부터 정지 에너지를 빼서 운동 에너지를 구한다.

$$KE = E - m_e c^2 = 0.975\,\text{MeV} - 0.511\,\text{MeV}$$

$$= \boxed{0.464\,\text{MeV}}$$

고전적인 운동 에너지를 계산한다.

$$KE_{\text{고전}} = \frac{1}{2} m_e v^2$$

$$= \frac{1}{2}(9.11 \times 10^{-31}\,\text{kg})(0.850 \times 3.00 \times 10^8\,\text{m/s})^2$$

$$= 2.96 \times 10^{-14}\,\text{J} = 0.185\,\text{MeV}$$

예제 25.5

문제 우라늄 분열은 1938년 마이트너(Lise Meitner)에 의해 발견되었으며, 그녀는 한(Otto Hahn)이 발견한 흥미로운 실험 결과를 분열에 의한 것으로 해석하는 데 성공했다(한은 노벨상을 수상하였다). ${}^{235}_{92}\text{U}$ 분열은 천천히 움직이는 중성자를 흡수해서 불안정한 핵인 ${}^{236}\text{U}$을 만드는 것으로 시작한다. ${}^{236}\text{U}$ 핵은 몇 개의 중성자와 고속으로 움직이는 두 개의 무거운 조각으로 빠르게 붕괴한다. 이와 같은 분열에서 생기는 운동 에너지의 대부분은 두 개의 큰 조각이 가져간다. **(a)** 전형적인 분열 과정인

$${}^{1}_{0}\text{n} + {}^{235}_{92}\text{U} \rightarrow {}^{141}_{56}\text{Ba} + {}^{92}_{36}\text{Kr} + 3\,{}^{1}_{0}\text{n}$$

에서 두 조각이 가져가는 운동 에너지를 MeV 단위로 계산하라. 반응물들의 운동 에너지는 무시한다. **(b)** 처음 에너지의 몇 퍼센트가 운동 에너지로 전환되는가? 이 과정에서 수반되는 원자들의 질량을 원자질량 단위로 표시하면 다음과 같다.

$${}^{1}_{0}\text{n} = 1.008\,665\,\text{u} \qquad {}^{235}_{92}\text{U} = 235.043\,923\,\text{u}$$

$${}^{141}_{56}\text{Ba} = 140.903\,496\,\text{u} \qquad {}^{92}_{36}\text{Kr} = 91.907\,936\,\text{u}$$

풀이 **(a)** 주어진 과정에 대한 나중 운동 에너지를 계산한다. $KE_{\text{처음}} = 0$이라 가정하고 상대론적 에너지의 보존을 적용한다.

$$(KE + mc^2)_{\text{처음}} = (KE + mc^2)_{\text{나중}}$$

$$0 + m_{\text{n}} c^2 + m_{\text{U}} c^2 = m_{\text{Ba}} c^2 + m_{\text{Kr}} c^2 + 3m_{\text{n}} c^2 + KE_{\text{나중}}$$

$KE_{나중}$에 대해 풀고 MeV 단위로 변환한다.

$$\begin{aligned} KE_{나중} &= [(m_n + m_U) - (m_{Ba} + m_{Kr} + 3m_n)]c^2 \\ &= (1.008\,665\text{ u} + 235.043\,923\text{ u})c^2 \\ &\quad - [140.903\,496\text{ u} + 91.907\,936\text{ u} \\ &\quad + 3(1.008\,665\text{ u})]c^2 \\ &= (0.215\,161\text{ u})(931.494\text{ MeV/u}\cdot c^2)(c^2) \\ &= \boxed{200.421\text{ MeV}} \end{aligned}$$

(b) 처음 에너지의 몇 %가 운동 에너지로 전환되는지 계산한다.

처음 에너지인 전체 에너지를 계산한다.

$$\begin{aligned} E_{처음} &= 0 + m_n c^2 + m_U c^2 \\ &= (1.008\,665\text{ u} + 235.043\,923\text{ u})c^2 \\ &= (236.052\,59\text{ u})(931.494\text{ MeV/u}\cdot c^2)(c^2) \\ &= 2.198\,82 \times 10^5\text{ MeV} \end{aligned}$$

운동 에너지를 전체 에너지로 나누고 100 %를 곱한다.

$$\frac{200.421\text{ MeV}}{2.198\,82 \times 10^5\text{ MeV}} \times 100\,\% = \boxed{9.115 \times 10^{-2}\,\%}$$

25.8 일반 상대론

관성에 수반되는 질량을 관성 질량 m_i, 중력장에 대응되는 질량을 중력 질량 m_g라고 한다. 이 질량들은 뉴턴의 중력 법칙과 운동의 제2법칙에서 각각 도입된다.

$$\text{중력 성질} \qquad F_g = G\frac{m_g m_g'}{r^2}$$

$$\text{관성 성질} \qquad F_i = m_i a$$

만유인력 상수 G의 값은 m_g와 m_i를 수치적으로 같게 만들기 위해 선택되었다. G를 어떻게 선택하는가에 관계없이 m_g와 m_i의 정밀한 비례성은 10^{12}분의 몇 정도의 매우 높은 정밀도를 가지고 실험적으로 정해졌다. 따라서 중력 질량과 관성 질량은 완전히 동일한 것처럼 보인다($m_g = m_i$).

그림 25.10 (a) 승강기 내에 있는 관측자는 균일한 중력장 $\vec{g}$ 속에서 정지해 있다. 그는 수직 항력 $\vec{n}$을 받고 있다. (b) 여기서는 관측자가 중력을 무시할 수 있는 곳에 있지만 그가 타고 있는 승강기는 외력 $\vec{F}$에 의해 크기가 g인 가속도로 움직인다. 승강기 내에 있는 사람은 역시 그를 가속하는 수직 항력 $\vec{n}$을 받는다. 아인슈타인에 의하면, (a)와 (b)의 기준틀은 어떠한 방식으로든 동등한 것이며, 이 두 기준틀을 구별할 수 있는 실험 방법은 없다. (c) 승강기 내에 있는 관측자가 전등을 켜서 비춘다. 승강기가 가속되기 때문에 전등 빛은 바닥 쪽으로 휘어질 것이다. 그것은 마치 공을 던진 경우와 같다. (d) 똑같은 기준틀에 대해 중력장 내에 있는 관측자에게 같은 현상이 관측된다.

아인슈타인의 관점에서 볼 때, m_g와 m_i가 정확히 동일하다는 사실은 두 개념 사이에 매우 밀접하면서도 기본적인 관련이 있음을 의미한다. 아인슈타인은 물체의 자유낙하와 같은 어떠한 역학적 실험을 통해서도 그림 25.10a와 b에 표시된 두 상황을 구별할 수 없다고 지적하였다. 각 경우 관측자로부터 떠난 물체는 바닥에 대해 아랫방향의 가속도 g로 운동한다.

예를 들어, 그림 25.10c와 같이 광 펄스가 상자를 가로지르며 수평 방향으로 나왔다고 가정하자. 상자가 위쪽으로 가속되면서 빛의 운동 경로는 아래로 휘어지므로 아인슈타인은 빛도 중력장에 의해서 아래로 휘어져야 한다고 제안했다(그림 25.10d).

아인슈타인의 **일반 상대성 이론**(general relativity)의 두 가정은 다음과 같다.

1. 모든 자연 법칙은 기준틀의 가속 여부에 관계없이 모든 기준틀의 관측자에 대해 같은 형태를 갖는다.
2. 주어진 지점 주위에서 중력장은 중력장이 없는 곳에서 가속하는 기준틀과 같다(이것을 **등가 원리**라고 한다).

두 번째 가정은 중력 질량과 관성 질량이 단지 비례하는 것이 아니라 완전히 같다는 것을 의미한다. 두 가지 다른 종류의 질량이라고 생각되던 것이 사실은 같은 것이다.

일반 상대성 이론으로 예측되는 흥미로운 결과는 중력에 의한 시간 간격의 변화이다. 중력이 있는 곳에 놓인 시계는 중력이 무시되는 곳에 놓인 동일한 시계보다 시간이 느리게 간다. 그 결과 태양과 같이 강한 중력장에 놓인 원자에서 방출되는 빛의 진동수는 실험실과 같이 약한 중력장에 놓인 원자에서 방출되는 같은 빛보다 더 낮은 진동수를 갖는다. 이러한 중력에 의한 변이는 무거운 별에 있는 원자가 방출한 스펙트럼선에서 검출된 바 있으며, 지구 상에서 수직 방향으로 서로 20 m 떨어져 있는 두 핵에서 방출된 감마선들의 진동수를 비교하여 입증되었다.

두 번째 가정은 자유 낙하 하는 물체와 같이 적당한 가속 기준틀을 선택하여 중력장을 없앨 수 있음을 암시한다. 아인슈타인은 중력장을 '사라지게' 하는 데 필요한 가속도를 기술하는 기발한 방법을 발견하였다. 그는 모든 지점에서의 중력 효과를 기술해 주는 **시공간의 곡률**(curvature of spacetime)이라는 양을 제시하였는데, 시공간의 곡률은 실제로 뉴턴의 중력 이론을 완전히 대체한다. 아인슈타인에 의하면 중력이라는 것은 없다. 대신 질량이 있으면 주위에 시공간의 곡률이 생기고, 이 곡률은 모든 자유로이 움직이는 물체가 따라야 할 시공간 경로를 결정한다. 태양 주위를 도는 행성의 고유한 시공간 경로는 마치 사발 안에서 구슬이 도는 모습과 같다. 일반 상대성 이론의 기본 식은 다음과 같이 개략적으로 표현할 수 있다.

$$\text{시공간의 평균 곡률} \propto \text{에너지 밀도}$$

별을 지나는 빛이 휘어지는 정도를 정확하게 예측한 아인슈타인의 일반 상대성 이론에 대한 검증은 1차 세계대전 직후에 이루어졌다. 에딩턴 경(Sir Arthur Eddington)은 아프리카로 원정을 가서 개기 일식 동안 태양 근처를 지나는 별빛의 휜 각도가 일반 상대성 이론의 예측과 일치하다는 것을 확인하였다(그림 25.11). 이 발견이 알려

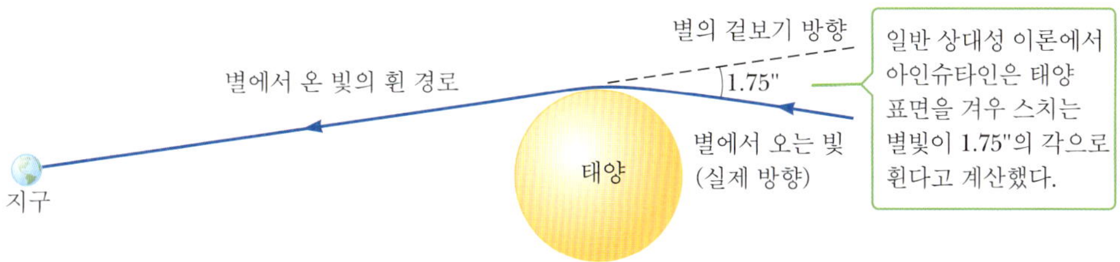

그림 25.11 태양 가까이를 통과하는 별빛의 휨 현상. 이 효과 때문에 태양과 다른 먼 곳에 있는 물질들이 중력 렌즈의 역할을 한다.

지면서 아인슈타인은 국제적으로 유명 인사가 되었다.

일반 상대성 이론은 거대 질량을 가진 별이 핵연료를 다 소모한 후 매우 작은 크기로 붕괴되면서 **블랙홀**(black hole)로 변하는 것을 예측한다. 이때 시공간의 곡률이 엄청나게 커서 중심으로부터 일정한 반지름 안에 있는 모든 물질과 빛이 갇히게 된다. **슈바르츠쉴드 반지름** 또는 **사건의 지평선**이라고 하는 이 반지름은 태양과 비슷한 질량을 갖는 블랙홀의 경우 대략 3 km이다. 블랙홀의 중심에는 밀도와 곡률이 무한한 **특이점**이 존재하고, 여기서 시공간은 끝난다.

연습문제

1. 우주 비행사가 $v = 0.950c$의 속력으로 여행한다면 지구에 있는 관측자가 계산할 때 우주 비행사가 4.20광년 떨어진 알파 켄타우리(Alpha Centauri)에 도달하는 데 걸리는 시간은 4.42(= 4.20/0.950)년이 걸릴 것이다. 그러나 우주 비행사는 관측자의 계산에 동의하지 않는다. (a) 우주 비행사의 시계로는 시간이 얼마나 지났을까? (b) 우주 비행사가 측정한 알파 켄타우리까지의 거리는 얼마인가?

2. 고유 길이가 100 m인 어떤 고속 열차가 $0.95\,c$의 속력으로 고유 길이가 50 m인 터널을 통과하고 있다. 기차 밖에 정지해 있는 관측자가 볼 때 기차의 전체 길이가 완전히 터널 속에 들어가는가? 그렇다면 기차의 길이는 얼마인가?

3. 여행 중인 우주선의 길이가 우주선에 탄 우주인이 보았을 때 28.0 m이다. 지구의 관측자가 보았을 때 우주선의 길이가 15.0 cm 수축된다면, 우주선의 속력은 얼마인가?

4. 한 우주선의 고유 길이가 다른 우주선보다 세 배 길다. 두 우주선이 같은 방향으로 지상에 있는 관측자의 머리 위를 지날 때 이 관측자가 측정한 두 우주선의 길이가 같았다. 느리게 움직이는 우주선의 지구에 대한 속력이 $0.350c$일 때, 빠르게 움직이는 우주선의 지구에 대한 속력은 얼마인가?

5. 어떤 전자 하나가 고전적인 운동량의 세 배의 운동량을 갖고 있다. (a) 그 전자의 속력을 구하라. (b) 그것이 전자가 아니고 양성자라면 결과는 어떻게 달라지는가?

6. 어떤 정지해 있던 불안정한 입자가 질량이 다른 두 조각으로 쪼개진다. 가벼운 조각의 질량이 2.50×10^{-28} kg이고 무거운 것의 질량은 1.67×10^{-27} kg이다. 두 조각으로 쪼개진 후 가벼운 조각의 속력이 $0.893\,c$라면 무거운 조각의 속력은 얼마인가?

7. 전자 하나가 실험실계에 대해 $0.90\,c$의 속력으로 오른쪽으로 움직인다. 그 전자에 대해 양성자 하나가 $0.70\,c$의 속력으로 왼쪽으로 이동한다. 실험실계에 대한 양성자의 속력을 구하라.

8. 로켓 하나가 정지해 있는 관측자 A에 대해 오른쪽으로 $0.92\,c$의 속도로 움직이고 있다. 관측자 A에 대해 움직이는 관측자 B는 로켓이 $0.95\,c$의 속력으로 왼쪽으로 움직임을 관측한다. 관측자 A에 대한 관측자 B의 속도는 얼마인가? [**힌트**: 로켓의 기준틀에서 관측자 B의 속도를 살펴보라.]

9. 물체의 운동 에너지가 비상대론적인 운동 에너지 공식 $KE = \frac{1}{2}mv^2$에 의해 예측된 값의 두 배가 되기 위해서는 속력이 얼마나 더 증가해야 하는가?

간단한 수학

부록 A

A.1 수학 기호

이 책에 사용된 많은 수학 기호들을 용례를 들어가며 설명할 것이다.

같음[1]: =

기호 =는 두 양이 같다는 것을 나타내는 수학적인 표현이다. 물리학에서 이 기호는 서로 다른 물리학적 개념을 관계 짓기 위한 명제를 만들기도 한다. 예를 들어, $E = mc^2$이라는 식이 있다. 이 유명한 식은 킬로그램 단위로 측정된 질량 m이 줄 단위로 측정된 어떤 양의 에너지 E와 동등함을 의미한다. 이때 식 안에 있는 광속의 제곱 c^2는 꼭 필요한 비례 상수로 간주할 수 있다. 그 이유는 이 식에 나오는 양에 대해 선택된 단위들은 오래전부터 사용되어온 것으로 그것들만으로는 좌우가 같지 않기 때문이다.

비례: ∝

기호 ∝는 좌우 값들이 서로 비례함을 나타낸다. 이 기호는 정확한 수학적 등식보다는 관계식에 초점을 맞출 때 사용할 수 있을 것이다. 예를 들어, $E \propto m$이라고 쓰고, 그것을 말로하면 "물체가 갖는 에너지 E는 그 물체의 질량 m에 비례한다"가 된다. 그와 비슷한 또 다른 예로는 운동 에너지가 있다. 운동하는 물체가 갖는 에너지는 $KE = \frac{1}{2}mv^2$으로 정의한다. 여기서 m은 실량이고 v는 속력이다. 이 식에서 m과 v는 둘 다 변수이다. 따라서 운동 에너지 KE는 속력의 제곱에 비례한다. 즉, $KE \propto v^2$이다. 여기에서 사용되는 또 다른 말로는 '정비례'가 있다. 물체의 밀도 ρ는 그 물체의 질량과 부피에 $\rho = m/V$로 나타내어지는 관계가 있다. 결국 밀도는 질량에 정비례하고 부피에 역비례[2]한다.

부등호

기호 <는 '좌변이 우변보다 작음'을 나타내고, 기호 >는 '좌변이 우변보다 큼'을 나타낸다. 예를 들어, $\rho_{Fe} > \rho_{Al}$은 철의 밀도 ρ_{Fe}가 알루미늄의 밀도 ρ_{Al}보다 큼을 나타낸다. 그 기호 밑에 선을 하나 추가하면 같을 가능성이 있음을 의미한다. 즉, ≤는

[1] [역자 주] '등호'라고 할 수도 있음

[2] [역자 주] 흔히 inversely proportional을 반비례라는 말로 많이 사용하지만 반비례란 반평행이라는 말과 비슷하게 반대 방향으로 비례한다는 의미로 사용될 수 있으므로 정확하게는 역비례라는 말이 맞다.

좌변이 우변보다 작거나 같음을 나타내는 반면, ≥는 좌변이 우변보다 크거나 같음을 나타낸다. 예를 들어, 모든 입자의 속력 v는 빛의 속력보다 작거나 같다. 즉, $v \le c$이다.

때로는 주어진 양의 크기가 다른 어떤 양의 크기보다 현저하게 차이가 날 때가 있다. 그러한 큰 차이를 단순한 부등호로 나타내기엔 부족한 감이 있다. 차이가 많은 경우를 나타내는 것으로서, 기호 ≪는 좌변이 우변보다 훨씬 작다는 것을 나타내고 ≫는 좌변이 우변보다 훨씬 크다는 것을 나타낸다. 태양의 질량 M_{Sun}은 지구의 질량 M_{E}보다 훨씬 크므로 $M_{\text{Sun}} \gg M_{\text{E}}$로 나타낸다. 또한 전자의 질량 m_e는 양성자의 질량 m_p보다 훨씬 작으므로 $m_e \ll m_p$로 나타낸다.

거의 같음: ≈

기호 ≈는 좌변과 우변의 두 양이 거의 같음을 나타낸다. 양성자의 질량 m_p는 중성자의 질량 m_n과 거의 같다. 이러한 관계는 $m_p \approx m_n$으로 쓸 수 있다.

정의: ≡

기호 ≡는 '좌변을 우변으로 정의함'을 의미한다. 이 기호는 단순한 =보다는 더 강한 의미를 갖고 있다. 그것은 좌변에 있는 양–흔히 단일 양–은 우변에 있는 양이나 양들로 나타내는 또 다른 방법임을 의미한다. 물체의 고전적 운동량 p는 물체의 질량 m과 속도 v의 곱으로 정의한다. 따라서 $p \equiv mv$이다. 이것은 정의에 의한 등식이기 때문에 p를 어떤 다른 것으로 나타낼 가능성은 없다. 이에 비해, 등가속도 운동을 하는 물체의 속도 v를 나타내는 식은 $v = v_0 + at$이다. 이 식에서 v는 정의된 양이 아니기 때문에 정의 기호를 사용해서는 안 될 것이다. 이 식은 등가속도 운동이라고 하는 가정에서만 성립하는 등식이다. 하지만 고전적 운동량에 대한 앞의 식은 정의에 의해 항상 맞는 식이므로 운동량에 관한 개념이 처음 소개될 때 $p \equiv mv$로 쓰는 것이 맞다. 그러한 정의가 처음 소개된 이후부터는 보통의 등호를 사용해도 충분하다.

차이: Δ

그리스 문자 Δ(대문자 델타)는 보통 서로 다른 두 시각 사이에 측정된 물리량의 차이를 나타내기 위해 사용되는 기호이다. 가장 좋은 예로는 x축을 따른 변위는 Δx(델타 x라고 읽는다)로 나타낸다. 주의해야 할 점은 Δx는 Δ와 x의 곱을 의미하는 것이 아니라는 것이다. 어떤 사람이 아침에 일어나서 문 앞 10 m 되는 지점에서 산책하는 거리를 측정하기 시작하였다. 직선 경로를 따라 계속 가다가 문 앞에서 50 m 되는 곳에서 멈췄다. 그녀가 걸어간 위치의 변화는 $\Delta x = 50\text{ m} - 10\text{ m} = 40\text{ m}$이다. 수식의 형태로 변위는 다음과 같이 나타낸다.

$$\Delta x = x_f - x_i$$

이 식에서 x_f는 나중 위치이고 x_i는 처음 위치이다. 물리학에서 차이를 나타내는 예는 셀 수 없이 많다. 간단한 예를 들어 보면 운동량의 차이(또는 변화) $\Delta p = p_f - p_i$, 운동 에너지의 변화 $\Delta K = K_f - K_i$ 및 온도의 변화 $\Delta T = T_f - T_i$가 있다.

합: $\sum$

물리학에서는 여러 양을 더해야 하는 경우가 종종 있다. 그러한 덧셈을 나타내는 유용한 기호로는 그리스 문자 $\sum$(대문자 시그마)가 있다. 예를 들어, x_1, x_2, x_3, x_4, x_5의 다섯 수를 더해야 하는 경우 간단히 기호로 나타내면 다음과 같다.

$$x_1 + x_2 + x_3 + x_4 + x_5 = \sum_{i=1}^{5} x_i$$

여기서 x의 아래 첨자 i는 여러 수 중의 하나를 나타낸다. 예를 들어, 어떤 계에 있는 다섯 개의 질량 m_1, m_2, m_3, m_4, m_5가 있다면 그 계의 전체 질량 $M = m_1 + m_2 + m_3 + m_4 + m_5$는 다음과 같이 나타낼 수 있다.

$$M = \sum_{i=1}^{5} m_i$$

반면에 이 다섯 개의 질량의 질량중심의 x좌표는

$$x_{\text{CM}} = \frac{\sum_{i=1}^{5} m_i x_i}{M}$$

과 같이 쓸 수 있으며 질량 중심의 y좌표나 z좌표에 대해서도 마찬가지 형태의 식을 쓸 수 있다.

절댓값: $| \, |$

x의 크기는 $|x|$로 표기하며 단순히 x의 절댓값이다. $|x|$의 부호는 x의 부호에 관계없이 항상 양이다. 예를 들어, $x = -5$라면, $|x| = 5$이고, $x = 8$이라면 $|x| = 8$이다. 물리학에서 이러한 절댓값 기호가 유용한 경우는 부호가 의미하는 방향보다는 양이 더 중요한 경우이다.

A.2 과학적 표기법

과학에서 나오는 수치들은 아주 큰 것에서부터 매우 작은 것까지 있다. 빛의 속력은 약 300 000 000 m/s이며, 이 책에 있는 글자 i를 한 개 찍는 데 필요한 잉크의 질량은 대략 0.000 000 001 kg이다. 소수 자리의 수를 세어야 하고 유효숫자가 한 자리인 수도 그 앞의 많은 영의 개수를 세어야 하기 때문에 이러한 수들을 정확하게 읽고 쓰는 일은 매우 번거로운 일이다. 과학적 표기법은 정밀도와 관계없이 수의 크기만을 나타내기 위해서만 사용되는 많은 수의 영을 일일이 쓰지 않고 그 수치를 나타내는 방법이다. 그 방법은 10의 거듭제곱을 사용하는 것이다. 10의 음이 아닌 거듭제곱은

$$10^0 = 1$$
$$10^1 = 10$$
$$10^2 = 10 \times 10 = 100$$

$$10^3 = 10 \times 10 \times 10 = 1\,000$$
$$10^4 = 10 \times 10 \times 10 \times 10 = 10\,000$$
$$10^5 = 10 \times 10 \times 10 \times 10 \times 10 = 100\,000$$

등등 이다. 수치에 있는 첫 번째 자리 이후에서부터 소수점 왼쪽까지에 있는 소수 자리의 개수는 10의 거듭제곱에 해당하는 것으로서 10의 **지수**라고 한다. 예를 들어, 빛의 속력 300 000 000 m/s는 3×10^8 m/s로 나타낼 수 있다. 즉, 첫 번째 자리 3 이후에서부터 소수점이 있을 곳의 왼쪽까지 8개의 소수 자리가 있다.

이러한 방법으로 1보다 작은 수에 대해 몇 가지 예를 들면 다음과 같다.

$$10^{-1} = \frac{1}{10} = 0.1$$
$$10^{-2} = \frac{1}{10 \times 10} = 0.01$$
$$10^{-3} = \frac{1}{10 \times 10 \times 10} = 0.001$$
$$10^{-4} = \frac{1}{10 \times 10 \times 10 \times 10} = 0.000\,1$$
$$10^{-5} = \frac{1}{10 \times 10 \times 10 \times 10 \times 10} = 0.000\,01$$

이 경우에, 소수점 오른쪽에서부터 첫 번째 영이 아닌 자리까지의 소수 자리의 수가 (음의) 지수의 값이 된다.

1에서 10 사이의 수에 10의 거듭제곱을 곱해서 표현한 수를 과학적으로 표기되었다고 한다. 예를 들어, 전기력과 관련이 있는 쿨롱 상수는 8 987 551 789 $\text{N}\cdot\text{m}^2/\text{C}^2$로 주어지지만 **과학적 표기법**으로는 $8.987\,551\,789 \times 10^9$ $\text{N}\cdot\text{m}^2/\text{C}^2$로 나타낸다. 뉴턴의 중력 상수는 0.000 000 000 066 731 $\text{N}\cdot\text{m}^2/\text{kg}^2$이며, 과학적 표기법으로는 $6.673\,1 \times 10^{-11}$ $\text{N}\cdot\text{m}^2/\text{kg}^2$이다.

과학적 표기법으로 표현된 수를 곱할 때는 다음과 같은 지수 공식을 사용하면 된다.

$$10^n \times 10^m = 10^{n+m} \qquad \text{[A.1]}$$

여기서 n과 m은 임의의 수(정수일 필요는 없다)이다. 예를 들면, $10^2 \times 10^5 = 10^7$이다. 이러한 공식은 지수 중의 하나가 음이어도 상관없다. 즉, $10^3 \times 10^{-8} = 10^{-5}$이다.

과학적인 표기법으로 나타낸 수를 나눗셈할 때의 공식은 다음과 같다.

$$\frac{10^n}{10^m} = 10^n \times 10^{-m} = 10^{n-m} \qquad \text{[A.2]}$$

A.3 대수학

A. 기본 공식

대수 연산을 할 때, 산술 법칙들이 적용된다. x, y, z와 같은 기호들은 특별히 정해지지 않은 수를 나타내는 데 사용되며 흔히 **미지수**라고 한다.

우선 다음과 같은 식

$$8x = 32$$

에서, x에 대해 풀고자 한다면, 이 식의 양변에 같은 수를 곱하거나 나누면 된다. 이 경우 양변을 8로 나누면

$$\frac{8x}{8} = \frac{32}{8}$$

가 되어

$$x = 4$$

라는 답을 얻는다.

다음으로

$$x + 2 = 8$$

이라는 식을 살펴보자. 이런 형태의 식에서는 양변에 같은 수를 더하거나 빼면 된다. 여기서는 양변에서 2를 빼면

$$x + 2 - 2 = 8 - 2$$

가 되어

$$x = 6$$

을 얻는다. 일반적으로, $x + a = b$이면, $x = b - a$가 된다.

또한

$$\frac{x}{5} = 9$$

와 같은 식의 경우 양변에 5를 곱하면, 좌변에는 x만 남고 우변은 45가 된다. 즉,

$$\left(\frac{x}{5}\right)(5) = 9 \times 5$$
$$x = 45$$

어느 경우에서나, **등식의 좌변에서 수행한 연산은 우변에도 똑같이 수행해야 한다.**

곱하기, 나누기, 더하기, 빼기에 관한 다음에 열거한 공식들을 잘 기억하기 바란다. 여기서 a, b, c는 세 수를 나타낸다.

	규칙	예
곱하기	$\left(\frac{a}{b}\right)\left(\frac{c}{d}\right)=\frac{ac}{bd}$	$\left(\frac{2}{3}\right)\left(\frac{4}{5}\right)=\frac{8}{15}$
나누기	$\frac{(a/b)}{(c/d)}=\frac{ad}{bc}$	$\frac{2/3}{4/5}=\frac{(2)(5)}{(4)(3)}=\frac{10}{12}=\frac{5}{6}$
더하기	$\frac{a}{b}\pm\frac{c}{d}=\frac{ad\pm bc}{bd}$	$\frac{2}{3}-\frac{4}{5}=\frac{(2)(5)-(4)(3)}{(3)(5)}=-\frac{2}{15}$

물리학에서는 기호로 표시된 식을 대수적으로 풀어야 할 때가 아주 자주 있으며 대부분의 학생들은 그런 문제에 별로 익숙하지 않다. 그렇지만 식에 처음부터 수치를 대입하는 것은 보편적인 결과를 주지 않기 때문에, 식을 기호로 푸는 것은 매우 중요하다. 다음의 두 예에서는 이러한 형태의 대수적인 연산이 어떻게 이루어지는지를 설명하고 있다.

B. 거듭제곱

어떤 양 x의 거듭제곱으로 나타낸 것들을 서로 곱할 때, 다음과 같은 공식을 사용하면 된다.

$$x^n x^m = x^{n+m} \tag{A.3}$$

예를 들면, $x^2 x^4 = x^{2+4} = x^6$이다.

나눗셈을 할 때의 공식은 다음과 같다.

$$\frac{x^n}{x^m} = x^{n-m} \tag{A.4}$$

예를 들면, $x^8/x^2 = x^{8-2} = x^6$이다.

$\frac{1}{3}$과 같이 지수가 분수인 경우에는 다음과 같이 지수는 제곱근으로 나타낸다.

$$x^{1/n} = \sqrt[n]{x} \tag{A.5}$$

예를 들면, $4^{1/3} = \sqrt[3]{4} = 1.587\,4$이다. (이런 것을 계산할 때는 공학용 계산기를 사용하면 편리하다.)

끝으로 임의의 양 x^n의 m승은

$$(x^n)^m = x^{nm} \tag{A.6}$$

이다. 표 A.1에 지수에 관한 공식을 나열하였다.

표 A.1 지수 공식

$x^0 = 1$
$x^1 = x$
$x^n x^m = x^{n+m}$
$x^n/x^m = x^{n-m}$
$x^{1/n} = \sqrt[n]{x}$
$(x^n)^m = x^{nm}$

C. 인수분해

인수분해에 관한 몇 가지 기본 공식은 다음과 같다.

$ax + ay + az = a(x + y + z)$	공통 인수
$a^2 + 2ab + b^2 = (a + b)^2$	완전 제곱
$a^2 - b^2 = (a + b)(a - b)$	제곱의 차

D. 이차 방정식

이차 방정식의 일반적인 형태는 다음과 같다.

$$ax^2 + bx + c = 0 \qquad [A.7]$$

여기서 x는 미지수이고, a, b, c는 방정식의 계수이다. 이 식은

$$x = \frac{-b \pm \sqrt{b^2 - 4ac}}{2a} \qquad [A.8]$$

으로 주어지는 두 개의 근을 갖는다. $b^2 - 4ac > 0$인 경우에만 두 근은 실수이다.

E. 일차 방정식

일차 방정식의 형태는 다음과 같다.

$$y = mx + b \qquad [A.9]$$

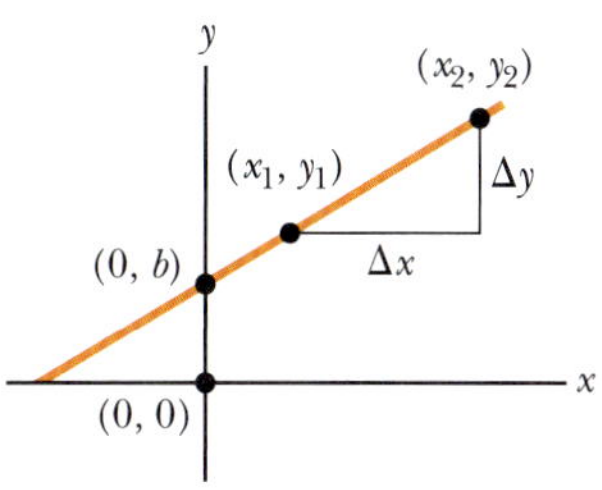

그림 A.1

여기서 m과 b는 상수이다. 이런 종류의 식은 그림 A.1에서처럼 x에 대한 y의 그래프가 직선이기 때문에 선형이라고 한다. 상수 b는 y절편으로 직선이 y축과 만나는 점의 y값을 나타낸다. 그림 A.1에서처럼 직선 상의 임의의 두 점 (x_1, y_1)과 (x_2, y_2)의 값이 주어지면, 그 직선의 기울기는 다음과 같이 나타낼 수 있다.

$$\text{기울기} = \frac{y_2 - y_1}{x_2 - x_1} = \frac{\Delta y}{\Delta x} \qquad [A.10]$$

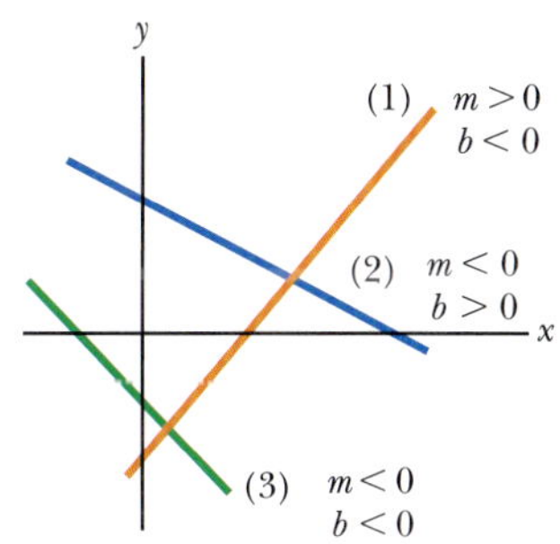

그림 A.2

m과 b는 양이나 음의 값을 가질 수 있다. $m > 0$이면, 그림 A.1에서처럼 직선의 기울기는 양이고, $m < 0$이면 직선의 기울기는 음이다. 그림 A.1에서, m과 b는 모두 양이다. 세 가지 다른 가능한 경우가 그림 A.2에 그려져 있다.

F. 연립 일차 방정식의 풀이

두 개의 미지수 x와 y를 포함하고 있는 식 $3x + 5y = 15$를 살펴보자. 이 식은 유일한 해를 갖지 않는다. 예를 들면, $(x = 0,\ y = 3)$, $(x = 5,\ y = 0)$, $(x = 2,\ y = 9/5)$는 모두 그 식의 해가 된다.

어떤 문제가 두 개의 미지수를 갖고 있다면, 두 개의 식이 있어야만 유일한 해를 가질 수 있다. 일반적으로 n개의 미지수를 가진 문제가 있다면, 그 해를 구하기 위해서는 n개의 식이 필요하다. 미지수 x와 y를 포함하는 두 개의 연립 방정식을 풀기 위해서는 한 식에서 x를 y에 대해 푼 다음 그것을 다른 식에 대입하면 된다.

두 개의 미지수를 가진 연립 일차 방정식은 그래프를 그려서 풀 수 있다. 두 직선의 그래프를 한 좌표계에 그렸을 때 두 직선이 만나는 점이 연립 방정식의 해가 된다. 예를 들어, 다음 두 식을 살펴보자.

$$x - y = 2$$
$$x - 2y = -1$$

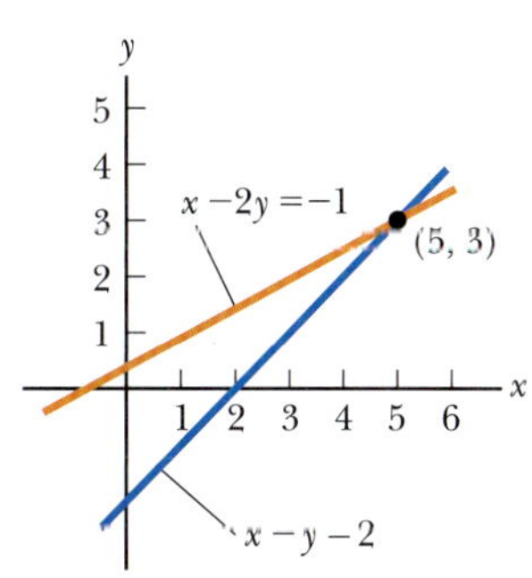

그림 A.3

이들 식의 그래프가 그림 A.3에 그려져 있다. 두 직선이 만나는 점의 좌표는 $x = 5$,

$y = 3$이며 그것이 바로 그 연립 방정식의 해를 나타낸다. 여기서 얻은 해와 위에서 해석적으로 푼 해를 꼭 비교해 보아야 한다.

G. 로그 함수와 지수 함수

x를 어떤 양 a의 거듭제곱으로 나타내었다고 하자. 즉,

$$x = a^y \quad \text{[A.11]}$$

여기서 a를 **밑수**라 한다. a를 밑수로 하는 x의 **로그**는 $x = a^y$이 성립하기 위해 a의 거듭제곱수가 되는 지수와 같다. 즉,

$$y = \log_a x \quad \text{[A.12]}$$

이 식에서 x를 알고자 한다면, y의 **역로그**를 취하면 된다. 즉, y의 역로그는 x이다.

$$x = \text{antilog}_a\, y \quad \text{[A.13]}$$

사실 역로그 식은 식 A.11에 있는 지수식과 같으며 실제로는 그것이 더 많이 쓰인다.

로그 함수를 사용함에 있어서 밑수가 10인 상용로그와 밑수가 $e = 2.718\cdots$인 자연로그가 가장 많이 사용되고 있다. 상용로그를 사용할 때는

$$y = \log_{10} x \qquad (\text{또는 } x = 10^y) \quad \text{[A.14]}$$

로 쓰고, 자연로그를 사용할 때는

$$y = \ln x \qquad (\text{또는 } x = e^y) \quad \text{[A.15]}$$

라고 표현한다. 예를 들어, $\log_{10} 52 = 1.716$이므로, $\text{antilog}_{10} 1.716 = 10^{1.716} = 52$이다. 마찬가지로 $\ln_e 52 = 3.951$이므로 $\text{antiln}_e 3.951 = e^{3.951} = 52$이다.

일반적으로 밑수 10과 밑수 e의 관계는

$$\ln x = (2.302\ 585)\log_{10} x \quad \text{[A.16]}$$

이므로 이것을 사용하여 서로를 변환할 수 있어야 한다. 로그 함수의 몇 가지 성질을 나열하면 다음과 같다.

$$\log(ab) = \log a + \log b \qquad \ln e = 1$$
$$\log(a/b) = \log a - \log b \qquad \ln e^a = a$$
$$\log(a^n) = n\log a \qquad \ln\left(\frac{1}{a}\right) = -\ln a$$

일반물리학에서 로그를 가장 중요하게 사용되는 곳은 데시벨 준위의 정의이다. 음의 세기는 수십에서 수백배로 크기가 변하므로 그 수치 그대로는 여러 세기를 비교하는 것이 매우 불편하다. 그러한 세기들을 좀 더 쉽게 다루기 위해 데시벨 준위는 로그값으로 변환한다.

A.4 도형의 넓이와 부피

표 A.2에 이 책에서 자주 나오는 여러 가지 도형의 넓이와 부피가 그림과 함께 주어져 있다. 이들 도형의 넓이와 부피는 물리 문제 풀이에 자주 응용되는 것으로서 중요한 것들이다. 좋은 예로, 단위 넓이당 힘인 압력의 개념이 있다. 그것을 식으로 쓰면 $P = F/A$이다. 연속 방정식을 사용하여 관 내의 유체의 부피 흐름률을 계산하거나, 추를 매달은 줄에 작용하는 인장 변형력, 벽을 통한 열에너지 전달률, 도선을 통해 흐르는 전류의 밀도 등을 계산하는 데 있어서 넓이를 꼭 계산하여야 한다. 그 외에도 굉장히 많은 응용예가 있다. 부피와 관련이 있는 것으로, 물에 잠긴 물체에 물이 작용하는 부력을 계산하거나, 밀도를 계산할 때, 그리고 물체에 작용하는 유체의 부피 변형력을 계산할 때 부피가 중요하다. 정말로 엄청나게 많은 응용예가 있다.

표 A.2 도형에 관한 유용한 공식

모양	넓이 또는 부피	모양	넓이 또는 부피
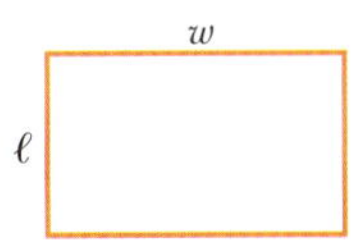 직사각형	넓이 $= \ell w$	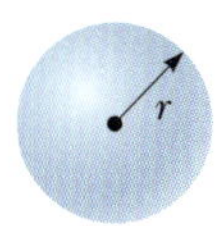 구	겉넓이 $= 4\pi r^2$ 부피 $= \dfrac{4\pi r^3}{3}$
 원	넓이 $= \pi r^2$ 원둘레 $= 2\pi r$	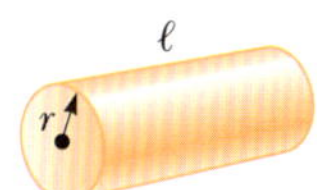 원통	길이 방향의 겉넓이 $= 2\pi r\ell$ 부피 $= \pi r^2\ell$
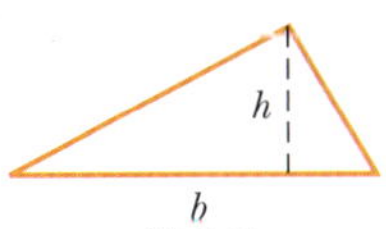 삼각형	넓이 $= \frac{1}{2}bh$	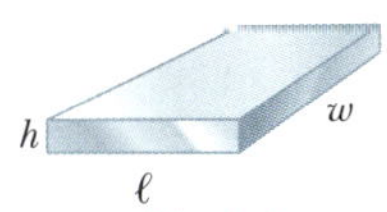 직육면체	겉넓이 $= 2(\ell h + \ell w + hw)$ 부피 $= \ell wh$

A.5 삼각 함수

삼각 함수와 관련된 기본적인 내용의 일부는 1장에 소개되어 있으며, 거기에 나와 있는 내용을 공부하는 데 삼각 함수와 관련되어 약간의 어려움이 있다면 여기에 있는 내용들이 도움이 되길 바란다. 삼각 함수의 개념들 중에서 가장 중요한 것에 피타고라스의 정리가 있다.

$$\Delta s^2 = \Delta x^2 + \Delta y^2 \qquad \text{[A.17]}$$

이 식은 직각삼각형의 빗변의 제곱은 밑변의 제곱과 높이의 제곱의 합과 같다는 것이다. 이 식은 또한 직각 좌표계에서 두 점 간의 거리를 구하는 데 사용된다. 또한 벡터의 길이를 구하는 경우 Δx는 벡터의 x성분으로 두고 Δy는 벡터의 y성분으로 놓으면

된다. 벡터 $\vec{\mathbf{A}}$의 성분이 A_x와 A_y라면, 그 벡터의 크기는

$$A^2 = A_x^2 + A_y^2 \qquad [A.18]$$

이 된다. 이것은 피타고라스의 정리와 완전히 비슷한 형태 2의 식이다. 벡터의 x성분과 y성분의 길이와 관련된 함수로서 코사인 및 사인 함수가 많이 사용된다.

$$A_x = A\cos\theta \qquad [A.19]$$

$$A_y = A\sin\theta \qquad [A.20]$$

평면에서 벡터의 방향각 θ는 탄젠트 함수를 사용하여 구할 수 있다.

$$\tan\theta = \frac{A_y}{A_x} \qquad [A.21]$$

피타고라스의 정리와 유사한 것으로 다음 식은 자주 유용하게 사용되는 식이다.

$$\sin^2\theta + \cos^2\theta = 1 \qquad [A.22]$$

위에 나와 있는 개념들에 관해 자세한 내용은 1장과 3장에서 잘 살펴볼 수 있다. 다음에 나열한 식들은 간혹 유용하게 사용되는 삼각 함수 공식이다.

$$\begin{aligned}
\sin\theta &= \cos(90° - \theta) \\
\cos\theta &= \sin(90° - \theta) \\
\sin 2\theta &= 2\sin\theta\cos\theta \\
\cos 2\theta &= \cos^2\theta - \sin^2\theta \\
\sin(\theta \pm \phi) &= \sin\theta\cos\phi \pm \cos\theta\sin\phi \\
\cos(\theta \pm \phi) &= \cos\theta\cos\phi \pm \sin\theta\sin\phi
\end{aligned}$$

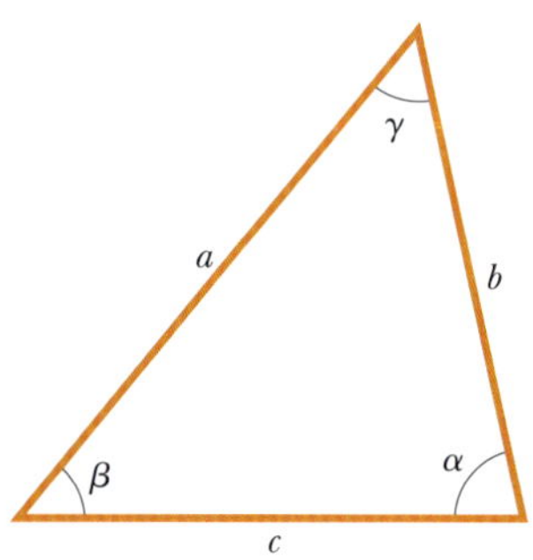

그림 A.4

다음 관계식은 그림 A.4에서처럼 직각삼각형이 아닌 경우에도 성립하는 식들이다.

$$\alpha + \beta + \gamma = 180°$$

$$\left.\begin{aligned}
a^2 &= b^2 + c^2 - 2bc\cos\alpha \\
b^2 &= a^2 + c^2 - 2ac\cos\beta \\
c^2 &= a^2 + b^2 - 2ab\cos\gamma
\end{aligned}\right\} \text{코사인 법칙}$$

$$\frac{a}{\sin\alpha} = \frac{b}{\sin\beta} = \frac{c}{\sin\gamma} \qquad \text{사인 법칙}$$

SI 단위

부록 B

표 D.1 기본 단위

기본량	기본 단위	
	이름	기호
길이	미터	m
질량	킬로그램	kg
시간	초	s
전류	암페어	A
온도	켈빈	K
물질의 양	몰	mol
광도	칸델라	cd

표 D.2 유도 단위

양	이름	기호	기본 단위 표현	유도 단위 표현
평면각	라디안	rad	m/m	
진동수	헤르츠	Hz	s^{-1}	
힘	뉴턴	N	$kg\cdot m/s^2$	J/m
압력	파스칼	Pa	$kg/m\cdot s^2$	N/m^2
에니지; 일	줄	J	$kg\cdot m^2/s^2$	$N\cdot m$
일률	와트	W	$kg\cdot m^2/s^3$	J/s
전하	쿨롱	C	$A\cdot s$	
전위(emf)	볼트	V	$kg\cdot m^2/A\cdot s^3$	W/A, J/C
전기용량	패럿	F	$A^2\cdot s^4/kg\cdot m^2$	C/V
전기저항	옴	Ω	$kg\cdot m^2/A^2\cdot s^3$	V/A
자속	웨버	Wb	$kg\cdot m^2/A\cdot s^2$	$V\cdot s$, $T\cdot m^2$
자기장의 세기	테슬라	T	$kg/A\cdot s^2$	Wb/m^2
인덕턴스	헨리	H	$kg\cdot m^2/A^2\cdot s^2$	Wb/A

부록 C

주기율표

기호 — **Ca** 20 — 원자 번호
원자 질량† — 40.078
$4s^2$ — 전자 배치

I족	II족	전이 원소						
H 1 1.007 9 $1s$								
Li 3 6.941 $2s^1$	**Be** 4 9.0122 $2s^2$							
Na 11 22.990 $3s^1$	**Mg** 12 24.305 $3s^2$							
K 19 39.098 $4s^1$	**Ca** 20 40.078 $4s^2$	**Sc** 21 44.956 $3d^14s^2$	**Ti** 22 47.867 $3d^24s^2$	**V** 23 50.942 $3d^34s^2$	**Cr** 24 51.996 $3d^54s^1$	**Mn** 25 54.938 $3d^54s^2$	**Fe** 26 55.845 $3d^64s^2$	**Co** 27 58.933 $3d^74s^2$
Rb 37 85.468 $5s^1$	**Sr** 38 87.62 $5s^2$	**Y** 39 88.906 $4d^15s^2$	**Zr** 40 91.224 $4d^25s^2$	**Nb** 41 92.906 $4d^45s^1$	**Mo** 42 95.94 $4d^55s^1$	**Tc** 43 (98) $4d^55s^2$	**Ru** 44 101.07 $4d^75s^1$	**Rh** 45 102.91 $4d^85s^1$
Cs 55 132.91 $6s^1$	**Ba** 56 137.33 $6s^2$	57–71*	**Hf** 72 178.49 $5d^26s^2$	**Ta** 73 180.95 $5d^36s^2$	**W** 74 183.84 $5d^46s^2$	**Re** 75 186.21 $5d^56s^2$	**Os** 76 190.23 $5d^66s^2$	**Ir** 77 192.2 $5d^76s^2$
Fr 87 (223) $7s^1$	**Ra** 88 (226) $7s^2$	89–103**	**Rf** 104 (261) $6d^27s^2$	**Db** 105 (262) $6d^37s^2$	**Sg** 106 (266)	**Bh** 107 (264)	**Hs** 108 (277)	**Mt** 109 (268)

*Lanthanide series	**La** 57 138.91 $5d^16s^2$	**Ce** 58 140.12 $5d^14f^16s^2$	**Pr** 59 140.91 $4f^36s^2$	**Nd** 60 144.24 $4f^46s^2$	**Pm** 61 (145) $4f^56s^2$	**Sm** 62 150.36 $4f^66s^2$
**Actinide series	**Ac** 89 (227) $6d^17s^2$	**Th** 90 232.04 $6d^27s^2$	**Pa** 91 231.04 $5f^26d^17s^2$	**U** 92 238.03 $5f^36d^17s^2$	**Np** 93 (237) $5f^46d^17s^2$	**Pu** 94 (244) $5f^67s^2$

Note: Atomic mass values given are averaged over isotopes in the percentages in which they exist in nature.
† For an unstable element, mass number of the most stable known isotope is given in parentheses.
†† Elements 112, 114, and 116 have not yet been officially named.
††† For a description of the atomic data, visit *physics.nist.gov/PhysRefData/Elements/per_text.html*

			III족	IV족	V족	VI족	VII족	0족
							H 1 1.007 9 $1s^1$	He 2 4.002 6 $1s^2$
			B 5 10.811 $2p^1$	C 6 12.011 $2p^2$	N 7 14.007 $2p^3$	O 8 15.999 $2p^4$	F 9 18.998 $2p^5$	Ne 10 20.180 $2p^6$
			Al 13 26.982 $3p^1$	Si 14 28.086 $3p^2$	P 15 30.974 $3p^3$	S 16 32.066 $3p^4$	Cl 17 35.453 $3p^5$	Ar 18 39.948 $3p^6$
Ni 28 58.693 $3d^84s^2$	Cu 29 63.546 $3d^{10}4s^1$	Zn 30 65.41 $3d^{10}4s^2$	Ga 31 69.723 $4p^1$	Ge 32 72.64 $4p^2$	As 33 74.922 $4p^3$	Se 34 78.96 $4p^4$	Br 35 79.904 $4p^5$	Kr 36 83.80 $4p^6$
Pd 46 106.42 $4d^{10}$	Ag 47 107.87 $4d^{10}5s^1$	Cd 48 112.41 $4d^{10}5s^2$	In 49 114.82 $5p^1$	Sn 50 118.71 $5p^2$	Sb 51 121.76 $5p^3$	Te 52 127.60 $5p^4$	I 53 126.90 $5p^5$	Xe 54 131.29 $5p^6$
Pt 78 195.08 $5d^96s^1$	Au 79 196.97 $5d^{10}6s^1$	Hg 80 200.59 $5d^{10}6s^2$	Tl 81 204.38 $6p^1$	Pb 82 207.2 $6p^2$	Bi 83 208.98 $6p^3$	Po 84 (209) $6p^4$	At 85 (210) $6p^5$	Rn 86 (222) $6p^6$
Ds 110 (271)	Rg 111 (272)	112†† (285)		114†† (289)		116†† (292)		

Eu 63 151.96 $4f^76s^2$	Gd 64 157.25 $4f^75d^16s^2$	Tb 65 158.93 $4f^85d^16s^2$	Dy 66 162.50 $4f^{10}6s^2$	Ho 67 164.93 $4f^{11}6s^2$	Er 68 167.26 $4f^{12}6s^2$	Tm 69 168.93 $4f^{13}6s^2$	Yb 70 173.04 $4f^{14}6s^2$	Lu 71 174.97 $4f^{14}5d^16s^2$
Am 95 (243) $5f^77s^2$	Cm 96 (247) $5f^76d^17s^2$	Bk 97 (247) $5f^86d^17s^2$	Cf 98 (251) $5f^{10}7s^2$	Es 99 (252) $5f^{11}7s^2$	Fm 100 (257) $5f^{12}7s^2$	Md 101 (258) $5f^{13}7s^2$	No 102 (259) $5f^{14}7s^2$	Lr 103 (262) $5f^{14}6d^17s^2$

부록 D 자주 사용되는 자료

표 C.1 수학 기호와 그 의미

기호	의미
$=$	같다
$\neq$	같지 않다
$\equiv$	~로 정의한다
$\propto$	비례한다
$>$	보다 크다
$<$	보다 작다
$\gg$	훨씬 크다
$\ll$	훨씬 작다
$\approx$	거의 같다
$\sim$	크기 정도가 비슷하다
Δx	x의 변화량 또는 x의 불확정도
$\sum x_i$	모든 x_i의 합
$\|x\|$	x의 절댓값(항상 양의 값)

표 C.2 단위에 관한 표준 기호

기호	단위	기호	단위
A	암페어	kcal	킬로칼로리
Å	옹스트롬	kg	킬로그램
atm	대기압	km	킬로미터
Bq	베크렐	kmol	킬로몰
Btu	영국 열단위	L	리터
C	쿨롱	lb	파운드
°C	섭씨도	ly	광년
cal	칼로리	m	미터
cm	센티미터	min	분
Ci	큐리	mol	몰
d	일	N	뉴턴
deg	도(각)	nm	나노미터
eV	전자볼트	Pa	파스칼
°F	화씨도	rad	라디안
F	패럿	rev	회전수
ft	피트	s	초
G	가우스	T	테슬라
g	그램	u	원자 질량 단위
H	헨리	V	볼트
h	시간	W	와트
hp	마력	Wb	웨버
Hz	헤르츠	yr	년
in.	인치	μm	마이크로미터
J	줄	Ω	옴
K	켈빈		

표 C.3 그리스 문자

알파	A	α	뉴	N	ν
베타	B	β	크시	Ξ	ξ
감마	Γ	γ	오미크론	O	o
델타	Δ	δ	파이	Π	π
입실론	E	ϵ	로	P	ρ
제타	Z	ζ	시그마	Σ	σ
이타	H	η	타우	T	τ
세타	Θ	θ	입실론	Υ	υ
이오타	I	ι	피	Φ	ϕ
카파	K	κ	키	X	χ
람다	Λ	λ	프시	Ψ	ψ
뮤	M	μ	오메가	Ω	ω

표 C.4 자주 사용되는 물리 자료[a]

지구–달 평균 거리	3.84×10^8 m
지구–태양 평균 거리	1.496×10^{11} m
지구의 적도 반지름	6.38×10^6 m
달의 반지름	1.74×10^6 m
공기의 밀도(20 °C, 1기압)	1.20 kg/m^3
물의 밀도(20 °C, 1기압)	1.00×10^3 kg/m^3
자유 낙하 가속도	9.80 m/s^2
지구의 질량	5.98×10^{24} kg
달의 질량	7.36×10^{22} kg
태양의 질량	1.99×10^{30} kg
표준 대기압	1.013×10^5 Pa

[a] 이 값들은 이 교재에서 사용하는 값이다.

표 C.5 주요 물리 상수

양	기호	값[a]
원자 질량 단위	u	$1.660\,538\,782\ (83) \times 10^{-27}$ kg $931.494\,028\ (23)$ MeV/c^2
아보가드로수	N_A	$6.022\,141\,79\ (30) \times 10^{23}$ particles/mol
보어 마그네톤	$\mu_B = \dfrac{e\hbar}{2m_e}$	$9.274\,009\,15\ (23) \times 10^{-24}$ J/T
보어 반지름	$a_0 = \dfrac{\hbar^2}{m_e e^2 k_e}$	$5.291\,772\,085\,9\ (36) \times 10^{-11}$ m
볼츠만 상수	$k_B = \dfrac{R}{N_A}$	$1.380\,650\,4\ (24) \times 10^{-23}$ J/K
콤프턴 파장	$\lambda_C = \dfrac{h}{m_e c}$	$2.426\,310\,217\,5\ (33) \times 10^{-12}$ m
쿨롱 상수	$k_e = \dfrac{1}{4\pi\epsilon_0}$	$8.987\,551\,788 \ldots \times 10^9$ N·m^2/C^2 (exact)
중양자 질량	m_d	$3.343\,583\,20\ (17) \times 10^{-27}$ kg $2.013\,553\,212\,724\ (78)$ u
전자 질량	m_e	$9.109\,382\,15\ (45) \times 10^{-31}$ kg $5.485\,799\,094\,3\ (23) \times 10^{-4}$ u $0.510\,998\,910\ (13)$ MeV/c^2
전자볼트	eV	$1.602\,176\,487\ (40) \times 10^{-19}$ J
기본 전하	e	$1.602\,176\,487\ (40) \times 10^{-19}$ C
기체 상수	R	$8.314\,472\ (15)$ J/mol·K
중력 상수	G	$6.674\,28\ (67) \times 10^{-11}$ N·m^2/kg^2
조셉슨 진동수–전압 비	$\dfrac{2e}{h}$	$4.835\,978\,79\ (41) \times 10^{14}$ Hz/V
자속 양자	$\Phi_0 = \dfrac{h}{2e}$	$2.067\,833\,72\ (18) \times 10^{-15}$ T·m^2
중성자 질량	m_n	$1.674\,927\,211\ (84) \times 10^{-27}$ kg $1.008\,664\,915\,97\ (43)$ u $939.565\,346\ (23)$ MeV/c^2
핵 마그네톤	$\mu_n = \dfrac{e\hbar}{2m_p}$	$5.050\,783\,24\ (13) \times 10^{-27}$ J/T
자유 공간의 투자율	μ_0	$4\pi \times 10^{-7}$ T·m/A (exact)
자유 공간의 유전율	$\epsilon_0 = \dfrac{1}{\mu_0 c^2}$	$8.854\,187\,817 \ldots \times 10^{-12}$ C^2/N·m^2 (exact)
플랑크 상수	h	$6.626\,068\,96\ (33) \times 10^{-34}$ J·s
	$\hbar = \dfrac{h}{2\pi}$	$1.054\,571\,628\ (53) \times 10^{-34}$ J·s
양성자 질량	m_p	$1.672\,621\,637\ (83) \times 10^{-27}$ kg $1.007\,276\,466\,77\ (10)$ u $938.272\,013\ (23)$ MeV/c^2
리드베리 상수	R_H	$1.097\,373\,156\,852\,7\ (73) \times 10^7$ m^{-1}
진공에서 빛의 속력	c	$2.997\,924\,58 \times 10^8$ m/s (exact)
슈테판–볼츠만 상수	σ	5.67×10^{-8} W/m^2·K^4
STP에서 이상 기체의 몰부피	V	22.4 L/mol

Note: 이들 상수는 2006년에 CODATA가 추천한 값들이다. 이 값들은 여러 측정값들을 최소 제곱으로 얻은 것에 기초하고 있다. 더 자세한 목록은 다음을 참고하라. P. J. Mohr, B. N. Taylor, and D. B. Newell, "CODATA Recommended Values of the Fundamental Physical Constants: 2006." *Rev. Mod. Phys.* **80**:2, 633~730, 2008.

[a]괄호 안의 수는 마지막 두 자리의 불확정도를 나타낸다.

표 C.6 바꿈 인수

길이

1 m = 39.37 in. = 3.281 ft

1 in. = 2.54 cm (exact)

1 km = 0.621 mi

1 mi = 5 280 ft = 1.609 km

1 lightyear (ly) = 9.461×10^{15} m

1 angstrom (Å) = 10^{-10} m

질량

1 kg = 10^3 g = 6.85×10^{-2} slug

1 slug = 14.59 kg

1 u = 1.66×10^{-27} kg = 931.5 MeV/c^2

시간

1 min = 60 s

1 h = 3 600 s

1 day = 24 h = 1.44×10^3 min = 8.64×10^4 s

1 yr = 365.242 days = 3.156×10^7 s

부피

1 L = 1 000 cm^3 = 0.035 3 ft^3

1 ft^3 = 2.832×10^{-2} m^3

1 gal = 3.786 L = 231 in.^{3}

각

$180° = \pi$ rad

1 rad = 57.30°

1° = 60 min = 1.745×10^{-2} rad

속력

1 km/h = 0.278 m/s = 0.621 mi/h

1 m/s = 2.237 mi/h = 3.281 ft/s

1 mi/h = 1.61 km/h = 0.447 m/s = 1.47 ft/s

힘

1 N = 0.224 8 lb = 10^5 dynes

1 lb = 4.448 N

1 dyne = 10^{-5} N = 2.248×10^{-6} lb

일과 에너지

1 J = 10^7 erg = 0.738 ft·lb = 0.239 cal

1 cal = 4.186 J

1 ft·lb = 1.356 J

1 Btu = 1.054×10^3 J = 252 cal

1 J = 6.24×10^{18} eV

1 eV = 1.602×10^{-19} J

1 kWh = 3.60×10^6 J

압력

1 atm = 1.013×10^5 N/m^2 (or Pa) = 14.70 lb/in.^{2}

1 Pa = 1 N/m^2 = 1.45×10^{-4} lb/in.^{2}

1 lb/in.^{2} = 6.895×10^3 N/m^2

일률

1 hp = 550 ft·lb/s = 0.746 kW

1 W = 1 J/s = 0.738 ft·lb/s

1 Btu/h = 0.293 W

물리량 그림 표현

부록 E

역학과 열역학

- 변위 및 위치 벡터
- 변위 및 위치 성분 벡터
- 선속도 벡터($\vec{\mathbf{v}}$) 및 각속도 벡터($\vec{\boldsymbol{\omega}}$)
- 속도 성분 벡터
- 힘 벡터($\vec{\mathbf{F}}$)
- 힘 성분 벡터
- 가속도 벡터($\vec{\mathbf{a}}$)
- 가속도 성분 벡터
- 에너지가 전달되는 방향 ($W_{에너지}$, Q_c, Q_h)
- 과정이 진행되는 방향
- 선운동량 벡터($\vec{\mathbf{p}}$) 및 각운동량 벡터($\vec{\mathbf{L}}$)
- 선 및 각운동량 성분 벡터
- 토크 벡터($\vec{\boldsymbol{\tau}}$)
- 토크 성분 벡터
- 선운동 및 회전 운동의 방향
- 입체적 회전 방향
- 확대 화살표
- 용수철
- 도르래

전기와 자기

- 전기장
- 전기장 벡터
- 전기장 성분 벡터
- 자기장
- 자기장 벡터
- 자기장 성분 벡터
- 양전하
- 음전하
- 저항기
- 전지 및 기타 직류 전원
- 스위치
- 축전기
- 인덕터(코일)
- 전압계
- 전류계
- 교류 전원
- 전구
- 접지
- 전류

빛과 광학

- 광선
- 초점을 지나는 광선
- 곡률 중심을 지나는 광선
- 볼록 렌즈
- 오목 렌즈
- 거울
- 곡면 거울
- 물체
- 상

연습문제 해답

1장

1. Yes. The speed of 38.0 m/s converts to a speed of 85.0 mi/h, so the driver exceeds the speed limit by 10 mi/h.
2. 0.204 m^3
3. 2×10^8 fathoms
4. (a) 6.81 cm (b) 5.83×10^2 cm^2 (c) 1.32×10^3 cm^3
5. 9.82 cm
6. 6.71×10^8 mi/h
7. $\sim 10^7$ rev
8. $\sim 10^8$ breaths
9. (2.0 m, 1.4 m)
10. 5.69 m
11. (a) 6.71 m (b) 0.894 (c) 0.746
12. 70.0 m

2장

1. (a) 52.9 km/h (b) 90.0 km
2. (a) 180 km (b) 63.4 km/h
3. ≈ 0.02 s
4. Yes. Taking the initial speed to be zero, the final speed as 75 m/s, and $a = 1.3$ m/s^2, we find that the distance the plane travels before takeoff is $x = v_{to}^2/2a = 2.2$ km, which is less than the length of the runway.
5. (a) 5.00 m/s (b) −2.50 m/s (c) 0 (d) 5.00 m/s
6. 3.7 s
7. $|\bar{a}| = 1.34 \times 10^4$ m/s^2
8. (a) 2.32 m/s^2 (b) 14.4 s
9. (a) 6.61 m/s (b) −0.448 m/s^2
10. −16.0 cm/s^2
11. 200 m
12. (a) 1.5 m/s (b) 32 m
13. (a) 8.2 s (b) 1.3×10^2 m
14. (a) It is a freely falling object, so its acceleration is −9.80 m/s^2 (downward) while in flight. (b) 0 (c) 9.80 m/s (d) 4.90 m
15. (a) −12.7 m/s (b) 38.2 m
16. (a) 31.9 m (b) 2.55 s (c) 2.55 s (d) −25.0 m/s
17. (a) It continues upward, slowing under the influence of gravity until it reaches a maximum height, and then it falls to Earth. (b) 308 m (c) 8.51 s (d) 16.4 s

3장

1. (a) Approximately 5.0 units at −53° (b) Approximately 5.0 units at +53°
2. 43 units in the negative *y*-direction
3. Approximately 15 m at 58° S of E
4. 28.7 units, −20.1 units
5. (a) 5.00 blocks at 53.1° N of E (b) 13.0 blocks
6. 157 km
7. 47.2 units at 122° from the positive *x*-axis
8. 4.64 m at 78.6° N of E
9. (a) $(x, y) = (0, 50.0\ \text{m})$ (b) $v_{0x} = 18.0$ m/s, $v_{0y} = 0$ (c) $v_x = 18.0$ m/s, $v_y = -(9.80\ \text{m/s}^2)t$ (d) $x = (18.0\ \text{m/s})t$, $y = -(4.90\ \text{m/s}^2)t^2 + 50.0$ m (e) 3.19 s (f) 36.1 m/s, −60.1°
10. 12 m/s
11. (a) 52.0 m/s horizontally (b) 212 m
12. (a) 32.5 m from the base of the cliff (b) 1.78 s
13. 25 m
14. (a) 2.02×10^3 s (b) 1.67×10^3 s (c) The time savings going downstream with the current is always less than the extra time required to go the same distance against the current.

4장

1. 2×10^4 N
2. (a) 12 N (b) 3.0 m/s^2
3. 1.2 m/s^2 upward
4. 4.85 kN eastward
5. 1.1×10^4 N
6. (a) $T_1 = 79.8$ N, $T_2 = 39.9$ N (b) 2.34 m/s^2
7. 613 N
8. 64 N
9. (a) $T_1 = 3mg\sin\theta$ (b) $T_2 = 2mg\sin\theta$
10. (a) 7.0 m/s^2 horizontal and to the right (b) 21 N (c) 14 N horizontal and to the right
11. (a) 2.15×10^3 N forward (b) 645 N forward (c) 645 N rearward (d) 1.02×10^4 N at 74.1° below horizontal and rearward
12. (a) 1.78 m/s^2 (b) 0.368 (c) 9.37 N (d) 2.67 m/s
13. $\mu_s = 0.38$, $\mu_k = 0.31$

5장

1. 700 J
2. (a) 61.3 J (b) −46.3 J (c) 0 (d) The work done by gravity would not change, the work done by the friction force would decrease, and the work done by the normal force would not change.
3. (a) 2.00 m/s (b) 200 N
4. (a) 879 J (b) His kinetic energy increases by a factor of 4.
5. (a) 2.34×10^4 N (b) 1.91×10^{-4} s
6. (a) -5.6×10^2 J (b) 1.2 m
7. 878 kN up
8. (a) 2.5 J (b) −9.8 J (c) −12.3 J
9. (a) 4.30×10^5 J (b) -3.97×10^4 J (c) 115 m/s
10. 0.459 m
11. (a) 10.9 m/s (b) 11.6 m/s
12. 289 m
13. 236 s or 3.93 min
14. (a) 24.0 J (b) −3.00 J (c) 21.0 J

6장

1. (a) 22.0 m/s (b) 1.14 kg
2. (a) 364 kg·m/s forward (b) 438 N forward
3. 1.39 N·s up
4. (a) 8.0 N·s (b) 5.3 m/s (c) 3.3 m/s
5. (a) 12 N·s (b) 8.0 N·s (c) 8.0 m/s (d) 5.3 m/s
6. $v_{thrower} = 2.48$ m/s, $v_{catcher} = 2.25 \times 10^{-2}$ m/s
7. (a) 1.15 m/s (b) 0.346 m/s directed opposite to girl's motion
8. 65 m/s
9. (a) 1.80 m/s (b) 2.16×10^4 J
10. 57 m
11. (a) 1
12. 273 m/s
13. (a) Over a very short time interval, external forces have no time to impart significant impulse to the players during the collision. The two players move together after the tackle, so the collision is completely inelastic. (b) 2.88 m/s at 32.3° (c) 785 J. (d) The lost kinetic energy is transformed into other forms of energy such as thermal energy and sound.
14. 17.1 cm/s (25.0-g object), 22.1 cm/s (10.0-g object)

7장

1. Main rotor: 179 m/s = $0.522v_{sound}$
   Tail rotor: 221 m/s = $0.644v_{sound}$
2. (a) 821 rad/s^2 (b) 4.21×10^3 rad
3. 13.7 rad/s^2
4. (a) 116 rev (b) 62.1 rad/s
5. (a) 0.346 m/s^2 (b) 1.04 m/s (c) 0.346 m/s^2 (d) 0.943 m/s^2 (e) 1.00 m/s^2 at 20.1° forward with respect to the direction of $\vec{\mathbf{a}}_c$
6. (a) 20.6 N (b) 3.35 m/s^2 downward tangent to the circle; 32.0 m/s^2 radially inward (c) 32.2 m/s^2 at 5.98° to the cord, pointing toward a location below the center of the circle. (d) No change. (e) If the object is swinging down it is gaining speed. If it is swinging up it is losing speed but its acceleration has the same magnitude and its direction can be described in the same terms.
7. (a) 1.10 kN (b) 2.04 times her weight
8. (a) 1.58 m/s^2 (b) 455 N upward (c) 329 N upward (d) 397 N directed inward and 80.8° above horizontal
9. 22.6 m/s
10. (a) 18.0 m/s^2 (b) 900 N (c) 1.84; this large coefficient is unrealistic, and she will not be able to stay on the merry-go-round.
11. 1.1×10^{-10} N at 72° above the $+x$-axis
12. 321 N toward Earth
13. (a) $r = \frac{9}{8}R_E = 7.18 \times 10^6$ m(b) 7.98×10^5 m
14. (a) 2.50×10^{-5} N toward the 500-kg object (b) between the two objects and 0.245 m from the 500-kg object
15. (a) 2.43 h (b) 6.59 km/s (c) 4.73 m/s^2 toward the Earth
16. 6.3×10^{23} kg

8장

1. (a) 5.1 N·m (b) The torque increases, because the torque is proportional to the moment arm, $L \sin \theta$, and this factor increases as θ increases.
2. (−1.5 m, −1.5 m)
3. (a) 443 N, (b) 222 N (to the right), 216 N (upward)
4. $T_1 = 501$ N, $T_2 = 672$ N, $T_3 = 384$ N
5. (a) 99.0 kg·m^2 (b) 44.0 kg·m^2 (c) 143 kg·m^2
6. (a) 3.92 m/s^2 (b) 9.80 rad/s^2 (c) As the rope leaves the cylinder, the mass of the cylinder decreases, also decreasing the cylinder's moment of inertia. At the same time, the mass of rope leaving the cylinder would increase the torque exerted on the cylinder. Hence, the acceleration of the system would increase in magnitude with time. (The increase would be slight in this case, given the large mass of the cylinder.)
7. 0.524
8. (a) 500 J (b) 250 J (c) 750 J
9. (a) 5.47 J (b) 5.99 J
10. 276 J
11. 17.5 J·s counterclockwise
12. 6.73 rad/s
13. (a) $\omega = \left(\frac{I_1}{I_1 + I_2}\right)\omega_0$ (b) $\frac{KE_f}{KE_i} = \frac{I_1}{I_1 + I_2} < 1$

9장

1. (a) 2 550 N (b) 3.00 3 10^4 Pa (c) No. The pressure will be the same only if the acrobats all wear the same-size shoe.
2. $4.74\rho_0$
3. 1.05×10^7 Pa
4. 4.90 mm
5. 3.5×10^8 Pa
6. 1.05×10^5 Pa
7. (a) 3.71×10^5 Pa (b) 3.57×10^4 N
8. 9.41 kN
9. 0.258 N down
10. (a) 1.46×10^{-2} m^3 (b) 2.10×10^3 kg/m^3
11. (a) 80 g/s (b) 0.27 mm/s
12. 9.00 cm
13. 1.47 cm
14. $RN = 4.3 \times 10^3$; turbulent flow
15. 5.6×10^{-2} N/m
16. 1.4×10^{-5} N·s/m^2
17. 1.8×10^{-3} kg/m^3

10장

1. (a) −460°C (b) 37.0°C (c) −280°C
2. (a) −253°C (b) −423°F
4. (a) 11.2×10^3 kg/m^3 (b) No. Although the density of gold would be less on a warm day, the mass of the bar would be the same regardless of its temperature, and that is what you are paying for. (Note that the volume of the bar increases with increasing temperature, whereas its density decreases. Its mass, however, remains constant.)
5. (a) −179°C (attainable) (b) −376°C (below 0 K, unattainable)
6. 31 cm
7. 0.548 gal
8. (a) 2.5×10^{19} molecules (b) 4.1×10^{-21} mol
9. (a) 627°C (b) 927°C
10. 4.28 atm
11. 7.1 m
12. 6.21×10^{-21} J
13. 6.64×10^{-27} kg
14. (a) 2.01×10^4 K (b) 901 K

11장

1. 176°C
2. (a) 25.8°C (b) No. Gravitational potential energy is proportional to the mass, just like the temperature change.
3. 88 W
4. 0.845 kg
5. 0.26 kg

6. 80 g
7. 65°C
8. 16°C
9. 16°C
10. (a) The bullet loses all its kinetic energy as it is stopped by the ice. Also, thermal energy must be removed from the bullet to cool it from 30.0°C to 0°C. The sum of these two energies equals the energy it takes to melt part of the ice. The final temperature of the bullet is 0°C because not all the ice melts. (b) 0.294 g
11. 9.0 cm
12. 2.7×10^7 J
13. 402 MW

12장

1. (a) -6.1×10^5 J (b) 4.6×10^5 J
2. 96.3 mg
3. (a) 1.09×10^3 K (b) -6.81 kJ
4. (a) 567 J (b) 167 J
6. (a) -180 J (b) $+188$ J
7. (a) -4.58×10^4 J (b) 4.58×10^4 J (c) 0
8. (a) 0.95 J (b) 3.2×10^5 J (c) 3.2×10^5 J
9. 0.540 (or 54.0%)
10. (a) 0.25 (or 25%) (b) 3/4
11. (a) 0.294 (or 29.4%) (b) 5.00×10^2 J (c) 1.67 kW
12. 1/3
13. 143 J/K
14. 3.27 J/K
15. (a) -1.2 kJ/K (b) 1.2 kJ/K
16. 57.2 J/K
17. -6.5 MJ

13장

1. (a) 6.58 N (b) 10.1 N
2. 0.242 kg
3. 2.94×10^3 N/m
4. 0.478 m
5. (a) 60 J (b) 49 m/s
6. 39.2 N
7. (a) 0.28 m/s (b) 0.26 m/s (c) 0.26 m/s (d) 3.5 cm
8. (a) 5.98 m/s (b) 206 N/m (c) 0.238 m
9. 0.63 s
10. (a) 11.0 N toward the left (b) 0.881 oscillations
11. (a) slow (b) 9:47
12. (a) 1.46 s (b) 9.59 m/s^2
13. (a) 4.13 cm (b) 10.4 cm (c) 5.56×10^{-2} s (d) 187 cm/s
14. 31.9 cm
15. (a) 5.45×10^{14} Hz (b) 1.83×10^{-15} s
16. 5.20×10^2 m/s
17. (a) 30.0 N (b) 25.8 m/s
18. 28.5 m/s
19. (a) Constructive interference gives $A = 0.50$ m (b) Destructive interference gives $A = 0.10$ m

14장

1. 358 m/s
2. (a) 5.56 km (b) No. The speed of light is much greater than the speed of sound, so the time interval required for the light to reach you is negligible compared to the time interval for the sound.
3. The wavelength decreases by 2.5 mm.
4. 515 m
5. (a) 1.3×10^2 W (b) 96 dB
6. (a) 75 Hz drop (b) 0.948 m
7. 9.09 m/s
8. 596 Hz
9. At distances of 0.089 m, 0.303 m, 0.518 m, 0.732 m, 0.947 m, and 1.16 m from either speaker
10. 378 Hz
11. (a) Nodes at 0, 2.67 m, 5.33 m, and 8.00 m; antinodes at 1.33 m, 4.00 m, and 6.67 m (b) 18.6 Hz
12. (a) 0.552 m (b) 316 Hz
13. 3.1 kHz
14. 3.85 m/s away from the station or 3.77 m/s toward the station
15. (a) 1.99 beats/s (b) 3.38 m/s

15장

1. (a) 8.74×10^{-8} N (b) repulsive
2. (a) 2.2×10^{-5} N (attraction) (b) 9.0×10^{-7} N (repulsion)
3. (a) 36.8 N (b) 5.54×10^{27} m/s^2
4. 1.38×10^{-5} N at 77.5° below the negative x-axis
5. 0.437 N at $-85.3°$ from the $+x$-axis.
6. (a) 6.12×10^{10} m/s^2 (b) 19.6 μs (c) 11.8 m (d) 1.20×10^{-15} J
7. 3.15 N due north
8. 2.07×10^3 N/C down
9. 1.8 m to the left of the -2.5-μC charge
12. (a) 0 (b) $k_e q/r^2$ outward
13. (a) 858 N·m^2/C (b) 0 (c) 657 N·m^2/C

16장

1. (a) 1.92×10^{-18} J (b) -1.92×10^{-18} J (c) 2.05×10^6 m/s in the negative x-direction
2. (a) 1.13×10^5 N/C (b) 1.80×10^{-14} N (c) 4.37×10^{-17} J
3. 1.7×10^6 N/C
4. (a) 103 V (b) -3.85×10^{-7} J; positive work must be done to separate the charges.
5. (a) 2.67×10^6 V (b) 2.13×10^6 V
6. (a) -5.75×10^{-7} V (b) -1.92×10^{-7} V, $\Delta V = 3.84 \times 10^{-7}$ V (c) No. Unless fixed in place, the electron would move in the opposite direction, increasing its distance from points A and B and lowering the potential difference between them.
7. (a) 0.294 J (b) 271 m/s
8. (a) 11.1 kV/m toward the negative plate (b) 3.74 pF (c) 74.8 pC and -74.8 pC
9. (a) 1.36 pF (b) 16.3 pC (c) 8.00×10^3 V/m
10. (a) $Q_{25} = 1.25$ mC, $Q_{40} = 2.00$ mC (b) $Q'_{25} = 288$ μC, $Q'_{40} = 462$ μC (c) $\Delta V = 11.5$ V
11. (a) 2.67 μF (b) 24.0 μC on each 8.00-μF capacitor, 18.0 μC on the 6.00-μF capacitor, 6.00 μC on the 2.00-μF capacitor (c) 3.00 V across each capacitor
12. (a) 3.33 μF (b) 180 μC on the 3-μF and the 6-μF capacitors, 120 μC on the 2.00-μF and 4.00-μF capacitors (c) 60.0 V across the 3-μF and the 2-μF capacitors, 30.0 V across the 6-μF and the 4-μF capacitors
13. $Q_1 = 16.0$ μC, $Q_5 = 80.0$ μC, $Q_8 = 64.0$ μC, $Q_4 = 32.0$ μC
14. (a) 10.7 μC on each capacitor (b) 15.0 μC on the 2.50-μF capacitor and 37.5 μC on the 6.25-μF capacitor
15. 3.24×10^{-4} J
16. (a) 54.0 μJ (b) 108 μJ (c) 27.0 μJ
17. (a) 8.1 nF (b) 2.4 kV

17장

1. 0.678 mm
2. 1.05 mA
3. (a) 3.00×10^{20} electrons (b) the direction opposite to the current
4. (a) 13.0 Ω (b) 17.0 m
5. (a) 30 Ω (b) 4.7×10^{-4} Ω·m
7. silver ($\rho = 1.59 \times 10^{-8}$ Ω·m)
8. (a) 3.0 A (b) 2.9 A
9. 26 mA
10. (a) 8.33 A (b) 14.4 Ω
11. $\frac{d_A}{d_B} = \sqrt{3}$
12. 15.0 μW
13. 1.6 cm
14. 11.2 min

18장

1. (a) Connect two 50-Ω resistors in parallel, and then connect this combination in series with a 20-Ω resistor. (b) Connect two 50-Ω resistors in parallel, connect two 20-V resistors in parallel, and then connect these two combinations in series with each other.
2. (a) Your circuit diagram will consist of two 0.800-Ω resistors in series with the 192-Ω resistance of the bulb. (b) 73.8 W
3. (a) 17.1 Ω (b) 1.99 A for 4.00 Ω and 9.00 Ω, 1.17 A for 7.00 Ω, 0.820 A for 10.0 Ω
4. 470 Ω and 220 Ω
5. (a) 5.68 V (b) 0.227 A
6. 4.92 Ω
7. 0.714 A, 1.29 A, 12.6 V
8. 50.0 mA from a to e
9. (a) $I_1 = 1.00$ A upward in 200 Ω; $I_4 = 4.00$ A upward in 70.0 Ω; $I_2 = 3.00$ A upward in 80.0 Ω; $I_3 = 8.00$ A downward in 20.0 Ω; (b) 200 V
10. (a) No. The only simplification is to note that the 2.0-Ω and 4.0-Ω resistors are in series and add to a resistance of 6.0 Ω. Likewise, the 5.0-Ω and 1.0-Ω resistors are in series and add to a resistance of 6.0 Ω. The circuit cannot be simplified any further. Kirchhoff's rules must be used to analyze the circuit. (b) $I_1 = 3.5$ A, $I_2 = 2.5$ A, $I_3 = 1.0$ A
11. (a) No. The multiloop circuit cannot be simplified any further. Kirchhoff's rules must be used to analyze the circuit. (b) $I_{30} = 0.353$ A directed to the right, $I_5 = 0.118$ A directed to the right, $I_{20} = 0.471$ A directed to the left
12. $\Delta V_2 = 3.05$ V, $\Delta V_3 = 4.57$ V, $\Delta V_4 = 7.38$ V, $\Delta V_5 = 1.62$ V
13. (a) 1.88 s (b) 1.90×10^{-4} C
14. (a) 5.00 s (b) 150 μC (c) 4.06 μA
15. (a) 0.432 s (b) 6.00 μF
16. (a) 6.25 A (b) 750 W
17. 48 lightbulbs

19장

1. (a) west (b) zero deflection (c) up (d) down
2. (a) into the page (b) toward the right (c) toward the bottom of the page
3. $F_g = 8.93 \times 10^{-30}$ N (downward), $F_e = 1.60 \times 10^{-17}$ N (upward), $F_m = 4.80 \times 10^{-17}$ N (downward)
4. 48.9° or 131°
5. 2.83×10^7 m/s west
6. 7.50 N
7. 8.0×10^{-3} T in the $+z$-direction
8. 9.05×10^{-4} N·m, tending to make the left-hand side of the loop move toward you and the right-hand side move away.
9. (a) 0.56 A (b) 0.064 N·m
10. (a) 3.97° (b) 3.39×10^{-3} N·m
11. (a) 8.51×10^5 m/s (b) 2.06×10^{-5} m
12. 1.77 cm
13. 2.4 mm
14. 20.0 μT
15. (a) 3.50×10^{-5} N/m (b) repulsive
16. 4.5 mm
17. (a) 920 turns (b) 12 cm

20장

1. (a) 0.177 T (b) 0
2. 4.8×10^{-3} T·m²
3. (a) $\Phi_{B,\text{net}} = 0$ (b) 0
4. 94 mV
5. (a) from left to right (b) from right to left
6. (a) The current is zero, because the magnetic flux due to the current through the right side of the loop (into the page) is opposite the flux through the left side of the loop (out of the page), so net flux through the loop is always zero. (b) Clockwise, because the flux due to the long wire through the loop is out of the page, and the induced current in the loop must be clockwise to compensate for the increasing external flux.
7. 2.6 mV
8. 13.1 mV
9. (a) 81.9 mV (b) 105 mA
10. 1.9×10^{-11} V
11. (a) 60 V (b) 57 V (c) 0.13 s
12. (a) 2.0 mH (b) 38 A/s
13. 4.0 mH
14. (a) 5.33 A (b) 2.67 s (c) 8.00 s
15. 1.92 Ω
16. (a) 18 J (b) 7.2 J
17. (a) 0.208 mH (b) 0.936 mJ

21장

1. (a) 193 Ω (b) 145 Ω
2. 14.6 Hz
3. 4.0×10^2 Hz
4. (a) $f > 41.3$ Hz (b) $X_C < 87.5$ Ω
5. 100 mA
6. 0.450 T·m²
7. (a) 0.042 4 H (b) 942 rad/s
8. (a) 0.361 A (b) 18.1 V (c) 23.9 V (d) −53.0°
9. (a) 103 V (b) 150 V (c) 127 V (d) 23.6 V
10. (a) 1.8×10^2 Ω (b) 0.71 H
11. (a) 208 Ω (b) 40.0 Ω (c) 0.541 H
12. 0.18% is lost
13. 721 V
14. $B_{max} = 3.39 \times 10^{-6}$ T, $E_{max} = 1.02 \times 10^3$ V/m
15. (a) 188 m to 556 m (b) 2.78 m to 3.4 m
16. (a) 6.00 pm (b) 7.50 cm

22장

1. (a) 2.07×10^3 eV (b) 4.14 eV
2. (a) 2.25×10^8 m/s (b) 1.97×10^8 m/s (c) 1.24×10^8 m/s
3. (a) 29.0° (b) 25.7° (c) 32.0°
4. 110.6°
5. 19.5° above the horizontal

6. $\theta = 30.4°$, $\theta' = 22.3°$
7. $\theta = \tan^{-1}(n_g)$
8. (a) $\theta_{blue} = 47.79°$ (b) $\theta_{red} = 48.22°$
9. 1.414
10. (a) 40.8° (b) 60.6°
11. (a) 66.1° (b) 63.5° (c) 59.7°

23장

1. 10.0 ft, 30.0 ft, 40.0 ft
2. 5.00 cm
3. (a) 26.8 cm behind the mirror (b) upright (c) 0.026 8
4. (a) The object should be placed 30.0 cm in front of the mirror. (b) 0.333
5. 1.0 m
6. 8.05 cm
7. (a) The object is 10.0 cm in front of the mirror. (b) 2.00
8. 3.8 mm
9. (a) The image is 0.790 m from the outer surface of the glass pane, inside the water tank. (b) With a glass pane of negligible thickness, the image is 0.750 m inside the tank. (c) The thicker the glass, the greater the distance between the final image and the outer surface of the glass.
10. 20.0 cm
11. (a) either 9.63 cm or 3.27 cm (b) 2.10 cm
12. **(i)** (a) 13.3 cm in front of the lens (b) virtual (c) upright (d) +0.333 **(ii)** (a) 10.0 cm in front of the lens (b) virtual (c) upright (d) +0.500 **(iii)** (a) 6.67 cm in front of the lens (b) virtual (c) upright (d) +0.667
13. (a) 20.0 cm beyond the lens; real, inverted, $M = -1.00$ (b) No image is formed. Parallel rays leave the lens.
    (c) 10.0 cm in front of the lens; virtual, upright, $M = +2.00$
14. 7.47 cm in front of the second lens, 1.07 cm, virtual, upright
15. 30.0 cm to the left of the second lens, $M = -3.00$

24장

1. 662 nm
2. (a) 2.6 mm (b) 2.62 mm
3. (a) 36.2° (b) 5.08 cm (c) 5.08×10^{14} Hz
4. 632 nm
5. 0.500 cm
6. 617 nm, 441 nm, 343 nm
7. 85.4 nm
8. (a) 8.10 mm (b) 4.05 mm
9. 1.20 mm, 1.20 mm
10. 462 nm
11. 5.91° in first order; 13.2° in second order; and 26.5° in third order
12. 9.17 cm
13. (a) 56.7° (b) 48.8°
14. (a) 413.7 nm, 409.7 nm (b) 8.6°

25장

1. (a) 1.38 yr (b) 1.31 light-years
2. Yes, with 19 m to spare
3. $0.103c$
4. $0.950c$
5. (a) $\frac{2\sqrt{2}}{3}c = 0.943c = 2.83 \times 10^8$ m/s (b) The result would be the same.
6. $0.285c$
7. $0.54c$ to the right
8. $0.998c$ toward the right
9. $0.786c$

찾아보기

일반물리학 9판 번역 및 교정에 참여하신 분(가나다순)

강치중 · 계범석 · 고욱희 · 고재현 · 고정곤 · 고정대 · 고춘수 · 곽종훈 · 곽진석 · 권기홍 · 권진혁
길원평 · 김경화 · 김기현 · 김동진 · 김동호 · 김두철 · 김대욱 · 김병호 · 김복기 · 김상옥 · 김상표
김상훈 · 김성수 · 김승국 · 김승연 · 김영철 · 김용주 · 김은영 · 김응찬 · 김인수 · 김재형 · 김정배
김종수 · 김진영 · 김창대 · 김창호 · 김철호 · 김청식 · 김현중 · 김형찬 · 남기봉 · 남충희 · 문종대
문한섭 · 민현수 · 박병준 · 박상렬 · 박성균 · 박진선 · 박철수 · 박혁규 · 박혁렬 · 서정철 · 성낙진
손대락 · 송대엽 · 송민종 · 송순달 · 송인걸 · 신내호 · 신재수 · 신재철 · 안승준 · 안재석 · 안정근
안형수 · 양순철 · 양호순 · 오기영 · 오수기 · 오용호 · 우종관 · 원혜경 · 유광호 · 유명진 · 유병수
유연봉 · 유영훈 · 유인권 · 유평렬 · 윤성현 · 윤인섭 · 윤창선 · 이경수 · 이광세 · 이규봉 · 이규용
이기원 · 이남철 · 이병학 · 이삼녕 · 이상훈 · 이성수 · 이연환 · 이용제 · 이원명 · 이원식 · 이원철
이응원 · 이재희 · 이정식 · 이종완 · 이종용 · 이종훈 · 이주연 · 이창환 · 이충훈 · 이태균 · 이행기
이현우 · 이호찬 · 이홍석 · 임성우 · 임천석 · 장 수 · 장성주 · 장원권 · 정 관 · 정경아 · 정양준
정윤철 · 정준우 · 정창열 · 정태성 · 제구출 · 조영걸 · 조재흥 · 조정숙 · 조현주 · 주관식 · 진병문
차덕준 · 차명식 · 천미연 · 최 덕 · 최광호 · 최명선 · 최석윤 · 최용수 · 최은정 · 한원열 · 한창길
현남규 · 홍덕기 · 황근창 · 황용규 · 황호병

핵심 일반물리학

2017년 2월 15일 인쇄
2017년 2월 20일 발행

원저자 ◎ Serway · Vuille

편역자 ◎ 이재희 · 이원식

발행자 ◎ 조승식

발행처 ◎ (주) 도서출판 북스힐
시울시 강북구 한천로 153길 17

등 록 ◎ 제 22-457 호

TEL (02) 994-0071(代)

E-MAIL www.bookshill.com

잘못된 책은 교환해 드립니다.

값 25,000원

ISBN 979-11-5971-062-9